国家林业和草原局普通高等教育"十三五"规划教材

生物质资源材料学

汪佑宏　主编

中国林業出版社
China Forestry Publishing House

内 容 简 介

本教材分为4篇14章:第1篇木材资源材料(第1~6章),主要讲述了树木生长与木材形成,木材的宏、微观构造及物理、力学、化学性质,同时增加了切片制作内容,并对其他文献中前后不一致的内容进行梳理、归并,并对相关术语作出精准定义。第2篇竹藤类资源材料(第7~8章),主要介绍单子叶植物竹、藤材的基本构造、材性等,同时补充了一些最新的研究成果。第3篇灌木及农作物秸秆类资源材料(第9~10章),主要从灌木、农作物秸秆等资源分布、解剖构造、化学和物理性质几个方面加以介绍,同时更新并补充了一些最新的研究内容。第4篇生物质资源纤维材料(第11~14章),主要介绍具体材料如蚕丝、羊毛等纤维的结构、纤维的形态及表征、纤维的基本性质及生物质资源纤维材料等。

本教材将木材科学、纺织材料科学两个学科相关内容有机结合进来,内容更加全面、系统,本教材可作为(生物质)材料科学与工程专业人员的参考书。

图书在版编目(CIP)数据

生物质资源材料学 / 汪佑宏主编. —北京 :中国林业出版社, 2023.2
国家林业和草原局普通高等教育"十三五"规划教材
ISBN 978-7-5219-1511-2

Ⅰ. ①生… Ⅱ. ①汪… Ⅲ. ①生物材料 Ⅳ. ①Q81

中国版本图书馆 CIP 数据核字(2021)第 276012 号

策划编辑:田夏青
责任编辑:田夏青 王奕丹
责任校对:苏 梅
封面设计:周周设计局

出版发行:中国林业出版社
(100009,北京市西城区刘海胡同7号,电话 83223120)
电子邮箱: cfphzbs@163.com
网址: www.forestry.gov.cn/lycb.html
印刷: 北京中科印刷有限公司
版次: 2023年2月第1版
印次: 2023年2月第1次
开本: 787mm×1092mm 1/16
印张: 24
字数: 584千字
定价: 59.00元

《生物质资源材料学》编写人员

主　　编：汪佑宏

副 主 编：胡凤霞　张晓丽

编写人员：（按姓氏笔画排序）

王福利（安徽农业大学）

汪佑宏（安徽农业大学）

张双燕（安徽农业大学）

张晓丽（安徽农业大学）

陈太安（西南林业大学）

周　亮（安徽农业大学）

胡凤霞（安徽农业大学）

洪安东（安徽省林业局）

姚利宏（内蒙古农业大学）

徐　斌（安徽农业大学）

徐信武（南京林业大学）

高　慧（安徽农业大学）

前 言

本教材是根据“生物质资源材料学”教学大纲的内容要求，经国家林业和草原局院校教材建设办公室审核，入选了国家林业和草原局普通高等教育“十三五”规划教材。在编写过程中广泛征求了全国农林院校有关专家的意见，适用于高等农林院校材料科学与工程、纺织工程、木材科学与工程等相关专业。

“生物质资源材料学”是材料科学与工程专业的重要专业基础课，与后续课程有着密切的联系。为此，本书在内容安排上着重突出了基础理论，以便获得学习其他专业课程所必需的基础理论知识；同时也适当结合了生产实际，使之能反映当今生物质资源材料科学应用的最新进展，为我国生物质资源材料相关专业的工业发展服务。

本教材主要包括：木材资源材料篇（其中增加了切片制作等内容）、竹藤类资源材料篇、灌木及农作物秸秆类资源材料篇、生物质资源纤维材料篇，将木材学、纺织材料学两学科相关内容有机结合进来，内容更加全面、系统，为培养（生物质）材料科学与工程专业人才提供了有力保障。

本教材由汪佑宏任主编，胡凤霞、张晓丽任副主编，具体编写分工如下：绪论（汪佑宏、洪安东），第1章（徐斌），第2章（徐斌、周亮），第3、7章（汪佑宏），第4章（高慧），第5章（徐信武、张双燕），第6章（王福利、陈太安），第8章（汪佑宏、陈太安），第9章（姚利宏），10章（徐信武），第11、12章（胡凤霞），第13、14章（张晓丽）。全教材由汪佑宏教授汇总、修改和定稿，并与胡凤霞副教授、张晓丽副教授共同审阅完成。

本教材编写过程中，着重参考了国内外木材科学、纺织材料科学等有关图书和文献，同时结合编者长期从事相关专业教学和科研的经验和体会，力求概念准确、文字简明、逻辑性强、前后一致，符合教学要求。在编写过程中得到了编者所在单位、中国林业出版社，国际竹藤中心江泽慧教授、南京林业大学顾炼百教授以及国家自然科学基金项目（31570553）、“十四五”国家重点研发计划项目（2022YFD2200901）等的大力支持，在此向所有关心和支持本书出版的单位和个人表示衷心感谢！

由于编者水平有限，书中难免存在错误和欠妥之处，恳请各位读者批评指正。

编者

2021年12月

目　录

第2篇 竹藤类资源材料

第3篇 灌木及农作物秸秆类资源材料

第4篇 生物质资源纤维材料

绪　论

材料是人类开展一切生产、提高生活水平的物质基础，通常与信息、能源并誉为当代文明的三大支柱；同时，材料与环境、自然资源的保护利用，已成为国际社会最关心、最迫切需要解决的问题，可见材料对于国民经济建设有着举足轻重的作用。

就材料本身而言，因其分类的依据和立足点不同，其对应的种类也就不同。从物理化学属性来分，可分为无机物材料(金属材料、无机非金属材料)、有机物材料和复合材料；从用途来分，可分为电子材料、航空航天材料、核材料、建筑材料、能源材料、生物材料等。我国将21世纪的材料学研究定位在优先发展信息材料、复合材料、新能源材料、智能材料、生态环境材料等方面，其中生态环境材料是强调了材料的功能特性与生态环境的协调性，以及与人类可持续发展关系的一类重要材料。

纵观人类的发展历史，与人类关系最密切、与环境发展最协调的材料无疑是生物质材料中的木质资源材料。木质资源材料以其独特的生物学构造、优良的环境学特性而被广泛用于人类的生产生活中，发挥着不可替代的作用。如今，木质资源材料已不再只是传统狭义上的木材或来源于木材的物质，而是一切能够提供木质化部分或植物纤维以供利用的天然物质，如木材、竹材、棕榈藤材、灌木、农作物秸秆(如麻秆、棉秆、稻秆、麦秆、芦苇秆、玉米秆、高粱秆、甘蔗渣)等，都可被广义地统称为木质资源材料。

棉、麻、丝、毛是最原始的纤维材料，被人类生产、采集、利用至少有上万年的历史。19世纪末以来，再生纤维和合成纤维的出现，极大地丰富了纤维的种类和用途。为保证环境的可持续发展，纺织材料正在由大量依赖石油化工资源，转向利用可再生、可降解、可循环的生物质资源。生物质资源纤维材料是指利用生物体或生物提取物制成的纤维，即来源于利用大气、水、土壤等通过光合作用而产生的可再生生物质的一类纤维。

0.1　木质资源材料概况

0.1.1　我国木质资源概况

木材、竹材、棕榈藤材、灌木、农作物秸秆类资源当中，木材无疑是最重要的。自古森林是人类生存繁衍的摇篮，木材是人类生存发展中使用的主要材料，迄今为止仍是世界公认的三大建筑材料(木材、钢铁、水泥)之一。与钢铁、水泥等其他材料相比，木材(包括其他生物质材料)是可再生利用的材料，它不仅可以从天然森林中获得，还可以从人工培育的森林中获得。第九次全国森林资源清查(2014—2018年)统计结果和《2015年全球森林资源评估报告》表明，我国森林覆盖率为22.96%；森林面积为2.20

亿 hm^2，占世界森林面积的 5.51%，位列俄罗斯、巴西、加拿大、美国之后，居第五位。森林蓄积量 175.60 亿 m^3，占世界森林蓄积量的 3.34%，位列巴西、俄罗斯、美国、刚果(金)、加拿大之后，居第六位。0.80 亿 hm^2 的人工林面积居世界首位，人工林蓄积量 33.88 亿 m^3。我国树种资源也十分丰富，有 8000 余种，其中乔木树种约 2500 种，可作木材使用树种约 1000 种，常见乔木树种约 300 种。木材因其独特的结构和优良的环境学特性而深受人们喜爱，被广泛用作造纸、建筑、装饰、人造板、家具、地板、能源原材料，以及农业、采掘、包装、铁路、造船、航空、车辆、军工、纺织等用材，产品多达数万种。

竹材是重要的森林资源，属于禾本科竹亚科，具有生长快、成材早、材性好的优点。世界有竹类植物 70 余属 1200 余种，主要分布在热带和亚热带地区，少数种类分布在温带和寒带。我国竹类资源丰富，无论是竹子的种类、面积、蓄积量还是年采伐量均居世界之首。据统计，全国共有竹类植物 39 属 500 余种，竹林面积 641.16 万 hm^2，其中毛竹林 467.78 万 hm^2，占全国竹林面积的 72.96%，主要分布在北纬 35°以南的福建、江西、湖南、浙江、安徽、广东、广西和湖北 8 省(自治区)。对于实施天然林资源保护工程以来、木材资源日趋紧缺的今天，竹类资源因生长速度快、产量高、代木性好正日益受到人们的重视，竹林面积以每年 8.13 万多 hm^2 的速度迅速增长。2017 年我国竹材产量 27.2 亿株，相当于约 5400 万 m^3 的木材，加工竹笋 85.80 万 t，竹产业总值已经高达 355 亿美元，截至 2020 年增长至 480 亿美元，经济效益相当可观。我国对竹资源的科学研究、生产和开发利用也已具有国际领先水平。目前，我国已研制出多种竹制产品，如竹质风能叶片、竹炭、竹醋液、竹叶提取物、竹纤维纺织品、竹结构房屋、竹制家具、竹人造板、竹地板、竹编制物、竹筷、竹席、竹牙签等，正在向“以竹代木、以竹养木”的目标发展。

棕榈藤是棕榈科省藤亚科省藤族类植物，是热带森林宝库中重要的、具有多用途的、仅次于木材和竹材的可再生非木质资源，天然分布于东半球的热带地区及邻近区域，全世界共有 13 属约 600 种。我国棕榈藤主要分布在南部和西南部的热带和亚热带次生天然林中，云南、海南、广东、广西等 11 个省(自治区)自然分布有 4 属 43 种 26 变种，年产野生藤 4000~5000t(最高年产量达 6500t)。全球约有 7 亿人正在从事或涉及藤产品的生产和消费，其相关产业已形成数十亿美元的国际市场，吸纳 100 余万人就业，对地区经济和社会发展起到了重要推动作用。我国藤加工技术先进，藤材年加工能力最大可达 5 万 t，提供就业岗位 5 万~10 万个，工业产值达 40 亿元。目前，主要藤产品为桌、椅、茶几、沙发、屏风、床等家具编织品，其他有手杖、登山杖、马球棒、棒球及曲棍球棒、伞柄，以及各种藤编小饰品如灯笼、果篮、吊篮、花架等。另外，多种藤果和藤梢富含营养，为优质热带水果和森林蔬菜，还可萃取“麒麟血竭”等药品。

灌木是无明显直立主干的木本植物(或虽有主干，但树高均在 3m 以下)，根据其经济价值大体可分为能源灌木、特用经济灌木、饲料灌木、香料灌木和药用灌木等。能源灌木燃烧后产生大量的热能可用于发电、取暖等，与煤和石油等无机矿物能源相比，可以做到永续利用。工艺灌木(属于特用经济灌木)的枝条纤细，可用于编织工艺品，如柠条、沙柳、乌柳等都是编制筐篓、席和日用工艺品的必要原料。因此，灌木虽不能提供粗壮的茎干供家具等利用，但在日常生活中的利用仍是十分广泛的，如乌柳可用于雕刻等。此外，灌木还可根据其枝条形态、生态环境、防护功能与生长状态等进行分类。

我国为世界上最早栽培麻的国家，蔡伦造纸所用的主要原料便是麻。日本、朝鲜、越南、印度等亚洲国家陆续从我国引种后，又渐渐传入欧美、非洲等地，但其质量不佳。我国的麻产量为世界首位，约占世界总产量的80%以上，黄河、长江和珠江流域等地区都有栽培，产量以四川省和湖北省最多。麻是一年生草本植物，一年一般可收割2~3次，其韧皮部是优良的纺织原料，因透气性、抗水性较好，且柔软、坚韧，可用于织造麻布、帆布、绳索、降落伞等；副产物麻秆也是造纸的优良原料，还可用来生产人造板。

棉是锦葵科草本植物，半木质化。原产地是印度，我国黄河流域、西北、东北、华北、华南为主要产棉区。棉的应用主要是其种毛作为纺织工业的原料，而它的副产物棉秆一般被燃烧或丢弃。我国每年约有棉秆4000万t，其中约85%作为燃料消耗；棉秆韧皮可用于制绳、麻袋、造纸等，棉秆芯制成浆后可与长纤维浆料配合抄纸，全秆是很好的造纸和人造板的原料。

稻是禾本科禾亚科植物，是人类重要的粮食作物之一。根据联合国粮食及农业组织统计，2015年全球稻米产量为4.709亿t；我国是世界稻米产量最高的国家，每年产稻量约为2.082亿t，占世界产稻量的44.2%；全世界约有50%的人口食用稻产自亚洲、欧洲南部、美洲南部及非洲部分地区。稻的谷草比一般在1.0左右，照此计算，每年全世界将有4.709亿t的稻的秆茎作为副产品产生，是一笔十分巨大的生物资源。但目前对它的利用却十分有限，除在部分地区用作造纸(制造包装纸、普通文化用纸、草纸板等)、饲料、种植食用菌等外，大部分作为废弃物直接燃烧，不但造成了资源的巨大浪费，还给环境带来了严重污染。目前，我国应用稻秆制作人造板的研究开发工作已取得很重要的进展。

麦是一年或二年生的禾本科禾亚科旱地栽培植物，是世界重要粮食作物，也是我国北方的主粮食作物之一，产量仅次于稻米。我国麦秆资源年产量达1.289亿t，但大部分未得到合理利用，造成了资源的极大浪费。其实，小麦的秆茎(麦秆)可用于编织与造纸，也是生产人造板的原料之一，此外，麦秆可直接作饲料用。

玉米是禾本科禾亚科旱地栽培粮食作物，在世界粮食生产中的产量居第三位。玉米秸秆资源丰富，可作为酿酒、生产人造板和造纸的原料。全世界每年玉米秆的产量超过10.49亿t，其中我国约为2.196亿t，仅次于美国而位居世界第二。但目前玉米秆除了极少一部分被用作燃料、牛羊等畜类饲料外，绝大部分被废弃，并未得到合理应用。

高粱是禾本科禾亚科旱地栽培作物，在世界的谷物粮食中，高粱产量排在稻、小麦、玉米和大麦之后，位居第五位。我国高粱的分布较广，种植面积较大的地区有辽宁、河北、山东等，种植面积为74.3万hm^2，占世界高粱总种植面积的1.6%，居世界第九位，单产4.03t/hm^2，是世界平均单产的3倍，总产量达到299.5万t，列世界第六位。高粱秆纤维长宽比与一般木材相当，表皮硬而轻、秆茎笔直。原料丰富，价格低廉，与木材人造板比较，高粱秆人造板具有隔热保温、隔音、防水、轻便、坚固耐用等优点，应用领域广泛。高粱秆人造板素板还可与贴面一次热压成型，省去贴面生产线的设备。

甘蔗属禾本科禾亚科植物，是制糖的主要原料，蔗糖约占我国食糖总产量的84.6%，产销量仅次于巴西、印度，居世界第三位。甘蔗在压榨制糖过程中，除获得主产品蔗糖外，还有蔗渣、糖蜜、蔗泥三大副产品；压榨1t甘蔗计，大约可获得蔗糖

130~210kg，湿蔗渣240~270kg(与蔗种有关)。蔗渣是优良的植物纤维原料，可直接用作燃料、制浆造纸或生产纤维板和刨花板，还可用作饲料或培养食用菌，制取纤维素、糠醛、乙酰丙酸、木糖醇等化学产品。

芦苇是多年生、根茎型的禾本科禾亚科高大草本植物，营养繁殖力强，具有较高的经济价值，可用于造纸、编织、入药等，营养生长期粗蛋白含量在禾本类植物中居于上等，是优良的饲料；叶、茎、花、根、笋也可入药；与木材相仿，是优质的造纸原料和生物制剂；同时也可作为刨花板、纤维板的原料。我国每年大约生产芦苇200万t，约占世界总产量的6%，主要分布在湖南、湖北、江苏、河北、辽宁、黑龙江及新疆等地。

0.1.2 木质资源材料的优缺点

随着科学技术和材料加工工业的迅猛发展，作为原材料，木质资源自身构造及化学组成所赋予的特性，决定了其应用范围日益广泛。木质资源材料在性质上集中了许多其他材料无法比拟的特点。

(1)木质资源材料优点

①永续利用 目前，地球上各种矿物质资源越来越少，并面临枯竭的危险。例如，按照目前的消耗速度推算，石油将在21世纪末消耗殆尽，银、水银、锌可再利用20年，锡、铅可再使用40~50年，铜、镍还可使用60~80年，铁、锰资源相对丰富一些，不过也只能再使用160~170年。到那时，这些资源将彻底从地球上消失。而在各种木质资源中，林木从种苗培育到树木成材所需时间最长，一般需10~50年，棕榈藤栽植后一般每隔5~8年采割一次，竹材一般3~5年可成材，灌木3~5年可平茬利用，农作物秸秆一般1~2年甚至几个月便可收割利用。在其生长过程中，应用现代科学技术，合理经营轮伐或轮作、加强抚育管理，完全可以实现木质资源的可持续发展和永续利用，使之成为取之不尽、用之不竭的绿色环保、再生性材料。

②易于加工 木材加工是最古老的行业，用简单的工具就可以加工，通过榫结合、钉子螺钉、胶黏剂、铰链等就能将木材组合在一起；经过锯、铣、切、削、刨、钻等工序就可以做成各式各样轮廓的零部件。如果加以蒸煮，木质材料还可以弯曲、压缩成曲形部件；至于小材大用、劣材优用，则可以采用胶拼、层积、指接、重组、复合等工艺。木质资源材料的加工能耗少、环境污染小、可自然降解和回收利用等鲜明的环境特性，符合21世纪人类社会对材料的环境协调性要求。

③强重比高 强重比以强度与密度的比值来表示，某种材料的强重比高时表示该种材料的质轻强度大，是材料科学和工程力学比较注重的指标。木质资源材料的强重比较其他材料高，以鱼鳞云杉木材为例，它的顺纹抗拉强度等于133MPa，基本密度为0.378g/cm^3，强重比值约为351.8，同密度竹材的强重比值可达520，藤材高达570以上；而钢材的抗拉强度为1960MPa，钢材的密度等于7.8g/cm^3，强重比值约为251.3，与木质资源材料的差距很明显。

④隔热与电绝缘性 木质资源材料是中空的管状材料，当干燥至含水率很低时，很少含有能自由移动的电子，因此导热和导电能力极差。但由于其中产生离子的移动，故还是具有极微弱的导热、导电能力的。日常生活中木材常在建筑中用作保温、隔热材料，以及在民用品中用于炊具把柄材等，都是基于木材的隔热特性；对胶层选择性加热

的木材高频胶合工艺技术，也是基于木材具有的较低交流电导率特性设计的。反之，当木质资源材料中含水率很高时，则导热和导电能力很强。

⑤视觉特性 木材、竹材、棕榈藤材、灌木的不同切面均能呈现不同的颜色、花纹和光泽。木材的环境学特性表明，木材、灌木的颜色近于橙黄色，能引起人的温暖感和舒适感；木材、灌木纹理自然、质朴、多变，符合人的生理变化节律，能带给人自然喜爱的感觉；木材、灌木的光泽不如金属和玻璃制品那么强，呈漫反射并能吸收反射，因而能产生丝绢般的柔和光泽，具有很好的装饰效果；竹材、棕榈藤材特殊的外观形态及颜色、光泽本身就具有很美丽的视觉特征，常被用于园艺及装饰。因此，可作为家具制造的优良材料。

⑥调湿特性 当周围环境湿度发生变化时，木材、竹材、藤材等木质资源材料为获得与环境一致的平衡含水率，通过吸湿或解吸作用吸收或释放出水分，达到调节居室温湿环境的作用。有研究表明，人类居住环境的相对湿度保持在45%~65%较为适宜，因为适宜、稳定的湿度既可让人体舒适，还可令空气中浮游菌的存活时间缩至最短。

⑦声学性质 木质材料构造粗糙松软、内外微孔相互贯通，其吸声能力、隔音特性和声振动特性均十分优良，因而常被做成乐器的共鸣板、直接制成乐器或在声学建筑环境中使用，这些都与它们特有的构造形式及弹性体性质有关。

⑧吸收紫外光、反射红外光 虽然紫外光（波长380nm以下）是肉眼看不见的，但对人体的影响是不能忽视的，强紫外光刺激人眼会产生雪盲病，人体皮肤暴露在紫外光下会被灼伤。而木质资源材料中的木质素（木素）可以吸收阳光中的紫外光，减轻紫外光对人体的危害。此外，木材还能反射红外光（波长780nm以上），是木材使人产生温馨感的直接原因之一。

⑨提供纤维素 木材中纤维素的含量为40%~47%；竹材的纤维素含量为40%~60%；藤材的综纤维素一般为60%~75%（α-纤维素为42%~53%）；大部分农作物秸秆的纤维素含量也可达到40%~60%。纤维素是许多工业的基础原料之一，因而为木质资源材料在工业中的广泛应用奠定了基础。

⑩提供保健药品和营养成分 木材中含有的木糖醇、紫杉醇、阿拉伯半乳聚糖、精油等；竹材中含有的黄酮、活性多糖、特种氨基酸；棕榈藤如黄藤果实中萃取药品“麒麟血竭”，具有防衰老、活血、养颜、抗癌、治疗甲亢、清除活性氧自由基等功效。此外，嫩梢富含粗蛋白、粗脂肪、17种氨基酸和多种维生素等多种人体所需的营养成分。但这些成分在木质资源材料中的比例一般很低，提取也较困难，因此售价特别贵，有的价值远超过黄金，可以当作一种特别产业开展。

⑪吸收能量和破坏预警 用作铁道枕木时可以缓冲颠簸，乘客会产生舒适感；各种精密机床、仪器一般要用木材做底架垫着，是利用木材吸收能量减少对仪器设备的振动。木质资源材料在损坏时还往往会有一个延迟，除了不时地会发出咔嚓的声音外，外观上也会产生裂纹、变形等迹象，能给人以破坏先兆预警，从而具有一定的安全感。

（2）木质资源材料缺点

①干缩湿胀 木质资源材料含有吸水的极性羟基基团，当含水率低于纤维饱和点时，在吸湿或解吸水分过程中会出现体积与尺寸的湿胀和干缩。这种胀缩是各向异性的，从而会造成木质资源材料几何形体的不稳定性、开裂、翘曲等弊病。为了避免干缩湿胀给木质资源材料使用带来的困扰，可通过相应的物理、化学或物理-化学联合手段

进行改性处理(如干燥)，以提高它们的尺寸稳定性。

②可燃性　木质资源材料主要是由C、H、O元素组成的有机化合物，受热至一定温度时还可以分解出一些可燃性的气体和焦油，因此具有一定的可燃性。

但研究发现，尺寸越大的木质材料，越不易燃烧，主要是因为形成导热性很低的表面木炭保护层，从而抑制了有焰燃烧。同时也可通过浸注阻燃剂，防止木质材料起火燃烧。一根长度为18.29m外表未经防护的钢梁，在火灾中升温到600℃便会膨胀12.6cm，再加上由于钢梁变软不能支持自重而会造成坍塌。相反，在同样条件下，同样尺寸的木梁，由于在表面形成导热性很低的木炭保护层，内部并无多大变化，仍保持一定的强度，可以赢得时间灭火救人，较钢梁安全。

③不耐久　木质资源材料的有机成分和矿物质常被一些菌虫当作食物加以侵害，侵害的结果是使木材出现腐朽特征、虫蛀孔洞、变色、霉变等。腐朽或孔洞不仅会极大地降低木材的强度，有时还伴有变色；木材易于发霉、变色虽然对其强度影响不大，但降低了其装饰效果等，也影响其加工与利用和使用价值。针对防腐和防虫蛀也开展过一些研究，主要是控制木质资源材料含水率及使用环境的温湿度，使其不利于菌虫的生长，如干燥处理就是一种很有效的防腐防虫办法。

④变异性大、强度低　作为生物材料的一种，在生长过程中因环境差异很大，木质资源材料的材性差异也很大，这种差异不仅存在于不同种间，同一种木质资源材料内部也存在。此外，与钢材等金属材料相比，木质资源材料的强度较低。

总之，木质资源材料作为一种天然高分子生物材料所独有的一些性质，使它有别于其他如钢材、水泥等材料，它既有许多优点，也带有不少缺点，因此需要通过其材料学的系统学习，了解它的优缺点及产生的原因，做到充分合理利用。

0.1.3　我国木质资源应用现状

(1)木材资源匮乏、利用率低

在总蓄积量和年供应量上，我国木材的资源量低、短期供应量小，短期内将出现供应量严重短缺的现象，一段时期后应可保持供需持平。

第九次森林资源清查结果显示，我国森林覆盖率为22.96%，相当于世界森林覆盖率(30.7%)的3/4；全国人均占有的森林面积为0.16hm^2，不足世界人均森林面积的1/3；人均森林蓄积12.35m^3，仅约为世界人均森林蓄积量的1/6。此外，树龄结构不合理，可采资源不足，也是一大问题，以乔木林为例(森林包括乔木林、竹林和特殊灌木林)，幼龄林和中龄林面积1.15亿hm^2，占全国林分面积的63.95%；成熟林和过熟林的蓄积量只有65.83亿m^3，按目前的年需求量6亿多m^3的消费水平，可采资源严重不足。而当前我国面临着水土流失、土地沙化、水资源不足、物种减少等生态环境问题，频繁的洪水、干旱和沙暴等极端气候灾害已逐渐唤醒了人们对生态环境重要性的认识，天然林的生态环境保护作用显得尤为重要，国家已于1998年开始实施天然林资料保护工程，停止对天然林的采伐，因此木材供求矛盾将更加突出。

我国是一个木材生产大国，同时更是一个木材消费大国，目前我国木材消费平均增长率达3.71%；另外，我国经济发展已步入稳定和快速增长时期，目前国民生产总值保持平均6%的增长率，我国国民经济的整体规模已跃居世界第二位。2014年，我国木材消耗总量为5.39亿m^3，进口原木及其他林产品折合木材2.58亿m^3，木材对外依存度达47.94%，严重影响了国家的经济建设。从进口金额上看，我国木材进口总额由2000年的26.4亿美元增长到2018年的493.4亿美元。近10年来我国木材消费总量增长了173%，木材对外依存度高达55%，目前全国年木材消耗量达6亿多m^3；随着国家经济建设的发展及人民生活水平的提高，到2020年我国木材的需求缺口高达5亿m^3。为此，国家每年要花220亿美元外汇从国外进口木材，来满足国民经济建设和人民生活的需要，我国成为世界第一大木材进口国。然而进口木材不但受制于我国外汇能力，而且受制于国际市场的可供能力，许多森林资源丰富的国家，为防止森林资源的进一步破坏，对木材出口采取严格限制，甚至有些国家如印度尼西亚已完全禁止原木出口，因此近10余年来世界木材市场上工业原木出口量一直保持在每年1亿~1.2亿m^3，如2009年原木出口量为1.15亿m^3，且价格却还在不断上涨。

此外，在利用上还体现出木材资源利用率不高的缺点，发达国家的木材综合利用率已达80%以上，加工剩余物的工业利用率(不包括用作能源)在50%以上；而我国木材加工利用技术水平不高，造成木材综合利用率仅为50%~60%，产品精加工、深加工少。我国“次、小、薪材”年可供量为1450万m^3，已利用的仅为50%；可供工业用的“三剩(采伐、造林、加工剩余物)”年可供量为718万m^3，已利用的也仅占61.6%；抚育、间伐的小径材年可供量为1500万m^3，现利用的仅为可供量34.2%，因此，木材的高效利用已成为我国木材工业界亟待解决的课题。

(2)非木材资源有待进一步开发利用

20世纪60年代以来，为缓解木材供求矛盾我国营造了大面积工业人工林。据第九次全国森林资源清查结果显示，我国人工林面积为0.80亿hm^2，居世界各国之首，约占全世界造林面积的1/3；同时国家现在十分重视人工林的种植和培育，未来将可以大大缓解我国木材供求矛盾，为国家建设提供急需的木材。当然，我们不应该仅将全部希望寄托于人工林的速生与利用上，更应该着眼于潜力巨大的非木材资源，竹材、藤材、灌木、农作物秸秆的年产量都十分巨大，如能将其转化为材料或材料来源，每年可节约相当于2000万~3000万m^3木材，约占全国年木材采伐量的1/3~1/2，将有利于缓解木材供求矛盾日益突出的现状。

总体上来说，我国非木材资源丰富、蓄积量大、年产量高，但却没有被很好利用。我国木质资源加工利用最大特点表现为：木材使用比例高，约占木质资源材料总使用量的60%以上。此外，木材的使用场合和使用方式也比其他木质资源多。但可喜的是近年来，竹材、藤材的利用正呈上升趋势，产品种类繁多，已逐渐走进人们的日常生活中。如竹材的利用日益增多，主要有重组竹家具、竹胶合板、碎料板、竹材层积板及地板、竹木复合板材、竹编织物、竹炭、竹筷、竹菜板等；藤材的利用基本上还是以传统的藤家具、藤笪、藤席及藤编织件为主，此外还有藤炭等，利用的方式和场合还有待于拓展；灌木主要有发电、取暖、编织工艺品等；农作物秸秆虽然近年来在人造板、编织上也有应用，但因为对其形态及材性了解不够充分，对它们利用研究的文献很少，利用的方式就更少，资源的浪费令人十分可惜。

(3)加工水平有待提高

我国木材工业化的步伐在20世纪末才逐步加快，目前在大中城市有一些大型木制品加工厂，而这些加工厂也多数未经过优化整合，加工能力和效率还都不高。虽然一些大型木材加工企业也有一些全自动化机械，但基本上都需员工操控，遇到自动化程度较高的一些进口数控机床就遇到技术障碍，使设备无法发挥最佳功效。另外，许多关键设备短缺，如单板干燥设备、定厚砂光设备等；相当一部分单板旋切企业，只配置了低档的旋切机，存在旋切出来的单板厚度公差过大等问题。这与发达国家的3D打印技术、数显技术、数字化控制技术、激光技术、流水线生产设计等现状差距较大。在加工方式上，基本为原材料的形体加工、组合加工、简单复合加工等，大量先进的材料加工方式还未很好地运用到包括木材在内的其他木质资源材料上。

0.1.4 木质资源材料利用和意义

木质资源及其加工产品是人们日常生活和国民经济发展中用途最广的基本材料之一，其独特的生物材料性能与优良的环境学特性深受人们的喜爱，人类历史的发展也与森林资源的开发利用和木质材料加工技术水平的发展息息相关。如今，木质材料在国民经济中所占的比重和作用虽有所下降，但木质材料及其加工产品消费总量和绝对经济产值在大多数国家仍呈上升趋势，如在能源结构、工业原料等方面依然占有极其重要的地位，世界上以木质材料为原料的产品就多达10万余种。

我国在实行计划经济年代，木材等木质材料就是国家计划分配物资中最为短缺的物资之一，在实施改革开放以后，木材市场才逐渐放开，但对森林采伐和木材流通仍一直实行严格的管控措施；这样一方面保护了珍贵的森林资源和促进了生态环境的改善，另一方面促进了木材资源的高效利用和国民经济的可持续发展。以木材为例，2002年，我国木材消耗总量约2.68亿 m^3、1.5亿t，相当于我国钢铁和塑料年消耗量总和；美国木材年消耗量高达2亿t，相当于其钢材、塑料、水泥和铝4种材料年消耗量之和，占其全部工业原料的1/4。从经济效益来看，瑞典、芬兰林产品年产值占其国民经济生产总值的14%~18%，而马来西亚、印度尼西亚木材工业出口额更是占其全国工业出口总额的10%~25%。1997年，国家统计资料显示，每1000 m^3 木材对国民经济生产总值的贡献为110.63万元，商品材资源所创收入比全国铁路、公路、水路及港口营运等收入总和还要高17.69%。在2002年我国年消耗的2.68亿 m^3 的木材中，造纸用材约为7500万 m^3，建筑工程及房屋装饰约为6000万 m^3，农业用材约为6000万 m^3，家具用材约为3000万 m^3，其他如采掘工业、包装、铁路、造船、航空、车辆、军工、纺织等行业用材约3700万 m^3；此外，我国广大农村地区、边远山区等居民每年作为能源消耗森林资源6000万~7000万 m^3。2013年，我国造纸消耗木材就高达约3.48亿 m^3，比2002年增加了364%；木制品产品也要消耗木材约合2.18亿 m^3(包括胶合板耗费原木材积约1亿 m^3，中纤板要消耗木材约8092万 m^3，刨花板消耗木材2079万 m^3，实木家具消耗木材约1350万 m^3，实木地板要消耗木材253万 m^3)，仅这两项消耗木材就高达5.66亿 m^3。自2016年以来已连续4年全国年木材消耗量超过6亿 m^3，2019年消耗木材高达6.31亿 m^3(其中造纸消费木材约2.62亿 m^3，占木材消耗量的41.5%；建筑用木材2.37亿 m^3，占木材消耗量的37.6%；家具市场消耗木材约1亿 m^3，占木材消耗量的15.8%；其他占5.1%)。从长远来看，我国优质的建筑装饰用材、硬木地板用材、大径级胶合板用材供不应求的紧张局面依然存在，造纸用材、中高密度纤维板用木材资源消耗将会进一步扩大。

0.1.5 国外木质资源利用经验

世界各国，尤其是一些发达国家的木材及加工剩余物的综合利用率都很高，他们从开源和节流两方面来解决木材供需不断增长的矛盾上，有很多值得借鉴的做法。

(1)林木的集约化栽培和定向培育

木材性质与树木的遗传因素、立地条件和栽培措施间存在着密切的联系，故不同树种间，同一树种不同地理种源、家系和无性系间，相同的种源、家系、无性系的不同树株间，同一树株不同部位间，木材性质均存在着差异。所以，通过木材性质与营林培育措施间关系的研究，可以探明这种变化规律和基本原理，揭示不同良种在不同的立地条件下、采用不同的栽培措施，培育出来的木材生物构造、物理、力学及化学特性的变异规律，还可以探究什么样的良种、在什么样的立地条件下、采取什么样的栽培措施使培育出来的树木，不但生长快、干形好、抗性强，而且材质好，甚至能够满足一些用材部门对某些特定性质指标的要求，从而为实现林木定向培育、良种选育及集约栽培新技术提供科学依据。

综上所述，加强木材科学的基础研究，既是实现林木定向培育和木材资源高效利用的基础和前提，也是缓解木材供求矛盾的密钥。如美国从 20 世纪 40 年代至今，一直大力发展南方松人工林，栽培面积达 100 万 hm^2；新西兰、巴西是分别利用桉树和辐射松人工林，成为解决木材需求的典范；我国人工林保有面积达 0. 80 亿 hm^2，出现了前所未有的发展态势，为成功解决 21 世纪木材供需矛盾树立了标杆。

(2)木材资源的科学加工和高效利用

实现木材资源高效利用的主要宗旨：劣材优用、小材大用、材尽其用，提高木材利用率，达到全树高效利用的目的，使木材资源发挥最大的效益。“性质决定利用”，通过对木材性质与加工利用关系的研究，探明木材性质对加工利用影响的规律，揭示木材性质对加工利用影响的机理，从而获知什么样性质的木材适合于什么样的加工和用途、什么样的加工和用途需要什么样的木材，最终为研究木材最佳利用途径、最优加工工艺、提高加工生产效率和产品质量、增加产品高附加值、延长产品使用寿命提供理论依据和技术基础。

(3)拓展非木材资源的产品开发

加速开发竹、藤、灌、农作物秸秆等非木材资源产品的加工生产和实际应用，补充木材产品供应的不足，并为农作物资源的长期利用做准备。

(4)以工养林、林工结合

林产工业一体化将是各国今后的共同发展趋势。如今，发达国家制材科学技术的主攻方向是提高木材的出材率和成材价值，如人造板生产；而人造板工业研究的主攻方向是如何提高原料的利用率、开发原料新品种和扩大木基复合材料的应用范围，生产工艺将继续向连续化、自动化、智能化、高效节能方向发展。

0.2 生物质纤维材料概况

生物质纤维是指来源于可再生生物质的一类纤维，包括天然动植物纤维、再生纤维及来源于生物质的合成纤维。大力发展生物质纤维可有效扩大纺织原料来源，弥补国内纺织资源的不足，同时也是应对石油资源日趋枯竭、实现纺织工业可持续发展的重要手段；开发可再生、可降解、可循环利用的生物质纤维，也是推进化纤原料结构调整和建立化纤工业循环经济发展模式的重要任务。近些年来，国内特别关注生物质纤维，国内外的行业专家等都对此产品的前景比较看好，认为“生物质纤维”将成为未来纺织行业发展的主要方向。由于全球石油资源日趋匮乏，作为世界最大的化纤生产国，我国化学纤维的产量将会受到越来越多的制约，为了满足市场需求，必须有相应的替代资源以满足生产发展和消费增长的需要。在这种情况下，能替代石油的可再生、可降解的新型化纤原料的经济性日益显现，以生物质工程技术为核心的绿色纤维及材料的快速发展，将成为引领化纤工业发展的新潮流。

0.2.1 生物质纤维的分类

生物质纤维基本可分为生物质原生纤维、生物质再生纤维、生物质合成纤维三大类。以棉、麻、丝、毛为代表的生物质原生纤维是我国的传统优势品种；竹浆、麻浆纤维、蛋白纤维、海藻纤维、甲壳素纤维、直接溶剂法纤维素纤维等生物质再生纤维迅速发展，能基本满足我国经济发展及纺织工业发展的需求；PTT、PLA、PHA 等生物质合成纤维已突破关键技术，部分产品产能世界领先。

(1)竹浆纤维

以竹子为原料生产的竹浆纤维是近年来我国自行研发成功的一种再生纤维素纤维，具备良好的可纺性和服用性能，尤其是具有抗菌、抑菌、防紫外线和易于生物降解等特性。竹浆纤维自 2000 年问世以来，平均每年保持了 30%的增长速度，2010 年时全国已形成 5 万 t 左右的产能。10 年来，竹浆纤维现已真正成为拥有自主知识产权，并得到广泛应用的新型纺织原料。目前国内已经推出了全竹、竹棉、竹麻、竹毛、竹真丝、竹天丝、竹莱卡、混纺丝、梭织、色织系列竹纤维产品，并初步形成了一些竹浆纤维产品品牌。目前，河北吉藁化纤的竹纤维产量至少占国内总产量的 70%，纺纱生产企业有河北天纶、山东德棉、山东华源、保定依棉等。织造、染整及成品加工的企业相当多，但整体水平不高，产品开发也有很大的局限性。

(2)牛奶蛋白纤维

牛奶蛋白纤维是以牛乳作为基本原料的新型动物蛋白纤维，由牛奶酪蛋白与丙烯腈大分子接枝共聚反应而成，目前世界上只有个别国家能生产。我国从 20 世纪 60 年代开始研究牛奶纤维。目前国内生产企业还有山西恒天纺织新纤维科技公司、嫩江华强牛奶蛋白纤维公司、深圳优尼克纺织服装公司等，但各企业产品乳酪蛋白含量不同。

(3)甲壳素纤维

地球上存在的天然有机化合物中，数量最大的是纤维素，其次就是甲壳素，前者主要由植物生成，后者主要由动物生成。

(4)PTT 纤维

杜邦公司于 2000 年推出生物质 PTT 树脂，商品名为“Sorona”，它是用玉米制成的生物质 1,3-丙二醇(PDO)取代石油质 PDO 为原料而制成的。同时，杜邦公司还与韩国的新韩工业、日本的帝人和东丽，以及我国台湾省的远东纺织等公司合作，共同开发 PTT 纤维。我国福建海天轻纺集团与杜邦联合开发 PTT 聚合已形成 3 万 t/年生产能力，吴江中鲈科技公司 3 万 t/年的 PTT 聚合正在建设中，生物质 PDO 处于供不应求状态，目前广泛关注以农副产品制备 PDO。我国在 PTT 纤维纺丝、织造、染整方面已形成相当大的产能，开发的服装面料已拥有一定的市场容量，具备稳步发展趋势。

(5)PHA 纤维

PHA 纤维是一类由各种微生物(如土壤细菌、蓝藻等)、转基因植物等产生的生物相容可降解的全生物高分子。这类可熔融纺丝生产 PHA 纤维，工艺路线环保，污染少。目前纤维加工的难点在于 PHA 脆性较大、机械性能差和可加工温度范围窄。如果能突破纺丝加工的关键技术，在成本控制、染色性能等方面有较大改善，PHA 纤维将是最可能与目前的聚酯纤维相竞争的纤维品种。东华大学在国内最早开始 PHA 系列纤维成型理论研究，并最终制备出具有一定物理机械性能的生物纤维，同时为通过熔融纺丝法直接制备功能性生物质纤维提供了理论和技术基础。

(6)Lyocell 纤维

Lyocell 纤维是 20 世纪 90 年代推出的新一代再生纤维素纤维，采用 NMMO 有机溶剂溶解和干湿法纺丝工艺制成，纺丝溶剂回收率达 99%以上。目前，世界上该纤维年产量在 12 万 t 以上，其中奥地利兰精公司是最主要的生产商，国内已有多家单位进行了相关研究开发。上海里奥纤维企业发展有限公司已建成了 1000t/年的 Lyocell 纤维生产线，2009 年 7 月企业又成功研发出莱赛尔竹纤维(lyocell bamboo)，并实现了大规模批量生产，填补了该纤维在全球范围内商品化的空白。由中国纺织科学研究院承担的“新溶剂法纤维素纤维关键设备与工艺的工程化研究”项目通过了专家鉴定，年产 10t 的 Lyocell 纤维关键设备工程化小试示范线已建成并实现连续稳定运行，纤维主要性能指标均达到国外同类产品的先进水平。NMMO 法生产纤维素纤维在国内的最大障碍是知识产权问题，Courtaulds、AKZONobel、Lenzing 等公司仅在我国申请该技术相关专利就多达上百项，无疑增加了技术开发和生产的成本。

0.2.2 生物质纤维的产业化生产

与国外相比，我国开发研制生物质纤维甲壳素纺织品的工作起步较晚，1952 年才开展了甲壳素试验。1991 年东华大学研制成功甲壳素医用缝合线，接着又研制成功甲壳胺医用敷料(人造皮肤)并申请了专利。1999—2000 年，东华大学研制开发了甲壳素系列混纺纱线和织物并制成各种保健内衣、裤袜和婴儿用品。但近年来，我国有多数生物质纤维还在实验室研发阶段，在全球石油等资源日益紧张的情况下，生物质代表化纤的未来。受制于原料一直是化纤发展的瓶颈，一些有实力的大企业选择向上游走，去开采石油。但是石油资源是有限的，向上游走并不能解决化纤发展的全部问题。如果化纤能够利用可以不断再生的资源，化纤的产品又能够实现可降解，那么化纤不仅能够解决利润下降的问题，还能从根本上打破产业发展的瓶颈。目前，我国生物质再生纤维产业快速发展，2012 年产能达到了 200 万 t 以上，占世界总产能的 85%以上。我国生物质纤维资源储量丰富，如农作物秸秆、树木类资源量约有 30 亿~32 亿 t 以上，海洋贝壳类、海藻类约有 20 亿~21 亿 t，动植物蛋白类纤维资源量约有 300 亿 t 以上，具有广阔的开发应用前景，山东海龙、吉林化纤等企业都开展了生物化纤的研究，并取得了一定成果。

0.2.3 生物质纤维顺应当前的发展潮流

生物制造产业将是影响未来的战略性领域。国际经济合作与发展组织(OECD)预测，至 2030 年，将有 35%的化学品和其他工业产品来自生物制造。2007 年全球生物制造产品销售额为 480 亿欧元，2017 年达到 3400 亿欧元，其中生物材料以 38%的速度在增长。美国、加拿大以及欧洲先后制定生物产业发展相关路线图，工业生物技术已经成为各国的战略培育方向。截至 2020 年，美国实现化学工业的原料、水资源及能量的消耗降低了 30%，污染物排放和污染扩散也减少了 30%；2030 年生物产业成果将替代 25%的有机化学品和 20%的石油燃料。欧洲工业生物技术 2025 远景规划中，期望取得基于生物技术型社会转变的实质性进展，生物能源替代 20%的化石资源。化学品替代 10%~20%，其中化工原料替代 6%~12%，精细化学品替代 30%~60%。基于当时的国际背景，我国制定的《生物产业“十二五”发展规划》将生物医药、生物农业、生物能源、生物环保及生物服务外包五大方面列为发展重点，至 2015 年全国生物产业产值达到 4 万亿元，2020 年已超过 8 万亿元。

目前，可以直接利用的生物质纤维年产量已超过 3000 万 t，其中植物(纤维素)纤维量最大(包括棉花约 2500 万 t，各种麻类约 400 万 t)，动物(蛋白质)纤维其次(包括羊毛约 210 万 t，蚕丝约 150 万 t)。尽管这类纤维也需要通过一定的预处理、纺纱、织造等工艺过程才能得以利用，但其技术相对成熟，对环境的影响也较小。而大量不能直接利用的生物质原料要成为纤维，需要经过原料制备、纺丝等复杂的工艺和严格的工程设计。从 19 世纪末发明粘胶法生产再生纤维素纤维至今已过去 100 多年了，各种生产生物质纤维的新技术不断涌现，然而从纤维的产量比例来看，粘胶法依然占据着不可动摇的主导地位。2010 年我国粘胶纤维产量为 180 多万 t，而直接溶剂法生产纤维素纤维的技术还处于千吨级生产线和小型试验线的阶段，能耗与运行成本严重影响了其进一步发展。

如今，中国化学纤维工业协会规划了生物质纤维 30 年路线图，其中强调，国内发展生物质纤维及生化产业的根本目标，是实现“两个替代、一个改性”——对化石原料资源替代，对化工加工工艺路线替代以及生化方法改性，实现生化差别化发展。根据初步规划，到 2030 年纺织化纤行业使用生物质纤维实现原料替代 10%，2040 年将达到 20%，届时纺织原料格局将更加多元化，资源瓶颈状况将得到有效缓解；在过程替代方面，2030 年行业平均水平达到 17%，2040 年将增长至 24%，生产过程将更加清洁、高效。同时，采用传统方法实现纺织化纤产品差别化发展已经走到了尽头，生化技术将为产品差别化带来新的突破。

第1篇

木材资源材料

第 1 章
树木生长与木材形成

树木是木本植物的总称，包括乔木、灌木和木质藤本，其中供人类使用的木材主要来源于乔木。我国地域辽阔，跨寒温带、温带、亚热带、热带，地形复杂，环境差异很大，树种资源十分丰富，约 8000 种，乔木占近 1/3，但常见的乔木树种仅约有 300 种，作为工业用材市场使用的约 1000 种。这些木材，由于构造上存在差异，用途上也不尽相同，在木材加工及作为商品流通中必然要涉及它们的名称，这就要求对木材有一个科学的分类，有一个科学的名称。

1.1 植物分类和木材名称

1.1.1 植物分类

植物分类学是以自然界中植物的亲缘关系为基础，研究区分植物类别的科学。一般来说是按照一定的分类等级和分类原则进行排列，从而建立一个合乎逻辑的、能反映各类植物间亲缘关系的分类系统。

植物分类系统是植物分类学的中心内容，而植物分类单位和命名则是其重要组成部分。现代植物分类学所采用的分类基本单元是“种”，最高单位是“界”，常用的植物分类的等级包括：界、门、纲、目、科、属、种，最常用的是科、属、种三级。以刺槐为例：

界——植物界 Plantae
　门——被子植物门 Angiospermae
　　纲——双子叶植物纲 Dicotyledoneas
　　　目——蔷薇目 Rosales
　　　　科——豆科 Leguminosae
　　　　　属——刺槐属 *Robinia*
　　　　　　种——刺槐 *Robinia pseudoacacia* L.

植物界的各种植物，根据其相似性和相异性，确切地说，是根据亲缘关系或联系，可划分为藻类植物、苔藓植物、蕨类植物、种子植物四大门。这四大门(类)植物在形态结构上反映出植物界从简单到复杂、从低级到高级的进化过程。乔木树种属种子植物门，是植物界中形态结构比较复杂、进化比较高级的一大类植物。

植物的科学命名法是采用双名法(两段命名法)，该法是由瑞典植物分类大师卡尔·林奈(Carolus Linnaeus)于1753年创立的。所谓双名法是指用拉丁文给植物起名字，第一个词是属名(斜体)，第二个词是种加词(即种名，斜体)；一个完整的学名还需要加上最早给这个植物命名的作者名，故第三个词是命名人，因此，“属名+种名+命名人”构成一个完整的学名。如刺槐的学名是 *Robinia pseudoacacia* L.，其中 *Robinia* 是属名，*pseudoacacia* 是种名，L.（或 Linn.）是定名人 Linnaeus 的简写。

另外，在植物名称中，常会出现某个植物种学名后出现数个定名人的现象，如长毛臭檀 *Evodia daniellii*(Benn) Hemsl. var. *villicarpa*(Rehd. et Wils.) Huang 等。这类记载明确地反映了该植物种数次订名的经历过程，这种记载对植物分类学家查考来说是很重要的。上述长毛臭檀的学名共由10个词组成，对木材工作者来说其中最重要的只是 *Evodia*(属名)，*daniellii*(种名)和 var. *villicarpa*（变种名)。有了这3个词就可明确地肯定变种的名称，这也可称为三段命名法，它适用于命名至变种。

1.1.2 木材名称

正确的木材名称，世界各国都应遵循《国际植物命名法规》所规定的命名法，也就是植物(树木)分类系统的名称，即学名。这种名称不仅科学、不会产生木材种类上混淆，而且利于国际、国内学术交流和木材贸易，因而它是规范化的名称。

木材科学采用的木材名称，大多沿用植物分类学中树木的名称，其中最重要也是最常用的是属名、种名和变种名，其他附加词常予以省略。应该说明的是，在某些情况下，为防止树种间混淆，木材名称中加上定名人名也是有必要的。

木材名称除上述规范化的学名以外，各国都还有一般的俗名。我国幅员广阔，树木种类繁多，加之长期习惯，一种木材在某地叫这种名称，而在另一地方则又叫别的名称。甚至同一树种在同一地区也有几个名称，这种同物异名的现象已屡见不鲜，如枫杨(*Pterocarya stenoptera* C. DC.)，其俗名在全国竟有大叶柳、柳树、水柳、元宝杨柳、白柳、鬼柳、鬼树、水花树、胖柳等数十个之多。

木材的俗称，除上述弊端外，还有词义欠明确、欠严谨之虞。例如，松木一词，按照科学的概念应该是指松属某种木材(*Pinus* sp.)或松属某几种木材(*Pinus* spp.)。而俗称常把除柏木、杉木之外的几乎全部针叶树材，皆统称为松木。又如市场上习惯称的白松，实际上是指冷杉属中的多种木材，也有把云杉属包括在内的，甚至把铁杉、落叶松等也列入其中。这种现象必然给木材名称造成混乱，给木材识别带来很多困难。因此，在科学研究和商品贸易中要求木材名称必须是学名。

1.2 树木生长与木材形成

树木的生长是指树木在同化外界物质的过程中，通过细胞分生、分裂和增大，使树木的体积和质量产生不可逆的增加。树木是多年生木本植物，一生要经历幼年期、中年期、近熟期、成熟期、过熟期直至个体生命结束为止的全部生活史，可以生活几年至几千年不等。木材产自高大的针叶树和阔叶树等乔木的主干。要了解主干是怎样生成的，首先有必要了解树木的生长过程。

1.2.1　树木组成部分

树木是由种子(或萌条、插条)萌发，经过幼苗期，长成枝叶繁茂、根系发达的高大乔木。纵观全树，它是由树冠、树干和树根三大部分组成(图1-1、表1-1)。

(1)树冠

树冠是树木最上部分生长着的枝丫、树叶、侧芽和顶芽等部分的总称。范围通常是以树干由基部向上的第一个大活枝算起，至树冠的顶梢为止，侧枝上生长着稠密的叶片，约占树木总体积的5%~25%。树冠具有光合作用、蒸腾作用、遮阴三大功能，如树冠中的树枝把从根部吸收的水分和矿物质营养，通过边材输送到树叶，再与树叶吸收的二氧化碳共同经光合作用合成碳水化合物，供树木生长需要。

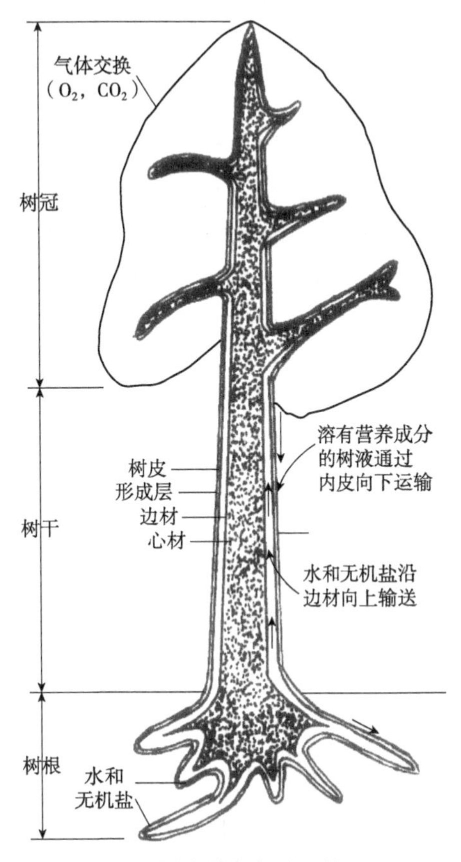

图1-1　树木的各部分和作用

(2)树干

树干是树冠与树根之间的直立部分，是树木的主体，也是木材的主要来源，约占树木总体积的50%~90%。在活立木中，树干具有输导、贮存和支撑三大功能。木质部的生活部分(边材)把树根吸收的水分和矿物营养向上输送至树冠，再把树冠合成的有机养料通过韧皮部向下输送至树木全体，并贮存于树干内。

表1-1　部分树种活立木各部分体积所占比例(刘一星等，2012)　%

树种	体　积		
	树干	树根	树冠
松树	65~67	15~25	8~10
落叶松	77~82	12~15	6~8
栎树	50~65	15~20	10~20
白蜡树	55~70	15~25	15~20
桦树	78~90	5~12	5~10
山杨	80~90	5~10	5~10
山毛榉	55~70	20~25	10~20
枫树	65~75	15~20	10~15

(3)树根

树根是树木的地下部分，包括主根、侧根和毛根，占树木总体积5%~25%，具有吸收水分和矿物质、向上运输、将树木固定于土壤三大功能。其中，主根的功能是支持树体，将强大的树冠和树干稳定于土壤，保证树木的正常生长；侧根和毛根则主要是从土壤中吸收水分和矿物质营养，供树冠中的叶片进行光合作用。它们是树木生长和赖以生存的基础，若没有发达的根系，树木是不能正常生长的。

1.2.2　树木生长

树木的生长，是高生长与直径生长共同作用的结果(图 1-2)。

(1)高生长(顶端生长、初生长)

树木的高生长包括根的不断延长、茎干的不断加高和树冠中侧枝的不断延伸，其生长过程是依赖根尖、顶梢和枝梢部位具有无限分生能力的组织进行的。

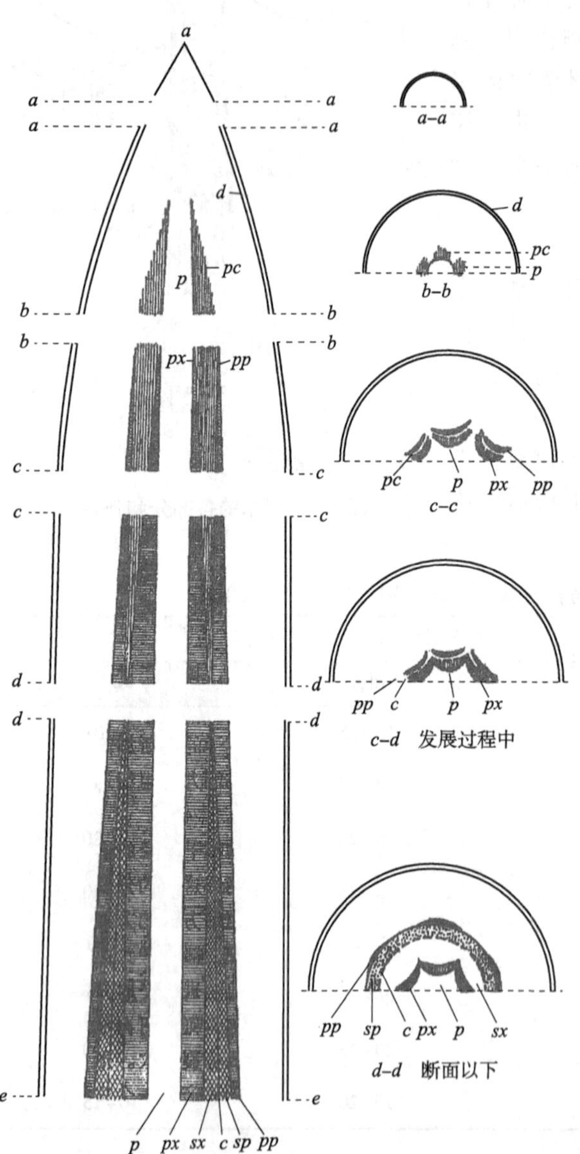

图 1-2　树茎梢部高生长至直径生长的发展过程

三角形 *a-a-a* 是生长点的原分生组织，树干的高生长就起源于原分生组织能持久地再分裂。

a-a 以下，原分生组织分裂产生的细胞，在大小、形态上已有变化，说明细胞的形式在向预定的方向发展。

b-b 处，细胞已成为明显不同的层次，单层细胞(表皮原，*d*)往后将发展成表皮；*pc* 为束状原形成层，与 *d* 同为皮层原；中央的部分为髓心(*p*)。

c-c 处，原形成层束(*pc*)最外、最内层的细胞已分别分化为初生韧皮部(*pp*)和初生木质部(*px*)，*d* 已发展为表皮，覆盖于树干外表层。

c-d 发展过程中，原形成层束连接成圆柱鞘构成原形成层(*c*)；除原形成层外，其他均已转变为初生木质部和初生韧皮部。

d-d 断面邻近部分，由外向内的组织依次为：表皮、皮层、初生韧皮部、原形成层、初生木质部和髓心。在形成层(侧生分生组织，由原形成层形成)形成并开始活动前，树茎嫩端的所有组织，都属于初生组织。

d-d 断面，初生韧皮部和初生木质部间为形成层。

d-d 断面以下，形成层向外已生成次生韧皮部(内树皮，*sp*)，向内已形成次生木质部(木材，*sx*)；表明树茎已开始直径生长(即次生长)。

首先从树木的芽开始，由具有强烈分生能力的顶端分生组织开始分裂产生新细胞，新细胞进一步分裂，细胞数目逐渐增加、个体渐渐伸长，芽也逐渐伸长。随着生长点的细胞进一步分裂，初生分生组织(由原表皮层、原形成层束和初生基本组织构成)也开始发生变化，细胞的形状和大小产生了明显的差异、细胞间通常存在间隙。

再经过一段时间，初生分生组织转变为初生永久组织继续分裂，该部分由表皮、维管束和基本组织组成；其中维管束由初生韧皮部、原形成层束(束状原形成层)和初生木质部三部分组成，基本组织由初生皮层和中柱两部分构成，而中柱在茎的中央部分，维管束通过其中，维管束以外称为初生中柱鞘，维管束以内称髓，而维管束之间称为初生射线组织。原形成层进行分裂，向外形成初生韧皮部，把芽和叶合成的有机物和激素等向下输送；向内形成初生木质部，把根吸收的矿物养分和水分向上输送。原形成层，即在中间仍保留一列有分生能力的细胞组成的薄的初生形成层，其细胞在整个树木的生长中始终保持着分裂的能力。

由初生长产生的初生木质部在髓周围极小的范围内，髓是薄壁的生长点细胞，直到第一年末还在发挥作用，是死亡后仍原样地留下来的组织。

(2)直径生长(粗生长、次生长)

树木的直径生长是木质部和韧皮部新细胞不断形成并积累的结果，它是由形成层原始细胞不断进行弦向的平周分裂来完成的(同时为适应直径的增大，也不断进行径向的垂周分裂)，向外形成次生韧皮部，向内形成次生木质部，树木就这样进行次生长而逐渐变粗，形成层也随之外移。植物学上把生长点称为顶端分生组织，相对应把形成层称为侧向分生组织，由它分生出来的组织称为次生组织。次生组织包括由形成层形成的次生木质部、次生韧皮部和由木栓形成层所形成的周皮。

1.2.3　木材形成

通常树木中形态和作用相似的细胞聚合为组织，多种组织又共聚而成木材；随着木质部及韧皮部新细胞的增加，树干直径不断增大。

新细胞的增加是由形成层原始细胞进行平周分裂来完成的(同时，为适应树干直径加大过程中形成层周长增加的需要，形成层原始细胞也进行垂周分裂)。首先，形成层的纺锤形原始细胞一般在弦向进行一分为二的平周分裂，形成了和原始细胞等长的两个细胞，其中的一个仍留在形成层内生长成纺锤形原始细胞，另一个向外分生时变成韧皮部母细胞，向内分生时变成木质部母细胞。木质部母细胞进一步进行平周分裂形成 2 个子细胞，一般子细胞进一步分生成 4 个木质部细胞，它们首先在径向增大其直径，分化为木质部单元，较快地分化并形成木质部的组织。韧皮部母细胞分裂形成 2 个子细胞后，就直接分化成韧皮部组织。其次，产生木质部细胞的原始细胞的分裂比产生韧皮部细胞的分裂持续时间长，分裂产生的细胞数多 6~8 倍(图 1-3)。再者，因为韧皮部细胞受到内部压力而会被压溃，所以，壮龄树的树干一般由约 90%的木质部和约 10%的韧皮部组成。

形成层的射线原始细胞分生的细胞一般在径向伸长，形成从树干内部向外经过形成层至树皮的射线组织。这种分裂次数有限制，分生的新细胞不再分裂，但能伸长、成熟。从髓开始的射线称初生射线，从形成层衍生的射线称次生射线。次生射线的外端都经过形成层伸到韧皮部，在形成层以内的部分称木射线，在形成层以外的部分称韧皮射线，形成层的射线原始细胞开始形成射线后就会在整个树木的生长中继续形成。

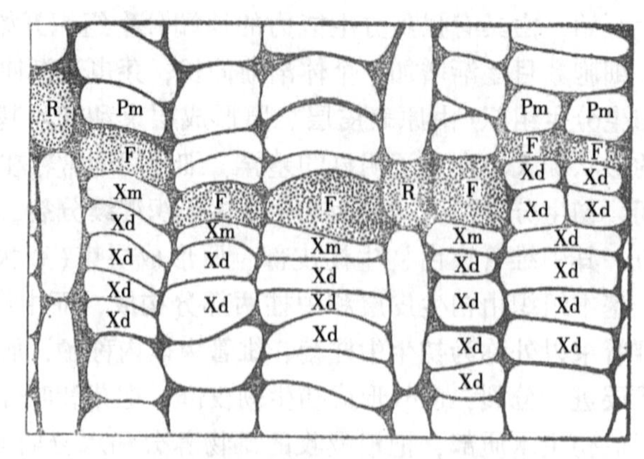

图 1-3 松木活动形成层的横切面(尹思慈，1996)

形成层原始细胞(F、R)：F. 纺锤形原始细胞，R. 射线原始细胞；木质部(X)正在发育、位于图的下部，韧皮部(P)位于图的上部；形成层原始细胞分裂的母细胞(m)和子细胞(d)

形成层具有很强生命力，温带树木的形成层在冬季停止分生，处于休眠状态，形成层原始细胞的细胞壁显著增厚，原生质体变得黏滞呈凝胶状态。翌年春季，形成层内细胞的细胞壁变薄，细胞质呈半流动的溶胶状态，形成层原始细胞恢复活动。一般认为，形成层带细胞重新活动要求气温均值在4.0℃以上约1周才开始。除了气温升高的影响外，形成层活动的恢复显然是依靠激素的刺激。刺激首先在膨胀芽，稍后在生长点和新叶内产生。

1.3 树干构造

树干由外向内依次由树皮、形成层、木质部和髓构成。

1.3.1 树皮

树皮为包裹在树木的干、枝、根形成层外侧全部组织的统称。幼茎或成熟树干嫩梢的树皮包括表皮、周皮、皮层和韧皮部等部分(图 1-4)。

树木的幼茎仅在很短时间内由表皮保护，使茎内水分不致丧失并使幼茎免受外界损伤。经过一年后，表皮自行脱落，取而代之的是新生的保护层——新生周皮。

周皮可分为3层，位于周皮中层的组织为木栓形成层，木栓形成层向外分生木栓层，向内分生栓内层，合起来统称周皮。在表皮脱落前，周皮是由皮层中的活细胞恢复分生能力，经分生和分化产生。由于木质部直径不断增长，外表的周皮有一个破裂脱落的过程，以后周皮的分生细胞可由韧皮部的活细胞转化而成，从而又产生新的周皮。每当新的周皮产生后，最后形成的木栓层以外的全部树皮组织会因隔绝水分而死亡。已无生机的树皮组织习惯上称为外(树)皮——粗树皮，而内侧含生活细胞的树皮

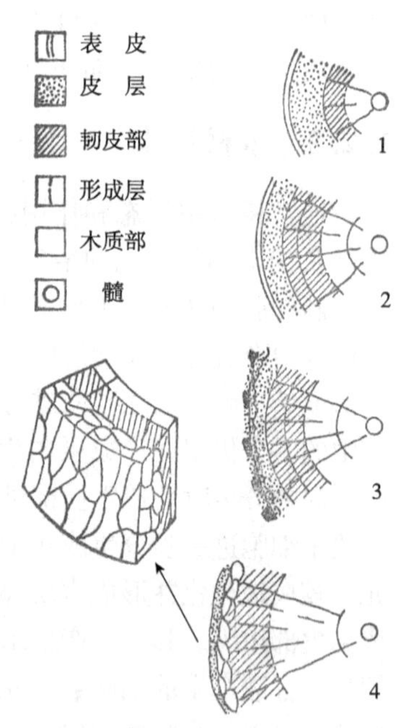

图 1-4 树皮生成中的变化

1. 表皮、皮层、初生韧皮部、形成层、初生木质部、髓；2. 次生韧皮部、次生木质部生成；3. 表皮破裂，皮层中有木栓形成层生成；4. 周皮中的木栓层生成且有积累

组织称内(树)皮。

外皮随着木质部直径的生长，逐渐破裂而剥落，剥落方式因树种而异。如桦木呈薄纸状剥落，柳杉、扁柏等呈带状剥落，还有的树种呈环状或鳞片状剥落等。外皮的剥落方式常与木栓形成层细胞的排列方式密切相关。

1.3.2 形成层

形成层位于树皮和木质部之间，是包裹着整个树干、树枝和树根的一个连续的鞘状层，由于它的分生功能使直径加大，故又称为侧向分生组织。形成层在生长季节向外分生新的韧皮部细胞，向内分生新的木质部细胞。可见形成层是树皮和木质部产生的源泉。

1.3.3 木质部

木质部位于形成层和髓之间，是树干的主要部分。根据细胞的来源，木质部分为初生木质部和次生木质部。初生木质部起源于顶端分生组织，常与树干的髓紧密相连接，合称髓心。由于初生木质部在髓的周围所占的分量极少，且只用于树木识别。而次生木质部来源于形成层的逐年分裂，占绝大部分，是木材的主体，加工利用的木材就是这一部分。

1.3.4 髓

髓是位于树干的中心部位，被木质部所包围的一种柔软的薄壁组织。由于树木生长过程中常受多种环境因子的影响，髓有时并不完全处于树干中心位置。树干各高度的髓都在这一高度的最初时期形成，一年以后就不再增大。它的生命活动短则数年，长则数十年，因树种而异。髓在这一期间的功能是贮存养分供给树木生长。由于它在树干上的分量很小，一般在木材使用上可不予考虑。但髓的颜色、大小、形状、结构因树种不同而异，使其成为可用于木材识别的构造特征之一。大多数树种的髓呈褐色或浅褐色。在横切面上，大多数树种的髓呈圆形或椭圆形，但也有一些特殊形状的，如山毛榉、桤木、鼠李等呈三角形，石梓、桉木等呈矩形，大叶黄杨呈菱形，白青冈、椴木近似为星形，栎木、毛白杨等呈五角形，杜鹃树等呈八角形。髓的结构从纵切面上观察分为实心髓、空心髓和分隔髓。

由于髓是由薄壁细胞构成，故大多数树种的髓组织松软、强度低、易开裂，使木材质量下降，因此，对于某些具有严格要求的特殊用材(如航空用材)被视为缺陷，必须剔除。但是，对于一般用途的木材，在非重要部位可不予考虑。

1.4 幼龄材

幼龄材也称未成熟材，是指处于幼龄期、未成熟的形成层细胞，通过分生、分裂产生的次生木质部。它位于髓心附近、围绕髓呈柱体，是受顶端分生组织活动影响的形成层区域所产生的次生木质部。因此，既不能把幼龄材只看成是小树的木材，而误认为在成熟树干中不存在幼龄材；也不能仅把树株生长最初期形成的木材看作是幼龄材，而误认为幼龄材为高度一定的圆锥形。

幼龄材材性的总体特征劣于成熟材，具体表现为：

①幼龄材的纤维(管胞或木纤维等)长度、直径、壁厚、长宽比、腔径比均小于相应的成熟材，绝大多数壁腔比略大于成熟材。

②幼龄材的晚材率、密度低于成熟材，而干缩系数大于成熟材，故幼龄材木制品尺寸不稳定、易产生翘曲变形。

③幼龄材树干形成螺旋纹理的倾向和细胞壁微纤丝角均大于成熟材，因此幼龄材刚性小、强度低，受外力后易挠曲，不适于作承重构件；而成熟材的强度和刚性均稳定，能充分抵抗外力的影响。

④针叶树幼龄材有较高比率的木质素和高聚糖、较低比率的纤维素和半乳甘露聚糖，单位体积的浆产量比成熟材低5%～15%且很难漂白，因此由幼龄材和成熟材制造出纸的质量有明显的差异。

复习思考题

1. 名词解释：形成层、木质部。
2. 简述木材的形成过程。
3. 简述树干的主要构造。
4. 简述幼龄材的概念和性质。

第 2 章 木材宏观构造

木材宏观构造特征(粗视构造特征)，是指在肉眼下或借助10倍以下放大镜所能观察到的木材构造特征，简称宏观特征。木材的宏观特征，分为主要宏观特征和辅助宏观特征(次要宏观特征)两部分，木材的主要宏观特征是木材的结构特征，比较稳定；木材的辅助宏观特征通常变化较大，只能在宏观识别木材中作为参考。

木材是由众多细胞组织构成的，根据细胞的形态、大小和排列方式可将木材中的细胞区分成若干类别，同一类别的细胞在木材中聚合为组织。木材的宏观特征实际就是这些组织在肉眼或低倍放大镜下的表现形态。树木通过开花结果的有性繁殖可能会产生变异性，还会受到生长的地理环境和气候条件等各种因素的影响，因而造成木材的细胞及组织并非一成不变。这给人们识别木材带来一定困难；但对亲缘关系相近的树种来说，仍然存在相对稳定的构造特征，人们通过对这些特征大量的观察及归纳，就能达到识别木材的目的。

2.1 木材三切面

宏观观察构成木材的各种细胞和组织均具有立体形态并占有一定空间范围，从不同的角度观察就会表现出不同的特征，要充分认识木材的结构特征，就必须从标准三切面进行观察(图2-1)。木材的3个切面是人为确定的3个特定的木材截面，它们本身不是木材的特征，但通过对它们的观察可以达到全面了解木材构造的目的。

2.1.1 横切面

横切面是与树干长轴或木材纹理相垂直的切面，亦称端面或横截面。在横切面上，可以观察到木材的生长轮(年轮)、心材和边材、早材和晚材、木射线、轴向薄壁组织、管孔、管胞、胞间道等，是木材识别的重要切面。

2.1.2 径切面

径切面是沿着树干长轴方向，通过髓心与木射线平行或与生长轮相垂直的纵切面。在这个切面上可以看到相互平行的生长轮线(年轮线)、木射线、边材和心材的颜色、导管或管胞沿纹理方向的排列等。

2.1.3 弦切面

弦切面是沿着树干长轴方向，与木射线垂直或与生长轮平行的纵切面。弦切面和径

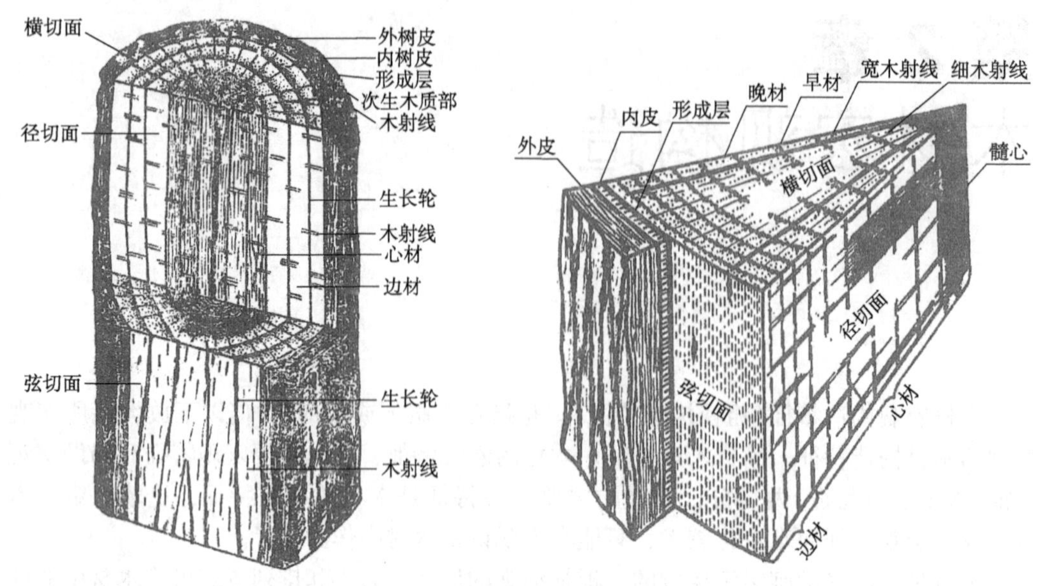

图 2-1 木材的三切面宏观构造

切面同属纵切面。在弦切面上生长轮呈抛物线状或倒“V”字形。

在木材加工生产中通常所说的径切板和弦切板，与上述的径切面和弦切面是有区别的。在木材生产和流通中，借助横切面，将板宽面与生长轮之间的夹角在 0°~45°的板材称为弦切板，将板宽面与生长轮之间的夹角在 45°~90°的板材称为径切板(也有将板宽面与生长轮之间的夹角在 0°~30°的板材称为弦切板，将板宽面与生长轮之间的夹角在 30°~60°的板材称为类径切板，将板宽面与生长轮之间的夹角在 60°~90°的板材称为径切板)。

2.2 木材主要宏观特征

木材的主要宏观特征包括心材和边材、早材和晚材、生长轮、管孔、轴向薄壁组织、木射线、胞间道等。

2.2.1 心材和边材

在木质部中，靠近树皮的外环部分称为边材，通常颜色较浅、含水率较高、仍然具有生命活力。在成熟树干的任意高度上，处于树干横切面的边缘靠近树皮一侧的木质部，在生成后最初的数年内，薄壁细胞是有生机的，除了起支持作用外，同时还具有水分输导、矿物营养物质的运输和储藏等作用。

心材是指髓心与边材之间的木质部，通常颜色较深、含水率较低、不具生命活力。树木随着径向生长的不断增加和木材生理的老化，其心材逐渐加宽，并且颜色逐渐加深。

(1)心材的形成

心材形成的过程是一个非常复杂的生物化学过程。

在心边材交界处即移行材内存在一种叫心材酚的物质，在它的刺激下，边材里生活的薄壁细胞内贮存的糖、淀粉等发生不可逆转化。同时，薄壁细胞在细胞壁增厚阶段还有一部分尚保持生机的原生质，因逐渐远离形成层而缺氧死亡并失去生理作用，细胞腔内出现单宁、色素、树胶、树脂、侵填体等木材抽提成分及碳酸钙等沉积物，木材着色变为心材。

此时纹孔膜偏移、纹孔处于锁闭状态，水分输导系统阻塞，细胞壁中水分大为减少；木材材质变硬，密度增大，渗透性降低，耐久性提高。

在树干的横切面，边材及心材的面积占总面积的比率分别叫边材率和心材率。受遗传因子、立地条件、树龄、在树干中的部位等因素的影响，心材率存在显著的差异，如日本扁柏、柳杉、铅笔柏的心材率分别为 50%~80%、52%~70%和 88%。

较早形成心材的树种，心材率高，如圆柏属、红豆杉属、梓属、刺槐属、檫木属和桑树属等。有些树种，如银杏、马尾松、落叶松、柿树、金丝李等，一般需要 10~30 年才能形成心材，心材率低。

(2)心材树种、边材树种和熟材树种

在实际工作中，通常根据心材和边材的颜色、含水率，将树种分为以下三类：

①心材树种　心边材颜色区别明显、且心材含水率低于边材的树种叫心材树种(显心材树种)，如松属、落叶松属、红豆杉属、柏木属、紫杉属等针叶树，楝木、水曲柳、桑树、苦木、檫木、漆树、栎木、蚬木、刺槐、香椿、榉木等阔叶树。其中有的心边材颜色区分十分显著，具有明显的分界线，称之为心边材急变；有的材色过渡缓慢，称之为心边材缓变。

在心材树种中，其边材的宽度因树种不同而异，如刺槐、红豆杉等树种成熟树干基部横断面几乎 2/3 以上的木材皆为心材，边材狭窄；而有些树种则边材较宽。

②边材树种　心边材颜色和含水率无明显区别的树种叫边材树种，如桦木、椴木、桤木、杨木、鹅耳枥及槭属等阔叶树。

③熟材树种(隐心材树种)　心边材颜色无明显区别，但立木中心材含水率较低，如云杉属、冷杉属及山杨、水青冈等。

有些边材树种或熟材树种的心边材本无颜色上的差异，但由于受真菌的侵害，树干内部材色变深而类似心材，但在横切面上其边缘不规则，将这部分木材叫假心材(伪心材)。国产阔叶树材中常见于杨属、桦木属、柳属、槭属等树种。

2.2.2 生长轮、年轮和早材、晚材

(1)生长轮与年轮

形成层在一个生长季节里向内分生的次生木质部，在横切面上呈围绕髓心的完整轮状结构，称为生长轮(生长层)。温带和寒带树木，形成层所分生的次生木质部，一年之中只生长一层，则将其生长轮称为年轮；其形成层分裂与气候四季的变化相一致，即春季开始活动，当年秋末冬初活动暂时中止，翌年又重复上述过程。但在热带，一年间的气候变化很小，树木在四季几乎不间断地生长，仅与雨季和旱季的交替有关，所以一年之间可能形成几个生长轮。

生长轮在不同的切面上呈不同的形状。多数树种的生长轮在横切面上呈同心圆状，如杉木、红松等；少数树种的生长轮则为不规则波浪状，如红豆杉、榆木、苦槠、鹅耳枥等；石山树则多作偏圆形；蚬木似鲑壳的环纹。生长轮在横切面上的形状是识别木材的特征之一。生长轮在径切面上表现为平行的线条，在弦切面上则呈倒“V”形或抛物线形。

寒带、温带树木在生长季节里，有时会因气候突变、霜、雹、干旱、火灾等非生物因素或受昆虫、病菌等生物因素的影响，生长中断，经过一段时期后又重新开始生长，在同一生长周期内，形成两个及以上的、不连续年轮称假年轮(伪年轮)。真、假年轮的区别在于后者不呈一个完整的圆圈状，或其界线不如前者明显(图 2-2、图 2-3)，在杉木、柏木、马尾松等树木中常出现假年轮。

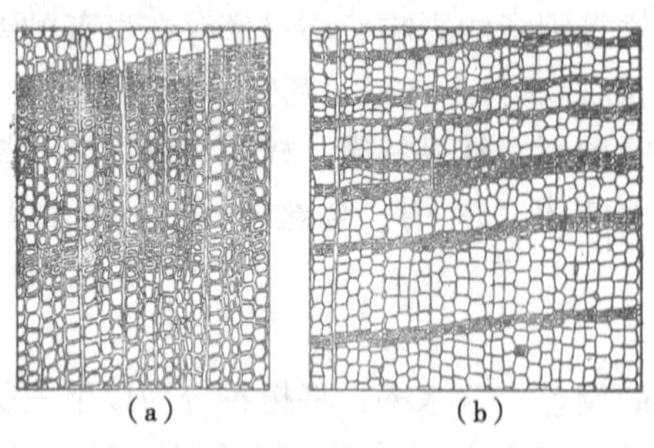

图 2-2 伪年轮(尹思慈，1996)

(a)正常年轮分界边缘清晰，伪年轮处不明显(落羽杉)；
(b)正常年轮为完整连续的圈环，而伪年轮不连续(红杉)

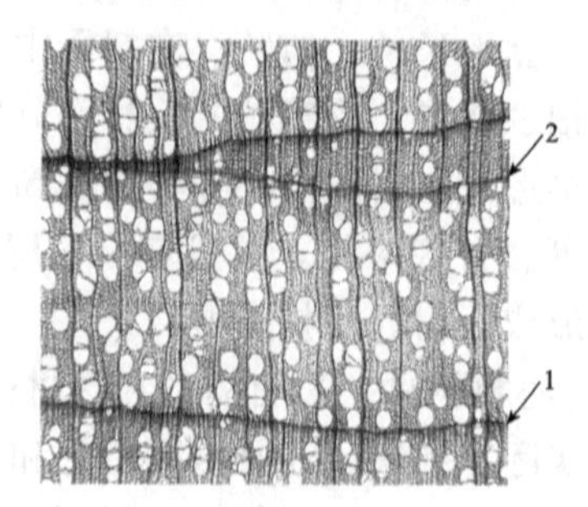

图 2-3 假年轮(崔永志，2003)

1. 正常年轮；2. 假年轮

(2)早材与晚材

寒带、温带树木在一年的早期所形成的木材，或热带树木在雨季形成的木材，由于环境温度高、水分足，形成层细胞分裂速度快，形体较大，细胞壁薄，材质较松软，材色浅，称为早材(春材)。到了秋季或热带的旱季，树木的营养物质流动缓慢，形成层细胞的活动逐渐减弱，细胞分裂速度变慢并逐渐停止，形成的细胞腔小而壁厚，组织较致密，材色深，称为晚材(秋材)。

在同一个生长季节形成的早、晚材所构成一个生长轮(或年轮)里，因早、晚材细胞大小、胞壁厚薄及宏观下的色度、质地等不同，在它们之间形成明显或不明显的分界线，即某一年晚材与翌年早材之间的分界线称为轮界线。分界明显的称为早、晚材分界明显，或早材至晚材过渡为急变，如针叶树中硬松类(落叶松、马尾松、油松、樟子松等)、柳杉等，以及阔叶树中的环孔材，如刺楸、麻栎、刺槐等；反之，为早、晚材分界不明显，或早材至晚材过渡为缓变，如针叶树中软松类(华山松、白皮松、红松等)、杉木、冷杉等，以及阔叶树中的散孔材，如杨木、椴木、蚬木等。

晚材在一个生长轮中所占的比率称为晚材率，晚材率的大小可以作为衡量木材强度大小的标志。晚材率的测量方法是，在木材横切面上先量取一定数量生长轮的径向总宽度，再测出这一范围内全部生长轮中晚材的径向宽度，算出晚材总宽度占生长轮总宽度的百分比即晚材率。生长轮宽度因树种、树龄、立地条件、气候条件而异。泡桐、杨树等速生树种在适宜条件下，生长轮宽度可达 2~4cm；而紫杉木、黄杨木即使在良好的生长条件下，形成的生长轮也很窄。一般而言，针叶树晚材宽度多为固定的，生长轮增宽增加的是早材宽度，故晚材率下降；而阔叶树环孔材早材宽度是固定的，生长轮增宽增加的是晚材宽度，故晚材率增大。

2.2.3 管孔

导管是绝大多数阔叶树材的轴向输导组织，在横切面上呈孔状称为管孔，在纵切面上呈沟槽状称导管槽。导管的有无，是区别阔叶树材和针叶树材的重要依据。阔叶树材除我国西南地区的水青树科的水青树属、台湾省的昆栏树科的昆栏树属等极少数树种外均具有导管，所以阔叶树材又被称为有孔材；针叶树材除麻黄科的麻黄属、百岁兰科的百岁兰属和买麻藤科的买麻藤属树种外均不具导管，故针叶树材又被称为无孔材。管孔的大小、分布、排列、组合、数目和内含物是识别阔叶树材的重要依据。

(1)管孔大小

在横切面内，绝大多数导管的形状为圆形或椭圆形，管孔大小是阔叶树材宏观识别的特征之一，一般以弦向直径(细胞直径即宽度，下同)为准，分为三级：

①小管孔　弦向直径小于 0.1mm，肉眼下不见至略可见，放大镜下不明显至略明显，如樟木、桦木、黄杨、山杨、冬青、桉树、木荷、卫矛等。

②中管孔　弦向直径 0.1～0.2mm，肉眼下可见至略明晰，如楠木、桦木、槭木、核桃、黄杞木等。

③大管孔　弦向直径在 0.2mm 以上，肉眼下明晰至显著，如檫木、大叶桉、泡桐、白椿、栎类材等。

(2)管孔分布

根据管孔在横切面一个生长轮内的分布情况，可将其分为以下类型(图 2-4)：

散孔材（槭木）

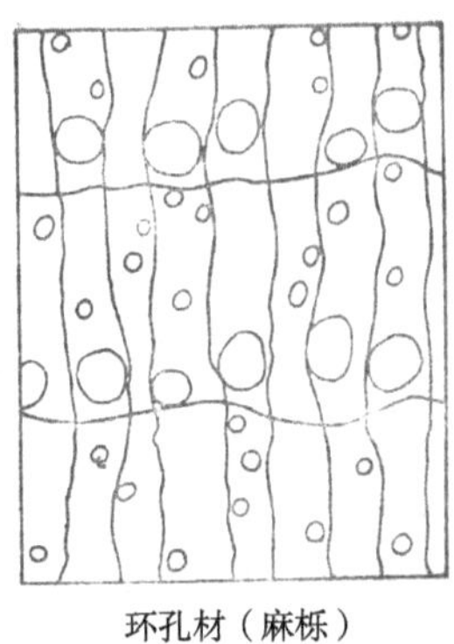
环孔材（麻栎）

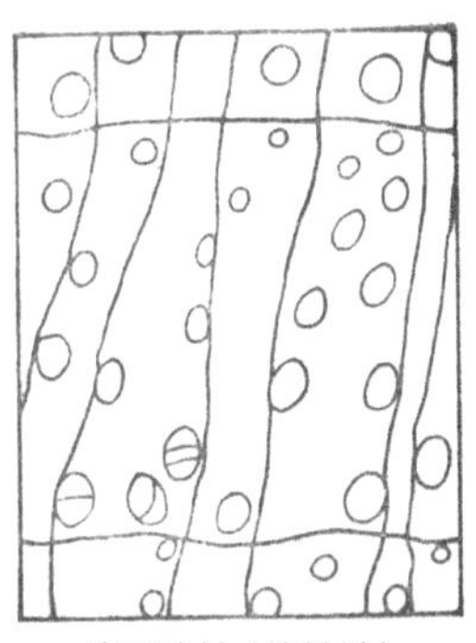
半环孔材（核桃楸）

图 2-4　管孔分布类型(尹思慈，1996)

①散孔材　指在一个生长轮内早、晚材管孔的大小没有明显区别，分布也比较均匀，如杨木、柳木、枫香、桦木、椴木、槭木、冬青、荷木、蚬木、木兰等。

②环孔材　指在一个生长轮内，早材管孔比晚材管孔大得多，并沿生长轮呈环状排成一至数行，早、晚材过渡是急变，如刺楸、刺槐、麻栎、南酸枣、梓木、山槐、檫树、栗属、栎属、桑属、榆属等。

③半环孔材(半散孔材)　指在一个生长轮内，早材管孔比晚材管孔稍大，早、晚材过渡是缓变，从早材到晚材的管孔逐渐变小，管孔的大小界线不明显，介于环孔材与散孔材之间，如香樟、黄杞、核桃楸、枫杨、乌桕、柿树、君迁子等。

(3)管孔排列

管孔排列指管孔在木材横切面上的排列方式。管孔排列用于对散孔材的整个生长轮、环孔材晚材部分的特征进行描述(图 2-5)。

①星散状　在一个生长轮内，管孔大多数为单管孔，呈均匀或比较均匀地分布，无明显的排列方式，如悬铃木、红桦、椴木、水曲柳、檫木、梧桐、香椿等。

②弦列状　在一个生长轮内，全部管孔沿弦向排列，略与生长轮平行或与木射线垂直，又称切线型，如山龙眼、银桦、榆木等。

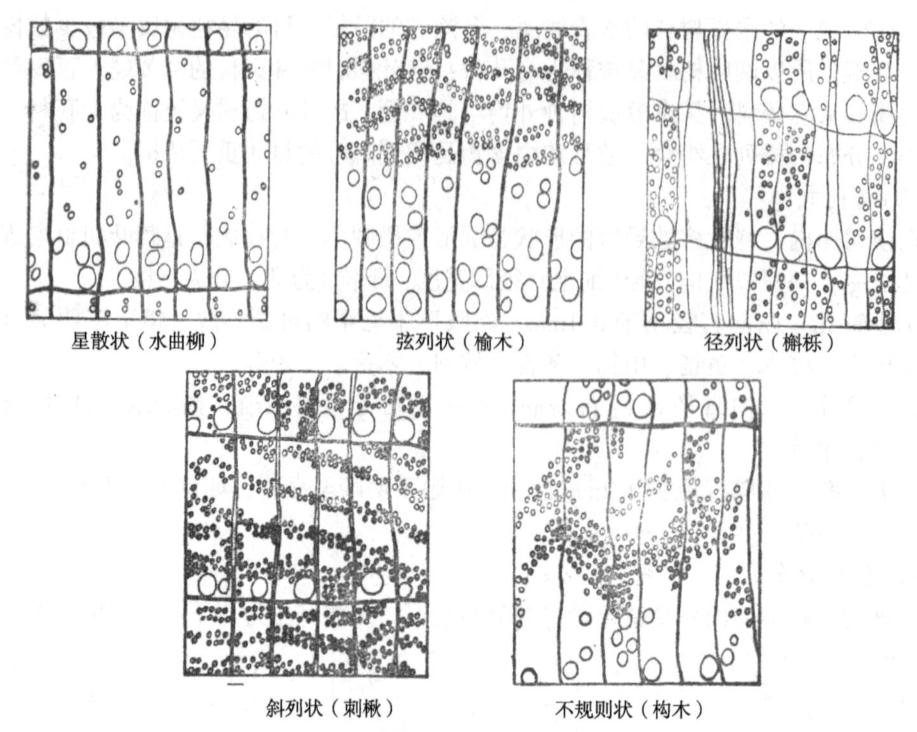

图 2-5 环孔材晚材管孔排列形式(尹思慈，1996)

③径列状　管孔一至数列沿树干半径或木射线方向排列，呈辐射状，如千金榆、毛白杨、鹅耳枥、栓皮栎、蒙古栎、麻栎、槲栎等。

④斜列状　管孔的排列与树干半径或木射线方向成一定角度，如木兰、楠木、黄连木、刺槐、山榆、臭椿、朴树、刺楸等。

⑤不规则状　管孔排列无一定方向，为不规则的径列或弦列组合而成，呈“X”形、“Y”形排列，如构树、栲树等。

(4)管孔组合

管孔的组合是指相邻管孔间的连接形式。根据阔叶树环孔材晚材管孔及散孔材整个生长轮管孔的连接形式，常见的管孔组合形式如下(图 2-6)：

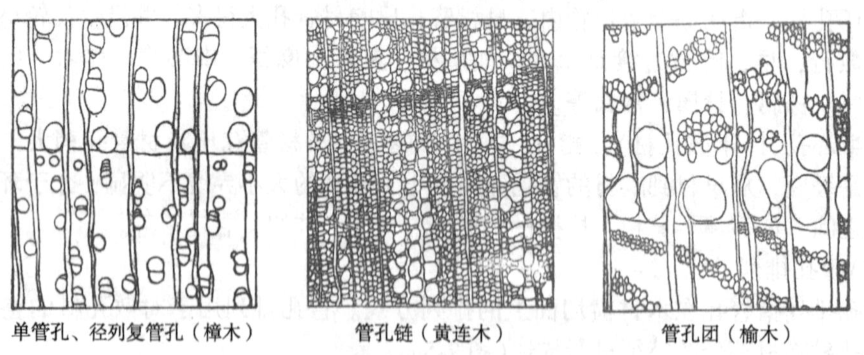

图 2-6 管孔的组合(尹思慈，1996)

①单管孔　指管孔不与其他管孔连接在一起而单独存在，管孔周围完全被其他组织(如轴向薄壁细胞或木纤维等)所包围，茶科、壳斗科、金缕梅科和木麻黄科等的木材几乎都是单管孔，如樟木、栎木、槭木、黄檀等。

②管孔链　指成串的单管孔沿径向排列成链，每一个管孔仍保持原来的形状，如黄连木、千金榆、冬青、油桐、拟赤杨等。

③径列复管孔　指2个或2个以上管孔相连呈径向排列，除两端的管孔仍为圆形外，中间的管孔为扁平状，如樟木、白桦、枫杨、毛白杨、红楠、椴树、冬青等。

④管孔团　指3个以上管孔聚集在一起，组合不规则，在晚材内呈团状，如榆木、臭椿、桑树、白椿树、梭罗木等。

(5)管孔数目

管孔数目(分布密度)是指在横切面上，单位面积内管孔的数量。一般只适用于管孔分布比较均匀的散孔材，可分为以下6个等级：

①甚少　每1mm^{2}内少于5个，如榕树等；

②少　每1mm^{2}内有5~10个，如黄檀等；

③略少　每1mm^{2}内有11~30个，如核桃等；

④略多　每1mm^{2}内有31~60个，如穗子榆等；

⑤多　每1mm^{2}内有61~120个，如桦木、拟赤杨等；

⑥甚多　每1mm^{2}内多于120个，如黄杨木等。

(6)导管内含物

导管内含物是指在导管内的侵填体、树胶或其他无定形沉积物。由于导管内压力降低，与之相邻的木射线、轴向薄壁组织内的原生质，通过其间的纹孔对，挤入导管腔而形成的(图2-7)。

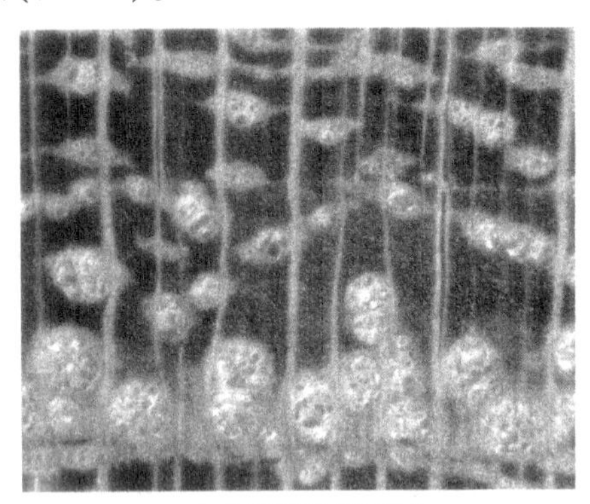

(a)侵填体(刺槐)

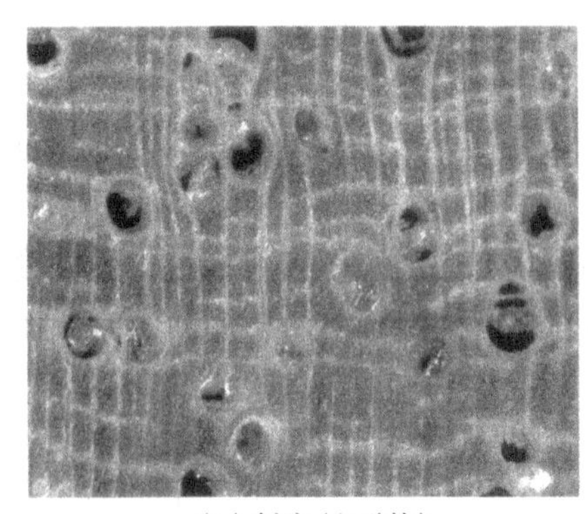

(b)树胶(红酸枝)

图2-7　导管内含物(崔永志，2003)

①侵填体　在某些阔叶树材的心材导管中，与之邻近的射线薄壁细胞或轴向薄壁细胞的原生质透过导管壁上的纹孔腔进入导管，将导管腔局部或全部堵塞的瘤状物，称侵填体。在纵切面上，导管内的侵填体常呈现亮晶晶的光泽，如刺槐、山槐、槐树、檫树、麻栎、石梓、黄连木等。

侵填体的有无或多少在木材识别和利用上具有重要作用。如北美橡木(*Quercus* spp.)商品材分红橡和白橡两类，除材色差别外两类木材在宏观特征上有很多相似之处，但白橡类木材具有丰富的侵填体，而红橡类木材不含侵填体或含量少，可利用该特征对两类木材加以区分和识别；同时，因为白橡类木材侵填体多，管孔被堵塞，降低了气体和液体在木材中的渗透性而可以做酒桶(欧洲称为橡木酒桶)、水桶，而红橡类木材不能。由此可知，具有侵填体的木材是难以进行干燥和浸渍改性处理的，但木材的天然耐久性也较不具侵填体的木材显著提高。

②树胶　有些阔叶树材导管内存在形状不定的褐色或红褐色的胶块，如楝科、豆科、蔷薇科及香椿、黄波罗等。树胶与侵填体的主要区别是侵填体外膜是纹孔膜，一般有光泽，而树胶上述两者均没有。

③其他沉积物　包括矿物质或其他有机沉积物，为某些树种所特有，如在柚木、桃花心木、胭脂木的导管中常具有白垩质的沉积物，在柚木中有磷酸钙沉积物。沉积物的有无有助于识别木材，如皂荚心材导管中有丰富的淡红色沉积物，而肥皂荚导管中则没有。木材加工时，这些沉积物容易磨损刀具，但也提高了木材的天然耐久性。

2.2.4　轴向薄壁组织

轴向薄壁组织是指由形成层纺锤形原始细胞分裂衍生成2个及以上的具单纹孔的薄壁细胞，纵向串联而成的轴向组织。这类细胞腔大、壁薄、具单纹孔、成串的两端细胞形体尖锐而中间细胞壁水平。在木材的横切面上，轴向薄壁组织的颜色比其他组织的颜色浅，用水润湿后更加明显。

轴向薄壁组织在针叶树材中不发达或根本没有，用肉眼和放大镜通常不易辨别，仅在柏木、杉木、冷杉、罗汉松、陆均松等少数树种中存在。在阔叶树材中，轴向薄壁组织比较发达，且有一定规律，在横切面上的清晰度和分布类型是识别阔叶树材的重要依据。根据横切面上轴向薄壁组织与导管连生与否，将其分为离管型轴向薄壁组织和傍管型轴向薄壁组织两大类型。

(1)离管型轴向薄壁组织

轴向薄壁组织不与导管连生，而单独分布于木质部(图2-8)，又因其分布形式不同分为以下几种：

①星散状　轴向薄壁组织数量少且零星分布，肉眼下不见，如桦木属、樱桃属及梨木、枫香、木荷、黄杨、桉树等。

②星散-聚合状　轴向薄壁组织在木射线之间聚集成短弦线，如大多数壳斗科树种、木麻黄属、核桃木等。

③离管带状(独立带状)　轴向薄壁组织聚集成较长的同心圆状或略与生长轮平行的线或带，如黄檀、花榈木、日本血槠、蚊母树等。

④轮界状　轴向薄壁组织在两个生长轮交界处，沿生长轮分布呈浅色的细线。根据轴向薄壁组织存在的部位不同，又分为轮始状和轮末状轴向薄壁组织。轮始状存在于生长轮起点，如枫杨、柚木、黄杞等。轮末状存在于生长轮终点，如杨属、柳属、槭属、桑属、刺槐属、木兰科树种等。

⑤切线状　聚集成长弦线状的轴向薄壁组织。又可分为网状和梯状。

网状　在横切面上，聚集成长弦线状薄壁组织的间距，与木射线之间的间距基本相等呈网状，如柿树、石栎等。

梯状　在横切面上，聚集成长弦线状薄壁组织的间距，明显比木射线之间的间距要小，如枫杨等。

(2)傍管型轴向薄壁组织

排列在导管周围，将导管的一部分或全部围住，并且沿发达的一侧展开的轴向薄壁

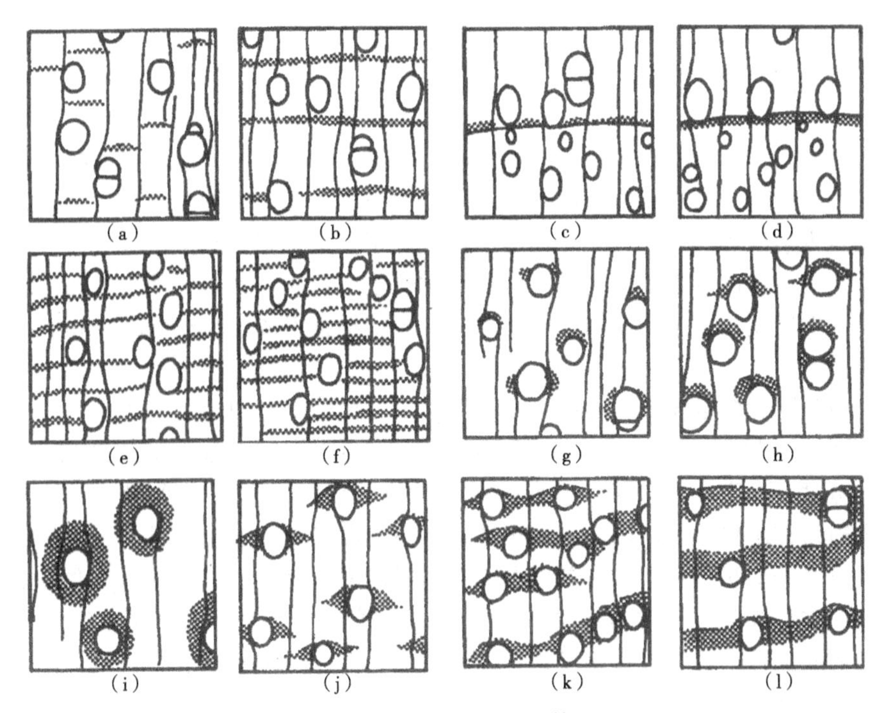

图 2-8 轴向薄壁类型(刘一星等, 2012)

离管型: (a)星散-聚合状 (b)离管带状 (c、d)轮界状 (e、f)切线状

傍管型: (g)稀疏环管状 (h)单侧傍管状 (i)环管束状 (j)翼状 (k)聚翼状 (l)傍管带状

组织(图 2-8)。有以下几种排列方式:

①稀疏环管状 指轴向薄壁组织呈星散状围绕在导管周围,如胡桃科、樟科及枫杨、拟赤杨、七叶树、木荷等。

②单侧傍管状(帽状) 指轴向薄壁组织仅聚集于导管的外侧或内侧,如枣树、厚皮香等。

③环管束状 指轴向薄壁组织呈鞘状围绕在导管的周围,在木材横切面上呈圆形或卵圆形,如香樟、楠木、檫木、白蜡、合欢、榅树、梧桐、梓树、大叶桉等。

④翼状 指轴向薄壁组织围绕在导管周围并向两侧呈翼状延伸,在木材横切面形似鸟翼、菱形或眼状,如合欢、臭椿、泡桐、檫木、苦楝等。

⑤聚翼状 指翼状轴向薄壁组织互相连接成不规则的弦向或斜向带,如刺槐、泡桐、榉树、梧桐、皂荚、铁刀木、花榈木、无患子等。

⑥傍管带状 指轴向薄壁组织聚集成与生长轮平行的带,导管的一部分或全部被包围在其中,如榕树、铁刀木、黄檀、沉香等。

应该注意的是,有的阔叶树材仅有一种类型的轴向薄壁组织,有的阔叶树材有多类型的轴向薄壁组织,但在每一种树种中的分布情况是有规律的,具有识别价值,如麻栎同时具有星散—聚合状(离管型)和傍管带状(傍

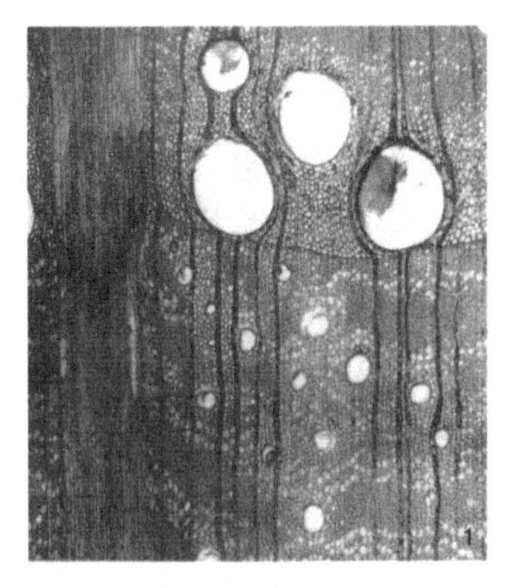

图 2-9 麻栎离管型的星散-聚合状和傍管型的带状轴向薄壁组织(江泽慧等, 2016)

管型)两种类型(图 2-9)。

2.2.5 木射线

在木材横切面上，有许多颜色较浅且略带光泽，沿着半径方向呈辐射状穿过生长轮的线条，称为射线。其中，木质部的射线称为木射线，韧皮部的射线称为韧皮射线。木射线分初生木射线和次生木射线。初生木射线源于初生组织，并借形成层向外伸长；从形成层所衍生的、向内不延伸到髓的木射线称次生木射线。木材中绝大多数射线为次生木射线。木射线是树木中的横向组织，主要由薄壁细胞组成，起横向输导和储藏养分的作用。

针叶树材绝大多数树种中存在细木射线，少数树种中有中等木射线，一般在肉眼或10 倍以下的放大镜下看不清楚，通常不作为木材的识别重要特征；而对阔叶树材而言，木射线的宽度、高度和数量等在不同树种之间有明显区别，是识别阔叶树材的重要特征之一。木射线在木材的不同切面上，表现出不同的形状和大小，一般而言，在弦切面上呈短线状或纺锤形状，顺着木材纹理方向的木射线最大尺寸为木射线的高度，垂直木材纹理方向的木射线最大尺寸为木射线的宽度；在横切面上木射线呈辐射状，显示其长度；在径切面上呈平行的线状或带状。因此，识别木材时应从 3 个标准切面去观察木射线的形态，观察木射线宽度和高度应以弦切面为主、观察木射线长度应以横切面为主，其他切面为辅。

(1)木射线宽度

木射线的宽度以木射线宽度方向的尺寸(mm)来表示。宏观下木射线的宽度一般分为三级：

①细木射线　木射线宽度在 0.1mm 以下，肉眼下不见至可见，如松属、柏属及杉木、银杏、杨木、柳树、椴木、槭树、桦木、桉树、樟木等。

②中等木射线　木射线宽度在 0.1~0.2mm，肉眼下可见至明晰，如榆木、楸木、刺槐、水青树、冬青、毛八角枫等。

③宽木射线　木射线宽度在 0.2mm 以上，肉眼下明晰至很显著，如山龙眼、密花树、梧桐、桐木、栓皮栎、水青冈及其他栎木等(肉眼下最明显)。

(2)木射线高度

木射线的高度以木射线高度方向的尺寸(mm)来表示。

①矮木射线　高度小于 2mm，如黄杨、桦木等。

②中等木射线　高度在 2~10mm，如悬铃木、珂楠树等。

③高木射线　高度大于 10mm，如桤木、麻栎等。

(3)木射线数量

在木材横切面上，沿生长轮方向统计 5mm 内木射线的数量，对木材识别有一定的意义。一般在木材横切面上覆盖透明胶尺或其他工具，与木射线垂直相交，沿生长轮方向统计 5mm 内木射线的数量，取其平均值。

①少　每 5mm 内木射线的数量少于 25 条，如刺槐、悬铃木、鸭脚木等。

②中　每 5mm 内有 25~50 条木射线，如桦木、樟木、核桃等。

③多　每 5mm 内有 51~80 条木射线，如柿木、杨木、柳木、冬青、黄杨等。

④甚多　每 5mm 内木射线的数量多于 80 条，如梨木、杜英、子京、七叶树等。

2.2.6　胞间道

胞间道是分泌细胞围绕而成的狭长的管状细胞间隙。针叶树材中分泌、储藏树脂的胞间道称为树脂道，阔叶树材中分泌、储藏树胶的胞间道称为树胶道。

(1)树脂道

①根据树脂道在树干中的分布，树脂道分为纵向树脂道和横向树脂道两种。在部分针叶树材中，纵向树脂道(轴向树脂道)在木材横切面上常呈星散状分布于生长轮中部至晚材中[图 2-10(a)]，偶尔也有断续切线状分布(如云杉)。纵向树脂道在木材横切面上呈浅色的小点，氧化后转为深色；在纵切面上，树脂道呈各种长度不等的深色小沟槽。横向树脂道(径向树脂道)存在于纺锤状木射线中，非常细小[图 2-10(b)]。

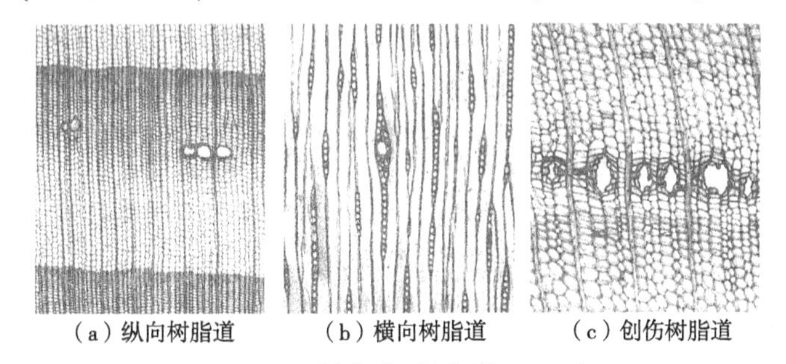

(a) 纵向树脂道　(b) 横向树脂道　(c) 创伤树脂道

图 2-10　树脂道(徐有明，2006)

具有正常树脂道的针叶树材主要有松属、落叶松属、云杉属、银杉属、黄杉属及油杉属。前 5 属既有纵向树脂道，又有横向树脂道，而油杉属仅有纵向树脂道。一般松属的树脂道体积较大、数量多；落叶松属的树脂道次之、数量亦少；云杉属与黄杉属的树脂道更小而少；油杉属仅有纵向树脂道且极稀少。纵向树脂道和横向树脂道通常互相连通，在木材中形成立体的树脂道网。

②根据树脂道形成的情况，树脂道分为正常树脂道和创伤树脂道两种。正常树脂道发生于上述的松科 6 属木材中。创伤树脂道(受伤树脂道)指树木在生长过程中因受气候、损伤或生物侵袭等刺激而形成的非正常树脂道，如冷杉、铁杉、水杉、雪松等。纵向创伤树脂道体形较正常树脂道大，在木材横切面上呈弦向排列，常分布于早材带内[图 2-10(c)]。

(2)树胶道

①根据树胶道在树干中的分布，树胶道分为纵向树胶道和横向树胶道，除龙脑香科(如黄柳桉)、金缕梅科、豆科等所属的少数树种外，同一树种中极少兼有纵、横两种树胶道。在豆科、芸香科、桃金娘科、龙脑香科等部分阔叶树材中，如油楠、柳桉、坡垒等具有正常纵向树胶道，多数呈弦向排列[图 2-11(a)]，少数为星散分布，不像树脂道那样容易判别，而且与管孔容易混淆。漆树科的漆树、黄连木、南酸枣，五加科的鸭脚木，橄榄科的橄榄属等阔叶树材具有正常的横向树胶道[图 2-11(b)]，但在肉眼和 10 倍放大镜下通常看不见。

②根据树胶道形成的情况，树胶道也分正常树胶道和创伤树胶道两种，创伤树胶道(受伤树胶道)的形成与创伤树脂道相似。阔叶树材通常只有纵向创伤树胶道，在木材横切面上呈长弦线状排列，肉眼下可见，如香椿、枫香、木棉、肾果木、山桃仁、猴喜欢等。

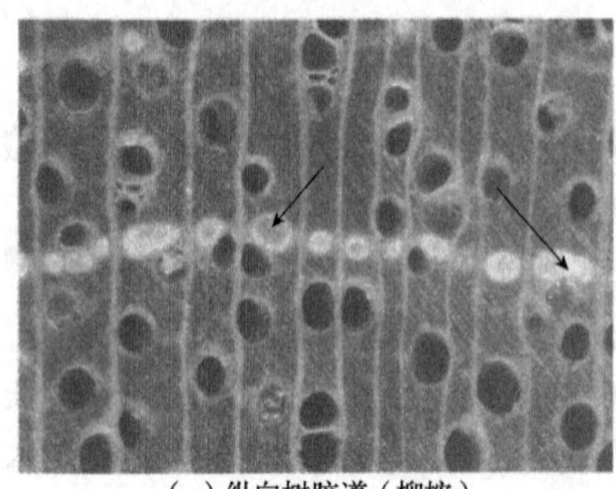

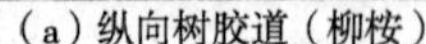
（a）纵向树胶道（柳桉）

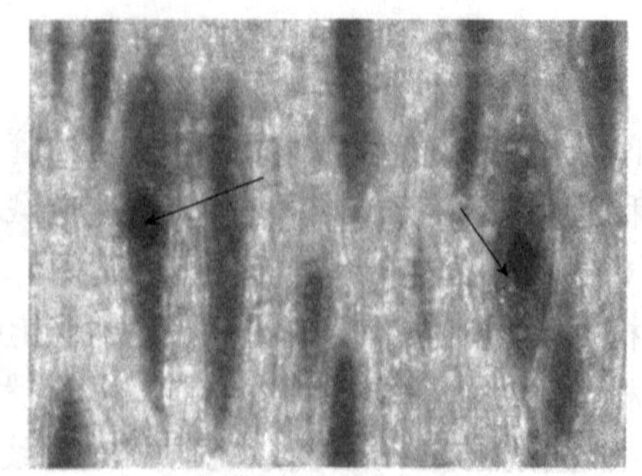
（b）横向树胶道（黄连木）

图 2-11　树胶道(崔永志，2003)

2.3　木材次要宏观特征

木材的颜色、光泽、气味、滋味、重量和硬度等一些物理特征，以及木材结构相关的，如纹理、结构、花纹、髓斑、色斑等，作为木材识别的辅助依据，也被列入木材宏观构造的范畴，统称为木材的次要宏观特征。

2.3.1　颜色和光泽

(1)颜色

构成木材细胞壁的主要成分之间不会产生明显的颜色差异，但由于色素、单宁、树脂、树胶等内含物沉积于木材细胞腔并渗透入细胞壁中，使木材呈现不同的颜色。如云杉、枫杨、杨木的颜色为白色至黄白色，杉木、水曲柳、刺槐为黄色至黄褐色，松木为鹅黄色至略带红褐色，桧木为鲜红色略带褐色，楝木为浅红褐色，香椿为鲜红褐色，紫杉为紫红色，漆木为黄绿色等。木材的颜色能够反映树种的特征，可以作为木材识别和利用的依据之一。

对于心边材颜色无明显区别的边材树种和熟材树种(隐心材树种)而言，木材颜色是指木材的通体颜色。而心材树种边材颜色较浅、心材颜色较深，应分别进行描述。木材的颜色变异性较大，易受各种因素影响，多数木材由于暴露于空气中的表面风化和氧化作用，表面的颜色会变深或变浅，如少叶黄杞刚采伐时横切面呈黄色，干燥后变为灰褐色；花榈木心材刚锯开时呈鲜红褐色，久之变为暗红褐色。在水中浸泡后，栎木、丝栗、苦槠等木材材色变深，锯解时板面上常出现黑色斑纹。有些木材因受到变色菌和真菌的侵蚀而变色，如马尾松边材常为兰变，水青冈变为淡黄色，桦木变为淡红褐色。因此，观察木材的颜色时，应依据健全材新鲜切面为准。

(2)光泽

木材的光泽是指光线在木材表面反射后形成的光亮度。不同树种间光泽的强弱因树种、木材构造、木材切面、表面平整度、入射角、入射光与纹理方向、内含物等因素不同而不同。因此，也可以借助木材的光泽，鉴定一些外观特征相似的木材，如云杉和冷杉外观特征和颜色极为相似，但云杉材面呈绢丝光泽，而冷杉材面光泽较淡。

2.3.2　纹理、结构和花纹

(1)纹理

木材纹理指构成木材轴向细胞(木纤维、导管、管胞等)的排列情况，对于木材识别有一定的作用。通常分为两类，一类是直纹理[图 2-12(a)]，指木材轴向细胞的排列方向与树干长轴基本平行，如红松、杉木、榆木、黄桐、鸭脚木等。这类木材部分强度高、易加工，但花纹简单。另一类是斜纹理[图 2-12(b)~(d)]，指木材轴向细胞的排列方向与树干长轴不平行，呈一定角度，如圆柏、香樟、枫香、桉树、荷木等。斜纹理使木材部分强度降低、不易加工，但可以呈现出一些如波浪状、卷曲状、鸟眼状的美丽花纹，在室内装饰和家具制造中得到广泛应用。

斜纹理又可分为以下 4 种：

①螺旋纹理　指木材轴向细胞围绕树干长轴呈单方向向左或向右的螺旋状排列，如侧柏、桉树等。

②交错纹理　指螺旋纹理在相邻层间有规律的反向，即左螺旋纹理与右螺旋纹理分层交替缠绕，如海棠木、大叶桉、母生等。

③波浪纹理　指木材轴向细胞按一定规律向左右弯曲，呈波浪起伏状，如七叶树、樱桃、笔木等。

④皱状纹理　基本上与波状纹理相同，只是波浪的幅度较小，形如绉绸，常见于槭木、杨梅、桃花心木。

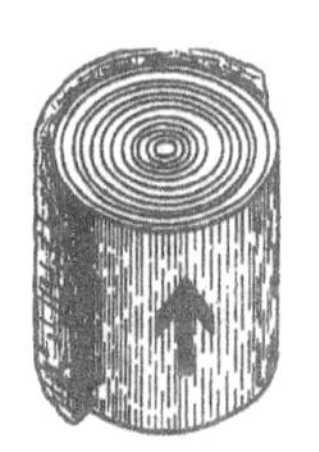
(a) 直纹理

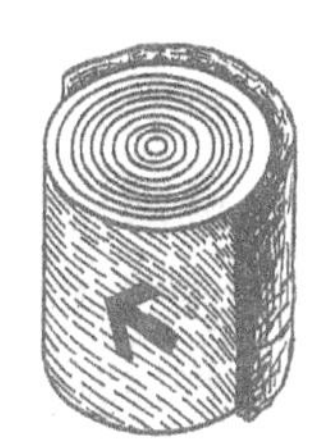
(b) 螺旋纹理

(c) 交错纹理

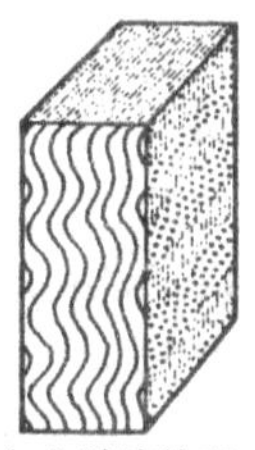
(d) 波浪纹理

图 2-12　木材纹理(徐有明，2006；刘一星等，2012)

(2)结构

木材的结构指构成木材细胞的大小及均匀程度。

阔叶树材以导管的弦向平均直径和数目，木射线的多少等来表示。木材由较多的大细胞组成，称为粗结构，如桦木、椴木、水曲柳、红椎、青冈、橱木等；木材由较多的小细胞组成，称为细结构，如笔木、卫茅等；组成木材的细胞大小变化不大的，称为均匀结构，如阔叶树中的散孔材；组成木材的细胞大小变化较大的，称为不均匀结构，如阔叶树中的环孔材。

针叶树材则以管胞弦向平均直径，早、晚材变化缓急，晚材带宽窄及孔隙率大小等表示。晚材带小、缓变木材为细结构，如柏木、红豆杉、竹柏、竹叶松等；晚材带大、急变的木材为粗结构，如落叶松、马尾松、湿地松、火炬松等。

(3)花纹

木材的花纹指木材表面因生长轮、木射线、轴向薄壁组织、颜色、纹理、节疤、树瘤及木材锯切方向等而产生的美丽图案。有花纹的木材可做各种装饰材、制作家具等，使木制品美观华丽，木材也可以劣材优用。阔叶树材的花纹一般丰富多彩，而针叶树材则比较简单；不同树种木材的花纹不同，对木材识别有一定的帮助。常见的花纹有：

①倒“V”形花纹(抛物线花纹)　在原木的弦切面或旋切单板上，由于生长轮早、晚材结构或材色上的差异形成形似倒“V”状的花纹，如酸枣、山槐等。

②银光花纹　具有宽木射线或栎式木射线(复合木射线)的树种，在径切面上由于宽木射线斑纹受反射光的影响而显示的花纹，如水青冈、栎木、山龙眼等。

③鸟眼花纹　原木局部凹陷形成圆锥形而近似鸟眼的花纹。

④树瘤花纹　由于树木的休眠芽受伤等原因不再发育，或由于病菌寄生在树干上形成木质曲折交织的圆球形凸出物，多见于核桃、桦木、榆木、柳木和悬铃木等。

⑤树丫花纹(鱼骨花纹)　由于木材细胞相互排列成一定角度、形似鱼骨的花纹。

⑥虎皮花纹　因具有波浪状或皱状纹理而形成的花纹，如槭木等。

⑦带状花纹　由于木材中的色素物质分布不均匀，在木材上形成许多颜色不同的条带状花纹，如香樟等。

2.3.3 气味和滋味

由于木材中含有各种芳香油、树脂、树胶、单宁及其他挥发性的物质，且不同树种的木材所含有的化学物质不同，因而散发出的气味也不同，特别是新砍伐的木材味更浓，故可用于木材的识别。如松木含有清香的松脂气味，雪松有辛辣气味，柏木、圆柏、侧柏有柏木香气，杉木有杉木香气，银杏有苦药气味；杨木有青草气味，椴木有腻子气味，愈疮木有香兰气味，肾形果有杏仁气味，红椿有清香气味，八角有浓厚的八角气味，香樟、黄樟有樟脑气味等。

木材的滋味是源于木材中含有的水溶性抽提物中的某些特殊化学物质，如黄柏、苦木、黄连木有苦味，糖槭有甜味，栎木、板栗有单宁涩味，肉桂具有辛辣及甘甜味。

木材所具有的特殊气味和滋味不仅有助于木材树种的识别，而且还有一些重要的用途。如香樟、黄樟等樟科的一些木材含有樟脑油，散发出樟脑气味，具有耐腐蚀、抗虫蛀特性，可用来制作衣箱、书柜等来长期保存衣物、书籍等；我国海南岛的降香木因含有黄檀素而散发香气，此种木材的小木条常被宗教人士作为佛香用；檀香木可以提取白檀油，制作檀香扇及雕刻玩具等。但有些木材的气味也给其加工利用带来局限性，因影响食品的风味而不宜做食品的包装箱、茶叶箱等；甚至还有少数木材所含有的挥发性物质对人体是有害的，如紫檀、漆树可以使皮肤产生过敏等。

2.3.4 重量和硬度

木材的重量与硬度属于木材的物理力学性质范畴，也可作为木材识别的参考依据(一般可用拇指指甲在木材上试之有无划痕，或用小刀切削试其软硬程度)。如红桦和香桦的木材宏观特征很相近，但香桦较重、硬，而红桦较轻、软。在木材识别时通常将木材分为轻、中、重及与之相对应的软、中、硬。

①轻—软木材　密度小于 0.5g/cm^3、端面硬度小于 5000N 的木材，如泡桐、鸡毛松、杉木等。

②中等木材　密度在 0.5~0.8g/cm^3、端面硬度在 5000~10 000N 的木材，如黄杞、枫桦等。

③重—硬木材　密度大于 0.8g/cm³、端面硬度大于 10 000N 的木材，如子京、荔枝、蚬木等。

2.3.5　髓斑和色斑

(1)髓斑

是树木生长过程中形成层受到昆虫损害后形成的愈合组织。这部分受伤愈合后形成的木质部与正常材不同，它完全是由薄壁组织构成，质地及颜色与髓相近。在横切面上呈形似月牙状的褐色斑点，在纵切面上为长度不等的深褐色条纹，常发生在某些特定树种中，如杉木、柏木、桦木、椴木、枫杨、槭木、柳木等，因而在木材识别上有参考意义。

髓斑一般很小，对常规用途来说因影响较小而被允许，但髓斑的大量存在不仅会降低木材强度，也会降低单板及其制成品的等级，特别对航空或仪器用材及其他特殊要求的用途来说，髓斑被视为一种木材缺陷而加以限制。

(2)色斑

有些树种的立木受伤后，在木质部出现各种颜色的斑块，称为色斑。如交让木受伤后形成紫红色斑块，泡桐受伤后形成蓝色斑块。

2.3.6　内含韧皮部

在树干直径增大过程中，正常情况下次生木质部位于形成层的内侧，次生韧皮部位于形成层的外侧；但在少数阔叶树材的次生木质部中含有韧皮束或韧皮层，称为内含韧皮部。内含韧皮部主要存在于热带树种中，为热带木材的识别特征之一。内含韧皮部有以下两种类型：

(1)星散型(多孔型、岛型)

形成层在树木直径生长过程中一直活动，但部分木质部的形成产生异常，即在木质部中包含有韧皮部的束条[图 2-13(a)(b)]，如瑞香科的白木香和沉香、野牡丹科的小叶谷木、马钱子和密花马钱子等。

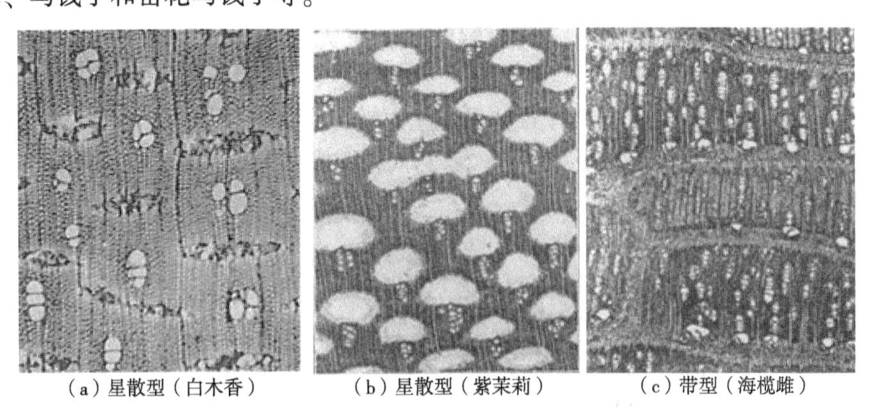

(a) 星散型(白木香)　(b) 星散型(紫茉莉)　(c) 带型(海榄雌)

图 2-13　阔叶树材的内含韧皮部(徐有明，2006)

(2)带型(同心型、海茄冬型)

形成层寿命短，新的分生组织在皮层中陆续产生，并进行分裂形成新的组织，在树干产生韧皮部和木质部交替的连续层，或不连续的束状[图 2-13(c)]，如马鞭草科的海榄雌、豆科的紫藤、甘氏豆等。

2.4 木材宏观识别

2.4.1 木材宏观识别方法

木材宏观识别是依据不同树种木材间主要宏观特征和次要宏观特征，在肉眼或10倍放大镜下，对未知木材树种进行区分和鉴定的方法。

首先，待鉴定木材为没有缺陷、腐朽或变色等健全的气干材。

其次，根据待鉴定木材的产地，收集该地区有关树种木材识别的相关资料，如树种木材宏观构造特征的描述、木材对分检索表(或穿孔检索卡、计算机检索程序等)。

再次，用锋利小刀将木材三切面中相关切面局部削光，用肉眼或10倍放大镜观察木材光滑切面上所展现的特征。木材的3个切面具有不同的宏观特征，主要切面即横切面上呈现的识别特征最多，其次在弦切面可以观察到导管、木射线、波痕、纹理等，径切面上的特征最少，可以观察纹理、导管、射线斑纹(包括银光花纹)等。木材的主要和次要宏观特征在三切面上随着树种不同而有所变化，应全面观察，切忌片面。观察时可通过将清水滴在木材切面上的方法，增强轴向薄壁组织、波痕及油细胞等相关特征的明显度；光泽度的判别需要在阳光或灯光下进行。

最后，根据所观察到的木材宏观特征与有关资料进行比对，确定待鉴定木材的树种。

2.4.2 木材宏观特征观察

首先确定有无导管，因为裸子植物一般没有导管(除麻黄属、百岁兰属和买麻藤属树种)、被子植物一般都有导管(除我国西南地区的水青树属、台湾省的昆栏树属等极少数树种)；然后依次为生长轮的类型、明显度，早、晚材带的变化，心边材区别是否明显以及材色，管孔的大小、分布、排列、组合、内含物等，轴向薄壁组织的数量、分布类型，木射线的宽窄、数量，波痕及胞间道的有无，木材纹理、结构、花纹，光泽度，特殊气味和滋味，重量和硬度，色斑和髓斑等。

当然，对针叶树材和阔叶树材的宏观特征的观察应各有所侧重。

针叶树材主要宏观观察特征如下：

①生长轮　生长轮明显度、形状、宽窄及均匀度，早、晚材颜色、大小及晚材率，早、晚材过度的缓急等。

②心边材　区别是否明显、宽度、颜色。

③树脂道　正常纵向树脂道、横向树脂道的有无，是否具有泌脂细胞、数目，是否具有创伤树脂道(纵向或横向)。

④木材的纹理、结构、花纹。

⑤木材的气味、滋味。

⑥木材的重量、硬度。

阔叶树材主要观察以下特征：

①管孔　有无导管、导管的分布(区分环孔材、半环孔材、散孔材)、大小、组合

(单管孔、管孔链、径列复管孔、管孔团)、排列(星散状、径列状、斜列状、弦列状、不规则状)，早材导管层数，侵填体有无，心材含有有色或白色的树胶或其他沉积物等。

②生长轮 生长轮明显度、形状、宽窄及均匀度。

③心边材 区别是否明显、颜色。

④轴向薄壁组织 明晰度、轴向薄壁组织的排列(包括星散状、星散-聚合状、离管带状、轮界状、切线状、稀疏环管状、单侧傍管状、帽状、环管束状、翼状、聚翼状、傍管带状)。

⑤木射线 明晰度、宽窄、数量等。

⑥树胶道 正常轴向树胶道、创伤轴向树胶道有无等。

⑦木材纹理、结构、花纹。

⑧木材密度、硬度。

⑨木材的气味、滋味。

⑩木材的颜色、光泽。

⑪叠生构造(波痕) 木射线叠生、轴向薄壁组织叠生、木纤维叠生或导管分子叠生等。

2.4.3 木材检索方法

对于一块已知来源的待鉴定木材，根据所观察到的木材宏观特征，与该地方已被描述的木材特征逐一进行比对，直至找到与特征相符合的木材树种为止。该方法虽然可行，但烦琐、耗时、工作量大。在不断积累和总结经验的基础上，现确立能快速识别木材的检索方法有：对分检索表法，穿孔卡片检索法和计算机检索法。

(1)对分检索表法

运用对分法原理，将木材中一对最容易区分、最稳定、最具有普遍意义的特征一分为二地进行有无或正反对比，以相互排斥为条件、循序渐进，逐渐缩小范围，依此类推直至最后列出树种编制而成的木材树种检索表。

该检索法的主要缺点是：检索表中所用的宏观特征必须依一定的次序检索；检索表一经编制，不能再增减任何木材树种。

(2)穿孔卡片检索法

穿孔卡片检索法是把一个树种木材的全部识别特征排列在一张卡片四周，并在每一特征外方打一小孔，凡该种木材具有的特征外方小孔剪穿成“U”形缺口；同时每张卡片剪去同一个角(如右上角)，以便所有卡片能按同一方向排列。检索时按特征的明显度首先用钢针穿卡片上的圆孔，轻摇抖落具有该特征的卡片；然后再将抖落卡片叠好，再次按第二明显特征进行穿挑分离，依次淘汰直至最后识别出树种。

该检索法的主要优点有：可随时增减树种或修正某些特征；识别木材可按其任一显著特征进行而不必分先后次序；可找出具有某一特征的所有树种。

主要缺点有：逐次穿挑，较为烦琐，可能漏检；树种数目过多时要分批进行，工作量大。

(3)计算机检索法

计算机检索是基于穿孔卡片检索表法为依据，利用计算机处理数据快速的特点，采用数据库管理木材树种名称及构造特征的一种方法，相比其他检索方法，具有快捷、准确、高效、综合功能强等优点。

2.4.4 中国主要用材树种宏观特征对分检索表

1. 木材无管孔，木射线在肉眼下不明晰 ………………………………… 针叶树材 2
1. 木材具有管孔，木射线在肉眼下明晰或不明晰……………………… 阔叶树材 21
2. 具有正常树脂道，在横切面上呈浅色或深色斑点 ……………………………… 3
2. 不具有正常树脂道，偶尔有弦向排列的创作树脂道 …………………………… 11
3. 树脂道多，肉眼下可见，放大镜下明显；有松脂气味 ………………………… 4
3. 树脂道少，肉眼下不易见，放大镜下不明显；略具松脂气味 ………………… 9
4. 材质轻软；早晚材缓变 ……………………………………………… 软松类 5
4. 材质硬重；早晚材急变 ……………………………………………… 硬松类 6
5. 边材较宽，心材红褐色；晚材带不明显，结构均匀 ……… 红松 *Pinus koraiensis*
5. 边材狭窄，结构均匀至不均匀 …………………………………………………… 7
6. 树脂道大而多，在肉眼下呈小孔状；生长轮宽，不均匀，边材较宽，晚材带也较窄 ………………………………………………… 马尾松 *Pinus massoniana*
6. 树脂道较少，肉眼下呈浅色或褐色斑点；生长轮窄，较均匀；边材较窄，晚材带较窄 ………………………………………………… 油松 *Pinus tabuliformis*
7. 心边材区别不明显或略明显；心材黄褐色，边材黄白色；材色较浅 ……………………………………………………………… 白皮松 *Pinus bungeana*
7. 心边材区别不明显或略明显 ………………………………………………… 8
8. 早晚材缓变；边材黄白色或浅黄褐色，心材浅红褐色 … 华山松 *Pinus armandii*
8. 早晚材急变；边材黄褐色，心材红褐色 … 樟子松 *Pinus sylvestris* var. *mongolica*
9. 早晚材缓变；边材黄白色或浅黄褐色 ………………………… 云杉 *Picea asperata*
9. 早晚材急变 ……………………………………………………………………… 10
10. 心材浅红褐色或黄褐色；材质较硬……………………… 落叶松 *Larix gmelinii*
10. 心材深红褐色 ………………………………………… 黄杉 *Pseudotsuga sinensis*
11. 木材有香气 ……………………………………………………………………… 12
11. 木材无香气 ……………………………………………………………………… 17
12. 柏木香气显著或不显著 ………………………………………………………… 13
12. 杉木香气显著或不显著 ………………………………………………………… 16
13. 柏木香气不显著；早晚材急变，晚材带宽；结构粗；有油性感 ……………………………………………………………… 福建柏 *Fokienia hodginsii*
13. 柏木香气显著；结构细至甚细 ………………………………………………… 14
14. 心材紫红色；生长轮较明显，晚材带极窄；香气甚浓 ……………………………………………………… 红桧 *Chamaecyparis formosensis*
14. 心材黄褐色 ……………………………………………………………………… 15
15. 边材浅黄色；生长轮明显，略宽；髓斑甚多 …………… 柏木 *Cupressus funebris*
15. 边材黄褐色；生长轮明显，宽窄不均匀；有油性感 ……………………………………………………………… 侧柏 *Platycladus orientalis*

16. 早晚材缓变，早、晚材硬度无明显差别，晚材带窄；香气显著；心材灰褐色 ………………………………………………………… 杉木 *Cunninghamia lanceolata*
16. 早晚材急变，早、晚材硬度有显著差别，晚材带略宽；香气不显著；心材红褐色 ………………………………………………………… 柳杉 *Cryptomeria fortunei*
17. 心边材区别明显 ………………………………………………………… 18
17. 心边材区别不明显 ………………………………………………………… 19
18. 边材白色至黄白色，宽；生长轮宽，早晚材略至急变；结构粗至甚粗 ……… ………………………………………………………… 水杉 *Metasequoia glyptostroboides*
18. 边材浅黄色，窄；生长轮窄，早晚材渐变；结构细 …… 红豆杉 *Taxus chinensis*
19. 早晚材渐变，晚材带窄；边材甚宽；结构细；放大镜下横切面有细小斑点 … ………………………………………………………… 银杏 *Ginkgo biloba*
19. 早晚材急变；具创伤树脂道 ………………………………………………………… 20
20. 木材黄白色带褐色；生长轮明显，宽窄均匀 ………… 臭冷杉 *Abies nephrolepis*
20. 木材红褐色；生长轮明显，宽窄不均匀 …………………… 铁杉 *Tsuga chinensis*
21. 环孔材 ………………………………………………………… 22
21. 半环孔材或半散孔材 ………………………………………………………… 46
21. 散孔材 ………………………………………………………… 61
22. 有宽木射线，明显 ………………………………………………………… 23
22. 无宽木射线 ………………………………………………………… 27
23. 早材管孔略大，在肉眼下明显；晚材管孔略小，略少，斜列或径列；薄壁组织量多，除轮界状外在肉眼下可见，翼状及聚翼状 ……… 梧桐 *Firmiana simplex*
23. 早材管孔在肉眼下可见至明显；晚材管孔单个分布，复串排列成火焰状；星散聚合及离管带状薄壁组织在放大镜下可见至明显 ………………………… 24
24. 宽木射线在肉眼下不明显，数少，较窄，分布不均匀；径切面上射线斑纹少见，不发达；生长轮在宽木射线处凹下，呈波浪形；早材管孔2至多行，呈斜径列或簇集，长达2~7个管孔；心边材无区别………… 锥树 *Castanopsis chunii*
24. 宽木射线在肉眼下明显，数多，分布颇均匀；径切面上射线斑纹明显；生长轮不呈波浪形；早材管孔1至多行，通常排列连续；心边材有区别 ………… 25
25. 早材带通常1~2(稀3)行管孔；早晚材急变；晚材管孔在放大镜下略见，数多，宽多列管孔；材色较浅，心材浅栗褐色或栗褐色；宽木射线较窄 ……… ………………………………………………………… 槲栎 *Quercus aliena*
25. 早材带通常2~4(稀5)行管孔；早晚材略急变；晚材管孔在放大镜下可见至明显，数少，宽1~2(稀3)列；材色较深，心材通常红褐色 ………………… 26
26. 心材浅红褐色至红褐色；树皮硬……………………… 麻栎 *Quercus acutissima*
26. 材色稍深，心材红褐色至鲜红褐色；早材管孔更大；树皮软；木栓层发达 … ………………………………………………………… 栓皮栎 *Quercus variabilis*
27. 晚材管孔呈弦向波浪状或长短弦线 ………………………………………………………… 28
27. 晚材管孔不呈弦向波浪状或长短弦线 ………………………………………………………… 39
28. 晚材管孔呈典型波浪状或“人”字形 ………………………………………………………… 29
28. 晚材管孔在生长轮末端呈长短弦线，斜线，或略呈波浪状 ………………… 34

29. 早材管孔1(稀2~3)行 ………………………………………………………… 30
29. 早材管孔数行 ……………………………………………………………………… 32
30. 心边材无区别；材色较浅，多为黄褐色；早材管孔中至略大，在肉眼下可见至明显；早晚材渐变；木射线在肉眼下可见 …………………… 朴树 *Celtis sinensis*
30. 心边材有区别；早晚材急变 ………………………………………………… 31
31. 材色较深，心材暗红褐色或浅栗褐色；早材管孔中至甚大，在肉眼下明显至甚明显；木射线在肉眼下不可见或不见 …………………… 榉树 *Zelkova serrata*
31. 材色较浅，心材黄褐色；早材管孔略大，在肉眼下明显；木射线较窄，在肉眼下可见；材身呈细沙纹 ……………………………………… 刺楸 *Kalopanax serratg*
32. 心边材区别明显；心材橄榄黄或金黄色；晚材管孔呈典型"人"字形排列；味苦 ……………………………………………………………… 黄连木 *Pistacia chinensis*
32. 心边材区别明显；心材红褐色或灰褐色 ………………………………… 33
33. 晚材管孔小，呈复管孔或管孔团，断续切线状……………… 榆树 *Ulmus pumila*
33. 晚材管孔小至甚小，沿生长轮聚集成不连续的波浪状 … 春榆 *Ulmus dawidiana*
34. 心材管孔中常含侵填体 …………………………………………………… 35
34. 心材管孔中不含侵填体 …………………………………………………… 36
35. 轴向薄壁组织颇丰富，肉眼下可见，放大镜下明显；心边材区别明显，边材浅黄色，心材黄褐色……………………………………… 刺槐 *Robinia pseudoacacia*
35. 轴向薄壁组织较少，在放大镜下可见；径切面上射线斑纹明显；材身呈细沙纹 ……………………………………………………………… 楸树 *Catalpa bungei*
36. 心边材区别不明显；木射线宽，肉眼下明显；径切面射线斑纹可见；早材管孔含有树胶臭椿 *Ailanthus altissima*
36. 心边材区别明显 …………………………………………………………… 37
37. 材色浅，浅红褐色；轴向薄壁组织肉眼下可见，傍管型；径切面射线斑纹明显；材身呈细沙纹……………………………………… 楝树 *Melia azedarach*
37. 材色深，心材栗褐色至暗褐色 …………………………………………… 38
38. 轴向薄壁组织发达，放大镜下明晰，翼状及聚翼状；生长轮明显，窄，不均匀 ……………………………………………………………… 槐树 *Sophora japonica*
38. 轴向薄壁组织放大镜下可见，傍管型，环管束状；生长轮明显，窄，均匀 … ……………………………………………… 黄檗 *Phellodendron amurense*
39. 早材管孔1至数行 ………………………………………………………… 40
39. 早材管孔2至数行 ………………………………………………………… 41
40. 生长轮明显，均匀；早材管孔大至甚大，在肉眼下明显至甚明显；常含侵填体；轴向薄壁组织量多，在放大镜下可见，呈断续细弦线状 ………………… ……………………………………………… 板栗 *Castanea mollissima*
40. 生长轮明显，略均匀；早材管孔中至略大，在肉眼下可见至明显；少数含有侵填体；轴向薄壁组织量多，在放大镜下明显，呈星散—聚合状及离管带状 … ……………………………………………… 苦槠 *Castanopsis sclerophylla*
41. 心材导管中有侵填体至丰富 ……………………………………………… 42
41. 心材导管无侵填体 ………………………………………………………… 45

42. 心边材区别明显 ………………………………………………………………………… 43
42. 心边材区别不明显或略明显 …………………………………………………………… 44
43. 边材浅褐色，心材栗褐色；轴向薄壁组织在放大镜下明显，环管束状；木射线少至中，极细至略细，在肉眼下可见 ……………………… 檫木 *Sassafras tzumu*
43. 边材黄褐色至红褐色，心材暗红褐色；轴向薄壁组织量多，肉眼可见，放大镜下明显，离管带状，环管束状；木射线中至多，甚细致中，在放大镜下明显 ……………………………………………………………… 山核桃 *Carya cathayensis*
44. 心边材区别不明显，木材灰白色至浅黄色；木材甚轻，甚软；轴向薄壁组织发达，肉眼下可见，傍管型，翼状或聚翼状………… 白花泡桐 *Paulownia fortunei*
44. 心边材区别略明显，边材灰白色，心材红褐色；轴向薄壁组织在放大镜下可见，环管束状；有射线斑纹；横向树胶道在弦切面呈褐色小点 ……………………………………………………………………… 南酸枣 *Choerspondias axillaris*
45. 心边材区别明显，边材红褐色，心材深红褐色；早材管孔中含红褐色树胶，有创伤树胶道；木射线甚小至略小，在肉眼下可见；径切面射线斑纹明显 ……………………………………………………………………… 香椿 *Toona sinensis*
45. 心边材区别明显，边材黄白色，心材灰褐色；木射线细，在放大镜下明显 ………………………………………………………………… 水曲柳 *Fraxinus mandschurica*
46. 有宽木射线 ………………………………………………………………………… 47
46. 无宽木射线 ………………………………………………………………………… 52
47. 宽木射线在肉眼下明显，数多，分布颇均匀；径切面上射线斑纹甚明显，发亮；生长轮不呈或略呈波浪形；管孔散生或溪流状 ………………………… 48
47. 宽木射线在肉眼下通常明显或不明显，数多至少，分布略均匀或不均匀；径切面上射线斑纹不发亮；生长轮遇宽木射线下凹，呈波浪形；管孔径列或溪流状 ……………………………………………………………………………… 49
48. 宽木射线较窄，较密；星散—聚合及离管带状薄壁组织在放大镜下不见或略见；生长轮遇宽木射线下凹，略呈波浪形；管孔散生，放大镜下可见 ……………………………………………………………… 水青冈 *Fagus longipetiolata*
48. 宽木射线较粗，较疏；离管带状薄壁组织在肉眼下略见；生长轮不呈波浪形；管孔呈溪流状长径列，在肉眼下略见 ……………… 青冈 *Cyclobalanopsis glauca*
49. 心边材无区别；聚合木射线数少；管孔径列；轴向薄壁组织呈星散—聚合及离管带状 ……………………………………………………………………… 50
49. 心边材有或无区别；聚合木射线数略多或多；管孔呈溪流状长径列；轴向薄壁组织以离管带状为主 ……………………………………………………… 51
50. 材质重，硬；强度大 ………………………………… 高山锥 *Castanopsis delavayi*
50. 材质轻，软；强度小…………………………………… 黧蒴锥 *Castanopsis fissa*
51. 心边材有区别，材色深，心材红褐色 …… 小叶青冈 *Cyclobalanopsis myrsinifolia*
51. 心边材无区别，材色浅，浅灰褐色或暗黄褐色…… 密脉柯 *Lithocarpus fordianus*
52. 心边材区别不明显 ……………………………………………………………… 53
52. 心边材区别明显 ………………………………………………………………… 57
53. 轴向薄壁组织不见 ……………………………………………………………… 54

53. 轴向薄壁组织在放大镜下可见 ………………………………………………………… 55
54. 生长轮明显，轮间界以浅色细线；管孔略多，通常略小，在放大镜下可见，由内往外逐渐减小减少，径列；木射线中至多，极细至甚细，在放大镜下不明显；径切面上射线斑纹不见 ………………………… 大叶杨 *Populus lasiocarpa*
54. 生长轮略明显，轮间界以深色带；管孔略小，大小略一致，在放大镜下可见，分布不均匀，在生长轮末端较小较少，斜列或径列；木射线中至多，极细至略细，在放大镜下可见；径切面上射线斑纹略明显 ……………………………………………………………………………… 白辛树 *Pterostyrax psilophyllus*
55. 生长轮略明显至明显，宽度不均匀；管孔在肉眼下可见，斜列或呈之字形排列；侵填体偶见；轴向薄壁组织排列成连续或不连续离管细弦线；木射线极细至略细，在放大镜下明显，比管孔小 ………………… 枫杨 *Pterocarya stenoptera*
55. 生长轮略明显，宽度均匀至略均匀 ……………………………………………… 56
56. 生长轮宽度均匀至略均匀，轮间界以深色带；管孔在肉眼下略见；轴向薄壁组织呈断续细弦线(较稀疏)及傍管型；木射线极细至甚细，在放大镜下可见；径切面上射线斑纹可见 ………………………………………… 乌桕 *Sapium sebiferum*
56. 生长轮宽度略均匀；管孔在肉眼下可见；轴向薄壁组织呈离管弦向排列，兼呈傍管型；木射线极细至略细，在放大镜下明显；径切面上射线斑纹不明显 ……………………………………………………………………………………… 柿 *Diospyros kaki*
57. 轴向薄壁组织呈离管带状 …………………………………………………………… 58
57. 轴向薄壁组织呈傍管型 ……………………………………………………………… 59
58. 边材浅黄褐色或浅栗褐色，心材红褐色或栗褐色，有时带紫色，轮间有深色条纹；早材管孔中等大小，在肉眼下可见，呈“之”字形排列；木射线中至多，极细至中，在肉眼下略见，比管小 ………………………………… 核桃 *Juglans regia*
58. 边材黄褐至红褐色，心材暗红褐色；早材管孔中至略大，在肉眼下可见至明显，稀疏，多呈斜列；木射线中至多，甚细至中，在放大镜下明显 ………… ………………………………………………………… 胡桃楸 *Juglans mandshurica*
59. 生长轮明显，宽度均匀至略均匀；边材灰红褐或灰黄褐色，心材深红褐色；管孔数少，中至甚大，在肉眼下可见至甚明显，多数散生，含红褐色树胶；木射线少至中，甚细至中，在肉眼下可见；径切面上射线斑纹明显 ……………… ………………………………………………………………………… 红椿 *Toona ciliata*
59. 生长轮明显，宽度不均匀 …………………………………………………………… 60
60. 木材光泽强，新切面上樟脑气味浓厚，经久不衰，味苦；管孔略多，略小至中，在肉眼下可见；木射线少至中，极细至略细，在放大镜下明显；径切面上有射线斑纹……………………………………… 樟树 *Cinnamomum camphora*
60. 木材有光泽，微具皮革气味，无特殊滋味，触之有油性感；早材管孔略大至甚大，在肉眼下明显，并具白色沉积物；木射线数少，甚细至中，在肉眼下略见 ……………………………………………………………………… 柚木 *Tectona grandis*
61. 有宽木射线 ………………………………………………………………………… 62
61. 无宽木射线 ………………………………………………………………………… 71
62. 轴向薄壁组织不见 …………………………………………………………………… 63

62. 轴向薄壁组织量多，在肉眼下可见 ………………………………………………………… 67
63. 木材色浅，白色至黄白色 ……………………………………………………………………… 64
63. 木材色深，浅红褐色至红褐色 ………………………………………………………………… 66
64. 管孔略多，甚小至略小，在放大镜下明显，分布略均匀，散生；生长轮略明显，宽度不均匀，轮间界以浅色带；径切面上红褐色射线斑纹明显 ……………………………………………………………………… 二球悬铃木 *Platanus hispanica*
64. 管孔甚小至略小，在放大镜下可见或略见，分布不均匀，径列 …………… 65
65. 生长轮不明显，宽度不均匀；径切面上射线斑纹明显；材身呈灯纱纹 ……………………………………………………………… 鹅掌柴 *Schefflera octophylla*
65. 生长轮略明显，宽度略均匀，轮间界以细线；径切面上射线斑纹略明显至明显；材身界于灯纱纹与细纱纹之间 ………………………… 冬青 *Ilex chinensis*
66. 生长轮略明显，遇宽木射线时略向内弯曲、使轮间界以深色波浪形线带；管孔略多，甚小至略小，在放大镜下可见，分布不均匀，径列(多数宽 1 列管孔) …………………………………………………………… 江南桤木 *Alnus trabeculosa*
66. 生长轮略明显或明显，宽度略均匀，轮间界以细线；管孔略少，略小至中，在肉眼下常呈白点状，分布颇均匀，散生 ………………… 红桦 *Betula albosinensis*
67. 轴向薄壁组织多呈单侧傍管状 ………………………………………………………… 68
67. 轴向薄壁组织以离管带状为主 ………………………………………………………… 69
68. 心边材区别欠明显，从外向内材色逐渐加深，边材黄褐色，心材红褐色；管孔大小中等，在肉眼下可见，放大镜下明显；生长轮不明显；胞间道创伤者在横切面上呈弦向排列，甚明显 ……………………………… 银桦 *Grevillea robusta*
68. 心边材区别不明显，木材灰褐色或灰褐色微红；管孔较大，在放大镜下略明显；生长轮略明显，宽度不均匀，轮间界以浅色带 ………………………………………………………… 小果山龙眼 *Helicia cochinchinensis*
69. 轴向薄壁组织略多，断续离管带状；心边材区别不明显或略明显，由外往内材色逐渐加深，木材红褐色；生长轮略明显，宽度略均匀，轮间界于以深色带；管孔略少，大小中等，在肉眼下略见，放大镜下明显，径列 …………………………………………………………… 木麻黄 *Casuarina equisetifolia*
69. 轴向薄壁组织量多，主为离管带状，并似傍管型 ……………………………… 70
70. 心边材区别不明显，木材灰黄色、灰褐色带红或浅红褐色带灰；管孔大小中等，在肉眼下不见至略见，宽 1~3 列管孔；径切面上宽射线斑纹明显 ……………………………………………………… 大叶青冈 *Cyclobalanopsis jenseniana*
70. 心边材区别略明显，边材红褐色或浅红褐色，心材暗红褐色或紫红褐色；管孔大小中等，在肉眼下略见，放大镜下明显，通常宽 1(稀 2)管孔；径切面上宽射线斑纹极明显 ……………………… 竹叶青冈 *Cyclobalanopsis bambusaefolia*
71. 轴向薄壁组织不见 ……………………………………………………………………… 72
71. 轴向薄壁组织可见 ……………………………………………………………………… 85
72. 轴向薄壁组织在放大镜下也不可见 …………………………………………………… 73
72. 轴向薄壁组织在放大镜下湿切面上可见 ……………………………………………… 81
73. 心边材区别明显或略明显 ……………………………………………………………… 74

73. 心边材区别不明显 ………………………………………………………………………… 77
74. 生长轮略明显至明显，宽度均匀至略均匀 ………………………………………… 75
74. 生长轮不明显 ……………………………………………………………………………… 76
75. 管孔多至甚多，甚小至略小，在放大镜下可见，大小一致，分布均匀，散生；木射线数目中至多，极细至甚细，在放大镜下略见，比最大管孔小；径切面上射线斑纹不见或略明显……………………………………… 垂柳 *Salix babylonica*
75. 管孔甚多，甚小至略小，在放大镜下可见，大小略一致，分布略均匀，散生；木射线数目中等，甚细至略细，在放大镜下可见，比最大管孔小；径切面上射线斑纹欠明显 ……………………………… 连香树 *Cercidiphyllum japonicum*
76. 管孔略少，中等大小，在肉眼下可见，分布略均匀，通常径列；部分管孔中含有侵填体；木射线数目中等，甚细至中，在放大镜下明显，比管孔小；径切面上射线斑纹明显 ……………………………………… 秋枫 *Bischofia javanica*
76. 管孔略小至中，大小略一致，在肉眼下略见，分布不均匀，呈之字形排列；侵填体未见；木射线多至甚多，极细至略细，在放大镜下略见；径切面上射线斑纹不明显 ……………………………………… 赤桉 *Eucalyptus camaldulensis*
77. 管孔数少至略少，在肉眼下可见 ……………………………………………………… 78
77. 管孔数多至甚多，在放大镜下可见 …………………………………………………… 79
78. 生长轮略明显或明显，轮间界以细线；侵填体未见；木射线少至中，极细至略细，在放大镜下明显，比管孔小；髓斑常见，呈锈色斑点或条纹 ……………
……………………………………………………………… 光皮桦 *Betula luminifera*
78. 生长轮略明显，轮间常界以深色带；侵填体少见；木射线数目中等，极细至略细，在肉眼下可见，放大镜下明显，比管孔小 ……… 山黄麻 *Trema tomentosa*
79. 管孔大多呈 2 至数个径向复管孔；材色略带红褐，有绢丝光泽；生长轮明显，晚材带色深；木射线甚细，略小；径切面射线斑纹不见；有时具有白色至黄褐色髓斑 ……………………………………………………… 山杨 *Populus davidiana*
79. 管孔分布均匀，散生 …………………………………………………………………… 80
80. 生长轮略明显至不明显，宽度略均匀或不均匀；木射线中至多，甚细至略细，在放大镜下可见；纵向创伤树胶道偶尔出现，在横切面上呈长弦线，纵切面上呈沟状；常含白色沉积物 ………………………… 枫香树 *Liquidambar formosana*
80. 生长轮略明显，宽度略均匀，轮间界以深色带；木射线数目中等，甚细至略细，在放大镜下可见；无纵向创伤树胶道 ……………………… 木荷 *Schima superba*
81. 轴向薄壁组织在放大镜下湿切面上呈傍管型 ……………………………………… 82
81. 轴向薄壁组织在放大镜下湿切面上呈离管短细弦线或轮界状 ………………… 83
82. 心边材区别不明显或略明显，边材黄褐色微红或灰红褐色，心材草绿或草褐色；湿切面上有难闻气味(药味)；生长轮间界以深色带；管孔略少，略小至中，在肉眼下略见，斜列或散生，具黄色内含物；木射线少至中，甚细至略细，在放大镜下可见，比管孔小；髓斑常见 ………………………………
……………………………………………………… 广东山胡椒 *Lindera kwangtungensis*
82. 心边材区别不明显，木材浅红褐色至红褐色；微有油臭气味；生长轮间界以浅色细线；管孔略小，在放大镜下明显，径列或斜列；木射线少至中，极细至中，在肉眼下可见至略明显，比管孔略大或约等大；波痕在湿切面上可见 ……………………………………………………………………… 椴树 *Tilia tuan*

83. 轴向薄壁组织在放大镜下湿切面上呈轮界状；生长轮略明显，轮间界以浅色线；管孔数多，甚小至略小，在放大镜下可见，分布不均匀，斜列或径列；波痕略见 ……………………………………………… 七叶树 *Aesculus chinensis*

83. 轴向薄壁组织在放大镜下湿切面上呈离管短细弦线 ………………………… 84

84. 木材浅红褐或黄褐色；湿切面上略有难闻气味；无滋味；生长轮间界以浅色细线；管孔在放大镜下可见，长径列；径切面上有射线斑纹 ……………………………………………………………… 赤杨叶 *Alniphyllum fortunei*

84. 木材鲜黄色，久则转呈深黄色；无特殊气味；滋味苦；生长轮间界以深色带；管孔在肉眼下略见，斜列或径列；径切面上射线斑纹不明显 ……………………………………………………………………… 乌檀 *Nauclea officinalis*

85. 轴向薄壁组织呈傍管型及离管带状或轮界状 ……………………………… 86

85. 轴向薄壁组织呈离管型 ……………………………………………………… 99

86. 轴向薄壁组织呈傍管型 ……………………………………………………… 87

86. 轴向薄壁组织呈傍管型及离管带状或轮界状 ……………………………… 92

87. 管孔散生 ……………………………………………………………………… 88

87. 管孔斜列或散生 ……………………………………………………………… 89

88. 管孔甚少，中至略大，在肉眼下可见至明显，大小一致，分布颇均匀；含侵填体及白色沉积物；无树胶道 …………………………………… 红木 *Bixa orellana*

88. 管孔略少，中至略大，在肉眼下可见，大小略一致，分布不均匀；侵填体未见，含褐色树胶；正常纵向树胶道在肉眼下呈白色短弦带，沿生长轮断续排列 ………………………………………………… 乐京龙脑香 *Dipterocarpus retusus*

89. 生长轮不明显 ………………………………………………………………… 90

89. 生长轮略明显至明显 ………………………………………………………… 91

90. 心边材区别明显，边材黄褐色微红或浅红褐色，心材红褐至深红褐色；木射线中至多，甚细至中，在放大镜下明显，比管孔小 ……………………………………………………………… 蚬木 *Excentrodendron hsienmu*

90. 心边材区别明显，边材黄褐或灰褐色，心材暗黄褐色；有油性感；滋味微苦；木射线少至中，极细至中，在肉眼下略见；径切面上射线斑纹明显 ……………………………………………………………… 青梅 *Vatica mangachapoi*

91. 生长轮明显，宽度颇均匀，轮间界以深色带；心边材区别不明显；新切面有香气，易消失，滋味微苦；管孔略少，略小至中，在肉眼下略见，具侵填体；径切面上射线斑纹明显 …………………………………… 楠木 *Phoebe zhennan*

91. 生长轮不明显至略明显，宽度不均匀；心边材区别略明显；无特殊气味和滋味；管孔略少；大小中等，在肉眼下可见，白色沉积物丰富；径切面上射线斑纹不明显 ……………………………………………… 荔枝 *Litchi chinensis*

92. 傍管型及离管带状 …………………………………………………………… 93

92. 傍管型及轮界状 ……………………………………………………………… 96

93. 管孔甚少，中至略大，在肉眼下可见至明显，散生 ……………………… 94

93. 管孔数少，中等大小，在肉眼下可见，径列或斜列 …………………………… 95
94. 心边材区别不明显，木材黄褐色；木材光泽弱或无；无特殊气味和滋味；含侵填体；木射线数目中等，甚细至中，在肉眼下明显 …… 高山榕 *Ficus altissima*
94. 心边材区别略显或明显，边材灰红褐色微黄，心材浅红褐色；木材有光泽；湿切面上微具难闻气味；侵填体未见；木射线数多，甚细至略细，在放大镜下可见 ………………………………………………………………… 山楝 *Aphanamixis polystachya*
95. 心边材区别不明显，木材浅灰褐色或浅灰红褐色，常带蓝变色杂斑；生长轮不明显至略明显，宽度略均匀；侵填体偶见 ……… 黄杞 *Engelhardia roxburghiana*
95. 心边材区别不明显，木材浅黄褐色；生长轮明显，轮间界以深色带；侵填体不见 ………………………………………………………………………… 橡胶树 *Hevea brasiliensis*
96. 心边材区别明显，边材黄褐色，甚宽，心材深红褐色或暗褐色；生长轮略明显；管孔甚多，甚小，在放大镜下方可见，分布均匀；木射线极细，在放大镜下可见 ………………………………………………………………… 树枣 *Ziziphus jujuba*
96. 心边材区别不明显 ………………………………………………………………… 97
97. 木射线少至中，较宽，在肉眼下可见至略明显；心边材区别不明显，木材红褐色微黄或红褐色；径切面上射线斑纹略明显；矿物斑常见 …… 槭木 *Acer mono*
97. 木射线中至多，甚细至略细，在放大镜下明显，比管孔小 ………………… 98
98. 心边材区别不明显，木材浅红褐色或浅灰褐色；光泽弱；生长轮不明显至略明显，宽度略均匀；管孔数少，略小至中，在肉眼下可见，分布均匀 ………… ………………………………………………………………… 琼楠 *Beilschmiedia intermedia*
98. 心边材无区别，木材黄色，浅黄褐色至黄褐色；有光泽；生长轮不明显至略明显，宽度不均匀；管孔数少，中至略大，在肉眼下可见，在生长轮外部较小较少；偶含红褐色树胶；侵填体偶见；波浪可见………… 黄檀 *Dalbergia hupeana*
99. 轴向薄壁组织轮界状 ………………………………………………………… 100
99. 轴向薄壁组织离管带状或星散状 ……………………………………………… 101
100. 心边材区别略明显，边材黄白色或浅红褐色，心材灰黄褐色或微带绿色；管孔略多，略小，在放大镜下明显，散生或斜列；木射线少至中；极细至略细，在肉眼下可见，多数与管孔约等大 ……………… 鹅掌楸 *Liriodendron chinense*
100. 心边材区别明显，边材浅栗褐色或灰黄褐色，心材黄色或黄色微绿；管孔略少至略多，甚小至略小，在放大镜下明显，散生；木射线数目中等，极细至略细，在放大镜下可见或明显，比管孔小 …………… 木莲 *Manglietia fordiana*
101. 轴向薄壁组织呈星散状；心边材区别明显，边材灰褐色或灰黄褐色，心材红褐色；管孔略少，在肉眼下略见，分布均匀，散生或斜列 ………………… ………………………………………………………………… 润楠 *Machilus nanmu*
101. 轴向薄壁组织离管带状 ……………………………………………………… 102
102. 心边材无区别，木材浅黄褐色，久则转呈深黄褐色；生长轮不明显或略见；管孔少至略少，在肉眼下可见，分布不均匀，径列 ……………………………… ………………………………………………… 团花树 *Neolamarckia cadamba*
102. 心边材区别明显 ……………………………………………………………… 103
103. 生长轮不明显；管孔少至略少，略小至中，在肉眼下呈白点，放大镜下明显，

斜列或径列；侵填体未见；木材无特殊气味和滋味……… 铁力木 *Mesua ferrea*

103. 生长轮不明显或略明显，轮间界以深色带；管孔略小至中，在放大镜下可见至略明显，斜列或呈之字形；心材管孔中侵填体可见；木材具辛辣滋味 ……………………………………………………… 海南紫荆木 *Madhuca hainanensis*

复习思考题

1. 名词解释：横切面、径切面、弦切面，生长轮、年轮、假年轮，早、晚材，心、边材，侵填体，胞间道、树脂道、树胶道。

2. 管孔的分布、组合、排列各有哪几种类型？

3. 离管型和傍管型轴向薄壁组织排列类型各有哪些？

4. 具有正常树脂道的针叶树材有哪些属？根据形成情况和走向，各分为哪几类？

5. 木材主要宏观特征和次要宏观特征各有哪些？

6. 针叶树材和阔叶树材在宏观结构上有哪些主要区别？

7. 木材的宏观识别依据是什么？

8. 掌握用对分式检索表检索木材树种的基本方法。

第3章
木材微观构造

木材构造特征是识别和评定木材质量的理论依据。宏观下木材的构造特征因受放大倍数的限制，一般只能观察到构成木材的组织；而在木材结构研究中，还有一些更细微的部分，需要借助光学显微镜甚至电子显微镜等工具才能观察到。用光学显微镜观察到的木材构造特征，一般称木材的微观构造或显微构造；使用电子显微镜或X射线衍射仪等在超过光学显微镜放大倍数的条件下观察或测试的木材构造特性，称木材超微构造。

在微观构造水平上，细胞是构成木材的基本形态单位，木材的细胞组成及排列不同，形成了各树种木材不同的微观构造特征。木材微观构造是木材分类的主要依据，对木材物理、力学、化学性质有重大影响，通过木材构造、性质、加工利用与林木生长条件的综合研究，对指导营林措施、实现定向培育也有重要意义。

3.1　木材细胞的生成

要了解木材，就必须了解木材细胞。木材细胞在生长发育过程中，一般要经历分生、扩大和胞壁加厚等阶段而达到成熟；而这一过程，厚壁细胞几周内就可完成。

3.1.1　形成层原始细胞的分裂

树木的生长包括高生长(顶端生长、初生长)与直径生长(粗生长、次生长)，树木中木质部的绝大部分是由直径生长形成，它是形成层原始细胞分生的结果。

形成层有两种原始细胞：纺锤形原始细胞和射线原始细胞(图3-1)。纺锤形原始细胞的长轴沿树高方向、两端尖削、呈纺锤形，为木质部中纵向排列细胞的来源；射线原始细胞形小、聚集成射线状，为次生构造中横向细胞的来源。

多数树种的形成层原始细胞排列不整齐，即上下互相交错排列、不在同一水平面上，这种形成层称为非叠生形成层。但有些阔叶树种形成层原始细胞排列整齐，从垂直于形成层的方向观察，呈现出明显的层次，称为叠生形成层(图3-1)。叠生形成层有的仅为纺锤形原始细胞或射线原始细胞一种细胞叠生，也有两种原始细胞均叠生，叠生形成层所产生的组织也叠生。

形成层原始细胞的分裂有2种类型(图3-2)：

①形成层原始细胞在弦向纵面所进行的一分为二的平周分裂，所形成的两个子细胞和原始细胞等长，其中一个仍以原始细胞保留在形成层内；另一个如向内则生成为木质部母细胞、如向外则生成为韧皮部母细胞，它们各自再进行1~2次平周分裂后，便失去分生机能，成为永久性细胞并逐渐发育成熟。平周分裂使树干的直径增加。

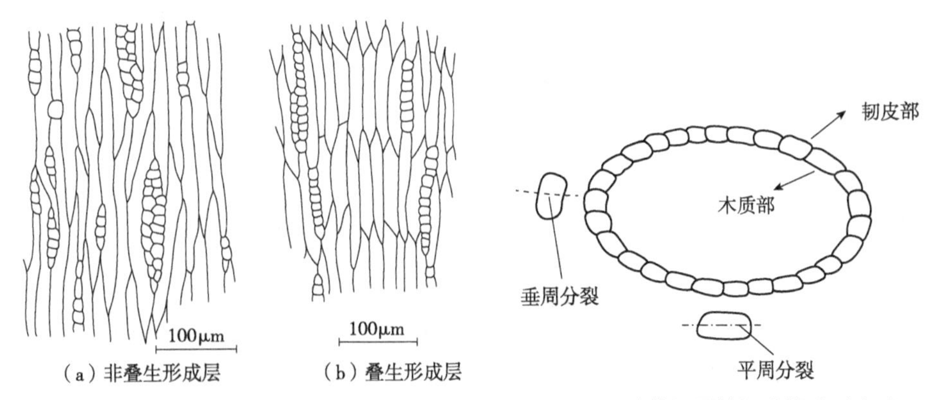

图 3-1　纺锤形原始细胞和射线原始细胞
（尹思慈，1996）

图 3-2　形成层原始细胞的分裂方式

②垂周分裂在径向两侧产生新的形成层原始细胞，以适应树干直径加大过程中形成层周长增加的需要。

形成层原始细胞仅 1 层，在树木生长过程中始终保持分生能力，但形成层区域一般由 6~8 层细胞组成。在生长季节中，形成层向木质部一侧分裂产生的细胞数是向韧皮部一侧分裂产生细胞数的 6~8 倍，故木质部比韧皮部的增长要快得多，这也正是树木木质部比韧皮部厚的主要原因。

3.1.2　木材细胞的形成和细胞壁增厚

(1)木质部子细胞的形体扩大阶段

形成层原始细胞分生的木质部子细胞在生成后，便进入细胞形体的扩大阶段，主要表现为细胞直径增加和长度伸长。直径增加在某些种类细胞中特别明显，而在另一些种类细胞中却变化较小。在直径变化的同时，有些细胞的长度也增加(其中部分细胞增长尤其明显)，而有些细胞长度却并不增长。细胞尺寸的纵向增长，主要是细胞延伸的结果。

(2)木质部子细胞的细胞壁增厚阶段

形成层分生的木质部新细胞的细胞壁很薄，新细胞在完成或接近完成形体增大后，便进入细胞壁增厚阶段。在此阶段，木材的各种细胞均仍具生命机能，但原生质逐渐转化成为胞壁物质并添加在原细胞壁上。当木材中厚壁细胞的原生质全部转化成细胞壁时，细胞壁增厚阶段便结束，也就意味着单个细胞的生命活动停止。而薄壁细胞在细胞壁增厚阶段只有部分原生质转化成细胞壁，另一部分原生质在细胞位于边材范围的年份内尚保持生机；当边材转变成心材时，这部分原生质通过生理生化反应生成木材抽提物。至此，木材的全部细胞均丧失生命机能。

如上所述，组成木材的细胞有各种类型、形态各异、细胞壁厚薄也不同，但却按相对固定的方式组合构成木材。形成层分生的木质部子细胞的分化不是随机的，而是有它的内在规律性，木材就是按这种规律生成的结果。

3.2　木材细胞壁结构

木材细胞壁的结构，往往决定了木材及其制品的性质和用途。因此，对木材在细胞

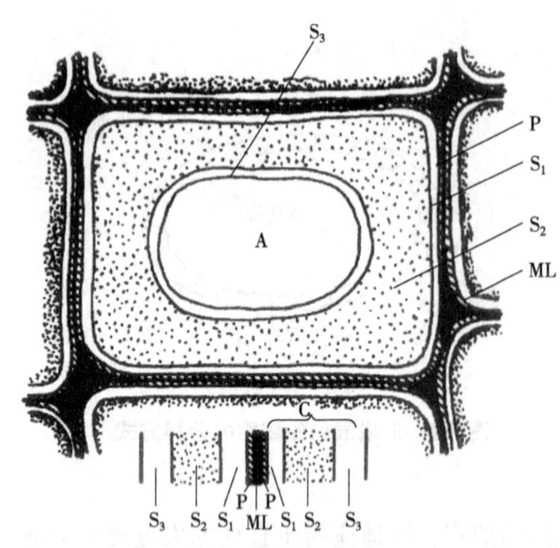

图 3-3 细胞壁的壁层结构

A. 细胞腔 P. 初生壁 S. 次生壁 ML. 胞间层
S_1. 次生壁外层 S_2. 次生壁中层 S_3. 次生壁内层

水平上的研究，也可以说主要是对细胞壁的研究。

3.2.1 木材细胞壁的壁层结构

木材细胞壁由于形成的阶段不同，其化学组成和微纤丝排列方向也不同，在结构上可分出不同层次。在光学显微镜下，通常可将细胞壁分为细胞最外的初生壁(P)、其内的次生壁(S)及两细胞间存在的胞间层(ML)(图 3-3)。

(1)胞间层

细胞分裂末期出现了细胞板，将两个新产生的细胞隔开，这是最早形成的细胞壁部分。胞间层是两个相邻细胞中间的一层，为这两个细胞共有，主要由木质素和一种无定形、胶体状的果胶物质所组成，纤维素含量很低，高度木质化，在偏光显微镜下呈各向同性。在胞间层出现不久后，细胞很快在其两侧形成了初生壁，由于胞间层很薄，很难再将其与初生壁区别开，因此通常将相邻细胞间的胞间层和其两侧的初生壁合在一起称为复合胞间层(CML)。

(2)初生壁

初生壁是细胞分裂后，在胞间层两侧最早沉积，并随细胞持续增大时所形成的壁层。初生壁在形成初期主要由纤维素组成，随着细胞增大速度的减慢，可以逐渐沉积其他物质，所以木质化后的细胞，初生壁木质素的浓度就特别高。初生壁通常较薄，一般只占细胞壁厚度的 1%或略多一点。

(3)次生壁

次生壁是细胞停止增大以后，在初生壁上迅速加厚形成的壁层，使细胞壁固定而不再延伸，一直到细胞腔内的原生质体停止活动，次生壁也就停止沉积，细胞腔变成中空。在细胞壁中，次生壁最厚，占细胞壁厚度的 95%甚至更多。次生壁的主要成分是纤维素和半纤维素的混合物，后期也常含有大量木质素和其他物质沉积；虽然次生壁木质素总量比初生壁高，但因次生壁厚，所以木质素浓度反而比初生壁低，所以次生壁木质化程度没有初生壁高，在偏光显微镜下具有高度的各向异性。

3.2.2 微纤丝及构造

通过利用各种物理、化学的方法，特别是电子显微镜的应用，能够在突破木材微观构造基础上，对木材细胞壁的超微结构有了比较明确的了解。

(1)纤丝、微纤丝和基本纤丝

木材的细胞壁中存在许多薄层，但在光学显微镜下，薄层中仅能见到宽 0.4~1.0μm 的丝状结构，称为粗纤丝(大纤丝)，事实上相当于纤丝。如果要将纤丝再进一步细分下去，在电子显微镜下可以观察到的细胞壁丝状结构，称为微纤丝(图 3-4)。微纤丝宽大约 10~30nm，长度不定，微纤丝之间存在着约 10nm 的空隙，木质素及半纤维素等物质聚集于此空隙中。微纤丝其实也不是电子显微镜下观察到的细胞壁结构最小单位，细胞壁的最小结构单位是由宽 3.0～10.0nm、厚 3.0～5.0nm(也有学者认为断面为 2.0nm×3.0nm 的矩形)、断面包括约 40 根纤维素分子链构成的基本纤丝(微团、原纤丝)，所以，基本纤丝是纯纤维素的单质单位；而 2～4 个基本纤丝沿细胞周长方向排列成宽的矩形构成微纤丝，基本纤丝间有半纤维素。

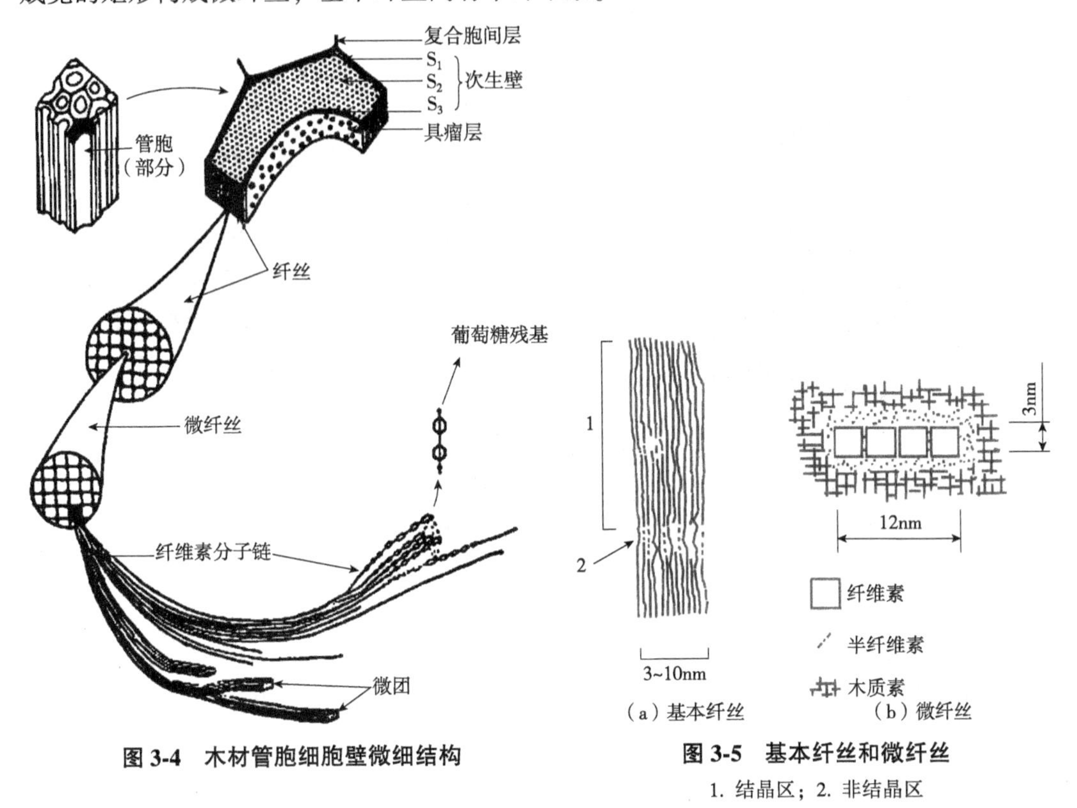

图 3-4　木材管胞细胞壁微细结构

图 3-5　基本纤丝和微纤丝

1. 结晶区；2. 非结晶区

(2)结晶区和非结晶区

沿基本纤丝的长度方向，纤维素大分子链的排列状态并不完全相同。在大分子链排列最致密的区段，分子链有规则地平行排列、定向良好，分子链间的结合力随着分子链间距离的缩小而增大，反映出一些晶体的特征，称为纤维素的结晶区。与结晶区的特征相反，当纤维素分子链排列的致密程度减小，分子链间排列的平行度下降，分子链间的结合力随着分子链间距增大而下降，此类纤维素大分子链排列特征称为纤维素非结晶区(无定形区)。

结晶区与非结晶区间无明显的绝对界限，在纤维素分子链长度方向上呈连续的排列结构。因此，一个纤维素分子链的一部分可能位于纤维素的结晶区，而另一部分可能位于非结晶区，并延伸进入下一个结晶区。换句话说，在一个基本纤丝的长度方向上可能同时包括几个结晶区和非结晶区[图 3-5(a)]。

(3)细胞壁化学成分及作用

从组成木材细胞壁的主要化学成分来看，木材是多种高分子聚合物的复合体，按其物理作用分为：纤维素——骨架物质、半纤维素——基体物质和木质素——结壳物质，它们对细胞壁的物理作用分工有所区别。纤维素是以分子链聚集成束和排列有序的微纤丝状态存在于细胞壁中，赋予木材抗拉强度，相当于混凝土结构中的钢筋，起着骨架作用被称为骨架物质；半纤维素以无定形态渗透在骨架物质中，借以增加细胞壁的刚性，相当于混凝土结构中捆绑钢筋的细铁丝，起着黏结作用被称为基体物质；木质素是在细胞分化的最后阶段才形成的，渗透在细胞壁的骨架物质和基体物质中，使细胞壁坚硬，相当于混凝土结构中的水泥，被称为结壳物质或硬固物质[图 3-5(b)]。

3.2.3 木材细胞壁各层的微纤丝排列

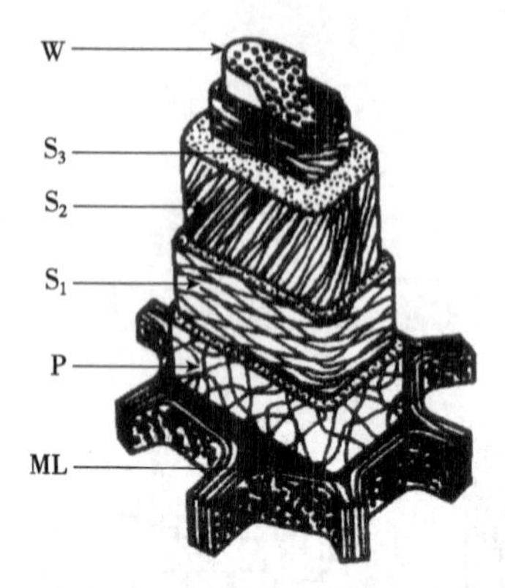

图 3-6 电子显微镜下管胞壁的分层结构模式

ML. 胞间层；P. 初生壁；S_1. 次生壁外层；S_2. 次生壁中层；S_3. 次生壁内层；W. 瘤层

细胞壁上微纤丝的排列方向，各层都不一样。一般微纤丝在初生壁上多呈不规则的交错网状；而在次生壁上往往比较有规则(图 3-6)。

(1)初生壁的微纤丝排列

初生壁上微纤丝的排列方向与细胞的生长阶段有关，当细胞生长时，微纤丝不断沉积在伸展的细胞壁内壁，并随着细胞壁的伸展而改变其排列方向。如木质部的管胞、木纤维等长形细胞，开始微纤丝沉积的方向与细胞轴近于垂直，围绕细胞轴呈横向、有规律的互相平行排列，限制了细胞侧向生长、而促使其伸长生长；随着细胞进一步伸长，微纤丝排列方向逐渐转变成交织的网状排列；随着细胞逐渐成熟又趋向横向排列。初生壁整个壁层上的微纤丝排列总体上呈松散网状，这种结构有利于细胞的长大。

(2)次生壁的微纤丝排列

在次生壁上，由于纤维素分子链构成的微纤丝排列方向不同，可将次生壁明显地分为 3 层，即次生壁外层(S_1)、次生壁中层(S_2)和次生壁内层(S_3)。次生壁各层的微纤丝虽然都形成螺旋取向，但倾斜角度不同。S_1 的微纤丝与细胞主轴呈 50°～70°，相互平行呈“S”形或“Z”形缠绕；在 S_2 微纤丝与细胞主轴呈 10°～30°，近乎平行于细胞主轴，微纤丝排列的平行度也最好；而 S_3 的微纤丝与细胞主轴呈 60°～90°，微纤丝排列的平行度较差，呈不规则的环状排列(图 3-6)。

此外，S_1 和 S_3 都较薄，厚度分别占细胞壁总厚度的 10%～22%与 2%～8%，S_2 层最厚，在管胞、木纤维等主要木材细胞中可占细胞壁厚度的 70%～90%。所以，细胞壁的厚或薄主要由 S_2 的厚薄决定。

3.3 细胞壁结构特征

木材细胞壁根据其形成阶段，可区分为初生壁和次生壁两部分，两相邻细胞间即初生壁间为胞间层，两初生壁常与胞间层合称为复合胞间层，次生壁位于其内部。细胞壁上的许多特征如纹孔、眉条、径列条、螺纹加厚、锯齿状加厚、瘤层等，不仅是木材的识别特征，而且也直接影响木材的加工和利用。

3.3.1 纹孔

纹孔是指木材细胞壁在增厚产生次生壁时，次生壁局部未增厚而留下的凹陷。成对相通的纹孔，在立木中是相邻细胞间的水分和养分输送的通道；当树木被伐倒加工时，又对木材干燥、胶黏剂渗透和改性处理剂浸注等有较大的影响。在木材识别中，纹孔是木材细胞壁的重要特征，在木材显微识别上有重要作用。

(1)纹孔类型

根据纹孔的结构，将纹孔分为单纹孔和具缘纹孔。

①单纹孔　当薄壁细胞次生壁加厚时，所形成的纹孔腔在朝着细胞腔的一面保持一定的宽度。单纹孔的特点是，纹孔腔宽度无变化，纹孔膜一般没有加厚现象，从正面看纹孔口多呈一圆圈，两相邻薄壁细胞间的单纹孔是对称排列，正面观察呈现的也是一个圈(图 3-7)。单纹孔一般存在于薄壁细胞上，但有时也存在阔叶树材的韧型木纤维、分隔木纤维等厚壁细胞上；此外，在一些极厚的细胞壁上，纹孔腔有时是由许多细长的孔道呈分枝状连接起来通向细胞腔，此种纹孔称为分枝纹孔，多见于石细胞。

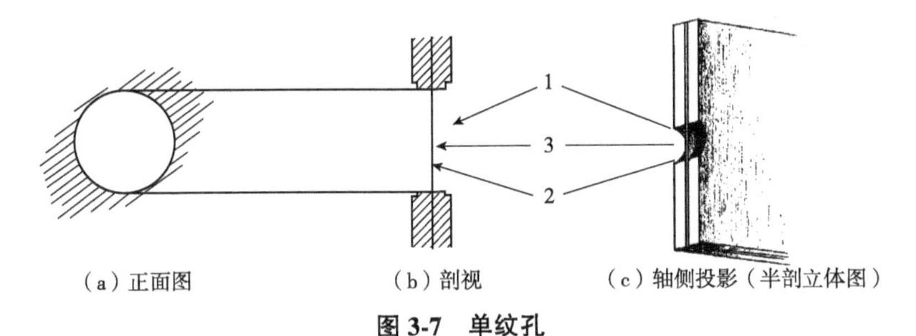

图 3-7　单纹孔

1. 纹孔口；2. 纹孔膜；3. 纹孔腔

②具缘纹孔　在厚壁细胞上，次生壁在纹孔膜两侧形成拱形纹孔缘的纹孔。具缘纹孔的特点是纹孔腔宽度有变化、次生壁呈拱状凸起。具缘纹孔的构造不仅比单纹孔复杂得多，而且在不同的厚壁细胞的细胞壁上，具缘纹孔的形状和结构也有所不同。

在针叶树材中，管胞(即狭义轴向管胞，下同)壁上具缘纹孔的纹孔膜，在中间形成圆形或椭圆形的初生加厚纹孔塞，其微纤丝排列呈同心圆状。针叶树材其他种类细胞的胞壁上的具缘纹孔通常不具有纹孔塞(图 3-8)。

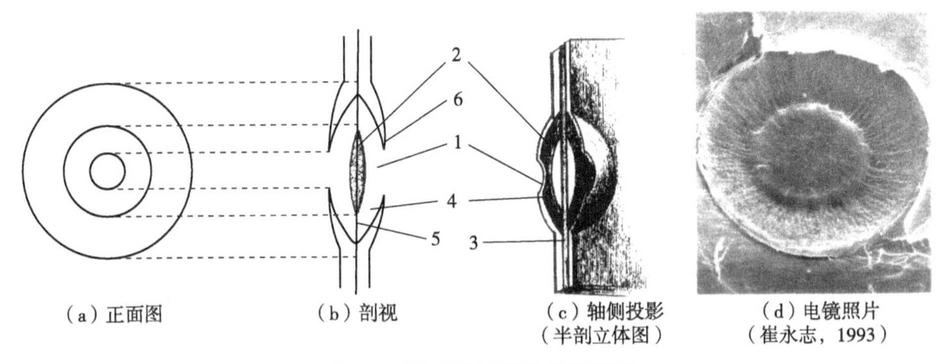

图 3-8　针叶树材管胞具缘纹孔

1. 纹孔口；2. 纹孔塞；3. 纹孔环；4. 纹孔腔；5. 塞缘；6. 纹孔缘

在阔叶树材中，木纤维上的具缘纹孔结构与针叶树材管胞的基本相似，只是纹孔膜中央通常不具有纹孔塞，纹孔膜周围没有辐射状的网状结构，膜上也没有明显的孔隙；纹孔室与细胞腔间相通有较窄的纹孔道。纤维状管胞壁上具缘纹孔的 2 个纹孔口，其形状和大小变异较大。纹孔外口多呈圆形，直径小于纹孔环；而纹孔内口呈椭圆形、透镜形或裂隙形，长轴小于或等于纹孔环时，形成内含纹孔；长轴大于纹孔环时，形成外展纹孔(图 3-9)。

具缘纹孔的异化有如下类型：

附物纹孔　在阔叶树材的某些树种中，存在一种叫附物纹孔的特殊具缘纹孔，在纹孔缘、纹孔膜上存在一些称为附物的凸起物。附物分布由细胞腔一直到纹孔腔，甚至延及纹孔膜(图 3-10)。附物纹孔存在于某属的某些树种，或该属的某一树种；一般常见于导管壁上的具缘纹孔，也见于纤维状管胞壁上的具缘纹孔。附物纹孔是鉴别阔叶树材树种所依据的特征之一，尤以豆科(紫荆属除外)最为显著。

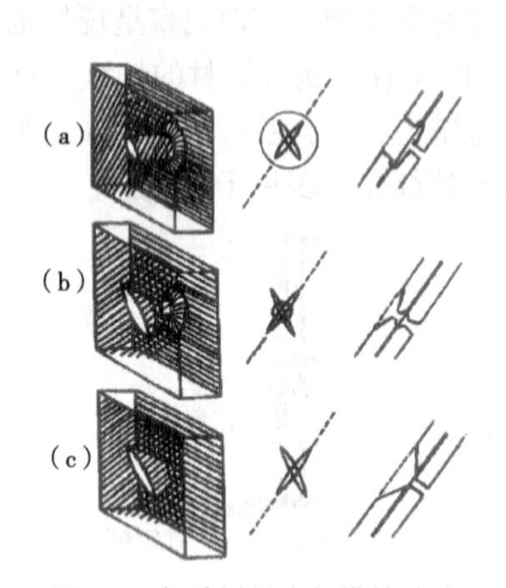

图 3-9　阔叶树材木纤维的纹孔

(a)纤维状管胞间的具缘纹孔(内含纹孔口)；
(b)纤维状管胞间的具缘纹孔(外展纹孔口)；
(c)韧型木纤维间的单纹孔

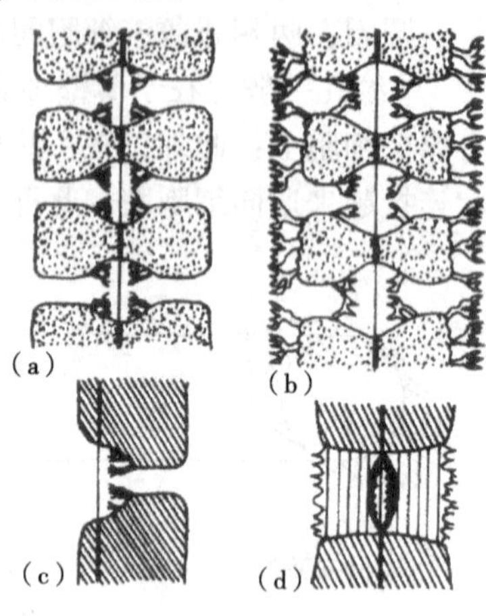

图 3-10　附物纹孔

(a)珊瑚状(导管的具缘纹孔)；(b)分枝或网状
(导管间具缘纹孔，着生于纹孔室的拱壁和
导管壁的表面)；(c)珊瑚状(半具缘纹孔对)；
(d)乳头状凸起(相连接的纤维状管胞)

澳柏型加厚　在针叶树材的澳柏属的许多木材中，次生壁上成对横过纹孔缘上下且与管胞相垂直的局部条状加厚，称澳柏型加厚(图 3-11)。这为澳柏属木材典型特征，也常出现在针叶树材的金钱松属、榧树属、穗花杉属、松属管胞壁上，如澳洲柏、金钱松、榧树、穗花杉等。

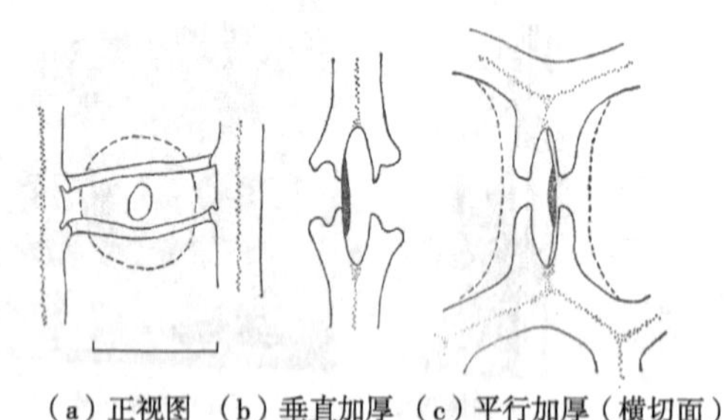

(a) 正视图　(b) 垂直加厚　(c) 平行加厚(横切面)

图 3-11　澳柏型加厚(尹思慈，1996)

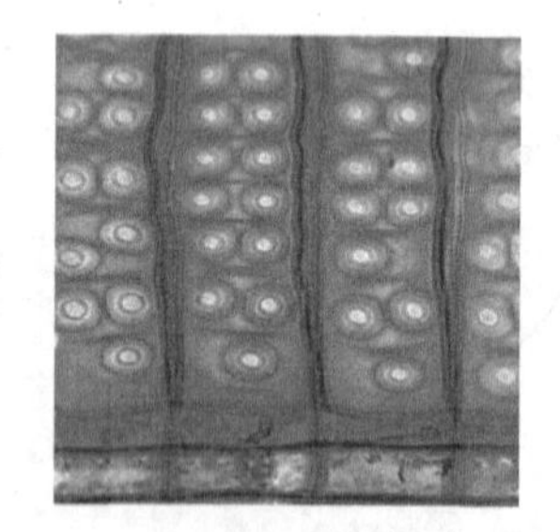

图 3-12　落叶松管胞壁上的眉条

眉条　在针叶树材管胞上，沿具缘纹孔上下边缘，由复合胞间层形成条状或弧形的特殊加厚，形似眼眉，故称为眉条(图 3-12)。眉条的功能是加固初生纹孔场的刚性，在松、柏、杉木中的管胞上最为明显。眉条加厚也类似括号，且位于纹孔口的上下缘，与澳柏型加厚相似；但与眉条是复合胞间层增厚不同的是，澳柏型加厚是次生壁加厚且位于 S_3 上。

雪松型纹孔　雪松属的纹孔托轮廓呈蛤壳状，称雪松型，是雪松属木材的典型特征[图3-13(a)]。

铁杉型纹孔　铁杉的纹孔边缘上具有折皱和极细至颇粗的辐射线条，称铁杉型纹孔，为铁杉属木材的特征[图3-13(b)]。

(2)纹孔组成

①单纹孔主要由纹孔膜、纹孔腔和纹孔口组成。

纹孔膜　相邻两细胞壁上成对纹孔间的隔膜，即两个相邻细胞的初生壁和胞间层组成的复合胞间层。

纹孔腔　纹孔膜与细胞腔间的全部空隙。

纹孔口　纹口腔通向细胞腔的开口。

②具缘纹孔主要由纹孔膜(包括纹孔塞、塞缘、纹孔环)、纹孔腔(包括纹孔道、纹孔室)、纹孔口(包括纹孔内口、纹孔外口)和纹孔缘组成(图3-14)。

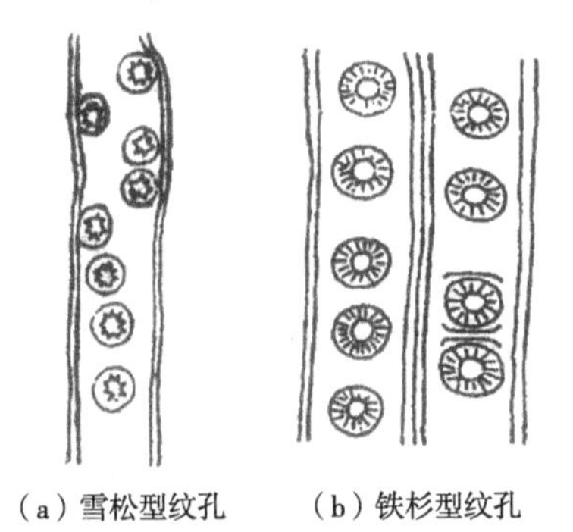

(a)雪松型纹孔　(b)铁杉型纹孔

图3-13　纹孔(径切面)(刘一星等，2012)

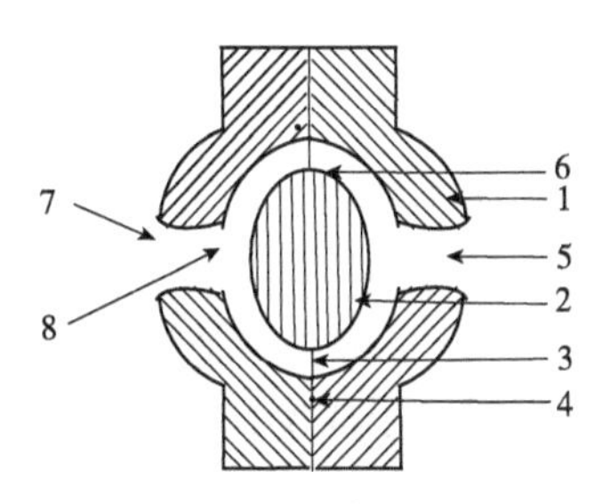

图3-14　具纹缘孔的组成

1. 纹孔缘；2. 纹孔塞；3. 塞缘；4. 纹孔环；5. 纹孔道；6. 纹孔室；7. 纹孔内口；8. 纹孔外口

纹孔缘　在纹孔膜两侧，次生壁呈拱状凸起部分。

纹孔塞　纹孔膜中央较厚的部分。

塞缘　纹孔塞周围较薄的部分。

纹孔环　纹孔膜(即塞缘)周围加厚的部分。

纹孔道　细胞腔通向纹孔室的通道。

纹孔室　纹孔膜与拱状凸起的纹孔缘间空隙。

纹孔内口　纹孔道通向细胞腔的开口。

纹孔外口　纹孔道通向纹孔室的开口。

如果纹孔内口直径不超过纹孔环，称内含纹孔口；纹孔内口直径超过纹孔环，称外展纹孔口。

(3)纹孔对

纹孔多数成对，即细胞上的一个纹孔与其相邻细胞的另一个纹孔成对，称为纹孔对。纹孔有时通向细胞间隙，而不与相邻细胞上的纹孔构成对，称为盲纹孔对。

典型的纹孔对有4种(图3-15)：

①单纹孔对　是单纹孔之间构成的纹孔对，存在于薄壁细胞间及某些特殊的厚壁细胞间。

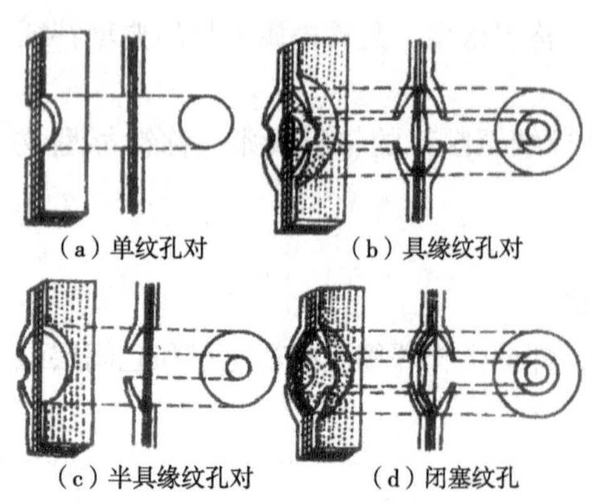

图 3-15 纹孔对

②具缘纹孔对 是两个具缘纹孔所构成的纹孔对，存在于管胞、纤维状管胞、导管分子和射线管胞等含有具缘纹孔的厚壁细胞之间。

③半具缘纹孔对 是具缘纹孔与单纹孔相构成的纹孔对。

针叶树材早材管胞与射线薄壁细胞相交的交叉场纹孔系半具缘纹孔对，是鉴别针叶树材的重要特征之一。半具缘纹孔对也见于轴向薄壁细胞与管胞，或射线薄壁细胞与射线管胞相毗邻的胞壁之间。

④闭塞纹孔 针叶树材的具缘纹孔，由于相邻细胞不均衡压力，致使纹孔塞侧向位移，从而将一个纹孔口堵住，呈闭塞状态的纹孔称闭塞纹孔，闭塞纹孔对木材干燥和改性处理液浸注处理均有不利的影响。

3.3.2 螺纹加厚与螺纹裂隙

(1)螺纹加厚

在细胞次生壁内表面上，由微纤丝局部聚集而形成的屋脊状凸起，呈螺旋状环绕在细胞内壁的加厚组织称为螺纹加厚[图 3-16(a)]。它由平行的微纤丝聚集覆盖于 S_3 之上，通常呈“S”形螺旋围轴缠绕，但偶尔也可呈“Z”形缠绕。一般来说，螺纹倾斜角度与细胞腔直径大小成反比，即细胞腔大者，螺纹平缓；细胞腔小者，螺纹陡峭。

螺纹加厚一般出现于有些针叶树材的管胞、射线管胞，某些阔叶树材的导管、木纤维、导管状管胞(维管管胞)等厚壁细胞中，有时也偶见于薄壁细胞中。螺纹加厚的有无、显著程度、形状等均可作为鉴别木材的参考依据。

(2)螺纹裂隙

螺纹裂隙是应压木中一种不正常的构造特征，其管胞内壁上具有一种贯穿次生壁且呈螺旋状的裂隙，称为螺纹裂隙(螺纹裂开)[图 3-16(b)]。

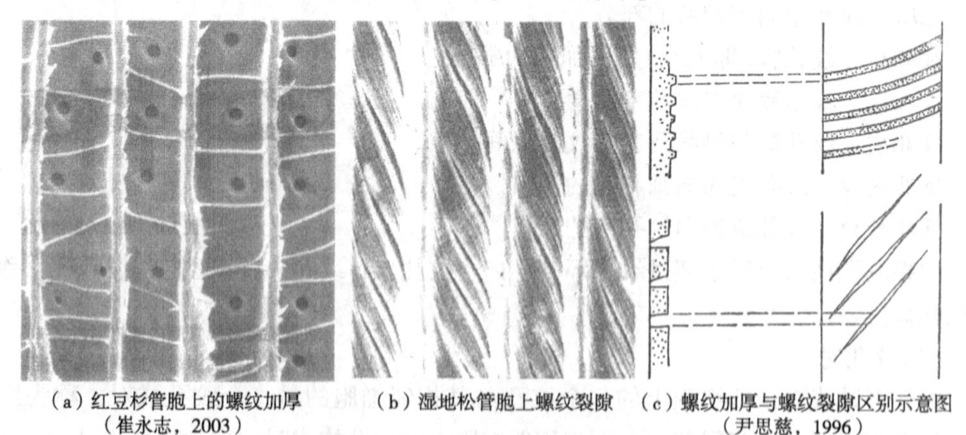

图 3-16 螺纹加厚与螺纹裂隙

螺纹加厚与螺纹裂隙区别体现在：

①螺纹加厚见于正常材，螺纹裂隙见于应压木。

②螺纹加厚是在 S_3 表面，螺旋裂隙贯穿次生壁至复合胞间层。

③螺纹加厚倾斜度小于螺纹裂隙。

3.3.3 锯齿状加厚

射线管胞内壁的次生加厚呈锯齿状凸起，称为锯齿状加厚。锯齿状加厚只存在于针叶树材松科木材中，是松科树种重要的识别特征。

根据锯齿状加厚高度的不同可分为四级(图3-17)：

①内壁平滑至微锯齿。

②内壁为锯齿状，齿高达2.5μm。

③齿高超过2.5μm或至细胞腔中部。

④网状式舱室。

锯齿状加厚通常在晚材中最发达，故一般观测射线管胞内壁的锯齿状加厚高度时，多以径切面上晚材与早材间木射线最外侧的射线管胞内壁的锯齿状加厚高度为准。

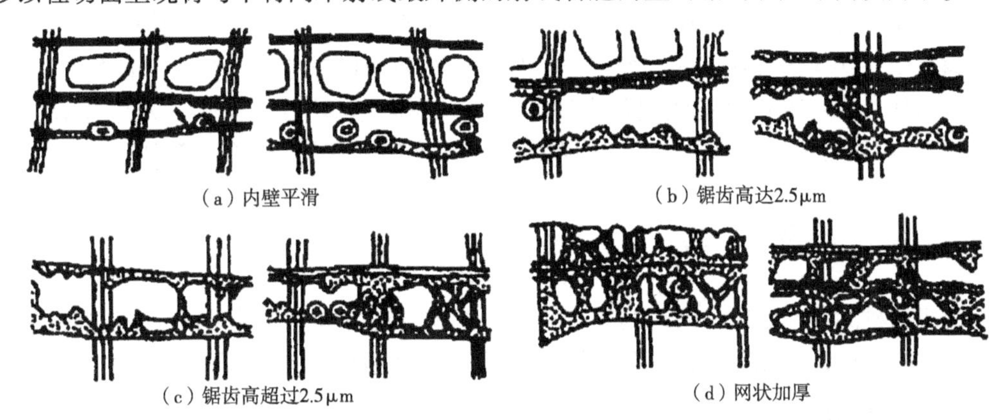

(a)内壁平滑　(b)锯齿高达2.5μm　(c)锯齿高超过2.5μm　(d)网状加厚

图3-17　松属木射线管胞内壁的锯齿状加厚

3.3.4 径列条

针叶树材管胞上，从一个弦壁(弦面壁)沿径向延伸到另一个弦壁，呈辐射状横过细胞腔的条状加厚。一般在同一高度上贯穿一至数个管胞腔，呈一条直线，在横、径切面上都可见(图3-18)。

径列条大都是存在于形成层遭受真菌感染部位，特别是受伤后形成的木材；径列条常见于针叶树材，尤其是南洋杉属木材的管胞。

3.3.5 瘤层

指细胞壁内表面微细的凸起物，一般无定形，通常存在于细胞腔和纹孔腔内壁。

瘤层结构的大小和形状随树种而异，但在同一树种中较为一致。瘤层中的隆起物一般大小在0.01~1.00μm，高0.50~1.00μm，多为圆锥形。瘤层是在原生质消失、次生壁的分化和木质化将完成时发育形成的。瘤层的化学组成与初生壁和次生壁是不同的，这很可能是细胞中解体原生质的残存物覆盖在 S_3 内表面上、有规则凸起的一种非纤维素膜(图3-19)。

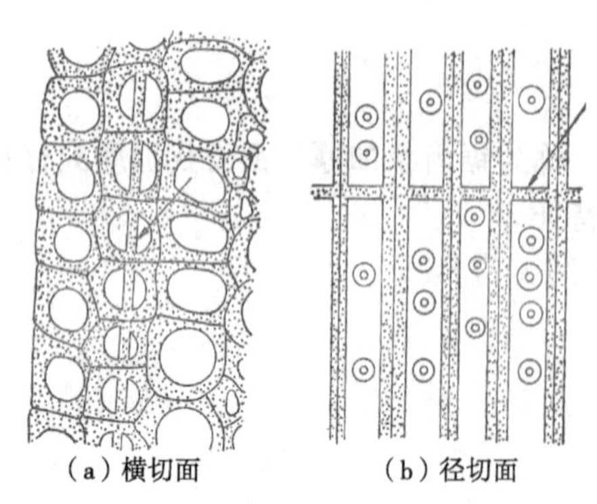

图 3-18 径列条(箭头所指)(尹思慈，1996)

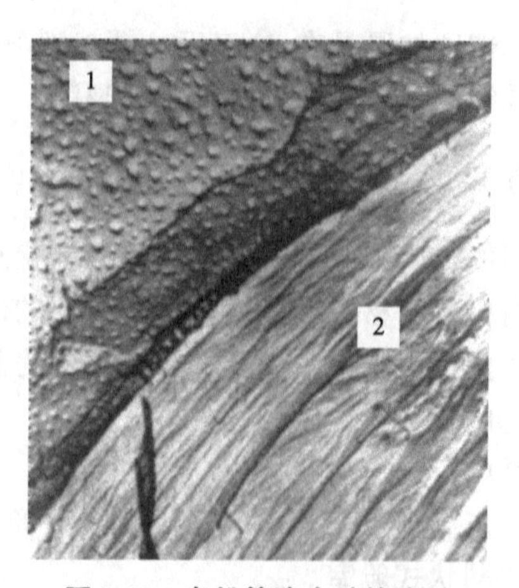

图 3-19 臭松管胞内壁的瘤层
1. 瘤层；2. S_3 的微纤丝(安玉贤)

瘤层常出现在许多针叶树材、阔叶树材、竹材及草本植物的厚壁细胞中，它是区别针叶树材中一些科属及亚属的重要标志。如我国松属中的软松类(单维管束松亚属)除白皮松组外，瘤层多不易见或偶尔出现于管胞内表面角隅处；硬松类(双维管束松亚属)，瘤状层则普遍出现于管胞内表面及纹孔缘、纹孔室表面、纹孔膜等处。

3.4 木材微观构造

构成木材的各种细胞和组织均具有一定的立体空间结构，从不同的角度观察就会表现出不同的特征；要充分认识其微观构造特征，就必须从标准三切面切片下进行观察。

3.4.1 切片制作

为了研究木材的显微构造，往往要用幼嫩或成熟的木材来制作切片进行观察(切出来的是细胞壁结构，原生质基本变成内含物)。

(1)试样选取

选择树龄至少在 7 年以上(专项研究的除外)，生长适中，无病腐、无弯曲且无其他严重缺陷树木，在树干胸高处截取圆盘(即 1.3m 处，也有在中部截取，轴向变异研究在 1.3m 及向上每 2m 处分别取样)。在圆盘南北方向上，一般在其第 5~20 个年轮截取试样(以温带和寒带树木为例)，不要离髓心太近，因为多数针叶树材前 10~15 年轮的木材为幼龄材，而幼龄材构造、材性与成熟材差异大、代表性差，最好位于边材的内缘部分(因心材含有大量树脂或其他内含物，边材易变色且易将薄壁组织切碎)，所以一个试样不宜同时包括心材和边材两部分。

试样大小以能在切片机固着器上固着为宜，一般不超过 25mm×25mm×25mm，切面表面约为 10mm×10mm。横切面垂直木材纹理，年轮过宽的将轮界居中，可不必保留完整年轮；径切面与木射线平行，弦切面与径切面垂直。

此外，对于竹材而言，一般在眉高处选一节(即 1.5m 高处，轴向变异研究可在 1.5m 及向上每 2m 处，或上、中、下 3 段分别取样)，在节间中部、节部上侧芽相对的另一面截取试样(图 3-20)；试样大小以每块厚度应包括从竹青至竹黄完整的秆壁为宜，一般宽 10~12mm，长 20~30mm。对于棕榈藤材而言，一般在藤茎距基部 2m 对应的节间中段、截取一个 2~3cm 长的藤茎即可(轴向变异研究可在基部、2m 处、中部及梢部，或每隔若干节对应的节间中段分别取样)。

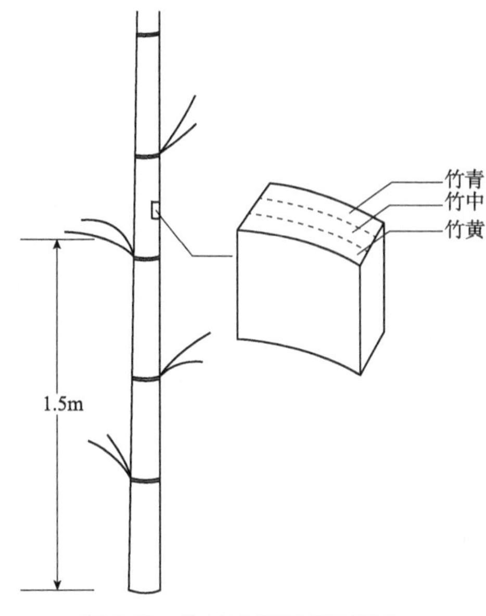

图 3-20 竹材试样截取示意图

(2)试样预处理

为便于切削，同时排除胞腔中的空气(因空气会影响切片透明度)，一般要对试样进行软化等预处理(对于一些质软的木材，如软松类、云杉、冷杉、杨树、泡桐等，其生材边材部分可在试样保持水分不散失情况下，直接切片而无须进行预处理)。针叶树材软化以早材为依据；轴向薄壁组织丰富的针、阔树材，以轴向薄壁组织为依据来确定软化程度；散孔材多数比环孔材需更强的软化处理(栎属等硬木材除外)。

试样预处理主要有以下几种方法：

①水煮法　水煮法在软化木材的同时，兼有排除细胞腔内空气的效果，为最简单最常用的木材软化方法，一般适合气干密度 $\rho<1.0$ 的树种。

将加工好的试块放入盛水烧杯中加热至 60~70℃(冒白汽即可，不宜沸腾)，然后浸入盛冷水的烧杯中冷却数分钟后再次加热，如此反复进行，直至试块细胞腔中空气完全排除，达到水分饱和下沉为止。材质软的木材，一般煮 3~4h；质硬的木材可适当延长处理时间，也可加入适量冰乙酸，效果更快。水煮后的试块如暂时不切片，可投入甘油-乙醇(95%)体积比为 1：1 的混合液中继续软化，材质软的一般浸泡 3d，材质硬的木材可延长至数月后切片效果更佳。

②微波软化法　将试块放入盛水的微波炉专业容器中或烧杯中，用微波每次加热 5~10min 后取出，重新更换冷水浸泡约 1min 后，再用微波炉加热 5~10min，如此循环直至试块下沉为止(整个过程中要确保试样始终浸没在水面以下)。

③富兰克林法(过氧化氢-冰乙酸法)　首先试样直接放入过氧化氢：冰乙酸体积比为 1：1 的混合液中煮 1h，特硬的木材可适当延长时间(为防止酸气外溢，可安装冷凝装置)；同时观察试样情况，如试样褪色严重，表面起毛，表明表面软化过度，立即取出后用清水冲洗，切去表面过度软化部分，即可切片；也可继续放入上述甘油-乙醇混合液中保存备用。然后试样在清水中煮沸后，放入过氧化氢：冰乙酸体积比为 1：1(或 1：2、2：1)的混合液中浸泡，硬质材一般需 2~3d，特硬材需 5~6d。若 5d 后试样仍未软化，可将试样连同混合液置于广口瓶中放入烘箱，盖好瓶口，保持在 30~40℃，不时用小刀切试直至软化为止。

④氢氟酸(HF)法　氢氟酸为木材快速软化剂，因溶解木材中的二氧化硅而使木材变软。氢氟酸有剧毒，使用时要戴上橡胶手套；同时，因氢氟酸腐蚀玻璃，故一般用陶罐或铅罐盛装；若用玻璃瓶则内壁涂蜡，绝不能漏气，同时要在通风橱中操作。

试样水煮 2~3h(特硬材甚至可达 24h)，冷却后放入水和氢氟酸(37%~40%)体积

1∶1混合液(特硬材氢氟酸用原浓度),同时注意通风(用刀切试至软化),然后用流水冲洗24h或水中煮沸至少换水6次(石蕊试纸测试至无酸性反应),再放入上述甘油-乙醇混合液中继续润滑后切片。

氢氟酸软化时间:栎木需2d、紫杉4d、梨木5d、黄杨6d、柿木9d。

⑤氨水-乙酸法 将试样放入氨水、乙酸体积比为1∶1的混合液中,煮40min,用清水冲洗至无气味;再放入这种混合液中煮40min,再用清水冲洗至无气味即可。

⑥蒸汽喷射法 试样(或先水煮数小时后)用蒸汽喷10min后试切,然后边切边喷蒸汽1~2min,使试样在切片时候迅速软化。此法的优点是无论木材软硬,均可在短时间内切片,且保持木材内含物不变和组织完整;缺点是对切片刀损害大。

⑦离析法 先用氢氟酸溶解掉木材中的二氧化硅,再用氢氟酸、氨水反复清洗后切片。

⑧特硬材及木质石化材料 先将试样切成1mm厚,用砂纸将一面抛光,再用树胶粘贴在普通玻璃上;另一面用砂纸打光后,再用普通玻璃磨光,制成20~40μm厚切片,用有机溶剂将树胶溶解,用二甲苯清洗透明。

⑨棉胶包理法 此法适合材质松软的木材。首先,试样在真空下低温煮沸,水分饱和后下沉、排出空气,分别在浓度为20%、40%、60%、80%、90%和无水乙醇中各浸泡4h连续脱水,再放入乙醚、无水乙醇体积比为1∶1的混合液中放置8h。

然后,将试样放入装有棉胶浓度为2%的上述乙醚-无水乙醇的混合液的密闭容器中,置于烘箱中在60℃条件下烘8h,取出容器放入冷水中冷却。再依次投入棉胶浓度分别为4%、6%、8%、10%、12%、14%和16%的上述乙醚-无水乙醇的混合液中,停放时间均不小于2d;其中,当试样放入16%棉胶的上述混合液8h后,不时加入棉胶碎块,直至混合液达到淡淡的胶状浓度为止。

最后,将浸棉胶试样移入氯仿和无水乙醇体积比为1∶1的混合液中约2d,此时棉胶硬化,即可切片。切片投入上述纯乙醚和乙醇的混合液中溶去棉胶,然后染色,但无须脱水。

⑩石蜡包理法(浸蜡法) 此法适合植物的幼嫩组织。现场用甲醛-乙酸-乙醇固定液(FAA)将试样固定,杀死细胞,使细胞的原生质凝固后不发生变化,尽可能保持原来的结构以供观察。

用水或同浓度的乙醇洗去FAA固定液,以免破坏组织;材料洗涤后因含有水分与石蜡不能混溶,通常用浓度为30%、50%、70%、80%、90%和100%乙醇逐次脱水,每次不少于0.5h(若暂时不能埋蜡的材料,可放在70%乙醇中保存);乙醇与蜡也不能混溶,材料脱水后再用二甲苯脱乙醇。由于材料太小、太软,一般要封在石蜡中,一方面石蜡硬度适中,靠石蜡支持才能切成薄片;另一方面材料封埋后,不仅材料外面包着蜡,材料里面所有空隙也都充满着蜡,这样,材料的各部分都能保持原来的结构与位置,切片不致发生破裂或其他变形。

将凝固的蜡块切成小样粘固在小木块上(便于切片机固着器夹紧),调整切片刀斜度,将刀片移近并与蜡块下边平行,根据需要调整切片厚度后切片(切片厚度一般为6~12μm)。然后将切片粘在载玻片上,加热展开后用二甲苯将蜡脱去,再经乙醇脱去二甲苯后放入水中,最后经染色、脱色、脱水、透明、封固后制成永久切片。

⑪炭蜡法(聚乙二醇) 此法适合腐朽或松软的木质材料。将试样放入水中浸泡下沉,

然后放入盛有分子质量约2000的炭蜡的广口瓶中，在55~60℃条件下保持2~4h，让炭蜡渗入试样。然后再将试样放入另一盛有分子质量约4000的炭蜡广口瓶中，在55~60℃下也保持2~4h(温度不宜过高，否则炭蜡会变软)。切下切片后，再用1%糖水溶去炭蜡。

(3)切片

在软化好的试块准确切出横、径、弦三个标准切面后(每面约0.8~1cm^2)，将试块放在切片机固着器上夹紧；然后将刀片固着在切片机的夹刀器上，并调整刀片与试样切面间角度小于10°，再调整试块与刀片间距离，使刀刃靠近试块切面并与之平行。通过厚度调节器调至需要的厚度，右手握住切片刀固着器往胸前方向匀速平拉(滑走式切片机)，或匀速旋转手轮(旋转式切片机)，切下的切片附着在刀片上，用毛笔沾水取下切片，放入盛水的培养皿中待用。

制作切片时有以下注意事项：

①切横切面时，刀片移动方向应与木射线方向平行；如果带状薄壁组织含量多时，刀片移动方向则应与薄壁组织带方向平行或一致。针叶树材先切早材，后切晚材；阔叶树材由晚材开始切。

②切径、弦切面时，刀片移动方向应与木材纹理平行，即顺着木材纹理方向。

③每个切面切下第一片时，均要用显微镜检查切片是否标准，否则应及时调整，如横切面上阔树材管孔是否呈圆形，针叶树材晚材管胞切口是否呈矩形；径切面上木射线是否呈宽的长带；弦切面上木射线是否呈纺锤形，或射线细胞是否呈圆形等。

④横切面切片一般20~30μm，不超过40μm，径、弦切面切片一般不超过20μm。

⑤对特软的木材用冷冻切片机切片时，用二氧化碳喷射试样使其瞬时冷冻结冰，便于切片。

(4)染色

①染色剂　常用的染色剂有番红、固绿等碱性染料。番红(或藏红)可使木质化部分染成鲜艳的红色，在植物切片中使用最广泛；常用1.0%番红水溶液，或0.5%、1.0%、2.5%番红乙醇(50%、70%)溶液。固绿常与番红液对染，可将薄壁组织染成绿色；可配成0.5%~10.0%固绿乙醇(95%)溶液，或0.5%固绿的乙醇(95%)与丁香油(乙醇：丁香油体积比=1：1)的混合液、1.0%固绿的乙醇(95%)与丁香油(乙醇：丁香油体积比=3：1)混合液。

此外，染色剂还有苏木精、亮绿、碱性品红、橘红G(酸性)、苯胺蓝(碱性)、俾士麦棕(碱性)等。

②染色方法　常用染色方法有番红(或藏红)单染、番红-固绿对染等。

番红(或藏红)单染：将切片洗净放入培养皿中，然后用吸管滴入1.0%番红水溶液(使所有切片接触到染色剂)放置数分钟至数小时(视材料着色性能、温度而定，一般针叶树材需要时间长些)。

番红-固绿对染：首先将切片洗净后放入培养皿中，滴入1.0%番红水溶液，历时2~5min，然后用吸管吸尽番红水溶液并用蒸馏水洗净(一般3次以上)，再用95%乙醇洗2次；滴入1.0%固绿的丁香油与乙醇(95%)混合液历时2~5min即可。

(5)脱色

染色结束后，用吸管吸去多余染色溶液，用蒸馏水反复清洗至洗净为止，此时清洗液接近无色。

(6)脱水

脱色结束后，依次用50%、70%、95%和100%乙醇逐级脱水，每级换乙醇2~3次，每次保持数分钟。其中，对经过95%和100%乙醇脱水后的液体应回收(因溶液中乙醇浓度较高，可供酒精灯使用)。

(7)透明

用二甲苯对脱水后的切片进行透明处理，使切片清洁、透明，最终切片颜色基本一致。

(8)封固

取透明后的横、径、弦切面切片各一片(竹材、棕榈藤材一般只取横切面)，用专用胶黏剂封固于载玻片上。

①加拿大树胶封固　用二甲苯或无水乙醇把盖玻片、载玻片、镊子洗净擦干(或用蒸馏水洗净后，放入烘箱在≥100℃条件下烘干)，将横切面切片在上，弦、径切面切片在下，在载玻片上呈“品”字形排列。在切片上滴加2~3滴经二甲苯稀释的树胶液，用镊子夹住盖玻片的一边，另一边接触树胶液后轻轻盖上，再在盖玻片上缓缓施压，压出多余树胶，赶出气泡，平置晾干(一般需10~30d，也可放在温度30~40℃的烘箱中，可缩短树胶固化时间)，再用绸布沾二甲苯将玻片表面多余树胶擦净，贴上标签，装入切片盒备用。

②甘油胶封固　在烧杯中加入5g明胶、30mL蒸馏水，放置2h后再加入35mL甘油、0.7g石炭酸，加热25min，同时不断搅拌至白色无气泡为止。然后用医用纱布过滤，再用培养皿收集，割去有气泡部分，甘油胶凝固后切成4mm×4mm×3mm小颗粒。如上取切片放在载玻片上，滴一滴50%甘油，加一颗甘油胶，在火上烤化，再加盖玻片压实，贴上标签备用。其优点是可以免去脱水、透明等手续(制简易切片，无须保存用此法较佳)；缺点是透明性、耐久性较上法差。

3.4.2 针叶树材的微观构造

针叶树材除麻黄属、百岁兰属和买麻藤属树种外均不具导管，故针叶树材也被称为无孔材。

针叶树材构成的主要细胞类型比较简单且排列规则，主要组织有管胞、木射线、轴向薄壁组织和树脂道；其中管胞是针叶树材最主要的组成分子，约占针叶树材总体积的90%，木射线约占7%，轴向薄壁组织约占1.5%，树脂道约占0.5%。任一针叶树种最少具有管胞和木射线两种组织。

(1)管胞

广义轴向管胞是针叶树材中沿树干主轴方向排列的狭长状厚壁细胞。它包括狭义轴向管胞(简称管胞)、树脂管胞和索状管胞，后两者为极少数针叶树材才具有；前者即管胞为一切针叶树材都具有，是针叶树材最主要的组成分子，约占针叶树材总体积的90%。管胞是针叶树材中轴向排列的厚壁细胞，细而长，胞壁上具有纹孔，在树木生长过程中，同时起输导水分和机械支撑作用，其中直径大小、胞壁厚度及S_2微纤丝角的大小等，是决定针叶树材材性的主要因素。

①管胞的特征及变异

管胞的形态特征　管胞在横切面上沿径向排列，相邻两列管胞位置前后交错。早材管胞两端钝圆，细胞腔大、壁薄，横断面呈多角形(常为六角形)；晚材管胞两端尖削，细胞腔小、壁厚，横断面呈扁平状（或矩形，图3-21）。管胞平均长度为3000~5000μm，平均宽度20~40μm（极限为10~80μm），长宽比为75~200，晚材管胞比早材管胞长。细胞壁的厚度由早材至晚材逐渐增大，在生长期终结前形成的几排细胞的壁最厚、腔最小，故针叶树材的生长轮界线均明显。早、晚材管胞厚度变化有的渐变，如杉木、冷杉；有的是急变，如落叶松、马尾松。弦向直径，早、晚材几乎相等，所以测量管胞的直径以弦向直径为准。管胞弦向直径决定着木材结构的粗细，弦向直径小于30μm的木材为细结构，30~45μm的为中等结构，45μm以上的为粗结构。

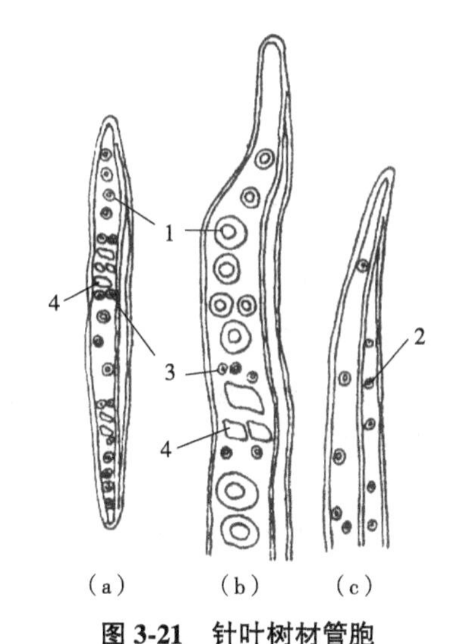

图3-21　针叶树材管胞

(a)马尾松早材管胞；(b)早材管胞的一部分；(c)晚材管胞的一部分

1. 径切面上的纹孔；2. 弦切面上的一部分；3. 通向射线管胞的纹孔；4. 窗格状纹孔

管胞的变异　管胞长度的变异幅度很大，因树种、树龄、生长环境和树木的部位而异。我国针叶树材最长的管胞达11 000μm（如南洋杉材），最短的仅为1000μm左右（如侧柏、肖楠早材）。管胞长度变异也有一定规律，由树干基部向上，管胞长度先逐渐增长，至一定树高便达最大值，然后又减少。由于针叶树材成熟期有早有晚，管胞达到最大长度的树龄也不同。树木的成熟期关系到树木的采伐期和材质。针叶树材管胞一般在60年左右可达到最大长度，以后便保持稳定。

②管胞壁特征

纹孔　管胞壁上成对相通的纹孔，在立木中是相邻细胞间的水分和养分交换的通道；对于针叶树材，管胞之间的纹孔及其与射线薄壁细胞之间的纹孔对在木材鉴别上有重要意义。早材管胞在径面壁（径壁）上，具缘纹孔大而多，且一般分布在管胞两端，通常1~2列，如具缘纹孔为多列时，其木材结构较粗，具有一定识别价值，如落羽杉、金钱松、水松等；在弦面壁（弦壁）上，纹孔小而少，没有什么识别价值。而晚材管胞，纹孔小而少，通常1列，纹孔内口呈透镜形，分布均匀，径、弦面壁上都有（图3-21）。落羽杉的纹孔为对列纹孔，南洋杉的纹孔为互列纹孔，雪松属的纹孔托轮廓曲折呈蛤壳状，称雪松型，是雪松属木材的典型特征。铁杉的纹孔边缘上具有折皱和极细至颇粗的辐射线条，称铁杉型纹孔，为铁杉属木材的特征（图3-13）。

螺纹加厚　螺纹加厚并非所有针叶树材都具有，仅在黄杉属、银杉属、紫杉属、穗花杉属、红豆杉属、白豆杉属、三尖杉属及榧树属等木材管胞中具有，为这些木材管胞的固定特征。即使在这些针叶树材中，也并非所有管胞都具有螺纹加厚，其中紫杉属、榧树属、三尖杉属早、晚材管胞壁上都具有；黄杉属早材管胞壁具有；落叶松属、云杉属、红豆杉属、三尖杉属晚材管胞具有。

螺纹的倾斜角度随树种和细胞壁的厚度而异，一般细胞腔大壁薄螺纹平缓，细胞腔小壁厚则螺纹陡峭，因此在一个生长轮中，晚材管胞的螺纹加厚比早材管胞螺纹加厚的倾斜角度要大（图3-16）。

螺纹裂隙（螺纹裂开）　在应压木中，有些管胞壁上具有一种贯穿次生壁呈螺旋状的螺纹裂隙，是应压木中一种不正常的构造特征。螺纹裂隙与螺纹加厚的区别是：螺纹

加厚见于正常材，螺纹裂隙见于应压木；螺纹加厚是在 S_3 表面，螺旋裂隙贯穿次生壁至复合胞间层；螺纹加厚倾斜度小于螺纹裂隙(图 3-16)。

澳柏型加厚　为针叶树材澳柏属木材典型特征，在澳柏属的许多木材中，次生壁上有成对横过纹孔缘上下且与管胞相垂直的局部条状加厚，即澳柏型加厚(图 3-11)。此外，也常出现在针叶树材的金钱松属、榧树属、穗花杉属、松属管胞壁上，如澳洲柏、金钱松、榧树、穗花杉等。

③树脂管胞　当边材开始转变为心材时，与木射线相邻的管胞中，常有微红褐色至褐色树脂沉积在胞腔中，这种管胞称为树脂管胞(图 3-22)。在横切面上观察，管胞内局部或全部被树脂填充；在弦切面上，树脂多半呈层状，紧靠细胞壁的地方树脂较厚，中间部位较薄或中空，形成树脂隔板或块状，呈“H”形。树脂管胞一般是南洋杉科的特征，但也存在香脂冷杉、雪松、巨冷杉、北美红杉等树种中。

④索状管胞　是指轴向排列成串或带的短管胞。是由一个形成层纺锤形原始细胞分裂而产生的。其外形较短，长矩形、具端壁，且成串排列，不同于管胞。细胞的径面壁和端壁上均具有具缘纹孔，细胞腔内不含树脂，常见于轴向树脂道附近，或在生长轮的外缘与管胞、轴向薄壁细胞聚集在一起，可视为管胞和轴向薄壁细胞间的过渡分子。常见于黄杉属、云杉属、松属及落叶松属树脂道附近，对木材鉴别意义不大(图 3-23)。

(2)木射线

木射线存在于所有的针叶树材中，为组成针叶树材的主要分子之一，但含量较阔树材少，约占针叶树材总体积的 7%。针叶树材的木射线由形成层射线原始细胞分生而来，在显微镜下观察，木射线全部由横卧细胞组成，沿径向呈辐射状，每个单独细胞称为射线细胞。大部分木射线由射线薄壁细胞构成，在边材，活的薄壁细胞起储藏营养物质和径向输导作用；在心材，射线薄壁细胞已经死亡。有些针叶树种木射线中也包含厚壁细胞，称为射线管胞，如松科的松属、落叶松属、雪松属、云杉属、铁属杉和黄杉属等树种。

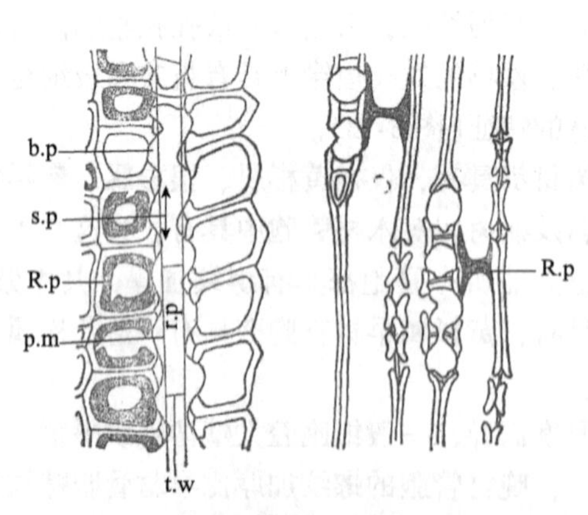

图 3-22　树脂管胞(尹思慈，1996)

b. p. 具缘纹孔；s. p. 单纹孔；R. p. 管胞内树脂沉积物；p. m. 纹孔膜；t. w. 射线细胞弦壁；r. p. 射线薄壁细胞

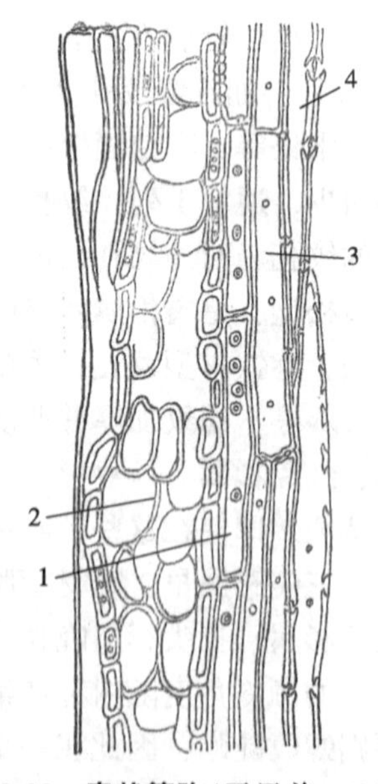

图 3-23　索状管胞(尹思慈，1996)

1. 索状管胞；2. 分泌薄壁细胞；3. 轴向薄壁细胞；4. 管胞

①木射线种类 根据针叶树材木射线在弦切面上的形态，可分为单列木射线和纺锤形木射线两种。

单列木射线 仅有1列或偶有2列射线细胞组成的木射线。如冷杉属、杉木属、柏木属、红豆杉属等不含树脂道的针叶树材的木射线，几乎都是单列木射线。

纺锤形木射线 在多列木射线的中部，由于横向树脂道的存在而呈纺锤形的木射线。常见于具有横向树脂道的树种，如松属、落叶松属、黄杉属、云杉属和银杉属树种。

②木射线组成 针叶树材的木射线，主要由射线薄壁细胞组成，但在松科某些属的木射线中还含有厚壁的射线管胞；射线管胞是木材组织中唯一横向生长的厚壁细胞。

射线薄壁细胞 是组成木射线的主体，为横向生长的薄壁细胞。

形态 射线薄壁细胞形体较射线管胞大，呈矩形、砖形或不规则形，壁薄、具单纹孔，胞腔内常含有树脂，与射线管胞间形成半具缘纹孔对。

水平壁 在径切面上，射线薄壁细胞水平壁的厚薄及有无纹孔为识别木材的依据之一。水平壁较薄是南洋杉科、罗汉松科、柏科的少数属、松科的松属及金钱松属、杉科的水松、水杉等属木材的特征；水平壁较厚是榧树属、三尖杉属、松科的黄杉属、云杉属、冷杉属、落叶松属等的特征。黄杉、云杉、铁杉、油杉、雪松、落叶松及金钱松等因射线薄壁细胞具有较厚的次生壁，故水平壁上有显著的纹孔；而杉科、南洋杉科、松科的松属及金松属射线薄壁细胞无明显的加厚，故水平壁上没有显著的纹孔(图3-24)。

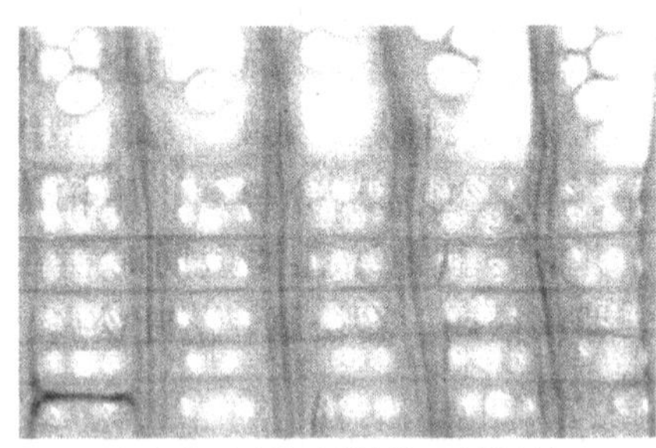

(a)水平壁薄不具纹孔(南洋杉)

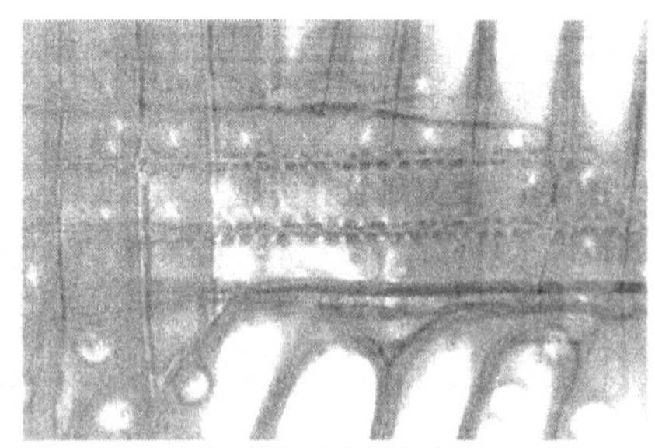

(b)水平壁厚具纹孔(铁杉)

图3-24 射线薄壁细胞(崔永志，2003)

垂直壁 银杏属、三尖杉属、松属、紫杉属、侧柏属等射线薄壁细胞的垂直壁平滑，落叶松属、云杉属、冷杉属、铁杉属等射线薄壁细胞的垂直壁肥厚；松科及松属的软松类，以及杉科、柏木属的部分树种冷杉、落叶松、柳杉、落羽杉、柏木，因其射线薄壁细胞的垂直壁具有较多单纹孔的缘故，呈现出节状加厚(念珠状加厚)。

射线管胞 是木射线中与木纹垂直、横向排列的管胞，是松科木材的重要特征(但冷杉属、油杉属、金钱松属无射线管胞)，而杉科的落羽杉属和柏科的侧柏属、崖柏属、扁柏属、刺柏属等中或也有射线管胞。射线管胞多数为不规则形状，长度较短，仅为管胞长度的1/13~1/10，细胞内不含树脂，胞壁上具缘纹孔小而少。射线管胞常位于木射线组织的上下边缘或中部一至数列，硬松类的短射线有时完全由射线管胞组成。一般认为比较进化的针叶树材不存在射线管胞，有时冷杉、杉木、扁柏等不具射线管胞的树种受到外伤时，也可能形成受伤射线管胞；而银杏科、紫杉科等木材则完全没有射线管胞。

射线管胞内壁形态在木材鉴定和分类上，尤其对松属木材的鉴定上具有重要价值。射线管胞有无锯齿状加厚及锯齿的大小等，也是识别松科树种的主要特征之一。在径切面，有的射线管胞内壁有锯齿状加厚，如马尾松、油松、黑松、赤松、樟子松等松属的硬松类树种；而有的射线管胞内壁平滑，如红松、白皮松、华山松等松属的软松类树种(图 3-25)。此外，有些树种射线管胞内壁具螺纹加厚，如黄杉属、云杉属、落叶松属等。

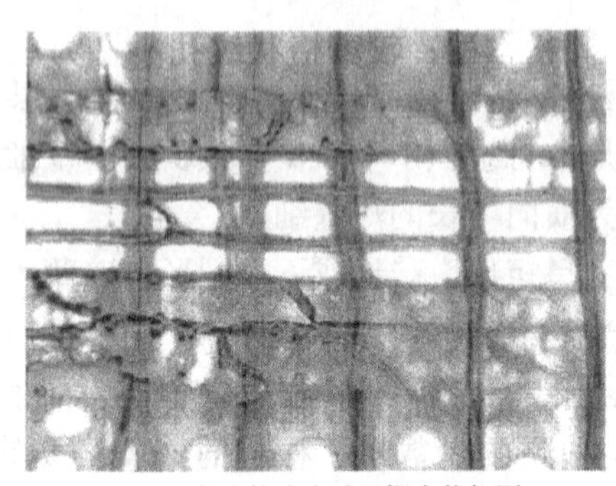

(a) 射线管胞内壁呈锯齿状加厚

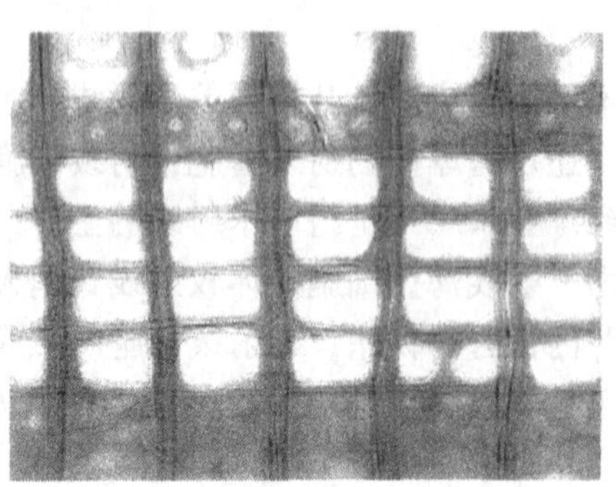

(b) 射线管胞内壁呈平滑状

图 3-25 射线管胞(崔永志，2003)

③交叉场纹孔 在径切面上，由射线薄壁细胞和早材管胞间相交叉区域的纹孔式称交叉场纹孔，为半具缘纹孔对，是针叶树材识别最重要的特征。交叉场纹孔可分五种类型：窗格状、云杉型、柏木型、杉木型和松木型(图 3-26)。

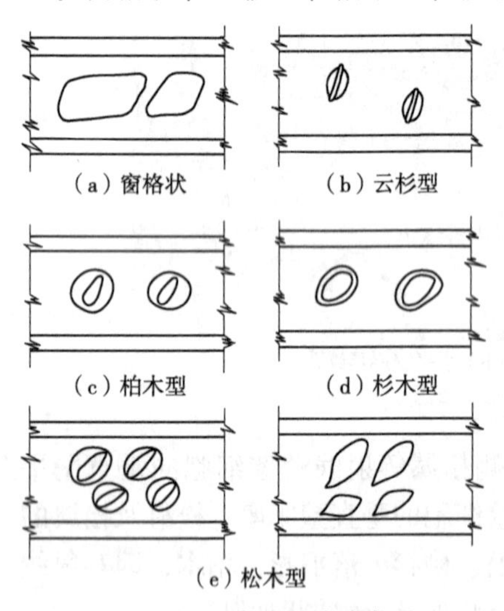

图 3-26 交叉场纹孔类型

窗格状 为单纹孔或近似单纹孔，纹孔口宽，形大呈窗格状或平行四边形。通常为 1~3 个纹孔横列，是松属木材的特征之一，以红松、樟子松、马尾松、华山松最为典型。

云杉型 纹孔具有狭长的纹孔口略向外展开或内含，形状较小。是云杉属、黄杉属、三尖杉属、落叶松属等木材的典型特征。在南洋杉科、罗汉松科、杉科的杉属及松科的雪松属木材中，云杉型纹孔与其他型纹孔同时出现。

柏木型 纹孔口内含，较云杉型稍宽，纹孔缘较宽，纹孔口长轴与纹孔缘长轴垂直，纹孔数目一般为 1~4 个。柏木型纹孔为柏科的特征，但在雪松属、铁杉属及油杉属的木材中也可发现。

杉木型 为椭圆形至圆形的内含纹孔，纹孔口宽、纹孔缘窄。纹孔口长轴与纹孔缘长轴一致。杉木型纹孔不仅存在杉科木材，也见于冷杉属、油杉属、崖柏属等木材，并能与其他纹孔类型同时存在于黄杉属、落羽杉属、雪松属、罗汉松属、落叶松属等木材。

松木型 为较窗格状小的单纹孔，或纹孔缘一侧较另一侧宽的具缘纹孔，纹孔数目一般为 1~6 个。常见于松属，如白皮松、长叶松、湿地松、火炬松等木材。

(3)轴向薄壁组织

轴向薄壁组织是由纺锤形原始细胞分生的，短矩形、具单纹孔的轴向薄壁细胞轴向串联组成。轴向薄壁细胞在针叶树材中仅少数科、属中单独具有，含量甚少或无，平均仅占针叶树材总体积的 1.5%，在罗汉松科、杉科、柏科中相对含量较多，为该类木材的重要特征。在松科的松属、落叶松属、云杉属、银杉属及黄杉属，红豆杉科的榧树属和澳洲紫杉属，三尖杉科的三尖杉属和穗花杉属木材中均具有轴向薄壁细胞。在南洋杉科和紫杉科的紫杉属木材不具有。

①形态特征　组成的细胞短，胞壁薄，端壁水平，壁上有单纹孔，细胞腔内常含有深色树脂。横切面为方形或长方形，常借内含树脂与管胞相区别。纵切面为数个长方形细胞纵向相连成一串，最上、最下两端细胞尖削。

②分类　根据轴向薄壁细胞在针叶树材横断面的分布状态，分为如下 3 种(图 3-27)：

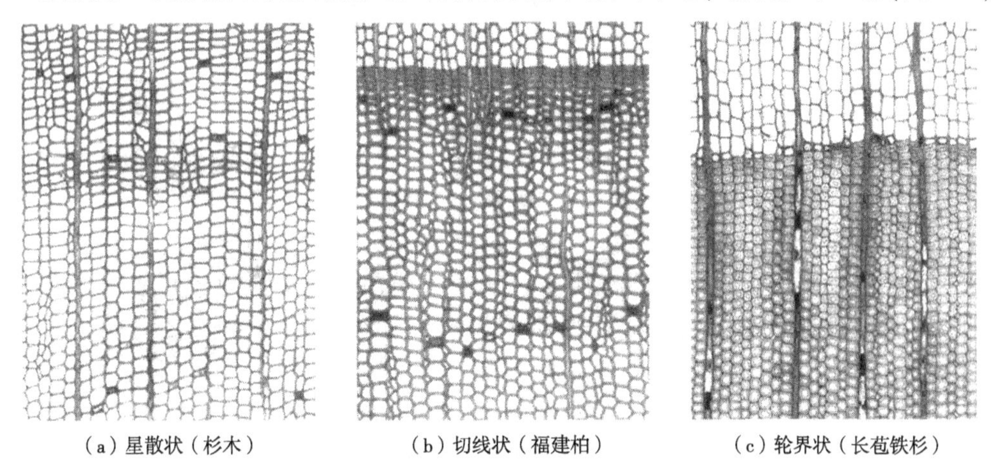

（a）星散状（杉木）　（b）切线状（福建柏）　（c）轮界状（长苞铁杉）

图 3-27　轴向薄壁细胞形态(崔永志，2003)

星散状　指轴向薄壁细胞呈不规则状态散布在生长轮中，如杉木。

切线状　指轴向薄壁细胞二至数个弦向分布，呈断续切线状，如柏木。

轮界状　指轴向薄壁细胞分布在生长轮末缘，如铁杉。

(4)树脂道

针叶树材中分泌、储藏树脂的胞间道称为树脂道，为针叶树材主要构造特征之一，约占针叶树材总体积的 0.5%。根据树脂道发生发展情况可分为正常树脂道和创伤树脂道，但并非所有针叶树材都具有正常树脂道，仅在松科的松属、落叶松属、银杉属、云杉属、黄杉属和油杉属共 6 个属的木材中才具有正常树脂道；其中，除油杉属木材只具轴向树脂道外，其他 5 属木材既有轴向树脂道，又有横向树脂道。横向树脂道存在于纺锤形木射线之中，与轴向树脂道相互连通，形成完整树脂道体系。

①正常树脂道

树脂道的形成　树脂道是生活的薄壁组织的幼小细胞相互分离而形成的。轴向和横向泌脂细胞分别是由形成层纺锤形原始细胞和射线原始细胞分裂产生的细胞，这两种情况都有子细胞的簇集，子细胞未能以正常方式成熟为轴向细胞和射线细胞。每个子细胞进行有丝分裂产生许多排列成行的小细胞，平行于形成树脂道的轴。随后在靠近细胞簇中心细胞间的胞间层分离，在其中心形成一个胞间隙通道，称为树脂道。围绕树脂道形成完整的一至数层薄壁细胞，转化成泌脂细胞。

树脂道的组成　树脂道由泌脂细胞、死细胞、伴生薄壁细胞和管胞所组成(图 3-28)。

在细胞间隙的周围，由一层具有弹性且分泌树脂能力很强的泌脂细胞组成，它是

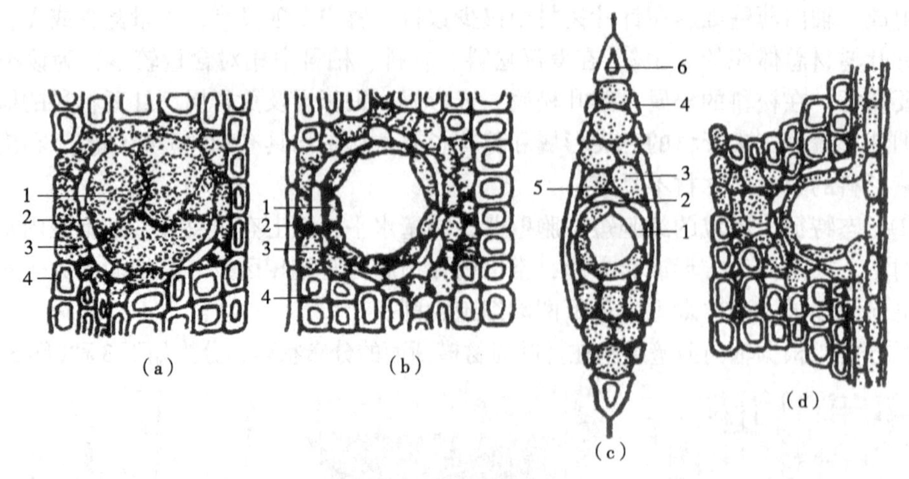

图 3-28 树脂道

(a)没有树脂而有拟侵填体；(b)充满树脂道；(c)横向树脂道；(d)纵向树脂道与横向树脂道连生情况

1. 泌脂细胞；2. 死细胞；3. 伴生薄壁细胞；4. 管胞；5. 胞间隙；6. 射线管胞

分泌树脂的源泉。在泌脂细胞层外，有一层已丧失原生质，并已充满空气和水分的木质化了的死细胞层，它是泌脂细胞生长所需水分和气体交换的主要通道。在死细胞层外是活的伴生薄壁细胞，在伴生薄壁细胞层外为属于厚壁细胞的管胞。伴生薄壁细胞与死细胞之间，有时会形成细胞间隙；但在泌脂细胞与死细胞之间，却没有这种细胞间隙存在。

泌脂细胞为纤维质的薄壁细胞，富有弹性。当树脂道充满树脂时，将泌脂细胞压向死细胞层，泌脂细胞完全展平[图 3-28(b)]。当割脂和松脂外流时，孔道内压力下降，泌脂细胞就向树脂道内伸展，将树脂道全部或局部堵塞[图 3-28(a)]，类似阔叶树材中的侵填体，称拟侵填体。拟侵填体阻碍了松脂的外流及木材防腐剂的渗入，但具有拟侵填体的木材天然耐久性较强。

泌脂细胞的特征随树种而异，松属的泌脂细胞壁薄，没有纹孔、未木质化，因而分泌能力较强；此外，松属树脂道最多也最大，其直径可达 60~300μm，这些都是只有松属树种才能作为采脂树种的主要原因；其余 5 属的泌脂细胞壁厚(其中云杉属树种还含有少量薄壁的泌脂细胞)，有纹孔、已木质化。泌脂细胞个数也常作为区别属的特征之一，如松属、黄杉属常由 6 个左右、云杉属由 7~9 个、落叶松属由 12 个以上的泌脂细胞组成；创伤树脂道泌脂细胞数多于正常树脂道，最高可达 30 个以上。

②创伤树脂道(受伤树脂道)　在针叶树材中，任何破坏树木正常生长的作用，都可能产生创伤树脂道。针叶树材的创伤树脂道也分为轴向和横向两种，但除雪松(除具有正常树脂道的 6 个属外，创伤树脂道也常见于松科的雪松属、铁杉属、冷杉属和杉科的水杉属木材中)外，很少有两种同时存在于一种木材中。轴向创伤树脂道在横切面上呈弦列分布于早材部位，通常在生长轮开始处较常见；而正常轴向树脂道常单独存在，且多分布于早材后期至晚材部位(图 3-29)。与正常横向树脂道相比，横向创伤树脂道也仅存在于纺锤形木射线中，也可能与正常横向树脂道一同出现于木射线中，但形体更大。

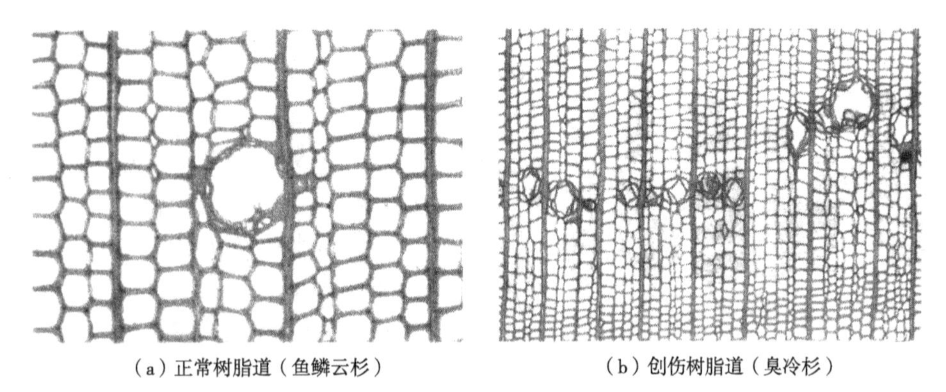

（a）正常树脂道（鱼鳞云杉）　　（b）创伤树脂道（臭冷杉）

图 3-29　正常树脂道与创伤树脂道(崔永志，2003)

3.4.3　阔叶树材的微观构造

阔叶树材除我国西南地区水青树属、台湾省昆栏树属等极少数树种外均具有导管，故阔叶树材又被称为有孔材。阔叶树材的组成分子有导管、木纤维、轴向薄壁组织、木射线、树胶道和阔叶树材管胞等。

与针叶树材相比，阔叶树材构造特点是结构复杂，排列不规整，材质不均匀，木射线发达，轴向薄壁组织丰富；其中木纤维约占阔叶树材总体积的 50%，导管约占 20%，木射线约占 17%，轴向薄壁组织约占 13%，各类细胞的形状、大小和壁厚也相差悬殊。

(1)导管与导管分子

导管是由一连串的轴向细胞形成的无一定长度的管状组织，构成导管的单个细胞称为导管分子。导管是阔叶树材的主要组织之一，约占总体积的 20%。在木材横切面上，导管的横截面呈圆孔状，称为管孔。导管是由管胞演化而成的一种进化组织，专司输导。导管分子发育的初期具初生壁和原生质，不具穿孔；以后横截面积逐渐增大，但长度几乎无变化，待其体积发育到最大时，次生壁与纹孔均已产生，此时两端纹孔的纹孔膜逐渐消失、纹孔便发育成穿孔。

①导管分子的形状和大小

导管分子的形状　导管分子的形状不一、随树种而异，常见有鼓形、圆柱形、纺锤形和矩形等。一般环孔材早材中的导管分子多为鼓形，而晚材中的导管分子多为圆柱形和矩形，这是比较进化的特征；而呈纺锤形的导管分子则是比较原始的特征(图 3-30)。

导管分子的大小　一般指导管分子的直径和长度，二者均因树种及所在部位不同而不同，其中导管分子长度因不同树种遗传因子等影响差异更大。

导管分子的直径往往以测量弦向直径为准，弦向直径一般在 15~400μm，最大的甚至可达 500μm，如阔叶树环孔材中麻栎的早材导管分子；通常将 100~200μm 定为中等，小于 100μm 者为小，大于 200μm 者为大。导管分子长度一般在 80~1900μm，通常将 350~800μm 定为中等，小于等于 350μm 为短，大于等于 800μm 为长。

环孔材早材导管分子较晚材大、短，散孔材则大小、长度差别不明显；树木生长快者比生长缓慢者导管分子短；较进化树种导管分子直径较大、较短，而较原始树种导管分子直径较小、较长。

②管孔的分布与组合　根据管孔的分布状态，可将木材分成环孔材、散孔材、半散孔材等不同类型。

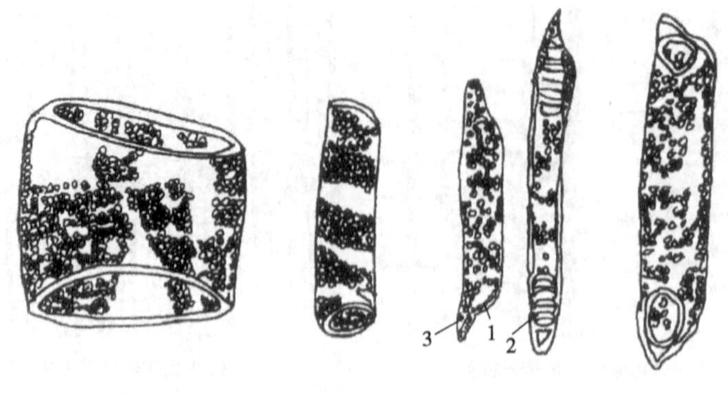

（a）鼓形　（b）圆柱形　（c）纺锤形　（d）矩形

图 3-30　导管分子的形状

1. 穿孔；2. 穿孔隔；3. 穿孔板

环孔材　在一个生长轮内，早材管孔比晚材管孔大得多，早、晚材过渡是急变，且沿生长轮呈环状排成一至数行，如栗属、栎属、桑属、榆属等。

散孔材　在一个生长轮内，早、晚材管孔大小没有明显区别，分布比较均匀，如杨木、桦木、椴木、槭木等。

半散孔材(半环孔材)　在一个生长轮内，早材管孔比晚材管孔稍大，早、晚材过渡是缓变，从早材到晚材的管孔逐渐变小且界线不明显，介于环孔材与散孔材之间，如香樟、枫杨、乌桕、柿树等。

管孔的组合可分以下 4 种形式(图 3-31)：

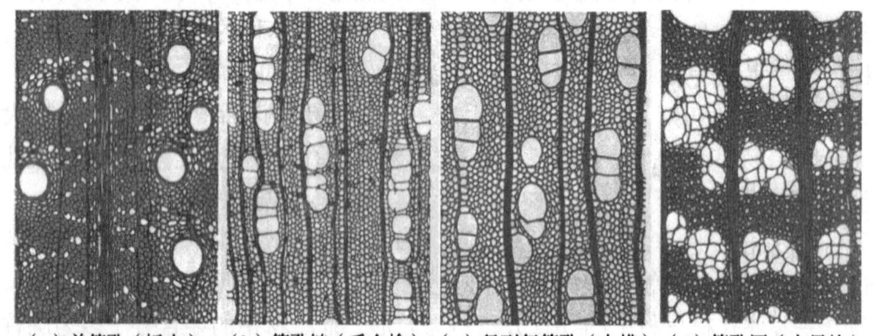

（a）单管孔（栎木）（b）管孔链（千金榆）（c）径列复管孔（白桦）（d）管孔团（大果榆）

图 3-31　管孔的组合(崔永志，2003)

单管孔　指一个管孔不与其他管孔连接在一起而单独存在，即管孔周围完全被其他组织所包围，壳斗科、茶科、金缕梅科和木麻黄科等的木材几乎都是单管孔，如栎木、樟木、槭木、黄檀等。

管孔链　指成串的单管孔沿径向排列成链，且每一个管孔仍保持原来的形状，如千金榆、黄连木、冬青、油桐等。

径列复管孔　指 2 个或 2 个以上管孔相连呈径向排列，除两端的管孔仍为圆形外，中间的管孔为扁平状，如白桦、樟木、红楠、椴树等。

管孔团　指 3 个以上管孔聚集在一起，组合不规则，在晚材内呈团状，如榆木属、臭椿、桑树、白椿树等。

③导管分子的穿孔　2 个导管分子纵向相连时，其端壁相通的孔隙称为穿孔。在

2个导管分子端壁间相互连接的细胞壁称为穿孔板。穿孔板的形状随其倾斜度不同而不同，如穿孔板与导管分子的长轴垂直，则为圆形；随倾斜度增加，呈卵圆形、椭圆形及扁平形等多种形态。根据导管分子发育过程中纹孔膜消失的情况，穿孔可分两大类型(图3-32)。

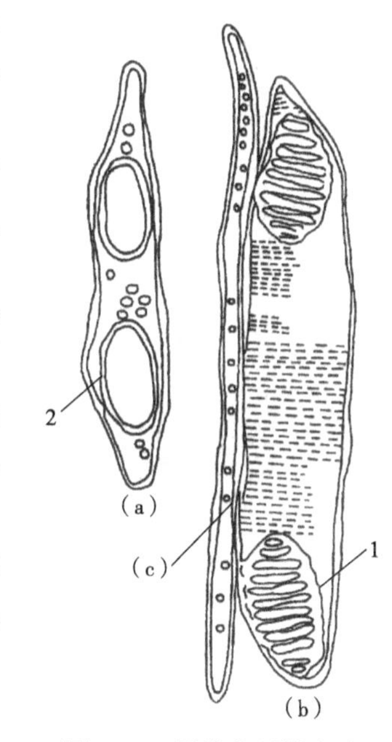

图3-32　导管分子的穿孔

(a)单穿孔；(b)梯状穿孔；(c)木纤维

1. 穿孔隔；2. 穿孔板

单穿孔　穿孔板上具有一个圆或略圆的开口。导管分子在原始时期为一个大的纹孔，当导管发育成熟后，导管分子两端的纹孔膜全部消失而形成的穿孔称为单穿孔。单穿孔为比较进化树种的特征，绝大多数树种的导管分子为单穿孔。

复穿孔　导管分子两端的纹孔在初始时期，为许多平行排列的长形或圆形纹孔对，当导管分子发育成熟后，纹孔膜消失，在穿孔板上留下很多开口称复穿孔。

复穿孔可分3种类型：

梯状穿孔　穿孔板上具有平行排列、扁而长的复穿孔，如枫香、光皮桦。

网状穿孔　穿孔板上具有网状复穿孔，如虎皮楠属、双参属、杨梅属等。

筛状穿孔(麻黄状穿孔)　穿孔板上具有许多圆形或椭圆形小穿孔的复穿孔，如麻黄属。

在同一树种中，若单穿孔与梯状穿孔共存，则早材导管多为单穿孔，而晚材导管多为梯状穿孔，如水青冈、樟木、楠木、含笑等树种。

④导管壁上纹孔的排列　导管与木纤维、管胞(环管管胞、导管状管胞)、轴向薄壁细胞及射线薄壁细胞间的纹孔，一般无固定排列形式，而导管间的纹孔常有一定的排列形式，是阔叶树材重要的识别特征之一。

导管间纹孔排列形式有3种(图3-33)：

梯状纹孔　为长形纹孔与导管长轴方向成垂直排列，纹孔的长度常和导管的直径几乎相等，如木兰等。

对列纹孔　为方形或长方形纹孔，上下左右对称的排列，呈长或短水平状对列，如鹅掌楸。

互列纹孔　为圆形或多边形的纹孔，上下左右交错排列。若纹孔排列非常密集，则纹孔呈六边形，类似蜂窝状；若纹孔排列比较稀疏则近似圆形。阔叶树材绝大多数树种导管间纹孔为互列纹孔，如杨树、香樟等。

⑤导管壁上螺纹加厚　螺纹加厚为部分导管分子次生壁上的特征，虽不常见，却也是鉴定阔叶树材的重要特征之一(图3-34)。在阔叶树散孔材中，早、晚材导管均可能具有螺纹加厚；而环孔材中螺纹加厚则常见于晚材导管分子内壁，如榆属、朴属、黄波罗等树种。有的树种螺纹加厚遍及导管全身，如冬青、槭树等；有的树种螺纹加厚仅限于导管的梢端，如枫香。螺纹加厚一般常存在于具有单穿孔的木材导管中，如木兰属；而热带木材通常缺乏螺纹加厚。

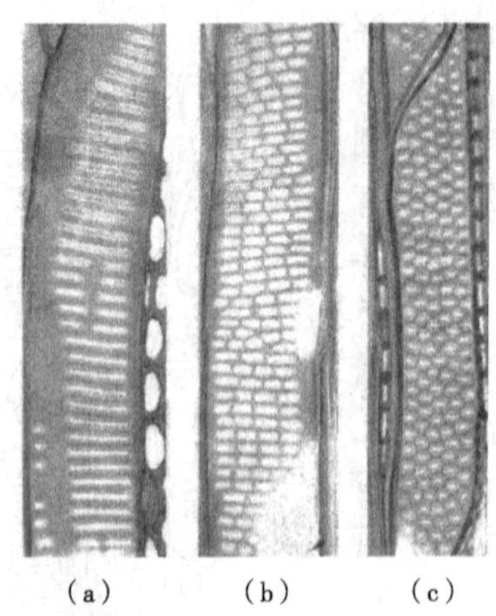

图 3-33 导管相互间纹孔

(a)梯状纹孔(杨木)；(b)对列纹孔(鹅掌楸)；(c)互列纹孔(木兰)

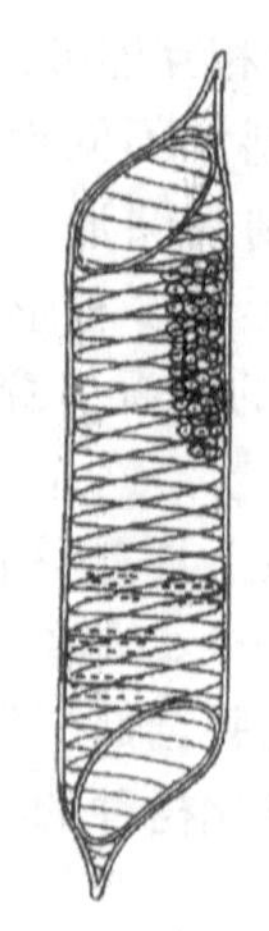

图 3-34 导管分子上的螺纹加厚

⑥导管内含物　导管的内含物主要有侵填体、树胶、白垩质等其他沉积物。

侵填体　在某些阔叶树的心材导管中，与之邻近的射线薄壁细胞或轴向薄壁细胞的原生质透过导管壁上的纹孔腔挤入导管，将导管腔局部或全部堵塞的瘤状物，称侵填体(图 3-35)。侵填体常见于心材，但边材含水量少的地方也可能发现；而侵填体极多的树种，不论心边材，几乎所有导管内都被充满，如刺槐。由于侵填体堵塞了导管，所以木材渗透性差、天然耐久性高，适用于制作木桶和船舶，但也因此导致木材难以干燥、改性剂难以渗入而影响木材改性处理效果。

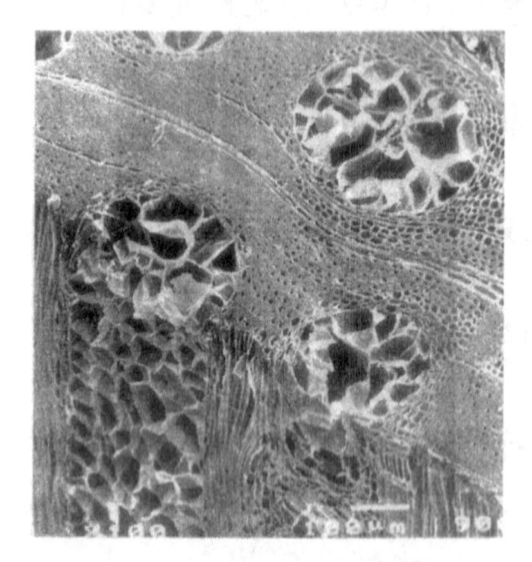

图 3-35 刺槐导管中的侵填体

(崔永志，1994)

树胶　在阔叶树材导管中除侵填体外，有些阔叶树材导管内存在形状不定的胶块，如楝科、豆科、蔷薇科及香椿、黄波罗等。树胶的颜色通常为红色和褐色，也有特殊颜色的，如芸香科木材所含树胶为黄色；乌木所含树胶为黑色；苦楝、香椿等木材导管内则含红色至黑褐色的树胶。树胶与侵填体的主要区别是侵填体外膜是纹孔膜、一般有光泽，而树胶两者均没有。

其他沉积物　包括矿物质或其他有机沉积物，为某些树种所特有，如在柚木、桃花心木、胭脂木的导管中常具有白垩质的沉积物，此外柚木中还有磷酸钙沉积物。沉积物的有无有助于识别木材，如皂荚心材导管中有丰富的淡红色沉积物，而肥皂荚导管中则没有。木材加工时，这些沉积物容易磨损刀具，但也提高了木材的天然耐久性。

(2)木纤维

木纤维是两端尖削、呈长纺锤形、腔小壁厚的细胞，是阔叶树材的主要组成分子之一，约占阔叶树材总体积的 50%。根据木纤维壁上的纹孔类型，可将木纤维分成两类，即有具缘纹孔的纤维状管胞和有单纹孔的韧型木纤维，这两类木纤维可单独存在，也可同时存在于同一树种中；此外，有些树种还可能存在一些特殊木纤维，如分隔木纤维和胶质木纤维。它们的功能主要是支持树体、承受力学强度的作用。

木纤维一般明显地比形成层纺锤形原始细胞长，根据国际木材解剖协会(IAWA)的规定，木纤维长度分为7级：极短，500μm以下；短，500～700μm；稍短，700～900μm；中，900～1600μm；稍长，1600～2200μm；长，2200～3000μm；极长，3000μm以上(也有分为3级，即短，≤900μm；中等，900～1600μm，长，≥1600μm)。木纤维直径分为5级：1级，≤16μm；2级，17～25μm；3级，26～32μm；4级，33～40μm；5级，≥41μm。国产阔叶树材木纤维的长度一般为500～2000μm，平均为1000μm，属中等长度；直径10～50μm，以20～30μm为最常见，其中热带木材的木纤维一般直径大；壁厚为1～11μm，常见为3～5μm。

木纤维的长度、直径和壁厚等不仅因树种而异，即使同一树种不同部位变异也很大。在生长轮明显的树种中，通常晚材木纤维的长度较早材长得多，但在生长轮不明显的树种中则没有明显的差别。在树干的横切面沿径向上，髓周围木纤维平均长度最短，在幼龄材部分向外迅速增长，到达成熟材后伸长逐渐平缓并趋于稳定。木材中所含木纤维的类别、数量和分布又与木材的密度、强度等物理力学性质有密切联系。一般木材密度和强度随木纤维胞腔变小、胞壁变厚而显著提高，对于纤维板和纸浆等纤维用材，木纤维长宽比越大，产品质量越好。

①纤维状管胞　纤维状管胞是正常的、标准的木纤维细胞，腔小壁厚、两端尖削、壁上具有透镜形或裂隙状纹孔口的具缘纹孔，与针叶树材的管胞(轴向管胞)相似(图3-36)。纤维状管胞在有些树种中完全没有，有些树种中数量很少，在茶科和金缕梅科等树种中最为丰富。

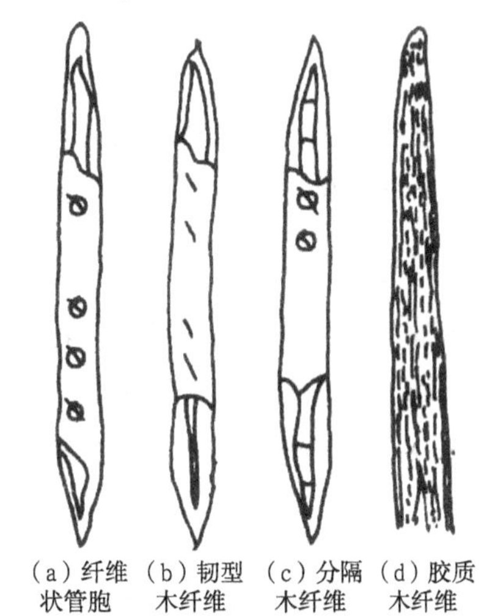

(a)纤维状管胞　(b)韧型木纤维　(c)分隔木纤维　(d)胶质木纤维

图3-36　木纤维的类型

纤维状管胞因树种而异，通常次生壁的内壁平滑，但少数树种具螺纹加厚，如黄波罗、女贞、冬青等。一般具有螺纹加厚的纤维状管胞，往往呈叠生状排列，其最显著者是榆科、蝶形花科所属树种。

②韧型木纤维　韧型木纤维简称韧型纤维，为正常木纤维细胞，细长纺锤形、两端略尖削，偶呈锯齿状或分枝状。其细胞壁较厚、胞腔较窄，外形与纤维状管胞略相似，但韧型木纤维具单纹孔。韧型木纤维单独存在或与纤维状管胞混合存在。一般而言，在韧型木纤维壁上的纹孔分布是比较均匀的，但径面壁上纹孔较多，其内壁平滑而不具螺纹加厚(图3-36)。

③分隔木纤维　是指具有水平分隔的韧型木纤维或纤维状管胞，通常出现于具有较大单纹孔的韧型纤维中；分隔的隔膜是木质部子细胞形成次生壁后再进行分裂而产生的，因此比侧壁更薄(图3-36)。一般见于热带木材，是热带材的典型特征，在楝科、橄榄科、豆科、马鞭草科、五加科、木樨科、大戟科等树种上可见，常见树种有桃花心木、非洲楝、奥克榄、黄檀、柚木、刺楸、女贞、重阳木等。

④胶质木纤维　是指细胞腔内壁尚未木质化而呈胶质状的韧型木纤维或纤维状管胞，一般出现胶质状态的韧型木纤维比纤维状管胞要多(图3-36)。胶质木纤维是应拉木的特征之一，为一种缺陷，因胶质层吸湿膨胀、解吸收缩，常在与初生壁接合处产生分离现象。胶质木纤维集中存在的木材，在干燥过程中，其弦向和径向的干缩均较正常

材偏大，易造成木材的扭曲和开裂；在锯解时也常产生夹锯现象、材面易起毛等。

(3)轴向薄壁组织

轴向薄壁组织是指由形成层纺锤形原始细胞分裂衍生成2个或2个以上的具单纹孔的薄壁细胞，纵向串联而成的轴向组织。其功能主要是储藏和分配养分。

轴向薄壁组织最上、最下两端的细胞为尖削形，中间的细胞横断面呈圆柱形或多面体形，在纵切面呈长方形或近似长方形。一串中细胞个数在同一树种中大致相等，一般在叠生构造的木材中，每一串中的细胞个数较少，为2~4个细胞；在非叠生构造的木材中，每一串中的细胞数较多，为5~12个细胞。

阔叶树材中轴向薄壁组织远比针叶树材发达，其分布形态也是多种多样的，是鉴定阔叶树材的重要特征之一。在轴向薄壁细胞中根据树种不同，有时可含油、黏液或晶体，它们分别称油细胞、黏液细胞和含晶细胞，因含各类物质造成细胞特别膨大时，又统称为巨细胞或异细胞。根据轴向薄壁组织与导管连生的关系，分为离管型和傍管型两大类(图2-8)。

①离管型薄壁组织　指轴向薄壁组织不与导管连生，而单独分布于木质部者，又因其分布形式不同分为以下几种：

星散状　轴向薄壁组织数量少且零星分布，肉眼下不见，如桦木属、樱桃属、梨木、枫香、木荷等。

星散—聚合状　在横切面上，轴向薄壁组织2个或以上细胞在木射线之间聚集成短弦线，如大多数壳斗科树种、木麻黄属、核桃木等。

离管带状(独立带状)　在横切面上，轴向薄壁组织宽3个或以上细胞，呈同心圆状、或略与生长轮平行的线或带，如黄檀、花榈木、蚊母树等。

轮界状　在生长轮交界处，轴向薄壁组织沿生长轮分布，单独或形成不同宽度的浅色细线。根据轴向薄壁组织存在的部位不同，又分为轮始状和轮末状：单独或不定宽度的轴向薄壁细胞构成连续或不连续的层状排列，位于每个生长期初期的称轮始状(如柚木，以及枫杨、黄杞等胡桃科树种)，位于每个生长期末期的称轮末状(如杨属、槭属、刺槐属、木兰科树种等)。

切线状　在横切面上，轴向薄壁组织聚集成长弦线状，又可分为网状和梯状两种。网状是指在横切面上，聚集成长弦线状薄壁组织的间距，与木射线之间的间距基本相等，如柿树；梯状是指在横切面上，聚集成长弦线状薄壁组织的间距，明显比木射线之间的间距要小，如枫杨等。

②傍管型薄壁组织　指排列在导管周围，将导管的一部分或全部围住，并沿发达的一侧展开的轴向薄壁组织。有以下几种排列方式：

稀疏环管状　指轴向薄壁组织呈星散状围绕在导管周围，如胡桃科、樟科及枫杨、七叶树等。

单侧傍管状(帽状)　指轴向薄壁组织仅聚集于导管的外侧或内侧，如枣树等。

环管束状　指轴向薄壁组织呈鞘状围绕在导管的周围，在木材横切面上呈圆形或卵圆形，如香樟、楠木、檫木、白蜡、合欢、榲树等。

翼状　指轴向薄壁组织围绕在导管周围并向两侧呈翼状延伸，在木材横切面形似鸟翼、菱形或眼状，如合欢、泡桐、檫木、苦楝等。

聚翼状　指翼状轴向薄壁组织互相连接成不规则的弦向或斜向带，如刺槐、泡桐、梧桐、榉树等。

傍管带状　指轴向薄壁组织聚集成与生长轮平行的带，将导管的一部分或全部包围在其中，如榕树、铁刀木、黄檀、沉香等。

应该注意的是，有的阔叶树材仅有一种类型的轴向薄壁组织，有的阔叶树材有多种类型的轴向薄壁组织，但在每一种树种中的分布情况是有规律的，具有识别价值，如麻栎同时具有星散—聚合状(离管型)和傍管带状(傍管型)2 种类型。

(4)木射线

木射线是指位于形成层以内的木质部上，呈带状并沿径向延长的薄壁细胞集合体。阔叶树材的木射线比较发达，含量较多，为阔叶树材的主要组成部分，约占阔树材总体积的 17%，是识别阔叶树材的重要特征之一。

①木射线大小　木射线大小是指木射线的宽度与高度，在木材弦切面切片上进行测量。宽度测木射线中部最宽处、高度则测木射线上下两端间距离，宽度和高度均既可用测尺计测，也可用细胞个数表示。

阔叶树材的木射线比针叶树材的宽得多，宽度变化范围也大，由一列(如杨木)至数十列不等(如桤木、千金榆)。相对于木射线高度而言，宽度在木材鉴别时特别重要，国际木材解剖学会(IAWA)根据阔叶树材木射线宽窄不等分为：木射线宽 1 列，如杨柳科、七叶树科及紫檀属、栗属等；木射线宽 1~3 列，如雨树、樟木等；木射线宽 4~10 列，如朴木、槭木等；木射线宽 11 列以上，如栎木、山龙眼、青冈栎等；木射线多列部分与单列部分等宽，如油桃、铁青木、水团花等。

②木射线组成　阔叶树材的木射线全部由射线薄壁细胞组成，射线薄壁细胞按径切面排列方向和形状分为：

横卧细胞　射线细胞的长轴与木纹方向垂直，呈长方形水平状排列。

方形细胞　射线细胞在径切面近似方形。

直立细胞　射线细胞的长轴与木纹方向平行，呈直立状排列。

在某些阔叶树材中，还存在一些特殊形状的直立细胞，这些细胞特征稳定，是木材重要的识别鉴定特征之一，主要有以下 3 种(图 3-37)：

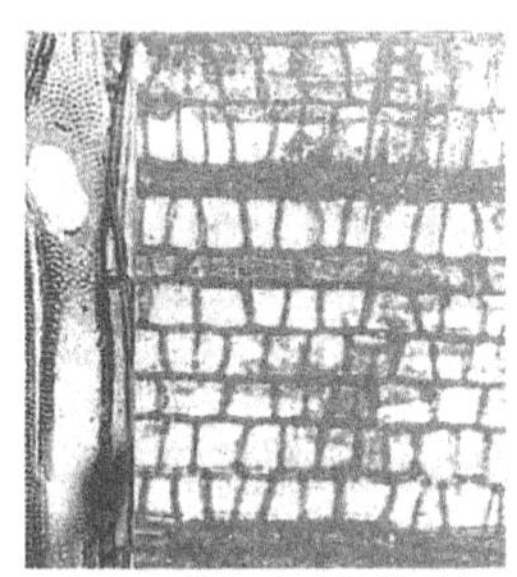

(a) 瓦状细胞(榴莲型)

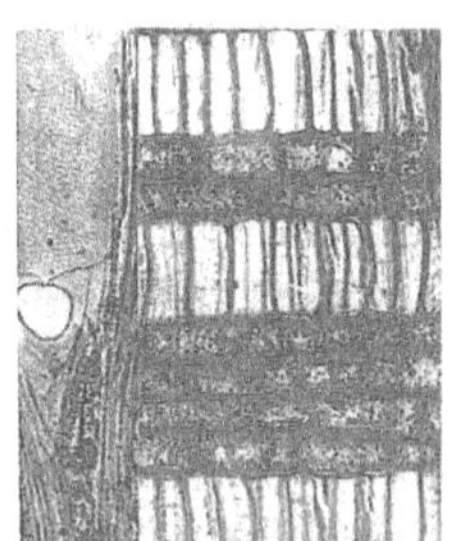

(b) 瓦状细胞(翅子树型)

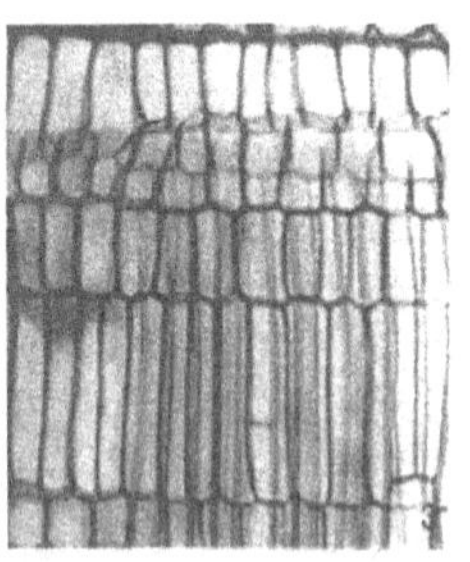

(c) 栅状细胞

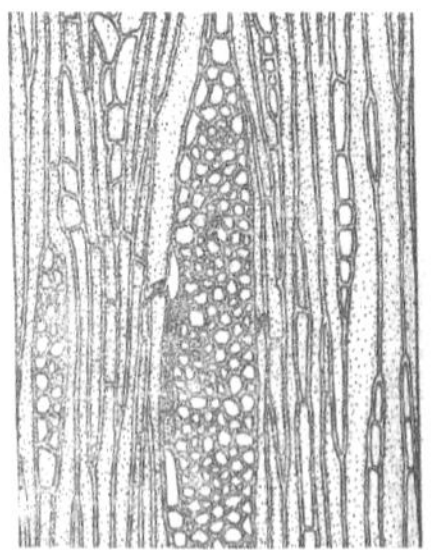

(d) 鞘状细胞

图 3-37　特殊的木射线直立细胞(徐有明，2006；卫广扬，1988)

瓦状细胞　为木射线中一种特殊类型的、无内含物的直立细胞。常夹杂于横卧细胞层之间，呈不定型的水平排列，可分榴莲型和翅子树型两种。榴莲型是指瓦状细胞较狭窄，高度与横卧细胞的高度相当，常含细胞质和细胞核，如梧桐科的非洲梧桐属、梭罗树属、鹧鸪麻属等，椴树科的扁担杆属、泡火绳属等，木棉科的榴莲属等[图 3-37(a)]。翅子树型(翻白叶型)是指在径切面上，瓦状细胞高度比横卧细胞高 1~6 倍，如梧桐科的翅子树属、木棉科的轻木属、椴树科的扁担杆属中部分树种[图 3-37(b)]。

栅状细胞　直立细胞全为狭长方形，呈栅状并列，如轻木、八角、蚊母树等[图 3-37(c)]。

鞘状细胞　在弦切面上观察，纺锤形木射线的中心部分为横卧细胞，直立细胞完全或局部环绕在四周呈鞘状，如梧桐、刺桐、假苹果、白颜树等[图 3-37(d)]。

③木射线种类　阔叶树材的木射线根据分类依据不同，有以下 2 种分类方法。

a. 根据木射线宽度来分　阔叶树材木射线较针叶树材复杂，针叶树材木射线以单列为主，而阔叶树材木射线以多列为主，这也是两者相互区别的特征之一。阔叶树材的木射线根据宽度不同可分以下 4 类(图 3-38)：

单列木射线　在弦切面上木射线沿木纹方向排成 1 列，称单列木射线，如杨柳科、栗属等树种[图 3-38(a)]。

(a) 单列、多列木射线　(b) 聚合木射线

图 3-38　木射线的种类

多列木射线(宽木射线)　在弦切面上木射线宽为 2 列及以上，为绝大多数阔叶树材所具有，如核桃属、槭属及酸枝木、柚木、桃花心木等[图 3-38(a)]。

聚合木射线　在多列木射线中夹杂着木纤维、轴向薄壁组织等轴向分子的木射线，在肉眼下似单一的宽木射线，如桤木属、桐木属、鹅耳枥、石栎等[图 3-38(b)]。

栎式木射线(复合木射线)　由单列木射线和极宽木射线共同构成的木射线，且二者区分明显，如青冈属、麻栎属及米槠等。

几乎所有木材中均能见单列木射线，但仅具单列木射线一种木射线的阔叶树材甚少，仅在杨柳科、七叶树科和紫檀属等木材中可见。单列木射线与多列木射线可同时存在于同一树种，如丝栗、栎木；多列木射线与聚合木射线也可同时存在于同一树种，如桤木等。

b. 根据射线薄壁细胞类别及组合来分　可分同形木射线和异形木射线两类共 8 种(图 3-39)：

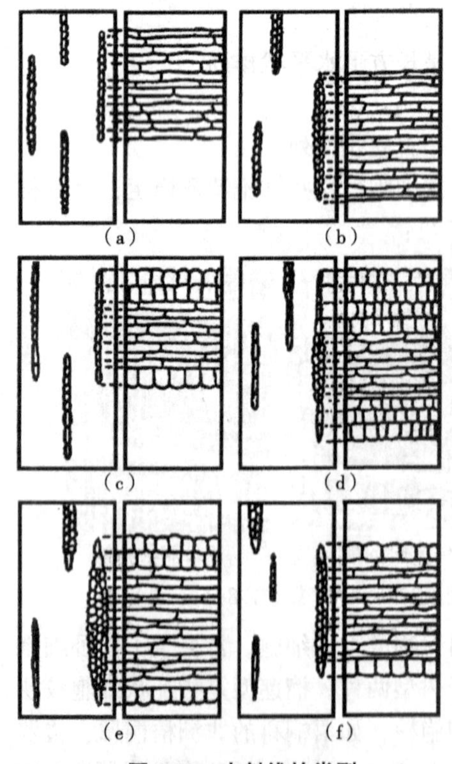

图 3-39　木射线的类型

(a)、(b)同形木射线；(c)~(f)异形木射线

同形木射线　木射线组织全部由横卧细胞组成的木射线。

同形单列　木射线全为单列或偶见 2 列，全由横卧细胞组成，如杨属及苦木、丝棉木、海南锥等[图 3-39(a)]。

同形多列　木射线全为多列或偶见单列，全由横卧细胞组成，如泡桐属、石梓等[图 3-39(b)]。

同形单列及多列　木射线为单列和多列，全由横卧细胞组成，如桦木属、合欢属、槭属等。

异形木射线　木射线全部或部分由方形或直立细胞组成。

异形单列　木射线全为单列或偶见2列，由横卧与直立或方形细胞所组成，如柳属及千年桐、山乌桕等[图3-39(c)]。

异形多列　木射线全为2列或2列以上(偶见单列)，由横卧与直立或方形细胞组成，如马桑、密花树。

异形Ⅰ型　由单列和多列木射线组成。单列木射线全由直立，或直立和方形细胞构成；在弦切面上观察多列木射线，由直立细胞构成的单列尾部比有横卧细胞构成的多列部分长，如乌檀、银柴等[图3-39(d)]。

异形Ⅱ型　由单列和多列木射线组成。与异形Ⅰ型区别为多列木射线的单列尾部较多列部分短，如翻白叶属、黄杞属、朴属等[图3-39(e)]。

异形Ⅲ型　由单列和多列木射线组成。单列木射线全为横卧细胞，或方形细胞，或横卧与方形细胞混合组成。多列木射线的单列尾部通常为一个方形细胞，多列部分由横卧细胞所组成，如香椿、山核桃、小叶红豆等[图3-39(f)]。

④木射线的特殊构造　阔叶树材木射线的特殊排列及其所具有的特殊细胞，常作为木材识别的重要依据，主要有叠生木射线、乳汁管、鞣质管(单宁管)、分泌细胞、含晶细胞和横向树胶道等。

叠生木射线　在弦切面上，木射线呈水平方向整齐排列，有时肉眼下可见，即宏观构造中的波痕。具有叠生木射线的热带树种多于温带树种，如紫檀属、黄檀属、柿属等树种。

乳汁管　指存在于木射线中含有乳液的细胞，可以是一个细胞或连续的管状细胞，如夹竹桃科的盆架树属，桑科的榕属、见血封喉属等树种。

鞣质管(单宁管)　形状与乳汁管相似，也存在于射线中，管道甚长、管壁无纹孔，管内因有含铁化合物而凝聚时呈蜡状深红色，为肉豆蔻科特有的标志特征，如肉豆蔻属、拟肉豆蔻属、假玉果属等树种。

分泌细胞　存在于木射线中(也存在于轴向薄壁组织中)，为异形的薄壁细胞，近似圆形或椭圆形。分泌油分的称油细胞，如樟科、木兰科某些属的树种。分泌黏液的称黏液细胞，如番荔枝科树种。

含晶细胞　在纵切面上，木射线中的直立细胞特别膨大，含有一个或数个结晶体的细胞(也存在于轴向薄壁组织中，在木纤维及侵填体内较为少见)，如榆科、苏木科、大戟科、壳斗科、含羞草科、蝶形花科等树种，尤以茶科的某些树种最为显著，如油茶的含晶细胞直径可达60~130μm。

横向树胶道　出现于纺锤形木射线中径向伸展的胞间道，常含树胶。为漆树科、橄榄科、五加科某些属木材所具的特征。

(5)树胶道

阔叶树材中分泌、储藏树胶的胞间道称为树胶道。阔叶树材的树胶道也分轴向(纵向)和径向(横向)两种，但阔叶树材中两种同时具有的树种极少，仅限于龙脑香科、金缕梅科、豆科等所属的少数树种；此外，阔叶树材中也有正常树胶道和创伤树胶道(图3-40)。

①正常树胶道　正常纵向树胶道为龙脑香科、豆科、芸香科、桃金娘科等某些木材的特征，在横切面上散生，如异翅香。正常横向树胶道存在于木射线中，在弦切面呈纺

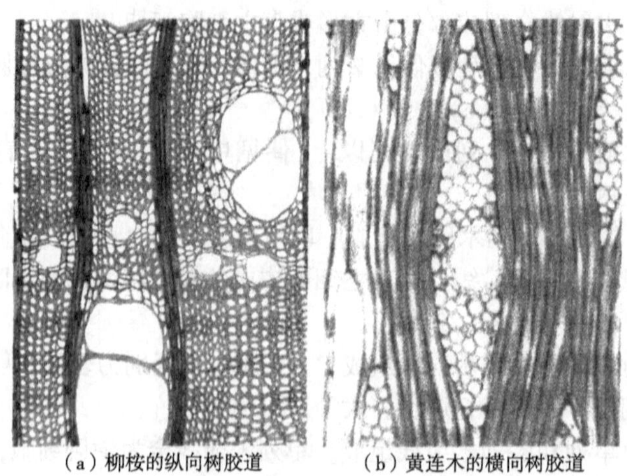

（a）柳桉的纵向树胶道　　（b）黄连木的横向树胶道

图 3-40　树胶道(崔永志，2003)

锤形，见于漆树科、橄榄科，五加科等所属木材。

②创伤树胶道(受伤树胶道)　是由于树木生长时受病虫害或外伤而产生，阔叶树材通常只有纵向创伤树胶道，在木材横切面上呈长弦线状排列，常见于金缕梅科的枫香和芸香科、木棉科、杜英科等所属树种中。

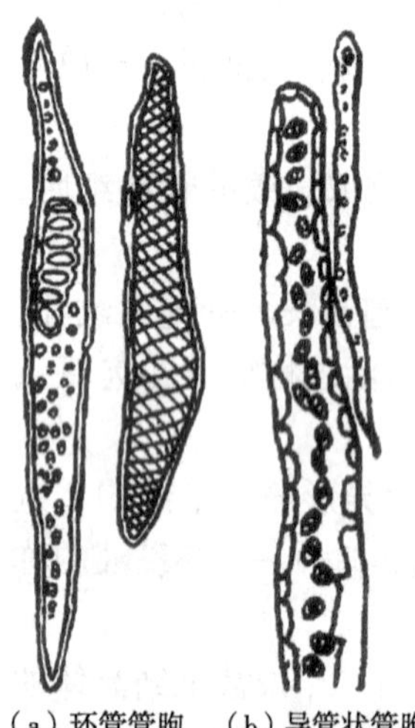

（a）环管管胞　（b）导管状管胞

图 3-41　阔叶树材管胞

(6)阔叶树材管胞

管胞是组成针叶树材的最主要成分，但在阔叶树材少数树种中也可见，长度较针叶树材管胞要短得多，且形状不规则。阔叶树材管胞可分为环管管胞和导管状管胞两类(图 3-41)。

①环管管胞　为一种形状不规则的短小管胞，形状变化大，大部分略带扭曲，两端略呈钝圆，有时还具有水平的端壁，侧壁上具缘纹孔显著。环管管胞多数分布在早材大导管周围，因受导管挤压而呈扁平状，长度一般为 500~700μm，不到木纤维长度的一半，与导管一道起输导作用。环管管胞仅在栎木、黄波罗、桉树及龙脑香科等木材中常见。

②导管状管胞(维管管胞)　它分布于环孔材的晚材中，形状和排列很像较原始且构造不完全的导管。但它不具穿孔，两端以具缘纹孔相接，侧壁具缘孔直径常大于导管间纹孔直径。在榆属、朴属等榆科木材中，导管状管胞侧壁除有具缘纹孔外，还常见螺纹加厚，并与晚材小导管混杂，甚至上下相接，在晚材中同样起输导作用。

(7)针叶树材和阔叶树材组织构造的比较

针、阔叶树材的组织构造有明显差异，前者组成细胞种类少、排列简单；后者种类多、排列复杂且进化程度高。首先，针、阔叶树材最大差异是前者一般不具导管，而后者通常具有导管。其次针叶树材主要组成分子管胞既起输导作用又具机械支撑功能；而阔叶树材的导管专司输导、木纤维起机械支撑作用，各司其职、分工明确。此外，阔叶树材比针叶树材木射线宽，射线薄壁组织的类型丰富、含量多。因此，阔叶树材在构造和材性上比针叶树材要复杂多变(表 3-1)。

表 3-1　针叶树材和阔叶树材显微构造的主要差异

组成分子	针叶树材	阔叶树材
导管	除百岁兰属、买麻藤属和麻黄属树种外，一般不具有导管	除水青树属、昆栏树属等极少数树种外，一般具有导管，体积约占阔叶树材总体积的 20%
管胞/木纤维	管胞是主要分子，不具木纤维。管胞横切面呈四边形或六边形，早、晚材的管胞差异较大，体积约占针叶树材总体积的 90%	具阔叶树材管胞(包括环管管胞和导管状管胞)。木纤维(包括纤维状管胞、韧型木纤维、分隔木纤维和胶质木纤维)是主要分子，体积约占阔叶树材总体积的 50%，细胞横切面形状不规则，早、晚材间差异不大
木射线	除具射线薄壁细胞外，部分树种还具射线管胞，组成射线的细胞都是横卧细胞，多数是单列。具有横向树脂道的树种会形成纺锤形木射线，体积约占针叶树材总体积的 7%	仅有射线薄壁细胞而不具射线管胞。组成木射线的细胞也有都是横卧的，一般是横卧和直立、方形细胞混合组成的较多。木射线仅为单列的树种少，多数为多列木射线，有些含聚合木射线，体积约占阔叶树材总体积的 17%
轴向薄壁组织	含量少，体积约占针叶树材总体积的 1.5%；分布类型有星散状、切线状、轮界状	含量多，体积约占阔叶树材总体积 13%；分为离管型[星散状、星散-聚合状、离管带状(独立带状)、轮界状、切线状]、傍管型[稀疏环管状、单侧傍管状、环管束状、翼状(菱形、鸟翅形)、聚翼状、傍管带状]
胞间道	仅松科某些属具有正常树脂道，分布多为星散或短切线状；而创伤树脂道呈短切线状弦向排列。树脂道分轴向和横向两种，体积仅占针叶树材总体积的 0.5%左右	某些阔叶树种具有正常树胶道，也有的具有创伤树胶道。树胶道分轴向和横向两种，有些仅有轴向，而多数仅有横向；轴向树胶道的排列有同心圆状、短切线状和星散状等
矿物质	仅少数树种细胞含有草酸钙结晶，不含二氧化硅	在不少树种细胞中含有草酸钙结晶，结晶形状多样，有些热带树种细胞中含有二氧化硅

复习思考题

1. 名词解释：微观构造、超微构造、纹孔、纹孔对、螺纹加厚、微纤丝角。
2. 简述交叉场纹孔的概念和类型。
3. 木材的细胞壁特征有哪些？
4. 画图说明纹孔的组成。
5. 描述木材细胞壁壁层结构。
6. 列表说明针叶树材与阔叶树材微观构造的主要异同。

第4章 木材化学性质

木材是树木利用太阳能，把从土壤中吸收的水分和矿物质，与从空气中吸收的二氧化碳结合通过光合作用，经过一系列复杂的生物化学反应后合成的天然高分子有机化合物材料。要想科学合理地加工利用木材资源，在营林活动中改良木材品质，在加工利用过程中根据木材性质和利用要求进行改性处理、开发木材新产品，了解和掌握木材的基本化学成分及其化学性质是非常必要的。

4.1 木材化学成分

木材是由碳、氢、氧、氮4种基本元素组成，含量依次为49.5%~50%、6.3%~6.4%、42.6%~44%及0.1%~0.2%；此外还含有0.2%~1.7%的矿质元素。

木材细胞壁的组成成分通常分为主要成分和次要成分，主要成分是纤维素、半纤维素和木质素，次要成分包括有机物(如树脂、单宁、香精油、色素、生物碱、果胶、蛋白质、淀粉等)和无机物(如灰分)等。不同的树种，木材主要化学成分含量稍有不同，但总的来说，针叶树材和阔叶树材纤维素含量相差不大，阔叶树材半纤维素含量高于针叶树材，而针叶树材木质素含量高于阔叶树材。此外，与其他木质材料相比，灌木沙柳的α-纤维素含量较高，黄藤、玉蜀黍(玉米)秆的抽提物含量相对较高(表4-1)。

表4-1 几种常见木材及其他木质材料化学成分含量 %

序号	树 种	试样来源	α-纤维素	半纤维素	木质素	冷水抽提物	热水抽提物	1%氢氧化钠抽提物	苯-醇抽提物	灰分
1	臭冷杉 *Abies nephrolepis*	黑龙江	41.34	10.04	28.96	3.06	3.86	13.34	3.37	0.50
2	黄花落叶松 *Larix olgensis*	黑龙江	39.97	12.18	26.46	10.14	11.48	20.98	3.37	0.28
3	黄山松 *Pinus taiwanensis*	安徽	43.48	9.82	25.68	2.61	3.85	15.59	4.89	0.20
4	红松 *Pinus koraiensis*	黑龙江	37.68	9.48	25.56	4.64	6.53	19.50	7.54	0.30
5	马尾松 *Pinus massoniana*	安徽	43.45	10.09	26.84	1.61	2.90	10.32	3.20	0.18
6	白桦 *Betula platyphylla*	黑龙江	41.82	30.37	20.37	1.80	2.11	16.48	3.08	0.33
7	樟树 *Cinnamomum camphora*	福建	43.00	22.71	24.52	5.12	5.63	18.62	4.92	0.12
8	大叶桉 *Eucalyptus robusta*	福建	40.33	20.65	30.68	4.09	6.13	20.94	3.23	0.56
9	水曲柳 *Fraxinus mandshurica*	黑龙江	46.20	26.81	21.57	2.75	3.52	19.98	2.36	0.72

（续）

序号	树 种	试样来源	α-纤维素	半纤维素	木质素	冷水抽提物	热水抽提物	1%氢氧化钠抽提物	苯-醇抽提物	灰分
10	毛泡桐 *Paulownia tomentosa*	安徽	44.30	21.32	21.37	10.30	13.02	29.55	9.84	1.13
11	毛白杨 *Populus tomentosa*	安徽	44.55	24.61	23.03	3.36	4.76	19.62	4.45	0.54
12	麻栎 *Quercus acutissima*	安徽	43.80	27.77	21.59	2.39	4.16	17.02	2.06	0.99
13	毛竹 *Phyllostachys edulis*	浙江	42.15	31.83	24.40	6.84	8.24	27.21	6.91	1.17
14	黄藤 *Daemonorops jenkinsiana*	广西	42.72	20.43	23.09	18.00	22.00	42.00	9.57	1.19
15	北沙柳 *Salix psammophila*	内蒙古	55.59	23.37	18.20	8.21	10.33	23.18	2.91	3.20
16	玉蜀黍 *Zea mays*	辽宁	37.58	21.58	18.38	10.67	20.40	45.62	—	4.66

注：黄藤冷水抽提物、热水抽提物及1%氢氧化钠抽提物只对藤芯进行了测试。

纤维素、半纤维素和木质素是构成细胞壁的物质基础，三者总量一般占木材的90%以上，它们对细胞壁的物理作用及分工有所不同。纤维素以微纤丝状态存在于细胞壁中，有较高的结晶度，赋予木材较高的强度，起着骨架作用，称骨架物质；半纤维素是无定形物质，分布在微纤丝中，借以增加细胞壁的刚性，起着黏结作用，称为基体物质(填充物质)；木质素是在细胞分化的最后阶段才形成的，一般认为也是无定形物质，渗透在细胞壁的骨架物质和基体物质之中，使细胞壁坚硬，被称为结壳物质(硬固物质)。三者相互交织形成多个薄层，共同组成植物的细胞壁。从木材细胞壁中化学成分的分布来看，复合胞间层中，纤维素、半纤维素和木质素分别约占14%、27%和59%；而在次生壁中，纤维素、半纤维素和木质素分别约占59%、14%和27%。

木材次要成分多存在于细胞腔内，部分存在于细胞壁和胞间层中，由于可以利用冷水、热水、碱溶液或者有机溶剂抽提出来，所以称抽提物(也称浸提物，不包括约占全部灰分75%~90%的钙、镁的碳酸盐、硅酸盐、磷酸盐等次要成分)。木材抽提物包含多种类型的天然高分子有机化合物，其中最常见的是多元酚类，还有萜类、树脂酸类、脂肪类和碳水化合物类等。木材抽提物与木材的色、香、味和耐久性有关，也影响木材的加工工艺和利用。

4.2 纤维素

纤维素是构成植物细胞壁的结构物质，植物界中纤维素的含量约为2.65×10^{11}t，是地球上最丰富的天然有机材料，分布非常广泛。纤维素的含量因不同的植物体而异，在种子的绒毛(棉花、木棉)中纤维素含量高达99%，苎麻、亚麻韧皮纤维中纤维素含量为80%~90%，木材、竹材中纤维素含量约为40%~50%。

在制浆工业中，纤维素有综纤维素、α-纤维素、β-纤维素和γ-纤维素之分。综纤维素(全纤维素)是指植物纤维原料中除去木质素后，所残留的全部碳水化合物，即纤维素和半纤维素的总和。用浓度为17.5%的氢氧化钠(或浓度为24%的氢氧化钾)溶液，在温度20℃条件下处理综纤维素或漂白浆，非纤维素的碳水化合物大部分溶出，不溶解的部分称为α-纤维素。所得溶液，用乙酸中和后其中沉淀出来的部分称为β-纤维素，未沉淀的部分称为γ-纤维素。

4.2.1 纤维素结构

(1)纤维素化学结构

纤维素属于多糖类天然高分子化合物，其化学实验式为$(C_6H_{10}O_5)_n$(n 为聚合度，一般高等植物纤维素的聚合度为7000~15 000)，由碳、氢、氧3种元素构成，质量分数分别为44.44%、6.17%和49.39%。

纤维素是由葡萄糖单体聚合而成的已糖，以纤维素二糖为重复单元，其C_1位置上保持着半缩醛的形式，具有还原性，而在C_4位置上留有一个自由羟基，由此说明纤维素化学结构是由许多β-D-葡萄糖基相互以β-1,4-糖苷键连接而成的线性高分子(图4-1)。

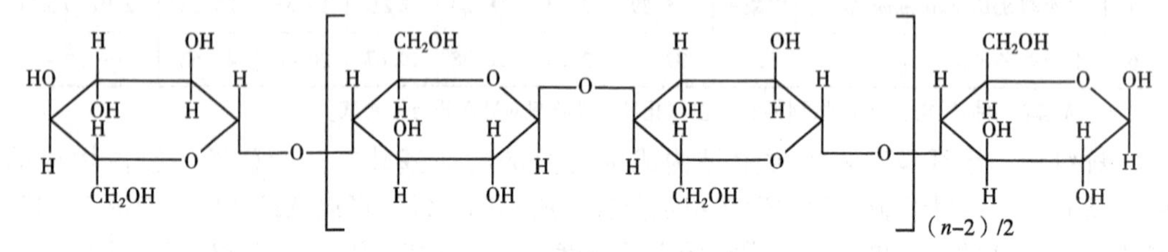

图4-1 纤维素分子链结构式

根据大量研究，证明纤维素的化学结构具有如下特点：

①纤维素大分子仅由一种糖基即β-D-葡萄糖基组成，糖基之间以β-1,4-糖苷键连接，即在相邻的两个葡萄糖单元C_1和C_4位上的羟基(—OH)之间脱去1个水分子形成的，纤维素大分子可以认为是一种线型的高分子。

②纤维素链的重复单元是纤维素二糖基，其长度为1.03nm，每一个葡萄糖基与相邻的葡萄糖基之间相互旋转180°。

③除两端的葡萄糖基外，中间的每个葡萄糖基具有3个游离的羟基，分别是位于C_2、C_3上的仲醇羟基和C_6上的伯醇羟基，它们的反应能力不同，对纤维素的性质具有重要影响。

④纤维素大分子两端的葡萄糖末端基，其结构和性质不同；左端的葡萄糖末端基在C_4上多一个仲醇羟基，而右端的C_1上多一个伯醇羟基，此羟基的氢原子在外界条件作用下容易转位，与基环上的氧原子相结合，使氧环式结构转变为开链式结构，从而在第一个碳原子处形成醛基，显还原性。左端的葡萄糖末端基是非还原性的，由于纤维素的每一个分子链只有一端具有还原性，所以纤维素分子具有极性和方向性。

⑤纤维素为结构均匀的线性高分子，除了具有还原性的末端基在一定的条件下氧环式和开链式结构能够互相转换外，其余每个葡萄糖基均为氧环式结构，具有较高的稳定性。

(2)纤维素物理结构

纤维素为白色、无味，具有各向异性的高分子物质，相对密度为1.55，质量热容为0.32J/(kg·℃)。纤维素大分子之间的结合主要依靠氢键和范德华力；范德华力的能量为8.37~12.56kJ/mol，氢键的键能为20.93~33.49kJ/mol，由于纤维素的聚合度大，所形成氢键的数量多，键能总和较大。形成氢键的先决条件是纤维素分子中存在羟基，且间距要适当；当距离超过3×10^{-10}m，则不能形成氢键，只能存在范德华力。

纤维素分子聚集的特点是易于结晶。当纤维素分子链满足形成氢键的形成条件时，纤维素分子链聚集成束。如果彼此间相互平行、排列整齐，就具有了晶体的基本特征，这一区段称为结晶区(微晶体)；而不平行排列的区段称为非结晶区(无定型区，图 4-2)，结晶区和非结晶区并无明显的界限。纤维素分子链长度可达 5×10^{-6}m，可以连续穿过几个结晶区和非结晶区。在纤维素结晶结构方面，涉及晶胞参数、分子链在晶胞中的排列等内容，并由此引申出结晶度、微晶大小和取向的概念。纤维素的结晶度是指纤维素的结晶区质量(或体积)占纤维素整体质量(或体积)的百分数，它反映纤维素聚集时形成结晶的程度；测定纤维素结晶度的方法有 X 射线衍射法、红外光谱法和密度法等。微晶大小主要包括晶体长度和宽度，用 X 射线衍射法测量小晶粒尺寸是基于衍射线剖面宽度随晶粒尺寸减小而增宽的实验现象，1918 年谢乐(Scherrer)首先提出的小晶粒平均尺寸与衍射线真实宽度之间的数学关系即谢乐公式。微晶取向度是指所选择的择优取向单元相对于参考单元的平行排列程度。当纤维素受到拉伸外力作用后，分子键会沿着外力方向平行排列起来而产生择优取向，分子间的相互作用力会大大加强，其结果对纤维断裂强度、断裂韧性、弹性模量都有显著影响。纤维素分子链的取向可以利用光学双折射方法测定，微晶的取向可以利用 X 射线法测定。

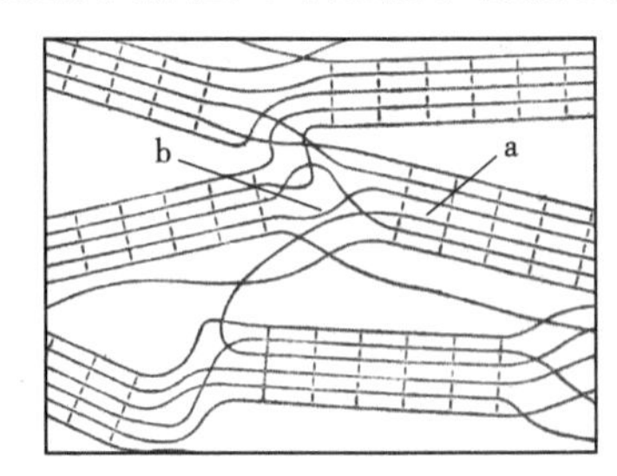

图 4-2　纤维素结晶区和非结晶区

(尹思慈，1996)

a. 结晶区；b. 非结晶区

4.2.2　纤维素性质

(1)物理性质

纤维素具有吸附水分子的能力。非结晶区内纤维素分子链上的羟基，只有一部分形成氢键，另一部分处于游离状态。游离的羟基为极性基团，容易吸附空气或液体中的极性分子而形成氢键结合。当木材含水率在纤维饱和点以下时，纤维素的吸湿还能直接影响到木材及其制品的尺寸稳定性和强度。

纤维素吸湿仅发生于非结晶区内(也有学者认为纤维素吸湿还应包括结晶区表面)，吸湿能力的大小取决于非结晶区所占的比例。非结晶区所占比例越大，吸湿能力越强。如果经过改性处理，纤维素分子链上的羟基直接形成化学交联，或被非极性的疏水基团置换、封闭后，纤维素的吸湿性则明显降低。

纤维素吸湿后体积增大，称为湿胀；解吸时体积变小，称为干缩。由于水分子能够进入非结晶区内和结晶区的表面，引起纤维素分子链的间距增大或减小，从而发生湿胀或干缩现象，这是木材尺寸不稳定的主要原因；溶剂的极性越强，这种现象发生得越明显。

(2)化学性质

纤维素的化学反应包括纤维素链降解和纤维素羟基反应两类共 4 种情况，其化学反应能力与纤维素的可及度、反应性及取代度有关。可及度是指反应试剂到达纤维内部和纤维素羟基附近的难易程度，是纤维素发生化学反应的前提条件；一般认为，水分子及部分化学反应试剂只能穿透到纤维素非结晶区，而很难进入结晶区，所以大多数纤维素原料在进行化学反应前需进行预处理，采用减压、加压、水、热和溶胀剂处理纤维原料，都可以增加纤维素反应的可及度。纤维素分子链每个葡萄糖基上都有 3 个活泼的羟基(1个伯醇羟基、2个仲醇羟基)，它们可以发生酯化、醚化等化学反应；纤维素的化学反应性就是指纤维素分子链上羟基的反应能力，不同的羟基、不同聚合度和结构都是影响纤维素反应性的因素。取代度是指纤维素分子链上平均每个失水葡萄糖单元上被反应试剂取代的羟基数目；纤维素取代度小于或等于3，是纤维素化学反应程度的一个指标。

①纤维素降解　纤维素是由许多葡萄糖基相互以苷键连接而成的线性高分子，在一定的条件下，苷键也会发生断裂，从而导致纤维素分子的聚合度下降、在溶剂中的溶解度提高，最后得到低分子的化合物，称为纤维素的降解。

酸性水解　纤维素的β-1,4-糖苷键是一种缩醛键，对酸敏感，在适当的氢离子浓度、温度和时间作用下，苷键断裂、聚合度下降，称为纤维素的酸性水解。水解初期可以得到水解纤维素，最后完全水解的产物则为葡萄糖。

碱性降解　纤维素在热碱溶液中能够发生剥皮反应、终止反应和碱性水解。当温度在150℃以下时，剥皮反应开始于纤维素分子链还原性末端基，是引起纤维素降解的主要原因；随着配糖键的断裂，产生新的还原性末端基，不断从纤维素大分子链上掉下来，从而导致纤维素降解(如化学法制浆)。当温度超过150℃时发生碱性水解，在170℃左右碱性水解反应剧烈，引起苷键断裂生成碱化纤维。

氧化降解　纤维素分子链上的羟基容易被空气、氧气或氧化型漂白剂等氧化，氧化成醛基、酮基或羧基，形成氧化纤维素，随着官能团的变化，纤维素的聚合度也同时下降；另外，氧化剂也能将醇羟基氧化成羰基，具有羰基的纤维素不稳定，在碱性溶液中易发生断裂，致使聚合度降低。发生氧化降解后，纤维素的机械强度降低。

热解　纤维素在热的作用下，不仅发生脱水，还有氢键断裂和氧化等反应发生，热容量也增大；其降解程度与加热温度、时间及加热的介质组成等相关。在220~240℃时纤维素的结晶构造明显受到破坏，聚合度下降。在260~300℃时产生大量的高能量自由基，自由基的链状反应导致了键的断裂、氧化和分子分解，从而产生木炭、水、一氧化碳和二氧化碳。当温度升高达300℃左右时，纤维素发生解聚和苷键的断裂，形成左旋葡萄糖。随着温度的进一步升高，左旋葡萄糖可进一步分解成200余种化合物；同时，吡喃糖环被打开，生成乙酸、乙醛，乙酸进而脱去羧基、乙醛脱去羰基，生成了甲烷、二氧化碳和一氧化碳。在400℃以上时，纤维素的残余部分进行芳环化。在800℃以上时，逐步形成石墨结构。

光降解　在光的作用下，引起纤维素的化学键断裂和聚合度的下降，称为光降解；尤其是紫外光对纤维素的降解更为严重。光对纤维素的降解作用有光解作用和光敏作用两种形式：光解作用是指光照对化学键的直接破坏，与氧的存在与否无关；光敏作用是由于光敏物质与氧气、水分同时存在的情况下，纤维素受到光的作用，产生羰基和羧基导致强度下降和聚合度降低，实际上纤维素的光降解大多是光敏作用的结果。了解纤维素的光降解机理，有利于防止室外用纤维材料的劣化及改进其耐候性的方法。

微生物降解　纤维素的微生物(如褐腐菌)降解不仅降低了木材的力学强度，还会改变其材色，是木材腐朽的主要原因，也是采用生物技术加强植物资源降解利用的依据。

此外，还有纤维素的机械降解等。

②纤维素酯化　纤维素与酸发生反应得到酯类化合物，称为纤维素酯化反应。纤维

素大分子每个葡萄糖基上有3个醇羟基，具有醇的性质，在某些酸溶液中能发生亲核取代反应，生成相应的纤维素酯。

纤维素硝酸酯又称硝化纤维素，它是由纤维素和硝酸反应得到的。如果单用硝酸且浓度低于75%，纤维素几乎不发生酯化作用；当浓度达到77.5%时，大约50%的羟基被酯化。工业上采用硝酸和硫酸的混合物来制备高取代度的纤维素硝酸酯；纤维素硝酸酯主要用于涂料、黏合剂、日用化工、皮革、印染、制药和磁带等行业产品的制造。

纤维素乙酸酯通常称为乙酸纤维素(乙酸纤维素)，它是与乙酸酐(乙酸酐)在硫酸作为催化剂作用下，在不同的稀释剂(如冰乙酸、乙酸乙酯等)中生成不同酯化度的乙酸纤维素。目前不仅可以成功制备纤维素三乙酸酯，还可以制备单取代和二取代纤维素乙酸酯，它们在纺织、塑料、涂料和香烟用过滤嘴等方面应用广泛。

③纤维素醚化 纤维素与碱性溶液反应生成碱纤维素，碱纤维素上的醇羟基与卤化物(如烷基卤化物、一氯乙酸钠、一氯乙酸等)发生醚化反应生成相应的纤维素醚。如碱纤维素与一氯乙酸进行醚化反应后得到的羧甲基纤维素，是一种重要的、具有水溶性的、白色粉状纤维素衍生物，可广泛用于石油、纺织、印染、医药、食品、造纸和日用化工工业中，在纺织工业中还可以代替淀粉作胶黏剂和涂料。如碱纤维素与氯代甲烷、氯代乙烷发生醚化反应，分别得到甲基纤维素和乙基纤维素；其中乙基纤维素可用于制造喷漆，这种漆耐酸又耐碱，对光及热稳定，不易燃烧，具有良好的电绝缘性。

④纤维素接枝共聚 天然纤维素的缺陷是尺寸不稳定、耐久性差和强度不高，采用接枝共聚和化学交联反应可以有效改善它的不足，同时还可获得某些特殊性能。接枝共聚是指在纤维素的分子链上接上另外一种单体，然后利用游离基或离子引发接枝聚合，实现将其他分子引入到纤维素分子链上的目的。如将甲基丙烯酸甲酯(methyl methacrylate，MMA)注入木材内部，通过γ射线照射(或催化加热)使木材纤维素产生游离基，然后与单体接枝聚合生产木塑复合材料(wood plastic composites，WPC)的重要方法。纤维素上的羟基与其他化学物质发生交联反应，可以增加木材的强度，减少木材的吸湿性，提高木材的尺寸稳定性。人造板胶黏剂的胶合作用实际就是一种交联反应，利用三聚氰胺甲醛树脂(melamine-formaldehyde resins，MF)、脲醛树脂(urea-formaldehyde resins，UF)预聚体处理木材，然后高温聚合发生化学交联是木材改性的重要手段。

4.2.3 功能化纤维素材料

资源匮乏是当今世界面临的主要难题之一，人们正在积极探索新的技术和寻求新的资源以替代日益枯竭的化石资源；而纤维素作为可再生的天然高分子材料，资源丰富，研制特殊功能性的高附加值纤维素新材料，成为国内外最活跃的研究领域之一。

(1)高吸水性纤维素

天然纤维素虽然含有大量羟基，具有一定的吸水性，但是吸水能力有限。如通过醚化或接枝共聚作用，将水溶性或亲水性基团、聚合物接枝于纤维素分子链上，就能得到高于自身吸水性能几十倍甚至上千倍的高吸水性纤维素材料，可广泛应用在节水农业、干旱地造林和沙漠治理等方面。

(2)纤维素吸附剂

纤维素虽具有一定的吸附能力，但吸附容量小、选择性低。纤维素吸附剂的制备首先是将粘胶纤维分散成球状液滴，制成纤维素球体；然后采用交联剂与纤维素球体进行交联反应，改变它的溶胀性质；最后采用酯化、醚化方法将磺酸基、羧基、氨基、氰基等具有吸附能力的官能团接枝于纤维素球体上，制成球形纤维素吸附剂，用于血液分析、酶和蛋白质的分离纯化等。如最后将丙烯腈接枝于纤维素球体上，再用胺处理，可以得到吸附重金属离子的交换树脂，可用于从海水中提取铀、金等贵金属，还可以吸附废水中的有害化学物质，用于环境保护事业。

(3)纤维素膜

纤维素酯、醚及其他衍生物可用于制备多种膜材料，早期的透析用人工肾膜材料就是采用铜氨纤维素膜和水解乙酸纤维素膜。超滤膜采用纤维素酯类制成，氰乙基取代乙酸纤维素超滤膜还具有抗霉菌的作用；乙酸纤维素还可用来制作反渗透膜，用于海水的淡化。

(4)微晶纤维素

微晶纤维素是由天然纤维素在较高温度(110℃)下通过酸催化得到的尺寸为1500~3000nm的棒状或片状晶体，是一种水相稳定剂，适合作为食品纤维、膨化剂、乳化剂等，在医药、日用化工等方面有重要用途。从木材、农作物秸秆等木质材料中先分离出微晶纤维素微纤丝，然后对单个的微纤丝进行加工，从而合成具有特异性能的纳米高分子材料。

(5)液晶纤维素

液晶纤维素材料是纤维素功能高分子材料重要研究方向之一，兼有液体和晶体的特性，但是与液体的区别是它具有一定的取向有序性，与晶态的区别是它部分或完全缺乏平移有序性。目前已经发现有几十种纤维素衍生物具有溶致或热致液晶性能。

①溶致液晶性纤维素　由于纤维素分子间存在氢键阻碍了分子链段的运动，同时纤维素的溶解度低，天然纤维素不显示液晶性；但如采用新型纤维素溶剂，在纤维素中引入极性取代基侧链，则可以大大提高纤维素衍生物(如羟丙基纤维素、氰乙基纤维素、对甲苯乙酰氧基纤维素等)的溶解能力，在适当的溶剂里显示溶致液晶性。

②热致液晶性纤维素　在纤维素中引入柔性侧链或大体积的取代基，减弱氢键的作用，使纤维素衍生物(如正丁基纤维素、三苯甲基纤维素等)具有这种特性分子链段受热时具有可移动性，能自发取向显示热致液晶性。

液晶纤维素用于电子、分析仪器等工业领域，也可以用作记录存储材料；在工程塑料中加入液晶纤维素，可以改善工程塑料的尺寸稳定性、耐磨性、耐热性和加工性能等。

4.3 半纤维素

半纤维素是构成植物细胞壁三大主要成分之一，在自然界中不能单独存在，而是与纤维素和木质素紧密结合、相互贯穿存在于植物细胞壁中。

4.3.1 半纤维素的成分和结构

与纤维素是均一的、线型的聚糖不同，半纤维素是由木糖、甘露糖、半乳糖、阿拉伯糖和葡萄糖等多种糖基组成的一类聚合物，主链上一般不超过200个糖基，支链多而短。组成半纤维素的糖基主要有：D-木糖基、D-甘露糖基、D-半乳糖基、D-葡萄糖基、D-半乳糖醛酸基、D-葡萄糖醛酸基、L-阿拉伯糖基、4-*O*-甲基-D-葡萄糖醛酸基等，一种半纤维素一般由多种糖基组成。所以半纤维素命名时，常把支链上的糖基名字列于主链糖基名字前面，支链糖基和主链糖基多于 1 种时，再将含量少的放在前面、含量多的放于后面，并于支链糖基前冠以“聚”字，如聚-*O*-乙酰基-4-*O*-甲基-D-葡萄糖醛酸木糖，表示木糖为主链糖基，而 *O*-乙酰基和 4-*O*-甲基-D-葡萄糖醛酸是支链糖基，且 *O*-乙酰基含量少于 4-*O*-甲基-D-葡萄糖醛酸含量。

(1)针叶树材半纤维素结构

针叶树材中主要的半纤维素有聚半乳糖、葡萄糖、甘露糖类和聚木糖类，落叶松属木材中还含有较多的聚阿拉伯糖半乳糖。

①聚半乳糖基葡萄糖甘露糖类　针叶树材半纤维素中最多的是聚半乳糖基葡萄糖甘露糖类，约占 20%，它是由 D-吡喃式葡萄糖基和 D-吡喃式甘露糖基以 β-1,4-糖苷键连接成主链，以 D-吡喃半乳糖基作为支链通过 1,6-α-糖苷键连接到主链上(图 4-3)，一个重要特点是甘露糖和葡萄糖主链碳原子上，部分被乙酰基取代(图 4-3 中以 R 表示 CH_3CO—)，平均每 3~4 个己糖单元有一个取代基。聚半乳糖基葡萄糖甘露糖容易被酸水解，从半乳糖和主链之间断开；碱容易使乙酰基断裂脱落。

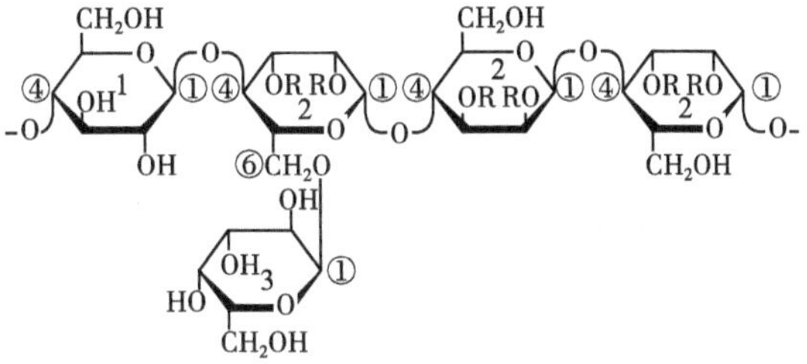

图 4-3　聚半乳糖基葡萄糖甘露糖结构

1. D-吡喃式葡萄糖；2. D-吡喃式甘露糖；3. D-吡喃式半乳糖

②聚阿拉伯糖基-4-*O*-甲基葡萄糖醛酸基木糖　针叶树材另外一种半纤维素是聚阿拉伯糖基-4-*O*-甲基葡萄糖醛酸基木糖，约占 5%~12%(美国东部铁杉的这种聚糖仅占 4.6%)，由 1,4-β 连接的 D-吡喃式木糖单元组成主链，在主链 C_2 上以 α-糖苷键被 4-*O*-甲基-D-吡喃葡萄糖醛酸基所取代形成一个支链；另外，有 L-呋喃阿拉伯糖基以支链形式通过 α-苷键连接到主链木糖基的 C_3 上(图 4-4)，平均每 10 个木糖单元有 2 个 4-*O*-甲基-D-吡喃葡萄糖醛酸基，1.3 个 L-呋喃阿拉伯糖基。

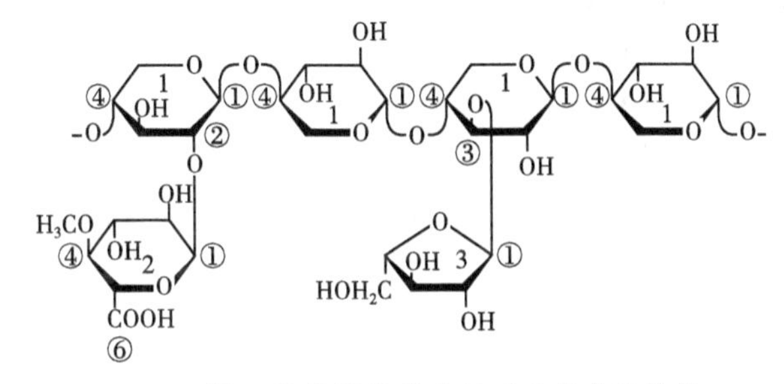

图 4-4　聚阿拉伯糖基葡萄糖醛酸基木糖结构

1. D-吡喃式木糖；2. 4-*O*-甲基-D-吡喃式葡萄糖醛酸；3. L-呋喃式阿拉伯糖

③聚阿拉伯糖基半乳糖　这种聚糖在针叶树材中都存在，但一般含量很少，不过在落叶松属木材中含量较多，可达 5%~30%。这类聚糖是高分支、水溶性的，通常与水

溶性聚半乳糖葡萄糖甘露糖一起存在。在落叶松木材中聚阿拉伯糖基半乳糖的主链一般是1,3-β连接的D-吡喃式半乳糖基，L-呋喃式阿拉伯糖基以支链形式连接于主链半乳糖C_6上，在C_6上也有一些连接半乳糖基或葡萄糖醛酸基；L-阿拉伯糖基与D-半乳糖基的比例为1∶(4~8)。

(2)阔叶树材半纤维素结构

阔叶树材半纤维素主要有聚-*O*-乙酰基-4-*O*-甲基葡萄糖醛酸基木糖和聚葡萄糖甘露糖组成。

①聚-*O*-乙酰基-4-*O*-甲基葡萄糖醛酸基木糖　聚-*O*-乙酰基-4-*O*-甲基葡萄糖醛酸基木糖是阔叶树材的主要半纤维素，一般占除去抽提物后木材质量的20%~35%。聚-*O*-乙酰基-4-*O*-甲基葡萄糖醛酸基木聚糖的主链是由D-吡喃式木糖基以β-1,4-糖苷键连接而成，支链为*O*-乙酰基和4-*O*-甲基葡萄糖醛酸基(图4-5)；*O*-乙酰基与主链木糖基上的C_3(也有一些与主链木糖基上的C_2)成乙酸酯连接，而4-*O*-甲基葡萄糖醛酸基一般在主链木糖基的C_2(也有少量在C_3)上连接。

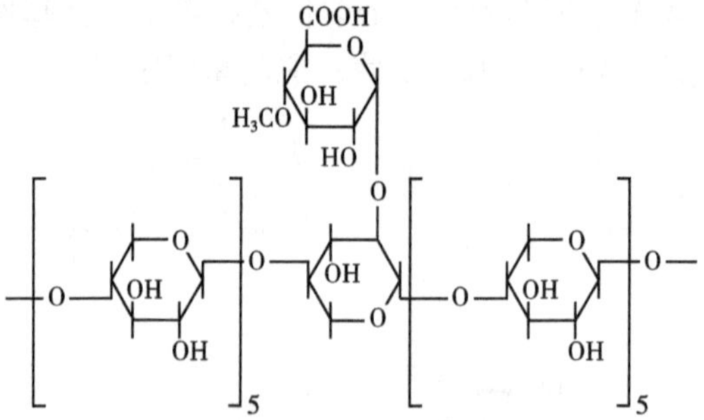

图4-5　桦木木材木聚糖的结构片段

同时研究表明，阔叶树桦木木聚糖紧靠还原性木糖首端基的单元是D-半乳糖醛酸基，它通过一个碳原子连接于L-鼠李糖基，而鼠李糖基连接在木聚糖主链上(图4-6)。

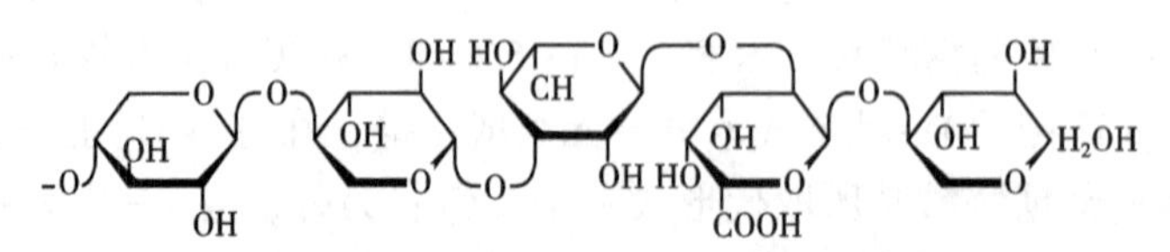

图4-6　具有还原性首端基的桦木木聚糖结构

②聚葡萄糖甘露糖　聚葡萄糖甘露糖一般在阔叶树材中含量为3%~5%，由D-吡喃式葡萄糖基与D-甘露糖基以β-1,4-糖苷键连接而成，在阔叶树材中D-葡萄糖基与D-甘露糖基的分子比一般为1∶(1~2)。

(3)禾本科植物半纤维素结构

竹亚科中竹材半纤维素也是木糖基以β-1,4-糖苷键连接成主链，在主链上连接有L-呋喃式阿拉伯糖基和4-*O*-甲基-D-吡喃葡萄糖醛酸基。而禾亚科的麦秆和稻秆中的半纤维素是聚阿拉伯糖基葡萄糖醛酸基木糖。

(4)半纤维素与纤维素结构异同

半纤维素和纤维素同属于高聚糖，同为苷键连接，共存于细胞壁内，具有相近的性质，但是两者也有不同，就其结构而言，其区别在于：

①纤维素是单一葡萄糖基构成的均一高聚糖，而半纤维素是由2种及以上不同糖基

以及少量醛酸基、乙酰基构成的非均一高聚糖。

②纤维素是直链型结构的大分子，没有支链；而半纤维素主链是线型结构，但具有一个或多个支链。两者的聚合度差异巨大：纤维素的聚合度一般为 7000~15 000；而半纤维素聚合度仅为 150~200，它是相对分子质量较低的高聚糖。

③纤维素分子糖基之间均以 β-1,4-糖苷键连接；半纤维素糖基之间除了 β-1,4-糖苷键连接之外，还有 α-苷键连接，而且连接位置除了 1,4 外，还有 1,6 位置，个别半纤维素的糖基还以 1,3 位置连接形成主链。

④纤维素以微纤丝状态存在于细胞壁中，有结晶区和非结晶区之分；一般认为半纤维素不形成微纤丝结构，而且与纤维素之间没有共价键连接，绝大部分存在于非结晶区内与纤维素微纤丝之间通过氢键和范德华力结合。

4.3.2　半纤维素性质

由于半纤维素的化学结构及大分子聚集状态与纤维素有很大的不同，因而在物理化学性质上也表现出较大的差异。

(1)溶解性

半纤维素高聚糖易溶于水，而且支链较多，在水中的溶解度高；纤维素不溶于水，只能溶于某些特殊试剂，如铜氨溶液，只有聚合度小于 100 的纤维素才能溶于氢氧化钠溶液中，所以半纤维素的抗酸和抗碱能力都比纤维素弱。

(2)亲水性

纤维素和半纤维素分子链中都含有游离羟基，具有亲水性；但因为半纤维素不能形成结晶区，水分子容易进入，半纤维素的吸水性和润胀度均比纤维素高，容易引起纤维板尺寸变化和翘曲变形，因此生产中需要对半纤维素含量高的浆料进行处理。

(3)降解

与纤维素降解一样，半纤维素的苷键在酸性介质中被打开而使半纤维素发生降解，在碱性介质中半纤维素也可发生剥皮反应和碱性水解；但随半纤维素的来源不同，半纤维素水解速度、降解所得到的产物也不同，反应情况比较复杂。

(4)酯化、醚化及接枝共聚反应

与纤维素一样，半纤维素的羟基可发生酯化和醚化反应，形成多种衍生物；也可发生接枝共聚反应，制备各种复合高分子材料。

(5)半纤维素的分离

半纤维素可用抽提法从木材、综纤维素或浆粕中分离出来，且其溶解度一般比天然状态的半纤维素要高。如二甲基亚砜适合于从综纤维素中抽提木聚糖而不会破坏它的结构，但是抽提度不高；碱溶液能抽提更多的木聚糖，但缺点是脱去了半纤维素的乙酰基，所以实验研究中采用在不同碱浓度下分段抽提的方法，可以达到半纤维素各成分的粗分级目的，然后沉淀出来的半纤维素使用柱层析进一步精制。

4.3.3　半纤维素的利用

半纤维素在自然界中储量丰富，但因不能单独存在而成为其他原料的一种伴生产品，所以没有像纤维素那样得到广泛应用；目前除了一部分用于造纸外，半纤维素在化学工业、食品工业、能源工业方面展现了广阔的应用前景。

(1)制浆造纸

半纤维素是纸浆的成分之一，其含量的高低对制浆和纸张的性质有着重要影响。一方面，由于半纤维素比纤维素容易水化膨胀，打浆后有利于纤维的分丝帚化和细纤维化，所以半纤维素含量高，有利于提高纤维结合力及纸张的裂断长、耐破度和耐折度等；但另一方面，半纤维素含量过大，尽管能增加纤维的结合强度，但同时也因纤维素含量的相对降低反而降低了纸张的强度；因此，在实际制浆工艺中，应根据对不同纸张性质的要求，把半纤维素的含量控制在一个适当的范围内。比如杨木化学浆中半纤维素含量约为20%时，其耐破度和抗张强度达到最大值，而此时纸张的不透明度和撕裂度却最小；此外麦秆、稻秆、芦苇等草浆的半纤维素比木浆高得多，但在这些浆料中，纤维的尺寸、纤维细胞和杂细胞的比例等对纸张性能的影响比其化学成分对纸张性能影响大得多，就此而言，草浆造纸性能比木浆差。

(2)生产乙醇

由于半纤维素水解得到的已糖和戊糖，再通过发酵和蒸馏可得到乙醇；因此，利用亚硫酸盐纸浆厂废液中的葡萄糖、甘露糖和半乳糖经过发酵生产乙醇，是今后造纸废液综合治理和利用的主要方向。此外，木糖也可被酵母菌、细菌和真菌等微生物发酵生成乙醇，目前已发现了三种发酵能力最强、最具工业化应用前景的酵母菌。

(3)生产木糖和木糖醇

半纤维素的主要成分——木聚糖完全水解后可制得结晶的木糖，用作食品添加剂；不完全水解得到的低聚糖(寡糖)，是由2~10个单糖通过糖苷键连接形成的具有直链和支链的低聚合度碳水化合物，相对分子量为300~2000，具有生物学功能特性的低聚糖称为功能性低聚木糖(包括水苏糖、棉子糖、麦芽糖、低聚木糖和低聚半乳糖等)，能促进肠道内双歧杆菌的增殖，有利于人体健康。

木糖醇为白色无臭的结晶粉末，是近年发展起来的一种新型甜味剂，其甜度和热容量与蔗糖相近，但能量值低；因木糖醇能够调整人体的糖代谢，被广泛用于糖尿病患者的营养和治疗。木糖醇的工业化生产方法是：首先水解富含木聚糖的植物纤维原料，得到富含木糖的溶液；再经过一系列分离、净化、催化加氢、重结晶等操作后得到木糖醇。

(4)生产糠醛

糠醛(呋喃甲醛)是一种重要的有机化工原料，在合成树脂、石油化工、染料、医药和轻化工等方面都有着广泛的用途。富含聚戊糖的植物纤维原料，在一定温度和催化剂的作用下，首先水解成戊糖，再通过脱水而生成糠醛，这也是半纤维素的一个重要用途；工业上常采用富含木聚糖的玉米芯、棉籽壳以及麦秆等植物纤维原料，通过水解生产糠醛。

(5)其他方面的应用

①饲料　戊糖可以用于生产饲料酵母，作为动物的营养饲料。

②药用　膳食纤维是一种功能性食品，在预防和治疗便秘、肥胖、高血压、大肠癌等疾病方面有一定的效果，而半纤维素就占膳食纤维总量的50%以上，其中主要成分阿拉伯糖和木糖各占40%左右。如从日本山毛榉木材中分离的4-*O*-甲基葡萄糖醛酸基木糖，具有明显的抗发炎性和抑制恶性肿瘤的作用；含有羧甲基化聚木糖的木材半纤维素，具有刺激淋巴细胞和免疫细胞的作用、有抗癌功效。

③食品添加剂　在食品工业中，半纤维素可作为食品黏合剂、增稠剂、稳定剂、水凝胶、薄膜形成剂、乳化剂等。

④活性剂　改性后的半纤维素可以作为表面活性剂，应用于日用化学工业中。

4.4　木质素(木素)

木质素作为细胞间结壳物质填充在细胞壁的微纤丝之间，也存在于胞间层，把相邻的细胞黏结在一起，起到加固木质化植物组织的作用。木质化后的细胞壁不仅能够增加树木茎干的强度，也能减少微生物对树木的侵害。

木质素来源丰富，数量仅次于纤维素，全球每年由植物生长可产生 1.5×10^{11}t 木质素。商业木质素作为制浆造纸工业的副产品，一般从造纸废液中分离和提取，如亚硫酸盐法制浆可以得到木质素磺酸盐，作为工业生产原料和添加剂而广泛用于制革、染料、食品、建筑等领域。

4.4.1　木质素分离

木质素的结构比纤维素复杂得多，目前所采用的分离和提取木质素的方法，都会改变天然木质素的化学结构，而且分离的方法不同，其结构也有变化，因此将未分离的木质素称原本木质素。

木质素的分离方法，按其基本原理可分为两类：一类是将植物中木质素以外的成分溶解除去，木质素作为不溶性成分被过滤分离出来，即木质素的沉淀分离；另一类是将木质素作为可溶性成分溶解，纤维素等其他成分不溶解进行分离，即木质素的溶出分离。

(1)木质素的沉淀分离

此类分离方法的原理是将木材中的纤维素、半纤维素等多糖类物质，通过酸水解、氧化降解或络合溶解后，木质素作为降解残渣被分离出来，所得到的木质素为不溶木质素。这些硫酸木质素、盐酸木质素、铜氨木质素和高碘酸盐木质素等与天然木质素相比，因在分离过程中发生了高分子的解聚和缩合反应，其结构已经发生了很大的变化；不过，其中用硫酸水解法来获得木质素，仍是目前测定木质素含量的直接、可靠方法。

(2)木质素的溶出分离

此类分离方法可采用乙醇、乙酸、二氧六环及酚等有机溶剂在酸性条件下，或用氢氧化钠、硫化钠、亚硫酸钠等无机溶剂分离木质素，造纸的制浆过程就是此类分离法最为典型的例子。具体制备方法：将经有机溶剂抽提后的木材试样悬浮在甲苯等非润胀性溶剂中，用水冷式振动球磨机在温度低于35℃条件下研磨48~72h。细磨后的木粉用离心作用除去甲苯，然后用二氧六环与水(体积比为9∶1或8∶2)的混合溶剂萃取，再用氯仿进行纯化，将混合物离心直到有机层完全澄清，除去溶剂得到一种淡黄色的粉末即为粗磨木木质素，但其中还含有主要成分为碳水化合物的杂质；将粗磨木木质素溶解于90%的乙酸中，然后注入水使木质素沉淀提纯，将沉淀物再溶解于1,2-二氯乙烷与乙醇(体积比为2∶1)混合溶液中，在乙醚中沉淀、洗涤、干燥便可得到磨木木质素。磨木木质素简称MWL(milled wood lignin)，也称Björkman木质素，是用于木质素结构研究的重要试样，这种方法不足之处是只能得到部分木质素，最大得率仅为木材天然存在木质素的1/4。如在用振动球磨机研磨48h后，用对纤维素、半纤维素具有最强活性的纤维素酶处理，然后分别用96%和50%二氧六环水溶液提取，除去磨木粉中的高聚糖，溶解的木质素量增加，可得到纤维素酶木质素。

磨木木质素和纤维素酶木质素是目前分离方法中得到的最接近天然木质素的制备物，适合作木质素结构研究试样；但由于在分离过程中木质素大分子已部分碎片化，分离的仍是部分木质素，少量化学反应又使木质素中游离酚羟基与α-羰基增加等影响，得到的制备物与原本木质素并不相同。

4.4.2 木质素结构

木质素是非常复杂的天然聚合物，其化学结构与纤维素和蛋白质相比，缺少重复单元间的规律性和有序性。木质素是由其结构单元按连续脱氢聚合作用机理，以若干形式相互无规律地连接成一个三维网状的聚酚化合物，因此不能像纤维素等有规律的天然聚合物一样可用化学式表示。木质素的结构是按元素组成、结构单元及比例、官能团、连接方式等测定结果平均出来的假定分子结构、一种推导得出的物质结构模型。

(1)元素组成

通过利用不同波长的紫外光显微镜研究木材薄片取得的光谱发现，木质素具有典型的芳香族化合物特征，基本结构单元为苯丙烷，苯环上具有甲氧基；由于甲氧基不仅是木质素结构中特征官能团之一，而且比较稳定，因此，以构成苯丙烷结构单元的碳架C_6-C_3作为基本单位来表示元素分析结果时，往往也把甲氧基作为元素组成列出。木质素的元素组成随植物种类、产地及分离方法的不同而异(表4-2)。

表4-2 3种磨木木质素的元素组成

磨木木质素	云杉	山毛榉	桦木
元素组成	$C_9H_{8.82}O_{2.27}(OCH_3)_{0.95}$	$C_9H_{7.10}O_{2.41}(OCH_3)_{1.36}$	$C_9H_{9.05}O_{2.27}(OCH_3)_{1.58}$

(2)结构单元

目前普遍认为木质素是由愈疮木基、紫丁香基和对羟苯基结构单元聚合而成的高聚物，它们的共同特点是都含有苯基丙烷的基本结构(图4-7)。针叶树材木质素中主要含愈疮木基丙烷和少量对羟苯基丙烷结构单元；阔叶树材木质素中主要含紫丁香基丙烷、愈疮木基丙烷和少量的对羟苯基丙烷结构单元；竹材及草类木质素与阔叶树材木质素的结构单元组成相似。

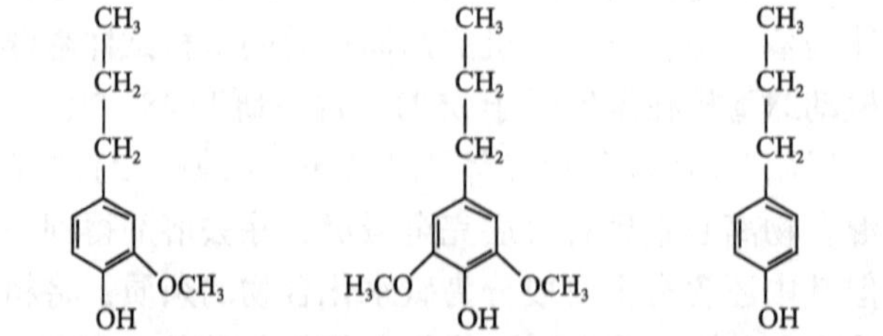

(a)愈疮木基丙烷　(b)紫丁香基丙烷　(c)对羟苯基丙烷

图4-7 木质素的基本结构单元

结构单元间连接方式主要是醚键，占的比例很大，为2/3~3/4，其中β-烷基芳香醚键就占木质素结构单元间连接方式的1/2左右；其次是碳键占1/4~1/3。

(3)官能团

木质素不仅化学结构非常复杂，其结构中的官能团也很复杂；官能团分布不仅与种类有关，还与提取分离方法有关；已经证实木质素分子上的主要官能团有：甲氧基(—OCH_3)、羟基(—OH)、羰基(—C═O)、羧基(—COOH)等基团。

①甲氧基　甲氧基含量因木质素的来源而异，一般针叶树材木质素中甲氧基含量为13.6%~16.0%，阔叶树材木质素中的甲氧基含量为17.0%~22.2%；阔叶树材木质素中甲氧基含量高于针叶树材，主要是因为针叶树材木质素无紫丁香基丙烷，而阔叶树材木质素中既有紫丁香基丙烷，又有愈疮木基丙烷。

②羟基　木质素结构中存在较多的羟基，主要以醇羟基和酚羟基两种形式存在。醇羟基或苯甲醇羟基，存在于木质素结构单元侧链的脂肪族上；而酚羟基存在于木质素结构单元的苯环上，小部分以游离酚羟基形式存在，大部分以醚化的形式与其他木质素结构单元连接。木质素结构中酚羟基是一个十分重要的结构参数，直接影响到木质素的物理性质和化学性质，如木质素的溶解性、醚化、酯化和缩合的程度等。磨木木质素中羟基总数为1.00~1.25/OCH_3，其中酚羟基是0.24~0.34/OCH_3。

③羰基　木质素中的羰基存在于木质素结构单元的侧链上，一共有6种，其中主要为醛基和酮基两种。羰基定量通常采用盐酸羟胺法，与芳香环共轭的羰基，可用紫外光谱法测定。磨木木质素中羰基含量为0.18~0.20/OCH_3。

④羧基　一般认为木质素中不含羧基，但在磨木木质素中含0.01~0.02/OCH_3的羧基。

(4)木质素结构模型

木质素是聚酚类的三维网状天然高分子化合物，不同于蛋白质、多糖及核酸等天然高分子物质，后者因有规则结构而可用化学式表示，但木质素只能用结构模型来表示，且这种结构模型所描述的也只是木质素大分子切出的可代表平均分子的一部分或一种假设结构。

由于木质素的结构非常复杂，近30年来已提出十几种结构模型。随着科学技术的进步，尤其是通过计算机的辅助分析，以及紫外光谱(UV)、红外光谱(IR)和核磁共振(NMR)技术的应用，使所提出的木质素结构模型更趋合理，如Freudenberg提出的云杉木质素结构模型(图4-8)和Nimz提出的水青冈木质素结构模型(图4-9)。

4.4.3 木质素物理化学性质

(1)木质素物理性质

①相对分子质量　木质素属于芳香族化合物，一般认为是具有非结晶性的三维空间结构高聚物，天然木质素(即原本木质素)的分子质量高达几十万，但是分离出来后的分子质量只有几千或几万，这主要与分离方法有关。

②颜色　木质素本来的颜色应该是白色或无色，我们所见到木质素的颜色是在分离、制备过程中造成的，而且随着分离和制备的方法不同呈现出的颜色也不同，一般在浅黄和深褐色之间，如云杉磨木木质素呈浅奶油色。

③密度　木质素在25℃时密度为1.33~1.45g/cm^3。测定时用不同的液体得到的数

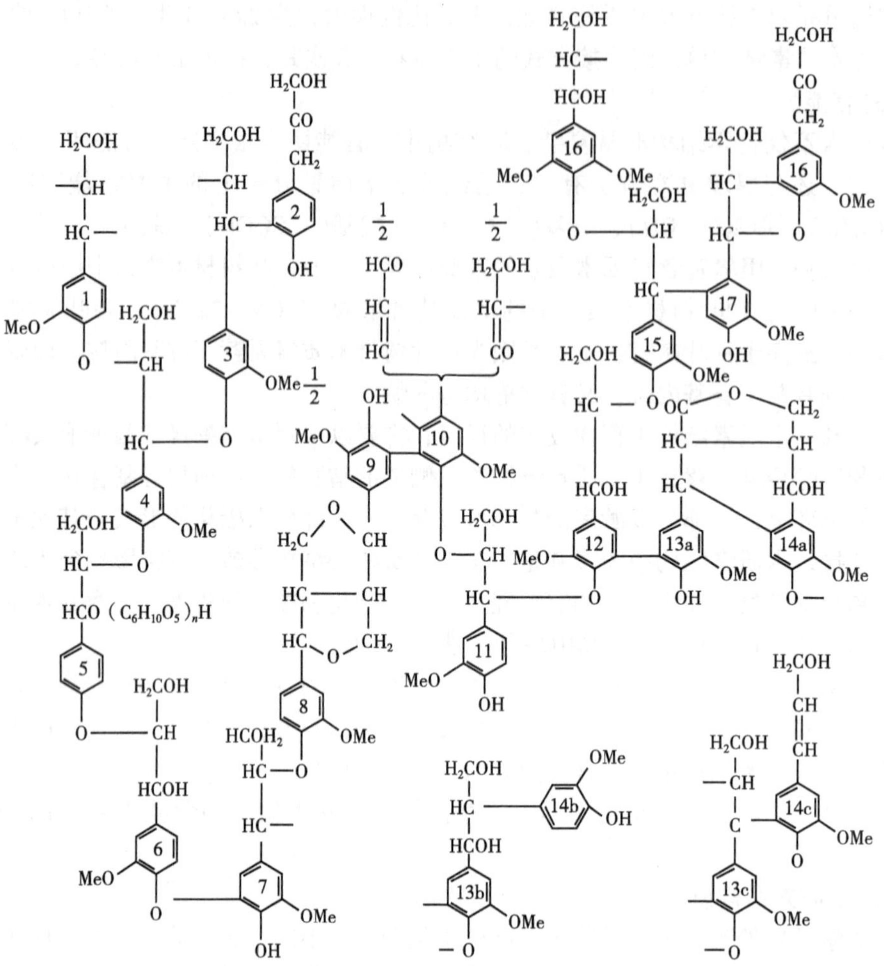

图 4-8 针叶树材(云杉)木质素的结构模型(刘一星等，2012)

据也略有不同，如松木硫酸木质素用水测定时，密度为 1.451g/cm^3，用苯测定时，密度为 1.436g/cm^3；制备方法不同的木质素，密度也不同，如松木乙二醇木质素密度为 1.362g/cm^3，而松木盐酸木质素密度则为 1.348g/cm^3。

④光学性质　云杉铜氨木质素具有高折光系数(1.61)，且有特殊的紫外吸收光谱，说明木质素具芳香族性质。

⑤燃烧热　木质素的燃烧热值一般比较高，如无灰分的云杉盐酸木质素的燃烧热值为 110kJ/g，硫酸木质素燃烧热值为 109.6kJ/g，而碳(木炭)的燃烧热值仅为 32.7kJ/g。

⑥溶解性　天然木质素是一种聚集体、分子质量大，结构中存在许多极性基团，尤其是羟基较多，形成了很强的分子内和分子间的氢键，因此原本木质素基本不溶于任何溶剂。

因分离和制备木质素过程中发生了缩合或降解，包括溶解性在内的许多物理性质发生了改变，从而有可溶性木质素和不溶性木质素之分；但可溶性木质素在特定溶剂中的溶解性能，还取决于木质素的性质，溶剂的溶解性参数、溶剂与氢键的结合能。如由于酚羟基和醇羟基的存在，使木质素能在浓的强碱溶液中溶解；碱木质素可以溶于低浓度碱液、碱性或中性极性溶剂中；木质素磺酸盐可溶于水中形成胶体溶液，这也是植物纤维化学制浆的基本依据之一。

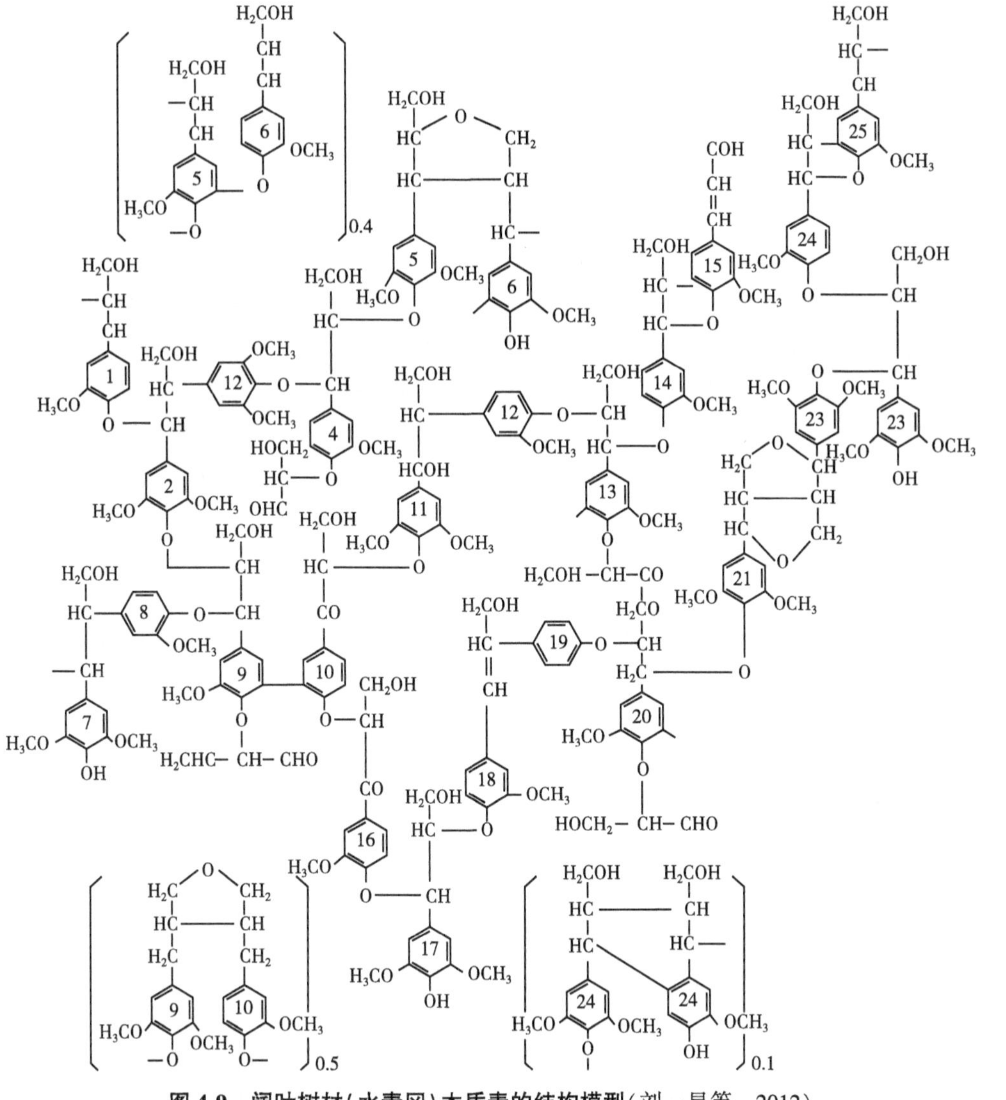

图 4-9　阔叶树材(水青冈)木质素的结构模型(刘一星等，2012)

⑦热塑性　除酸木质素和铜氨木质素外，原本木质素和大多数分离木质素都是一种热塑性高分子物质，无确定的熔点，具有玻璃化转变温度(也称软化温度)。当温度达到玻璃化转变温度时，木质素软化发黏，并且发现当木质素吸收大量水分时(即处于热湿状态时)，其玻璃化转变温度显著降低(表 4-3)。

表 4-3　木材细胞壁主要成分的玻璃化温度

木材成分	玻璃化温度 T_g(℃)	
	干燥状态	湿润状态
木质素	134～235	77～128
半纤维素	167～217	54～142
纤维素	231～253	222～250

(2)木质素化学性质

木质素是由苯基丙烷结构单元通过醚键和碳-碳键连接而成的高分子化合物，分子结构中存在芳香基、羟基(包括酚羟基、醇羟基)、羰基、甲氧基、羧基、共轭双键等活性基团，不同形式的连接和基团的存在，使木质素可以进行氧化、还原、水解、醇解、光解、酰化、磺化、烷基化、卤化、硝化、缩合和接枝共聚等化学反应，但是众多基团的差异性也使木质素的化学反应性比纤维素和半纤维素复杂。

①氧化反应　木质素结构中有很多部位可以氧化分解，分解得到的产物也十分复杂。

a. 一般情况下氧气不能直接氧化木质素结构，但在碱性条件下(如氢氧化钠)，木质素酚型结构的酚羟基解离，放出电子使氧气生成游离基，从而与木质素发生游离基反应，即只能氧化酚型木质素结构生成醌型等结构化合物。

b. 臭氧(超氧，O_3)具有很强的氧化性，能与木质素发生亲电取代反应。

c. 亚氯酸盐、过氧化氢等氧化型漂白剂，之所以能用于木材及纸浆的漂白，是因为这些氧化型漂白剂能与木质素发生氧化反应。在弱酸性介质中，亚氯酸盐(如亚氯酸钠)发生分解反应生成的亚氯酸($HClO_2$)，可破坏木质素等发色基团；同时亚氯酸盐还原的中间产物次氯酸(HClO)又与亚氯酸反应生成二氧化氯(ClO_2)，二氧化氯能与木质素上的酚羟基或醚基发生化合物反应，可选择性地除去木质素中的发色基团。

过氧化氢(H_2O_2)在碱性介质中(pH 值为 10~11 最佳)发生分解反应，生成的过羟根离子(HO_2^-)与木质素的发色基团反应而使其脱色，起到漂白的作用。

②还原反应　木质素的还原反应主要目的有两个：一是通过对还原产物的分离和鉴定，来推断木质素的结构；二是通过控制还原条件，生产苯酚或环己烷等高附加值的化工产品。此外，木质素还可与联氨、半脲和维生素 C 等还原型漂白剂发生反应而脱色；如联氨用于热带木材脱色效果明显，虽然联氨水合物和漂白粉的各种水溶液在室温时漂白能力很有限，但如果加热升温到 80℃，其还原漂白能力将大为增强。

③降解反应　木质素在水中一般不发生水解反应，当温度升高之后，木质素能分解出少量的无机酸，降低了介质的 pH 值，使得木质素发生酸性水解。如将处理过的铁杉用 175℃的水蒸煮 45min，水溶液经过浓缩后得到松柏醛、香草醛等芳香族化合物，正是木质素的水解产物。此外，在高温条件下，植物纤维原料中的木质素还能与氢氧化钠水溶液反应，木质素中的多种醚键受氢氧根离子的作用而发生亲核反应，随之降解，从而可与纤维素分离。

④磺化反应　在化学法纤维制浆过程中，木材在亚硫酸盐和过量的二氧化硫溶液中蒸煮，其工艺大致包括蒸煮药液对木材的渗透阶段、木质素磺化阶段和木质素磺酸盐溶出这三个阶段。在木质素磺化阶段，反应体系中存在多种离子的协同作用，产生磺化和水解两种反应。磺化使亲水性的磺酸基进入木质素高聚物内；而水解则打开醚键，产生新的酚羟基，降低分子量，两者的共同作用是都能增加木质素的亲水性，使木质素从木材中不断溶解出来。

⑤接枝共聚反应　木质素的酚羟基能与环氧烷烃或氯乙醇发生反应，产物具有较高的胶合强度和耐水煮沸性能。木质素与烯类单体在铈盐、过氧化氢-铁、高锰酸钾等催化剂或 γ 射线作用下发生接枝共聚反应，也是木质素重要的化学性质；目前已研究了木质素或木质素磺酸盐与丙烯酰胺、丙烯酸、丙烯腈、苯乙烯、甲基丙烯酸甲酯的接枝共聚反应；其中因丙烯酰胺在烯类单体中活性最大，故对于丙烯酰胺与木质素的反应研究最多。

⑥变色反应　木材能呈现出白色(如杨木、椴木、白桦等)至黑色(如乌木、条纹乌

木等)等多种颜色，同时也会因长时间放置或与一些试剂反应而产生变色，虽然影响木材颜色变化的因素有很多，但木质素却是其中的主要原因之一。

木材表面的光降解引起木材褪色或材色加深等品质的劣化，主要发生于木质素。木质素对不同波长的光的变色反应是不同的，当波长小于385nm的光线照射时，木质素的颜色会变深；而波长为385~480nm时，木质素颜色先变浅后变深；若波长大于480nm时，则木质素颜色变浅。

木质素结构中不但存在苯环、醌类、羰基、羧基、碳-碳双键等基本发色基团，而且还有羟基(包括酚羟基、醇羟基)和甲氧基等助色基团，当这些基团与醇、酮、酚、芳香胺、杂环化合物及一些无机化合物等显色剂发生反应时，容易使木质素变色。如间苯三酚与木质素反应呈紫红色、对二羟基苯与木质素反应呈橙色、苯胺与木质素反应呈黄色、苯酚与木质素反应呈蓝绿色、均苯三酚与木质素反应呈红紫色等；这些变色反应大部分是木质素中松柏醛结构与显色剂反应的结果，因而可以定量出木质素中的松柏醛结构。

木质素重要的变色反应是Mäule反应，可用来鉴别针叶树材和阔叶树材。Mäule反应是将切片用1%高锰酸钾($KMnO_4$)溶液染色1~5min后用蒸馏水清洗3次，然后用3%盐酸(HCl)溶液浸泡1min，再经蒸馏水清洗后用29%氨水封片。由于阔叶树材的紫丁香基结构与$KMnO_4$和HCl作用时，会生成甲基-*O*-儿茶酚，经氨水反应后形成甲基-邻醌结构而显红色或红紫色；而针叶树材木质素中因无紫丁香基结构，经Mäule反应后显黄色或黄褐色，故借此可将针叶树材与阔叶树材加以区分。此外，Wiesner反应也是木质素重要的变色反应，将切片在2%间苯三酚水溶液浸泡5min，再用浓度为6mol/L的盐酸溶液封片；当木质素中存在愈疮木基结构单元和紫丁香基结构单元时，就会将材料染成红色或粉红色。Wiesner反应与Mäule反应一样，还可用来分析木质素的组成、对木质素含量进行半定量测试等。

4.4.4 木质素利用

由于木质素的结构中具有多种官能团，因此木质素的用途非常广泛。

(1)木工胶黏剂

木质素的结构中既含有酚羟基又含有醛基，可以部分替代苯酚参与酚醛树脂的合成；木质素磺酸盐还可以直接用作木工胶黏剂。木质素参与木工胶黏剂合成的方式还有很多，其产品的使用效果也很理想；如制浆造纸厂的黑液就成功地被用来生产木工胶黏剂，用于胶合板、刨花板和纤维板的制造。

(2)合成橡胶

木质素在合成橡胶工业上，既可以作为填充剂使用，又可以替代昂贵的炭黑、作为合成橡胶的补强剂使用。使用木质素的合成橡胶制作的军用鞋，具有穿着舒适、弹性好、轻便、不臭等优点；一般的木质素在经过改性处理后使用，效果会更好。

(3)石油开采

木质素在石油开采工业中的用途很大，主要作为钻井泥浆添加剂、堵水剂和调剖剂、稠油降黏剂和三次采油用表面活性剂；单就我国而言，每年在这方面木质素的使用量就高达2万t。

(4)建材

木质素在建材工业上主要应用于下列方面：

①水泥助磨剂　碱木质素是一种阴离子表面活性剂，与其他非离子表面活性剂混合，在水泥磨机上使用，可以大大提高水泥磨机的产量、节约电能、降低钢球消耗，且不会造成水泥使用中钢筋的锈蚀。

②混凝土减水剂　减水剂可以减少混凝土拌合时水的用量，提高了混凝土的强度，起到早强的效果。

③沥青乳化剂　用木质素乳化后的沥青在使用时不需要加热至170~180℃，也不需要将砂石烘干，从而可以节约燃料、节约沥青、提高工效；此外，木质素作为沥青的乳化剂使用，还可以大大降低乳化沥青的价格。

(5)香料

木质素的结构中含有紫丁香基和愈创木基，因此，木质素也被用来生产香草醛和紫丁香醛，这两种醛都是重要的香料生产原料。

(6)活性炭

木质素也是重要的活性炭生产的原料；特别是在化学法生产活性炭的工艺中，由于木质素能与一些有机物质反应，可以改变活性炭孔内的一些基团。对于某些物质吸附选择性很高的活性炭的制造来说，木质素具有不可替代的作用。

(7)其他用途

除上述应用外，木质素在轻工、农业等方面也有着重要的用途，如用木质素硝化合成植物生长调节剂、土壤改良剂等。

4.5 木材抽提物

木材抽提物是指除组成木材细胞壁结构物质即纤维素、半纤维素和木质素等主要成分以外的，还含有经苯、乙醇、乙醚、丙酮、二氯甲烷等有机溶剂及氢氧化钠等无机溶液、水浸提出来的多种量少的物质总称。抽提物的含量因树种、树龄、树干位置、产地、采伐季节、存放时间等不同而不同，含量少者约为1%，多者高达10%~40%，一般在5%左右。许多木材抽提物是在边材转化心材过程中形成的，主要存在于树脂道、树胶道、薄壁细胞、细胞壁的微毛细管或某些特殊细胞中；它们虽然不是木材细胞壁的组成部分，但对木材的材性、加工及利用均会产生一定影响。

4.5.1 抽提物的种类与化学成分

木材抽提物包含单宁、色素、生物碱、树脂、树胶、精油、脂肪、甾醇、糖、淀粉、蜡等各种类型的天然有机化合物、可溶性无机盐等，归纳起来最常见的是多元酚类，此外还有树脂酸类、萜类、酯类、碳水化合物等。

(1)多元酚类化合物

许多木材中含有多元酚类物质，如属于多元酚衍生物的单宁，其分子质量在3000~5000，广泛存在于树木的叶、果实、树干和根部，一般树皮中含量最高、心材含量高于边材，且多聚集于木射线及其他薄壁细胞中。

单宁分为水解类单宁和凝缩类单宁。水解类单宁大多是多元酚酸与糖类形成的酯，其分子中的酯键容易受稀酸、稀碱、单宁酶甚至温水的作用，又水解分裂成糖类和多元酚酸，如五倍子单宁、漆树单宁和橡椀单宁等。凝缩类单宁是由简单的烷醇类化合物经过分子间脱氢缩合形成的多元酚类聚合物，在酸的作用下，凝缩类单宁进一步缩合而不水解，形成暗红色或棕红色且不溶于水的红色粉末沉淀，如黑荆树单宁、儿茶酚单宁等。一般来说树皮中的单宁多属于水解类单宁；木材中的单宁因树种而异，如栎木和栗木的单宁属于水解类，而坚木和桉树心材中的单宁属于凝缩类。

单宁能杀菌，因此含单宁的木材耐腐性强。单宁遇蛋白质沉淀，可提高酒的醇香程度，所以蒙古栎可用作贮存酒的酒桶；单宁中能与蛋白质发生变性反应的则称为鞣质，能将动物生皮鞣制成革。植物中单宁经过浸提、浓缩和干燥处理后还能得到栲胶，栲胶不仅用于制革工业，还用于锅炉除垢等，如落叶松栲胶(或树皮粉)可代替苯酚制造酚醛树脂胶。

(2)生物碱及黄酮类化合物

生物碱存在于树木体内，是具有重要生理活性的一类天然化学物质。金鸡纳树的生物碱中因含有奎宁，可用于治疗疟疾；黄波罗韧皮的生物碱，可用于治疗白喉、肠胃病等；红豆杉中的紫杉醇属于二萜生物碱，对多种癌症具有明显的疗效。

黄酮类化合物主要存在于树木的花、果、种子、枝叶、树干等处，它不仅属于天然色素物质，还具有多种生理活性，对治疗和预防心血管疾病具有很好的功效。

(3)树脂类化合物

树脂类化合物包括树脂酸、脂肪酸及其酯类、萜类、醇类等复杂的化合物；阔叶树材树脂几乎全部存在于射线薄壁细胞内，而针叶树材树脂主要存在于树脂道内，某些针叶树材也存在于射线薄壁细胞内。

树脂含量因树种不同而异，一般针叶树材树脂含量最高可达到 25%，高于阔叶树材；同一树株，不同部位的树脂含量也有差别，如长叶松边材树脂含量为 2%，心材达 7%~10%，基部心材树脂含量甚至高达 15%。

松木采脂所得的透明黏液为松脂，经过蒸馏得到松香和松节油。松香的主要成分就是树脂酸，与碱进行皂化反应生成松香乳剂，既可用作纤维板生产过程中的一种防水剂，也可用于造纸施胶、使书写墨水不洇。松节油是萜烯类的化合物，主要成分是 α-蒎烯、β-蒎烯和苎烯等；松节油除作为一种优良的有机溶剂，广泛用于油漆、催干剂、胶黏剂等工业外，近年来，松节油更多地用在合成工业，用于减轻肌肉痛、关节痛、神经痛以及缓解扭伤等。

(4)碳水化合物

木材中的碳水化合物，除了不溶于一般中性溶剂的纤维素和半纤维素外，还包括许多木材抽提物里含有的可溶性的糖类、淀粉类和果胶类等。某些阔叶树，如白桦木材中含有多种类型的糖类物质，树液制糖有很高的营养价值，不仅味美，而且对缺少维生素的疾病有良好的医疗作用；糖槭树树液的含糖量一般为 0.5%~7.0%，甚至高达 10%，用糖槭树液熬出的糖浆俗称“枫糖”，除主要成分蔗糖外，还含有葡萄糖和果糖，营养价值很高，可与蜜糖媲美，除供食用外，还可用于食品工业；桃树、李树分泌透明黏液状的树胶，经干燥后成为胶块，可溶于水，其主要成分是聚戊糖(戊聚糖)、聚己糖和糠醛酸化合物。有些针叶树材中还含有阿拉伯糖。

有些阔叶树材的边材中含有淀粉，含量可达 5%；淀粉主要存在于木材的薄壁组织和木射线内，有些树木的髓部也含有淀粉。

有的针叶树材和阔叶树材的抽提物里还含有果胶，主要存在于细胞的胞间层和初生壁内。木材内的果胶物质属于复杂的聚合物，大部分是半乳糖醛酸甲酯和少量半乳糖醛酸通过苷键结合形成线性主链，并以阿拉伯聚糖和半乳糖为侧链附在主链上。

4.5.2 抽提物对木材材性及加工利用的影响

(1)木材颜色

木材颜色产生的原因主要有：一是与木质素有关，二是与抽提物有关。因存在于木材细胞腔或沉积于细胞壁内的抽提物也能使木材呈现一定的颜色，所以不同的木材往往因其所含的抽提物种类不同而具有不同的颜色；心材中的抽提物含量明显高于边材，所以心材的颜色往往比边材深得多。

木材色素是重要的木材抽提物之一，某些树种木材颜色明显，与从中提取出的相应色素有关。如从紫檀的红色心材中可以提取紫檀香色素、从美国鹅掌楸木材里可以提取黄色染料鹅楸黄、从紫葳科某些木材中可以提取黄色柱晶状的拉帕醇、从某些树皮中提取最多的是槲皮素、香橙素、杨梅皮素等黄酮类化合物。某些木材色素本身虽没有颜色，但如果暴露在空气中会因发生氧化反应使木材产生颜色或者变色，如栎属木材、泡桐木材含有单宁物质，在空气中久置后木材表面颜色变深；桑树中的桑色素为无色针晶，暴露在空气中的木材则变为黄色；存在于豆科苏木中的苏木质素和苏木精为无色针状结晶，在碱性条件下氧化而显示红色，利用这种性质，苏木精常用于纤维染色技术中。

此外，富含单宁的木材在加工过程中，与铁接触后会发生铁变色，其颜色从浅灰到蓝黑色，随铁与木材接触情况而变化；与铜或者合金接触后产生微红色。

(2)木材气味和滋味

木材气味的产生原因有：一是与木材中含有某些挥发性气味的抽提物有关，二是木材中的淀粉、糖类等抽提物被寄生的微生物代谢或分解后生成有气味的产物所致。树种不同，木材中所含抽提物的化学成分不同，木材的气味也不同；如檀香木、白香木、香椿具有香味，新伐杨木有香草味，椴木有腻子味等。气味浓厚的木材一般不宜作食品的包装材料用。

木材的滋味不同，是源于木材含有的水溶性抽提物中的某些特殊化学物质不同所致。如板栗和栎木具有涩味，檫木具有辛辣味，苦木、黄连木具有苦味，糖槭有甜味等。

(3)木材渗透性

木材抽提物多存在于木材组织的细胞腔内，但也常常沉积在细胞壁和纹孔口上，因阻碍了木材中液体的有效移动而降低了木材的渗透性。心材抽提物高于边材，故心材的渗透性低于边材；有人研究将木材心材分别经热水、甲醇-丙酮、乙醇-苯及乙醚等溶剂抽提后，其渗透性可增加3~13倍。

(4)木材密度及其他物理性质

①密度　树种不同，木材抽提物如单宁、树脂、树胶、糖类、淀粉及硅酸盐等含量也不同，因而会对木材的密度产生不同的影响。

②导电性　由于心材比边材含有更多的抽提物、更多水溶性电解质，所以心材比边

材电阻率低。

此外，抽提物的种类及含量对木材的吸湿性、尺寸稳定性及燃烧性也有着一定的影响。

(5)木材力学性质

抽提物对木材力学性质有何影响，目前还尚无定论。有人通过对美国红杉、北美香柏和刺槐木材研究发现，木材的抗弯强度、顺纹抗压强度和冲击韧性随着木材抽提物含量的增加而增加；同时也有人认为，北美红杉木材的抗弯强度与抽提物的含量无关，而抗弯弹性模量则随抽提物含量增加而减少。此外还有研究报道，含树脂和树胶较多的热带木材，其耐磨性较高；木材抽提物含量对顺纹抗压强度影响最大，其次是抗弯强度，而对冲击韧性影响最小。

(6)木材毒性

有些木材抽提物中含有毒性的化学成分，如松木心材抽提物中含有3,5-二羟基苯乙烯、柏木类木材中含有章酚酮，均具有较强的毒性。含有毒性抽提物的木材，可能会引发木材加工人员患有某些疾病，所以在加工这些木材时应考虑采取适当的防护措施；当然，含有毒性成分的木材是不宜用来制造室内家具和用作食品包装材料的。

(7)木材胶合性

由于大量抽提物直接沉积并污染了木材表面，有的抽提物被氧化后因增加了木材表面酸性而促使表面木材降解，憎水性的抽提物或心材中的大量树脂、树胶、三萜类和甾醇类在干燥后使木材表面具有疏水性，从而降低了木材的胶合质量；同时，抽提物还可改变胶黏剂的特性、胶液的流动性及其在木材表面的铺展，妨碍和延长界面间胶层的固化。

一般认为，抽提物对碱性胶黏剂固化及胶合强度的影响并不十分敏感；而对酸性胶黏剂，抽提物可能会抑制或加速胶黏剂的固化速度，这要取决于缓冲容量和树脂反应的pH值，如柚木和红栎的水溶性抽提物会延迟脲醛树脂和脲醛-三聚氰胺树脂的胶凝时间。

(8)木材涂饰性

木材抽提物对木制品油漆也有一定的影响。如硬松类含有树脂较多的木材，当涂刷含锌的油漆时，木材中的树脂酸能与氧化锌作用，从而导致漆膜早期变坏；桦木抽提物中含有的酚类化合物、水青冈木材抽提物中含有的类木质素化合物、龙脑香木材抽提物中含有的棓酸和单宁类化合物，它们对油漆的聚合反应都具有阻碍作用；木材表面油分和单宁含量高时，会妨碍亚麻仁油的油漆固化；当木材含水率增高时，木材内部的抽提物向表面迁移，使漆膜发生变色。

(9)木材加工性质

抽提物中多酚类含量高的木材，在加工过程中，因木材中多酚类化合物使铁离子从酸-金属平衡体系中不断移出，对锯片产生了腐蚀作用，故切削刀具的磨损严重；还有些木材的细胞腔内因含有结晶二氧化硅，而容易引起木材切削刀具变钝。

(10)建筑材料

木材抽提物对水泥刨花板、石膏纤维板生产工艺影响最大；如兴安落叶松心材含有的阿拉伯半乳聚糖高达8.73%、边材含有5.75%，由于还原糖的阻聚作用，使水泥的凝固时间延迟或不易凝固，影响了水泥制品的质量。

4.6 木材酸碱性

木材具有天然的酸碱性，研究表明，世界上绝大多数木材呈弱酸性，仅有极少数木材呈碱性；这是由于木材中含有树脂酸、脂肪酸和低分子有机酸等酸性抽提物，以及半纤维素的糖醛酸和乙酰基、木质素具有的弱酸性基、纤维素含有的羟基的缘故。木材酸碱性质是木材重要化学性质之一，与木材的胶合性能、变色、着色、涂饰性能及对金属的腐蚀性等加工工艺密切相关。常用于测定木材酸碱性的指标有 pH 值和酸碱缓冲容量。

4.6.1 木材 pH 值

(1)木材酸碱性的产生

木材之所以能呈现一定的酸碱性，主要是通过以下方式实现的：

①木材抽提物中本身含有的树脂酸、脂肪酸和低分子有机酸(如甲酸、丙酸和丁酸等)等酸性物质；

②木材的主要成分上含有一些酸性基团，如半纤维素的糖醛酸、木质素具有的弱酸性基降解后产生酸性物质；

③半纤维素的乙酰基与纤维素、半纤维素含有的羟基相连形成乙酸酯，乙酸酯水解释放出乙酸；

④木材中一般还含有 0.2%~4.0%矿物质，其中硫酸盐占 1.0%~10.0%、氯化物占 0.1%~5.0%，它们电离、水解后也可使木材的酸性提高。

(2)木材 pH 值

化学上一般用 H^+浓度表示溶液的酸碱性，为方便起见常用 H^+浓度的负对数即 pH 值来表示；pH 值<7 的溶液为酸性，pH 值=7 的为中性，pH 值>7 的为碱性。木材的酸碱性通常以木粉的水抽提物的 pH 值表示，研究表明世界上绝大多数木材的 pH 值介于 4.0~6.0 之间(约占 96.0%~97.8%)，pH 值大于 7.0 的木材很少(仅约占 2.2%~4.0%)；因此有人根据木材的酸碱性质建议，将木材 pH 值小于 6.5 的木材称为酸性木材，而把 pH 值大于 6.5 的木材称为碱性木材，事实上只有极少数木材或心材属于碱性木材。

木材的 pH 值可以定性地反映木材的酸性或碱性程度，而木材的总酸含量则可定量地表示木材的总酸度(或总碱度)及木材与碱或酸的反应能力。酸含量表示了溶液中游离氢离子(即已电离氢离子)与未电离氢离子浓度的总和，而 pH 值则仅与溶液中游离氢离子浓度有关。

(3)木材 pH 值测试方法

根据我国国家标准《木材 pH 值测定方法》(GB/T 6043—2009)的规定，将试样破碎后置于通风良好、无酸、无碱气体的室内气干，均匀混合后取约 200g，用植物原料粉碎机粉碎，过筛成 40~60 目木粉(粒径 0.30~0.45mm)试样，置于广口瓶中备用；称取试样 3g(精确至 0.01g)置于 50ml 烧杯内，加入新煮沸并冷却至室温的蒸馏水 30ml 后搅拌 5min、静置 15min，再搅拌 5min、静置 5min 测定 pH 值，精确至 0.02。每一试样平行测定两次，误差不得超过 0.05，取其算术平均值作为结果，准确到小数点后第二位。

(4)木材 pH 值的影响因素

木材的 pH 值随树种、分布、立地条件、采伐季节、贮存时间、树干部位、生长速度、木材含水率、测试条件和测试方法等因素的变化而有差异；因此，在表示木材的 pH 值时，应当尽可能地注明各种条件。

①分布　同一种树木，由于分布的地域不同，其 pH 值也存在差异；如根据 Ruben Guevara M. 等人的研究发现，分别生长在洪都拉斯塔兰加州和锡加特皮桂州的尼加拉瓜油松，两地心材 pH 值相差达 10.0%。

②立地条件　树木生长在不同立地条件下，土壤等条件对其木材的 pH 值也有不同影响；如往西弦次等人研究指出，生长在酸性较强的土壤中的树木，其木材的 pH 值较低即酸性较强；另外，汪佑宏等人在研究淹水程度对滩地枫杨木材化学性质影响时发现，木材的 pH 值随淹水时间延长而降低(缓冲容量随淹水时间延长而增大)。

③采伐季节　春季采伐的木材 pH 值较高，秋季采伐的木材 pH 值则较低，采伐后随水分降低而略平衡。

④贮存时间　新采伐的木材在潮湿和温度较高的环境中贮存时，木材 pH 值一般会随着贮存时间的延长而降低，即酸性增强；如桦木在 48℃ 的潮湿环境下，随贮存时间由当天逐渐增加至 7d、14d、36d、103d 和 126d，其 pH 值依次由 4.60 降低至 4.40、4.12、3.85、3.48 和 3.32。

⑤树干部位　针叶树材树干上部比下部的 pH 值略高；心边材也有差别，如柳杉、赤松、大青杨、春榆、大叶榆等的边材的 pH 值比心材低，而山毛榉、扁柏边材的 pH 值比心材稍高等。

⑥生长速度　树木的生长速度对木材的 pH 值也有影响，一般生长缓慢的树木其木材抽提物含量高，酸性强、pH 值较低；而生长较快的树木，其木材的 pH 值则较高。

⑦木材含水率　木材的含水率降低，其 pH 值也随之降低；当木材由纤维饱和点含水率降至 10%时，pH 值降低 1 左右，尤其是木材含水率在 10%以内时，pH 值的降幅更为明显。原因是在木材干燥过程中，木材内抽提物及组分发生水解等降解，木材中不挥发的酸性物质浓度增加，故木材的 pH 值降低。

4.6.2　木材的酸碱缓冲容量

化学上，在一些弱酸及其弱酸盐、或弱碱及其弱碱盐组成的混合溶液中，加入一定量的酸或碱时，溶液的 pH 值变化很小，即溶液在一定程度上对外来的酸或碱具有缓冲能力，这种溶液称为缓冲溶液(如乙酸和乙酸钠溶液、氢氧化铵和氯化铵溶液等)。

(1)木材缓冲容量

木材的缓冲容量就是指木材的水抽提液所具有的对外来酸或碱的作用的缓冲能力；这种能力的大小可以表征树木在生长期间，或木材及木制品在长期贮存、加工或使用时木材对外界酸或碱的平衡或抵制能力。而木材之所以具有缓冲容量，是因为木材中含有微量碱金属或碱土金属离子，能与其内的有机酸反应生成相应的金属盐类，在一定程度上对外来的酸和碱具有缓冲能力。

(2)木材缓冲容量测定方法

根据我国国家标准《木材缓冲容量测定方法》(GB/T 17660—1999)的规定，将试样劈成火柴棒大小后置于通风良好、无酸、无碱气体的室内气干，均匀混合后按四分法取约 500g，用植物原料粉碎机粉碎，过筛成 40~60 目木粉试样，置于磨砂玻塞的广口瓶中备用；准确移取绝干木粉 25.00g 置于 500mL 的圆底烧瓶内，加入新煮沸并冷却至室温的蒸馏水 250mL，以煮沸回流方式抽提 20min、过滤，待滤液冷却至室温后，用移液管各取 50mL 抽提液注入 2 只 80ml 的烧杯内，然后分别用 0.0125mol/L 硫酸溶液和 0.025mol/L 氢氧化钠溶液在不断搅拌条件下滴定，以测定其 pH 变化值，每加入 0.5mL 酸或碱溶液记录一次，直至抽提液的 pH 值分别达到 3 和 11，精确至 0.02。

分别取 50ml 回流抽提液由起始 pH 值降低至 3 所用 0.0125mol/L 硫酸的毫升数为试样对酸的缓冲容量，由起始 pH 值提高至 11 所需的 0.025mol/L 氢氧化钠的毫升数为试样对碱的缓冲容量，两值之和为该木材的(总)缓冲容量。

每一个试样平行测定 2 次，测得的 pH 值不得超过 0.08~0.12，取算术平均值为测定结果，准确至 0.02。

复习思考题

1. 木材的主要成分和次要成分有哪些？
2. 什么是综纤维素、α-纤维素、β-纤维素和 γ-纤维素？
3. 纤维素、半纤维素和木质素在木材细胞壁内分布有何特点？
4. 纤维素的组成单体是什么？试述纤维素分子结构的特点。
5. 什么是纤维素结晶区和非结晶区？试述纤维素的物理性质。
6. 纤维素可以发生哪些化学反应？它们在纤维素利用上具有什么作用？
7. 比较纤维素和半纤维素结构上的异同，说明半纤维素结构和性质的特点。
8. 半纤维素有哪些用途？
9. 木质素的结构单元有哪些？木质素结构具有哪些特点？
10. 简述木质素与木材物理性质关系。
11. 木质素能发生哪些化学反应？
12. 木质素的主要用途有哪些？
13. 木材抽提物定义是什么？主要有哪些种类？对木材性质有什么影响？
14. 木材主要成分对木材加工有什么影响？
15. 木材抽提物对木材加工有什么影响？

第 5 章 木材物理性质

5.1 木材和水分

树木生长的所有生命活动及其全部有机组成，都与水分有着密不可分的关系。树木生长时，其根部通过叶片蒸腾作用产生的拉力从土壤中吸收含有矿物营养物质的水分，再由树干的木质部向上运输到树木的各个器官；同时，叶片把从空气中吸收的二氧化碳与从土壤中吸收的水分通过光合作用合成有机养料，再由韧皮部向下输送至树木的各个部位。这种履行"上传下达"输导作用的物质称为树液，其中除矿物质和有机成分外，绝大部分都是水分。可见，水分既是树木进行正常生命活动必不可少的物质，也是树木输送矿物质及有机营养物质的载体，它在树木生长时期发挥着极为重要的作用。

木材是树木有机体的组成部分，树木伐倒后，作为原材料的木材，其所含水分对运输、保存、加工、利用及改性处理等，都是一种潜在的不利因子(水溶性盐类改性剂依靠湿材内部扩散作用达到向内渗透目的除外)；如果处理不当，便会大大降低木材乃至木制品的使用价值。同时，木材众多物理、力学性质又与木材内所含水分多少息息相关；因此，人们很早就重视并关注木材与水分之间关系的研究。

5.1.1 木材中水分存在的状态

木材中的水分，按其与木材结合形式和存在位置，可以分为自由水(大毛细管水)、吸着水(结合水)和化学水(化合水)。

(1) 自由水

自由水存在于木材的细胞腔、纹孔腔、细胞间隙等大毛细管中，包括液态水和水蒸气两部分，与木材间主要依靠分子间作用力及毛细管张力(对于大毛细管而言，毛细管张力很小以至无束缚力)，结合并不紧密，性质与液态水的性质接近；因此，自由水很容易从木材中向空气中逸出或被木材从液态水中吸入。

木材中自由水的最大量与木材密度成反比、与木材孔隙度成正比，远高于吸着水和化学水的总量；同时，自由水含量的多少，还与木材中大毛细管系统实际容纳和输导水分能力有关，如纹孔的多少及大小、纹孔塞的有无及是否闭塞，导管等细胞腔内是否被侵填体、树胶或其他内含物所堵塞等。可见密度和孔隙度相同的木材，其自由水的最大量并不一定相同。不同树种或同一树种不同部位的木材，自由水最大量一般为 60%～250%，变化很大。

(2)吸着水

吸着水存在于细胞壁中，由吸附水和微毛细管水两部分组成。吸附水是指被吸附在微晶表面和无定形区域(包括纤维素非结晶区、半纤维素和木质素)内游离羟基(—OH)上形成氢键结合的水分。在纤维素的结晶区中，相邻的纤维素分子上的羟基相互形成氢键或化学交联结合，水分不能进入纤维素的结晶区，因此吸附水数量取决于木材内晶体表面积大小和游离羟基的多少。实验证明，不同树种木材内晶体表面积和游离羟基数量变化不大，因而不同树种的吸附水含量基本相同，平均约为24%。

微毛细管水是指存在于细胞壁的微纤丝、纤丝、粗纤丝之间所构成的微毛细管系统内，依靠液体水的表面张力与木材呈物理机械结合，含量约为6%。一般毛细管半径越小，水分在毛细管内的表面张力越大，使得毛细管对水分的束缚力也越大。

由于吸附水与木材化学成分的结合是物理化学的结合、结合牢固，而微毛细管中水的饱和蒸汽压比周围空气中水的饱和蒸汽压低，因而吸着水一般难以从木材中排尽。木材中吸着水含量在不同树种间差异较小，对于不同树种来说，因测量方法的不同，一般在23%~33%，平均约为30%。

(3)化学水

化学水是木材的组成成分之一，存在于木材化学成分中并与之呈牢固的化学结合，含量极少、相对稳定，一般温度下的热处理很难将化学水除去。此种水分只在对木材进行化学加工时(如木材干馏)才起作用，可以忽略不计。

5.1.2 木材含水率及测定方法

(1)木材含水率

木材或木制品的干与湿主要取决于其水分含量的多少，通常用含水率来表示。木材中水分的质量与木材本身质量的百分比，称为木材含水率，分为绝对含水率和相对含水率两种。在木材工业、生产及科学研究中，一般采用绝对含水率(简称含水率，本书中所提木材含水率，除明确说明外，均是指绝对含水率)，即水分质量占木材绝干质量的百分率。相对含水率在造纸、纸浆、湿法纤维板工业及计算木材燃料水分含量时作为参考，是水分质量占含水试样的质量的百分率。绝对含水率、相对含水率的计算及二者换算公式如下：

$$W=\frac{m-m_0}{m_0}\times 100 \tag{5-1}$$

$$W=\frac{m-m_0}{m}\times 100 \tag{5-2}$$

$$W=\frac{100W'}{100-W'} \quad 或 \quad W'=\frac{100W}{100+W} \tag{5-3}$$

式中：W、W'——试样的绝对含水率和相对含水率(%)；

m——含水试样的质量(g)；

m_0——试样的绝干质量(g)。

(2)木材干湿程度分级

木材可按干湿程度分为6级：

①湿材　长期放在水中浸泡，含水率大于生材的木材。

②生材　树木新伐倒的木材，生材含水率因树种、采伐季节、树龄、树干部位等不

同而存在差异，一般生材含水率多在 50%以上。

③半干材　含水率小于生材、大于气干材的木材。

④气干材　湿材或生材放置于大气中，水分逐渐蒸发至与大气湿度平衡时的木材；这种木材的含水率因各地的干湿情况不同，一般在 8%~20%。

⑤室干材(窑干材)　经过干燥窑人工干燥处理后，含水率一般在 7%~15%的木材。

⑥绝干材　指将木材放在(103±2)℃的温度下干燥，几乎可以排出木材的全部水分，使木材含水率等于 0 时的木材。

(3)木材含水率测定方法

①烘干法　又称干燥法、质量法、称量法、绝干称重法。首先将待测木材加工成 20mm×20mm×20mm 大小的试样，在测定含水试样的质量(m)后，将试样放置在烘箱中，在(103±2)℃的温度下烘 8h；然后从中选择 2~3 个试样进行第一次试称，以后每隔 2h 称量所选试样一次，直至最后两次称量之差不超过试样质量的 0.5%，即认为试样达到绝干，再测定试样的绝干质量(m_0)；最后根据含水率的计算公式，算出木材含水率。

此法的优点是结果准确、简便易行、可以测定木材任一部位的含水率，是公认的、最常用的方法，已列入国家标准《木材含水率测定方法》(GB/T 1931—2009)。其缺点是要破坏性地从整块木材上截取试样，且对于含水率较高的湿材测定所需时间较长；此外，对于一些含有如松脂等挥发性成分的木材，此法所测的含水率偏高。

②蒸馏法　如果试样中含有树脂等挥发性成分，或经过含油试剂浸渍处理后的木材，由烘干法得到的木材含水率比实际值偏高；对于这样的试样，应采用蒸馏法。

将木材加工成厚度为 2~3mm 小试块并称其质量(m_W)，装入蒸馏装置(图 5-1)的圆锥烧瓶中，再将一种与水不混溶、能溶解试样中挥发性成分的溶剂(如甲苯、二甲苯或三氯乙烯等)注入其中，以淹没试样并不超过圆锥烧瓶容量的 3/4 为准；通过分离器将圆锥烧瓶与冷凝器连接起来。用间接加热法(如水浴或油浴)加热盛有试样和溶剂的圆锥烧瓶，当加热温度达到沸点后，试样中的水分和可蒸发的溶剂一同进入冷凝器内的冷凝管中，经冷却流入分离器。由于水的比重比溶剂大而下沉，溶剂浮在水上面，多余的溶剂则沿着侧管返回圆锥烧瓶中，这样就可以由分离器的刻度读数求得水分的质量 m_q(水的密度为 1g/cm^3)。

含水率按下式计算：

$$W=\frac{m_q}{m_W-m_q}\times 100 \tag{5-4}$$

式中：W——试样的含水率(%)；

m_W——试验时试样的质量(g)；

m_q——水分的质量(g)。

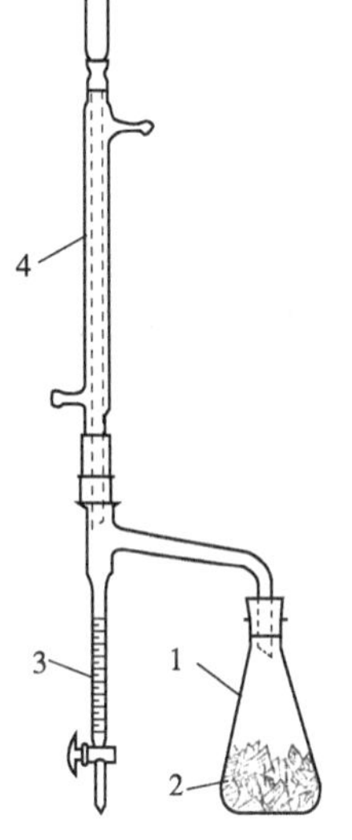

图 5-1　蒸馏法测定木材含水率

1. 圆锥烧瓶；2. 木材试样；3. 分离器；4. 冷凝器

③导电法　以上介绍的都是直接测定法，其共同的缺点是破坏试样、操作时间长。而导电法(仪表法)，是在不破坏试样的前提下，利用木材电阻率、介电常数等电学性质与木材含水率之间的关系设计出来的一种含水率测定仪。

目前木材含水率测定仪主要有两种，一种是直流电阻式，另一种是交流介电式。其中直流电阻式水分仪(直流电导式水分仪、直流电表含水率测湿仪)最常用，其工作原理是利用木材的电阻与含水率之间的定量关系，将电阻值转换为含水率值(图 5-2)。直流电阻式水分仪测定的含水率一般为7%~30%，在纤维饱和点(FSP，图 5-2)以上的含水率范围内，电阻随着含水率的变化很小，仪器的灵敏性下降；当含水率太低时，木材的电阻因太大而超出普通商用电阻式水分仪的测量范围。

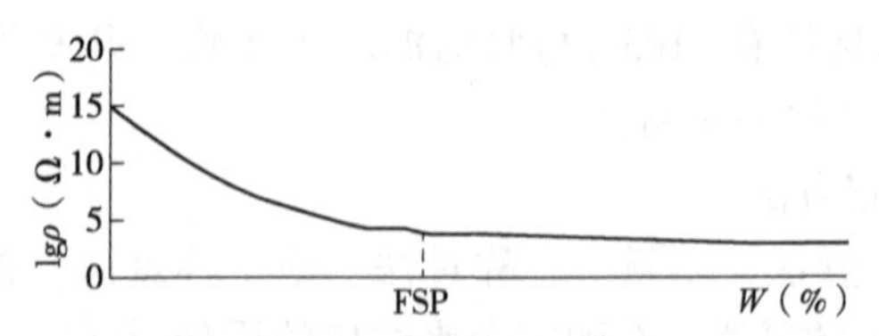

图 5-2 直流电阻率 ρ 的对数与木材含水率之间的关系

交流介电式水分仪，其工作原理是利用测得一定频率下木材的介电常数(电容式水分仪)或损耗角正切(能耗式水分仪)与含水率之间的关系，得到含水率值，前者只根据介电常数来确定含水率，而后者则通过介电常数和损耗角正切两者来确定含水率。交流介电式水分仪测定的含水率范围一般为绝干至纤维饱和点含水率范围，但由于制造上的困难，实际测量的含水率范围是有限的。

由于木材的电阻会因温度、树种和密度的不同而存在差异，为了提高精度，有时需要对测得的含水率进行温度、树种和密度修正。生产上，木材及其制品的含水率多在7%~23%，导电法能较准确地测出其含水率值。

除了以上介绍的烘干法、蒸馏法和导电法外，还可以采用射线吸收法、吸着等温线法等方法来测定木材的含水率，这里不再一一介绍。

5.1.3 木材纤维饱和点

(1)纤维饱和点

当把湿材、生材等湿木材放在干燥环境中，由于木材内水蒸气压力大于大气的水蒸气压力，水分就会由木材内向大气中蒸发，首先蒸发的是细胞腔中的自由水。当木材内自由水蒸发殆尽而吸着水仍处于饱和状态时，此时的状态称为纤维饱和点(FSP)或吸湿极限(图 5-3)，此时的含水率称纤维饱和点含水率。

纤维饱和点是木材的一种特定含水状态；纤维饱和点含水率值虽因树种、温度，以及测定方法的不同而存在差异，约为 23%~33%，但考虑到吸着水的量基本保持不变，

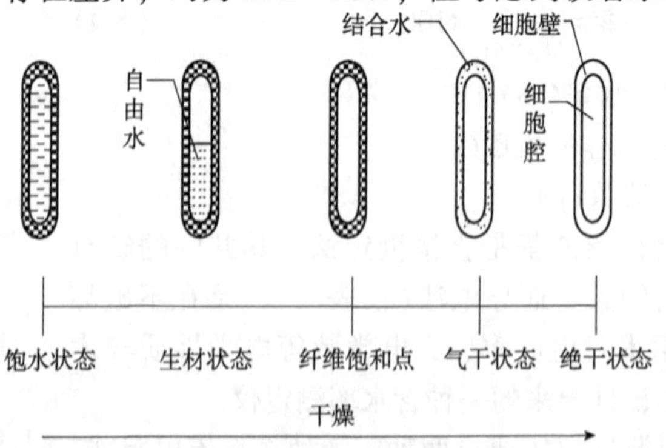

图 5-3 木材中水分的存在状态和存在位置

故通常以30%作为各个树种纤维饱和点含水率的平均值。

(2)纤维饱和点的意义

纤维饱和点是一个临界状态、是木材材性变化的转折点，虽然自由水的量对木材的物理力学性质(除湿材和生材的质量、密度外)影响不大，但吸着水含量的多少却对木材的各项物理力学性质都有极大的影响(图5-4)。

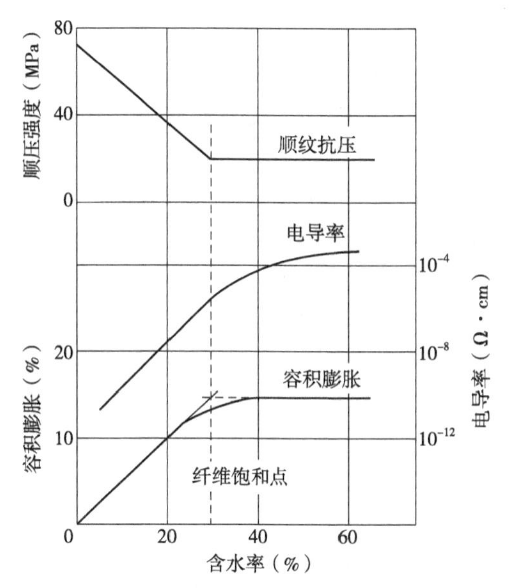

图5-4 木材纤维饱和点与材性的关系(徐有明，2006)

就大多数木材力学性质而言，当含水率在纤维饱和点以上时，其强度不会因含水率的增减而产生明显变化；而当木材含水率降至纤维饱和点以下时，其强度与含水率呈一定的反比关系(只是对木材韧性、抗劈力影响不太显著)。

木材的含水率在纤维饱和点以上时，无论含水率增减，除湿材和生材的质量、密度有所不同外(导电性变化可忽略不计、视为常数)，木材不会产生干缩湿胀现象，体积不变、外形保持最大尺寸。当木材的含水率在纤维饱和点以下时，随着含水率的增减，木材会发生干缩湿胀现象，含水率降低越大，干缩率也越大，直至绝干时干缩至最小尺寸；同时，木材的电导率增减将达几百万倍。

(3)纤维饱和点含水率的计算及修正

基于木材纤维饱和点含水率对木材材性的影响，可以将木材顺纹抗压强度试样、导电性试样及干缩性试样分别调至不同含水率(包括纤维饱和点以上和以下)，先分别测量其顺纹抗压强度、导电率及干缩率，然后再测其对应含水率，分别利用其与对应含水率间关系绘制曲线图，求出纤维饱和点含水率(图5-4)。

纤维饱和点含水率随着温度的升高而变小。对不同温度的纤维饱和点含水率进行修正时发现，在20～100℃时，温度每增加1℃，纤维饱和点含水率在此基础上减少0.1%，为了便于计算，对大多数生长在温带树种而言，一般取平均值30%作为木材的纤维饱和点含水率，并提出在不同温度下的木材纤维饱和点含水率修正值的计算公式：

$$FSP_W = 30 - 0.1(T - 20.15) \qquad (5\text{-}5)$$

式中：FSP_W——不同温度下木材纤维饱和点含水率(%)；

T——木材的温度(℃)。

例如，在被水蒸气所饱和的空气中，温度为20℃时，纤维饱和点含水率为30%，60℃时降到26%，100℃时降到22%，这说明温度越高，木材从饱和空气中吸湿的能力越低。

随着木材内部温度进一步升高至超过100℃时，木材内部的液态水大量气化产生高压水蒸气，使其内部压力急剧增大，导致木材从饱和空气中吸湿的能力也急剧下降。当木材内温度略高于100℃时，对纤维饱和点含水率影响不大，可以忽略；但当木材内温度进一步升高至120℃时，纤维饱和点含水率已降到18%。

5.1.4 木材吸湿性

(1)木材吸湿性

木材的吸湿性是指木材从空气中吸收水分或向空气中蒸发水分的性质。木材中水分含量的多少与周围空气的相对湿度和温度有很高的相关性：当空气中水蒸气压力大于木材表面水蒸气压力时，木材就会从空气中吸收水分，称为吸湿；若空气中水蒸气压力小于木材表面水蒸气压力时，木材中水分就会向空气中蒸发，称为解吸。这里所讨论的水分吸湿和解吸现象，都是在纤维饱和点以下的范围进行的。

(2)木材吸湿机理

木材具吸湿性的原因有以下两点：

①组成木材的细胞壁物质——纤维素、半纤维素等化学成分结构中存在许多自由羟基(—OH)，在一定温、湿条件下具有很强的吸湿能力。在微晶表面和无定形区域内游离的羟基，可以借助氢键和分子间作用力将空气中的水蒸气分子吸附于其上，生成多分子层，从而形成一部分吸着水。水层厚度随空气相对湿度变化而改变，当水层厚度小于它相适应的厚度时，则由空气中吸附水蒸气分子、增加水层厚度，空气相对湿度越高，所吸附的水层厚度也越厚；如水层厚度大于它相适应的厚度时，则向空气中蒸发水分、水层变薄，直到达到它所适应的厚度为止(图 5-5)。

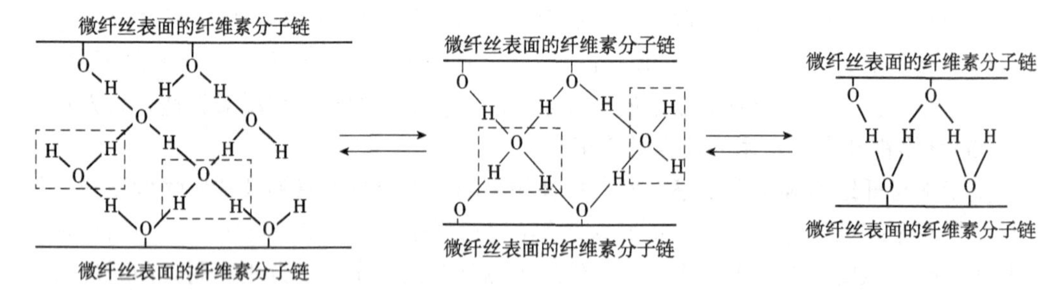

图 5-5 木材细胞壁上微纤丝表面纤维素分子链间距离与水分子变化关系

②因木材是个毛细管多孔体，内部存在大毛细管系统和微毛细管系统，这些毛细管系统具有很高的孔隙率和巨大的内表面；胞壁微毛细管内水表面上的饱和蒸汽分压小于周围空气中的饱和水蒸气分压，所以木材有强烈的吸附性和毛细管凝结现象。干的木材在微晶表面吸附水蒸气时，先在最细小的微毛细管中形成凹形弯月面，产生毛细管凝结现象而形成毛细管凝结水。发生毛细管凝结现象的微毛细管半径与一定空气相对湿度相适应：空气湿度越低，则发生水蒸气凝结的毛细管半径也越小；换而言之，即木材中饱和水蒸气分压小于空气中的水蒸气压力，开始在直径较小的微毛细管中发生水蒸气凝结，随着空气相对湿度的增大，在较大直径的微毛细管中也会发生水蒸气凝结，直至空气相对湿度为 100%，全部微毛细管中充满毛细管凝结水，即达到纤维饱和点。当木材中饱和水蒸气分压大于空气中的水蒸气分压时，则水分从木材中向空气中蒸发。

(3)木材平衡含水率

①木材平衡含水率(EMC)　由于木材具有吸湿和解吸的特性，当外界的温度、湿度条件发生变化时，木材能相应地从外界吸收水分或向外界释放水分，在木材吸湿和解吸速度达到平衡时的含水率，称为该温湿度条件下的木材平衡含水率。

木材的吸湿和解吸过程是可逆的、同时进行的，过程中既有水蒸气分子碰撞木材界面而被吸取——吸湿，同时也有一部分水蒸气分子脱离木材向空气中散发——解吸，但二者的速度可能相等也可能不等，如绝干材在吸湿过程开始时，单位时间内木材从空气中吸收的水蒸气分子数远远大于由木材表面向空气中散发的水蒸气分子数；而湿材、生材等湿木材在解吸过程开始时，单位时间内木材从空气中吸收的水蒸气分子数远远少于由木材表面向空气中散发的水蒸气分子数。但木材在吸湿或解吸过程的初始阶段都进行得十分强烈，此后便渐渐缓慢下来，直到达到动态平衡（图5-6）。此后，这两个过程仍以相等的速度继续进行，直至空气条件发生改变为止。

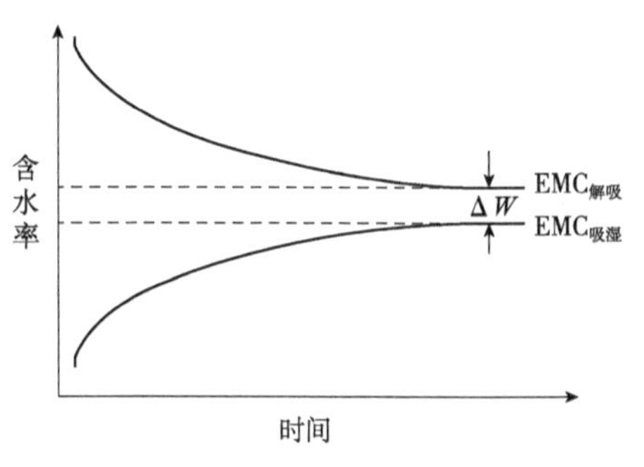

图5-6 木材吸湿和解吸过程曲线

②影响因素 影响木材平衡含水率的因素主要有温度、湿度，此外树种也有影响。当温度一定而相对湿度不同时，木材的平衡含水率随着空气的湿度的升高而增大；当相对湿度一定而温度不同时，木材的平衡含水率则随着温度升高而减小。这主要是因为温度的升高，水分子的动能增加，分子间相互作用力减弱，从而脱离木材界面向空气中蒸发的水分子增多。

因此，木材的平衡含水率可看作是空气温度和湿度的函数。平衡含水率的大小主要因空气的温度、湿度变化而变化，尤其是湿度对其影响更大；如相对湿度每升高1%，木材的吸湿率便增加0.121%，而温度每降低1℃时，木材的吸湿率仅仅增加0.071%。因此，根据木材平衡含水率与温度、湿度的关系，可绘制出木材平衡含水率图（图5-7），由此可以查出任一温度、湿度条件下的木材的平衡含水率值。

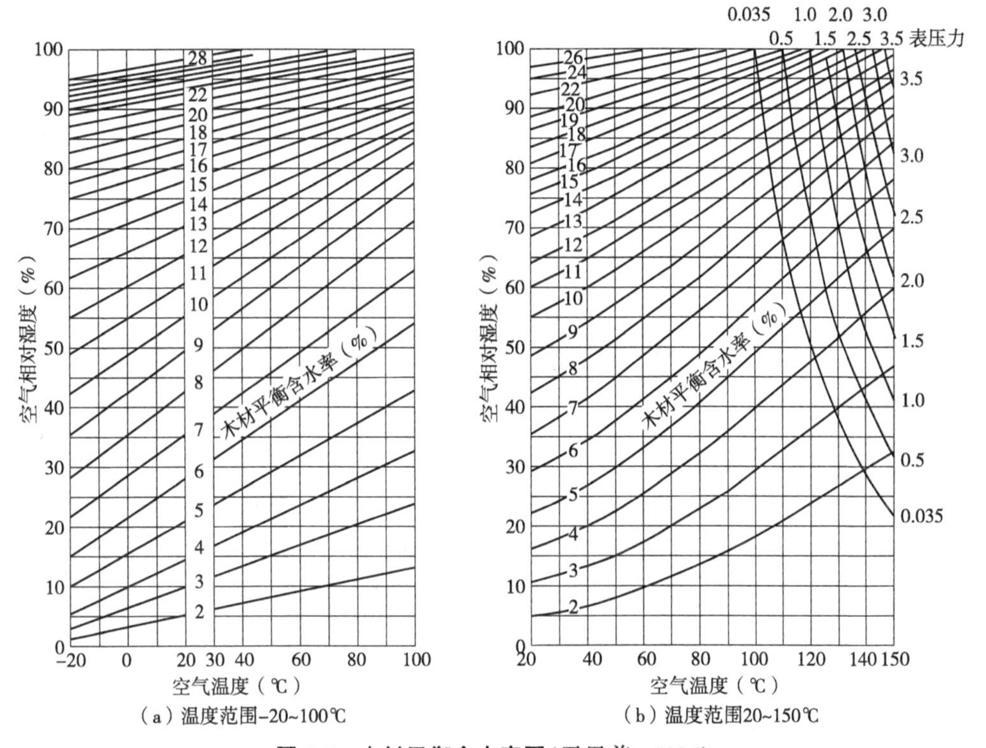

（a）温度范围-20~100℃ （b）温度范围20~150℃

图5-7 木材平衡含水率图（尹思慈，1996）

空气的温度和湿度不仅影响木材的吸湿量，对吸湿速度也有影响：温度越高相对湿度越低，木材吸湿速度越快，即达到动态平衡状态的时间越短；反之，木材吸湿速度越慢。

此外，随树种不同，木材的平衡含水率也不同；但差异不大，生产上可以忽略不计。

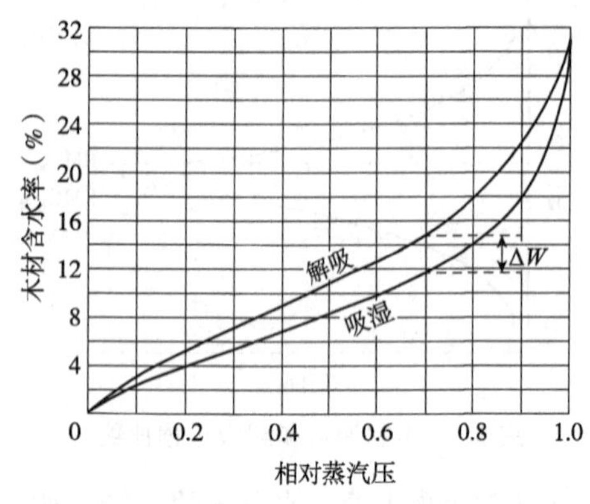

图 5-8 水分吸湿滞后

(4)木材吸湿滞后

①木材吸湿滞后　在相同的大气温度和湿度条件下，干木材由吸湿过程达到的木材的平衡含水率，总是低于湿木材由解吸过程达到的平衡含水率，这个现象称为吸湿滞后(吸着滞后，图 5-6、图 5-8)。

吸湿达到的平衡含水率与解吸达到的平衡含水率曲线是不相吻合的，二者之间的差值称为吸湿滞后值，通常用 ΔW 表示。吸湿滞后值与树种无关，但随着木材尺寸的增大而增大。当木材尺寸增加到一定程度时，即木材长度达 10.0cm、厚度至 1.5cm 时，将变为一个恒值；短而薄的木料，吸湿滞后值平均仅约为 0.2%，可以忽略不计；对于长而厚的成品材而言，其吸湿滞后值通常在 1.0%～5.0%，平均为 2.5%，且随着木材干燥温度的升高而增大。

②木材吸湿滞后原因　分析木材吸湿滞后的原因，主要有以下 4 个方面：

木材经干燥处理后，纤维素分子链上原来吸附水分子的部分羟基间形成氢键结合而直接相连。当开始吸着水分时，一些氢键结合分离，而另外一部分仍然保持相互间氢键结合的状态；因此，木材中能吸着水分的“有效羟基”数目减少，降低了由吸着达到的平衡含水率。解吸过程则不经过干燥状态，因此不存在这个问题。

吸湿的木材必定是经过干燥处理的，在这一过程中，木材微毛细管内的一部分空隙已被透进来的空气所占据，妨碍了木材对水分的吸着。

经高温(100℃以上)、高湿处理后，木材的化学组成可能发生变化——五碳糖减少、木质素增多，且温度越高时五碳糖的减少和木质素的增多就越明显，木材的塑性增加。

低温干燥后(100℃以下)，木材细胞壁物质的物理化学状况发生了变化。

5.1.5 木材吸水性

(1)木材吸水性及原理

任一树种的木材，当其含水率没有达到最大含水率时，如被放入水中，则会吸水至最大含水率为止。木材浸于水中吸收水分的能力，称为木材的吸水性。木材之所以能吸水，根本原因是木材的表面能，包括木材-气体界面能、木材-液体界面能，尤其是与液体-气体界面能有关；所以木材吸水不但具有吸附现象，更主要的是具有毛细管现象。

(2)影响木材吸水性的因子

木材吸水的快慢，用吸水速度来表示，即单位时间内木材吸水的数量；木材吸水的最大数量占绝干材质量的百分比，称木材的水容量或最大含水率，数值上等于吸着水的最大量与自由水的最大量之和。

影响木材吸水性的因子主要有：

①大毛细管系统　木材吸水速度的快慢，与吸水率相反，主要取决于大毛细管的有效性；通常大毛细管系统有效性高，吸水速度快，反之则慢。

②木材密度　木材的吸水率取决于木材的密度，并随木材的密度增大而减小；而密度作用的大小，在一定程度上与木材大毛细管系统的有效性有关。

③应力木　同一树干上，应压木因其密度比正常材大，其吸水率仅为正常材的1/2。

④部位　同一棵树，也会因木材取自的部位不同，其吸水性也不同。就心材与边材而言，其吸水性也相差甚远，心材因密度比边材高、大毛细管系统有效性比边材低，其吸水率、吸水速度均比边材小；即使在同一个生长轮里，早材和晚材吸水性也由于密度和大毛细管系统有效性的不同而存在显著差异，早材吸水率比晚材高，但吸水速度比晚材小。

⑤吸水方向　同一木材，纵向吸水最快，弦向略比径向快。

⑥木材后处理　木材用热水浸提处理后，吸水率、吸水速度均有较大提高。

⑦浸水时间　在达到饱和之前，木材浸水时间越长、吸水越多、吸水速度越慢，反之亦然。

⑧水温　水温越高，吸水越快；而吸水率与水温关系不大。

(3)木材吸水性的测定

木材吸水性试样的尺寸、形状与吸湿性试样相同。木材吸水性的测定遵照国家标准《木材吸水性测定方法》(GB/T 1934.1—2009)进行，将试样加工成尺寸为20mm×20mm×20mm，放入烘箱内烘干称重(m_0)，随即放入盛有蒸馏水的容器内，用不锈金属网将试样压入水面下，保持水温在(20±2)℃，6h后进行第一次称量(m)，以后经1、2、4、8昼夜各称量一次，至最后两次的含水率差小于5%时，即可认为达到最大吸水率。试样吸水率的计算公式：

$$A=\frac{m-m_0}{m_0}\times 100 \tag{5-6}$$

式中：A——试样吸水率(%)；

m——试样吸水后的质量(g)；

m_0——试样绝干时的质量(g)。

5.1.6　木材内水分的移动

对应木材中水分形态的多样性，木材内水分的移动形式也是多种多样的，包括自由水在细胞腔表面的蒸发和凝结，以及细胞壁中吸着水的吸着和解吸；基于压力差的毛细管中的移动，以及基于浓度差的扩散；既有沿着纤维方向的水分移动，也有横着纤维方向的水分移动。

(1)木材内水分移动路径

木材内水分移动路径分为以下3种(图5-9)。

①大毛细管路径　液态或气态水分的移动，主要是由细胞腔、细胞间隙、纹孔腔及纹孔膜上的微孔所组成的大毛细管通道向木材表面或内部移动。具缘纹孔对位于相邻的

管胞之间，水分虽然不能透过纹孔塞，但可从纹孔塞周围呈网状结构的塞缘通过；当木材心材化或在干燥过程中，纹孔塞移向一侧的纹孔口，便形成了闭塞纹孔，将会阻碍水分或流体的移动(图 5-10)。

②微毛细管路径　即在毛细管张力作用下，水分呈液体状态沿着细胞壁内连续不断的微胶粒间微毛细管移动。

③混合路径　即水分交替地既呈液体状态又呈蒸汽状态，不断沿着彼此相邻的微毛细管路径、大毛细管路径的移动或扩散。

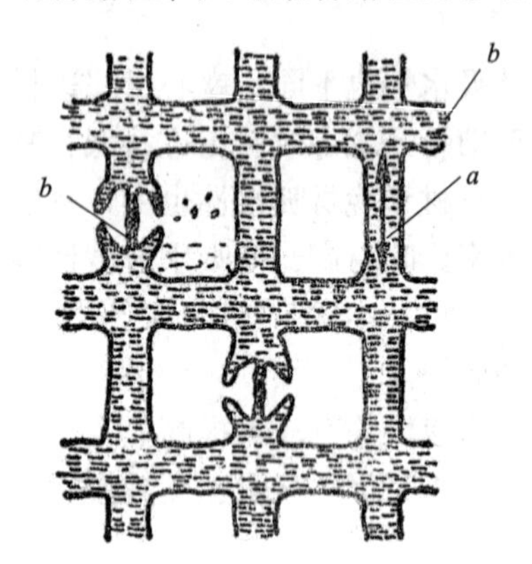

图 5-9　木材横断面上水分传导示意图(朱政贤，1986)
a. 微毛细管路径；
b. 大毛细管路径

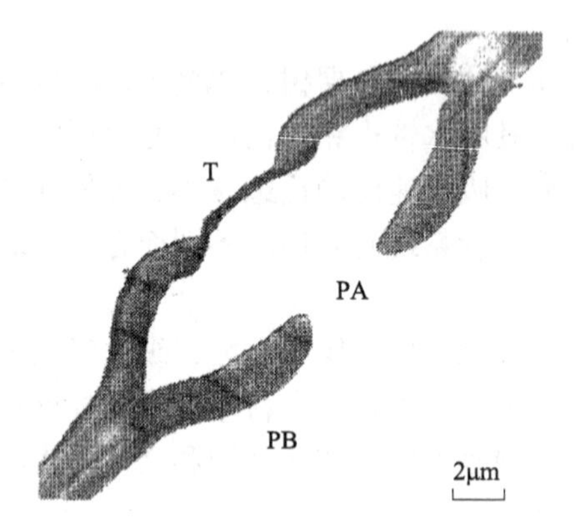

图 5-10　在短叶松心材的早材导管之间的闭塞具缘纹孔对(弦切面，Siau，1984)
纹孔塞(T)紧贴在纹孔缘(PB)上，呈凹陷状。粗略尺寸：纹孔口(PA)直径为 4μm，纹孔室内径为 17μm，双层细胞壁厚度为 3μm。

(2)木材内水分移动

木材内部水分的移动，可分为在纤维饱和点以下和以上两种情况。

①纤维饱和点以下　当木材含水率在纤维饱和点以下时，一方面木材细胞腔不含有自由水，而是被含有水蒸气的空气充满，由于木材表面水分蒸发，木材内外出现含水率梯度，在水蒸气分压梯度作用下，水蒸气沿着细胞腔、细胞间隙、纹孔腔及纹孔膜上的微孔所组成的大毛细管通道由内向外扩散；此时，水分移动速度主要取决于纹孔膜上的小孔数量和大小，因此，如果纹孔膜上的小孔极小或被堵塞，木材内部蒸汽状态的水分移动则十分缓慢。另一方面，由于木材表面水分蒸发，出现了内高外低的含水率梯度，表面木材细胞壁内的小毛细管直径变得比内部更小，在外大内小的毛细管张力的作用下，细胞壁中微毛细管中的吸着水由内向外移动。因此，当木材含水率在纤维饱和点以下时，木材内部水分主要以第三种路径向外传导，即水分交替地呈液体、蒸汽状态，不断沿着彼此相邻的微毛细管路径、大毛细管路径进行移动或扩散。

②纤维饱和点以上　当木材含水率在纤维饱和点以上时，水分主要以液体状态、饱和水蒸气状态存在于木材细胞腔中。刚开始木材细胞腔中充满自由水，不会发生水分在细胞腔间移动；随着木材表面有一部分水分因干燥而降至纤维饱和点以下时，表面木材干缩、毛细管半径变小，在内外毛细管张力差的作用下，内部木材细胞腔中的自由水沿着细胞腔、纹孔向木材表面移动并蒸发，此时木材细胞腔中便产生饱和水蒸气，于是就构成上述 3 种水分传导方式进行扩散移动，木材得以逐渐干燥。

(3)影响木材内水分移动的因素

①树种　不同树种的木材具有不同的构造，它们的纹孔大小、数量多少及纹孔膜上微孔的大小都有很大差异；一般来说，阔叶树环孔材水分传导能力显著低于阔叶树散孔材和针叶树材，同时阔叶树散孔材和针叶树材的水分传导能力又随着密度的增加而减小。

②部位　由于心材中的纹孔多是闭塞的，所以心材的水分传导能力总是比边材小。

③方向　同一木材，纵向水分传导系数比横向大10~20倍，径向水分传导系数又比弦向大15%~20%。

④温度　因为温度的升高可以提高水蒸气的扩散强度、降低液态水的黏度，因此随着温度的升高水分移动速度急剧增大；与阔叶树环孔材相比，阔叶树散孔材和针叶树材的水分传导随着温度升高增大得更加剧烈。

5.2　木材干缩和湿胀

干缩和湿胀是木材本身固有的性质，也是木材最主要的缺点。在一定含水率变化范围内发生的干缩或湿胀，往往会导致木材及木制品的尺寸、形状的改变。因此，了解、掌握干缩和湿胀产生的原因与发生的规律，研究防止木材发生干缩和湿胀的方法，对于木材加工利用来说具有重要的意义。

5.2.1　木材干缩湿胀现象及成因

(1)木材干缩湿胀现象

在绝干状态至纤维饱和点区域内，木材因解吸水分而使木材尺寸和体积减小的现象，称为干缩。木材因吸着水分而使木材尺寸和体积增大的现象，称为湿胀。当木材的含水率高于纤维饱和点时，含水率的变化并不会使木材产生干缩和湿胀。

木材干缩和湿胀是发生在两个完全相反的方向上，二者均会引起木材尺寸和体积的变化。对于小尺寸、无应力的实木试样来说，理论上干缩和湿胀是可逆的；对于大尺寸的实木试样，由于内部干燥应力、吸湿滞后现象的存在，干缩和湿胀是不完全可逆的。

(2)木材干缩湿胀成因

木材具有干缩和湿胀性，是因木材含水率在纤维饱和点以下发生吸湿或解吸时，木材由空气中吸收水分或木材内所含水分向外蒸发，使细胞壁内纤丝间、微纤丝间和微晶间水层变厚而伸展或变薄(或消失)而靠拢，从而导致细胞壁乃至整个木材尺寸和体积发生变化(图5-11)。

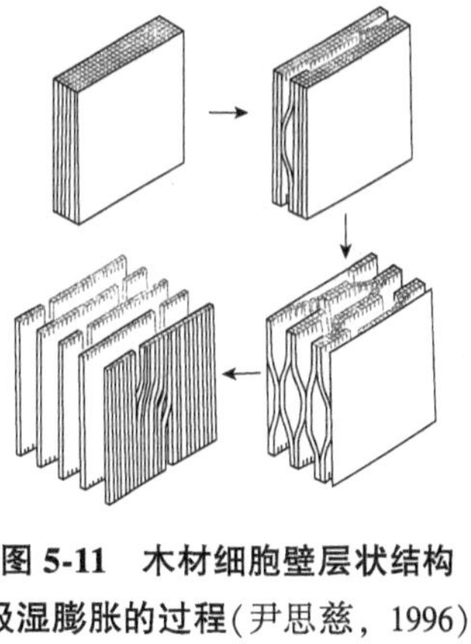

而细胞壁内相邻纤丝、微纤丝和微晶间的水层是如何变薄(或消失)或变厚的呢？水分子要进入相邻纤丝、微纤丝和微晶间，主要是由于组成基本纤丝的纤维素分子链上存在着游离羟基(—OH)，或由于水分子将分子链间的氢键打开而形成新的游离羟基，再通过这些游离羟基与水分子形成新的氢键结合，从而使分子链之间的距离增大。正是由于这些分子链之间的微小距离增大的积累，最终使木材在宏观中表现为尺寸的变大。而木材的干缩正好是一个与此相反的过程，首先相邻纤维素分子

图5-11　木材细胞壁层状结构吸湿膨胀的过程(尹思慈，1996)

链间的氢键断裂，脱去水分子，使得相邻分子链之间的距离缩小，最终在宏观上表现为木材尺寸的缩小(图5-12)。

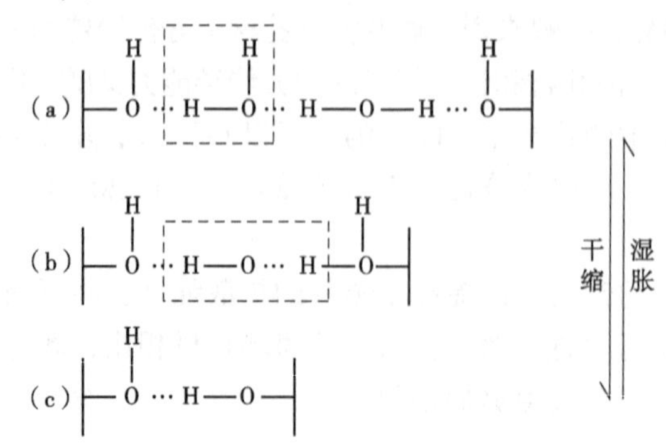

图5-12 木材干缩与湿胀时细胞壁 S_2 微纤丝间距离变化示意图

5.2.2 木材干缩湿胀的各向异性

由于木材细胞种类、细胞壁构造及化学成分等结构上的各向异性，决定了如干缩与湿胀等性质也具有较强的各向异性。

木材干缩湿胀的各向异性，是指木材的干缩和湿胀在不同方向上存在差异。对于大多数的树种来说，木材轴向干缩率一般为0.1%~0.3%，而径向干缩率和弦向干缩率的范围则分别为3.0%~6.0%和6.0%~12.0%。3个方向上的干缩率以轴向干缩率最小，常忽略不计；但径向干缩率、弦向干缩率的数值较大，若处理不当，可能会造成木材或木制品的开裂、变形等。

(1)木材轴向、横向干缩湿胀差异的原因

木材干缩湿胀的各向异性主要是由木材的构造特点造成的。首先，除射线细胞外，木材中的绝大多数细胞，如针叶树材的管胞、阔叶树材的木纤维、导管分子等，它们细胞壁的结构是相似的，且都与树干主轴近似平行排列。其次，木材细胞的细胞壁内，次生壁外层(S_1)和内层(S_3)微纤丝排列方向与细胞主轴近乎垂直，中层(S_2)微纤丝排列方向则与细胞主轴几乎平行；而细胞壁中次生壁占的比例最大(占细胞壁厚度的95%以上)、次生壁中又以中层厚度最大(占细胞壁厚度的70%~90%)，因此，木材的干缩或湿胀也就主要取决于次生壁中层(S_2)微纤丝的排列方向。再次，微纤丝是由基本纤丝构成，基本纤丝又是由部分相互平行排列的纤维素分子链所组成，当木材湿胀或干缩时，水分子难以打开分子链进出分子链内部，因而使分子链的长度几乎没有什么变化，但分子链间的间距却明显的增大或缩小了。最后，由于细胞壁中层(S_2)微纤丝排列方向与细胞主轴不完全平行，而是呈10°~30°的夹角，横纹方向干缩或湿胀时就会在轴向上产生微小的分量(0.1%~0.3%)，因此，对于单个细胞来说直径方向变化较大，而轴向方向变化较小，最终在宏观上则体现为木材纵向尺寸变化很小，而横向尺寸的变化却很明显(图5-13)。

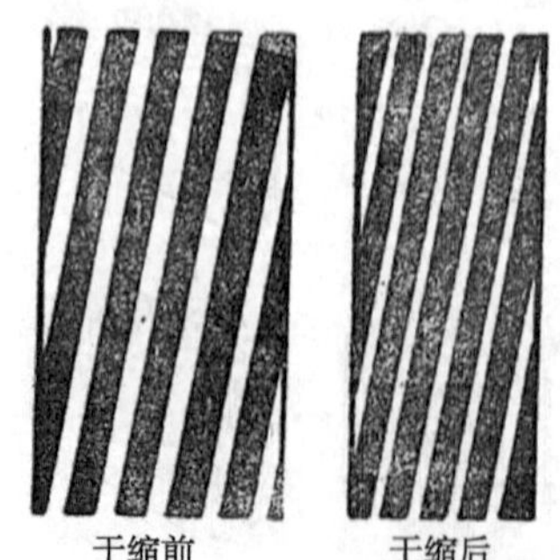

图5-13 木材干缩示意图

(2)木材径向、弦向干缩湿胀差异的原因

木材弦向干缩率约是径向干缩率的2倍，产生这种现象的原因是复杂的，不是由某一种因素决定的。现有不同的理论对其进行解释，归纳起来主要有：基于木材宏观构造的理论、基于纤维排列重组的理论、基于细胞壁壁层差异的理论。具体的原因分析如下：

①木射线对径向干缩湿胀的抑制　在木材细胞组成中，木射线细胞是唯一横向排列的细胞，其长轴方向与木材半径方向一致。当木材发生干缩湿胀时，由于木射线细胞纵向干缩湿胀小于横向，因而木射线细胞抑制了木材径向干缩湿胀，使得径向干缩湿胀小于弦向。

②早晚材差异的影响　木材的干缩湿胀量与其所含实质(细胞壁)量有关；晚材密度大于早材，实质含量也多于早材，因此，晚材的干缩湿胀量要大于早材。木材径向干缩湿胀体现为干缩湿胀量大的晚材和干缩湿胀量小的早材串联的，并按照各自体积比加权平均的效果；而木材弦向干缩湿胀体现为由干缩湿胀大的晚材和干缩湿胀小的早材并联的，由于晚材的强度大于早材，因此晚材强制早材同它一起干缩湿胀，最终使木材弦向干缩湿胀大于径向。

③径面壁和弦面壁中的木质素含量差别的影响　由于木材纵向排列细胞的径面壁比弦面壁的木质素含量高，而木质素的吸湿性比综纤维素小，因此木质素因解吸或吸湿而产生的变形也小，最终也会导致木材的径向干缩湿胀比弦向小。

④径面壁、弦面壁纹孔的影响　纹孔的存在使其周围微纤丝的走向偏离了细胞长轴方向，产生了可达45°的夹角，因此对细胞壁的干缩和湿胀产生了较大的限制作用。径面壁上的纹孔数量远较弦面壁上的多(针叶树材管胞尤其明显)，这就使径向干缩和湿胀受到的限制作用比弦向大，从而导致木材弦向干缩湿胀比径向大。此外，由于径面壁上纹孔比弦面壁上多，细胞径面壁上的实质物质就比弦面壁少，也造成因径面壁干缩和湿胀小于弦面壁而导致木材径向干缩和湿胀小于弦向。

5.2.3　木材干缩性与湿胀性的测定

木材的干缩与湿胀是互为相反又彼此相仿的两个过程。木材干缩性和湿胀性大小，一般用干缩率和湿胀率来表示。木材的干缩率和湿胀率可分为线干缩率、体积干缩率和线湿胀率、体积湿胀率。木材干缩率与湿胀率的测定可分别参考《木材干缩性测定方法》(GB/T 1932—2009)和《木材湿胀性测定方法》(GB/T 1934.2—2009)。

(1)试样

试样的尺寸为轴向×径向×弦向＝20mm×20mm×20mm，具体测量时精确到0.001mm。

(2)木材干缩率的测定

①原理　当木材含水率低于纤维饱和点时，其尺寸和体积随含水率的降低而缩小。通常用从湿木材到气干或全干(绝干)时尺寸及体积的变化值，与原湿木材尺寸及体积的百分比，来表示木材气干或全干时的线干缩性及体积干缩性。

②木材线干缩率的计算　试样从湿木材至全干、气干时，径向和弦向的全干干缩率、气干干缩率分别按式(5-7)、式(5-8)计算，准确至0.1%。

$$\beta_{max}=\frac{l_{max}-l_0}{l_{max}}\times100 \tag{5-7}$$

$$\beta_W=\frac{l_{max}-l_W}{l_{max}}\times 100 \tag{5-8}$$

式中：β_{max}、β_W——试样径向或弦向全干干缩率、气干干缩率(%)；

l_{max}——试样含水率高于纤维饱和点(即湿木材)时的径向或弦向尺寸(mm)；

l_0、l_W——试样全干、气干时径向或弦向的尺寸(mm)。

③木材体积干缩率的计算　试样从湿木材到全干、气干时，体积干缩率分别按式(5-9)、式(5-10)计算，准确至0.1%。

$$\beta_{Vmax}=\frac{V_{max}-V_0}{V_{max}}\times 100 \tag{5-9}$$

$$\beta_{vw}=\frac{V_{max}-V_W}{V_{max}}\times 100 \tag{5-10}$$

式中：β_{Vmax}、β_{VW}——试样体积的全干干缩率、气干干缩率(%)；

V_{max}——湿木材试样的体积(mm^3)；

V_0、V_W——试样全干、气干时的体积(mm^3)。

(3)木材湿胀率的测定

①原理　干木材吸湿或吸水后，其尺寸和体积随含水率的增加而膨胀。从木材全干到吸湿至与大气相对湿度平衡或吸水至饱和时的尺寸或体积的变化值，与全干时的尺寸或体积的百分比，表示木材的湿胀性。

②木材线湿胀率的计算　试样从全干到气干、从全干到吸水至尺寸稳定时，径向和弦向的线湿胀率分别按式(5-11)、式(5-12)计算，准确至0.1%。

$$\alpha_W=\frac{l_W-l_0}{l_0}\times 100 \tag{5-11}$$

$$\alpha_{max}=\frac{l_{max}-l_0}{l_0}\times 100 \tag{5-12}$$

式中：α_W、α_{max}——试样径向或弦向从全干到气干、从全干到吸水至尺寸稳定时的线湿胀率(%)；

l_{max}——试样吸水至尺寸稳定时的径向或弦向尺寸(mm)；

l_0、l_W——试样全干、气干时径向或弦向的尺寸(mm)。

③木材体积湿胀率的计算　试样从全干到气干、从全干到吸水至尺寸稳定时，体积湿胀率分别按式(5-13)、式(5-14)计算，准确至0.1%。

$$\alpha_{VW}=\frac{V_W-V_0}{V_0}\times 100 \tag{5-13}$$

$$\alpha_{Vmax}=\frac{V_{max}-V_0}{V_0}\times 100 \tag{5-14}$$

式中：α_{VW}、α_{Vmax}——试样从全干到气干、从全干到吸水至尺寸稳定时的体积湿胀率(%)；

V_{max}——试样吸水至尺寸稳定时的体积(mm^3)；

V_0、V_W——试样全干、气干时的体积(mm^3)。

5.2.4 木材干缩湿胀对加工利用的影响

木材干缩湿胀及各向异性是木材的固有性质。当木材含水率在纤维饱和点以下时，干燥过程中不仅会发生线尺寸和体积大小的收缩，还会产生内外含水率的不均匀性，即产生内外含水率梯度，导致内外干缩的不均匀性，从而产生干缩应力。一旦干缩应力超过对应温、湿度条件下木材的强度时，就可能会产生变形、开裂、溃陷等干燥缺陷，严重影响木材的加工利用。

(1)变形

木材干燥后，由于各部分不均匀干缩而形状改变，称为变形。具体包括：

①端面变形 在干燥过程中，因为径、弦向干缩的共同影响，促使由原木解锯的板材、方材、圆柱等的端面产生多种变形(图5-14)。

径切板(含髓心) 其两端(弦向)干缩较大、中间(径向)干缩较小，结果变成纺锤形[图5-14(1)]。

径切板(不含髓心) 干缩较均匀，端面近似矩形[图5-14(2)]。

板材表面与生长轮呈45°角 干缩后两端收缩较大，长方形变形不规则形状[图5-14(3)]。

弦切板 干缩后两端向外翘起[图5-14(4)]。

正方形(上下两边与长生轮平行) 干缩后因平行于长生轮方向(弦向)干缩较大、垂直于生长轮方向(径向)干缩较小，变成矩形[图5-14(5)]。

正方形(一对角线与生长轮平行) 干缩后，与生长轮平行的对角线方向(即弦向)干缩较大、与生长轮垂直的对角线方向(即径向)干缩较小，变成菱形[图5-14(6)]。

圆形(不含髓心) 干缩后变成椭圆形(或卵圆形)[图5-14(7)]。

②板材纵切面变形 原木锯解成板材后，如干燥不合理，或自身构造缺陷，会导致其纵切面产生变形(图5-15)。

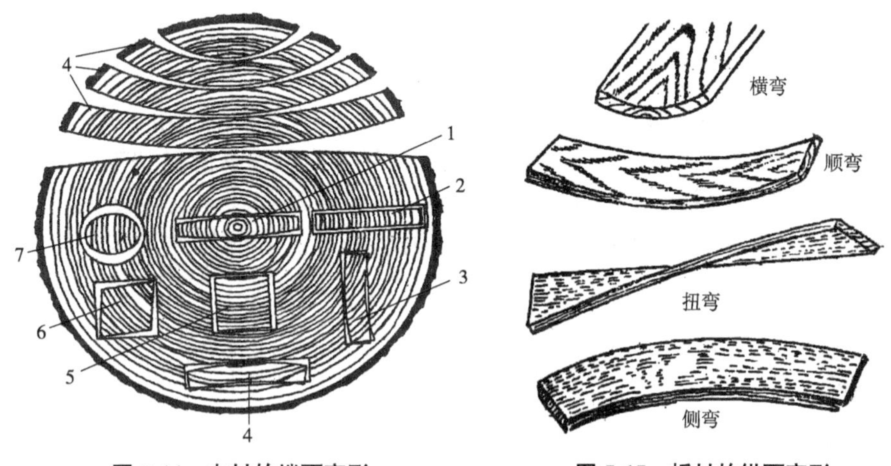

图5-14 木材的端面变形　　图5-15 板材的纵面变形

横弯 板材干燥时，距离髓心较远的一面接近弦向、干缩大，距离髓心较近的一面接近径向、干缩小；因此，干燥后板材两边翘起，近似瓦状，故也称瓦弯。

顺弯 板材干燥后，顺着纹理方向、两端翘起，称顺弯。发生在板材长度方向上，或是由于板材过长，在堆积干燥时，受自身重量影响下垂而形成；或是由于在干燥过程中表面硬化后，板材再锯开之后形成的；或是板材干燥时，一面通风好、干燥快，而相对另一面不通风、干燥慢形成的；或是由于木材本身缺陷，如应力木等也能形成顺弯。

扭弯　板材干燥后，既弯曲又扭转，四角不在同一平面上，称扭弯(扭曲、扭翘、翘曲)。成因主要是板材的异常构造所致，如存在螺旋纹理、交错纹理的板材，其相对两面细胞排列的角度不同，干缩后便发生扭曲；或者由于应压木造成密度分布不均，也可造成扭弯。

侧弯　板材干燥后，板面仍保持平直，但其侧面发生弯曲，一边中央凹入、另一边中央凸起，板材侧边的端头所引起的直线偏弯，如弓形，故也称弓弯，主要原因是应压木干燥所致。

(2)开裂

木材因干燥不均匀和不同部位间存在干缩差异，造成开裂；裂缝大多垂直于生长轮而平行于木射线，主要是轴向排列的组织与横向木射线相交处的结合力弱所致(图5-16)。

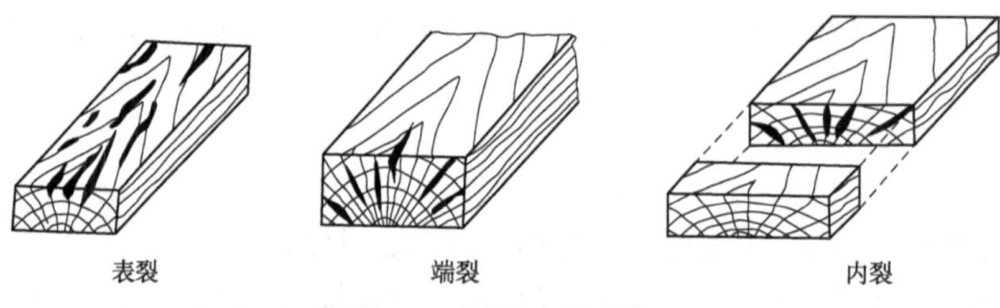

图 5-16　木材开裂形式

①表裂　木材干燥初期，表层水分先行蒸发，内层水分逐渐外移，当表层水分降至纤维饱和点以下、而木材内层含水率仍在纤维饱和点以上时，由于表层木材先于内层收缩，使表层受到拉应力，一旦表层拉应力超过细胞间的结合力时，则木材表层开裂，称表裂。

②端裂　为木材干燥初期最容易产生的缺陷，由于水分沿木材顺纹方向蒸发的速度约为横纹方向的12~15倍，同时表层水分蒸发又比内层快，导致木材两端的水分蒸发甚快，而侧面的水分蒸发缓慢；木材的不均匀干缩，最先从两端开始，并形成端裂。

③内裂　木材干燥后期，表层木材已硬化，导致内层木材因受到拉应力而沿木射线开裂。这种开裂，或从端裂引向木材深处，或离开端部在木材深处形成，并沿木材纹理延伸，而在木材外部不易看见，当木材锯开以后才能见到许多裂缝，称内裂(蜂窝裂)。

图 5-17　木材皱缩

(3)皱缩

含有饱和含水率的木材，在急剧高温条件下干燥，水分因扩散作用迅速向外散放，细胞腔中的自由水排除之后，由于外部的空气来不及瞬间进入细胞腔补充其压力而造成局部真空；同时，木材在高温、高湿条件下具有较大的塑性，木质部分被压向真空，在木材表面形成皱缩(溃陷、凹陷)(图5-17)。

木材发生皱缩时，往往同时也发生表裂和内裂。

5.3　木材密度

木材密度是指单位体积内木材的质量，单位为 g/cm^3 或 kg/m^3。木材的密度与木材的许多物理、力学性质都有密切的关系。

5.3.1　木材密度的种类

木材是由木材细胞壁实质物质、水分及空气组成的多孔性材料，其中空气对木材的质量基本没有影响，但是木材中水分的含量与木材的密度有密切关系；因为对应着木材的不同水分状态，木材质量和体积有着显著不同。木材密度可分为生材密度、气干密度、绝干密度和基本密度。

(1)生材密度

树木新伐倒的木材，其质量与体积的比即为生材密度(ρ_g)。在实验条件下，用水浸泡使木材达到体积不再变化，即可测出生材体积。

$$\rho_g=\frac{\text{生材质量}}{\text{生材体积}}=\frac{m_g}{V_{\max}} \tag{5-15}$$

(2)气干密度

木材经自然干燥，含水率达到(12±3%)时木材的质量与体积的比值即为气干密度(ρ_W)。

$$\rho_W=\frac{\text{气干材质量}}{\text{气干材体积}}=\frac{m_W}{V_W} \tag{5-16}$$

(3)绝干密度(全干密度)

木材经人工干燥，使含水率为零时木材的质量与体积的比值即为绝干密度(ρ_0)。

$$\rho_0=\frac{\text{绝干材质量}}{\text{绝干材体积}}=\frac{m_0}{V_0} \tag{5-17}$$

(4)基本密度

绝干材质量与饱和水分时木材体积的比值即为基本密度(ρ_b)。

$$\rho_b=\frac{\text{绝干材质量}}{\text{饱和体积}}=\frac{m_0}{V_{\max}} \tag{5-18}$$

在以上 4 种密度中，最常用的是气干密度和基本密度。在比较不同树种的材性及木材干燥建立传热传质模型时，使用基本密度；因为它物理含意明确，且绝干质量和水饱和体积稳定，使得测定结果准确。在运输和建筑上，一般采用生材密度。气干密度是木材长期使用状态下的密度，它因各地区木材平衡含水率及气干程度而有不同，其数值有一范围，通常指含水率在 9%~15%时木材的密度。为了在树种间进行气干密度的比较，我国现规定气干材含水率为 12%，即把测定的气干材密度，统一换算成含水率为 12%时的值：

$$\rho_{12}=\rho_W[1-0.01(1-K)(W-12)] \tag{5-19}$$

式中：ρ_{12}——含水率为 12%时的气干材密度(g/cm^3)；

ρ_W——含水率为 W%时的木材密度(g/cm^3)；

W——试样含水率(%)；

K——试样的体积干缩系数(%)。

5.3.2 木材细胞壁物质密度和孔隙度

(1)木材细胞壁物质密度(木材的实质密度)

通常由它的绝干质量与以液体置换方法求出的体积来测定；由于置换的液体种类的不同，测得的细胞壁物质密度的值也存在差异(表5-1)。

表5-1 不同介质置换得到的木材细胞壁物质密度(Wilfong，1966) g/cm³

树种	置换介质	细胞壁物质密度	树种	置换介质	细胞壁物质密度
云杉	水	1.524	花旗松(北美黄杉)(心材)	水	1.540
	甲苯	1.448		甲苯	1.453
	氦	1.449		氦	1.464

由表5-1可见，以水作为置换介质得到的细胞壁物质密度大于以甲苯和氦作为置换介质得到的值。这是因为与甲苯、氦、乙醇等非极性、非润胀性物质相比，水是一种极性物质，能进入除纤维素结晶区以外的细胞壁中，即能进入细胞壁内更小的微孔中；同时细胞壁成分对水的吸附作用，造成木材吸着水密度增大，从而在测定中加大了木材内部的空隙体积，即减小了木材细胞壁的体积，从而使木材细胞壁物质密度增大。

因此，可以认为由极性、膨胀性水和非极性、非膨胀性介质作为置换介质得到的细胞壁物质密度的差异，主要是由细胞壁中的微小孔隙所引起的；由水作为介质测得的细胞壁物质密度，更接近木材的物质密度，而由甲苯、氦、乙醇等作为介质测得的密度，则是包含微小孔隙在内的细胞壁物质密度。

因此，木材细胞壁物质密度测定，最常用的液体置换介质是水，测定步骤如下：

①将通过0.5mm筛孔(32目)的木屑在(103±2)℃下烘至绝干，称其绝干质量(G_0)。

②将此木屑装入比重瓶，加蒸馏水漫过木屑(约至比重瓶容量的2/3)。

③振荡比重瓶或用光洁的金属丝搅拌，使木屑全部浸入水中，以后每隔一定时间振荡或搅拌，如此反复数次，直至木屑吸水饱和下沉。

④将比重瓶添满水，擦干外壁，称定质量(G)。

⑤倒出水和木屑，洗净比重瓶，再注满蒸馏水、称定质量(G_1)。按下式计算出木材细胞壁物质密度(ρ_{CW})。

$$\rho_{CW}=\frac{G_0}{G_1-(G-G_0)} \tag{5-20}$$

式中：ρ_{CW}——木材细胞壁物质密度(g/cm³)；

G_0——木屑绝干质量(g)；

G_1——比重瓶与注满的蒸馏水的质量和(g)；

G——比重瓶、木屑、注满蒸馏水后的总质量(g)。

木材细胞壁物质密度与树种关系不大，一般为1.50~1.56g/cm³，常取平均值1.53g/cm³(表5-2)。

表 5-2 我国 5 种木材细胞壁物质密度和孔隙度

树种	木材细胞壁物质密度(g/cm^3)			各树种常取细胞壁物质密度(g/cm^3)	绝干密度(g/cm^3)	孔隙度(%)
	心材	边材	平均			
轻木	—	—	1.518	1.530	0.244	83.9
鸡毛松	1.515	1.517	1.516		0.486	67.9
陆均松	1.512	1.535	1.523		0.581	61.8
红椆	1.543	1.531	1.537		1.032	32.8
子京	1.513	1.520	1.516		1.033	31.9

(2)木材孔隙度(木材孔隙率)

木材孔隙度分体积孔隙度和表面孔隙度两种，其中体积孔隙度是指木材在绝干状态下孔隙体积占总体积的百分率，表面孔隙度则是指横切面上孔隙面积占总面积的百分率，一般木材孔隙度是指体积孔隙度。

木材的孔隙度，可以根据木材细胞壁物质密度和木材绝干密度按下式计算：

$$C=\left(1-\frac{\rho_0}{\rho_{CW}}\right)\times 100 \tag{5-21}$$

式中：C——木材孔隙度(%)；

ρ_0——木材的绝干密度(g/cm^3)；

ρ_{CW}——木材细胞壁物质密度(g/cm^3)。

当木材细胞壁物质密度取 $1.53g/cm^3$ 时，上式可简化为：

$$C=(1-0.635\,6\rho_0)\times 100 \tag{5-22}$$

从表 5-2 列出的国产 5 种木材绝干密度及孔隙度可以看出，木材密度越大，其孔隙度越小，二者呈负相关关系。

5.3.3 木材密度测量方法

不论何种含水率状态下的木材密度，只要测出其质量和体积，就可以计算出它的密度。木材的质量易于求得且比较准确，只要按精度要求配置适当的天平等称质量的仪器就能达到；而精确地测定木材的体积则比较困难，具体可以采用以下方法：

(1)直接测量法

密度直接测量法遵照国家标准《木材密度测定方法》(GB/T 1933—2009)进行，试样的尺寸为轴向×径向×弦向=20mm×20mm×20mm(当一个树种试样的生长轮平均宽度在4mm 以上时，试样尺寸应增大至 50mm×50mm×50mm)的标准立方体，相邻面要相互垂直。在试样各相对面的中心位置，用螺旋测微器分别测量出轴向(顺纹方向)、径向和弦向的尺寸，精确至 0.001mm，计算出体积。

其中气干密度试样以气干材制作，测量气干尺寸后立即称出气干质量，精确至 0.001g；然后放入烘箱，用烘干法测出试样的绝干质量，并立即测出绝干状态下的体积，再按相关公式计算出气干密度、绝干密度。

生材密度和基本密度试样以生材或湿材来制作。

(2)排水法

对于形状无法按国家标准GB/T 1933—2009加工成规则试样的试样，可以用排水法(或水银测容器法)测量体积。

排水法的装置包括支架、金属针、烧杯、天平等(图5-18)。首先，在烧杯中加入适量水(或其他液体)后放置于天平上，将金属针浸入液面下1~2cm，记录天平的读数；然后用金属针尖固定试样，将试样浸入液体中，再记录平衡时天平的读数。两次天平的读数之差除以已知液体的密度，就可以得到试样的体积。

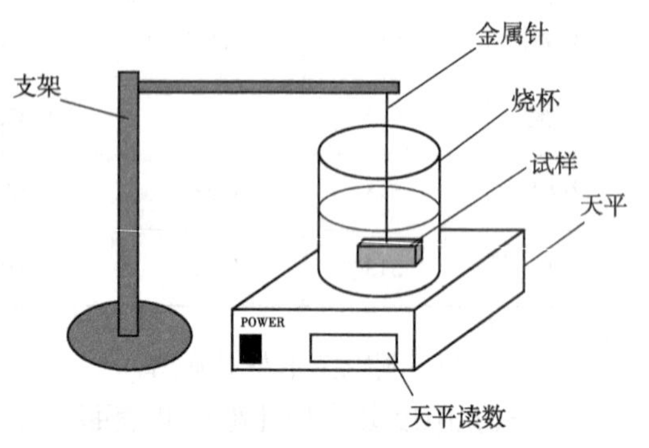

图5-18 用排水法测量木材体积

一般对于生材或湿材来说，可以直接用水作为转换液体，因为生材或湿材的吸水量很小。但是，对于气干材等比较干燥的试样，如果仍然以水作为介质，必须在试样称取质量后、浸入水之前用石蜡涂于试样表面，以防止水分渗透进试样中而使测得的体积偏低(这种情况下，可采用水银测容器法，因为水银不易渗入木材内部)。

此外，在野外林区或木材加工现场，也可在测定木材试样质量后，将试样快速地浸入盛有液体的量筒内，记录浸入前后的体积变化(图5-19)。与前者相似，如果试样比较干燥，必须在试样称取质量后、浸入水之前用石蜡涂于试样表面。

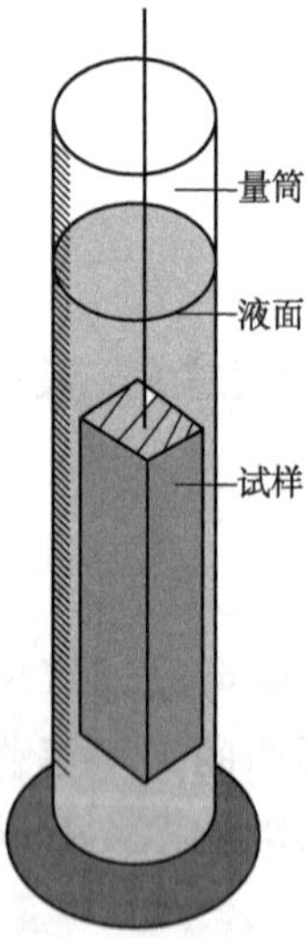

图5-19 排水法快速测量木材体积

(3)快速测定法

将试样制成尺寸为20mm×20mm×200mm标准长方体，在长度上均匀地分成10等份，依次标0，0.1，0.2，…，1.0，将0刻度一端垂直浸入盛水量筒中，勿与量筒壁接触，此时水面处对应的刻度即为木材密度值。

当测定气干材或全干材体积时，需在试样浸水前涂上石蜡薄层，防止试样吸水而影响精度。

这种测定方法只适用于木材密度不大于1.0g/cm^{3}的木材；其优点是快捷、简便、易操作，缺点是较粗放。

(4)基于机械力密度检测法

①利用Pilodyn间接测量木材密度　Pilodyn是一种间接测量木材密度的无损检测仪器，主要应用于木材及木质结构的损坏情况的检测；其检测原理是将一根金属探针以原先设置好的能量射入木材中，利用探针射入木材的深度与木材密度间有密切的联系，射入深度越深，则木材密度越小，反之则木材密度越大。

②基于螺丝拔出力的木材密度检测　其原理是用改锥将螺丝垂直于木材表面拧入木材至一定深度，运用拔出装置将螺丝拔出，在拔出过程中通过传感器，在显示单元会记录拔出时的最大阻力，利用拔出时的最大阻力与木材密度间良好的线性关系，间接测出

木材的密度。

③基于微钻力的木材密度检测　通过小型电机将钻针以恒定的速度钻入木材内部，在此过程中会产生相应阻力，而阻力值与木材密度间有良好的线性关系，利用计算机采集测量过程中阻力参数、显示阻力曲线图像，根据阻力曲线，结合木材学相关知识判断早晚材密度、生长轮数、木材内部腐朽及空洞、生长情况等。

(5)基于射线密度检测

木材密度射线检测是一种非接触式的检测方法，其原理是利用射线透射一定厚度的木材，通过测量透过木材前后射线强度的变化，根据射线衰减程度以及木材平均吸收系数来推算木材的密度，具有精度高、性能稳定和快速等优点。常用的射线有 X、β、γ 和中子射线，其中 X 射线的使用最为普遍，如利用 CT 扫描技术进行木材密度检测，基于 β 射线的单板微密度检测等。

5.3.4　木材密度的影响因素

木材来自树木，不同树木的木材构造存在差异，同种树木的木材也有变异，这种木材构造上的差异和变异，必然要反应在木材的密度上，说明树木的生长除与遗传因子有关外，还与立地条件有很大的关系。当然，影响木材密度的因素除树种、立地条件、树龄、部位等，还包括含水率等。

(1)含水率

木材密度随含水率的增加而增大，但在纤维饱和点以下和以上时，密度增大的幅度不同。在纤维饱和点以下时，随着木材含水率的增加，木材的质量和体积均增大，因质量增加幅度大于体积，故木材密度随含水率增加而缓慢增加；当木材含水率增大至纤维饱和点以上时，由于木材体积基本不变，而质量不断增大，故木材密度随含水率增加而剧烈增大。

(2)树种

不同树种的木材其密度有很大差异。如国产木材中最重的蚬木，气干密度为 $1.13g/cm^3$，密度较大的麻栎气干密度为 $0.93g/cm^3$，最轻的木材轻木，气干密度为 $0.24g/cm^3$；世界上最重的木材为胜斧木，其气干密度为 $1.42g/cm^3$，最轻的木材髓木，其气干密度仅为 $0.04g/cm^3$。

这主要是由于树种不同，木材结构上存在差异，组成木材的细胞组织比量不同，细胞壁厚度与孔隙度所占的比例也不同而引起的。细胞壁物质含量越大，即孔隙度越小，木材的密度越大，反之则越小。此外，木材的密度还与木材抽提物含量有关，树种不同，木材抽提物如单宁、油脂、树脂、树胶、糖类，以及硅酸盐、碳酸盐、磷酸盐等无机化合物含量也不同，也会对木材的密度产生影响。

(3)树干部位和树龄

①轴向变化　对大多数针叶树材而言，木材密度在树干基部最大，然后沿着树干高度方向先逐渐减小，至树冠部位又略有增大。而阔叶树材的木材密度在树干高度方向上则没有一定变化规律，可能与阔叶树材树种的木材中不同部位，各类细胞的组织比量差异很大有关。

②径向变化　针、阔叶树成熟材树干的木材密度沿着半径方向的变化规律大相径庭。

对于大多数针叶树而言，在成熟树干上，通常髓心处密度最小。向外由幼龄期至成熟期，木材的密度有随着树龄的增高呈增大的趋势，且通常在幼龄期密度随树龄增高而增大的速率比较大，进入成熟期后趋于平缓；进入过熟期后有时还略有下降的趋势(图 5-20)。

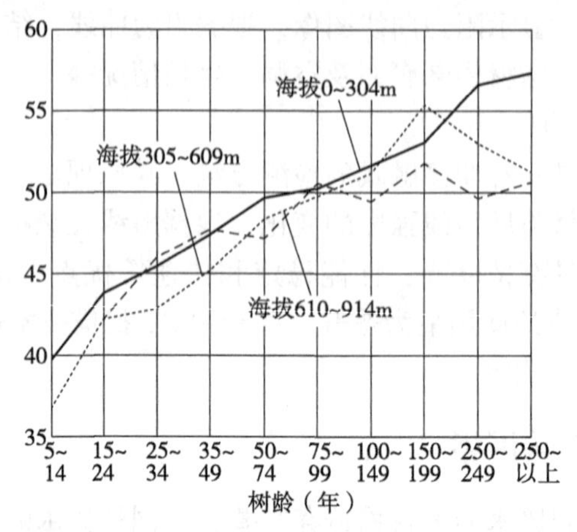

图 5-20 不同海拔范围花旗松的相对密度与树龄的关系(USDA，1965)

对于阔叶树来说，密度沿半径方向上的变化要比针叶树复杂，其变化规律与管孔分布类型有关。对于阔叶树环孔材具心材者，心材密度大，生长轮宽度与木材密度呈正相关关系，但靠近髓心及树皮边缘部分的木材，其密度则较小。而对于散孔材来说，木材密度由髓心向树皮方向逐渐增大，其边缘部分比靠近髓心处木材的密度可增大 15%～20%(如桦木、欧洲山杨、椴木等)，甚至可增大至 31.5%(如木麻黄)。

(4)生长轮宽度和晚材率

各树种生长快慢有明显差异，其生长轮宽度和晚材率大小也不一样，两者关系因树种的不同而表现各异。

对早、晚材区别明显的针叶树材和阔叶树材的环孔材，早、晚材的密度大不相同。生长轮内早材细胞腔大、壁薄、质软、疏松，晚材细胞腔小、壁厚、质硬、致密，晚材密度是早材密度的 3 倍左右；而木材的密度大小由早、晚材共同决定即由晚材率大小决定，晚材率高，木材密度大。由于针叶树材晚材宽度大致不变，生长轮越宽，早材比例增大，木材密度减小；但生长轮太窄为树木非正常生长，木材密度不是增大而是减小。阔叶树材的环孔材中，早材宽度基本一定，生长轮宽度增加，晚材比例增大，故木材密度增大。阔叶树材的散孔材因早晚材分布均匀、大小近于一致，生长轮宽度对木材密度影响不大。

(5)立地条件及其他因子

树木的立地条件，包括气候、地理位置等对木材密度也有很大影响。这是因为即使是同一树种，由于立地条件等差异存在，必然导致其细胞组织比量不同、相同体积内细胞孔隙度和细胞壁物质含量有差异，从而导致木材密度有较大的差异。另外，同为种子繁殖的人工林和天然林，红松人工林木材密度比天然林的低 2.0%，而黄花落叶松人工林木材密度则比天然林的高 17.0%。

5.4 木材热学性质

常温下木材是热稳定性材料，但温度变化较大时，可促使水分在木材中移动，也可使木材软化、热解甚至燃烧等。在这些过程中，木材的性质相应地会发生改变。在木材软化、曲木工艺、干燥、热压、胶合、防腐等木材工业方面，均要在较高的温度下进行，因此掌握木材的化学成分、物理及力学性质在受热条件下发生的反应就非常重要。木材作为生活、环境材料方面，如木材的触觉性质、隔热保温性能都与木材的热学性质相关，在建筑部门进行隔热、保温设计时，是不可缺少的数据指标。木材的热学性质即为木材的热物理性质，包括木材与热相关的各种性质，如比热、导热系数、导温系数、热扩散率、热膨胀、耐热性等。

5.4.1　木材热容量和比热

使物体的平均温度变化 1℃所吸收或放出的热量称为该物体的热容量，则热容量

$$q=\frac{Q}{\Delta T}(\mathrm{J/℃})$$

式中：Q——所需的热量(J)；

ΔT——温差(℃)。

物体单位质量的热容量称为比热(热容量系数)，一般用 C 表示，国际单位为 J/(kg · ℃)或 J/(kg · K)，常用单位有 kJ/(kg · ℃)、kJ/(kg · K)、kcal/(kg · ℃)等。

木材是有机多孔性材料，其比热远比金属材料大，但明显小于水(表 5-3)。中国林业科学研究院和东北林业大学采用热脉冲法，测定了 55 种国产木材在室温和气干状态下的比热平均值为 1.71kJ/(kg · ℃)，最低值为 1.55kJ/(kg · ℃)，最高值为 1.89kJ/(kg · ℃)。Dunlap 于 1913 年采用热量计法测量了 20 个树种 100 块试样在 0~106℃温度之间的比热，结果证实木材的比热与温度、含水率等因子有较为密切的关系，但基本上与树种(但树脂含量高的木材，其比热值常较大)、密度、在树干中的部位等因子无关。

表 5-3　相关材料 0~100℃下的平均比热　　kg · ℃

材料	比热	材料	比热
铅	0.130	木材(栎木)	2.394
钢铁	0.483	木材(云杉)	2.730
玻璃、花岗岩、木炭	0.840	水(30℃)	4.1887
混凝土	0.882	水(20℃)	4.1945
铝	0.924	水(15℃)	4.2000
钢	0.935	水(10℃)	4.2084
冰	2.100		

(1)绝干材的比热

绝干材的比热随温度的升高而增大，0~100℃时绝干材比热(C_0)与温度(t)关系的经验方程式(Dunlap，1913)如下：

$$C_0=4.18\times(0.266+0.001\,16\cdot t) \tag{5-23}$$

后来，Кириллов 根据试验结果，提出了适用于 0~100℃温度范围内的另一绝干材比热经验方程式：

$$C_0=4.18\times\left[0.28\times\left(1+\frac{t}{100}\right)^{0.2}+0.09\right] \tag{5-24}$$

式中：C_0——绝干材比热[kJ/(kg·℃)]；

t——木材温度(℃)。

比较以上两式的计算结果，由式(5-23)所得计算结果明显小于式(5-24)的结果。对此 Емуенко 指出，Dunlap 的试验采用热量计法，由于试样温度的不均匀和传向周围介质的热损耗等因素，导致测定值小于实际值。

(2)非绝干材的比热

非绝干材(含水木材)可以看作是由木材、水分和空气组成的三相系统，按热容量迭加原理(即按各组分的重量份数与其比热乘积之和来计算)，非绝干材的比热应等于木材和水分比热之和(由于空气的质量极小可忽略)。因水的比热约是绝干材的 3.5 倍，所以非绝干材的比热大于绝干材，且木材的比热随含水率的增加而增大。

非绝干材的比热 C_W 可按下式近似计算：

$$C_W=\frac{W\cdot C+100C_0}{W+100}=\frac{4.18W+100C_0}{W+100} \tag{5-25}$$

式中：C_W——木材含水率为 W%时的比热[kJ/(kg·℃)]；

W——木材含水率(%)；

C——水的比热，常取 $C=4.18$[kJ/(kg·℃)]；

C_0——绝干材比热[kJ/(kg·℃)]。

上式中由于水的比热仅在 15.6℃时才为 4.18kJ/(kg·℃)，并且迭加原理只有在各组分间不发生吸热或放热时才正确；而实际上干木材在对水的吸附过程中发生放热反应，这种反应使生成物的比热大于参加反应各组分比热之和，因此上式的精度受到了影响，特别是含水率较低时。为此，Кириллов 同时考虑温度、含水率两个因素的影响，提出了含水率在 10%~150%、温度在 20~100℃时，非绝干材比热的经验方程式为：

$$C=1.17\left[W\left(1+\frac{t}{100}\right)\right]^{0.2} \tag{5-26}$$

Кантер 根据栎、桦、松和落叶松木材热学性质测定的结果，编制了不同温度和含水率时木材比热曲线图(图 5-21)，按照该图求得的数值与式(5-26)计算结果相近。

由此图可以看出，在木材温度一定的条件下，木材的比热随含水率升高而升高；在木材含水率一定条件下，木材的比热随温度升高而增大；在低于零度情况下，与零度以上趋势一致，但影响程度不如零度以上明显。

5.4.2 木材导热系数

(1)木材导热系数

导热系数表示物体以传导方式传递热量的能力。导热系数 λ[W/(m·℃)]是以物体两个平行面间的距离为单位，温度差恒定为 1℃时，单位时间内通过单位面积的热量。

为了求得材料在稳定状态下传导的热量，可以将其平板的一面加热到一定的温度，并保持该面及与之平行的相对面间的温度差，求得此条件下的热量测量值。保持这种平衡所必需的热量，即传导的热量 Q 用下式表示：

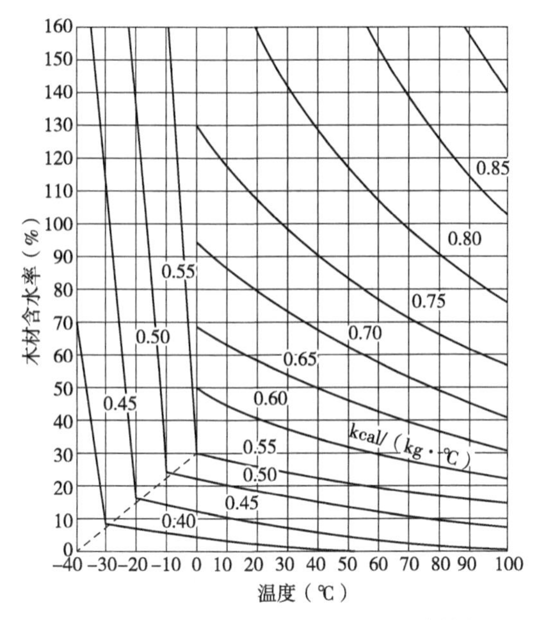

图 5-21 木材比热随温度和含水率变化图(成俊卿，1985)

$$Q=\frac{\lambda \cdot A \cdot t(\theta_2-\theta_1)}{d} \tag{5-27}$$

式中：λ——导热系数[W/(m·℃)]；

A——垂直于热流方向的面积(m^2)；

t——时间(h)；

θ_1、θ_2——分别为低温面和高温面的温度(℃)；

d——两面间的距离(m)。

因此，导热系数 λ 可由下式表示：

$$\lambda=\frac{Q \cdot d}{A \cdot t(\theta_2-\theta_1)} \tag{5-28}$$

由于木材仅含有极少量易于传递能量的自由电子，并且是具有很多空气孔隙的多孔性材料，所以其导热系数很小，属于热的不良导体，其导热系数分别约是铜、铝、铁的1/1000、1/500 和 1/100(表 5-4)。这正是木材常在建筑中用作隔热、保温材料，以及炊具把柄用材的主要原因之一；此外，木材的导热系数在评价木材热物理性质方面具有重要意义，在木材加工的许多工艺过程中(如人造板热压、木材加热软化、木材干燥、木材阻燃、木材防腐等改性处理)，都是必要的工艺参数。

表 5-4 相关材料的导热系数 W/(m·℃)

材料	导热系数	材料	导热系数
铜	348~394	玻璃	0.6~0.9
铝	218	椴木(顺纹)	0.41
铁	46~58	椴木(横纹)	0.21
花岗岩	3.1~4.1	松木(顺纹)	0.35
混凝土	0.8~1.4	松木(横纹)	0.16

(2)导热系数的影响因子

①木材密度　木材是多孔性材料，热流通过木材物质和孔隙两部分传递，但孔隙中空气的导热系数远比木材物质导热系数小；因此，木材的导热系数随着孔隙度的减小或密度增加而增大，二者近似呈线性关系，如下式：

$$\lambda_{0\perp}=0.217\rho_0+0.0238V \tag{5-29}$$

式中：$\lambda_{0\perp}$——绝干材的横纹导热系数[W/(m·℃)]；

ρ_0——木材绝干密度(kg/m^3)；

V——木材孔隙率(%)。

如$\rho_0=0$时，则$V=100\%$，$\lambda_{0\perp}=0.0238$W/(m·℃)，即为干空气的导热系数；如$V=0$，$\rho_0=1.53$时，则$\lambda_{0\perp}=0.332$W/(m·℃)，即为木材细胞壁物质的导热系数。

②木材含水率　水的导热系数为0.582W/(m·℃)，约是空气导热系数的25倍，随着木材含水率的增加，木材中部分空气被水所替代，致使木材的导热系数增大(图5-22)。

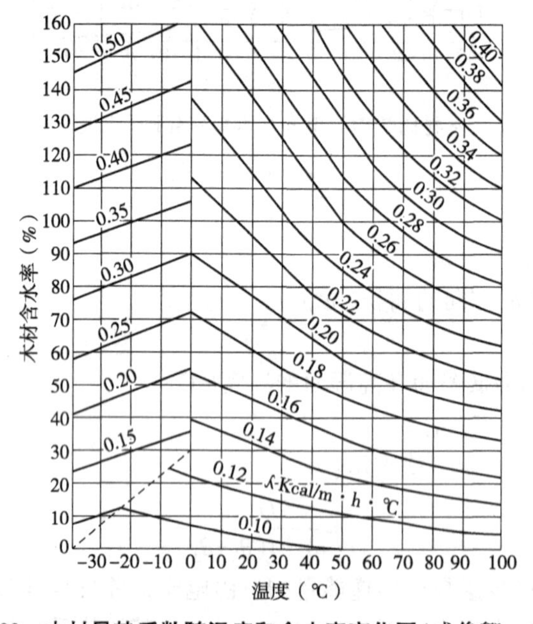

图5-22　木材导热系数随温度和含水率变化图(成俊卿，1985)

对此，Maclean提出了木材含水率与其横纹导热系数$\lambda_\perp$[W/(m·℃)]的关系式：

$$W<40\% \quad \lambda_\perp=(0.217+0.004W)\rho_0+0.0238V \tag{5-30}$$

$$W>40\% \quad \lambda_\perp=(0.217+0.0055W)\rho_0+0.0238V \tag{5-31}$$

式中：W——木材含水率(%)。

③温度　对木材等多孔性材料来说，随着温度的升高，未结冰木材的导热系数随着温度的升高而增大；当温度在零度以下且水结成冰时，因冰的导热系数随温度升高而减小，故结冰木材的导热系数也随温度升高而减小。由于冰的导热系数比水的导热系数大，所以在相同含水率条件下，结冰木材的导热系数比未结冰木材的导热系数大(图5-22)。

④热流方向　由于木材在组织构造上的各向异性，使得其在各方向上的导热系数亦有较大差异。

同树种木材顺纹方向的导热系数明显大于横纹方向的导热系数。国产红松、糖椴等5种木材顺纹与横纹方向导热系数的比值在为(2.5~3.1)：1，俄罗斯云杉、栎木等5

种木材顺纹与横纹方向导热系数的比值为(1.8~3.5)：1，这种差异随含水率的升高而减小(横纹方向导热系数为径向导热系数和弦向导热系数的平均值)。

木材径向与弦向的导热系数亦有一定程度的差异，但没有顺纹方向与横纹方向差异那么明显。一方面，由于木射线的缘故，通常径向导热系数比弦向大5%~10%，一般不超过15%。从55种国产木材热物理参数的结果来看，绝大多数树种木材的径向导热系数均大于弦向，比值变异范围为(1.05~1.32)：1，平均约相差12.7%。另一方面，早、晚材区别明显的针叶树材和阔叶树环孔材，因早、晚材密度的影响，弦向导热系数可能会大于径向。

5.4.3 木材导温系数

(1)导温系数(热扩散率)

导温系数表征木材等材料在加热或冷却的非稳定状态过程中，各点温度迅速趋于一致的能力。物体的导温系数越大，在同样的外部加热或冷却条件下，各点达到同一温度的速度就越快、温度差异越小。

导温系数与材料的导热系数成正比，与材料的体积热容量成反比，即：

$$\alpha=\frac{\lambda}{C\cdot\rho} \tag{5-32}$$

式中：α——导温系数(m^2/s)；

λ——导热系数[W/(m·℃)]；

C——比热[kJ/(kg·℃)]；

ρ——密度(kg/m^3)。

导温系数可以由导热系数、比热和密度计算，亦可由试验直接测定。中国林业科学研究院等采用热脉冲法，测定分析了红松、麻栎等55种国产木材在室温下的弦向导温系数为$1.176\sim1.754\times10^{-7}m^2/s$，平均为$1.39\times10^{-7}m^2/s$；结果显示，导温系数在各树种间的差异不如导热系数那样显著。

(2)木材导温系数的影响因子

①密度　木材的导温系数通常随密度的增加而略有减小。因为随着木材密度的增大，导热系数增大，同时引起分母体积热容量$C\cdot\rho$的增大，但密度变化对导热系数的影响小于它对体积热容量的影响；同时，因木材为多孔性材料，密度小者孔隙率大、孔隙中空气多，而静态的空气导温系数比木材大两个数量级，所以密度高的木材，其导温系数也就相应低一些。

②含水率与温度　当木材中水分未结冰时，木材的导温系数随含水率的增加而降低，随温度的升高而增大；但当木材中水分结冰时，木材的导温系数则随含水率的增加而增大，随温度的升高而降低。

③热流方向　热流方向对木材导温系数的影响与对导热系数的影响相同。由于木材组织构造的各向异性，顺纹方向导温系数远大于横纹方向导温系数，径向导温系数大都略大于弦向导温系数。据中国林业科学研究院对33种国产树种气干材、在室温条件下导温系数测定的结果来看，除杉木、麻栎等7种木材外，其余26种木材的径向导温系数平均比弦向约大13.0%。

5.4.4 木材热膨胀

(1)木材热膨胀

固体的尺寸随温度升高而增大的现象称为热膨胀。木材也具有热膨胀效应，但由热引起的热膨胀远远小于由水分引起的湿胀；木材的热膨胀很小，明显小于其他建筑材料，因此除将木材与其他材料组成复合材料外，一般可不予考虑。但当木材内部有温度梯度时，可能因热膨胀产生内应力而造成木材的变形、开裂等。

(2)木材热膨胀计算

木材热膨胀的大小可用线热膨胀系数(α)和体积热膨胀系数(β)来表示，分别表示温度每升高1℃时，木材产生的相对伸长($\Delta L/L_0$)和相对体积增加($\Delta V/V_0$)。木材的热膨胀系数很小，一般在$10^{-6}\sim10^{-5}$的数量级，通常采用精密的石英膨胀计测定，其中顺纹试样为$L\times T\times R=10\text{cm}\times1\text{cm}\times1\text{cm}$的长方体，横纹试样为$L\times T\times R=1\text{cm}\times1\text{cm}\times1\text{cm}$的立方体。绝干材顺纹方向热膨胀系数为$\alpha_{0L}=3.0\sim4.5\times10^{-6}/℃$，顺纹方向：径向：弦向热膨胀系数约为1：(6~7)：(8~10)；顺纹方向的热膨胀系数最小，径向热膨胀系数略小于弦向。

(3)木材热膨胀各向异性

由于木材是各向异性材料，其不同纹理方向的线膨胀系数有很大的差异。

①横纹方向热膨胀系数明显大于顺纹方向　木材中含有40%~50%的纤维素充当细胞壁结构的骨架物质，从它的晶胞结构特点、长链状形态以及它在主要壁层(S_2)的排列方向(与细胞长轴方向近于平行)来分析，纤维素结晶部分的长宽比约为10：1，使得垂直于纤维素分子链方向的分子振动为链长度方向的10倍左右；此外，实验还表明，顺纹方向热膨胀系数与木材密度无关，而横纹方向热膨胀系数随密度增加而增大。

②径向热膨胀系数略小于弦向　这是木射线对径向热膨胀的制约作用，以及细胞形状导致径、弦向上单位长度内细胞壁累加厚度的差异等共同影响的结果。

因此，针叶树材和阔叶树材径向热膨胀系数(α_R)、弦向热膨胀系数(α_T)，还可分别用以下经验公式来计算：

针叶树材和软阔叶树材：

$$\alpha_R=31\rho_0\times10^{-6}/℃ \tag{5-33}$$

$$\alpha_T=45\rho_0\times10^{-6}/℃ \tag{5-34}$$

硬阔叶树材：

$$\alpha_R=25\rho_0\times10^{-6}/℃ \tag{5-35}$$

$$\alpha_T=32\rho_0\times10^{-6}/℃ \tag{5-36}$$

而木材体积热膨胀系数(β)可近似等于3个方向线热膨胀系数之和，即：

$$\beta=\alpha_L+\alpha_R+\alpha_T$$

在常温范围内，木材的热膨胀系数常显示为一稳定值；但当温度达到某一特定值以上的高温区域时，可造成木材组织的热软化(如绝干材横纹热软化温度为80~110℃)、使木材塑性增加，从而导致木材的热膨胀系数增大。此外，对于含水率在纤维饱和点以上的湿木材而言，当在0℃以下低温时，会同时出现木材中因水结冰产生的体积膨胀，而对木材热膨胀系数产生影响。

5.4.5　热对木材性质的影响

常温下，热对木材使用影响较小；但如使木材长期处于受热条件下，其物理、力学、化学等性质会发生不同程度的改变甚至劣化，主要原因在于木材的结晶结构和化学组分在受热后会发生改变。具体表现为在一定温度下对木材进行热处理时，在适当的时间内可发生非结晶纤维素中部分结晶化的效应，导致木材吸湿性降低、弹性模量提高；如继续延长热处理时间，反而会造成木材中纤维素的非结晶化和化学成分的热分解，导致木材力学性质降低。热对木材性质的影响及影响程度，还因木材受热温度高低、外界条件的不同而异。

(1)空气中加热

当木材在空气介质中加热时，首先因其结构中的化学变化而呈现变色现象，如将木材长期处于40~60℃下，木材材色会呈现暗褐色，同时木材的强度也逐渐降低；此外，由于加热使得木材因部分物质挥发而产生收缩，细胞壁物质和超微结构也发生变化。当温度不超过70℃的条件下加热木材，对木材的绝干质量、尺寸及水分吸着性无明显影响。加热温度不超过100℃的条件下，木材性质不会发生明显的改变，木材绝干质量仅有微量减少，主要是半纤维素微量分解所致。在130℃以上温度热处理之后，木材吸湿性明显降低，这主要是由于吸湿性较强的多糖类的热分解所致。当用180℃温度加热处理时，开始24h主要是半纤维素和纤维素分解，24h后木质素分解将显著增加，此时会产生一氧化碳(CO)、甲烷(CH_4)、氢气(H_2)、乙烯(C_2H_4)和乙烷(C_2H_6)等可燃性气体，以及二氧化碳(CO_2)等不燃性气体；如将木材靠近火焰，这些气体能产生瞬间火焰，但因是吸热反应而不能持续燃烧。如继续加热使木材温度上升至250~290℃时，木材开始发生放热反应，分解出更多易燃气体，此时气体虽然能产生持续的火焰，但仍不是木材自身的燃烧。当将温度升高至350~450℃时，木材就能自动着火。

木材在空气中燃烧除与木材的导热性、密度、内含物、含水率有关外，与木材的形状、断面积及粗糙度也有关，此外还与加热时间长短关系显著。

(2)隔绝空气加热

木材在隔绝空气的条件下加热，当升温至150~200℃时产生不燃性气体二氧化碳、微量甲酸(CH_2O_2)、乙酸($C_2H_4O_2$)及水蒸气；高于200℃时碳水化合物分解，产生焦油和可燃性挥发物；高于450℃时，产生大量可燃性产物，剩余物为木炭。在热分解反应过程中，主要产物的生成量是温度、升温速度、系统压力、在反应罐内产物存留时间等过程物理量变化的函数。据有关文献报道，相对而言较低的温度(200~400℃)和反应时间的延长，能增加木炭产量；而在中等温度(400~600℃)条件下，加快升温速度并延长离析挥发物的存留时间，则焦油将成为主要产物(图5-23)。

(3)长期蒸煮加热

在长期蒸煮处理过程中，当温度在100℃下时，木材已有明显的质量损失，同时木材弹性模量等各种力学强度，尤其是冲击韧性下降显著，且随着温度升高和处理时间延长而急剧下降。原因在于木材长期蒸煮过程中半纤维素的过度降解和脱出，其影响程度随着蒸煮温度的升高和时间的延长而增大，尤其在温度升高的情况下反应更加剧烈。然而，适当温度、时间条件下的水热处理，可以起到释放木材内部应力、降低木材吸湿性、固定木材变形的作用。因此，在生产实践中长期蒸煮常被用于木材的软化、成形加

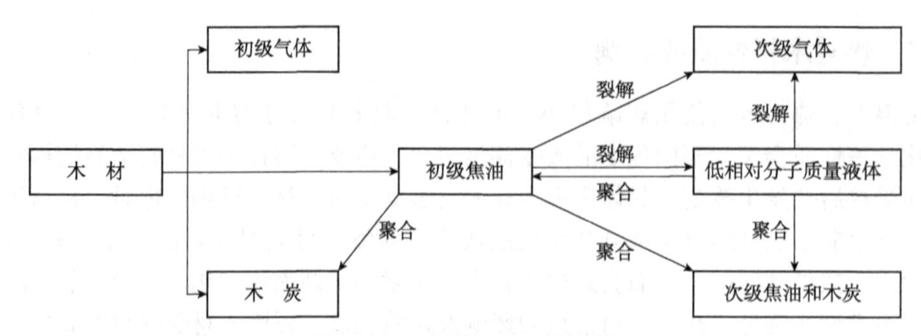

图 5-23 木材热分解反应图例

工、变形固定、压密化及碎料成型等加工工艺中。

5.5 木材电学性质

木材的电学性质指木材在直流电场和交变电场作用下所呈现的各种特性，包括木材直流电和交流电的导电性、电绝缘性、介电常数、介质损耗等。木材电学性质的理论研究，已从最初期研究木材的直流电、交流电基本特性，发展到探讨木材解剖分子和化学结构等构造因子，以及含水率、温度、频率等因素对木材电学性质参数的影响机制，特别是进展到分子水平上研究木材的介电弛豫现象。这不仅对于更深入地了解木材性质有着重要的理论意义，还在木材工业对木材含水率测定、高频电热技术的应用、木材微波干燥技术、木材无损检测等方面都具有广泛实用价值。

5.5.1 木材直流电性质

(1)电阻率与电导率

导体的电阻与组成该导体的材料有关，为材料的本性，评价材料导电性的优劣一般用电阻率和电导率来表示。

电阻等于一个物体的两端施加的电压，除以通过该物体的电流，即：

$$R=\frac{U}{I} \tag{5-37}$$

式中：R——电阻(Ω)；

U——电压(V)；

I——电流(A)。

电阻率是指单位长度、单位截面积上均匀导线的电阻值，是材料的固有属性，电阻率越大则材料导电能力越弱。电阻率 ρ 的计算公式如下：

$$\rho=R\cdot\frac{A}{l}=\frac{U}{I}\cdot\frac{A}{l} \tag{5-38}$$

式中：ρ——电阻率(Ω · m)；

A——导体的截面积(m^2)；

l——导体的长度(m)。

电导率(σ)又称导电率，是电阻率的倒数，单位为 1/(Ω · m)，电导率越大，则说明材料导电能力越强。

按照电阻率(或电导率)的大小，所有材料可以划分为：导体、半导体和绝缘体(介电体)。导体是导电能力强的材料，电阻率小于 $10^{-5}\Omega \cdot m$，如金属等；绝缘体的导电能力很差，电阻率高于 $10^{8}\Omega \cdot m$，如陶瓷、橡胶、塑料等；导电能力介于导体和绝缘体之间的称为半导体(半绝缘体)。绝干木材的电阻率为 $10^{14} \sim 10^{16}\Omega \cdot m$，属于绝缘体；随着含水率的升高，木材的电阻率急剧下降。当木材含水率到达纤维饱和点时，电阻率为 $10^{3} \sim 10^{4}\Omega \cdot m$；室温下湿材的电阻率仅为 $10^{2} \sim 10^{3}\Omega \cdot m$，均属于半导体。

(2)木材导电机理

木材的化学结构组成，决定了木材几乎不含有导电性良好的自由电子；但木材在电场的作用下能够产生微弱的电离现象，由离子的微弱移动产生导电性，这正是木材具有弱导电性的真正原因。木材中存在的离子可分为两类：一类是被吸附在结晶区表面的结合离子；另一类一般发生在细胞壁的非结晶区，为处于游离状态、在外部电场作用下能够产生电荷移动的自由离子，而木材主要是依靠这类自由离子进行导电。

木材在吸湿范围内，木材电导率除主要取决于木材中自由离子的数目外，还与离子的迁移率即与离子在电场作用下的移动能力有关；由于木材的导电性依靠其内部的离子，所以离子浓度、分布、或两者发生变化时，都将对木材电导率产生影响。在高含水率范围内，离子的浓度很高，离子迁移率上升为导电率大小的决定因子。

(3)影响木材电导率的因素

木材的直流电导率不仅受电压、通电时间等外部电场条件的影响，还受木材含水率、温度、密度、水溶性电解质含量、纹理方向等自身因素的影响。

①含水率　木材含水率与其电导率间有极为密切的关系，从绝干状态到纤维饱和点，木材电导率随含水率的增加而急剧上升，增大为初始电导率的几百万倍；但从纤维饱和点含水率至最大含水率，木材电导率的增加速度较为缓慢，仅增大几十倍(图 5-24)。正是利用木材电导率的对数与含水率间存在线性关系，研制出了直流电阻(或电导)式水分仪，测定的木材含水率范围为 7%~30%。

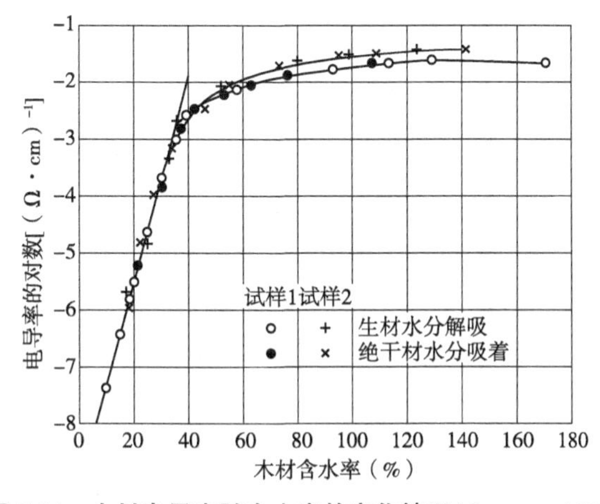

图 5-24　木材电导率随含水率的变化情况(Stamm，1929)

②温度　对于金属等导体来说，电阻率随着温度的升高而增大；而木材的电阻率却随温度的升高而减小。这是因为木材与金属不同的导电机理而引起的，金属通过电子的迁移来导电；而木材则通过自由离子来导电，所以当温度一定时，木材中自由离子的数目达到相对平衡，此时随着温度的升高，离子迁移率随之增大，导致木材电导率增大。

在0℃以上范围内，温度对全干材影响最为显著，随温度增加，电阻率下降；从全干至纤维饱和点，随含水率的增加，温度影响变小。电导率与热力学温度间的经验关系式如下：

$$\sigma = 10^{\left(-0.8-\frac{5000}{T}\right)} \tag{5-39}$$

式中：σ——电导率[$(\Omega \cdot m)^{-1}$]；

T——热力学温度(K)。

③密度　不同木材密度对于导电性也有一定的影响。在相同条件下，木材密度大者，其物质多、空隙少，而木材细胞壁物质的电阻率远小于空气，所以其电阻率小于密度小者、电导率高于密度小者。但相比含水率，密度的影响又是极小的，在直流电传导中往往可以忽略不计。

④水溶性电解质含量　在对37种国产木材的电阻率测试中发现，树种间的电阻率差异有时不符合密度对电阻率影响的规律。究其原因可能是木材电阻率受水溶性电解质存在的影响，而树种间某些水溶性微量成分的差异，导致了树种间电阻率也产生差异，而且这种差异大于密度因素的影响。此外，由于心材比边材含有更多的抽提物与水溶性电解质，所以心材比边材电阻率低。

⑤纹理方向　一般来说，木材横纹方向的电阻率要大于顺纹方向的电阻率，针叶树材横纹方向的电阻率约是顺纹方向电阻率的2.3~4.5倍，阔叶树材通常为2.5~8.0倍。在木材横纹方向上，通常是弦向电阻率稍大于径向电阻率(黄花落叶松除外)；中等密度的针叶树材弦向电阻率比径向大10%~12%，高密度树种的这种差异则减小。

5.5.2　木材交流电性质

方向和大小按一定频率周期性变化的电流称为交流电；交流电按其频率的高低可分为低频(含50/60Hz的工频)和高频(射频)。木材的交流电性质，是指木材在交流电作用下所呈现的各种特性，主要包括木材的介电常数、介质损耗(或功率因子)、电阻率(或电导率)的变化规律及影响因素。

(1)低频交流电与木材

在交流电的低频区域，木材的电学性质与直流电性质呈现相同特性。在绝干状态下木材电阻极高，作为绝缘材料都是有效的；随着含水率的增加，电阻显著减小；当达到纤维饱和点以上时，电阻变化很小、趋于平缓。

在低频区域，欧姆定律对木材介质也成立，产生的焦耳热和直流电情况相同。但在利用木材在交流电作用下产生的焦耳热对木材进行低频加热时，电压过高有放电的危险，而干燥木材的电阻非常高，导致电流强度、发热量显著减小。因此，要提高发热量，既要控制电压在一定限度内，又要使木材具有较高的含水率，一般至少在纤维饱和点以上。

此外，利用直流电和交流电的焦耳热进行木材干燥时，在直流电的情况下，只有阳极一侧干燥得比较快；在交流电情况下，只有中央部分干燥得比较快，且电流停止后木材含水率梯度大，因此作为木材干燥方法是不恰当的。

(2)高频交流电下木材的介电性

高频频率范围大约从0.3~40MHz。在木材工业中，用于高频交流电干燥木材的频率通常在1~10MHz；用于微波干燥的频率多为915MHz或2.45GHz(微波频率一般为300MHz~300GHz，包括频率300MHz~3GHz的特高频、频率3~30GHz的超高频、频率

30~300GHz 的极高频）。

所谓介电性，是指物质受到电场作用时，构成物质的带电粒子只能产生微观上的位移而不能进行宏观上迁移的性质；表现出介电性的物质称为介电体。在高频下木材表现出介电性，其中绝干木材属于极性介电体，低含水率的木材也仍可以看作是极性介电体。随着含水率的上升，木材中离子的迁移率增大，因此高含水率的木材表现出明显的导电性，而介电性不明显。

木材的介电性主要由介电常数(ε)和损耗角正切($\tan\delta$)表示。

①介电常数(ε)

木材介电常数(介电系数)是指在交流电场中，以木材介质电容器的电容量与相同条件下以真空为介质电容器的电容量之比。由于以空气为介质与以真空为介质所得的电容值相近，所以通常取 ε 为介质电容 C 与空气电容(C_0)之比，即：

$$\varepsilon=\frac{C}{C_0} \tag{5-40}$$

介电常数是反映木材在交流电场下介质极化状况和存储电荷能力的物理参数，其值越小，电绝缘性越好，反之亦然。如水的介电常数为 81，云母的介电常数为 7.1~7.7，硬质陶瓷的介电常数为 5.73，而绝干木材的介电常数约为 2。

影响木材介电常数的因素很多，主要包括木材含水率、密度、纹理方向、电场频率、方向等。

含水率　含水率对介电常数的影响十分明显。在温度和频率一定的条件下，木材的介电常数随含水率的增加而增大。这是因为水的介电常数为 81，远远大于绝干木材介电常数 2。当含水率在 0%~5%，木材细胞壁内表面以单分子层吸附水分子时，介电常数随含水率的增加而仅增高至 2~3；随着含水率从 5%向上继续增加至纤维饱和点含水率时，介电常数随含水率增加而呈指数函数增大；在纤维饱和点以上时，水分子已不受木材分子基团的吸附作用，介质系数的变化主要取决于自由水在木材中的体积百分率，此情况下介电常数随含水率增加大致呈直线形式增大(图 5-25)。交流介电式水分仪定木材含水率范围大，就是利用了这个特性。

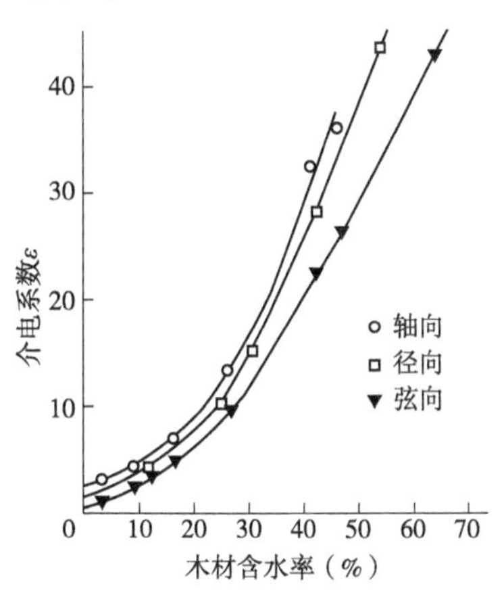

图 5-25　含水率对落叶松材介电常数的影响 f=1.1MHz，（刘一星等，1985）

密度　木材的介电常数随密度的增加而增大。一般认为，密度相同的不同树种木材介电常数几乎没有差别，但因密度不同而有所不同；原因是当木材密度增大时，实际上是细胞壁物质含量的增多，从而导致单位体积木材内偶极子数目增多，增强了木材的极化反应，所以木材的介电常数随之增大。

在一定频率下，介电常数受木材含水率和密度共同影响，如当频率(f)为 2MHz、绝干密度(ρ_0)为 0.3g/cm^3、含水率(W)为 17.5%时，介电常数(ε)为 3；当 ρ_0 = 0.4g/cm^3、W=12.5%时，ε=3。两者介电常数相同，但含水率却不同，虽然木材密度对介电常数的影响比含水率的影响要小，但比它对直流电导的影响要大，不可忽视，所以在利用介电性测定木材含水率时，必须要做密度的修正。

纹理方向　在温度、频率、密度和含水率都相同时，电场方向为顺纹时的介电常数比横纹方向的介电常数大30%~60%，如绝干栎木的顺纹介电常数为3.64，横纹介电常数为2.46，主要原因是木材构造上的各向异性所致。由于大多数的纤维素大分子的排列方向与细胞长轴方向近于平行，纤维素非结晶区的羟基在顺纹方向比在横纹方向具有更大的自由度，易于在电场作用下做取向运动，所以纵向的介电常数大于横纹方向。弦向介电常数≤径向，一方面原因是木射线的作用使径向介电常数大于弦向，另一方面因木材细胞弦面壁上木质素含量比径面壁低，而木质素的介电常数又比纤维素小，导致弦向介电常数又大于径向。两方面共同作用的结果，导致弦向介电常数一般略低于或近似等于径向。

频率　一般来说，木材介电常数随频率的增加而逐渐减小。在高频范围内，木材含水率越低，介电常数受频率的影响越小、曲线较平缓；随着含水率的升高，尤其是含水率在20%以上时，频率对介电常数的影响作用会越来越明显(图5-26)。

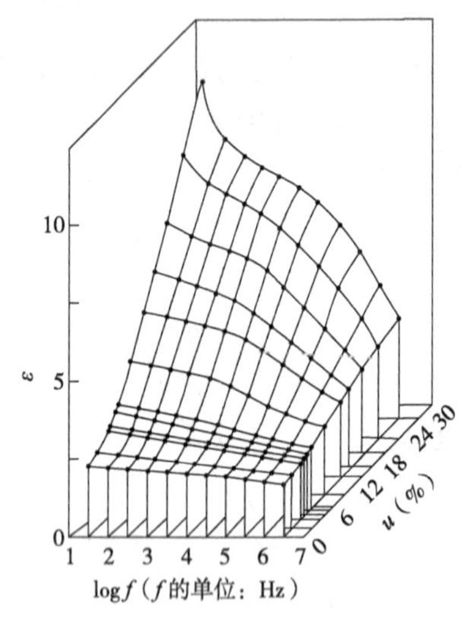

图5-26　云杉木材在不同含水率下的介电常数ε频率谱(-60℃)

(赵广杰等，1990)

木材介电常数随频率变化的原因是介质极化作用，而材料的极化现象与极化时间，因材料的结构和成分不同而异。材料的极化现象通常可分为：电子极化、原子极化、定向极化(偶极子极化)和界面极化四类。在电场作用下，在原子内电子相对原子核所产生的相对位移而形成的极化称电子极化；它在加电场后的10^{-16}~10^{-14}s内迅速产生，频率为10^{15} Hz。在电场作用下，在分子内原子核所产生的相对位移而形成的极化称原子极化；它在加电场后10^{-13}~10^{-12}s内产生，频率为10^{12}~10^{13}Hz。偶极子(分子中的极性基团及含水木材中的水分子等)受外加电场作用，其方向成为定向，所形成的极化称定向极化；定向极化产生的时间为10^{-12}~10^{-6}s，频率为10^{6}~10^{9}Hz。在非均质物体上，由于介电常数和导电率的不同，引起介质界面上离子集结的极化称界面极化；界面极化在加电场后10^{-8}~10^{-3}s内产生，频率从低频至无线电波频率为止。

木材是具有上述4种极化的电介质，当介质处于低频电场时，介质中四种极化都来得及随电场而建立，此时具最大的极化强度、有最大介电常数。当频率增高时，首先可能是界面极化来不及形成，极化强度减小、介电常数减小；其次是定向极化来不及完成使介电常数再一次减小。在高频范围内木材介电常数随频率增加而减小的现象，主要是由于木材中偶极子来不及随电场变化的结果；而因原子和电子位移极化来不及建立而使介电常数发生的变化，只有在外加电场频率达到红外线和可见光频率范围时才会发生。

②木材的介质损耗　木材介质处于交流电场中，其中的偶极子在电场中做取向运动，产生介质极化现象。由于偶极子运动时的内摩擦阻力等相互间的作用，使介质偶极矩取向滞后于外施电场的变化，宏观表现为通过介质的总电流(I_T)在相位上滞后于极化电流(充放电电流，I_C)，这样每一周期中有一部分电能被介质吸收发热，这种现象称为介质损耗。

损耗角正切 $\tan\delta$ 是指介质在交流电场中，每周期内热消耗的能量与充放电所用能量之比，在数值上等于热耗电流(I_R)与充放电电流(I_C)之比。

$\tan\delta$ 多用于材料介质损耗的定量表征；而在工程上，为计算热功率消耗时，有时也采用功率因数 $\cos\theta$ 来表示介质损耗。功率因数是表示每周期之内吸收功率(热消耗能量)与该周期内材料贮存的总表现功率(电容内贮存的全部能量)比值，在数值上等于热耗电流(I_R)与总电流(I_T)之比。

当木材处于绝干状态或含水率不高时，木材损耗角(δ)极小，$\tan\delta$ 也极小，如当木材的介电常数 $\varepsilon=2\sim8$，$\tan\delta$ 的范围约为 $2\times10^{-4}\sim7\times10^{-2}$，此时可由下式推算 $\cos\theta$：

$$\cos\theta=\frac{I_R}{I_T}=\frac{I_R}{\sqrt{I_R^2+I_C^2}}=\frac{I_R}{\sqrt{I_C^2[1+(\tan\delta)^2]}}\approx\frac{I_R}{I_C}=\tan\delta \tag{5-41}$$

介质损耗因数是与能量损失成正比的量，数值上等于介电常数与损耗角正切的乘积，即 $\varepsilon'=\varepsilon\cdot\tan\delta$。木材作为介电体时，希望介质损耗尽量小；当在高频加热和胶合木材时，希望介质损耗大、功率因数高、发热量大，使木材的加热和胶合效果好。

木材介质损耗主要决定于损耗角正切($\tan\delta$)的大小，而损耗角正切随电场频率(f)、木材的含水率(W)、密度(ρ)及纹理方向的变化而变化。

含水率　在相同频率下，木材损耗角正切($\tan\delta$)随含水率(W)的增加而增大。在纤维饱和点以下，$\tan\delta$ 随 W 的增加而明显增大；但在纤维饱和点以上时，这种增大趋势趋于平缓(图5-27)。根据对30个树种木材测定结果显示，在2MHz频率下，当 $W=0\%$ 时，$\tan\delta=0.017\sim0.032$；当 $W=10\%$时，$\tan\delta=0.033\sim0.056$。

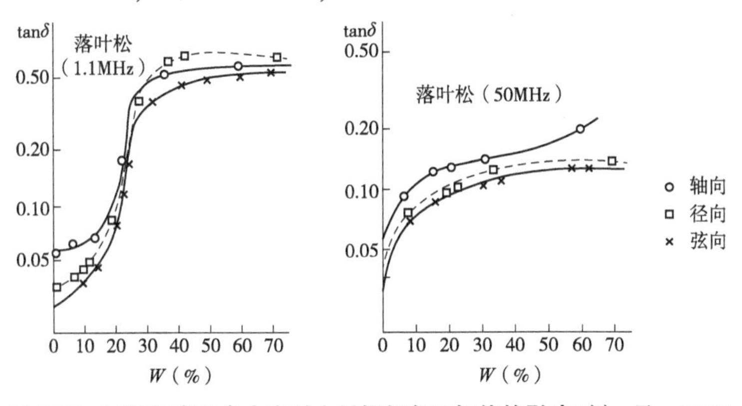

图5-27　两种频率下含水率对木材损耗角正切值的影响(刘一星，1985)

密度　对于同一树种的木材，密度增大有使 $\tan\delta$ 值增大的趋势；对于不同树种之间，并不能确定与密度有明显的关系，有时木材内抽提物的影响甚至超过密度的影响。密度的影响程度不如含水率、频率的影响明显；但介质损耗因数(ε')却有随密度(ρ)增加呈线性增大的关系。

纹理方向　木材的损耗角正切($\tan\delta$)和介质损耗因数(ε')在顺纹方向(轴向)测量值大于径向，径向测量值略高于弦向(图5-27)。这种各向异性的表现与介电常数的各向异性表现相类似，与木材纤维素大分子的排列方向、木射线比量、木质素分布等因素有关。

频率　介质处于交变电场中，介质内发生电能损耗与否及大小，不仅与外加电场频率有关，而且关系十分复杂。一方面，就介质的偶极子极化而论，当外加电场频率很低时，随电场缓慢地改变方向，偶极子有充足时间重新定向，与交变电场同步，介质内不产生电能损耗；而当电场频率高到偶极子完全来不及转向时，也不发生电能损耗。只有在这两种极端频率之间时，偶极子能随外加电场而改变，但不能完全同步，此时介质内产生电能损失，这一损失的电能便转化成热能，介质电热即基于此原理。另一方面，即使外加电场的频率在这一特定范围内，介质内能产生电能损失并转化成热，但热能的大小也会因含水率及频率的改变而产生复杂的变化。如绝干材的 $\tan\delta$ 在 10MHz 左右的频率范围内呈现一个比较平缓的吸收峰；随着含水率的增加，在 $W \leqslant 20\%$ 的范围内，可以观察到曲线高频侧的吸收峰逐渐向更高的频率范围移动；随着含水率的继续增加，曲线形式发生了变化，在低频侧 $\tan\delta$ 随着频率的降低而减小逐渐变为随着频率的降低而增大。

5.5.3 木材电学性质在木材工业中的应用

(1)木材含水率测定仪

木材含水率直接测定法共同的缺点是破坏试样、操作时间长；而利用木材电阻率、介电常数、功率等电学性质，与木材含水率之间的关系设计出来的含水率测定仪，就可克服上述不足。目前木材含水率测定仪主要有以下两种：

①直流电阻式水分仪(直流电导式水分仪、直流电表含水率测湿仪)　此种水分仪因其具有方便、快捷、无损等优点，而在木材工业上得到最广泛应用。其工作原理是利用木材的电阻与含水率之间的定量关系，将电阻值转换为含水率值。直流电阻式水分仪测定的含水率范围一般为 7%~30%，当含水率太低时或在纤维饱和点以上时，仪器的灵敏性下降。

②交流介电式水分仪　由于一定频率下木材的介电常数(电容式水分仪)和介质损耗因数或损耗角正切(能耗式水分仪)随着含水率的变化而变化，因此通过测定木材的介电参数并将其转化成含水率，就可以测定木材的含水率。交流介电式水分仪测定的含水率范围一般为绝干至纤维饱和含水率范围，但由于制造上的困难，实际测量的含水率范围是有限的。

由于木材的电阻、介电参数受到多种因素的影响，为了提高精度，有时需要对测得的含水率进行温度、树种和密度修正。

(2)木材及木制品的高频热固化胶合技术

木材在低含水率状态下属于极性介电体，所以当把热固性的湿胶黏剂施于木材表面时，由于两者的介电性不同，胶黏剂在高频电场中产生的介质损耗比干木材大得多，因此损耗的电能转化成热能后，主要使胶黏剂的温度迅速升高、产生热聚合、固化。值得注意的是，要达到上述选择性加热，必须保证电场作用线方向与胶层平行，即极板与胶层垂直配置；同时木材含水率不得高于 12%，以 8%~12%为佳。

(3)木材高频干燥技术

与高频胶合技术利用于木材介电参数低的特点相反，高频干燥技术则是利用木材中的水分子在高频电场中的极化来加快干燥进程的。当含有水分的木材被置于高频电场时，木材中大量的偶极子会在电场作用下做定向极化运动，这种运动使得分子间产生内摩擦，将电能转化为热能，使木材温度均匀而连续地提高。由于木材表面产生热的辐射和导热，使木材表面温度低于内部，形成了有利于水分先从木材表面迅速排出的、内高外低的温度梯度和含水率梯度，因而高频干燥具有干燥速度快、加热均匀、热效率高、木材变形小等优点；但同时也存在能耗大、操作危险性高等缺点。

同木材高频干燥一样，木材微波干燥也是利用分子间产生内摩擦将电能转化成热能的；不过微波干燥(f=0.3~300GHz)采用的是比高频干燥更高的频率，常用915MHz或2.45GHz，所以微波所产生的能量比高频高得多。因微波干燥具有干燥速度快、木材变形小、干燥质量好、热能利用率高、适于自动化生产等优点，故越来越受到国内外木材加工部门的重视。但由于微波干燥尚存在耗电量大、成本高及设备原件耐久性差等难题，目前一般仅限于珍贵树种木材的干燥。

除了上面介绍的几项应用以外，目前，国内外在刨花板、纤维板等人造板生产中部分地采用高频(或微波)加热技术；此外，高频加热技术还可以应用在木塑复合材(WPC)的加热聚合、木材解冻、防腐和杀虫处理、方材和薄板弯曲胶合技术、纤维板的定向铺装工艺等方面。

5.6 木材声学性质

木材和其他的弹性材料一样，在冲击力或周期力的作用下能产生并传播振动；振动的木材表面将激发周围的空气，并以空气为媒介，将振动以波的形式传入人耳。当频率约为16~20 000Hz并具一定的声能时，可被人耳所感知；在此频率范围的波动传递，称为声波。

木材的声学性质，包括木材的振动特性、传声特性、空间声学性质、乐器声学性能品质等与声波有关的固体材料特性。

5.6.1 木材振动特性

当木材受到瞬间的冲击力(如敲击)或声波作用时，木材按其固有频率发生振动，其连续振动的时间、振幅的大小取决于作用力的大小和振动频率。由于内部摩擦的能量衰减作用，木材这种振动的振幅不断减小，直至振动能量全部衰减消失为止，这种振动称衰减的自由振动或阻尼自由振动。

共振是指物质在强度相同而周期变化的外力作用下，能够在特定的频率下振幅急剧增大并得到最大振幅的现象；共振现象对应的频率称为共振频率或固有频率。物体的固有频率由它的几何形状、形体尺寸、材料本身的特性(如弹性模量、密度等)和振动的方式等综合决定。但在振动方式、几何形状和形体尺寸既定的条件下，固有频率完全决定于材料本身的特性。

木材等固体材料通常有3种基本的振动方式，即纵向振动、横向振动(弯曲振动)和扭转振动(图5-28)。

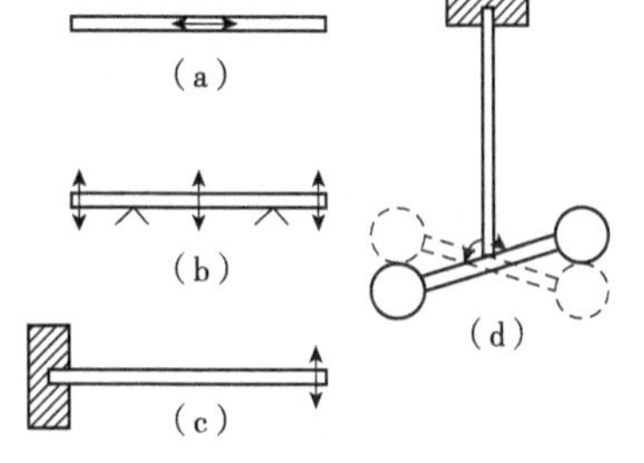

图5-28 木材振动的3种基本类型
(Brown, 1952)
(a)纵向振动；(b)(c)横向振动；(d)扭转振动

(1)纵向振动

纵向振动是振动单元(质点)的位移方向与由此位移产生的介质内应力方向相平行的振动[图5-28(a)]。运动中不包含介质的弯曲和扭转的波动成分，为纯纵波。叩击木材的一个端面时，木材内产生的振动和木棒的一个端面受到超声脉冲作用时木材内产生的振动都是纵向振动。

设木棒长度为L，密度为ρ，弹性模量为E，则长度方向的声速(v)和基本共振频率(f_r)按下式求得：

$$v=\sqrt{\frac{E}{\rho}} \tag{5-42}$$

$$f_r=\frac{v}{2L}=\frac{1}{2L}\sqrt{\frac{E}{\rho}} \tag{5-43}$$

木材的纵向振动，除了在基本共振频率(简称基频)发生共振之外，在f_r的整倍数频率处也发生共振，称高次谐振动或倍频谐振动。

(2)横向振动

横向振动是振动元素位移方向与引起的应力方向互相垂直的运动，包括弯曲运动。通常在木结构和乐器上使用的木材，工作时主要是横向弯曲振动，如钢琴的共鸣板(振动时以弯曲振动为主，但属于复杂的板振动)与木横梁静态弯曲相对应的动态弯曲振动等，都可以认为是横向振动。

木棒横向振动的共振频率通常比它的纵向共振频率低得多。横向共振频率不仅取决于木材试样的几何形状、尺寸和声速，而且与木材的固定(或支撑)方式，即振动运动受到抑制的方式有关。矩形试样的基本共振频率(f_r)可由下式表示：

$$f_r=\frac{\beta^2hv}{4\sqrt{3}\pi L^2}=\frac{\beta^2h}{4\sqrt{3}\pi L^2}\sqrt{\frac{E}{\rho}} \tag{5-44}$$

式中：L——试样长度(m)；

h——试样厚度(m)；

v——试样的传声速度(长度方向)(m/s)；

β——与试样边界条件有关的常数。

在木材试样处于两端悬空而在对应于基频振动节点处支撑、支点距两端距离均为试样长度的0.224倍位置的条件下[图5-28(b)]，计算基频$\beta_1=4.730$；其2次，3次，…，n次谐频分别以β_2，β_3，…，β_n表示；$\beta_2=7.853$，$\beta_3=10.996$，$\beta_n=(n+1/2)\pi$ ($n>3$)。

在木材试样一端固定而另一端悬空的振动工作条件下[图5-28(c)]，计算基频$\beta_1=1.875$；谐频$\beta_2=4.694$，$\beta_3=7.855$，$\beta_n=(n-1/2)\pi(n>3)$。

(3)扭转振动

扭转振动是振动元素的位移方向围绕试样长轴进行回转，如此往复周期性扭转的振动[图5-28(d)]。此情况下，木材试样内抵抗这种扭转力矩的应力参数为刚性模量(剪切模量，G)。如果木棒的惯性矩与外加质量的惯性矩相比可以忽略不计的话，则试样基本共振频率(f_r)取决于该外加质量的惯性矩(I)、试样尺寸和刚性模量(G)，计算公式如下：

$$f_r=r^2\sqrt{\frac{G}{8\pi\cdot I\cdot L}} \tag{5-45}$$

式中：r——圆截面试样的半径(cm)；

L——试样的长度(cm)；

I——试样的转动惯性矩(cm^4)。

5.6.2　木材的声内摩擦衰减和辐射性能

根据木材不同用途(如乐器材)的要求，还应了解木材振动的声辐射性能以及振动能量的分配、消耗方式。与之相关的，有木材的(内摩擦)对数衰减率(或损耗角正切)、木材声辐射品质常数(声辐射常数)和声阻抗等声学性质参数。

(1)木材内部声摩擦衰减

木材在受瞬时冲击力产生横向振动，或在受迫振动过程中突然中止外部激振力时，木材的振动能量随时间逐渐降低，振幅逐渐减小，直至能量全部消失而恢复到静止状态[图 5-29(a)]。

产生上述现象的原因是试样所获得的能量在振动过程中被消耗而衰减。木材的振动能量衰减分成两个部分：一部分相当于向空气中辐射能量时为克服空气阻力所消耗的能量，这部分能量以声波的形式辐射到空气中，由此产生的衰减为声辐射衰减；另一部分是由于在木材内及周围的接触固定界面上的能量吸收，即由内部分子间的摩擦和界面上的摩擦，将动能转变为热能而被消耗，这种能量衰减称为内摩擦衰减或损耗衰减。从上述分析来看，木材振动所消耗的能量是用于声能辐射的能量分量和消耗于内摩擦的能量分量的组合。消耗于内摩擦等热损耗因素的能量越小，用于声辐射的能量越大，则声振动的能量转换效率就越高。

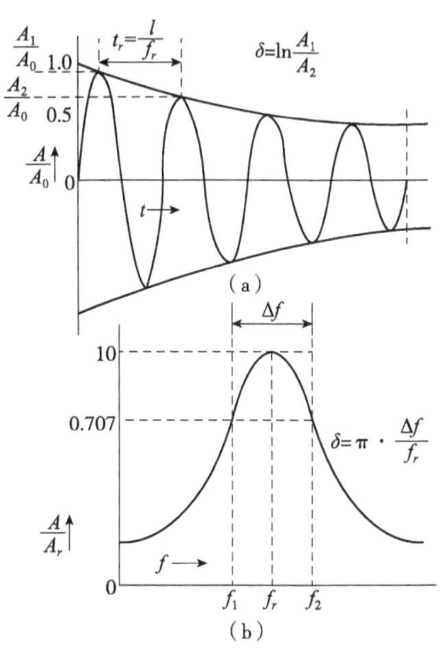

图 5-29　内摩擦引起的阻尼振动现象

(Brown，1952)

(a)自由振动中振幅 A、频率与对数衰减率(δ)关系；
(b)受迫振动中振幅 A、频率与对数衰减率(δ)关系

木材因为摩擦损耗所引起的能量损耗用对数衰减率(δ)来表示。受外部冲击力或周期力作用而振动的木材，当外力作用停止之后，其振动处于阻尼振动状态，振幅随时间的延长按负指数规律衰减。其中两个连续振动周期振幅值之比的自然对数，为对数衰减率(对数缩减量，δ)，用下列公式表示：

$$\delta=\ln\frac{A_1}{A_2}=\alpha\cdot T_0 \tag{5-46}$$

式中：A_1、A_2——两个连续振动周期的振幅[图 5-29(a)]；

α——内部阻尼系数(衰减系数)；

T_0——自由振动的周期。而受迫振动状态下的对数衰减率(δ)，则按下式计算：

$$\delta=\pi\cdot\frac{\Delta f}{f_r} \tag{5-47}$$

式中：Δf——频率响应曲线上振幅降至最大振幅的 0.707 倍时对应的频率之差；

f_r——最大振幅的对应频率(即基频)[图 5-29(b)]。

木材的对数衰减率随树种的不同有一定程度的变异，变化范围为 0.020~0.036；其中针叶树材的对数衰减率通常较低。一般来说，对数衰减率较低的木材，较适于

制作乐器的共鸣板。因为δ低说明振动衰减速度慢，有利于维持一定的余音，使乐器的声音饱满而有余韵；另外δ较低，则振动能量损失小，振动效率高，使乐音洪亮饱满。

(2)木材声辐射性能

木材及其制品的声辐射能力，即向周围空气辐射声功率的大小，与传声速度(v)成正比，与密度(ρ)成反比，用声辐射阻尼系数(R)来表示：

$$R=\frac{v}{\rho}=\sqrt{\frac{E}{\rho^3}} \tag{5-48}$$

声辐射阻尼系数(声辐射品质常数，简称声辐射常数)常用于评价材料声辐射品质的好坏。木材的声辐射常数，随树种不同有很大的变化；通常密度高的树种，其弹性模量也高，但声辐射常数往往比较低。所以，木材用作乐器的共鸣板(音板)时，应尽可能选用声辐射常数较高的树种(表5-5)。

(3)木材声阻抗(特性阻抗)

木材的声阻抗(ω)为木材密度(ρ)与木材声速(v)的乘积，由下式表示：

$$\omega=\rho v=\sqrt{\rho E} \tag{5-49}$$

木材声阻抗对于声音的传播，特别是对两种介质的边界上反射所发生的阻力是有决定意义的。两种介质的声阻抗差别越大，向声阻抗小的介质一方反射就越强烈。从振动特性的角度来看，它主要与振动的时间响应特性有关。与其他固体材料相比，木材具有较小的声阻抗和非常高的声辐射常数，是一种声辐射特性优良的材料(表5-5)。

表5-5 常见树种木材的振动性质

树种	密度 ρ(g/cm^3)	动弹性模量 E_d(GPa)	顺纹声速 v(m/s)	声辐射品质常数 $R\times10^{-2}$(m^4/kgs)	对数衰减率δ	声阻抗 $\omega\times10^{-2}$(dyns/cm^3)
云杉	0.388	7.9	4474	1109	0.0274	1749
杉木	0.418	11.0	5079	1225	0.0207	2157
红松	0.442	11.9	5127	1155	0.0226	2262
马尾松	0.523	13.2	4958	954	0.0247	2597
川泡桐	0.222	4.6	4394	1983	0.0242	1030
泡桐	0.252	5.0	4386	1767	0.0246	1110
水曲柳	0.673	16.5	4882	729	0.0307	3291
海南子京	1.044	21.3	4263	393	0.0288	4657

5.6.3 木材传声及对声的反射、吸收和透射

(1)木材传声特性

木材传声特性的主要指标为声速(v)，由于木材是各向异性材料，根据其正交对称性，可以在顺纹方向(轴向)、横纹方向(径向和弦向)主轴方向上分析木材的传声性能(表5-6)。

表 5-6　木材顺纹及横纹方向的动弹性模量和传声速度

树种	平均密度(g/cm^3)	平均动弹性模量 E_d(GPa)		平均传声速度 v(m/s)		$\frac{v_{//}}{v_{\perp}}$
		顺纹	横纹	顺纹	横纹	
鱼鳞云杉	0.450	11.55	0.26	5298	783	6.7
红松	0.404	10.09	0.27	4919	818	6.0
槭木	0.637	12.66	1.23	4422	1368	3.2
水曲柳	0.585	12.43	1.61	4638	1642	2.8
椴木	0.414	12.21	0.61	5370	1360	3.9

注：表中数据系中国林业科学研究院木材工业研究所材性研究室的试验结果。

由于木材的细胞形态和排列方式、细胞壁的主要壁层(S_2)微纤丝的排列方向等构造因素具有明显的异向性和规律性，使得木材在 3 个主轴方向上的弹性模量和声速均具有差异，尤其是顺纹方向与横纹方向(等同于径向和弦向的平均效果)的差异。对于既定的木材试样，其密度(ρ)为一定值，则顺纹传声速度($v_{//}$)与横纹传声速($v_{\perp}$)之比，与其各自对应方向上弹性模量之间存在如下关系：

$$\frac{v_{//}}{v_{\perp}}=\sqrt{\frac{E_{//}}{E_{\perp}}} \tag{5-50}$$

式中：$E_{//}$、$E_{\perp}$——顺纹方向、横纹方向的弹性模量(GPa)。

同时，木材的声速在径向、弦向上也有一定程度的差异，一般径向的声速比弦向的声速稍大一些。这与木射线比量，早、晚材密度差异程度，以及晚材率等木材构造因素的影响有关。

此外，木材的声速还受含水率影响，在纤维饱和点以下时，声速随含水率的增加呈急剧下降的直线关系；而在纤维饱和点以上时，声速随含水率的增加呈平缓下降的直线关系。

(2)木材声反射

任何材料对入射到其表面的声波，都能产生反射、吸收和透射。声波作用在木材表面，一部分被木材反射回来，一部分被木材本身的振动所吸收，余下的一部分则透过木材进入到另一个空间。

木材的声阻抗是空气的数万倍，入射的声能大部分都可以被反射回来。木材是可以利用声反射制造最佳音质的室内材料；在对声学质量有要求的大厅、音乐厅、录音厅、歌舞厅等场所，其房屋内壁大多用木材装修装饰，以改善室内的音响条件。大厅中的声学条件还可用声学板来增强，如北京音乐厅，不仅内壁采用木材装饰，而且还在大厅的后方悬挂一些木板作声学板。

(3)木材声吸收和透射

木材对声音的吸收性能一般用吸声系数来表示，即吸收入射能的百分率，也就是吸收和透射的能量与入射能量的百分率(其值也可用小数表示)。如厚 2cm 的冷杉板材，其平均吸声系数约为 10%(或 0.1)，即表示 90%左右的入射能被木材反射回去；打开的窗口，其吸声系数为 100%(或 1.0)，说明空气分子能自由进入或逸出，与窗壁间摩擦生热的量很小。所以，声吸收性能好的材料一般质地较软且多孔，如软质纤维板、木丝板和吸音板等。

木材的声吸收效果还与声源频率有关。软质纤维板对频率较高部分的吸收较多，效果也随板材厚度(不超过 20mm 时)增加而加大。木丝板由于孔隙体积大和表面孔隙率高，具有很高的声吸收能力，对声波频率变化的反应较显著。软质纤维板还可通过打孔、开槽的方式来进一步提高其对声的吸收性能。

(4)隔音

隔音与声吸收是两个完全不同的问题，隔音要求材料密实、质重；材料的隔音性能可用透射的声强度损失分贝数(D)来表示。

①隔音效果与材料种类及频率有关　如 5mm 厚胶合板对频率 100Hz 声音可减低 11dB，随着频率加大，声强度损失分贝数(D)呈波浪式增大。厚 27cm 砖墙对频率 100Hz 声音可减低 35dB，随着频率加大，声强度损失分贝数(D)也呈波浪式增大(图 5-30)。

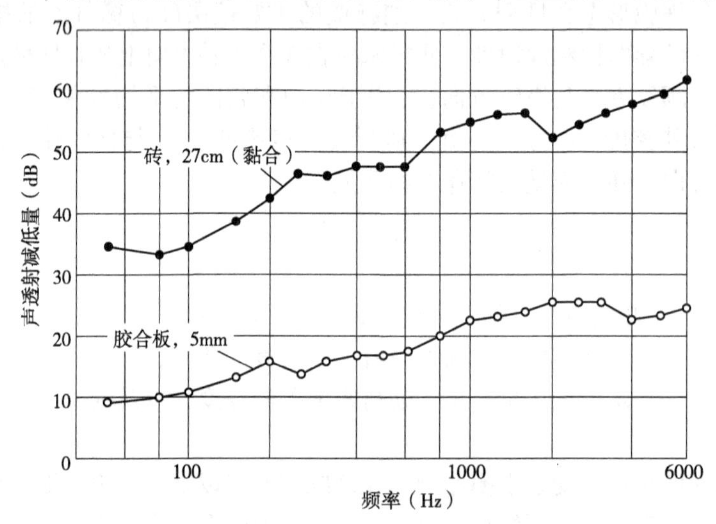

图 5-30　材料隔音效果与频率关系

②隔音与壁层结构有关　透过单层壁的声透射损失，取决于以下 2 个因素：首先如果要求单层壁中声压有较大的降低，壁层就需依靠自身的重量，即越重的材料，隔音量越高；其次对频率高的声波隔离效果比对频率低的要好，这是由于惯性的作用，频率越高的声音在壁层中的声压变化越小，隔音效果也就越好。

单层壁透射的声强损失分贝数(D)可用下式计算：

$$D \approx 20 \times \lg(0.004W \cdot f) \tag{5-51}$$

式中：W——单位面积壁层质量(kg/cm^2)；

f——频率(Hz)。

由相互分离的两层或多层组成密封墙壁，隔音效果较好，如常用木材的组合制造木门，达到隔音效果。这种结构的透射损失不能简单地用它们各自构成部分的透射强度损失为依据来计算，而必须用试验来确定。由于木材的声学特性是其他材料所无法比拟的，它在建筑中的应用已得到充分肯定，随着木材声学性质研究的开展，在这一领域对它们的利用将更加科学合理。

5.6.4　木材振动声学特性的应用

(1)乐器用材的选择

声学性能品质好的木材具有优良的声共振性和振动频谱特性，为乐器制作的主要原料。乐器琵琶、扬琴、月琴、阮、钢琴、提琴、木琴等，均采用木材制作共鸣板(音板)或发音元件(如木琴)，就是利用了木材的振动特性和良好的声学性能品质。在电声乐器系统中，也常利用木材的良好音质特性，制成各种类型特殊的音箱，以调整扬声器的声学性质，创造出优美动听的音响效果。

对共鸣板材料的声学性能品质评价，可归纳为3个方面：

①振动效率的评价　振动效率要求共鸣板能把从弦振动所获得的大部分能量，转变为声能辐射到空气中去，因而共鸣板材料内摩擦等因素损耗的能量要尽量小，使发出的声音具有较大的音量和足够的持久性。因此，应选用声辐射品质常数(声辐射常数)较高($R \geqslant 1200$)、内摩擦损耗小的木材。

比较简便的方法是，从声辐射常数(R)的表达式($R=\sqrt{E/\rho^3}$)出发，选用动弹性模量(E)较大且密度(ρ)较小的木材。

②音色的振动性能品质评价　音色与振动的频谱特性有关，即要分析在频率轴上基频与各高次谐频的幅值分布，以及在工作频率范围内的连续频谱。共鸣板、共鸣箱的要求之一是来自弦的各种频率的振动应很均匀地增强，并将其辐射出去，以保证在整个频域的均匀性。云杉木材的基频和2、3次谐频位置的谐振峰形都比较平缓，基本呈连续谱特性(而金属材料的谐振峰呈现尖锐的离散谱特性)；此外，从人体生理学的角度考虑，人耳的"等响度曲线"特性对低、中频段听觉比较迟钝，对高频段听觉非常敏锐，而云杉的频谱特性可实现了对低、中音区的迟钝补偿和对高音区的抑制，补偿了人耳"等响度曲线"造成的听觉不足，使人感觉到的乐音在各个频率范围都是均匀响度，有亲切、自然的感觉，可获得良好的听觉效果。

③发音效果稳定性的评价　以木材为共鸣板的乐器，其发音效果的稳定性主要取决于木材的抗吸湿能力和尺寸稳定性。因为空气湿度的变化会引起木材含水率的变化，从而因引起木材声学性质参数的改变而导致乐器发音效果不稳定；尤其是当木材含水率过高时，因动弹性模量下降、损耗角正切增大及尺寸变化产生的内应力等原因会导致乐器音量降低，而严重影响音色。因此，对用于制作共鸣板、共鸣箱的木材应进行相应的改性处理，以提高其抗吸湿性及尺寸稳定性。目前，常采用甲醛化、水杨醇处理、水杨醇-甲醛化等方法改性处理制作共鸣板的木材，既能保持木材原有声学性能品质，还能大幅度地提高其抗吸湿性，效果非常好。

由于各树种木材性质差异大，不是所有木材都适合制作乐器。乐器材料对生长轮的选择有一定标准，如生长轮宽度均匀、纹理通直，最适合的生长轮宽度为2mm，而且要求相邻的两个生长轮宽度的差异不能超过30%。如张辅刚先生总结出制作琴共鸣板的木材，要求2cm的间隔内生长轮宽度偏差不宜超过0.5mm；在整块面板上，最宽和最窄的生长轮宽度差不宜超过1.0~2.0mm(其中高级小提琴不超过1.0mm. 高级大提琴不超过1.5mm，倍大提琴不超过2.0mm)。

因此，云杉木材质地致密、结构均匀、生长轮宽度适中，共振性高、音色好、发音效果稳定，是木材中最好的乐器材料。

(2)木材无损检测

木材中的纵波传递速度和弯曲振动的共振频率，均与木材的动弹性模量具有明确的函数关系，采用声学方法或超声波法测量动弹性模量或刚性模量，或两者同时测量(FFT法)，依据木材动弹性模量等声学指标与木材静力学弹性模量乃至力学强度有着密切的相关关系。可在一定精度范围内实现木材强度的无损检测。因此，在木材生产、加工及利用上，人们常依据木材在受到敲击等作用时，所发出的声音来快速鉴别木材健全与否，如以斧背敲击木材，健全材发音铿锵、腐朽中空材则发声嘶哑的现象，正是基于上述理论的。

①振动法(共振法)　振动法检测是基于木材共振频率与弹性模量间具有数学关系的原理进行的。利用振动(常为弯曲振动)测量得到共振频率，进而得到动弹性模量，并分析它与木材抗弯弹性模量、抗弯强度的关系。国内外大量研究结果表明，振动测量得到的动弹性模量(E)与抗弯强度(MOR)呈正相关关系。振动法检测得到的对数衰减量(δ)、损耗角正切($\tan\delta$)等其他声学参数，以及采用E、δ两者构成的参数(如E/δ)，也可成为评定木材力学强度的指标。

②FFT 法　FFT 法分析无损检测运用了 FFT(快速傅里叶变换)分析仪和电子计算机，拾取受敲击后木材试样的振动信号进行瞬态频谱分析，求出共振的基频和各次谐频(取前 5 次)；应用 Timoshonko 理论，用电子计算机算出试样的动弹性模量(E)和刚性模量(G)。

与传统测量方法相比，FFT 法检测的优点在于速度快、操作简单，并且同时检测出动弹性模量(E)和刚性模量(G)。

③超声波法　超声波法检测是基于纵波在木材中的传递原理进行工作的，超声波传播速度(v)与密度(ρ)、超声弹性模量(E_u)之间存在如下关系 $v=\sqrt{E_u/\rho}$；再根据超声弹性模量与木材的静力学弹性模量、强度之间均为紧密的正相关关系，计算出木材的静力学弹性模量、强度，从而实现对木材的无损检测。此外，超声波在通过不连续介质的界面时会强烈反射，在通过松软区域时其声速明显降低、波幅大为下降。根据这种特性，利用接收到穿过木材的超声波速和幅度的综合检测分析，还可以对木材的内部空洞和腐朽等缺陷进行无损检测。

④冲击应力波法　冲击应力波检测是基于纵波(或表面波)振动的原理进行工作的。用固定能量的摆锤敲击木材试样一端的端面，因内应力产生的纵波沿试样长度方向传递，通过应力波速度(v)的测量及其与弹性模量(E)的关系，可进一步对木材的强度进行估测。

应力波检测的优点在于不受被检测物形状和尺寸的影响，而且检测技术简便易行。

5.7 木材光学性质

木材不仅具有材质轻、强重比大，传热性小，导电性差，声学性能品质良好等优良特性，而且木材对光有柔和的反射，使得木材呈现出质朴自然的木纹和赏心悦目的材色。木材能成为室内家具及装饰的主要材料，与木材的光学性质有着密不可分的联系。

5.7.1 木材颜色

(1)木材颜色产生机理

木材和其他非透明物体的颜色，主要由其本身的反射光谱特性所决定。当可见光照射到木材表面时，木材选择性地吸收了一部分波长的光，而反射其余波长的光，或者在对全部可见光进行吸收或反射时呈现波长选择性，都能够产生非均匀性的反射光谱，使全部光谱组分中的某些(或全部)波长的组分被削弱，而相对突出了另一些(或全部)波长的组分。当这些经过木材表面反射后的光刺激人眼的视网膜，会使人眼产生了对此木材的光亮度和颜色的感觉信息，并将此信息传入大脑神经中枢，在大脑中将感觉信息进行处理，于是形成了色知觉，使人们能够辨认出木材的颜色。由于不同树种的木材，其木质素，色素、树脂、树胶、单宁、油脂等抽提物，以及灰分含量及种类等的不同，对光谱的选择性吸收也各不相同，导致反射光谱也不尽相同，从而使不同木材呈现出各种各样的颜色。

(2)木材颜色的描述及表示方法

①木材颜色的描述　木材颜色是反映木材表面视觉特性最为重要的物理量，人们习惯用颜色的三属性，即明度(V)、色调(色相，H)、饱和度(C)来描述木材的颜色。明度表示人眼对物体的明暗程度的感觉，由可见光波长范围全部光谱反射强度的平均值所决定，例如橙黄颜色的木材，对应橙黄光波长范围的反射率较高，而在其他波长范围的反射率较低。饱和度表示颜色的纯洁程度和浓淡程度，由反射光谱分布的集中程度所决定，分布得集中则颜色纯度越高，越接近单一色；木材通常由多种颜色组分形成表面材色，所以饱和度不高。色调表示区分颜色类别、品种的感觉(如红、橙、黄、绿等)。

②木材颜色的表示方法　关于颜色的表示方法，一般都是采用3个独立的颜色参数构成三维坐标空间系统来完整地定量表征颜色的特征，称为表色系(表色空间，色空间)。目前，在国内外常用的表色系有孟塞尔色度系统、CIE(1976)匀色空间色度系统和CIE(1964)补充标准色度系统。颜色的测定方法有物理测色法(客观测色法)和视觉测色法(主观测色法)。物理测色法是利用测色仪器测定被测物的三刺激值(或反射光谱)，直接读取明度指数(L^*)、红绿色品指数(a^*)、黄蓝色品指数(b^*)等色度学参数和明度差(ΔL^*)、红绿色度差(Δa^*)、黄蓝色度差(Δb^*)、总色差(ΔE^*)等色差参数；与视觉测色法相比，物理测色法具有能排除人的主观因素和人眼疲劳因素引起的测量误差，分辨力高等优点。

根据刘一星教授的研究结果，110种具有代表性的主要国产商品材树种的木材表面材色参数的主要分布特征(乌木除外)为：明度指数L^*分布范围较宽(L^*为30~90；V为2~9)，色品指数和色调值参数分布范围较窄(a^*为2~20，b^*为0~30；H为2.5R~5Y，大部分分布在YR色调系内)，饱和度分布范围不宽(c^*为4~6；C为0.5~6.4)。与阔叶树材的分布特征相比，针叶树材分布范围较窄，且多分布在高明度范围。

(3)木材表面颜色变化的影响因素

①光照方向　当光照射到木材表面时，一部分进入能够吸收某些波长入射光的色素和细胞间隙中；另一部分则被直接反射回来，没有被吸收进细胞的光，通过散射、反射和传导而再次发射。木材细胞形状纤细，在某一方向呈层状排列，因此，光照方向不同，木材颜色会产生微小差别。按照Hunter $L^* a^* b^*$系统，当入射角为45°，且入射光与木材纤维呈直角时，明度指数(L^*)最高；红绿色品指数(a^*)和黄蓝色品指数(b^*)的情况与明度相反，故彩度最低；a^*和b^*的值表现出相同的升降趋势，意味着色调不变。原因在于当入射光以直角方向照射纤维时，在木材表面反射和散射的、未渗入细胞的光量可能会增大，从而引起明度提高，彩度下降。

②表面粗糙度　表面粗糙度的变化对某些树种的材色有一定程度的影响，一般随着表面粗糙度的增加，亮度和明度指数增加，色调略有增大，而饱和度因树种材色的色调

不同而变化各异。

③木材含水率　湿木材细胞腔中含有大量的自由水，当细胞腔内充满自由水时，光可透射进入细胞，只有少量在细胞壁中轻微散射(这种木材的颜色称为湿色)，因此湿木材的明度低于气干木材。

④抽提物　木材表面材色与其所含抽提物的颜色和种类有着较为密切的关系。木材经热水抽提、苯-醇等抽提后，材色均有一定程度的变化，其变化方式和程度因树种不同而差异明显。

⑤热处理　热处理温度、时间对木材材色有较大的影响，尤其是加热温度的作用更为明显。对热处理最敏感的材色参数是明度指数，它随温度升高和时间延长而降低，这种变化趋势在树种间相同只是变化程度差异较大。加热处理后色调、色饱和度的变化方向和程度因树种原有材色特点而各异，色泽鲜艳的树种在较低温度下就有较明显的变化。

⑥涂饰处理　木材经醇酸清漆、不饱和聚酯清漆两种透明涂饰处理后，其材色参数均表现为明度下降、色饱和度增加，色调仅有微量变化但在树种间表现不同；相比之下，不饱和聚酯清漆涂饰对保持木材天然颜色的效果略优于醇酸清漆涂饰。

(4)木材光变色

光变色是木材中某些物质选择吸收了波长大于290nm的光，发生能级之间电子的变迁，从而形成光变色的化学键，导致木材颜色的改变。

Sandermann W. 等用阳光照射75种商用木材后发现，68%的木材因紫外光而变色，其余的28%因可见光而变色。日本落叶松的心材，由紫外光引起颜色变深的程度较大，可见光的影响则较小；而其边材的光变色，390nm以上的光引起颜色变浅，390m以下的光则导致颜色变深。一般认为，能引起颜色变浅(或褪色)的可见光波长范围是390~580nm，如澳洲桱木，但此波长的可见光照射澳洲荷木时，并不能引起其材色变浅(或褪色)；而当用短波长的紫外光照射时，木材褪色则更为严重。

①光变色的防止

隔断紫外光(UV)　可选用紫外吸收剂涂覆于木材表面，商用紫外吸收剂一般为无色或浅黄色，能吸收400nm以下的光。Sandermann W. 等研究了70种商用木材，发现约有24种木材的光变色可利用紫外吸收剂涂覆的方法防止。氧化钛和氧化锌能有效地切断紫外光，它们还能阻挡住60%的可见光，如将这些材料涂覆于具有清晰纹理的白色木材表面，能有效地防止光变色。但上述涂覆薄膜一旦剥落，便失去保护作用。

改变材内吸光成分的结构　由于木质素单体中α-羰基的共轭碳-碳双键与酚羟基是木材中主要的发色基团，木材通过乙酰化、甲基化和苯甲酰化处理可改变发色基团的结构，有效地降低光变色发生可能。

破坏参与变色的物质结构 Lovas V. 和 Takahashi M. 提出采用乙酰化与氧化漂白复合处理，或用硼氢化钠($NaBH_4$)还原处理的方法，破坏木材的发色基团和导致变色的前驱物质结构，阻止光变色的方法效果甚佳。Minemara N. 研究了用聚乙二醇(PEG)涂覆娑罗双树属木材时，随着涂覆量增加，a^*、b^*值均降低，意味着木材褪色、木材的明度和白度增加。

隔绝氧和捕集氧原子　光照射在隔绝了氧气的木材表面，不会发生变色。由于原子氧在光化反应中充当催化剂，用抑制剂捕集原子氧的激发态能量，可以缓解光化降解。

此外，用含有活泼氢的涂料化合物(如苯酚衍生物或酚胺)捕集自由基，或用溶剂抽提，可在一定程度上防止光变色，但都存在一定的局限性。

②光变色的消除　要消除光变色，使木材材面恢复原有的正常材色，可用过氧化氢(H_2O_2)或亚氯酸钠($NaClO_2$)等氧化型漂白剂处理木材，分解破坏材面的发色结构体系。此外，由于光变色通常局限于木材表层，可用砂纸砂光或刨削方法除去，两者都很有效。

5.7.2　木材光泽

木材经刨削加工后，其平整的表面对入射光具有反射作用，因而赋予木材一定的光泽；一般用反射光强度占入射强度的百分率即光泽度，来表示材料表面光泽的强弱。

木材的表面光泽度也表现出各向异性。根据东北林业大学测定的110种国产商品材表面光泽度和相关统计分析发现，平行于纹理方向反射的光泽度大于垂直于纹理方向反射的光泽度。这是因为在木材纵切面上，无数个细长的细胞腔相当于凹面镜，当平行纹理方向的光线入射时，一部分光线被细胞壁表面直接折射，另一部分光线沿着细胞长轴方向在细胞内折射，反射光的散射程度较小；而当光线垂直于纹理方向入射时，射入胞腔内的光线的反射往往会受到细胞内壁的阻挡，导致散射程度较大、镜面反射率降低。基于上述分析，木材的横切面几乎没有光泽，弦切面稍有光泽，径切面上因富含光泽性好的木射线组织的反射作用而具有较好的光泽。此外，材质致密的木材通常较材质疏松的木材也更富有光泽。

5.7.3　木材光致发光现象(荧光现象)

有些树种的木材，其水、酒精浸提液或木材表面在紫外光辐射的作用下，不是因温度升高而发出可见光，这种现象称为木材的光致发光现象(荧光现象)。这是由于木材中的某种化学物质具有与荧光物质相似的性质，受紫外光、可见光甚至激光照射时，发出比入射光波长更长的光；当这种光的波长进入可见光的范围时，就使人们能够观察到木材的光致发光现象。

光致发光的颜色和程度虽然因树种而异(但大致可分为绿色和蓝色)，有时也被木材科研工作者用于树种识别，如热带木材水浸提液出现蓝色光谱。

5.7.4　木材双折射

双折射是指射入某些晶体的光线被分成两束，且沿不同方向折射的现象。

木材细胞壁内的纤维素、胶束(纤维素大分子集合体)属于单斜晶系的结晶体，为各向异性体；而且，由于胶束在细胞壁内大都近于平行细胞长轴方向排列，使得细胞壁也呈现各向异性。当光线入射到细胞壁上时，在不同方向的折射率也不相同，从而产生双折射现象，称为固有双折射。有时即使在构成元素为各向同性的非结晶体的情况下，也会因排列等原因而发生双折射现象；该双折射由折射率不同的两相组成，而且其大小和相互间距必须小于光的波长，这种双折射称为形态双折射。以纤维素(包括胶束)、半纤维素及木质素为主要构成元素的木材细胞壁，由于能够同时出现上述的两种双折射，所以使得其整体的双折射效果显著增大。

在偏光显微镜下能够鉴定出木纤维、管胞的各向异性、测定木材的微纤丝角或观察壁层结构，就是利用了木材的双折射。如果使偏光显微镜的起偏镜和检偏镜的主平面垂直相交，则会因为通过起偏镜的光线振动方向与检偏镜的主平面垂直，所以入射光线不能通过检偏镜；但是，如果在起偏镜和检偏镜间放入木纤维、管胞等各向异性物质，由于各向异性体双折射所分成的两束光波的干涉，光线就能通过检偏镜而显示颜色，这种现象称之为色偏振。

此外，对沿树干方向排列的木纤维、管胞来说，轴向的折射率最大，弦向的折射率略大于径向的折射率。

复习思考题

1. 名词解释：吸湿、解吸、木材平衡含水率、导热系数、导温系数、比热。
2. 木材中水分根据存在部位和状态可分为哪几种？
3. 什么是木材的纤维饱和点及纤维饱和点含水率？
4. 根据木材干湿度不同，可将木材分为哪几类？
5. 何谓木材的孔隙度及实质密度？
6. 木材密度分哪几种？密度测量方法有哪些？
7. 影响木材密度的因素有哪些？
8. 什么是木材的干缩湿胀，三个方向上干缩湿胀的性能有何差异？
9. 什么是木材的吸湿滞后？
10. 什么是介电常数？影响因子有哪些？
11. 木材声学性质的基本参数有哪些？
12. 木材的颜色、光泽有何特征？

第 6 章 木材力学性质

木材力学性质是指木材抵抗外部机械力作用的能力。木材力学是涉及木材在外力作用下的机械性质或力学性质的科学，是木材学的重要组成部分。木材作为一种非均质、各向异性的天然高分子材料，其许多性质，特别是力学性质更是与其他均质材料有着显著的差异，如木材所有的力学性质会因其含水率(在纤维饱和点以下)、受荷载时间、环境条件件的影响而变化，木材会表现出介于弹性体和非弹性体之间的黏弹性，会发生蠕变或松弛现象等。木材力学性质包括弹性、黏弹性(蠕变、松弛、塑性)、抗拉强度和抗拉弹性模量、抗压强度和抗压弹性模量、抗弯强度和抗弯弹性模量、抗剪强度、硬度、抗劈力、冲击韧性及耐磨性等，其中抗弯强度和抗弯弹性模量、抗压强度、抗剪强度及硬度等较为重要。

总的来说，木材的力学性质涉及面广、影响因素多，学习时应与材料力学、木材构造、木材物理性质、木材化学性质等相关知识结合起来，对于掌握木材的特性、合理使用木材有着重要意义。

6.1　木材力学性质基本概念

6.1.1　应力与应变

(1)应力

物体受到外力作用时，其形状将发生改变，内部将产生阻碍各部分之间相对位置改变的附加力，称为内力；当物体处于平衡状态时，内力与外力大小相等、方向相反，是一对平衡力。应力就是指物体在外力作用下单位面积上的内力，用 σ 表示，单位为 MPa。

$$\sigma=\frac{P}{A} \tag{6-1}$$

式中：P——外力(N)；

A——物体受力面积(mm^2)。

按照物体受力状况和物体受力产生的变形(图 6-1)，应力分为拉应力、压应力和剪应力。

①拉应力　当作用于物体上的两外力，其作用线在同一条直线上且方向相反时，物体将发生伸长变形，此时会存在沿着物体横截面法向且背离横截面的应力，称为拉应力。

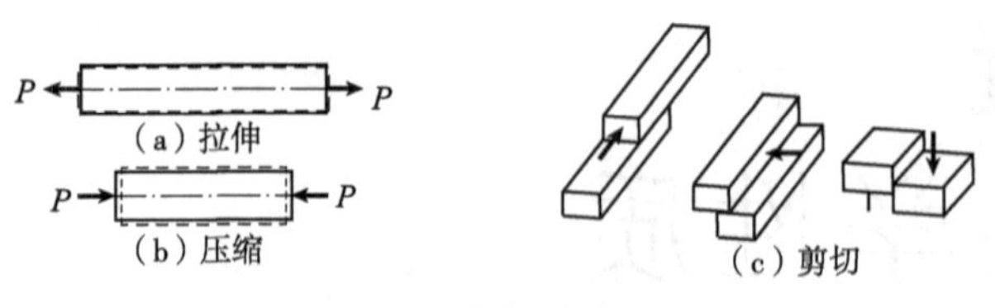

图 6-1 物体的变形

②压应力 当作用于物体上的两外力，其作用线在同一条直线上且方向相对时，物体将发生压缩变形，此时会存在沿着物体横截面法向且指向横截面的应力，称为压应力。

③剪应力 当作用于物体上的两外力作用线相互平行时，物体将沿两力作用线间平面产生剪切破坏，剪切面上的应力，称为剪应力。

(2)应变

物体在外力作用下所产生大小和形状的变化称变形；单位长度上的变形称为应变(相对变形)，用 ε 表示(无量纲)。

$$\varepsilon = \frac{\Delta L}{L} \tag{6-2}$$

式中：L——物体原来的长度(mm)；

ΔL——物体受外力作用后，其长度上的变化量(mm)。如果物体受拉力作用长度增加，ΔL 为正值，用“+”表示；物体受压力作用长度变短，ΔL 为负值，用“-”表示。

(3)应力与应变关系

物体在外力(载荷)作用下产生的变形与外力的大小有关，通常用载荷-变形图来表示它们的关系；同理，把表示应力与应变的关系图定义为应力-应变关系曲线，应力-应变关系曲线由从原点 O 开始的直线部分 OP 和连续的曲线部分 $\overparen{PEM}$ 组成，曲线的终点 M 表示物体的破坏点[图 6-2(a)]。应力-应变关系曲线与材料或物质固有的性质有关，能概括性地描述物体从受外力开始直到被破坏时的力学行为，是研究物体力学性质非常有用的工具。

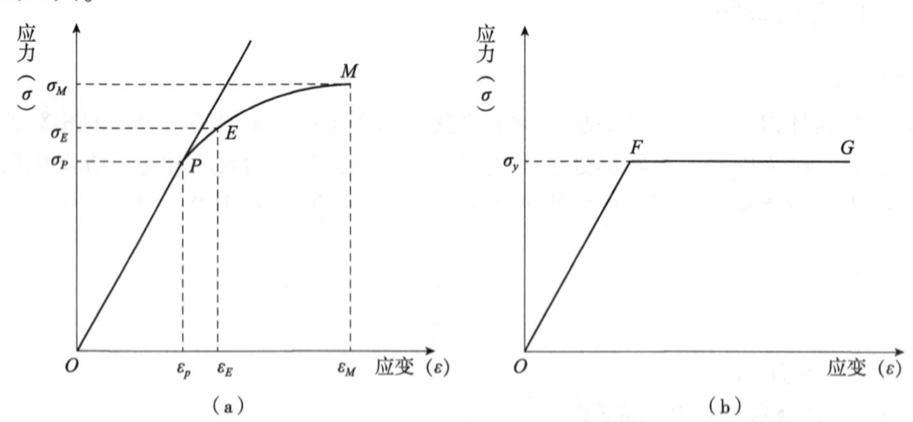

图 6-2 应力-应变关系曲线

木材的应力与应变关系比较复杂，因为它的性能既不像真正的弹性材料，又不像真正的塑性材料，而属于既有弹性又有塑性的材料即黏弹性材料。在较小的应力范围和较短的时间内，木材的性能十分接近于弹性材料；反之，则近似于塑性材料。

6.1.2 比例极限与弹性极限

(1)比例极限

比例极限是指应力与应变呈正比例直线关系所对应的极限(P 点);比例极限应力是指应力与应变呈正比例直线关系所对应的最大应力(σ_P),比例极限应变是指应力与应变呈正比例直线关系所对应的最大应变(ε_P)[图 6-2(a)]。

(2)弹性极限

开始产生永久变形的极限(E 点);在弹性极限(E 点)以内时,一旦卸除外力,物体完全恢复原来大小、形状和位置,在弹性极限即 E 点所对应的应力、应变分别称作弹性极限应力(σ_E)、弹性极限应变(ε_E)[图 6-2(a)]。

木材的弹性极限略高于比例极限,但相差无几;一般情况下二者不分,只测定比例极限时的应力和应变。

6.1.3 极限荷载、破坏与屈服

(1)极限荷载

当应力进一步增加超过比例极限应力(σ_p)后,荷载(外力)和变形不再成比例,相对于荷载的增加,变形增长加速;当荷载卸除后,木材试样便不能恢复到原来形状和体积,荷载继续增加,试样会产生变定或局部破坏。试样达到最大应力时的荷载称极限荷载(最大荷载),它的物理意义是超过此极限后,即使在荷载较小的情况下,变形也将继续增大;而与极限荷载相对应的最大应力叫极限应力(σ_M),与极限应力相对应的应变称极限应变(ε_M)[图 6-2(a)]。

(2)破坏

当应力超过极限应力时,木材组织结构在外力或外部环境作用下发生断裂、扭曲、错位,而使木材宏观整体完全丧失或部分丧失原有物理力学性能的现象称破坏。

从细胞壁结构及物质的性质来看,木材发生破坏的原因是微纤丝和纤维素骨架的填充物的撕裂,或纤维素骨架的填充物的剪切,或纤维被压溃。任何条件对木材破坏的决定性作用都取决于应力状态的类型。

试样完全破坏时的荷载称破坏荷载;气干材的极限荷载和破坏荷载两者一般是重叠的,而湿木材的破坏荷载通常低于极限荷载。

(3)屈服

当应力值超过弹性极限值并保持恒定时,应变急剧增大的现象叫作屈服;应变突然转为急剧增大的转变点处的应力叫作屈服应力(σ_Y),表示了弹性变形呈直线屈服时的情况[图 6-2(b)]。

6.1.4 强度与刚度

(1)强度

强度是材料抵抗所施加应力而不致被破坏的能力;如抗拉强度、抗压强度、抗弯强度、抗剪强度等,以 MPa 为单位,表示单位截面积上材料的最大承载能力。

木材是各向异性的高分子材料,又易受环境因素影响,其强度因所施加应力的方式和方向的不同而改变。根据所施加应力的方式和方向的不同,木材具有顺纹抗拉强度、

横纹抗拉强度、顺纹抗压强度、横纹抗压强度、顺纹抗剪强度、抗弯强度等多项力学强度指标。

(2)刚度

物体受外力作用时，保持其原来形状和大小的能力称为刚度。木材一般具有较高的比刚度(刚度-密度比)，故适用于建筑材料。

6.1.5 脆性与韧性

(1)脆性

材料在破坏前无明显变形的性质称脆性，其最大缺点是骤然破坏前没有征兆。

脆性木材的破坏强度低于正常木材，其破坏面平整且垂直或近于垂直木材纹理。木材脆性产生的原因主要有树木遗传、生长不良、生长应力、腐朽等，通常生长轮特别宽的针叶树材与生长轮特别窄的阔叶树材，易形成脆性木材；而脆性木材较正常木材质量轻、纤维素含量低。

(2)韧性

韧性是指材料吸收能量(功)和抵抗反复的冲击荷载或抵抗超过比例极限的短期应力的能力，单位为 kJ/m^2。材料的韧性越大，则发展出一个裂隙乃至破坏所需的能量越高、破坏前所能承受的应变值也越大。

一般来说韧性材料往往强度大，如木材。但也有一些例外，如铝等韧性材料，能够承受很大的应变而不致断裂，但强度却很小；而陶瓷等强度很大的材料，却表现出很脆的特性，即在很小的应变条件下或在受到冲击力作用时容易破坏(即缺乏韧性)。

韧性大的木材其破坏面呈纤维状，破坏前多有征兆，而脆性大的木材则相反。

6.2 木材弹性与正交异向弹性

6.2.1 弹性与弹性常数

(1)弹性

应力在弹性极限以内时，去除应力(或外力)后物体的应变完全消失的性质称为弹性，一般用弹性常数表示，而表现弹性的物体称为弹性体。

(2)弹性常数

弹性常数包括弹性模量(杨氏模量，E)、剪切模量(G)、泊松比(μ)，理论上用应力-应变曲线的直线区域来确定。但在实际应用中也可用对应的曲线区域来确定，即在应力-应变曲线上任意一点作切线，该切线的斜率即为该点或该曲线的弹性常数。

①弹性模量和柔量　除大理石和橡皮以外，所有建筑材料的直线应力与对应应变的关系在比例极限以内均符合虎克定律：

$$\sigma = E \cdot \varepsilon \tag{6-3}$$

弹性模量 E 与 σ 的量纲相同，为 MPa(常用 GPa 来表示)。

弹性模量是物体产生单位应变所需要的应力，为材料力学性质的重要常数，表示材料抵抗变形能力的大小。一般来说，物体的弹性模量值越大，在外力作用下越不易变形。

柔量为弹性模量的倒数，即单位应力的变形，表示材料产生变形的难易程度。

②剪切模量　在较小的范围内，剪切应力(τ)与剪切应变(γ)之间成比例关系，也符合虎克定律：

$$\tau = G \cdot \gamma \text{ 或 } \gamma = \frac{\tau}{G} \tag{6-4}$$

式中：G——剪切模量(刚性模量)(MPa 或 GPa)。

③泊松比　物体的弹性应变表现为应力主轴方向收缩(拉伸)和垂直于应力主轴方向的横向拉伸(收缩)，将横向应变与轴向应变之比称为泊松比(μ)。

$$\mu = -\frac{\varepsilon'}{\varepsilon} \tag{6-5}$$

式中：ε'——横向应变；

ε——轴向应变。

ε'和 ε 的正负符号相反，一般冠以负号使 μ 为正值。泊松比与弹性模量一样，也是材料固有的常数。

6.2.2　木材的正交异向弹性与正交对称性弹性

(1)正交异向性弹性

若物体相互正交的3个方向表现为异性，则称物体的这种性质为正交异向性，这样的物体称为正交异性体，弹性的正交异性称为正交异向弹性。

(2)木材的正交对称性

木材是源自树木的生物材料，其组织构造决定了木材的各向异性。但由于木材的绝大多数细胞及组织平行于树干呈轴向排列，而且树木形成层的分生方式决定了同一生长轮内，主要细胞(管胞或木纤维)在横切面上呈同心圆状排列、射线组织是垂直于树干呈径向排列；另外构成木材细胞壁的各层，其微纤丝的排列方向不同、纤维素的结晶为单斜晶体等，这就赋予了木材的圆柱对称性，使它成为近似呈柱面对称的正交对称性物体。

(3)木材的正交对称弹性

符合正交对称性的木材等材料，可以用虎克定律来描述它的弹性。假设距离髓心一定距离，从树干上切取一个相切于生长轮的立方体小试样(图6-3)。这个试样便具有3个对称轴，平行于纵向的作 L 轴，平行于径向的作 R 轴，平行于弦向的作 T 轴；它们彼此垂直，三轴中的每两轴可构成一平面，因而又有 TR、RL 和 LT3 个面，分别为横切面、径切面和弦切面。如将木材中的这三轴视为相互垂直的弹性对称轴，就可以应用正交对称原理来讨论木材的正交对称弹性。

根据广义虎克定律正交对称木材的3个主轴的应变方程为：

$$\varepsilon_L = \frac{\sigma_L}{E_L} - \mu_{LT} \cdot \frac{\sigma_T}{E_T} - \mu_{LR} \cdot \frac{\sigma_R}{E_R} \tag{6-6}$$

$$\varepsilon_T = \frac{\sigma_T}{E_T} - \mu_{TR} \cdot \frac{\sigma_R}{E_R} - \mu_{TL} \cdot \frac{\sigma_L}{E_L} \tag{6-7}$$

$$\varepsilon_R = \frac{\sigma_R}{E_R} - \mu_{RT} \cdot \frac{\sigma_T}{E_T} - \mu_{RL} \cdot \frac{\sigma_L}{E_L} \tag{6-8}$$

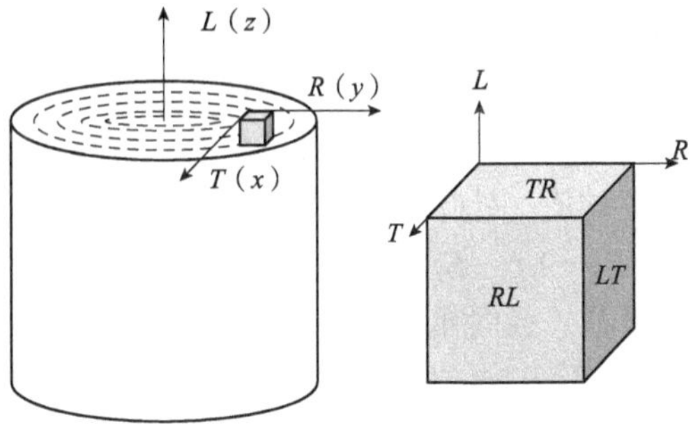

图6-3　木材正交对称性示意图

$$\gamma_{TR}=\frac{\tau_{TR}}{G_{TR}} \tag{6-9}$$

$$\gamma_{RL}=\frac{\tau_{RL}}{G_{RL}} \tag{6-10}$$

$$\gamma_{LT}=\frac{\tau_{LT}}{G_{LT}} \tag{6-11}$$

式中：ε_L、ε_T 和 ε_R——分别表示轴向、弦向和径向应变；

E_L、E_T 和 E_R——分别表示轴向、弦向和径向弹性模量；

σ_L、σ_T 和 σ_R——分别表示轴向、弦向和径向拉应力。

μ_{LT}等表示泊松比(横向变形系数)，下脚注的第一个字母表示横向应变方向，第二个字母表示应力方向，即 $\mu_{LT}=-\varepsilon_L/\varepsilon_T$。各方向的泊松比均为小于 1 的数，以压应力和拉应变为正，反之为负。γ_{TR}表示 T 轴和 R 轴构成的面(即木材横切面)的剪切应变。τ_{TR}表示横切面的剪切应力，G_{TR}表示横切面的剪切模量，依此类推。

上述 6 个方程式中有 12 个弹性常数，即 G_{TR}、G_{RL}、G_{LT}、E_L、E_T、E_R、μ_{LT}、μ_{LR}、μ_{TR}、μ_{TL}、μ_{RT}、μ_{RL}。前 3 个剪切模量 G 是独立常数，必须通过实验确定；后 9 个常数是可根据 $\mu_{RL}/E_R=\mu_{LR}/E_L$ 这类关系式，从已知其中 3 个参数可导出第 4 个参数，故仅为 6 个独立常数。综上所述，正交对称性材料共有 9 个独立弹性常数，即 3 个弹性模量、3 个剪切模量和 3 个泊松比；不同树种间的这 9 个常数值是存在差异的(表 6-1)。

表 6-1 几种木材的弹性常数

材料	密度 (g/cm^3)	含水率 (%)	E_L (GPa)	E_R (GPa)	E_T (GPa)	G_{LT} (GPa)	G_{LR} (GPa)	G_{TR} (GPa)	μ_{RT}	μ_{LR}	μ_{TL}
云杉	0.390	12	11.6	0.90	0.50	0.69	0.75	0.039	0.43	0.37	0.020
欧洲赤松	0.550	10	16.3	1.10	0.57	0.68	1.16	0.066	0.68	0.42	0.015
花旗松	0.590	9	16.4	1.30	0.90	0.91	1.18	0.079	0.63	0.43	0.024
轻木	0.200	9	6.3	0.30	0.11	0.20	0.31	0.033	0.66	0.23	0.009
桃花心木	0.530	13	12.4	0.97	0.48	0.47	0.61	0.150	0.84	0.31	0.022
山毛榉	0.750	11	13.7	2.24	1.14	1.06	1.61	0.460	0.75	0.45	0.044

注：E_L 为顺纹(L)弹性模量，E_R 为水平径向(R)弹性模量，E_T 为水平弦向(T)弹性模量；G_{LT}为弦切面剪切模量，G_{LR}为径切面剪切模量，G_{TR}为横切面剪切模量；μ_{RT}为 R 向压力应变/T 向延展应变，μ_{LR}为 L 向压力应变/R 向延展应变，μ_{TL}为 T 向压力应变/L 向延展应变。

从表 6-1 中数据可以看出，木材是高度各向异性材料，纵、横向的差异程度可能是所有建筑材料中的最高者。木材 3 个主方向的弹性模量因显微和超微构造而异，一般表现为顺纹弹性模量(E_L)比横纹弹性模量(E_R、E_T)大得多，横纹弹性模量中径向大于弦向，即 $E_L>>E_R>E_T$。若以 E_L/E_R、E_L/E_T、E_R/E_T 作为各向异性的程度(异向度)，根据不同树种的平均值，针叶树材的 $E_R/E_T=1.8$，$E_L/E_R=13.3$，$E_L/E_T=24$；阔叶树材的 $E_R/E_T=1.9$，$E_L/E_R=9.5$，$E_L/E_T=18.5$。针叶树材的异向度比阔叶树材高，这主要是细胞结构变异小的缘故。径向弹性模量约是弦向弹性模量的 2 倍，这主要是由于径向有水平方向排列的组织(木射线)，以及径切面与弦切面间的微纤丝排列方向略有不同。

木材 3 个切面的剪切模量变异规律为 $G_{LR}>G_{LT}>G_{RT}$，针叶树材的三者之比为 20.5∶17∶1，阔叶树材的三者之比为 4.3∶3.2∶1。径切面和弦切面的剪切模量分别与径向和弦向的弹性模量值相近，即 $G_{LR} \approx E_R$，$G_{LT} \approx E_T$。木材的弹性模量(E)和剪切模量(G)基本都有随密度 ρ 增大而增加的趋势。

与其他材料相比，木材的泊松比较大，在正交异向上表现为 $\mu_{RT} > \mu_{LR} > \mu_{TL}$。

6.3 木材黏弹性

与弹性固体相对，还有一类黏性流体。弹性固体具有确定的构型，在静载作用下发生的变形与时间无关，卸除外力后能完全恢复原状。外力在弹性体变形过程中所做的功，全部以弹性势能方式贮存，且能在卸载后释放出来。黏性流体没有确定的形状，取决于容器，在应力作用下产生随时间增加而连续地增加的应变，除去应力后应变不可恢复，黏性流体所表现出的这个性质就称为黏性。

木材作为生物材料同时具有弹性和黏性两种不同机理的变形。木材在长期荷载下的变形将逐渐增加，若荷载很小，经过一段时间后，变形就不再增加；当荷载超过某极限值时，变形随时间增加而增加直至木材破坏，木材这种变形如同流体的性质，在运动时受黏性和时间的影响。木材这种同时体现弹性固体和黏性流体的综合特性称作黏弹性。蠕变和松弛是黏弹性的主要内容，木材的黏弹性同样依赖于温度、负荷时间、载荷水平、加荷速率和应变幅值等条件，其中温度和时间的影响尤为明显。

6.3.1 木材的蠕变

木材在长期荷载作用下，讨论应力和应变时，就必须考虑时间等因素；讨论材料变形时，也必须同时考虑弹性和黏性两种性质的作用。如在日常生活中，人们有时会看到书架中的木搁板因长期放置大批较重的书籍，由刚开始时的平直逐渐被压弯变形，几年后就会出现明显的弯曲形状，这种现象就与木材的蠕变特性有关。在恒定应力下，木材应变随时间的延长而逐渐增大的现象称为蠕变。

(1)蠕变曲线

木材作为高分子材料，在受外力作用时产生3种变形：瞬时弹性变形、黏弹性变形及塑性变形。木材承载时，产生与加荷速度相适应的变形称为瞬时弹性变形，它服从虎克定律；加荷过程终止，木材立即产生随时间递减的弹性变形，称黏弹性变形(弹性后效变形)；最后残留的永久变形被称为塑性变形。黏弹性变形是纤维素分子链的卷曲或伸展造成的，与弹性变形一样是可逆的，但较弹性变形在时间上存在滞后性。塑性变形是纤维素分子链因荷载而彼此滑动，变形是不可逆转的，故也称永久变形。

木材既有弹性，也有塑性，在弯曲的蠕变曲线上(图6-4)，横坐标为时间，纵坐标为应变。t_0 时施加应力于木材即产生应变 OA；在此应力不变情况下，随时间的延长，变形继续慢慢地增加，产生蠕变 AB。在时间 t_1 时，解除应力便产生弹性恢复 BC_1(=OA)；至时间 t_2 时，又出现部分蠕变恢复(应力释放后随时间推移而递减的弹性变形)，C_1 到 D 是弹性后效变形 C_1C_2；t_2 以后变形恢复不大，可以忽略不计，于是 DE(在数值上等于 C_2C_3)即可作为荷载-卸载周期终结的残余永久变形(塑性变形)。木材及许多高聚物材料，均具有符合上述曲线变化的性质，即黏弹性；因各种木材的构造和综合力学性质的不同，导致蠕变及蠕变恢复曲线存在很大的差异。

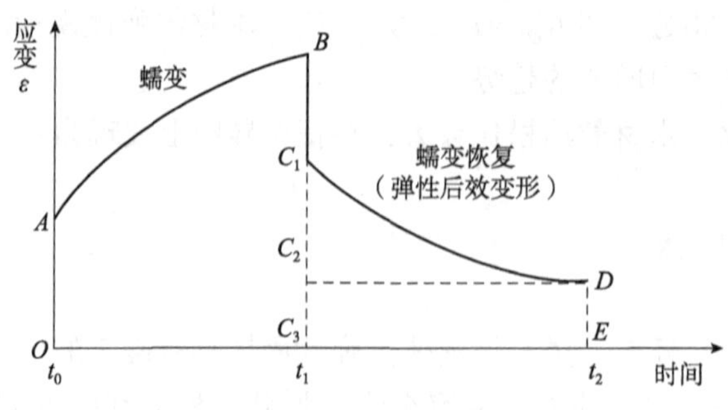

图 6-4 木材的蠕变曲线

(2)蠕变规律

根据上述蠕变曲线分析木材等黏弹性材料，可得出如下几点结论：

①对木材施载产生瞬时变形后，变形有一个随时间推移而增大的蠕变过程。

②卸载后瞬时弹性恢复变形，在数值上等于施载时的瞬时变形。

③卸载后有一个随时间推移而变形减小的蠕变恢复过程，反映出的是可恢复变形，即可恢复蠕变部分。

④在完成上述蠕变恢复后，变形不再恢复，而残留的变形称永久变形(塑性变形)，即不可恢复蠕变部分。

⑤蠕变变形值等于可恢复蠕变变形值和不可恢复蠕变变形值之和。

(3)蠕变的消除

如图 6-5 所示，对木材等黏弹性体施加载荷，载荷初期产生应力-应变曲线 OA'，卸载产生曲线 $A'B'$，残留了永久变形 OB'。为了消除永久变形而使物体重新获得原来的形状，必须施加与产生曲线应力符号相反的应力 OC'，而形成 $B'C'$这段曲线；当 OC'继续增大到等于 $A'P'$，$B'C'$将延至 $C'D'$；卸去这个符号相反的应力，产生应力-应变曲线 $D'E'$，也不能恢复到原形，残留负向的永久变形 $E'O$。再次通过反向应力 OF'而形成 $E'F'$这段曲线，当 OF'继续增大到等于 $A'P'$，$E'F'$将延至 $F'A''$。卸去这个反向应力，产生应力-应变曲线 A′′O。，材料才能恢复原形。

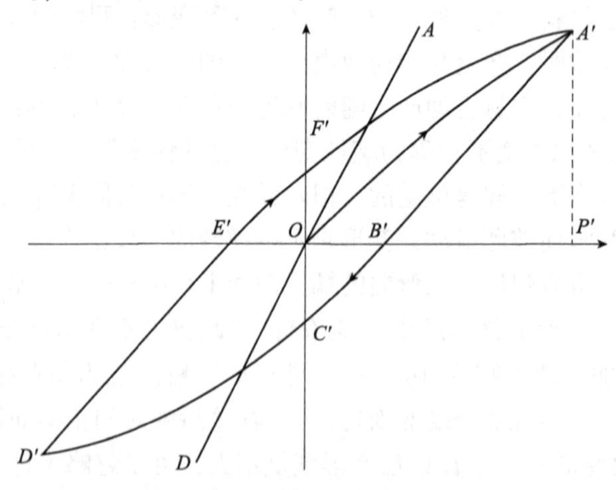

图 6-5 多向应力作用下蠕变的消除

图中直线 AD 为理想弹性体(虎克的直线)。封闭曲线 $OA'C'D'F'A''O$ 所包围的面积，在数值上等于封闭曲线 $A'C'D'F'$ 所包围的面积，相当于整个周期中的能量损耗。

(4)建筑木构件的蠕变问题

建筑木构件长期承受静载荷，所以必须考虑如下有关的几个蠕变问题：

①针叶树材在含水率不发生变化的条件下，施加静载荷小于木材比例极限强度的75%时，可认为是安全的；但在含水率变化条件下，大于比例极限强度的20%时，就可能产生蠕变，随时间延长最终会导致破坏。

②如木材由于静载荷产生变形，其变形速率(连续相等时间间隔内变形的差值)逐渐降低，则变形经一定时间后最终会停止，这种情况下木结构是安全的；反之，如变形速率是逐渐增加的，则木结构的设计不安全，最终会导致破坏。

③如木横梁承受的载荷低于其弹性极限，且短期受载并卸载，将恢复其原有的极限强度和弹性。

④含水率会影响木材的塑性和变形。在含水率周期性变化条件下，当含水率升高时，同样载荷下的木材会产生变形增加，当含水率降低到原来程度时，变形却不会降到原来含水率的状态；换句话说，由于含水率的增加，木材受一定载荷产生的变形是可以累积的。若含水率变化若干周期后，木材的蠕变量会很大，甚至最后会发生破坏。

⑤温度对蠕变有显著的影响。当空气温度和湿度增加时，木材的总变形量和变形速度也增加。木构件尺寸一般较大，且空气相对湿度的波动范围较小，故主要受温度影响；木材温度越高，纤维素分子链运动加剧，变形增大。夏季木梁变形大，原因之一也在于此。

6.3.2　木材的松弛

在日常生活和生产实践中，人们发现初始钉入木材中的钉子或榫十分紧固，但经过长时间后却发生了松动，这种现象就与木材的松弛有关。

(1)松弛

如使木材这类黏弹性材料产生一定的变形，并在时间推移中维持此状态，则对应此恒定变形的应力会随着时间延长而逐渐减小。在恒定应变条件下，应力随时间的延长而逐渐减少的现象称为应力松弛，简称松弛。

产生蠕变的材料必然会产生松弛，此外相反过程也能进行。松弛与蠕变的区别在于：在蠕变中，应力是常数，应变是随时间延长而逐渐增大的可变量；而在松弛中，应变是常数，应力是随时间延长而逐渐减少的可变量。木材之所以产生这两种现象，是由于它是既具有弹性又具有塑性的黏弹性材料。

(2)松弛曲线

松弛过程可用应力-时间曲线表示，故应力-时间曲线也被称为松弛曲线(图6-6)。

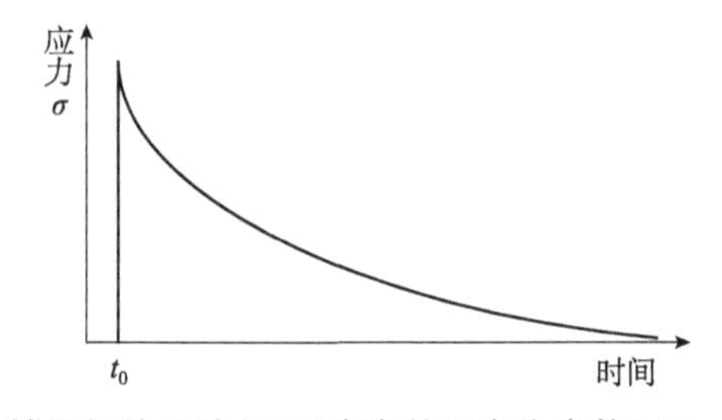

图6-6　黏弹性材料的松弛曲线(应变的速度为常数)(Pentoney，1962)

Kitazawa 根据木材的刚性找出了测定固体的松弛曲线公式：

$$\sigma_t = \sigma_1(1 - m\lg t) \tag{6-12}$$

式中：σ_t——t 时间的应力；

t——时间；

σ_1——单位时间内的应力；

m——松弛系数。

松弛系数随树种和应力种类而有不同，但更受密度和含水率影响，m 值与密度成反比、与含水率成正比。

(3)松弛弹性模量

单位应变的松弛应力称为松弛弹性模量 $E(t)$。

$$E(t) = \int_0^{\infty} E(\lambda) e^{-\frac{t}{\lambda}} \mathrm{d}\lambda \tag{6-13}$$

式中：$E(t)$——松弛弹性模量；

$E(\lambda)$——松弛波谱(缓和时间分布)，表征弹性模量 E 为缓和时间 λ 的函数。

6.3.3 木材的塑性

木材作为承重构件使用时，设计应力或载荷应控制在弹性极限或蠕变极限范围之内，必须避免塑性变形的产生。但在弯曲木、压缩木及人造板成型等加工时，又必须掌握增加塑性的条件，尽可能增加木材的塑性变形。

(1)塑性与塑性变形

当应力超过木材的弹性极限时，去除外力后，木材仍会残留一部分当前不能恢复的变形，称为塑性变形或永久变形[图 6-2(a)]。木材所表现出的这一性质称为塑性。固体材料的塑性变形产生在屈服点之上。对超过屈服点的应力，以一定的变形速度进行稳定流动的状态称塑性流动；如时间充分，即使在较小的应力作用下也能产生流动，且形成永久变形的称黏性流动。这两种流动产生永久变形的机理虽不同，但却很难从永久变形中区分开来。

由于荷载的种类和方向不同，木材的应力-应变曲线有多种形式；可以从几乎不显示塑性就发生破坏开始(如顺纹拉伸)，到充分显示屈服点为止(如横纹压缩)。与其他材料相比，木材特别是气干材，因屈服点不明显，且破坏变形也较小的缘故，所以一般被认为是塑性较小的材料。

(2)影响木材塑性的因素

影响木材塑性的重要因素有木材的多孔性、含水率和温度，其中含水率和温度的影响十分显著。

①多孔性　多孔性的树种如栎木、白蜡木、榆木等在弯曲加工成型时之所以塑性大，是因为变形时强硬的纤维状管胞和韧型纤维对邻近的导管施加压力，导管壁被迫向腔内溃陷产生塑性变形，同时其空隙被坚固的纤维状管胞和韧型纤维所占据。

②含水率　木材的塑性随含水率的增加而增大，但在0℃以下，木材细胞腔内因所含水分结冰而使其塑性降低。

③温度　木材(含水率一定时)的塑性也随温度的升高而加大，且比水分所起的作用更明显，这种性质被称为热塑性。温度升高后，由于水分的散失往往会导致木材变

脆，因此，要增大木材的塑性，既要升高温度，又要提高其含水率；通常较好的方法是水热处理，如火烤法、水煮法、汽蒸法、高频加热法、微波加热法等。

④细胞壁化学组分　木材中的纤维素是部分结晶化的高聚物，而木质素和半纤维素则是热塑性比纤维素大得多的无定型高聚物。Goring研究了干燥状态下3种成分的热软化点，木质素为127~235℃，半纤维素为167~217℃，纤维素为231~253℃；当3种成分处于湿润状态下，木质素和半纤维素热软化点下降幅度很大，木质素为72~128℃，半纤维素为54~142℃，而纤维素则不然，软化温度仅降低6~9℃。上述干、湿状态下热塑性的差别，表明水对半纤维素和木质素有强烈增塑作用，但对纤维素的增塑则很有限，原因在于水不能进入纤维素的结晶区。

整体木材热软化的研究结果与单一成分的热软化完全不同，木材软化只是在纤维素的软化温度下才出现，这要归因于木材主要成分之间的相互作用。Goring发现，木材加热到200℃以上时才缓慢软化。据Chow报道，木材于180℃时开始热软化，380℃时达最大值。Baldwin等人采用木材汽蒸预处理，其软化温度低于200℃。软化温度的降低是由于汽蒸处理使木材主要成分之间的相互作用力削弱，尤其是部分结晶化高聚物纤维素对于无定型高聚物木质素、半纤维素的约束力减弱，木材才得以软化。

因此，纤维素对木材热塑性起决定性作用。尽管木质素和半纤维素热塑性较大，但由于与纤维素大分子之间次价键力的相互作用，它们对整体木材的热塑性影响有限。

⑤化学增塑剂　提高木材塑性的方法还有添加增塑剂(如液氨、氨水、氨气、联氨、尿素、亚胺、氢氧化钠、氢氧化钾、单宁酸等化学药剂)，从而使高分子的分子间结合力减弱，使得塑性变形易于发生。

需要注意的是，木材的“塑性”有别于其他塑性材料。通常的塑性材料在外力去除后，残留的变形一般不随温度、湿度等外部条件的变化而改变。而木材的“塑性”则表现为木材处于一种“外界条件不发生变化”稳态下，外力卸除后其形状或变形不发生改变，变形被暂时固定，于是被认为是具有了一个塑性变形；但一旦外界条件发生了变化(如温度升高、含水率增大)时，木材内部活性化学基团的活动程度和连接方式将发生改变，一些氢键结合被打开，导致木材构造移动或改变，这时木材细胞壁纤维素的弹性恢复，在木材内部产生恢复其原有形状的力的作用，使木材现存的变形反向变化，在宏观上就表现为木材的变形逐渐恢复、消失。

因此，只有采用化学改性处理(如高级脂肪酸酰化木材、苄基化木材、乙酰化木材等)，使分子基团间产生化学交联或高凝聚态等稳定的结合，才有可能使木材的变形达到永久固定的目的。通过化学改性而产生的木材内部的增塑作用，导致了包括热塑性在内的基本性质的改变；当然，木材塑化程度的高低由引入的取代基分子的大小、取代程度和反应方式决定。

(3)木材塑性的应用

木材的塑性在有些场合会发挥积极的作用。

①减少干燥缺陷　木材干燥时，由于差异干缩所产生的内应力会破坏其组织的内聚力，而塑性的产生可以抵消一部分内应力，因而可减轻甚至避免开裂、变形等干燥缺陷的产生。

②成形加工　木材成形加工包括软化、成型和固定共3个连续工序。木材被加热后，水分渗透进入木材达到饱和，基质软化使木材塑性增大，成型加工得以进行，随后木材在

变形状态下干燥，获得永久变形。为了达到这一目的，常常使用蒸煮法、饱水状态下微波加热成形法、液氨和氨气处理法等(如方材弯曲、薄板弯曲胶合等木材弯曲成型技术)。

③压密化　为了提高木材的强度和弹性模量，采用压缩方法使木材密度增大。在压缩过程中若木材已暂时塑化，则木材压密化变得易于进行。木材表层压密化可提高其耐磨性，此外可利用刻花模具将木材表面压密化而对木材进行特殊的压花加工。在表层压密化之前，欲使木材暂时塑化，可采用含水状态下的加热处理，也可用氨水浸渍等方法。

④碎料成型　将刨花或纤维于适宜条件下塑化加工成型，热压过程中使刨花板或纤维板表层压密。

⑤永久塑化　在木材中添加适宜的软化剂，使木材的软化点降到常温以下，从而制得常温下具有柔软性的材料。以胺为基质的不挥发的膨胀剂具有这种功能。

⑥塑料化　木材进行深度化学处理，即处理剂进入细胞壁微纤丝结晶区，从而使其变为热塑性材料。

⑦立体成型曲面塑料状木质板的制备　Matsuda 和 Veda 研究发现，马来酸半酯化木材、邻苯二甲酰半酯化木材与增塑剂——双酚 A 双甘油酯混合，在热压成型过程中，不仅发生木材热塑化，还伴有相应的交联反应，制得表面光滑、具光泽和塑料状外观的各种模压板材。当木粉含量高达 60%~70%时，板材还可具高耐水性，且板材物理力学性能优于传统的木质人造板(纤维板、刨花板)。

⑧热熔胶制备　将热塑化木材与合成高聚物混合共熔，由此制备膜类热熔胶。如将丁酰基热塑化木材与聚乙酸乙烯酯(PVAC)以不同比例混合，制备木材胶黏剂，按照日本工业标准(JIS)KG852 评估其胶合性能发现，丁酰基热塑化木材与 PVAC 混合型热熔胶，其胶合强度优于 PVAC，最大抗剪胶合强度高达 15MPa，比 JIS 标准要高出 1.5 倍。

6.4 单轴应力下木材的变形特点

6.4.1 顺纹压缩

顺纹压缩是指作用力平行于木材纹理方向的压缩。

(1)顺纹压缩破坏的宏观特征

在木材顺纹压缩破坏试样上，肉眼最初可见到横跨侧面的细线条，随着作用力加大，材面上开始出现皱褶。连续破坏线总出现于弦面，说明木材径切面刚性大于弦切面；这主要是因为木射线在径切面为骨架，起支撑作用，以及微纤丝在细胞壁径切面与木射线相交，产生局部扭转，对剪切方向也产生影响。

破坏线与主轴的倾角常取决于木材密度，密度大，则倾角小。如栎木为 57°、松木为 59.5°、云杉为 70°、冷杉为 84.5°。

破坏形状和破坏部位常取决于木材含水率和硬度等因素。湿木材和软材以端部压溃破坏最为常见，破坏一般出现在木材荷载与之接触的地方，是由应力集中引起的。干的木材通常在未发生任何明显扭曲之前，产生劈裂而破坏，这是由于纤维或木射线的撕裂，而非木射线与邻接的构造分子之间的分离。干的硬材仅发生剪切破坏，不会发生端部压皱现象，这是由于应力集中的现象比软材小得多，并且由于孔隙度小、强度大的解剖分子比软材多，不易压皱。中等硬度的木材破坏，有时是端部压溃，有时产生剪切破坏。

(2)顺纹压缩破坏的微观特征

由显微镜可观察到顺纹破坏经历如下阶段：

①首先在细胞壁上产生单一错位的裂纹状细线，称为滑移线或滑移面。

②随着压力加大，变形随之加剧，滑移线越来越多，直至彼此相连而形成被称为微观压缩皱纹的综合横带。

③继上述两个阶段的初期破坏后，木材纤维产生扭曲；扭曲是木材纤维受力后弯曲而偏离原轴线，但纤维间仍保持彼此平行。它是木材受压破坏后厚壁细胞的特征。到破坏后期，早材细胞常发生扭曲，以适应木材破坏的外形。对于马尾松、落叶松等早晚材急变的针叶树材，或硬阔叶树环孔材等，因致密的晚材细胞壁能承受更大的压缩载荷而未发生明显变化，故这类木材的破坏形式是早材细胞的扭曲。

6.4.2　横纹压缩

横纹压缩是指作用力方向与木材纹理方向相垂直的压缩。

木材是一种多孔性、具有弹-塑性的天然高分子材料，当木材进行压缩时，应力-应变关系是一条非线性的曲线。目前，关于横纹压缩主要存在以下理论：

(1)常规型和三段型理论

以往学者们认为，木材横纹压缩时的应力-应变曲线应分为常规型和三段型两种类型。常规型是阔叶树散孔材横压时的特征，为不具平台的连续曲线。三段型是针叶树材和阔叶树环孔材径向受压时的特征曲线，其应力-应变曲线包括早材的弹性曲线、早材压损过程曲线和晚材的弹性曲线，3 个不同区域的曲线具有不同的斜率；而弦向受压时，不出现三段式曲线。

(2)三段型理论

刘一星、则元京等采用很宽密度范围($0.1 \sim 1.3g/cm^3$)的木材为试样，分别在气干 20℃、饱水 20℃和饱水 100℃条件下进行横纹大变形范围的压缩实验，用计算机实时对应力-应变数据进行采集和分析后提出，当木材受到横纹方向的大变形范围压缩时，可将应力-应变曲线分为 3 个阶段：

①细胞发生微小变形，应力与应变成比例直线上升的弹性变形区域。

②在越过屈服点之后较宽的变形范围，细胞逐渐被压溃，细胞壁发生向细胞腔内塌陷的弯曲和压屈变形，应变迅速增大而应力仅略有增加的应力-应变曲线平坦区域。

③压缩进行至细胞腔被完全充填、细胞壁相互接触、细胞壁实质物质开始被压缩时，应力随应变的增加而急剧增大的区域。

对于不同树种的木材，横纹压缩的应力-应变特性曲线一般都不同程度地具有这样的三段型特征(图 6-7)。

木材受横纹压缩时的显微变化主要是细胞的横截面变形，若施加的压缩载荷足够大时，这种变形将继续扩大，直至载荷超过木材的弹性极限后，木材外部纤维及其邻接纤维的细胞壁向细胞腔内溃陷，并变得紧密，产生永久变形。外部纤维溃陷程度最大，也压得最紧密；横压试样由外向内纤维溃陷程度逐渐变小。木材这种重新分配应力和吸收能量的功能，对于承压垫板，特别是木结构的节点联结处尤为重要。在用螺栓、齿板等钢构件将木构件相互联结在一起的场合，常用来传递构件的内力。

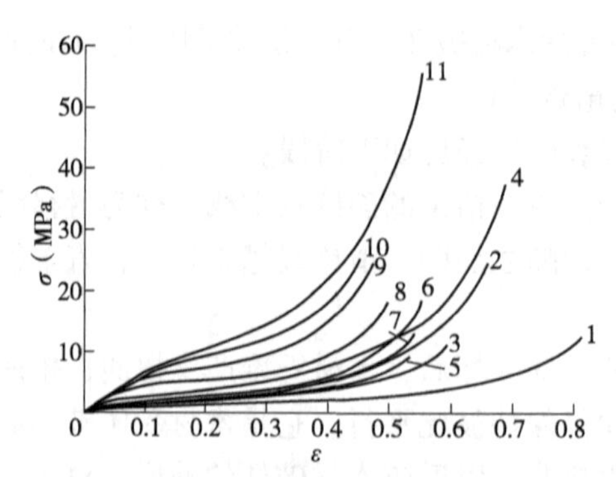

图 6-7 饱水 100℃、无约束条件下的木材横纹压缩应力-应变曲线(刘一星，1995)

1. 毛泡桐；2. 山桑；3. 粗齿柞栎；4. 红脉槭；5. 日本七叶木；6. 棱柱木；
7. 岳桦；8. 日本樱桦；9. 紫芯苏木；10. 红桂；11. 黄檀

(3)三段型和五段型理论

基于上述两种理论，木材横纹压缩时的应力-应变曲线应分为三段型和五段型。三段型是阔叶树散孔材横压时(包括径向受压或弦向受压)、阔叶树环孔材和针叶树材弦向受压时的特征，其应力-应变曲线符合刘一星等人的三段型观点，即应变随应力增大而增加的弹性变形区域、应力-应变曲线平坦区域和应力随应变的增加而急剧增大的区域。

但对于阔叶树环孔材和针叶树材径向受压时，由于早、晚材的差异，当木材受到横纹径向的大变形范围压缩时，可将应力-应变曲线分为 5 个阶段：

①早材细胞发生微小变形，应变随应力增加而增加的弹性变形区域。

②在越过早材屈服点之后较宽的变形范围，早材细胞逐渐被压溃，细胞壁发生向细胞腔内溃陷的弯曲和压屈变形，应变迅速增大而应力仅略有增加的应力-应变曲线平坦区域。

③压缩进行至早材细胞腔被完全充填、细胞壁相互接触、细胞壁实质物质开始被压缩时，应力随应变的增加而急剧增大的区域(同时，晚材细胞也发生微小变形，晚材应变随应力增加而增加的弹性变形区域也包含在此阶段)。

④在越过晚材屈服点之后较宽的变形范围，晚材细胞逐渐被压溃，细胞壁发生向细胞腔内塌陷、弯曲和压屈变形，应变迅速增大而应力仅略有增加的应力-应变曲线平坦区域。

⑤压缩进行至晚材细胞腔被完全充填、细胞壁相互接触，早、晚材细胞壁实质物质开始被同时压缩，应力随应变的增加而急剧增大的区域。

其中，上述这五段型理论，以及 5 个不同的区域的曲线是否具有不同的斜率等，还有待进一步研究。

6.4.3 顺纹拉伸

木材顺纹拉伸破坏主要是纵向撕裂和微纤丝之间的剪切。微纤丝纵向结合非常牢固，所以顺纹拉伸时的变形很小，通常应变值小于 1%~3%，而强度值却很高。即使在这种情况下，微纤丝本身的抗拉强度也未能充分发挥，因为木材的纤维会在微纤丝之间撕开，而木材顺纹剪切强度特别低，通常只有顺纹抗拉强度的 6%~10%。顺纹拉伸时，微纤丝之间产生滑移使微纤丝撕裂破坏，其破坏断面通常呈锯齿状、细裂片状或针状撕裂；其断面形状的不规则程度，取决于木材顺拉强度和顺纹剪切强度的比值。一般健全材该比值较大，破坏常在强度较弱的部位剪切开，故破坏断面不平整、呈锯齿状；而腐朽材和热带脆心材，两者比值较小，且由于腐朽所产生的酸性物质使纤维素解聚，对大气湿度敏感性增加，这两个因素大大削弱了木材的顺纹抗拉强度，微纤丝少量出现滑行现象，而造成拉断破坏，断面处常较为平整。

6.4.4 横纹拉伸

木材横纹拉伸分径向拉伸和弦向拉伸。木材径向拉伸时，除木射线细胞的微纤丝受轴向拉伸外，其余细胞的微纤丝都受垂直方向的拉伸；而木射线只占木材体积的7%~17%，该组织的细胞壁较薄(针叶树材所含的射线管胞除外)，所以径向拉伸时呈轴向拉伸的微纤丝数量比顺纹拉伸时少得多。此外，细胞壁胶着物的抗拉强度对木材的横纹抗拉强度起主要作用，而胶着物的抗拉强度又很低，所以木材的横纹抗拉强度很低，只有顺纹抗拉强度的1/65~1/35。

木材在径向和弦向拉伸时的强度差，取决于木材密度及木射线的数量与结构。由于阔叶树散孔材参与横向拉伸的早、晚材微纤丝不论在径向或弦向都相差不多，但这些树种的木材在径向拉伸时还有木射线中的微纤丝参与轴向拉伸，所以阔叶树散孔材径向拉伸的强度大于弦向。但对于针叶树材和阔叶树环孔材而言，一方面，由于径向拉伸时应力集中在早材、弦向拉伸时应力集中在晚材，故弦向拉伸时参与拉伸的微纤丝数量比径向拉伸时多；另一方面，在径向上由于木射线中的微纤丝呈轴向拉伸，使针叶树材和阔叶树环孔材的情况变得更加复杂。

木材受横拉破坏时，壁薄的细胞被纵向撕裂，壁厚的细胞常沿着初生壁拉开。因此，在任何木结构的部件中都要尽量避免产生横纹拉应力。因为木材横纹拉伸的抗拉强度特别低，此外木材在干燥过程中往往发生开裂，从而导致木材横纹的抗拉强度进一步降低。

6.4.5 顺纹剪切

按剪切力与木材纹理方向之间的关系，可分为顺纹剪切、横纹剪切和切断。木材使用中最常见的为顺纹剪切，又分为弦切面剪切和径切面剪切。

木材顺纹剪切的破坏特点是木材纤维在平行于纹理的方向发生了相互滑移。弦切面的剪切破坏(剪切面平行于生长轮)常出现于早材部分，在早材和晚材交界处滑移，破坏表面较光滑，但略有起伏，面上带有细丝状木毛。径切面剪切破坏(剪切面垂直于生长轮)，其表面较粗糙，不均匀且无明显木毛；在放大镜下，可观察到早材的一些星散区域上带有细木毛。

6.5 木材主要力学性能指标

根据外力种类可分为抗压强度(包括顺纹抗压强度、横纹抗压强度)、抗拉强度(包括顺纹抗拉强度、横纹抗拉强度)、抗弯弹性模量及抗弯强度、顺纹抗剪强度、冲击韧性、硬度、抗劈力等。

根据加载速度和作用方法可分为静态强度、冲击强度、疲劳强度、蠕变强度等。

6.5.1　抗压强度

静态试验指按一定速度(加载速度或变形速度)缓慢施加外力的试验。该强度叫作静态强度，是判定和评价材质的基本数据。

(1)顺纹抗压强度

顺纹抗压强度指沿木材顺纹方向，以均匀速度施加压力至试样破坏时的强度。

顺纹抗压试验遵照国家标准《木材顺纹抗压强度试验方法》(GB/T 1935—2009)进行，试样尺寸为轴向×径向×弦向＝30mm×20mm×20mm。试验以均匀速度加荷、在1.5～2min内使试样破坏。

顺纹抗压强度计算公式：

$$\sigma_W=\frac{P_{max}}{b\cdot t} \tag{6-14}$$

式中：σ_W——试样含水率为W%时的顺纹抗压强度(MPa)；

P_{max}——最大载荷(N)；

b、t——试样宽度、厚度(mm)。

试样含水率在9%～15%，含水率为12%时的顺纹抗压强度按下式计算有效，精确至0.1MPa。

$$\sigma_{12}=\sigma_W[1+0.05(W-12)] \tag{6-15}$$

式中：σ_{12}——试样含水率为12%时的顺纹抗压强度(MPa)；

W——试样含水率(%)。

我国木材的顺纹抗压强度平均值为45MPa，一般是其横纹抗压强度的5～15倍，约为顺纹抗拉强度的1/3～1/2。顺纹抗压比例极限应力与顺纹抗压强度的比值约为0.70，针叶树材该比值约为0.78，软阔叶树材为0.70，硬阔叶树材为0.66。针叶树材具有较高的顺纹抗压比例极限应力的原因是，它的构造比较简单且有规律；硬阔叶树环孔材因构造不均一，使得这一比值最低。

(2)横纹抗压强度

横纹抗压强度指从横纹抗压试验的荷载-变形图上，通过确定比例极限荷载后，计算出的木材横纹抗压比例极限应力。

横纹抗压试验遵照国家标准《木材横纹抗压强度试验方法》(GB/T 1939—2009)进行，横纹全部抗压强度试样尺寸为轴向×径向×弦向＝30mm×20mm×20mm，横纹局部抗压强度试样尺寸为轴向×径向×弦向＝60mm×20mm×20mm。横纹压缩根据生长轮走向，加压面分为径切面和弦切面(图6-8)。试验以均匀速度加荷、在1～2min内达到比例极限荷载。

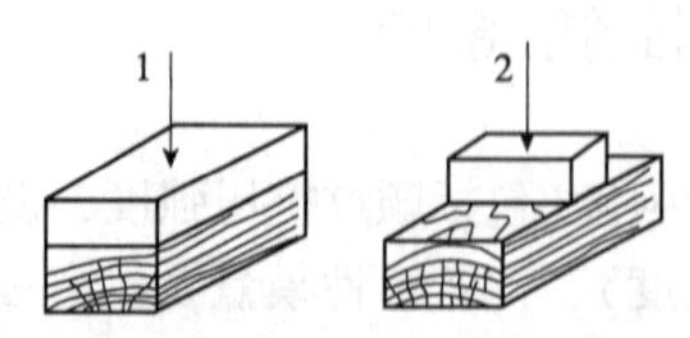

图6-8　木材横纹抗压强度测定试样与受力方向(徐有明，2006)

1. 径向全部抗压；2. 径向局部抗压

横纹全部抗压强度计算公式：

$$\sigma_{yW}=\frac{P}{b \cdot L} \tag{6-16}$$

式中：σ_{yW}——试样含水率为 W%时的径向或弦向的横纹全部抗压比例极限应力(MPa)；

P——比例极限载荷(N)；

b——试样宽度(mm)；

L——试样长度(mm)。

横纹局部抗压强度计算公式：

$$\sigma_{yW}=\frac{P}{b \cdot t} \tag{6-17}$$

式中：σ_{yW}——试样含水率为 W%时的径向或弦向的横纹局部抗压比例极限应力(MPa)；

P——比例极限载荷(N)；

b——试样宽度(mm)；

t——压板宽度(mm)。

试样含水率在 9%~15%，含水率为 12%时径向或弦向的横纹全部和局部抗压比例极限应力均按下式计算有效，精确至 0.1MPa。

$$\sigma_{y12}=\sigma_{yW}[1+0.045(W-12)] \tag{6-18}$$

式中：σ_{y12}——试样含水率为 12%时的径向或弦向的横纹或局部全部抗压比例极限应力(MPa)；

W——试样含水率(%)。

上两式中，横纹压缩不能明确地判别出最大应力，通常用比例极限载荷 P 代替式(6-14)中的最大载荷 P_{max} 进行计算；比例极限载荷 P 需从应力-应变图上确定。

木材的局部横纹压缩比例极限应力高于全部横纹压缩比例极限应力。同时，局部横压应用范围较广，如枕木等。

图 6-9 是顺纹压缩、横纹不同切面压缩时的应力-应变曲线。径向压缩时弹性区域和塑性区域的界线有明显的屈服点，随着进一步压密，细胞空隙部的变形逐渐减小，应力再次急剧增加。弦向压缩时弹性区域和塑性区域的界线和屈服点都不明显，产生弯曲压曲(纵向压曲)。横向压缩加压方向与强度的关系是径向>弦向，其比率因树种而异。

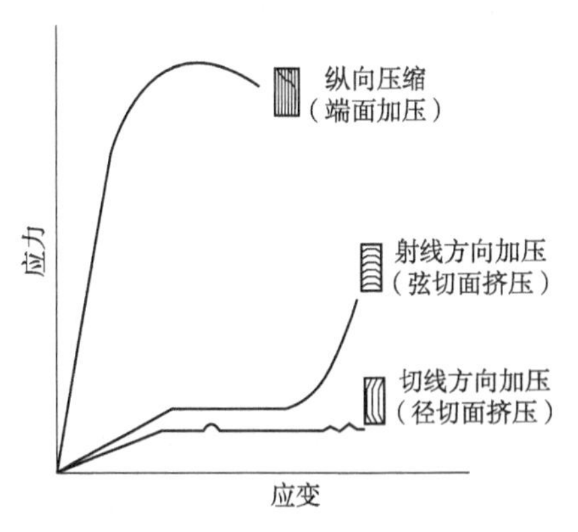

图 6-9 不同方向压缩时的应力-应变曲线

局部压缩时，与加压板接触的附近应力分布复杂，并受压缩材余长的影响。因此，与端部加压相比，中央加压时的比例极限应力大。

6.5.2 抗拉强度

根据拉力与木材纹理平行和垂直可分为顺纹抗拉强度和横纹抗拉强度。

顺纹和横纹抗拉强度均采用如下公式计算：

$$\sigma_{W}=\frac{P_{max}}{b \cdot t} \tag{6-19}$$

式中：σ_W——试样含水率为 $W\%$时的抗拉强度(MPa)；

P_{max}——最大载荷(N)；

b、t——试样有效部分的宽度、厚度(mm)。

(1)顺纹抗拉强度

顺纹抗拉强度指沿试样顺纹方向，以均匀速度施加拉力至破坏时的强度。

木材顺纹抗拉试样制作遵照国家标准《木材顺纹抗拉强度试验方法》(GB/T 1938—2009)进行，形状及尺寸如图 6-10 所示；试验在 1.5~2min 内以均匀速度加荷完成。

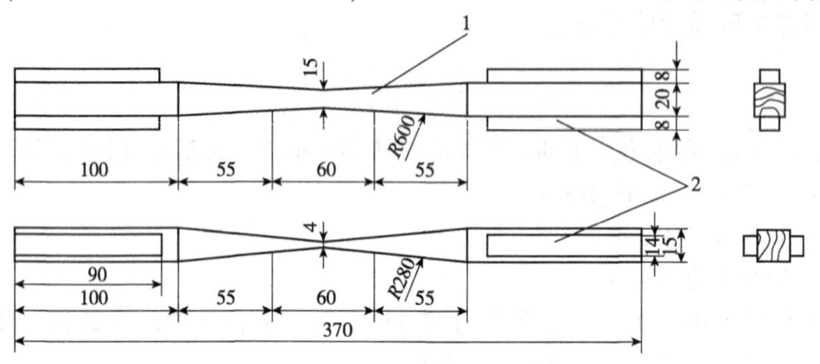

图 6-10　顺纹抗拉强度试验的试样

1. 试样；2. 木夹垫

顺纹拉伸往往发生夹具与试样端部的滑移或试样端部压碎等现象，实验有一定困难，因此，试样两端被夹紧部位的截面积要远大于拟被拉断的部位，目的是使试样的中部局部削弱，确保试样在有效试验段产生拉伸破坏。

试样含水率在 9%~15%，含水率为 12%时的阔叶树材的顺纹抗拉强度按下式计算有效，准确至 0.1MPa。

$$\sigma_{12}=\sigma_W[1+0.015(W-12)] \tag{6-20}$$

式中：σ_{12}——试样含水率为 12%时的顺纹抗拉强度(MPa)；

W——试样含水率(%)。

当试样含水率在 9%~15%时，对针叶树材可取 $\sigma_{12}=\sigma_W$。

顺纹抗拉强度是木材主要力学指标中最大的，平均为 120~150MPa，其中最低值为轻木的 32.9MPa，最高值为黄檀的 222MPa，是顺纹抗压强度的 2~3 倍、是横纹抗压强度的 12~40 倍、是顺纹抗剪强度的 10~16 倍。

木材顺纹抗拉强度取决于木纤维或管胞的强度、长度和方向，以及木材密度。木纤维或管胞长度是影响木材顺纹抗拉强度的主要因子，与微纤丝角大小有一定相关性：木纤维或管胞越长，微纤丝角越小，则强度越大。密度大，顺纹抗拉强度也大。

(2)横纹抗拉强度

横纹抗拉强度指沿试样横纹方向，以均匀速度施加拉力至破坏时的强度。

木材横纹抗拉的试样制作遵照国家标准《木材横纹抗拉强度试验方法》(GB/T 14017—2009)进行，形状及尺寸如图 6-11 所示，目的是使试样的中部局部削弱，确保试样在有效试验段产生拉伸破坏。试验以均匀速度加荷、在 1.5~2min 内完成。横纹抗拉强度根据拉力与生长轮的平行和垂直又可分为弦向抗拉强度和径向抗拉强度。

试样含水率在 9%~15%，含水率为 12%时的横纹抗拉强度按下式计算有效，精确至 0.01MPa。

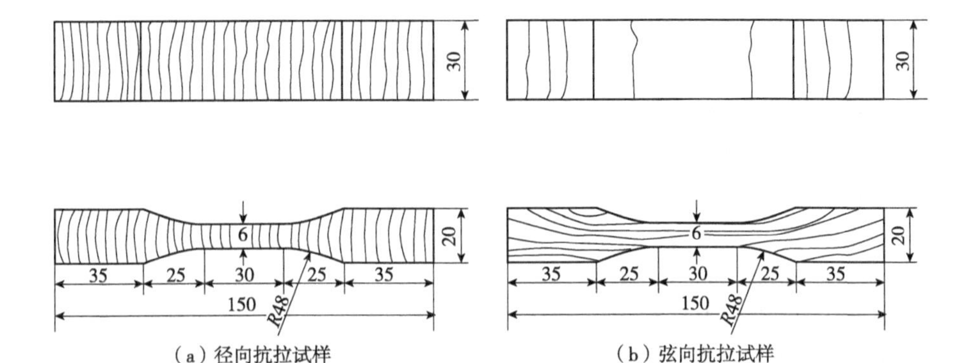

图 6-11　木材横纹抗拉试样

径向试样为：

$$\sigma_{12}=\sigma_{W}[1+0.01(W-12)] \tag{6-21}$$

弦向试样为：

$$\sigma_{12}=\sigma_{W}[1+0.025(W-12)] \tag{6-22}$$

式中：σ_{12}——试样含水率为 12%时的横纹抗拉强度(MPa)；

W——试样含水率(%)。

由于木材细胞排列和细胞壁上微纤丝走向等原因，木材横纹抗拉强度的值很低，通常仅为顺纹抗拉强度的 1/65～1/10，且木材在干燥过程中常常会发生开裂，导致其横纹抗拉强度完全丧失，因此，在任何木结构部件中都要尽量避免产生横纹拉伸应力。在相同密度条件下，针叶树材的顺纹抗拉强度与横纹抗拉强度之比要高于阔叶树材。

6.5.3　抗弯弹性模量与抗弯强度

木材抗弯弹性模量和抗弯强度是木材最重要的力学指标。前者常用以计算木构件在荷载下的变形，后者常用以推测木材的容许应力。

(1)抗弯弹性模量

抗弯弹性模量指木材受力弯曲时，在比例极限应力范围内应力与应变的比值。木材抗弯弹性模量代表木材的刚度或弹性，表征木材在比例极限内抵抗弯曲变形的能力。木梁在承受荷载时，其弯曲变形与其抗弯弹性模量成反比，木材的抗弯弹性模量值越大，则越刚硬，越不易发生弯曲变形；反之，则比较柔曲。

抗弯弹性模量测试遵照国家标准《木材抗弯弹性模量试验方法》(GB/T 1936.2—2009)进行，试验装置如图 6-12 所示。试样尺寸为轴向×径向×弦向＝300mm×20mm×20mm，两支座间跨距为 l＝240mm，采用离支座各 l/3 处两点加荷作弦向弯曲。测量试样变形的上、下限荷载一般取 300～700N(对于甚软的木材可取 200～400N)，试验机以均匀速度先加荷至下限荷载，经 15～20s 加荷至上限荷载，随即卸载，如此反复 3 次(对于数显电控试验机，可将加荷速度定为 1～3mm/min)。

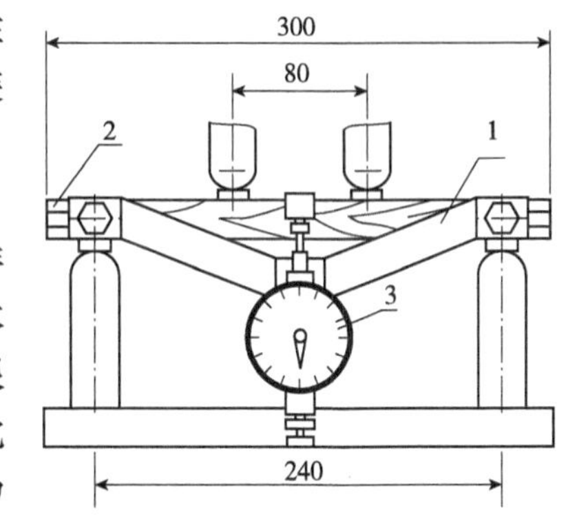

图 6-12　抗弯弹性模量试验装置

1. 百分表架；2. 试样；3. 百分表

抗弯弹性模量计算公式为：

$$E_W=\frac{23P\cdot l^3}{108b\cdot h^3\cdot f} \tag{6-23}$$

式中：E_W——试样含水率为 W%时的抗弯弹性模量（MPa）；

P——上、下限荷载之差（N）；

l——两支座间跨距（mm）；

b——试样宽度（mm）；

h——试样高度（mm）；

f——上、下限荷载间试样的变形值（mm）。

试样含水率在 9%~15%，含水率为 12%时的抗弯弹性模量按下式计算有效，精确至 10MPa。

$$E_{12}=E_W[1+0.015(W-12)] \tag{6-24}$$

式中：E_{12}——试样含水率为 12%时的抗弯弹性模量（MPa）；

W——试样含水率（%）。

由于各向异性，木材三个方向的抗弯弹性模量不同，通常径向及弦向仅为顺纹的 1/20~1/12。对于木梁而言，抗弯弹性模量最为重要。针叶树材中抗弯弹性模量最大为落叶松的 14.5GPa，最小为云杉的 6.2GPa；阔叶树材中最大为蚬木的 21.1GPa. 最小为兰考泡桐的 4.2GPa（1GPa=1000MPa）。

（2）抗弯强度（静曲极限强度）

抗弯强度指试样长度中央以均匀速度加荷至破坏时的强度。由于抗弯强度的容易测试以及在实际应用上的重要性，所以在材质判定中使用最多。

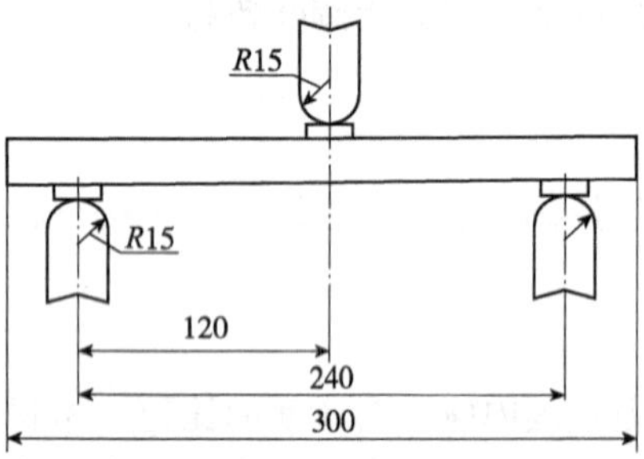

图 6-13 抗弯强度试验装置

抗弯强度测试遵照国家标准《木材抗弯强度试验方法》（GB/T 1936.1—2009）进行，试验装置如图 6-13所示。试样尺寸为轴向×径向×弦向＝300mm×20mm×20mm，两支座间跨距为 l＝240mm，抗弯强度采用中央加荷作弦向弯曲，以均匀速度加荷、在 1~2min（或 5~10mm/min）内使试样破坏。

抗弯强度计算公式为：

$$\sigma_{bW}=\frac{3P_{\max}\cdot l}{2b\cdot h^2} \tag{6-25}$$

式中：σ_{bW}——试样含水率为 W%时的抗弯强度（MPa）；

$P_{\max}$——最大载荷（N）；

l——两支座间跨距（mm）；

b——试样宽度（mm）；

h——试样高度（mm）。

试样含水率在 9%~15%，含水率为 12%时的抗弯强度按下式计算有效，精确至 0.1MPa。

$$\sigma_{b_{12}}=\sigma_{bW}[1+0.04(W-12)] \tag{6-26}$$

式中：$\sigma_{b_{12}}$——试样含水率为 12%时的抗弯强度（MPa）；

W——试样含水率（%）。

木材抗弯强度介于顺纹抗拉强度和顺纹抗压强度之间，各树种的平均值约为 90MPa，针叶树材中最大为长苞铁杉的 122. 7MPa，最小为柳杉的 53. 2MPa；阔叶树材中最大为海南子京的 183. 1MPa，最小为兰考泡桐的 28. 9MPa。针叶树材的径向和弦向抗弯强度间差异较明显，弦向比径向高出 10%~12%，而阔叶树材两个方向上差异一般不明显。

(3)木材抗弯强度与抗弯弹性模量的关系

对所有树种正常木材而言，其抗弯强度和抗弯弹性模量间成正比关系，抗弯强度大、抗弯弹性模量也大。柯病凡根据 356 个树种在含水率 15%情况下，木材抗弯弹性模量 E(MPa)和抗弯强度 σ(MPa)之间存在着密切的线性相关性，并得出关系式：

$$E=0.086\sigma+33.7 \tag{6-27}$$

由于两者密切相关(相关系数 $R^2=0.84$)，而抗弯强度测定相对要容易得多，利用此式可以估测木材的抗弯弹性模量；同时，因为抗弯弹性模量的测定不需破坏试样，也可利用此式，通过抗弯弹性模量的快速检测来预测木材的抗弯强度，实现木材强度的无损检测。

6.5.4 顺纹抗剪强度

剪应力的作用使木材一表面对另一表面相对滑移造成的破坏，称为剪切破坏；由于加压方式形成的剪应力，使试样一表面对另一表面产生顺纹相对滑移时的强度称顺纹抗剪强度。

顺纹抗剪强度测试遵照国家标准《木材抗剪强度试验方法》(GB/T 1937—2009)进行，试样尺寸厚度为 20mm，根据受剪面的不同分径面与弦面两种(图 6-14)。先测试样剪切面的宽度(b)和长度(l)，准确至 0. 1mm，按图 6-14 把试样装在实验装置内，使压块中心对准试机上压头的中心位置；试验以均匀速度加荷、在 1. 5~2. 0min 内使试样破坏。记录下破坏时的最大荷载，并立即测定试样含水率。

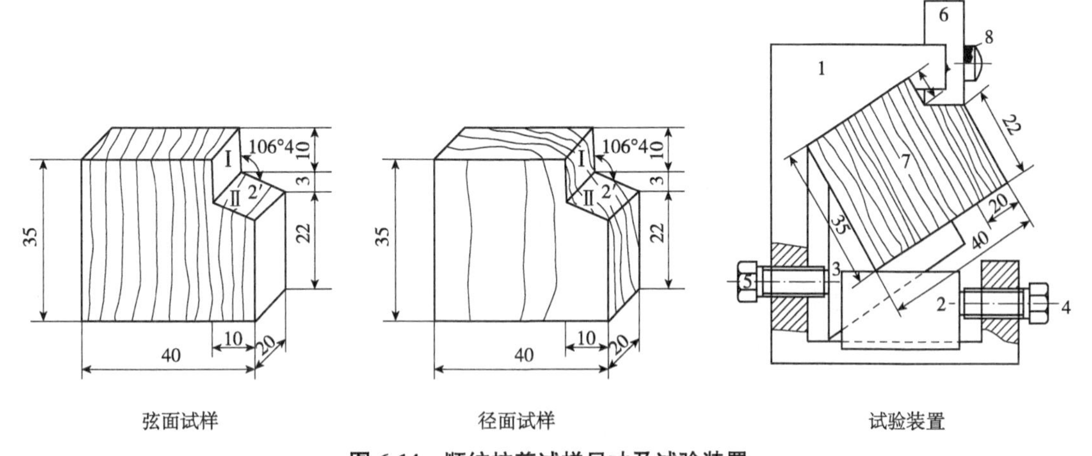

图 6-14　顺纹抗剪试样尺寸及试验装置

1. 附件主体；2. 楔块；3. L 形垫块；4、5. 螺杆；6. 压块；7. 试样；8. 圆头螺钉

顺纹抗剪强度的计算公式为：

$$\tau_W=\frac{P_{\max}\cdot\cos\theta}{b\cdot l}$$

$$=\frac{0.096P_{max}}{b\cdot l} \tag{6-28}$$

式中：τ_W——试样含水率为W%时的顺纹抗剪强度(MPa)；

P_{max}——最大荷载(N)；

θ——荷载方向与纹理间的夹角(16°42′)；

b——试样宽度(mm)；

l——剪切面长度(mm)。

试样含水率在9%~15%，试样含水率为12%时的弦面或径面的顺纹抗剪强度，按下式计算有效，精确至0.1MPa。

$$\tau_{12}=\tau_W[1+0.03(W-12)] \tag{6-29}$$

式中：τ_{12}——试样含水率为12%时的弦面或径面的顺纹抗剪强度(MPa)；

W——试样含水率(%)。

木材顺纹抗剪强度较小，平均只有顺纹抗压强度的10%~30%；对于纹理较斜的木材(如具螺旋纹理、交错纹理、波浪纹理或皱状纹理等的木材)，其抗剪强度会明显增加。阔叶树材的顺纹抗剪强度平均比针叶树材高出1/2。针叶树材径面和弦面的抗剪强度基本相同；阔叶树材弦面的抗剪强度较径面高出10%~30%，木射线越发达，差异越明显。

6.5.5 冲击韧性

冲击韧性采用中央施加冲击荷载，使试样产生弯曲破坏的试验形式，它不测定破坏试样所需要的力，而是测定破坏试样所消耗的功，即用单位面积吸收的能量来表示。冲击韧性试验消耗的功愈大，木材的韧性愈大，脆性愈小，通常木梁、枕木、坑木、木梭、船桨等部件用材都需要有较好的冲击韧性。

国际上常用的冲击韧性试验方法有两种：一种是将试样一次击断的摆锤式冲击试验，另一种是连续敲打的落锤式冲击试验(或连续敲打冲击试验、Hatt-Turner试验)。现行国家标准《木材冲击韧性试验方法》(GB/T 1940—2009)属于第一种方式，试样尺寸为轴向×径向×弦向=300mm×20mm×20mm，两支座间距离为240mm，根据破坏后摆锤在反方向达到的高度或与此对应上升的角度获得试样吸收的能量(Q)。

木材的冲击韧性由下式求出：

$$A=\frac{1000Q}{b\cdot h} \tag{6-30}$$

式中：A——试样的冲击韧性(kJ/m^2)；

Q——试样吸收的能量(J)；

b、h——试样的宽度和高度(mm)。

试样含水率按GB/T 1928—2009第4章规定，在温度为(20±2)℃、相对湿度为(65±3)%时的环境条件，调整至木材平衡含水率为12%，而不再把冲击韧性换算成含水率为12%时的值。

木材冲击韧性按我国标准规定只做弦向试验。早、晚材区别明显的树种，其弦向和径向的冲击韧性有明显差别，如落叶松、云杉和水曲柳的径向冲击韧性比弦向的分别高50%、35%和20%；早、晚材区别不明显的树种，其径、弦向冲击韧性几乎相同。木材冲击韧性与生长轮宽度也具有一定的相关性，生长轮特别宽的针叶树材，因密度低，冲击韧性也低；而白蜡树、栎木等阔叶树环孔材，宽的生长轮通常是致密木材的特征，冲击韧性也高，另外水青冈等阔叶树散孔材，生长轮宽度小于1mm的木材其冲击韧性最大。阔叶树材冲击韧性比针叶树材的约高0.5~2倍。

木材冲击韧性还与木材组织构造和化学组成有关。细胞壁过薄、壁腔比过低、S_2的微纤丝角过大，都会导致较小的冲击韧性；木质素含量过高也会使木材的冲击韧性较小。

6.5.6 硬度

木材硬度表示木材抵抗其他刚体压入木材的能力。

木材硬度测试根据国家标准《木材硬度试验方法》(GB/T 1941—2009)进行，试样加工尺寸为轴向×径向×弦向=70mm×50mm×50mm，采用半径为(5.64±0.01)mm钢球的电触型硬度试验设备(图6-15)，在静荷载下以3~6mm/min的均匀速度将半球型钢压头压入试样深度为5.64mm时，其横断面积恰好为100mm²；对于易裂树种，压入深度允许减至2.82mm，截面积为75mm²。

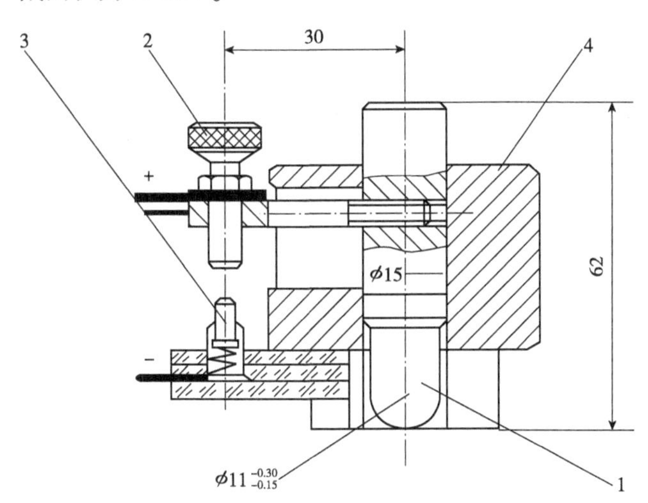

图6-15 电触型木材硬度试验装置

1. 半球型钢压头；2. 调整螺丝(上触点)；3. 具有弹簧装置的下触点；4. 套筒

硬度按下式计算：

$$H_W = K \cdot P \tag{6-31}$$

式中：H_W——试样含水率为W%时的硬度(N)；

P——钢半球压入试样的荷载(N)；

K——压入试样深度为5.64mm或2.82mm时的系数，分别等于1或4/3。

试样含水率在9%~15%，含水率为12%时的硬度按下式计算有效，精确至10N。

$$H_{12} = H_W[1+0.03(W-12)] \tag{6-32}$$

式中：H_{12}——试样含水率为12%时的硬度(N)；

W——试样含水率(%)。

木材硬度又分弦面、径面和端面硬度3种。端面硬度高于弦面和径面硬度，其中针叶树材端面硬度平均高出弦面和径面约35%、阔叶树材端面硬度平均高出25%左右；大多数树种的弦面和径面硬度相近，但木射线发达树种的木材(如麻栎、青冈栎等)，其弦面硬度可高出径面5%~10%。木材硬度还因树种而异，通常大多数阔叶树材的硬度大于针叶树材。此外，木材密度对硬度的影响极大，密度越大，则硬度也越大。

5.5.7 抗劈力

抗劈力是指木材抵抗在尖楔作用下顺纹劈开的能力。

木材抗劈力测试根据国家标准《木材抗劈试验方法》(GB/T 1942—2009)进行，试样的形状和尺寸按图6-16的规定制作。

将试样正确装于试验机附件上，以均匀速度加荷、在0.2~0.5min内使试样破坏，破坏荷载精确至10N。

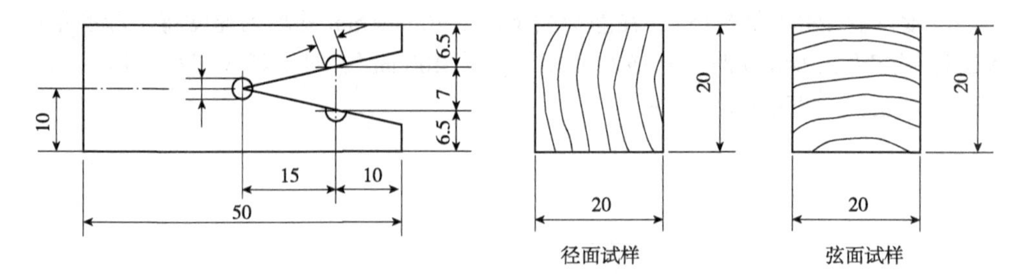

图6-16 抗劈力试样

木材抗劈力为线强度，精确至1N/mm，试样弦面或径面抗劈力计算公式为：

$$C=\frac{P_{max}}{b} \tag{6-33}$$

式中：C——试样的抗劈力(N/mm)；

P_{max}——最大荷载(N)；

b——抗劈面的宽度(mm)。

试样含水率按GB/T 1928—2009第4章规定，在温度为(20±2)℃、相对湿度为(65±3)%时的环境条件，调整至木材平衡含水率为12%，而不再把抗劈力换算成含水率为12%时的值。

阔叶树材径面抗劈力小于弦面，这种差异在木射线发达的树种上表现尤为显著。针叶树材却恰恰相反，即径面抗劈力大于弦面，这是由于早材部分强度小于晚材，其弦面抗劈力主要取决于早材强度，而径面抗劈力则由早、晚材共同决定的缘故。

6.5.8 握钉力

木材的握钉力是指木材抵抗钉子被拔出的能力。

木材握钉力测试根据国家标准《木材握钉力试验方法》(GB/T 14018—2009)进行，试样尺寸为轴向×径向×弦向=150mm×50mm×50mm(图6-17)。在试样任一径面、任一弦面和两个端面上，垂直于试样表面，以每次打入相同深度，分5~10次将钉子钉入试样至记号处(对于较硬的木材，也可预先在试样相应位置钻直径约1.8mm、深约20mm的引导孔)，允许误差±1mm。

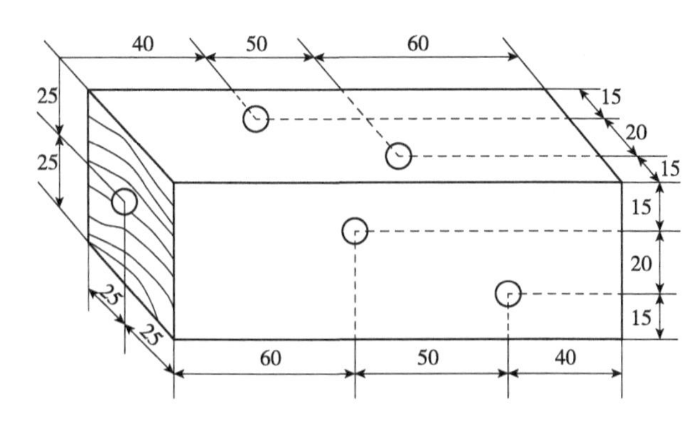

图 6-17 木材握钉力试样钉钉位置

将带有钉子的试样，放在钢框架内，握钉器握紧钉头，以均匀速度加荷、在 1~2min 内[或按(2±0.5)mm/min 速度加荷]将钉子拔动，至试验机指针明显回转(或至试验机荷载读数明显下降)为止。最大荷载精确至 10N。

试样的握钉力为线强度，精确至 0.1N/mm，按下式计算：

$$P_{ap}=\frac{P_{max}}{l} \tag{6-34}$$

式中：P_{ap}——试样的握钉力(N/mm)；

P_{max}——最大荷载(N)；

l——钉子钉入试样的长度(mm)。

试样含水率按 GB/T 1928-2009 第 4 章规定，在温度为(20±2)℃、相对湿度为(65±3)%时的环境条件，调整至木材平衡含水率为 12%，而不再把握钉力换算成含水率为 12%时的值。

影响木材握钉力的因素有许多，如木材的种类、密度、含水率、硬度、弹性、纹理方向、钉子形状、钉身直径、钉入深度等。

6.5.9 耐磨性

木材耐磨性是木材抵抗磨损的能力。当木材与其他物体存在摩擦时均产生磨损，例如，人在地板上行走、车辆在木桥上行驶，都可造成磨损。由于导致磨损的原因很多，磨损的现象又十分复杂，所以难以制定统一的耐磨性标准试验方法(如实木地板、人造板及饰面人造板的耐磨性标准试验方法等)。各种试验方法都是模拟某种实际磨损情况，连续反复磨损，然后以试样质量、厚度或体积的损失来衡量。因此，耐磨性试验的结果只具有比较意义。

以实木地板耐磨性为例，其耐磨性测试是根据国家标准《实木地板》(GB/T 15036.2—2009)进行，试样为直径 100mm、厚度 8mm 的圆盘、在(4.9±0.2)N 的条件下磨耗 100r 前后分别称取其质量来表征。

实木地板耐磨性的计算公式为：

$$F=m-m_1 \tag{6-35}$$

式中：F——试样的磨耗值(g/100r)；

m——试样磨前质量(g)；

m_1——试样磨后质量(g)。

木材耐磨性是表征木材表面抵抗摩擦、挤压、冲击和剥蚀以及这几种因子综合作用的耐磨能力，两者具有一定的内在联系。通常木材硬度高者耐磨性大；反之，耐磨性小。硬度和耐磨性可作为选择建筑、车辆、造船、运动器械、雕刻、模型等用材的依据。此外，木材的耐磨性(Q)还与密度呈密切的线性关系，可由密度推导得出：

$$Q=\beta \cdot \rho_0+\alpha \tag{6-36}$$

式中：ρ_0——木材密度；

β，α——取决于树种、材面等条件的常数。

6.6 影响木材力学性质的主要因素

木材是变异性很大的天然高分子生物材料，其构造和性质不仅因树种而不同，而且随林木生长的气候环境、立地条件等因子而异。“构造决定性质”，木材的力学性质除与木材构造密切相关外，同时还受木材密度、水分、温度、长期荷载、作用力方向、缺陷等影响。因此，了解木材力学性质受哪些因素的影响、影响的作用方向和程度等，对于木材合理、高效利用十分重要。

6.6.1 微纤丝角

细胞壁的次生壁占木材细胞壁的体积最大，约占细胞壁厚度的95%甚至以上，其微纤丝与细胞长轴方向的夹角，即微纤丝角，对顺纹弹性模量及强度能产生较大程度的影响。Cave. I. D(1959)测量了辐射松管胞弹性模量与微纤丝角间的关系表明，当微纤丝角从10°增大至25°和35°左右时，弹性模量已降至10°时的50%和25%。

6.6.2 木材密度

木材密度是决定木材强度和刚度的物质基础，是判断木材强度的最佳指标。一般而言，随着木材密度的增大，木材强度和刚性也随之增高，其中木材的弹性模量、冲击韧性呈线性增加；剪切模量也受密度影响，但相关系数较低；密度对木材顺纹抗拉强度几乎没有影响，这是由于木材的顺纹抗拉强度主要由具有共价键的纤维素分子链的强度来决定，与细胞壁物质的多少基本没有关系。

针叶树材的密度值小、差异也小；而阔叶树材的密度值大、差异也大，因此阔叶树材的强度和刚度整体较针叶树材要高，且树种间差异程度大。

木材密度与各种力学性质之间的关系可用下列方程式表示：

$$\sigma=a \cdot \rho^n \tag{6-37}$$

式中：σ——木材强度值；

ρ——木材密度；

a，n——试验常数，随力学性质类型不同而异。

按此方法得出木材的部分强度与密度的关系式，见表6-2。

表 6-2 部分木材强度与密度的关系式(刘一星等，2012)

强度	方程式(气干材)
抗弯强度	$\sigma_{bW}=25\ 700\rho^{1.25}$
抗弯弹性模量×1000	$E_W=2800\rho$
顺纹抗压强度	$\sigma_W=12\ 200\rho$
顺纹抗压弹性模量	$E=3380\rho$
横纹抗压比例极限应力	$\sigma_{yW}=4630\rho^{2.25}$
端面硬度	$H_C=4800\rho^{2.25}$
径面硬度	$H_{sr}=3720\rho^{2.25}$
弦面硬度	$H_{st}=3820\rho^{2.25}$

6.6.3 木材水分

木材含水率对木材力学性质的影响，是指木材含水率在纤维饱和点以下变化时，给木材力学性质带来影响。当含水率处在纤维饱和点以下时，吸着水吸着于木材内部表面上，随着含水率的下降，木材发生干缩，胶束间的内聚力增大，内摩擦系数增高，密度增大，因而木材力学强度急剧增加(图 6-18)。

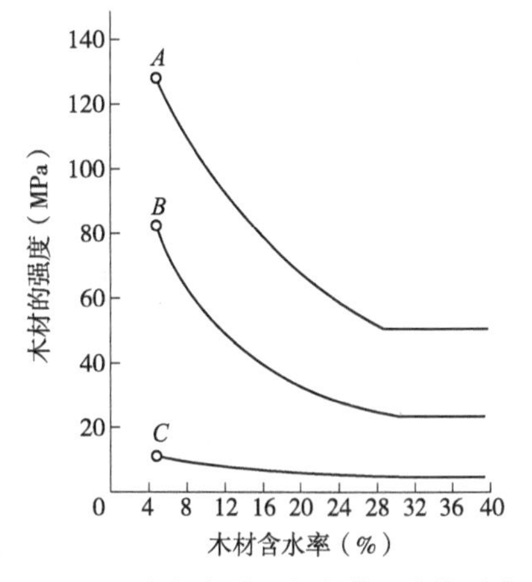

图 6-18 含水率对松木力学强度的影响

A. 抗弯；*B*. 顺纹抗压；*C*. 顺纹抗剪

在从纤维饱和点含水率起下降至零的范围内，除横纹径向抗拉强度、顺纹抗拉强度、抗弯弹性模量外，其他强度都会显著地增大；如含水率每降低1.0%，横纹径向抗拉强度约增加1.0%，顺纹抗拉强度和抗弯弹性模量约增加1.5%，横纹弦向抗拉强度约增加2.5%，顺纹抗剪强度和硬度约增加3.0%，抗弯强度增加4.0%，横纹抗压强度约增加4.5%，而顺纹抗压强度约增加5.0%。

当含水率在纤维饱和点以上时，自由水充满导管、管胞、木纤维等木材组织分子细胞腔和细胞间隙等大毛细管，与木材细胞壁物质没有直接结合，所以含水率的变化对木材的力学性质几乎没有影响，木材强度呈现出一恒定的值。

根据我国相关国家标准规定，木材强度值都应调整到含水率为12%时的值，换算公式如下：

$$\sigma_{12}=\sigma_W[1+\alpha(W-12)] \tag{6-38}$$

式中：σ_{12}——含水率在12%时的木材强度；

σ_W——含水率为 W%时的木材强度；

α——调整系数，即含水率每改变1%时强度的变化值，可查阅相应的国家标准 GB/T 1927~1943—2009、GB/T 14017~14018—2009(见6.5)。

6.6.4 温度

温度对木材强度的影响甚为复杂，它与温度的高低、受热时间长短、木材含水率、木材密度、树种及强度性质等因子有关；此外，还会形成各因子与温度对木材强度的综合影响(图 6-19)。

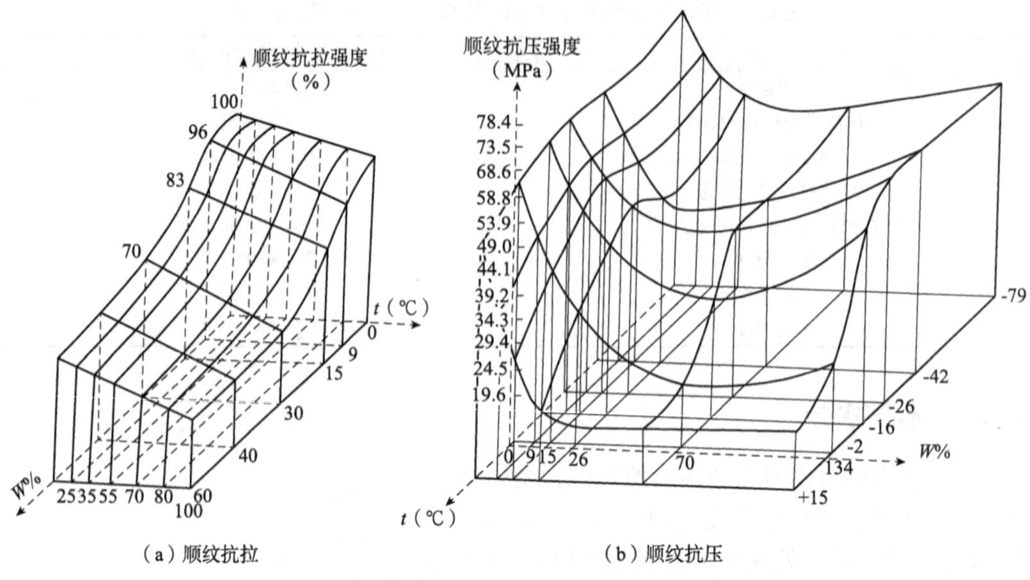

（a）顺纹抗拉　（b）顺纹抗压

图 6-19　温度–含水率对松木强度的影响（尹思慈，1996）

从温度和含水率对松木顺纹抗拉和顺纹抗压强度的影响，可以发现如下规律：一是当木材含水率尤其是在高含水率时保持不变，与温度为 15℃时的强度相比，温度的提高强度降低很多，而温度降至零度以下时，木材强度却明显增加；二是强度与木材温度在正温度范围内时呈直线关系，而在负温度范围内却为曲线关系，同时木材含水率越大，曲线斜率变化越大。

温度对抗冲击性能的影响体现为：随着温度的升高，抗冲击韧性也增加；而当温度降低时，抗冲击韧性也降低；随着木材含水率和温度的降低，木材的脆性增大。

(1)负温度

负温度对木材强度的影响，表现为冰冻的湿木材，除冲击韧性有所降低外，其他各种强度均较正温度时有所增加，特别是抗剪强度和抗劈力的增加尤其显著。冰冻木材强度增加的原因，对于绝干材可能是纤维的硬化及组成物质的冻结；而湿木材除上述原因外，水分在木材组织内变成固态的冰，对木材强度也有增大作用。

(2)正温度

正温度的变化会导致木材含水率及其分布的变化，从而造成内应力和干裂等缺陷的产生，最终对木材强度产生间接影响。同时，正温度还会对木材强度产生直接影响，原因有两个：

①由于温度升高，促使细胞壁物质分子运动加剧，内摩擦减少，微纤丝间松动增加，木材强度降低。

②当温度超过 180℃或长期在 83℃左右时，木材中半纤维素、抽提物、果胶等物质会部分甚至全部丧失，木材力学强度尤其是冲击韧性和抗拉强度会有较大的削弱。

前者是暂时的、可逆的，后者是永久的、不可逆的；而且长时间高温的作用对木材强度的影响又是可以累加的。总之，木材大多数力学性质随温度的升高而降低。

在保持含水率不变时，木材强度与温度之间的关系可用下列方程式表示：

$$\sigma_2=\sigma_1[1-\alpha(t_2-t_1)] \tag{6-39}$$

式中：σ_1，σ_2——分别为温度 t_1、t_2 对应的强度；

α——温度系数，表示温度每变化1℃时强度的变化率(%)。

温度对木材强度的影响与木材密度及树种有关。木材密度越大，温度对顺纹抗压强度影响也越大。高温对强度的影响还与树种的木材化学组成有关，由于聚戊糖对温度较为敏感，而阔叶树材聚戊糖又高于针叶树材，所以一般情况下高温对阔叶树材强度的影响要比针叶树材大。

6.6.5 长期荷载

木材的黏弹性理论已表明，荷载持续时间长短会对木材强度有显著的影响(表6-3)。即使木材的应力在小于一定的极限时，木材也会由于长期受力而产生破坏，这个应力极限称为木材的长期强度。木材长期强度与木材瞬时强度的比值，随木材的树种而异，顺纹抗压强度约为0.5~0.59，顺纹抗拉强度约为0.5~0.54，抗弯强度约为0.5~0.64，顺纹抗剪强度约为0.5~0.55。

表6-3　松木强度与荷载时间的关系　　%

受力性质	瞬时强度	当荷载为下列天数时，木材长期强度为瞬时强度的百分率				
		1	10	100	1000	10 000
顺纹抗压强度	100	78.5	72.5	66.7	60.2	54.2
抗弯强度	100	78.6	72.6	66.8	60.9	55.0
顺纹抗剪强度	100	73.2	66.0	58.5	51.2	43.8

有关研究调查结果表明，对于长期负荷的横梁：一方面，如果在破坏前卸去载荷，那么应力在弹性极限以内时，抗弯强度和弹性模量不受影响；另一方面，随时间的推移，如果木梁的变形速度呈减少状态，则在长期负荷下也安全。

6.6.6 作用力方向

荷载作用方向与纹理方向的关系，是影响木材强度的最显著因素之一。抗拉强度和抗压强度均为顺纹方向最大、横纹方向最小；“立木顶千斤”的说法，就是劳动人民长期应用木材经验的总结。当针对直纹理木材顺纹方向加载时，荷载与纹理方向间的夹角为0°时，木材强度值最高；当此夹角由小至大变化时，木材强度将有规律地降低。

6.6.7 缺陷的影响

树木在生长或木材加工、使用过程中，由于遗传因子、立地条件、生长环境、真菌、昆虫、锯解、干燥不当等因素，使木材的正常构造发生变异，降低了木材的质量、影响木材的使用，称为木材的缺陷，如节子、斜纹理、裂纹、应力木、树干形状缺陷、腐朽、虫眼等。绝大多数缺陷破坏了木材的正常构造，因此必然会对木材的力学性质产生影响，其影响程度因缺陷的种类、质地、尺寸及分布的不同而不同。

(1)节子

节子为包被在树木树干(或树枝)中的树枝基部。树枝产生于侧芽，由侧芽的顶端分生组织的初生长使树枝不断延伸、形成层原始细胞的次生长使树枝直径增大。树枝和树干的形成层是连续的，因此树枝和树干的生长轮和组织是连续的，树干的纹理在节子的周围呈局部不规则状。

由于节子纤维与周围纤维呈一定角度，使木材纤维走向受到干扰；同时节子也破坏了木材密度的相对均匀性，其结果是含有节子的木材一旦受到外力作用，节子及周围产生应力集中，从而会影响木材的力学强度。影响程度因节子尺寸大小、分布及力学性能指标而不同。如对松木的检测结果表明，与同一密度的无节木材相比，当节子的宽度占材面宽度的1/4并位于构件的边缘时，其顺纹抗拉强度降低60%~70%；当节子相对尺寸为1/3并在方材外表时，抗弯强度降低50%~55%；当节子相对尺寸为1/3并位于方材之中时，抗弯强度降低20%~40%，其中以居于受压区的节子影响最小。同时，节子的存在也会使木材的横纹抗压强度、顺纹抗剪强度等增大。

(2)斜纹理

斜纹理是指木材轴向细胞的排列方向与树干长轴不平行，呈一定角度，包括螺旋纹理、交错纹理、波浪纹理和皱状纹理等，其中螺旋纹理对木材的材质和使用影响较大，属于木材的重要缺陷。螺旋纹理广泛存在于各种树木的木材之中，其基本排列式样取决于遗传因子，螺旋的斜率随树龄而变化，环境因子对螺旋的斜率和分布也有重要影响。

斜纹理对木材力学强度的影响，取决于斜纹理与施力方向间夹角大小及力学性能指标；同样程度的斜纹理，对木材顺纹抗压强度的影响最小，对抗弯强度的影响较大，对顺纹抗拉强度及冲击韧性的影响最大。如与顺纹相比，当纹理分别倾斜5°和10°时，冲击韧性依次降低10%和50%，顺纹抗拉强度在斜度为15°时下降50%。斜纹理对抗压强度的影响随含水率、木材密度的变化而有所不同。一般，当含水率增高或密度增大，木材顺纹、横纹抗压强度的差异程度减小，同时斜纹理对抗压强度的影响也减小。

(3)裂纹

木材纤维和纤维之间的分离所形成的裂隙，称为裂纹或开裂。包括树木在生长过程中产生的轮裂、径裂，是由于风引起树干的振动、形成层的损伤、生长应力、剧烈的霜害等自然原因在树干内部产生的应力，使木质部破坏后产生的裂纹；以及木材因干燥不当产生的内裂、表裂、端裂等干燥缺陷。

除轮裂外，大多数裂纹是细胞壁本身被破坏造成的。裂纹不仅破坏了木材的完整性，而且还影响了木材的力学性质、降低木材的使用价值；其中，对力学性质的影响程度，视裂纹尺寸大小、方向和部位而不同。魏亚等对白皮榆木材裂纹的试验表明，裂纹对抗弯强度和握钉力的影响最大；就抗弯强度而言，轮裂的影响又大于径裂。

(4)应力木

应力木是指当风或重力作用于树干，或树木生长在斜坡，或发生偏冠时，树干往往倾斜或弯曲，为了保持树干笔直，或使树枝恢复到正常位置所产生的一种生长应力，树木中具有这种应力和异常构造的部位被称之为应力木。在针叶树材倾斜、弯曲树干或枝条的下方，即受压部位的木质部，一部分生长轮和晚材呈现特别偏宽的部位称应压木；在阔叶树材倾斜、弯曲树干或枝条的上方，即受拉部位的木质部，一部分生长轮呈现明显偏宽的部位称应拉木。

针叶树材和阔叶树材除所产生的应力木的类型、位置不同外，其对力学性质的影响也完全不同。就应拉木而言，木纤维含量高于正常材，且腔小、壁厚；其次，胞腔内常含有相当于或大于正常胞壁 S_2 厚度的胶质层(G)；此外，纤维素含量也高于正常材，所以一般来说，应拉木气干材抗压强度、生材抗拉强度均低于正常材，但应拉木气干材抗拉强度显著增大。而与正常材相比，应压木由于晚材比例高、管胞次生壁中无S_3、S_2微纤丝角高达45°、纤维素含量低等原因，导致应压木抗压强度高于正常材，但其顺纹抗拉强度、抗弯强度和冲击韧性却明显降低。

(5)树干形状缺陷

树干形状缺陷是指树木在生长过程中，受外界环境影响而形成的不正常形状的缺陷，包括弯曲、尖削、大兜、凹兜和树瘤5种。

这类缺陷不仅有损于木材的材质、降低成材的出材率，而且因加工时纤维易被切断，严重降低了木材的强度，尤其是对抗弯强度、顺纹抗拉强度和顺纹抗压强度的影响最显著。

(6)腐朽

腐朽指木材由于木腐菌等真菌的侵入，逐渐改变其颜色和结构，使细胞壁受到破坏，物理力学性质随之改变，最后变得松软易碎，呈筛孔状或粉末状等形态。

木材在腐朽初期，除了冲击韧性外，其他力学性质几乎没有变化；随着腐朽的继续发展，木材的强度显著降低。腐朽材力学性质的降低与腐朽时木材密度的减小有密切的关系：随着密度的减小，抗压强度、抗弯强度等降低；但腐朽材强度降低的幅度比密度的快得多，褐腐在木材质量减少10%时冲击韧性降低95%，这是因为腐朽材的质量损失虽然还不太大，但木材组织构造已遭到严重破坏。

(7)虫害

虫害指因各种昆虫危害造成的木材缺陷。不同种类的昆虫，给木材带来的危害不同。有的只危害树皮及边材表层，此时虫眼或虫沟深度较浅，特别是圆木经过锯解、旋切后，可随边皮一起去掉，对木材强度及使用影响不大；但有的钻入木质部深处，对木材破坏很大。

除上述直接危害外，菌害可能随着虫孔、虫沟而发生，由于木材表层受到破坏，间接地促进了真菌孢子侵入木材内部引起木材腐朽，从而对木材的强度产生影响。

6.7 木材容许应力

木材容许应力是指木构件在使用或载荷条件下，能长期安全地承受的最大应力。

由于木材各种强度值，一般都是用尺寸符合标准的无疵小试样，在特定的条件下按规定的试验标准测定的，与实际的使用情况有很大差别。因此，在实际应用中要考虑木材强度的变异性、木材缺陷、长期荷载及可能遇到的荷载过量等各种因素的影响，在计算和实际使用中需对标准试验方法测得的强度值进行适当折扣，折扣后所得的强度值即为容许应力。

木材容许应力可用下式计算：

$$[\sigma]=\sigma_{12}\cdot k_1\cdot k_2\cdot k_3\cdot k_4\cdot k_5\cdot\frac{1}{k_6\cdot k_7} \tag{6-40}$$

或

$$[\sigma]=\sigma_{\min}\cdot k_2\cdot k_3\cdot k_4\cdot k_5\cdot\frac{1}{k_6\cdot k_7} \tag{6-41}$$

式中：$[\sigma]$——木材的容许应力(MPa)；

σ_{12}——含水率为12%时强度的平均值(MPa)；

σ_{min}——无疵小试样试验所得的强度最低值(MPa);

k_1——木材强度变异系数;

k_2——长期荷载系数;

k_3——木材缺陷系数;

k_4——木材干燥缺陷系数;

k_5——木材应力集中系数;

k_6——超载系数;

k_7——结构偏差系数。

其中 k_1、k_2、k_3、k_4、k_5 的性质均为折扣系数;而 k_6、k_7 不同,在扣减计算时应取 $1/k_6$ 和 $1/k_7$。

所考虑的折扣率称为折扣系数(k),折扣系数的倒数称安全系数(A),即为强度平均值与容许应力的比值,其计算公式为:

$$k=k_1 \cdot k_2 \cdot k_3 \cdot k_4 \cdot k_5 \cdot \frac{1}{k_6 \cdot k_7} \tag{6-42}$$

$$A=\frac{1}{k}=\frac{\sigma}{[\sigma]} \tag{6-43}$$

各项因素对不同类型木材强度的影响系数列于表 6-4 中;在我国木结构的安全系数一般为 3.5~6.0,比金属等其他材料要高。

表 6-4 各项因素对木材强度的影响系数

受力性质	k_1	k_2	k_3	k_4	k_5	k_6	K_7	总折扣系数 k	安全系数 A
顺纹抗拉	0.50	0.67	0.38	0.85	0.90	1.20	1.10	0.074	13.555
顺纹抗压	0.72		0.67	1.00	—			0.245	4.084
抗弯	0.70		0.52	0.80	—			0.148	6.766
顺纹抗剪	0.66		0.80	0.75	—			0.201	4.975

复习思考题

1. 名词解释:应力与应变、弹性与塑性、比例极限与弹性极限、蠕变与松弛、塑性变形(永久变形)、容许应力。
2. 简述木材的应力松弛现象。
3. 简述木材力学性质的影响因素。
4. 木材的主要力学指标有哪些?
5. 试用木材的蠕变曲线来说明木材属于黏弹性材料。

第2篇

竹藤类资源材料

第7章 竹资源材料构造与性质

7.1 竹资源分布

竹类属单子叶植物纲(Monocotyledons)禾本目(Graminales)禾本科(Gramineae)竹亚科(Bambusoideae)。竹亚科和禾亚科同属禾本科，都只有初生长(高生长、顶端生长)，而没有次生长(直径生长、粗生长)；两者区别是：竹亚科一般多为木本(草本28属，180余种)，秆茎木质化程度高、坚韧、多年生，叶片具短柄，与叶鞘连接处常具关节而易脱落；而禾亚科为草本，秆通常为草质，一至二年生(在芦竹亚族、黍族、蜀黍族、玉蜀黍族稀有带木质化而为多年生)，叶片不具短柄而与叶鞘连接、无关节，也不易自叶鞘上脱落。

7.1.1 世界竹类资源分布

竹类植物分布于热带和亚热带地区，目前世界竹类植物有75属1250余种，竹林面积约2200万hm^2，主要分布于亚洲和南美洲，非洲次之，北美洲和大洋洲很少；欧洲无天然分布，仅有少量引种。按地理分布可分为亚太竹区、美洲竹区和非洲竹区三大竹区。

(1)亚太竹区

分布于南至新西兰(南纬42°)，北至俄罗斯库页岛(北纬51°)，东至大洋洲和太平洋诸岛(西经180°)，西至印度洋西南部的广大地区(东经64°)。亚太竹区是世界最大的竹类资源分布区，本区竹子50余属900余种(其中有经济价值的100余种)，竹林面积超过1000万hm^2。主要产竹国有中国、印度、缅甸、泰国、孟加拉国、柬埔寨、越南、日本、印度尼西亚、马来西亚、菲律宾、韩国、斯里兰卡等，其中中国和印度是世界上最大的两个产竹国。

(2)美洲竹区

分布于南至南纬47°的阿根廷南部，北至北纬40°的美国东部，共有18个属270多种，竹林面积近1000万hm^2。在美洲竹区，竹子主要分布于中美洲及南美洲的东部地区，北美洲乡土竹种仅数种，而南北回归线之间的墨西哥、危地马拉、哥斯达黎加、尼加拉瓜、洪都拉斯、哥伦比亚、委内瑞拉和巴西的亚马孙河流域是竹子的分布中心，竹种资源也丰富。

(3)非洲竹区

竹类植物在非洲地区的分布范围较小，南起南纬22°的莫桑比克南部，北至北纬

16°苏丹东部；从西海岸的塞内加尔南部至东海岸的马达加斯加岛，形成从西北到东南横跨非洲热带雨林和常绿落叶混交林的斜长地带。非洲竹子种类少，有13属40余种，竹林面积近150万 hm^2。

7.1.2 中国竹类资源分布

我国为世界上竹类资源最丰富的国家，蓄积量大、种类多，有39属500余种，竹林面积达641.16万 hm^2；其中，享有“中国十大竹子之乡”美誉的浙江临安和安吉、江西宜丰和崇义、福建顺昌和建瓯、湖南桃江、贵州赤水、广东广宁及安徽广德，竹材资源尤为丰富。但竹秆高大，竹径较粗，具工业化利用价值的仅10余种，如刚竹属的毛竹、桂竹、淡竹、刚竹，矢竹属的茶秆竹，苦竹属的苦竹，簕(箣)竹属的车筒竹，牡竹属的麻竹及慈竹属的慈竹等。

其中，毛竹是我国最具经济价值的竹种，分布最广、蓄积量和产量最大，是人工栽培工业用竹材中最重要的竹种，毛竹林面积约467.78万 hm^2，占总竹林面积的72.96%；全国毛竹株数141.25亿株，2017年毛竹产量超过了16亿株。而且，大多较具经济价值的竹种，其竹林常成片集中分布，在我国毛竹林分布的13个省份中，竹林面积超过30万 hm^2 的有福建、江西、湖南、浙江及安徽，以上5个省毛竹林面积占全国毛竹林总面积的85.91%，这为我国的竹材工业化利用提供了十分有利的条件。

我国竹类资源主要分布于北纬40°以南的广大地区，由于地理环境和竹种生物学特性的差异，我国竹子分布具有明显的地带性和区域性，大致可分为4个分布区。

(1)黄河至长江竹区

位于北纬30°~40°，年平均温度12~17℃(一月份平均温度-2~4℃)，降水量600~1200mm，包括甘肃东南部、四川北部、陕西南部、河南、湖北、安徽、江苏、山东南部及河北西南部。主要分布有刚竹属、苦竹属、箭竹属、赤竹属、青篱竹属、巴山木竹属等的一些竹种，以散生竹为主。

(2)长江至南岭竹区

位于北纬25°~30°，年平均温度15~20℃(一月份平均温度4~8℃)，降水量1200~2000mm，包括四川西南部、云南北部、贵州、湖南、江西、浙江和福建的西北部。这是我国竹林面积最大、竹子资源最丰富的地区，其中毛竹的比例最大、面积约280万 hm^2，仅浙江、江西、湖南3省的毛竹林合计约占全国毛竹林总面积的60%左右。在本区内，主要有刚竹属、苦竹属、短穗竹属、大节竹属、慈竹属、方竹属、簕(箣)竹属等属的竹种。

(3)华南竹区

位于北纬10°~25°，年平均温度20~22℃(一月份平均温度8℃以上)，降水量1200~2000mm，包括台湾、福建南部、广东、广西、云南南部。这是我国竹种数量最多的地区，主要有簕(箣)竹属、牡竹属、酸竹属、藤竹属、巨竹属、单竹属、茶秆竹属、泡竹属、薄竹属、矢竹属、梨竹属、滇竹属等属的竹种，是丛生竹分布的主要区域。

(4)西南高山竹区

位于华西海拔的1000~3000m的高山地带，年平均温度8~12℃(一月份平均温度-6~0℃)，降水量800~1000mm。本区主要为原始竹丛，主要有方竹属、箭竹属、筇竹属、玉山竹属、慈竹属等属的竹种。

7.2　竹材生物特性

7.2.1　竹子植物形态

竹子的植物形态主要包括竹类植物的营养器官和生殖器官。竹类植物的营养器官可分为地上和地下两个部分，地上部分有竹秆的地上部分、枝、叶等，以及竹在幼苗阶段的竹笋；而地下部分则有竹秆的地下部分、地下茎、竹根和鞭根等。竹类植物的生殖器官主要指竹的花和果两部分。

(1)地下茎

竹类植物地下茎是指在土壤中生长的根状茎，有节部和节间组成(1 个节部和 1 个节间构成 1 节)、圆而中空。地下茎前端生长部位称为鞭笋或顶芽，竹类植物主要依靠地下茎的芽发笋成竹繁衍后代。根据地下茎的形态特征和进行分化繁殖的特点，可将竹类植物地下茎分为下列 4 种类型(图 7-1)：

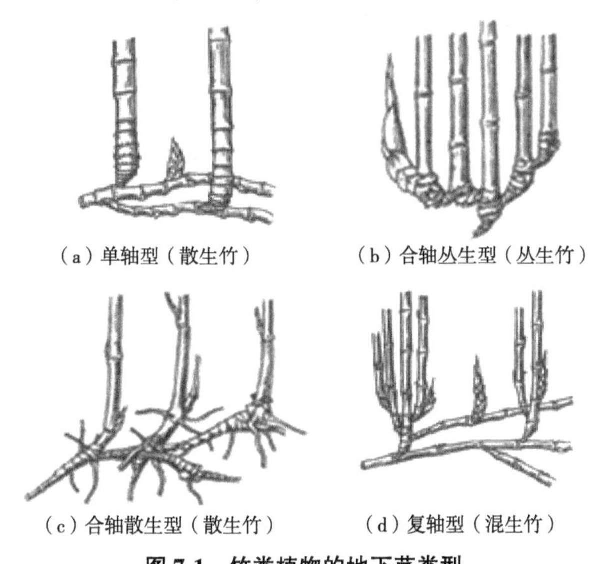

（a）单轴型（散生竹）　（b）合轴丛生型（丛生竹）

（c）合轴散生型（散生竹）　（d）复轴型（混生竹）

图 7-1　竹类植物的地下茎类型

①单轴型　地下茎细长，横走地下，称为竹鞭。竹鞭具节部和节间，节部上有鞭根，每节部通常有 1 个鞭芽，交互排列。有的鞭芽抽长成新竹鞭，继续在土壤中蔓延生长；有的鞭芽发育长成笋，出土长成新竹，竹秆稀疏散生，具有这样繁殖特点的竹子其地下茎为单轴型，长出的竹子称散生竹或散生茎竹类，如刚竹属、唐竹属、酸竹属、铁竹属、短穗竹属、大节竹属、异枝竹属和业平竹属。

②合轴丛生型　地下茎向上粗大短缩，节密根多，顶芽出土成笋、长成竹秆，其实为竹秆烟斗状的秆基。这类竹地下茎不像竹鞭在地下作长距离的蔓延生长，侧芽出土成笋、长成的新竹一般都靠近老秆，使竹株呈密集的丛生状，故又称丛生竹，如簕(箣)竹属、慈竹属、牡竹属、悬竹属、香竹属、绿竹属、巨竹属和泰竹属等。

③合轴散生型　母竹秆基的大型芽萌发时，新竹的秆柄在地下延伸一段距离后出土成竹，竹秆在地面散生。延伸的秆柄形成假地下茎(假鞭)，假鞭与真鞭(真正的地下茎)的区别是，假鞭节部上无芽，也不生根，如箭竹属(箭竹)、梨竹属、泡竹属、筱竹

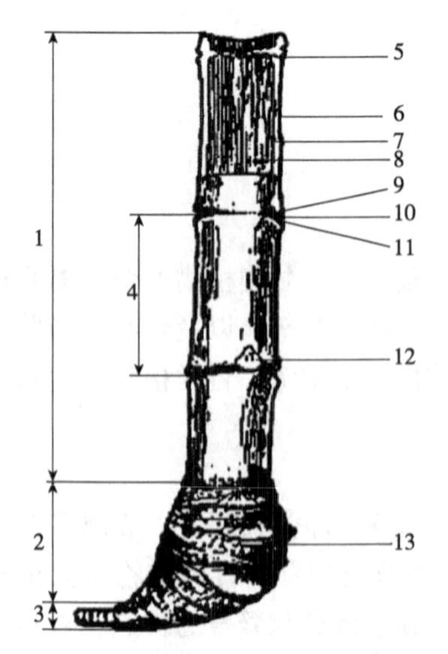

图 7-2 竹类植物的秆柄、秆基和秆茎

1. 秆茎；2. 秆基；3. 秆柄；4. 节间；5. 节隔；6. 竹青；7. 竹黄；8. 竹腔；9. 秆环；10. 节内；11. 箨环；12. 芽；13. 根

属和玉山竹属等。

④复轴型 母竹秆基上的侧芽既可在地下作长距离横向生长的竹鞭，并从竹鞭节部上的侧芽生长成新鞭或抽笋新竹、竹秆稀疏散生；也可以直接萌发成笋，长出成丛的竹秆。这类兼有单轴型和合轴型特点的地下茎为复轴型，生长成的竹子既可呈散生状，几棵竹株又可以相对呈丛生状，故又称为混生竹，如矢竹属、苦竹属、倭竹属、箬竹属、赤竹属、筇竹属和巴山木竹属。

(2)竹秆

竹秆是竹子的主体，分为秆茎、秆基和秆柄(图7-2)。

①秆茎 为竹秆的地上部分，也是全秆中最长的部分，向下连接着秆基。竹类植物的地上秆茎一般为圆而中空(即为竹腔，但也有实心竹，如丘斯夸竹属等)的圆柱状(或稍呈椭圆柱形)，特称为秆或真秆；也有的竹种秆茎近方柱形(如方竹)、三角形、秆茎的节部或节间为其他形状(如佛肚竹、龟甲竹、罗汉竹等)。秆茎的表面一般为绿色或黄绿色，有的呈紫色(如紫竹)、黄色或黄绿相间(如黄金间白玉竹)。秆茎一般为木质，也有草质(如巴西北部的莪莉竹族)或藤本攀缘状(如阿达曼藤竹)。

秆茎通常端直、有节部，二节部之间称为节间。每个节部有彼此相距很近的二环：上环称为秆环，为居间组织停止生长后留下的痕迹；下环称箨环(鞘环)，系秆箨脱落后留下的痕迹。两环之间为节内，相邻二节间有一木质横隔，称为节隔，着生于节部的内部，使秆更加坚固。

随竹种不同，秆高(秆长)，秆径，节间长短、数目及形状也有所不同。龙竹、歪脚龙竹秆径可达 30cm、秆高可达 30m 以上，呈大乔木状；而翠竹、菲白竹等秆径不过几毫米、秆高也不过几十厘米；印度产的阿达曼藤竹呈攀缘或地面蜿蜒状，秆长可达 90m。

②秆基 位于竹秆下部，也是竹秆入土生根部分，上连接秆茎、下连接秆柄。节间缩短、直径粗大，节部上密生不定根，起支撑竹秆和吸收土壤中水肥营养的作用，称为竹根，以区别于地下茎上所生的鞭根。随竹种不同，秆基上有数枚至 10 余枚互生大型芽或隐芽，既可萌笋长竹，也可抽鞭。

③秆柄 是竹秆的最下部分，上连接秆基、下连接地下茎(母竹秆基或竹鞭)，亦有 10 余个节部和节间组成，节部上有退化叶，但通常不具芽或隐芽、不生根。直径向下渐减，节间极度短缩，通常实心，俗称螺丝钉。

(3)枝

竹枝中空有节部，枝的节部由箨环和秆环组成。按竹秆正常分枝情况可分下列 5 种类型。

①一枝型 竹秆每个节部单生 1 枝，如箬竹属、赤竹属、铁竹属及单枝竹属等的竹种。

②二枝型 竹秆每个节部生枝2枚，一主一次长短大小有差异，如刚竹属等的竹种。

③三枝型 竹秆每个节部生枝3枚(秆上部的节部可多至5枚分枝)，一中心主枝，两侧各生一枚次生枝，如大节竹属、矢竹属、筇竹属、唐竹属等的竹种。

④四枝型 竹秆每个节部生枝3~5枚，如大明竹属、倭竹属、寒竹属及玉山竹属等的竹种。

⑤多枝型 竹秆每个节部多枝丛生，通常5~7枚或以上，绝大多数丛生竹种属于此类型，如牡竹属、簕(箣)竹属、绿竹属、泰竹属等的竹种。有的主枝很粗长，如牡竹属的麻竹、簕(箣)竹属的撑篙竹、硬头黄竹等；有的主枝和侧枝区别不大，如簕(箣)竹属的青皮竹、孝顺竹等。

(4)叶和箨

竹类植物的叶器官有2种，即营养叶和茎生叶。

①营养叶 即竹秆上枝条各节部所生之叶，互生、排列呈2行，每叶包括叶鞘和叶片两部分。叶鞘着生在小枝的节部上，包被节间，通常较小枝节间长；叶片位于叶鞘上方，通常基部具短的叶柄，叶鞘与叶片连接处常向上延伸成一边缘，内侧边缘有时较高，成为一舌状凸起，称内叶舌，外侧的边缘称外叶舌。叶片基部、叶鞘顶端口部两侧，常具流苏状肩毛，有的叶两侧尚具一明显质薄的耳状物，称为叶耳。

②茎生叶 即竹子主秆所生之叶，又称箨、竹箨、秆箨、叶箨、笋箨、笋壳等，着生于箨环上，对节间生长起保护作用，在竹类植物识别上具有重要价值。除特别说明外，一般叶就是指营养叶，即通常所说的竹叶。

(5)花和果

竹子的花与果一般与禾本科植物花与果基本相同，为竹类植物的生殖器官，竹类植物一般有通过开花结实繁衍后代的习性和功能，只是竹子罕见开花、结果。竹子开花后多枯死，俗称自然枯；竹子的果实通常为颖果，也有坚果或浆果的。

7.2.2 竹子繁殖与生长

竹类植物的生长包括竹林群体的生长和组成竹林群体的各个体单元的生长，生长表现为体积生长(如个体数量、高度、粗度等)和重量生长两个方面；在个体单元体积生长过程中伴随着重量生长，而当体积生长停止后，重量生长仍在进行，这是竹类植物有别于其他植物生长的特点。人们认识竹类植物生长首先是从其个体生长开始的，竹类植物的个体生长是指从个体细胞分化、植株长成直至衰老死亡的整个过程，其生长活动体现在竹秆、竹枝、竹根、地下茎(竹鞭等)等器官的生长。

(1)竹子繁殖

开花结实是种子植物的共同特性，但大多数竹种却极少开花结实。竹子开花的周期不规则，一般30~40年或以上，通常是集聚发生，即不分竹龄、地点在数年的时间内同时开花，属于集群开花型(此外还有零星开花型、持续开花型)。大多数竹类仅一次开花、结实后陆续死亡。由此竹林衰败，需重新造林恢复。竹子的地下茎具有很强的无性繁殖能力，竹子的引种和更新主要是通过营养体的分生来实现。

(2)竹子生长

竹类植物个体生长阶段可分为竹笋地下生长、竹子秆形生长和成竹生长。竹笋地下生长因地下茎类型不同而稍有区别，但秆形生长和成竹生长的生长发育规律基本相同。

①竹笋地下生长　竹类植物地下茎的侧芽在温、湿度适宜时开始萌发分化为笋芽，笋芽顶端分生组织经过不断的细胞分裂、分化、发育成熟，便完成其初生长。竹类植物只有初生长(高生长、顶端生长)，而没有次生长(直径生长、粗生长)。

顶端分生组织是植物体生长的最初来源。竹类植物顶端分生组织的先端——生长锥由原套、原体组成，除排列和形状略有区别外，原套和原体差异不大，均具细胞质浓、细胞核大、着色深的分生组织特征，处于旺盛的有丝分裂状态；随着生长锥的分裂生长，处于生长锥基部的叶原基也会逐渐延伸成幼箨。

在生长锥的下方为亚顶端分生组织区，分裂活动旺盛，中央部分的细胞较周围的细胞大，在形态上也可区分髓分生组织和周围分生组织。对于长势较弱及笋龄较大的笋尖，其周围分生区域已有原形成层的发生；而对于长势旺盛的幼龄竹笋，仍无原形成层的分化。随着笋尖生长，原形成层束数逐渐增加，在幼箨着生部位发生扭曲，形成节部的雏形；因此，全笋(即全秆)的节数到出土前已定，出土后就不再增加新节。

②竹子秆形生长(竹笋高生长，幼竹高生长)　竹子是生长最快的植物，竹笋从出土后到高生长停止所需的时间，因竹种而异，一般能在40~120d(如毛竹早期出土的竹笋约60d、但末期笋约需40~50d)的时间内达到成竹的高度(15~40m)。竹笋在生长高峰时，一昼夜可达1m左右，能在短时间完成幼竹的高生长，其原因除了因居间分生组织分布于全竹各节部、且整个节间都能进行细胞分裂外，旺盛的细胞分裂活动也是它能快速生长的重要因素。

在居间分生组织中，细胞分裂和分化是同时进行的。就细胞分裂而言，在幼嫩的笋尖中，细胞分裂状况基本一致；在竹笋的中部各节间，上部的细胞分裂活动比下部弱，这种趋势由上而下更有加强；在竹笋近基部各节间，下部细胞分裂活动弱，而上部的细胞近于停止分生；在竹笋基部1~4个节间基部，仅偶有细胞分裂。就某一个节间而言，细胞分裂呈倒置现象。不过细胞的分化在各节间都是由上部开始后再向下发展，其实主要就是各类细胞的伸长，如竹纤维长度经历了显著的增长，自仅几微米增至约2~3mm，约增长100倍。高生长中的细胞分化，除细胞增长外，还有细胞壁增厚。

节部细胞分裂活动比节间弱，这反映节部组织的老化程度高于其上、下的节间组织。

竹笋各节的节间生长不是同时开始的，而是从基部的节间先开始；细胞分裂也不是以同等速度进行的，而是由下向上按慢—快—慢的速度逐节进行，这使得竹类秆茎在高生长完成后，中部节间最长。在竹笋的高生长中，虽然竹秆的直径、竹壁厚度均稍有增加，但与高生长相比显得微乎其微；同时，木质化导致的材质变化在这一阶段中也最为显著，具体表现在木质素含量在竹材有机组成中不断增加。

③成竹生长　成竹生长即竹秆的材质生长，是秆茎的成熟过程。幼竹的高生长结束后，其秆高、秆径和体积不再有明显变化，但秆茎的组织幼嫩、含水率高。毛竹幼竹基本密度仅相当于老化成熟后的40%，这意味其余60%要靠日后的成竹生长来完成；因此，该过程对于竹材的各类重要性质具有显著的影响，也是竹材加工利用所关心的问题。

秆茎材质生长过程中，材质变化有3个阶段，即增进、稳定和下降阶段。在增进阶段，细胞壁随竹龄逐渐加厚，基本密度增加、含水率减小，竹材的物理力学性质也相应不断增强；稳定阶段，秆茎的材质达最高水平并趋于稳定；下降阶段秆茎的材质有下降趋势。

材质随竹龄的变化，因竹种而不同。毛竹的寿命长，5年生尚处于增进阶段，6~8年生为稳定阶段，9~10年或以上生属老龄下降阶段。

综上所述，木、竹材在形成上有很大差别，具体见表7-1。

表7-1　竹材和木材在生成上的差异

项目	木　材	竹　材
高生长	高生长在树木全生活期均进行，且随树龄增加减慢； 高生长主要依靠顶端的原始分生组织完成； 在次生长的树径（形成层）部位是不会产生高生长的	高生长时间短，在2~4个月内即完成； 高生长主要依靠居间分生组织； 秆茎上下的高生长虽起始有早晚，结束有先后，但可认为居间分生组织在全长范围内均有作用
直径生长	树木的直径生长是由形成层分生完成的； 在树木整个生活期中均有直径生长	居间分生组织在竹笋高生长期，秆茎基本保持不变，但竹壁厚度、秆径略有增加； 在高生长完成后，秆径不再增大
生成中的材质变化	成熟树干的主体是由形成层产生的次生木质部，一般厚壁细胞在分生后数周时间内便丧失生机，即转变为成熟组织，材质不会再有新的变化	在短时间的生长期完成后，即进入材质逐步成熟过程，它比生长期要长得多，即嫩竹长成老竹的过程

7.3　竹材构造

竹材与木材的构造有所不同，主要区别：竹材是单子叶植物，维管束分布不规则，没有形成层，具有居间分生组织，因此竹子只有高生长而没有直径生长。无真正的髓和射线，一般节间中空、以节隔相隔，具空髓；所有细胞都轴向排列，构造较木材整齐；因此竹材的顺纹抗拉强度较大，但顺纹抗剪强度小。木材是双子叶植物，维管束在幼茎初生组织中呈环状分布，束中形成层连成一圈，构成形成层，能进行直径生长，具髓和射线；与竹材相比，顺纹抗拉强度相对较小，顺纹抗剪强度较大。

7.3.1　竹壁宏观构造

竹壁的宏观构造是秆茎在肉眼和10倍以下放大镜下观察到的构成。

竹壁横切面上，有许多呈深色的菱形斑点；纵面上它呈顺纹股状组织，用刀剔镊拉，可使它分离，这就是竹材构成中的维管束。

竹壁在宏观下自外向内由竹皮、竹肉和髓外组织（髓环和髓）构成。

竹皮是竹壁横切面上不具维管束的最外侧部分，表面光滑，具蜡质。

髓外组织是竹壁邻接竹腔的部分，也不含维管束。

竹肉位于竹皮和髓外组织之间，在横切面上有维管束分布，维管束之间是基本组织（薄壁组织）。竹肉中维管束的分布，从外向内，由密变疏。外侧，质地坚韧、组织致密，俗称竹青，即维管束数量多的外侧部分；内侧，质地脆弱、组织疏松，俗称竹黄，即维管束少的内侧部分。

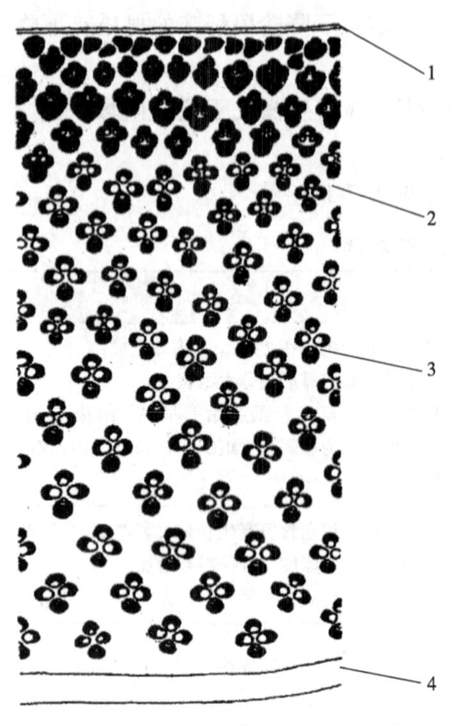

图 7-3 竹壁横切面宏观结构图

1. 竹皮；2. 基本组织；3. 维管束；4. 髓外组织

图 7-3 为竹壁横切面维管束在宏观下的分布。

7.3.2 竹壁微观构造

竹类植物的秆茎微观结构由表层系统、基本系统和维管束系统组成。表层系统即竹皮，位于秆茎的最外方，髓环和髓位于最内侧，将基本组织和维管束系统夹在其间。

整个竹秆组织含有薄壁细胞组织约 50%、竹纤维 40% 和输导组织（包括导管与筛管）10%，上述比例随竹种不同而略有差异。

（1）表层系统

表层系统包括表皮层、皮下层和皮层，无维管束分布其中。

①表皮层　表皮层是竹壁最外面的一层细胞，由长细胞、短细胞（包括栓质细胞和硅质细胞）和气孔器构成（图 7-4）。长细胞占大部分表面积，顺纹平行排列。栓质细胞和硅质细胞形状短小，常成对结合，插生于长细胞的纵行列之中。栓质细胞略成梯状（六面体），小头向外。硅质细胞近于三角状（六面体或五面体），顶角朝内，含硅质。表皮层细胞的横切面多呈正方形或长方形，排列紧密，没有缝隙，外壁通常增厚。表皮上穿插着许多小孔，为气孔。

②皮下层　紧接表皮层之下的是皮下层，由 1~2 层柱状细胞构成（多为 1 层），纵向排列，横切面呈方形或矩形；一般的细胞壁稍厚或很厚。

③皮层　位于皮下层以内，细胞也呈柱状，纵向排列；横切面上呈椭圆形或矩形，其形状较皮下层细胞大。有些竹种皮层与皮下层细胞并无显著区别。

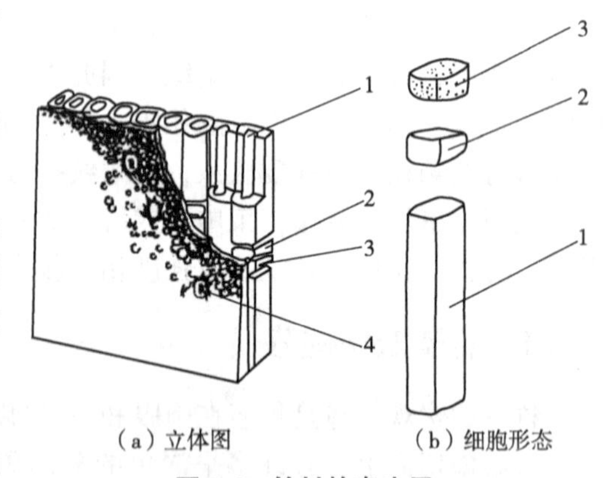

图 7-4　竹材的表皮层

1. 长细胞；2. 硅质细胞；3. 栓质细胞；4. 气孔器

（2）基本系统

①基本组织　竹材中的基本组织为薄壁组织，主要分布在维管束之间，其作用相当于填充物，是竹材构成中的基本部分，故称基本组织（图 7-5）。维管束间的薄壁组织细胞一般较大（维管束内的薄壁组织细胞一般较小），大多数胞壁较薄，横切面上多近呈圆形，具明显的细胞间隙。纵壁上的单纹孔多于横壁。依据纵切面的形态，可区分为长形细胞和近于正方形的短形细胞，但以长形细胞为主，短形细胞散布于长形细胞之间。

长形细胞的特征是胞壁有多层结构，在笋生长的早期阶段已木质化，其胞壁中的木质素含量高，胞壁上并出现瘤层。短形细胞的特点是胞壁薄，具稠浓的细胞质和明显的

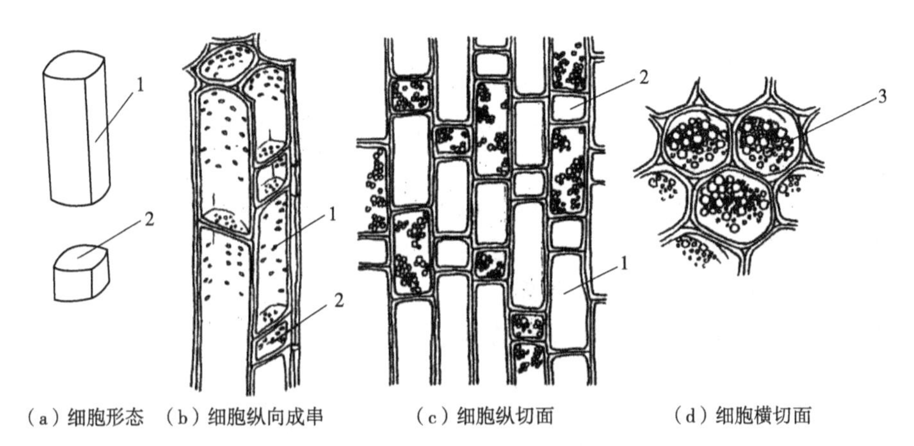

（a）细胞形态 （b）细胞纵向成串 （c）细胞纵切面 （d）细胞横切面

图7-5 竹材秆茎中的基本组织薄壁细胞

1. 长形细胞；2. 短形细胞；3. 淀粉粒

细胞核，即使在成熟竹秆中也不木质化。

1~2年生竹材长形薄壁细胞中的淀粉含量丰富，而生长不到1年的幼竹、生长数年以上的老竹，以及短形细胞中均不含淀粉。

②髓环 位于髓和竹肉之间，细胞形态与基本组织不同，呈横卧短柱状，如同烟囱内壁的砌砖。其胞壁随竹龄加厚，或发展为石细胞。

石细胞一般由薄壁组织细胞形成。当其成熟时，次生壁发生沉积并具有特别的增厚过程，最后细胞壁变得很厚。

③髓 一般由大型薄壁细胞组成，髓组织破坏后留下的间隔，即竹秆的髓腔。髓呈一层半透明的薄膜黏附在秆腔内壁周围，俗称竹衣(竹膜、笛膜)，但也有含髓的实心竹(如丘斯夸竹属等)。

(3)维管束系统(维管系统)

维管束系统由若干维管束组成，维管束散布在竹壁的基本组织之中(图7-3)，是竹子的输导组织与机械组织的合体。输导组织由向上输导水分和无机盐的木质部导管与向下输导光合作用产物的韧皮部筛管组成，下连地下茎、根，上接枝、叶，连通整个植物体并输送营养。由于竹子个体通常比较高大，为了保护输导组织的畅通，在输导组织的外缘有比较坚韧的机械组织——竹纤维组成的纤维鞘(纤维帽)加以保护。在维管束之间，则有薄壁细胞构成的基本组织，它们比较疏松，起缓冲作用，以刚柔相济来增强竹秆弹性(图7-6)。

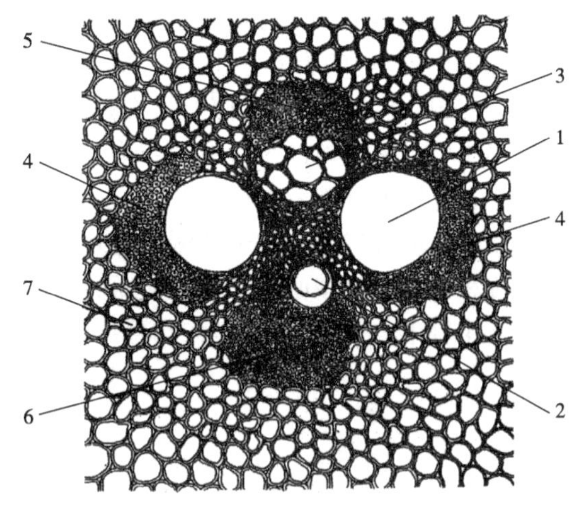

图7-6 竹材秆茎的维管束横切面(散生竹)

1. 后生木质部梯纹导管；2. 原生木质部梯纹和环纹导管；3. 初生韧皮部；4. 侧方纤维帽；5. 外方纤维帽；6. 内方纤维帽；7. 基本组织薄壁细胞

①维管束的分布 竹秆横断面维管束的分布一般是位于外侧的小而密、位于内侧的大而疏(图7-3)。近竹皮的基本组织中通常分布有1~2层未分化的维管束，其中只有纤维团或纤维束而没有筛管与导管，形状不规则、排列很紧密，形成竹秆坚硬的外壁；往

内具有1~3层半分化的维管束，维管束开始具有输导组织，排列仍然比较紧密；再往内即通常位于竹秆横切面的中部或内部出现标准维管束，按斜行排列2~10层或以上，具有正常的输导组织、机械组织和薄壁细胞；最后在接近秆内壁为非标准维管束，其形态与排列往往出现混乱和倒置。

由于在竹壁外侧维管束密而多、内侧稀而少。在竹秆长轴方向上从基部至顶端维管束逐渐变小、数量不变，且竹壁变薄而导致维管束密集，所以竹材的密度和力学强度都是竹壁的外侧大于内侧、顶端大于基部。

②维管束的排列　竹材的维管束在竹秆节间，相对平行而整齐地沿长轴方向排列，形成直纹理。

但维管束在通过竹秆节部时，排列变得十分复杂：一是竹壁最外层的维管束在箨环处中断，一部分继续垂直平行分布，另一部分改变了方向；二是另一些竹壁外侧的维管束弯曲而伸向竹壁内侧；三是竹壁内侧维管束在节部弯曲，伸向竹壁外侧；四是还有一些维管束从竹秆的一侧通过节隔交织呈网状分布而伸向竹秆的另一侧。所以竹节部的维管束纵横交错排列，一方面有利于加强竹秆的直立性能和水分、养分的横向输导，但另一方面对竹材加工利用则是不利的。

③维管束的结构　散生于竹秆壁中维管束在横切面上略呈4瓣"梅花"形，平周方向(弦向)左右两个"花瓣"是维管束的后生木质部，对应两个大的孔状细胞是后生木质部的梯纹导管，后生木质部的导管已成熟，胞壁全部增厚。在垂周方向(径向)内外也各有一个"花瓣"，其中位于外侧一瓣的中心为完整的网眼状，为初生韧皮部中的后生韧皮部，初生韧皮部中的原生韧皮部在秆茎伸长时已成熟，其构成细胞因被拉紧而失去原有作用，最后消失，故韧皮部实际为后生韧皮部分子，即筛管和伴胞。位于内侧另一瓣中心为破碎状的，是初生木质部中的原生木质部螺纹导管，常因不能适应快速纵向扩张而破裂成空隙，留下可见者多为原生木质部的环纹导管。维管束四周是纤维帽(纤维鞘)，向秆壁外侧的为外方纤维帽(外方纤维鞘)，向髓腔方向为内方纤维帽(内方纤维鞘)，位于维管束两侧的为侧方纤维帽(侧方纤维鞘)。

丛生竹与散生竹的维管束的结构不同。丛生竹维管束由略呈4瓣"梅花"形的中心维管束和纤维股两部分构成(图7-7)，即在竹壁的内方具有1个纤维股或内、外两方具有2个分离的纤维股；位于外侧的为外方纤维股，内侧的为内方纤维股，这些纤维股的横断面积往往超过中心维管束的横断面积的1倍或以上。

④维管束的类型　维管束的类型不仅因竹种不同而有异，即使同一竹种也因在秆内

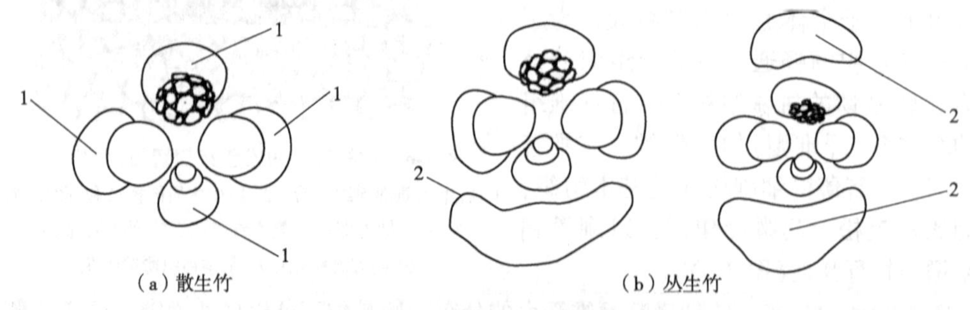

图7-7　竹材维管束中的纤维鞘和纤维股

1. 纤维帽(纤维鞘)；2. 纤维股

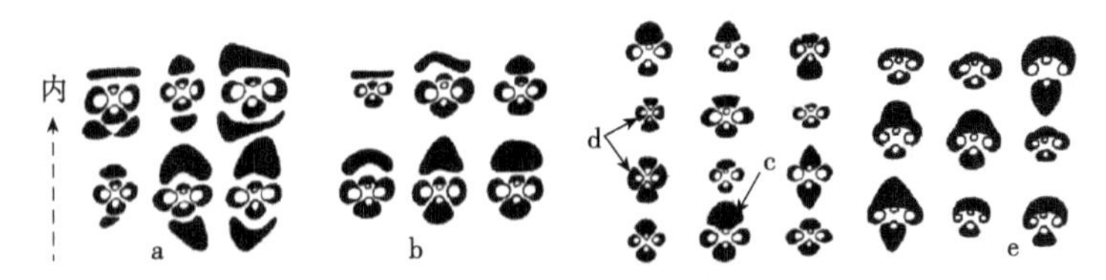

图 7-8　竹材维管束的 5 种基本类型

(a)双断腰型；(b)断腰型；(c)紧腰型；(d)开放型；(e)半开放型

的位置不同而存在大小和形状上的差异。一般来讲，竹材维管束可分为以下 5 种基本类型(图 7-8)。

双断腰型　维管束由中心维管束、外方纤维股和内方纤维股组成；具有这一维管束类型的竹子都是丛生竹竹种，如滇竹属、巨竹属、泰竹属、藤竹属、绿竹属、牡竹属及簕(箣)竹属等的个别种。

断腰型　维管束由两部分即中心维管束和内方纤维股组成，内方纤维帽通常小于其他纤维帽；具有这一维管束类型的竹类也全都是丛生竹竹种，如簕(箣)竹属、牡竹属、悬竹属、绿竹属、镰序竹属、巨竹属及滇竹属等的个别种。

紧腰型　没有纤维股，仅有维管束，支撑组织仅由硬质纤维帽来承担，内方纤维帽显著大于其他 3 个纤维帽；具有这一维管束类型的竹类全都是散生竹竹种，如箟簩竹属、梨竹属及空竹属等的个别种。

开放型　没有纤维股，只有维管束，支撑组织仅由硬质纤维帽来承担，4 个纤维帽大小相近、互相对称；具有这一维管束类型的竹类也全都是散生竹竹种，如刚竹属、大明竹属、大节竹属、筇竹属、倭竹属、巴山木竹属、短穗竹属、寒竹属、香竹属、新小竹属、梨竹属、矢竹属、酸竹属、少穗竹属、唐竹属、苦竹属及空竹属等的个别种。

半开放型　没有纤维股，只有维管束，侧方纤维帽与内方纤维帽连成一体；具有这一维管束类型的竹类也全都是散生竹竹种，如赤竹属、华箬竹属、玉山竹属、箭竹属及大节竹属、筇竹属等的个别种。

7.3.3　维管束系统的细胞组成

(1)初生韧皮部

初生韧皮部在位置上与初生木质部相对，即初生韧皮部在外、初生木质部在内；从形成上也可分为原生韧皮部和后生韧皮部两部分。原生韧皮部是在竹子秆茎正在伸长时成熟的，细胞因被拉紧而失去原有的作用，最后完全消失；后生韧皮部分化较晚，在竹类植物生命周期中，与导管一样一直维持输导作用，被统称为初生韧皮部。

初生韧皮部的特征性细胞是筛管和伴胞，两者在生理上具有十分密切的相互依存关系。筛管数个至十数个不等，为许多筛管分子构成的纵行管状组织。筛管分子呈长圆柱状，腔大壁薄；端壁或近端壁上形成了筛板，筛板上有许多小穿孔，称筛孔。伴胞即常常紧贴筛管分子旁的一个或几个与之相伴的长形薄壁细胞，在整个生命周期中都有细胞质结构。

(2)初生木质部

竹类植物维管束内的初生木质部包括原生木质部和后生木质部两部分。原生木质部分化生长在前，生成在高生长之中，细胞因受拉伸而部分有损伤；后生木质部的成熟，大部分在秆茎高生长停止后，与原生木质部相比较少受到周围组织伸长的影响，在秆茎高生长完成后、成竹生长阶段仍继续发挥作用。

初生木质部的特征性细胞是导管。导管是由一连串轴向细胞首尾相连而成的管状组织，构成导管的单个细胞是导管分子，导管末端壁是以无隔膜的穿孔相通。

在竹材的横切面上，初生木质部总轮廓大体呈“V”字形。原生木质部位于“V”字形的基部，它含环纹导管和螺纹导管。环纹导管直径比较小，胞壁未全面增厚，只是在导管壁上每隔一定距离有环状增厚部分；螺纹导管直径比环纹导管稍大，胞壁也未全面增厚，导管壁上的增厚部分呈螺旋状。原生木质部的螺纹导管常因不能适应快速纵向伸长而破裂形成空腔，留下可见者多为环纹导管(图 7-9)。

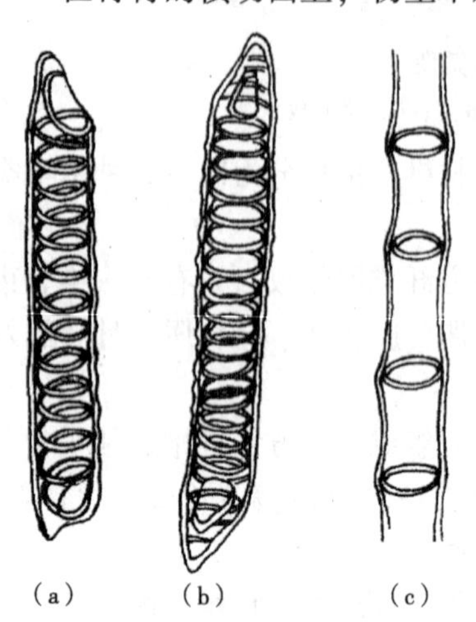

图 7-9 原生木质部中的导管类型和环纹导管被拉伸的状况

(a)螺纹导管；(b)环纹导管；(c)环纹导管被拉伸的状况

“V”字形的两臂各有一个大型的后生木质部导管，导管壁全部增厚，仅留下具缘纹孔没有加厚。其纹孔排列类型有对列或互列(纹孔导管)；梯纹导管壁上的增厚部分呈横条凸出，与末端增厚部分间隔，呈梯状(梯纹导管)；导管壁上的增厚部分交错连接呈网状，“网眼”为未增厚的部分(网纹导管)。后生木质部导管一般是单穿孔，具水平或稍斜的边缘，少数竹种有梯状穿孔或网状穿孔；在维管束弯曲的节间处还能发现新型的穿孔。

(3)薄壁细胞

初生木质部和初生韧皮部除外侧有竹纤维部分外，全都被木质化的薄壁细胞所包围。维管束内的薄壁细胞通常小于维管束间即基本组织中的那些薄壁细胞，细胞壁上具有较多的单纹孔。

(4)竹纤维

竹纤维是竹材结构中的一类特殊细胞，细而长，两端尖削(有时端部分叉)，横切面近于圆形，细胞壁很厚，通常壁厚随竹龄增加而增加。多者约有 8~9 层厚、薄层交替组成，其中纤维股的竹纤维有 3~4 厚层、各厚层间为薄层，纤维帽通常仅 1~2 薄层。竹纤维细胞壁上有少数小而圆的单纹孔，属韧型纤维。平均长度约在 1.5~4.5mm，直径约为 11~19μm，长宽比可达 150~250，是纸浆工业的适宜原材料(表 7-2)。在节间内竹纤维的长度变化很大，最短的竹纤维始终在靠近节部，最长的在节间的中部。随竹秆高度的增加，竹纤维长度略有减小。

表 7-2 安徽广德毛竹竹纤维、导管分子形态和组织比量(王朝晖，2001)

部位	竹纤维(μm)			导管分子(μm)			组织比量(%)			总胞壁率(%)
	长度	宽度	长宽比	长度	宽度	长宽比	薄壁组织	输导组织	机械组织	
上部(第 11 节)	2815	14.5	190	900	174	5.2	68.6	5.0	26.4	60.0
中部(第 17 节)	2546	14.8	173	916	179	5.1	63.4	6.8	29.8	63.9
下部(第 23 节)	2524	15.5	163	975	186	5.2	63.2	6.9	29.9	68.7

7.4 竹材性质

7.4.1 竹材物理性质

(1)密度

竹材基本密度一般在0.40~0.80g/cm³。首先，不同竹种的竹材密度差异较大。一般而言，竹材密度与维管束分布密度及其构成(如竹纤维的比量等)正相关，故含有纤维股的丛生竹密度大于无纤维股的散生竹(表7-3)。

表7-3 不同竹种的密度值(刘一星等，2012) g/cm³

竹种	基本密度	气干密度	竹种	基本密度	气干密度
毛竹	0.61	0.81	硬头黄竹	0.63	0.88
刚竹	0.63	0.83	撑篙竹	0.58	0.67
斗竹	0.39	0.55	车筒竹	0.67	0.92
水单竹	0.77	1.00	龙竹	0.52	0.64
籁竹	0.64	0.97	黄竹	0.83	1.01

其次，与竹材部位有关。一般秆茎上部较下部、竹壁外侧较内侧的维管束分布密度大、导管直径小，因此竹材密度自下向上、自内向外逐渐增大。同时，节部密度比节间稍大。

再次，与其生长年限即木质化程度有关。从竹笋长成幼竹完成高生长后，秆茎体积不再有明显的改变，但竹材的密度则随竹龄的增长而有变化，如毛竹由于竹材细胞壁随竹龄增长及木质化程度的提高，前5年竹材密度逐步增加，5~8年趋于稳定，8年后随着竹子进入老龄，竹材密度开始略有下降(表7-4)。

表7-4 毛竹竹材密度与竹龄的关系(刘一星等，2012) g/cm³

竹龄	幼竹	1	2	3	4	5	6	7	8	9	10
密度	0.243	0.425	0.558	0.608	0.626	0.615	0.630	0.624	0.657	0.610	0.606

此外，还与气候、立地条件等有关。生长在气温低、降水少地区的竹类，其竹材密度较大；而生长在气温高、降水丰沛地区的竹类，其竹材密度反而较小。立地条件好，竹子生长快、材积大，导致维管束分布密度低，竹材的密度就小；反之亦然。如安徽省石台县生长在山脚、山顶毛竹的维管束比量分别为39.1%和42.2%，山脚与山顶的毛竹基本密度分别为0.699g/cm³、0.715g/cm³，气干密度分别为0.798g/cm³、0.827g/cm³。

(2)干缩性

在竹材采伐后的干燥过程中，由于吸着水的蒸发而引起干缩。竹材的干缩在不同方向上有显著差异，一般纵向干缩要比横向干缩小得多，而弦向(平周)和径向(垂周)的差异则不太大(表7-5)；此外，节部一般高于节间。如毛竹的干缩系数纵向为0.024%，弦向为0.182%，径向为0.189%；节部干缩系数为0.273%，节间为0.152%。

竹材秆壁同一水平高度，内、外干缩也有差异。竹青部分纵向干缩很小，可以忽略，而横向干缩最大；竹黄部分纵向干缩较竹青大但绝对值仍小，而横向干缩则明显小于竹青。不同竹龄的毛竹，竹龄越小、弦向和径向干缩率越大，而竹龄对纵向干缩影响很小。

表 7-5 不同竹种的竹材干缩率(江泽慧，2020) %

竹种	气干干缩率				全干干缩率			
	轴向	径向	弦向	体积	轴向	径向	弦向	体积
红壳竹	0.471	9.268	4.698	14.586	0.504	10.471	5.383	15.082
中华大节竹	0.362	5.978	2.797	9.771	0.701	8.112	5.635	13.899
唐竹	0.340	2.912	2.784	5.909	0.841	7.281	5.060	12.716
粉绿竹	0.339	8.978	3.171	13.577	0.541	9.301	5.327	14.600
甜竹	0.317	4.011	2.121	6.348	0.397	10.853	5.468	16.055
空竹	0.239	4.100	6.991	10.300	0.401	6.454	8.053	14.110
空心箭竹	0.176	7.982	8.106	15.464	0.324	10.226	10.370	19.089

(3)渗透性

渗透性对竹材的干燥、改性处理及胶合性能等均有重要影响，随着对竹材加工利用的研究越来越多，竹材的渗透性正逐渐引起人们的广泛关注。

与木材不同，竹材组织构造中没有径向的射线组织，因此，干燥过程中水分和改性处理过程中的改性剂很难从横向渗入，主要通过纵向渗入，如毛竹纵向气体渗透系数比径向大1万倍以上，且径向气体渗透性很低；竹材渗透性除与其解剖构造有关外，在加工应用过程中，还与其预处理方法及处理压力大小等有很大的关系，如龙竹试样水煮预处理后渗透性优于汽蒸预处理，真空-加压处理也有利于提高改性处理剂在竹材中的渗透性等。

7.4.2 竹材力学性质

竹材与木材相似，都是非均质的各向异性材料。竹材的力学性质极不稳定，在某些方面超过木材，如竹材比同密度木材的顺纹抗拉强度约高50%、顺纹抗压强度约高10%。与钢材等金属材料相比，竹材密度较小、强度较大，是一种强重比很高的材料，如竹材密度只有钢材的1/8~1/6，但其顺纹抗压强度相当于钢材的1/5~1/4，顺纹抗拉强度为钢材的1/2，其复杂特性主要表现在以下几方面：

(1)部位

由于维管束分布不均匀，力学性质随秆茎不同位置而存在差异。一般竹材秆壁维管束的分布密度自下向上逐渐增大、秆壁外侧维管束的分布较内侧密，故其各种强度也自下向上、自内向外增大。

节部与节间具有不同的力学性质。由于节部维管束分布弯曲不齐、受拉时易被破坏，故除节部的顺纹抗拉强度比节间低25%外，其他主要力学强度大多比节间高(表7-6)。

(2)方向

竹材3个方向上的力学性质也有差异，如竹材顺纹抗劈力甚小。

(3)竹龄

随竹材竹龄的不同，其力学性质也不一致。一般2年生以下的竹材柔软，缺乏一定的强度；4~6年生的竹材则坚韧富有弹性，力学强度高；7年以上生的竹材质地变脆，强度也随之减低。

表7-6 楠竹不同高度的主要力学性质及维管束分布密度(徐有明，2006)

项 目	秆茎高度(m)							
	1		3		5		7	
	节部	节间	节部	节间	节部	节间	节部	节间
顺纹抗拉强度(MPa)	121.9	151.8	160.8	186.7	161.0	200.8	162.9	212.6
顺纹抗压强度(MPa)	62.2	58.5	65.2	67.1	66.5	67.2	70.8	68.4
抗弯强度(MPa)	134.8	133.4	145.9	146.2	156.5	154.6	165.7	163.6
顺纹抗剪强度(MPa)	18.1	16.1	19.0	18.5	20.5	19.1	22.5	19.9
密度(g/cm^3)	0.7		0.8		0.8		0.8	
维管束分布密度(N/mm^2)	138.0		216.0		252.0		297.0	

(4)含水率

含水率的增减也会引起强度等的变化。一般来说，当含水率在30%以下时，竹材的力学强度随含水率的降低而增大；但当竹材处于绝干条件下时，因质地变脆强度反而下降。据测定，当含水率为30%时，毛竹材的顺纹抗压强度只相当于含水率为15%时的90%。

(5)立地条件

立地条件越好，竹材的力学强度越差。如安徽省石台县东北坡向山顶毛竹和西南坡向山脚毛竹顺纹抗压强度、抗弯强度、抗弯弹性模量分别为59.840MPa和56.206MPa、196.293MPa和179.918MPa、11 934.07MPa和11 244.71MPa，东北坡向山顶毛竹此3项指标分别比西南坡向山脚毛竹高出6.5%、9.1%和6.1%。

7.4.3 竹材化学性质

(1)竹材有机组成

竹材的化学成分和木材一样，主要由纤维素(约55%)、木质素(约25%)和半纤维素(聚戊糖约20%)，以及一些抽提物和灰分组成。

①纤维素　竹材纤维素是由D-葡萄糖通过1,4-糖苷键连接的线性链状结构，化学性质非常稳定、极不易溶解，也是构成竹材细胞壁的基本物质。

一般认为，在竹材中纤维素的含量约为40%~60%，高于木材，如我国云南省14种竹材纤维素含量为45.24%~52.21%，平均纤维素含量为48.33%，这比硬针阔树材要高约11%。一般来说，纸浆材料的纤维素含量在40%以上，当纤维素含量增加时，纸浆的产量和得率也增加。

②半纤维素　竹材的半纤维素成分几乎全为多缩戊糖，而多缩己糖含量甚微。竹材的半纤维素90%以上为木聚糖，而支链上则有多缩己糖即D-葡萄糖醛酸，也有多缩戊糖即L-阿拉伯糖。实验表明，竹材半纤维素是聚D-葡萄糖醛酸基阿拉伯糖基木糖，它包含4-*O*-甲基-D-葡萄糖醛酸、L-阿拉伯糖和D-木糖，它们的分子比为1.0：(1.0~1.3)：(24~25)。

竹材和木材的阿拉伯糖基木聚糖在糖的组成比上是不同的，此外竹材木聚糖的聚合分子数也比木材高。

竹材聚戊糖含量在19%~23%，接近阔叶树材的聚戊糖含量，远比针叶树材10%~15%的聚戊糖含量要高得多。说明竹材在用于制浆或水解生产的同时，萃取糖醛的综合利用也是可取的。

③木质素　竹材木质素的构成类似于木材，虽然也由愈疮木基丙烷、紫丁香基丙烷和对羟苯基丙烷构成，但3种苯基丙烷单元是按68∶22∶10分子比组成，这表明竹类木质素的构成定性地而非定量地类似于阔叶树材木质素。

竹子木质素特殊之处在于它除了含松柏基、芥子基和对羟基苯基丙烯醇的脱氢聚合物外，尚含有5%~10%的对羟苯基丙烯酸酯。1年生竹子的木质素含量在20%~25%之间，接近阔叶树材和一些草类(如麦秆22%)的木质化程度，比针叶树材略低；木质素含量稍低，说明在制浆蒸煮过程中耗药量减少，且较易于成浆。

④抽提物　抽提物是指可以用冷水、热水、醚、醇和1%氢氧化钠等溶剂浸泡竹材后，从竹材中抽提出的物质。竹材中抽提物的成分十分复杂，但主要是一些可溶性的糖类、脂肪类、蛋白质类及部分半纤维素等。

一般竹材中冷水抽提物2.5%~5.0%，热水抽提物5.0%~12.5%，醚、醇抽提物3.5%~9.0%，1%氢氧化钠抽提物21.0%~31.0%；此外蛋白质含量为1.5%~6.0%，还原糖的含量为2.0%，脂肪和蜡质的含量为2.0%~4.0%，淀粉类含量为2.0%~6.0%。

⑤灰分　竹材燃烧后残存的无机物称灰分，约占竹材总量的1.0%~3.5%，含量较多的有二氧化硅、五氧化二磷、氧化钾等，其中二氧化硅含量最高，平均约占竹材总量的1.3%。

(2)竹材化学组成的变异

不同竹种、不同竹龄、不同部位的竹材中有机组成的含量也是有差异的。

①竹种　竹材中的化学成分在不同的属、种之间会有一些差别，部分原因是与维管束类型的不同有关；如不同竹种，主要成分及抽提物等含量也是不同的(表7-7)。

表7-7　不同竹龄化学成分测定结果的比较(陈友地等，1985)　%

竹种	竹龄	灰分	抽提物含量				木质素	多戊糖	综纤维素	α-纤维素
			冷水	热水	1%氢氧化钠	苯-醇				
毛竹	半年生	1.77	5.41	3.26	27.34	1.60	26.36	22.19	76.62	61.97
	1年生	1.13	8.13	6.31	29.34	3.67	34.77	22.97	75.07	59.82
	3年生	0.69	7.10	5.11	26.91	3.88	26.20	22.11	75.09	60.55
	7年生	0.52	7.14	5.17	26.83	4.78	26.75	22.01	74.98	59.09
青皮竹	半年生	2.39	6.64	8.03	32.27	4.59	18.67	22.22	77.71	51.96
	1年生	2.08	6.30	7.55	30.57	3.72	19.39	20.83	79.39	50.40
	3年生	1.58	6.84	8.75	28.01	5.43	23.81	18.87	73.37	45.50
淡竹	半年生	1.68	3.60	5.15	27.27	1.81	23.58	21.95	78.17	49.97
	1年生	1.29	10.70	8.91	34.28	7.04	23.62	22.35	72.84	57.88
	3年生	1.85	8.81	12.71	35.32	7.52	23.35	22.49	62.40	39.95

②竹龄　据马灵飞等研究，毛竹纤维素含量先随竹龄增加而减少，到 3 年左右趋于稳定，用硝酸乙醇法测定表明 2 个月竹龄的竹材纤维素含量显著地高于 1 年至数年竹龄的竹材，1 年生竹材与 5、7、9 年生的相比，纤维素含量有显著差异，而 3、5、7、9 年生竹材之间的纤维素含量无显著差异。

同一竹种，不同竹龄的竹材中，各类抽提物的含量是不同的，如慈竹中 1%氢氧化钠抽提物，嫩竹为 34.82%，1 年生竹为 27.81%，2 年生竹为 24.93%，3 年生竹为 22.91%。

另外，在材质成熟阶段过了半年后，竹子只稍微增加其木质化和角质化程度，近似存在这样一种趋势，即随着竹龄的增长，综纤维素、α-纤维素和灰分的含量略有下降，而木质素和苯-醇抽提物含量则基本不变或略有增加(表 7-7)。

③部位　不同秆茎部位的纤维素含量也存在差异：从下部到上部总体上略呈减少趋势；由竹壁内层到竹壁外层纤维素含量逐渐增加，且竹壁内、外不同部位差异显著(表 7-8)。秆茎不同部位半纤维素、木质素含量也存在差别，一般也是竹壁外层大于内层。

④季节　竹材的游离糖及淀粉含量随季节变化显著，如当年生竹材的淀粉含量仅为 0.1%~0.3%，但随着竹叶的急剧增加，到来年发笋前其淀粉含量则高达 6%。

表 7-8　不同竹秆部位毛竹材纤维素含量(刘一星等，2012)　%

竹壁部位	竹秆高度	不同高度平均含量	竹壁内壁的平均含量
内层	下部	39.20	38.66
	中部	38.25	
	上部	38.54	
中层	下部	39.99	40.28
	中部	39.07	
	上部	41.77	
外层	下部	44.02	43.18
	中部	43.89	
	上部	41.63	

(3)竹材 pH 值及缓冲容量

竹材的 pH 值一般在 4.80~6.66，平均为 5.70，呈弱酸性，与木材相比较变化范围偏小。散生竹、丛生竹的 pH 值分别在 5.42~6.66、4.80~5.72，散生竹 pH 值较丛生竹大；此外，大部分散生竹基部 pH 值较梢部大，而丛生竹却是基部 pH 值较梢部小、且 pH 值轴向变异性较大。

散生竹材的酸碱缓冲容量变化较大，而丛生竹材的相对较小。如毛竹材的总酸含量为 0.418~4.028mg/100g，其中可溶性游离酸含量为 0.211~2.228mg/100g。

复习思考题

1. 简述全世界竹林的地理分布和竹林面积。
2. 我国竹资源主要分布区域、毛竹在工业化利用的地位如何？

3. 简述竹子地下茎的类型和形态特征。
4. 竹秆由哪几部分组成？秆茎由哪几部分组成？
5. 竹子的生长有何特点？竹子生长分哪几个阶段？
6. 竹子的生长与木材的生长有何差异？
7. 竹壁在宏观下有哪几部分构成？各部分有哪些细胞组成？
8. 竹材维管束系统由哪几部分组成？又由哪些细胞组成？
9. 竹材的干缩性和力学性质有何特点？
10. 简述竹材化学成分种类及所占比例。
11. 竹材主要化学成分含量与竹龄、竹秆高度有何关系？
12. 竹材的利用途径主要有哪些？

第 8 章
棕榈藤类资源材料构造与性质

棕榈藤(rattan)是热带森林宝库中多用途的植物资源，具有很高的商用价值和开发潜力。棕榈藤去鞘藤茎(藤条)表皮乳白色、柔韧、顺纹抗拉强度大，是编织和制作藤家具、工艺品的优良材料。多种棕榈藤藤果及嫩梢富含人体所需的粗蛋白质、粗脂肪、氨基酸、维生素等多种营养成分，为优质的热带水果和森林蔬菜；有的藤笋在泰国、老挝被作为农作物加以种植；黄藤属果实可萃取药品“麒麟血竭”(blood dragon)，具有止血、活血、化瘀、止痛的疗效；藤果质地坚硬，是制作“佛珠”的传统材料。原藤已成为仅次于木、竹材的重要非木材林产品，其相关产业已形成数十亿美元的国际市场，吸纳 100 余万人就业，对地区经济和社会发展起到了重要推动作用。

然而，由于制藤工业所需原料赖以生存的热带原始森林遭到长期过度采伐，面积正逐年减少，致使棕榈藤资源日渐枯竭，一些优良棕榈藤种面临绝种危险，危及这一绿色、可再生资源的可持续加工利用，严重制约藤工业和贸易的发展，已引起相关国家和社会的极大关注。东南亚一些棕榈藤资源拥有国出于对本国资源的保护和自身利益的维护，从 20 世纪 70 年代起已相继制定了严格限制棕榈藤采收和禁止原藤及半成品出口的法令；同时借助国际竹藤组织等的援助，把棕榈藤的研究列为重点科研项目。

目前，全世界约有 7 亿人正在从事或涉及棕榈藤及其产品的研究、生产和消费，因此需要了解、重视有关棕榈藤类资源材料的知识。

8.1 棕榈藤资源分布与植物形态

8.1.1 资源分布

(1)世界分布概况

英国植物分类学家 Uhl 和 Dransfield 系统整理和归纳了世界棕榈植物的形态学、解剖学的研究成果，把棕榈藤(rattan)归为棕榈科(Arecaceae)省藤亚科(Calamoideae)省藤族(Calameae)类植物，天然分布于东半球的热带地区及邻近区域。全世界共有 13 属 600 种、26 变种(表 8-1)；其中亚洲分布有 10 属 300～400 种(黄藤为我国特有)，西非热带地区有 4 属 24 种(其中 3 属为特有属)，大洋洲北部有 1 属 8 种；著名的商品藤种有 20～30 种，比较集中分布在印度尼西亚、马来西亚等东南亚国家。全球估计 $3.5\times10^7hm^2$ 以上的天然林中有棕榈藤的分布，其中仅东南亚区域分布面积就达 $2.92\times10^7hm^2$。

大多数藤种因藤茎的直径小、藤茎及节间短(1 个节部和 1 个节间构成 1 节)、尖削度大、弯曲等质量差而不能商业化利用，国际市场最知名三大优质商品藤：一是西加省藤，藤径 7.0~12.0mm、藤茎长达 100m 以上，节间长 50cm 以上，产于马来西亚半岛、苏门答腊岛、婆罗洲、巴拉望和泰国南部；二是玛瑙省藤，藤径可达 80mm、藤茎长达 100m，节间长 40cm，在马来西亚半岛、苏门答腊岛及婆罗洲南部蕴藏丰富；三是粗鞘省藤，藤径 4.5~13.5mm、藤茎长 60m 以上，节间长 15~30cm，特产于印度尼西亚加里曼丹中南部的漫滩。

表 8-1 棕榈藤的世界地理分布(江泽慧，2002)

属名	中国	印支半岛	泰国	缅甸	印度	菲律宾	马来西亚	印度尼西亚				新几内亚	小巽他	斯里兰卡	斐济群岛	大洋洲	西非	估计种数
								爪哇	婆罗洲	苏门答腊岛	苏拉威西							
省藤属 *Calamus*	+	+	+	+	+	+	+	+	+	+	+	+	+	+	+	+	+	400
美苞藤属 *Calospatha*	-	-	-	-	-	-	-	-	-	-	-	-	-	-	-	-	-	1
角裂藤属 *Ceratolobus*	-	-	+	+	+	+	+	+	+	+	+	-	-	-	-	-	-	6
黄藤属 *Daemonorops*	+	+	+	+	+	+	+	+	+	+	+	+	-	-	-	-	-	115
单苞藤属 *Eremospatha*	-	-	-	-	-	-	-	-	-	-	-	-	-	-	-	-	+	7
戈塞藤属 *Korthalsia*	-	+	+	+	+	+	+	+	+	+	+	+	-	-	-	-	-	26
脂种藤属 *Laccosperms*	-	-	-	-	-	-	-	-	-	-	-	-	-	-	-	-	+	7
多鳞藤属 *Myrialepis*	+	-	+	+	-	-	+	-	-	+	-	-	-	-	-	-	-	1
肿胀藤属 *Oncocalamus*	-	-	-	-	-	-	-	-	-	-	-	-	-	-	-	-	+	5
钩叶藤属 *Plectocomia*	+	+	+	+	+	+	+	+	+	-	-	-	-	-	-	-	-	16
类钩叶藤属 *Plectocomiopsis*	-	-	+	-	-	-	+	-	+	-	-	-	-	-	-	-	-	5
鬃毛藤属 *Pogonotium*	-	-	-	-	-	-	+	-	+	-	-	-	-	-	-	-	-	3
网苞藤属 *Retispatha*	-	-	-	-	-	-	-	-	+	-	-	-	-	-	-	-	-	1
分布属数	4	4	7	5	4	4	9	5	8	5	4	3	1	1	1	1	4	13
估计种数	43	33	50	30	46	54	104	25	105	75	28	50	?	10	3	8	24	593
变种	26																	26

注：印支半岛包括越南、老挝和柬埔寨 3 国；“+”代表有，“-”代表无，“?”代表不能确定。

(2)中国分布概况

我国棕榈藤主要分布位于北纬 24°以南的热带和亚热带次生天然林中，处于世界棕榈藤分布中心的北缘，在广东、广西、海南、云南、贵州、福建及台湾等 11 个省(自治区)自然分布有 4 属 43 种 26 变种，约占全世界总属数的 23.1%，已知种数的 6.7%(表 8-2)。分布区北缘线大致与北纬 10℃以上的年积温为 7000℃的等值线相近似，跨越了南亚热带至中亚热带 4 个气候区的 6 个植被带。在热带雨林和南亚热带常绿阔叶林等植被类型中，棕榈藤分布的种群数量大、密度高；热带山地雨林分布 7 种，总分布密度达 5690 株/hm^2，热带常绿季雨林分布 6 种，总分布密度 1450~2380 株/hm^2。天然森林中藤资源面积约有 $3\times10^5hm^2$，年产野生藤 4000~5000t(最高年产量达 6500t)。目前

表 8-2　中国各省(自治区)棕榈藤种属分布(江泽慧，2002)

属名	广东	广西	海南	云南	贵州	福建	台湾	江西	浙江	湖南	西藏
省藤属 *Calamus*	11s+3v	9s+2v	11s+1v	15s+21v	4s	3s	3s+1v	2s	1s	1s	1s+1v
黄藤属 *Daemonorops*	1s	1s	1s	—	—	—	—	—	—	—	—
类钩叶藤属 *Plectocomiopsis*	—	1s	1s	3s	—	—	—	—	—	—	—
多鳞藤属 *Myrialepis*	—	—	—	1s	—	—	—	—	—	—	—
合计	12s+3v	11s+2v	13s+1v	19s+21v	4s	3s	3s+1v	2s	1s	1s	1s+1v

注：s 为种，v 为变种。

在广东、广西、海南、云南及福建等省(自治区)有人工栽培。

我国东南部和西南部自然地理和气候条件有明显差别，因此分别形成了以海南岛和云南西双版纳为中心的东南部和西南部两大分布区。东南分布区包括华南诸省(自治区)及台湾省，有 3 属 25 种 6 变种；西南分布区包括云南、贵州、西藏三省(自治区)及广西西南部局部区域，有 3 属 20 种 16 变种(表 8-2)。

当然，也有学者认为我国棕榈藤应划分成三大自然分布区，即以海南、台湾为代表的海岛型分布区，以广东、广西为代表的沿海型分布区，以及以云南、贵州为代表的高原型分布区。

8.1.2　植物形态

棕榈藤大部分种类是多年生攀缘经济植物，但也有些种类是直立的(如直立省藤)、无茎(如 *Calamus pygmaeus*)或蔓生(如 *Calamusminutus*)的，具有很强的萌蘖能力，栽植后，每隔 5~8 年采割一次，经营周期长达 40~50 年。多数棕榈藤植物具有分枝的习性(如西加省藤)，也有的棕榈藤种类是单茎的(如玛瑙省藤)。棕榈藤具有庞大的藤冠系统，有良好的水土保持作用；因此，棕榈藤可作为热带、亚热带地区退耕还林的首选植物。棕榈藤不同种类亦有不同的开花结实习性，有的多次开花结实(如省藤属)，有的是一次开花结实(如钩叶藤属)。

(1)根

棕榈藤没有粗大的垂直生长的主根，只有须根。须根在土壤中分布较浅，在土表以下 3~5cm 就能发现根系，多呈水平方向分布或基本上是水平稍斜向下生长，根系一般集中分布在 30cm 深的土层内、水平分布距离为 100~150cm 以上，根的粗细通常为 3~12mm。

(2)茎

棕榈藤的茎，即商品上俗称的藤条，往往被叶鞘及其残留物所包被。一般在其上部或幼龄阶段的藤茎均被紧贴带刺的叶鞘包围。而在其下部或成熟藤条上，叶鞘脱落后方能露出光滑的茎表面。像大多数单子叶植物一样，藤茎直径不像树木那样通常随树龄的增加而增粗，一般藤茎基部最细，向上至中部增至最粗后又略变细小些；而藤茎的长度往往随生存环境和种类的不同而差异极大，如果环境条件较好、长期不采收的话，有的藤茎可长达数百米，如玛瑙省藤的茎长可达 170m。

多数藤茎的横切面是圆的，但也有三角形(如类钩叶藤属)等其他形状。藤茎的直径大小从 3(如爪哇省藤)~100mm(如玛瑙省藤)甚至 200mm(如钩叶藤属的某些种类)不等，商用藤的直径范围约 3~80mm。各国对藤材的划分有自己的标准，印度尼西亚以

18mm 为小径藤与大径藤的分界，印度以 10mm 和 18mm 作为小径藤、中径藤和大径藤的分界，我国则以 10mm 和 15mm 作为小径藤、中径藤和大径藤的分界。小径藤容易弯曲，弯曲时不折断；大径藤难以弯曲，弯曲时会损坏，我国藤器厂公认直径在 6~12mm 的藤最适宜加工。藤茎的表皮颜色有奶黄、乳白、灰褐、黄褐等，有或无光泽，但多数优良藤种的表皮颜色常为奶黄或乳白色、有光泽，而且维管束分布均衡、薄壁组织木质化程度高。

(3)叶

棕榈藤叶由叶鞘、叶柄、叶轴和羽片组成(图 8-1)。叶鞘是叶柄的基部下面扩大形成一个完全包围着整个节间和上面节部的一部分的管状物(但在非攀缘性的种类或非攀缘阶段长出的叶鞘则在腹面是开张的)，通常具刺(少数种类少刺或无刺，如麻鸡藤)，刺的种类、排列形式多样，质地变异很大，是种类鉴定的重要依据，如刺长 1~300mm 或以上，有的排列整齐、有的排列凌乱，有的柔软、有的木质化等。叶鞘上部的末端狭成叶柄，延续至叶轴(着生羽片的部位)。成熟的植株，叶柄通常缺失或不明显，而幼龄植株的叶柄往往存在。叶柄上有时覆被保护植株的大刺，或整齐或凌乱，或大刺中分布有小刺。许多藤种叶轴顶端延伸成为具倒钩刺的纤鞭，叶轴背面及两侧常常着生爪状刺，这为植株攀缘发挥了一定作用。叶片为羽状复叶，形状通常为线形、剑形或椭圆形，偶见菱形或扇形，羽片先端渐尖、具刚毛，有数条纵向叶脉，叶脉及羽片边缘通常具微刺或刚毛。

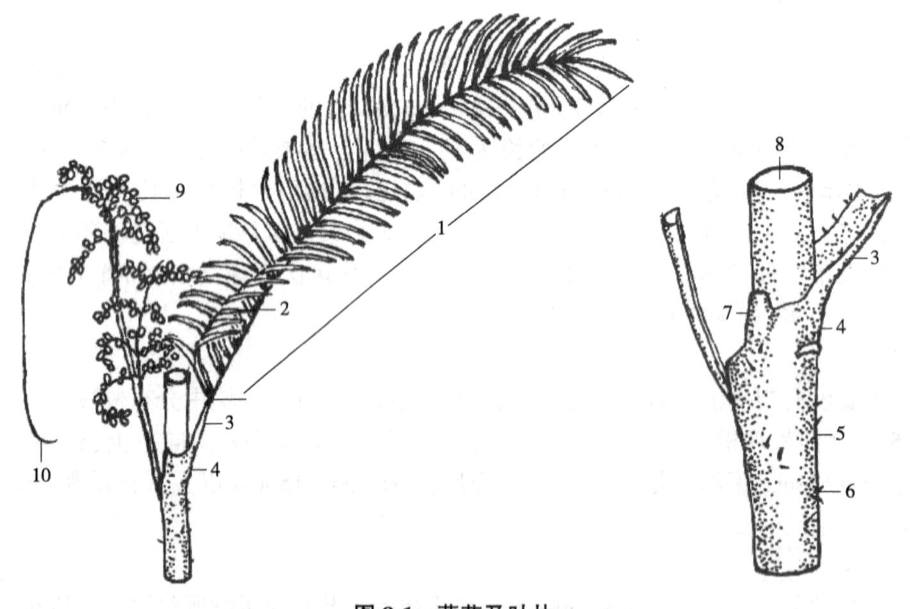

图 8-1 藤茎及叶片

1. 羽片；2. 叶轴；3. 叶柄；4. 滕凸；5. 叶鞘；6. 刺；7. 托叶鞘；8. 藤茎；9. 花序；10. 花序纤鞭

(4)花

不同种类的棕榈藤其开花结实习性也不同，分多重开花和单次开花。多重开花结实的种类，开花后植株可继续生长发育，其藤茎往往具有均匀的结构，质地良好；单次开花结实的种类(仅钩叶藤属)，开花结实后植株营养消耗殆尽而死亡，并且由于其具有将制造的营养贮存于髓里的特点，其茎具有较软的髓部，易受虫害和真菌的侵袭，而使藤茎使用价值降低。

(5)果实

棕榈藤植物的果实通常为椭球形或球形，果实的外果皮覆盖着一层有光泽、覆瓦状排列整齐、纵列的多数鳞片，鳞片下面是果皮，最里面是种子，种子包着一层肉质种皮。果实的成熟度可由鳞片的颜色变化指示出来，当鳞片颜色由绿色变成淡黄色或灰白色、橙红色、红褐色时，即表明果实已成熟。通常每个果实仅有1颗种子发育成熟，但也发现有的果实有2~3颗种子。

8.2　棕榈藤材细胞结构

棕榈藤茎外围为表皮层及皮层，其内为中柱，主要由基本组织(薄壁组织)及维管束构成(图8-2)。

8.2.1　表皮系统

(1)表皮层

为一层未木质化细胞，有三种形态：横卧，长边在径向；直立，长边在轴向；等径。横卧形最常见，径向长边12~60μm；三种形状细胞的弦向长度10~15μm。在横切面，弦向外壁最厚，胞腔有10种形状，省藤属和黄藤属2个大属表现出很大的属内变异。对省藤和钩叶藤的研究表明，表皮层细胞的形状和大小的轴向变化小。一些藤种表皮层覆盖硅质层，表皮层细胞高度硅质化；另一些藤种则覆盖角质层，表皮层细胞角质化。

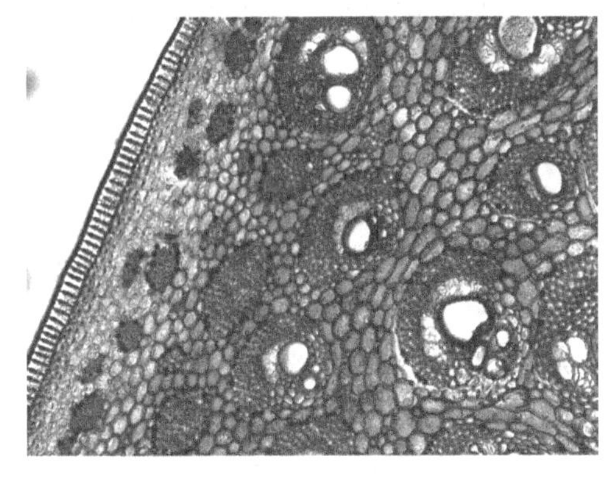

图8-2　黄藤茎横切面(×40)

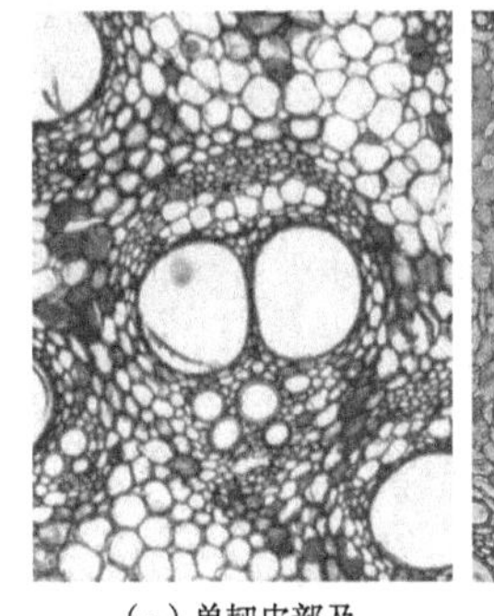

(a)单韧皮部及2后生木质部导管

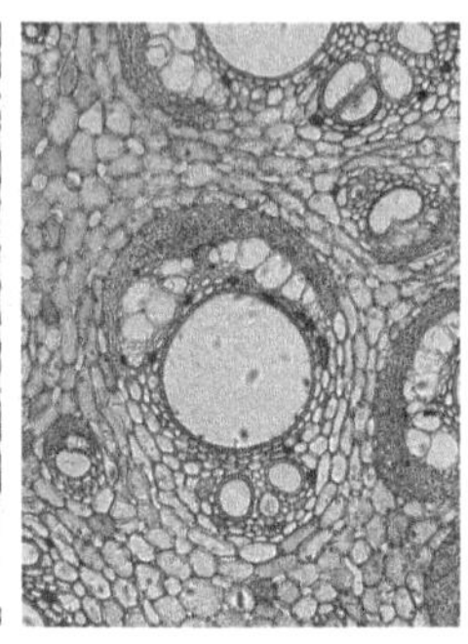

(b)双韧皮部及1后生木质部导管

图8-3　藤茎横切面

(2)皮层

表皮层及维管束之间的区域，由几层至十余层薄壁细胞及分布其中的纤维束、不完全维管束构成(图8-2)；非洲特有3属，有1轮皮下纤维。皮层薄壁细胞圆形、椭圆形、矩形，木质化、部分硬化。有些藤种在皮层与表皮层之间有皮下层。

8.2.2　维管束系统(维管系统)

维管束系统是由若干维管束组成，维管束由初生木质部、初生韧皮部(外韧型)及藤纤维组成。

(1)初生木质部

藤类植物维管束内的初生木质部包括后生木质部、原生木质部及其周围的薄壁组织。

①后生木质部　后生木质部在多鳞藤属、肿胀藤属、单苞藤属3属及类钩叶藤属的*Plectocomiopsis geminiflora*具2导管，另10属具1导管(图8-3)。在中柱外围至中部，导管直径约40~450μm，多数为110~450μm；管壁有椭圆形半具缘纹孔，多数藤种的导管分子具有较多的单穿孔和少量复穿孔，唯有毛鳞省藤导管分子仅为单穿孔。据对我国27种棕榈藤研究表明，钩叶藤导管分子较长为2.140~3.229mm，省藤和黄藤导管分子大多为1~2mm、少数在2.072~2.630mm，毛鳞省藤的导管分子长仅为0.714mm。导管分子长度与藤茎节间长度变化一致，宽度与藤种的茎长正相关，即与输导功能需要有关。

②原生木质部　原生木质部管状分子一般3~5个、直径30~80μm，次生壁具环纹或螺旋加厚，通常属于长而无穿孔的管胞。

③薄壁组织　维管束的木质部含有两种不同形态的薄壁组织，后生木质部、原生木质部及韧皮部被其所围绕。其中紧靠后生木质部导管的一层薄壁细胞，具矩形大纹孔，其余薄壁细胞具圆形小纹孔。

(2)初生韧皮部

韧皮部由筛管及伴胞构成，在非洲特有3属及钩叶藤属、类钩叶藤属、多鳞藤属为单韧皮部，位于后生木质部导管外方，同原生木质部相对应，筛管数10~16个；另7属为双韧皮部，位于后生木质部导管外方两侧，每侧筛管3~7个(图8-3)。筛管分子长度1~3mm；多数藤种的筛管分子仅具单筛板，在单苞藤属、脂种藤属、省藤属也有端壁很倾斜的复筛板。

一般而言，后生木质部具2导管的，往往为单韧皮部；后生木质部具1导管的，常常为双韧皮部；但也有少数藤种后生木质部具2导管为单韧皮部，后生木质部具1个导管，既有单韧皮部，也有双韧皮部，如高地钩叶藤(图8-4)。

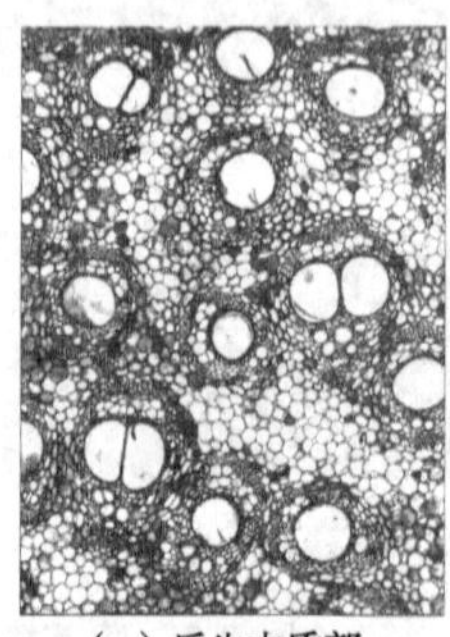

(a)后生木质部
具1、2导管的单韧皮部

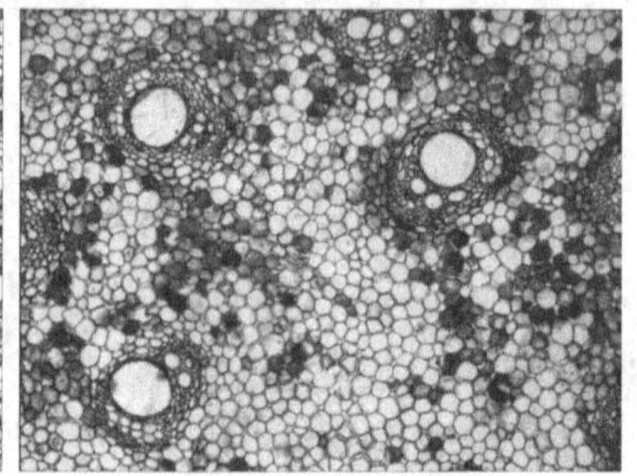

(b)后生木质部
具1导管的单、双韧皮部

图8-4　高地钩叶藤茎横切面

(3)藤纤维

藤纤维围绕韧皮部及部分木质部成鞘状，在中柱外围及基部，此种机械组织十分发达，输导组织少；由外向内、自基部向上，机械组织减少、输导组织增多。藤纤维高度木质化，次生壁为多层聚合结构(图8-5)，相邻两层微纤丝方向相反，微纤丝角一般约40°，藤纤维长1~3mm，壁厚1.9~4.0μm，自茎的外围向内、基部向上，藤纤维壁厚减小、直径及胞腔增大；同株内藤纤维长度与节间长度的变化一致。

在戈塞藤属、多鳞藤属、钩叶藤属及类钩叶藤属，第一层维管束纤维鞘(纤维帽)外缘的硬化藤纤维形成“黄帽”(图8-6)。

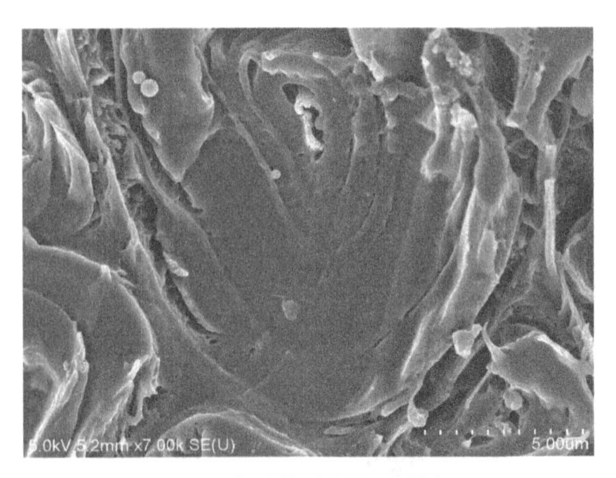

图 8-5 高地钩叶藤纤维横切面
(纤维壁的多层聚合结构×7000)

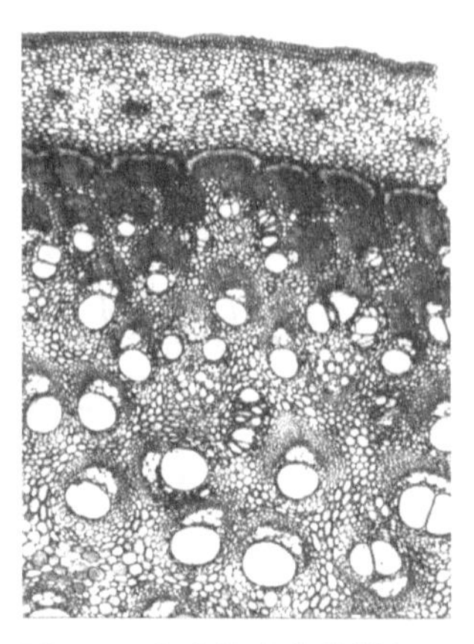

图 8-6 高地钩叶藤茎横切面
(外缘维管束的“黄帽”×40)

在横切面，外围的维管束小而密集，内部的则大而稀疏；在轴向，维管束的大小及分布密度均变化很小。

作为维管束组成部分的纤维鞘，在茎的径向和轴向均具有与维管束不同的分布规律。藤纤维比量自外向内的下降率与下降梯度可以反映藤材的质量，下降率小、梯度平缓为材质良好的构造特征。

8.2.3 基本组织

基本组织由具单纹孔、约为等径的薄壁细胞构成，比维管束内的薄壁细胞大得多，胞壁为多层聚合结构(图 8-7)。在纵切面，可分为横卧型和异型，横卧型由主轴在横向的椭圆形或矩形细胞叠呈纵行(图 8-8)；异型由长形细胞、短形细胞间隔地叠呈纵行(图 8-9)。对省藤属的多个藤种的研究表明，在省藤属内甚至这两种类型均存在。

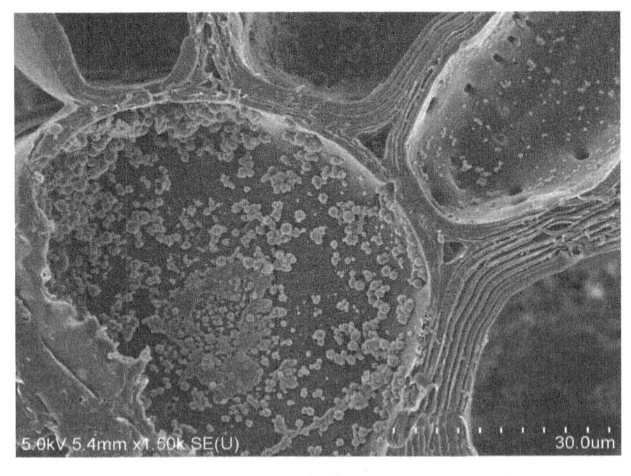

图 8-7 高地钩叶藤薄壁细胞壁层构造

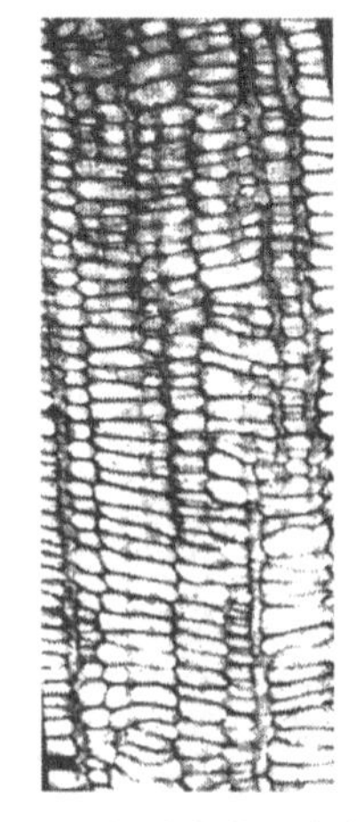

图 8-8 单叶省藤茎纵切面
(横卧形基本薄壁组织细胞×80)

8.2.4 黏液道或针晶囊

为薄壁未木质化的异型细胞，横切面呈圆形，直径显著大于周围的基本组织细胞；

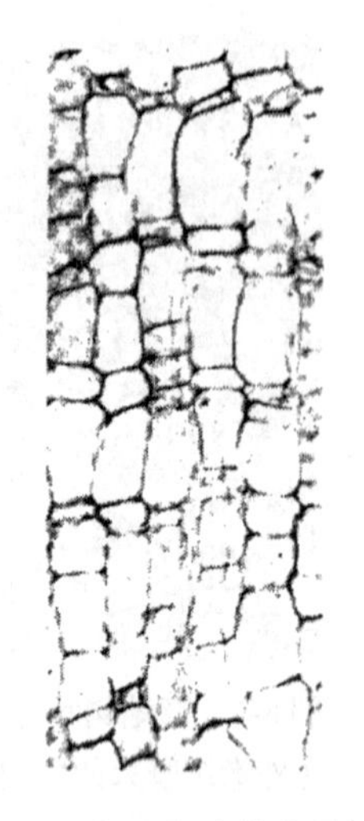

图 8-9 高地钩叶藤茎纵切面
(异型基本薄壁组织细胞×80)

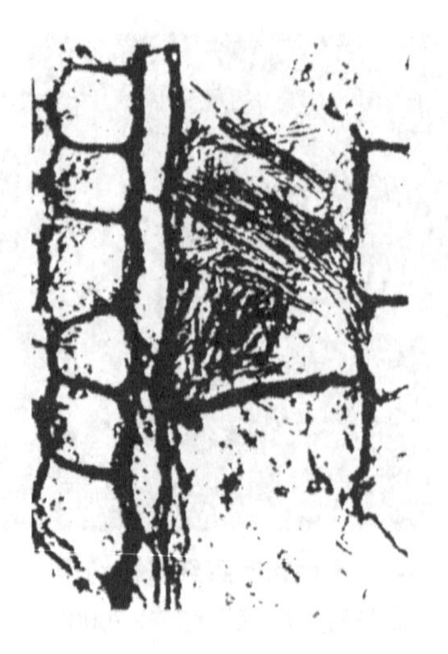

图 8-10 勐捧省藤茎纵切面
(黏液道及针晶囊×467)

单独或几个连接;胞腔内常见针晶体,有时可见沉积的暗色胶状物(图 8-10)。

8.2.5 硅石细胞

硅体普遍存在藤茎中,形成于藤纤维与薄壁细胞间,呈晶簇状、圆形、被膜包围(图 8-11)。

8.2.6 具有鉴别意义的解剖特征

①皮层外缘是否有纤维轮。

②中柱外缘维管束是否有"黄帽"。

③韧皮部单或双及筛管排列。

④后生木质部导管数 1 或 2。

⑤基本组织(薄壁组织)横切面及纵切面形态。

⑥黏液道或针晶囊有或无。

根据上述解剖特征,可做出鉴别至属的检索表。此外,中柱的维管束间分布有纤维束是否也可作为属、种鉴别的依据(图 8-12),还有待进一步研究。

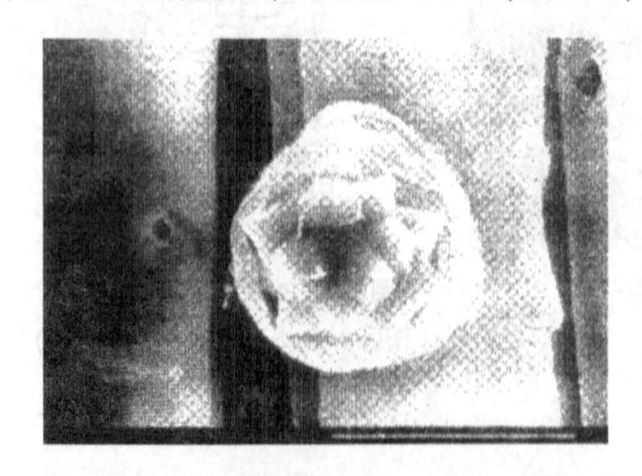

图 8-11 藤茎离析材料(硅石细胞)

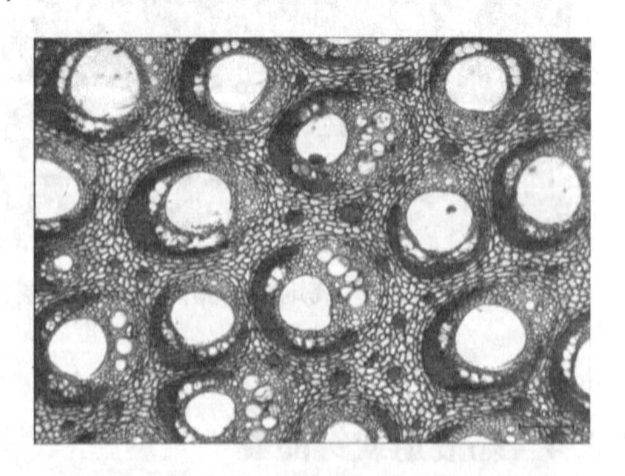

图 8-12 黎藤茎中维管束及纤维束分布

8.3　棕榈藤材主要性质

8.3.1　物理性质

(1)密度

对整段藤茎及藤皮、藤芯分别取样，采用排水法测湿材体积、称重法测绝干(全干)质量，计算出基本密度。通过对省藤属 10 余种，黄藤属、戈塞藤属及钩叶藤属各 1~2 种的研究表明，各藤种藤茎基本密度平均值在 0.32~0.65g/cm^3。在横切面，径向 1~2mm 的外围藤皮的基本密度不小于 0.40g/cm^3，藤芯基本密度一般不小于 0.30g/cm^3，基本密度在 0.25g/cm^3 以下的藤芯会明显脆弱(如黄藤)。沿径向取 1mm 为长度单元，外围 2 层之间的基本密度相差很大，自外向内逐层次缓慢递减。在轴向，自基部向上各层次间基本密度逐渐减小。

密度在株内的变异趋势与藤纤维比量高度相关，藤纤维壁厚可占密度变因的 72%~78%。此外，棕榈科植物的藤纤维为长寿细胞，胞壁物质的沉积随藤龄增加，因此藤龄也是密度变异的原因之一。

(2)干缩性

原藤横切面的面积干缩率、纵向干缩率及体积干缩，均以生材的测量值为基数。

①面积干缩率　面积气干干缩率为 3.46%~7.56%，平均 5.14%；面积全干干缩率为 8.37%~13.73%，平均 9.91%。

②纵向干缩率　纵向气干干缩率为 0.25%~0.64%，平均 0.43%；纵向全干干缩率为 0.86%~1.47%，平均 1.30%。

③体积干缩率　体积气干干缩率为 3.70%~8.15%，平均 5.55%；体积全干干缩率为 9.16%~15.00%，平均 11.08%。

同木材相比，棕榈藤材的纵向干缩率较大，主要与藤材纤维细胞壁的微纤丝角大(40°~60°)有关。自藤茎基部向上，面积与体积干缩率均表现减小趋势，同藤纤维比量、藤纤维壁厚及藤茎密度变化一致，说明干缩主要是由藤纤维壁中吸着水的逸出引起的；但纵向干缩率则呈增大趋势，原因有待研究。

8.3.2　力学性质

藤材的力学性质主要为藤茎的顺纹抗拉强度及顺纹抗压强度。由于藤茎中机械组织分布很不均匀，在没有统一的测试方法(整根藤茎的顺纹抗拉强度很难进行测试)，而分别对藤皮、藤芯进行取样的情况下，试验测得的顺纹抗拉强度又似乎缺乏一定的说服力。

藤材的顺纹抗拉强度比其顺纹抗压强度约大 10 倍。一些含节部的拉力试样易在节部破坏，表明节部可能是藤材力学强度的最弱点(可能与节部维管束排列方向改变、分叉有关)。经硫黄烟雾熏蒸或漂白剂漂白处理，可使藤材顺纹抗拉强度减小，其中藤芯减小尤其明显；同时漂白粉的影响要比硫黄烟雾更大。野生藤的强度一般大于栽培藤。

藤材主要力学性质的试样为整段藤茎，其中顺纹抗压强度试样长度为藤径的 2~3 倍，抗弯强度试样长度为藤径的 6~8 倍；试验藤种除戈塞藤属、黄藤属各 1 藤种外，其余为省藤属、钩叶藤属的藤种，一般其顺纹抗拉强度为 20.8~73.8MPa，顺纹抗压弹性模量为 0.83~1.60GPa，顺纹抗压强度为 16.6~39.2MPa，抗弯弹性模量为 1.04~1.53GPa，抗弯强度为 31.05~67.88MPa；此外，气干材强度大于生材强度。藤材的顺纹抗压弹性模量、顺纹抗压强度、顺纹抗拉弹性模量、顺纹抗拉强度与藤材密度、藤纤维比量呈显著正相关，与薄壁组织比量呈显著负相关。

藤材达到破坏时的总变形量大，而比例极限变形量占总变形量的比值较小，即藤材具有较大的塑性变形(永久变形)，因此藤材柔韧。这种优良的工艺特性同藤茎的薄壁细胞含量高有关。

8.3.3 化学性质

(1)棕榈藤材化学性质

棕榈藤材与木材的化学组成相近，由主要成分纤维素(α-纤维素 42%~53%)、半纤维素(19%~27%)和木质素(20%~40%)，以及次要成分抽提物、灰分组成。纤维素主要存在于藤材的细胞壁中，为线性的葡萄糖基高分子聚合物，在细胞壁中起骨架支撑作用，其化学性质和超分子结构对藤材的物理、力学性质及加工性能有重要影响。半纤维素是细胞壁中与纤维素紧密联结的物质，起黏结作用，主要由各种多糖组成，其中最重要的是聚戊糖。木质素是由苯基丙烷单元组成的芳香族化合物，贯穿于藤纤丝之间，起着强化细胞壁的作用。

棕榈藤材的化学组成因藤种、生长地域、藤茎部位的不同而发生变异。但藤材中各化学组分的含量相对稳定，仅随藤种和部位不同而略有变化。除综纤维素(纤维素和半纤维素合称)外，藤材不同种间、藤茎不同高度上成分含量差异明显；木质素和氢氧化钠抽提物含量在藤茎上部最高，水和苯-醇抽提物以及灰分在藤茎中部含量最高，综纤维素从基部向上逐渐减小。

根据藤茎表面特性，将藤材分为硅质藤和油质藤。一般小径藤多为硅质藤，硅质藤表皮硅质化，覆盖硅质层，弯曲时可弹出硅沙，采收后须作"除砂"处理。绝大多数藤种在表皮、纤维束和纤维帽中含有硅，会引起刀具钝化。而优质藤的皮层含硅少，外围维管束不含硅。大径藤及少数小径藤为油质藤，油质藤表皮角质层蜡质丰富，使加工、编织过程的摩擦力增大，可把藤材放入热柴油中浸泡(即油浴)除去蜡质。此外，藤材含有丰富的淀粉、糖类、水及碱可溶物等营养物质，易受真菌、昆虫侵害，为了延长藤制品的使用寿命，应对藤材进行适当的选择、处理和加工。

藤材的独特性在于灵活、柔软，在含有一定水分前提下，经过适当加热软化、干燥处理后，藤材在不改变其机械特性的情况下可模铸、挤压、弯曲加工成各种特定形状，因此，被广泛用于家具制造业。藤材的可塑性同木材一样，是瞬间可逆的物理过程，半纤维素-木质素基质中的纤维素分子的运动，使材料按一定模具模铸成型或重组。通过对 8 种藤材的蠕变柔量试验表明，藤软化开始于 55℃，软化程度取决于加热程度。随着半纤维素-木质素基质的软化，纤维素在细胞壁内自由移动直到基质重新硬化。藤种间的热软化温度差别很大，基质越多，可观察到的分子运动量越大；苯-醇抽提物处理藤材的软化开始于 70~85℃，综纤维素为 75~95℃，α-纤维素为 100℃；可见，基质含量的多少决定着热软化差异。α-纤维素的运动取决于纤维素链内结晶度的高低，结晶区越多即结晶度越高，分子运动越少。Abasolo 等人通过研究发现，随着温度升高，藤材杨氏模量逐渐减小；藤材蠕变柔量变化与木材相似，随加载时间延长而增大，在软化温度下蠕变柔量变化大。加热引起的强度降低，主要取决于藤材的构造和其基本化学成分(如半纤维素)的敏感性，了解藤材的这种基本特性可以更高效地设计藤制品。

(2)黄藤材化学特性

①化学组成　从表 8-3 中可看出，黄藤材藤芯的综纤维素，聚戊糖，酸不溶木质素、酸溶木质素和总木质素，灰分含量均为上部>中部>下部，其中综纤维素、聚戊糖和总木质素含量分别为 60.6%~65.6%，18.6%~23.3%和 20.7%~26.3%；而苯-醇抽提物、热水抽提物、冷水抽提物含量则刚好相反，为下部>中部>上部。

黄藤材藤皮的酸溶木质素含量各处相近，酸不溶木质素、总木质素，综纤维素含量均为上部>下部>中部；其中总木质素含量为 23.4%~28.7%，综纤维素含量为 69.6%~72.6%，均比藤芯高。聚戊糖含量为 19.5%~21.1%，含量呈上部>中部>下部分布。藤皮中部和下部的灰分含量相近，略高于上部；苯-醇抽提物、热水抽提物、冷水抽提物、1%氢氧化钠抽提物含量均以上部最少。

表 8-3　黄藤不同部位的化学成分含量(刘一星等，2012)　　%

部位		灰分	抽提物含量				综纤维素	木质素			聚戊糖
			苯-醇	热水	冷水	1%氢氧化钠		酸不溶木质素	酸溶木质素	总木质素	
藤芯	上部	1.73	6.79	14.20	10.53	40.91	65.62	23.52	2.75	26.27	23.26
	中部	1.10	10.89	22.21	16.89	42.34	63.29	19.71	2.61	22.32	19.39
	下部	0.75	11.02	22.60	18.28	42.03	60.55	18.27	2.41	20.68	18.64
藤皮	上部	2.51	3.74	7.22	4.10	30.57	72.58	25.59	3.12	28.71	21.14
	中部	2.86	4.44	11.87	9.23	32.60	69.57	20.34	3.02	23.36	20.26
	下部	2.81	5.14	11.64	7.85	31.41	70.07	22.79	3.25	26.04	19.49

注：上部指接近藤梢部分，中部藤茎长的中间部分，下部指靠近基部的部分。

②细胞壁木质素微区分布

藤纤维　轴向向下随着黄藤藤龄的增大，藤纤维细胞次生壁及角隅处 S 基(紫丁香基)木质素含量均呈现出“升—降—升”的变化趋势，而 S 基和 G 基(愈创木基)两种木质素总含量基本上呈不断增加的变化趋势。径向上藤纤维次生壁及角隅处木质素含量变化趋势完全一致，且藤纤维细胞角隅处木质素浓度高于次生壁；其中 S 基木质素含量均呈中>外>内的变化趋势，S 基和 G 基木质素总量均呈内>中>外的变化趋势。在藤茎内部和中层，纤维鞘中由外向内木质素含量均呈先增后减的变化趋势；但藤茎外层纤维鞘中 S 基木质素含量呈不断降低的变化趋势，而 S 基和 G 木质素总量却呈现不断增加的变化趋势。藤纤维细胞壁各微区的木质素浓度为次生壁<初生壁<胞间层。

导管分子　轴向向下随黄藤藤龄的增大，导管分子细胞壁中 S 基木质素含量先增后减，而 S 基和 G 基木质素总量整体呈下降变化趋势。径向由外向内，导管壁中 S 基木质素含量在梢部、中部先降后升，在 2m 处和基部分别呈先升后降和不断减小趋势。导管壁中 S 基和 G 木质素总量在藤茎梢部、2m 处和基部均先减后增，而在中部却不断增大。在基部由导管外壁向内 S 基木质素含量呈“升—降—升”的“S”形趋势，而 S 基和 G 基木质素总量先减后增，且最小值均在靠近导管壁内侧。

薄壁细胞 黄藤材薄壁细胞细胞壁中含有 S 基木质素和 G 基木质素两种木质素组成单元，轴向向下随着黄藤材藤龄的增大，薄壁细胞次生壁中 S 基木质素含量不断增大，S 基和 G 基木质素总量呈“降—升—降”变化趋势。薄壁细胞角隅处木质素浓度高于次生壁。薄壁细胞壁各微区木质素浓度均为次生壁<初生壁<胞间层。

③纤维素结晶度 纤维素的结晶度是指纤维素的结晶区质量(或体积)占纤维素整体质量(或体积)的百分数。纤维素结晶度在一定程度上能反映材料的物理、力学和化学性能，也可直接影响材料的性能，是评价生物质材料性质和纤维品质的重要依据。

黄藤材纤维素的结晶度在 24.8%~32.0%，平均为 28.6%。藤芯和藤皮的结晶度是不同的，在藤茎基部、2m 及中部，其藤皮处的结晶度分别是 31.1%、30.7%和 29.1%，藤芯处的结晶度分别是 28.7%、28.8%和 27.2%，藤皮处结晶度均比藤芯处结晶度高。轴向向上随着黄藤材藤龄的减小，结晶度先缓慢增加至最大值约 32%左右，后又逐渐减小，呈先升后降的变化趋势。

④晶体尺寸 轴向向上随着黄藤藤龄的减小，晶体宽度在 1.901~3.019nm，总体上略呈下降的变化趋势，平均宽度 2.403nm。其中，藤茎基部晶体宽度最大为 3.019nm，梢部最小为 1.901nm。晶体长度在 4.118 ~ 28.824nm，平均长度为 10.907nm，变化幅度较大，但无明显变化规律。

⑤微纤丝角 黄藤藤纤维微纤丝角在 33.4°~38.7°，平均为 36.1°。轴向向上随着黄藤藤龄的减小，藤纤维微纤丝角先逐渐减小至接近中部时达到最小值，然后又渐渐增大，虽然至梢部附近时又略有起伏，但变化相对较小，总体上黄藤材上部藤纤维的微纤丝角要比下部大，中部最小。除基部藤皮和藤芯处微纤丝角均为 36.1°外，在 2m 处和中部，藤皮微纤丝角均比藤芯处小，由此可知藤皮处藤纤维微纤丝角不比藤芯处的大，且差别不大。

8.4 商品棕榈藤

8.4.1 西加省藤

西加省藤(*Calamus caesius* Blume)，是国际上最知名的三大优质商品藤种之一(图 8-13)。

(1)天然分布

西加省藤广泛分布于东南亚地区，包括马来西亚半岛、苏门答腊岛、婆罗洲、巴拉望和泰国南部。近年来中国、泰国、南太平洋地区及非洲的一些国家有引种试种。

(2)形态特征

西加省藤为中小径藤种，丛生，攀缘性强，雌雄异株，植株长可达 100m 或以上。带鞘藤茎直径约 2.0cm，去鞘藤茎直径 0.7~1.2cm；节间长 50.0cm 或以上。叶长达 2.0m(带叶鞘)，叶鞘暗绿，具少而白、10.0mm×5.0mm 的大三角刺，刺间具灰色茸毛，有时具小刺及(或)棕色鳞片。幼年藤叶柄长达 50.0cm，成年攀缘茎上叶柄则很短。叶轴长约 75.0cm，在下表皮具零星反曲的刺。叶轴末端纤鞭长约 73.0cm，具四爪锚状的几组反曲刺。叶轴两侧的小叶片长约 15.0cm，披针状，不规则排列，上表面暗绿色，下表面常青白色。花序着生于叶鞘上，长达 2.0m，雌、雄花序外表相似，雄花序 3 回分枝，雌花序 2 回分枝；雄花黄绿色，约 5.0mm×3.0mm，雌花较雄花大，且与一不育雄花对生。成熟果实仅具 1 颗种子，果实椭球形，约 15.0mm×10.0mm，外有淡绿反曲的鳞片均匀覆盖，干时呈黄色。种子约 12.0mm×7.0mm，外有肉质种皮；胚乳浆状，胚胎基生。

(3)材料性质和利用

西加省藤藤纤维、导管、薄壁组织和筛管比量分别为 23.6%、32.7%、38.1%和 5.6%；维管束径向尺寸、弦向尺寸和分布密度分别 550.4μm、506.1μm 和 4.0 个/mm²；藤纤维长度、直径和双壁厚分别为 1.71mm、12.6μm 和 7.9μm；导管分子平均直径为 279.8μm，分布密度为 4.1 个/mm²(图 8-14)。

图 8-13　西加省藤(李荣生)

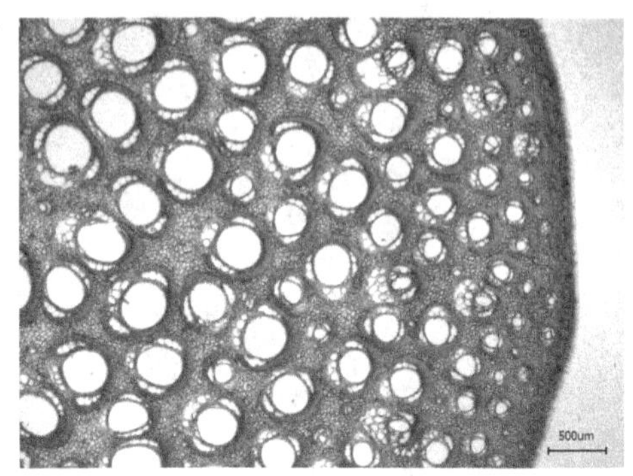

图 8-14　西加省藤横切面显微结构图(×20)

西加省藤茎柔韧，节间长，藤茎节部无明显凸起，均匀光滑，表皮黄白色。长久以来，农民就利用西加省藤制作篮子、席子、地毯、手工艺品、绳索和建房材料。目前，其商业利用已超出传统，现代人们利用其优良的工艺特性，或用原藤，或用其藤皮和藤芯制作高级名贵家具和工艺品。此外，西加省藤藤茎的质量还与其藤龄、含水率和生长过程中的光线(影响节间长度)等因子有关。

8.4.2　玛瑙省藤

玛瑙省藤(*Calamus manan* Miquel)，也译为马兰省藤，是国际市场最知名的三大优质商品藤种之一(图 8-15)。

(1)天然分布

玛瑙省藤为广布种，原生种分布于马来西亚半岛、苏门答腊岛和婆罗洲南部。生长在山地陡坡含龙脑香科树种的森林内。

(2)形态特征

单茎攀缘藤种，植株粗大，雌雄异株，茎长可达 100m。带鞘直径 8.0~11.0cm，去鞘直径不到 8.0cm。节间长 30~50.0cm。叶长可达 8.0m。叶鞘暗灰绿色，密被黑茸毛，边缘有侧生或散生的三角形小刺。叶柄短，12.0cm×5.0cm，两侧都有三角形小刺；叶轴长 15.0cm，向地的一面具散生的小刺，顶端延伸成具钩状刺的纤鞭。未成熟小叶片形状不规则，成熟叶规则，叶轴每边 45 片，披针形，60.0cm×6.0cm，浅灰绿色，近叶轴顶端的叶片较短，叶膝被叶鞘所包裹，托叶鞘不明显。花序庞大，雄花序比雌花序宽，长 2.5m，每边有 9 个长约 70.0cm 的分枝，所有苞片都密被三角形小刺和红褐色柔毛。成熟果实球形或椭球形，28.0mm×20.0mm。种子椭球形，18.0mm×12.0mm，表面有凹迹；胚乳多而粗皱。

(3)材料性质和利用

玛瑙省藤藤纤维、导管、薄壁组织和筛管比量分别为 24.9%、33.3%、36.3% 和 5.5%；维管束径向尺寸、弦向尺寸和分布密度分别 754.4μm、739.8μm 和 5.7 个/mm^2；藤纤维长度、直径和双壁厚分别为 1.06mm、18.9μm 和 14.1μm；导管分子平均直径为 380.1μm，分布密度为 5.5 个/mm^2(图 8-16)。

图 8-15 玛瑙省藤(李荣生)

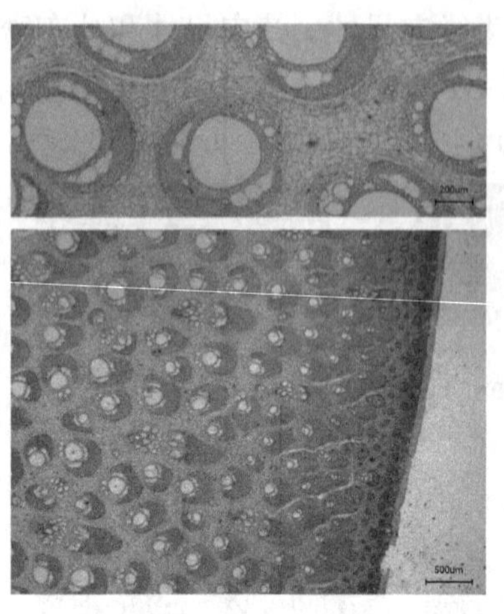

图 8-16 玛瑙省藤横切面微结构图（上×400，下×20）

玛瑙省藤为大径藤种，节部无明显凸起，整藤均匀平顺，表皮黄白色。气干密度为 0.574~0.611g/cm^3，平均为 0.589g/cm^3，全干密度、基本密度分别为 0.534g/cm^3 和 0.521g/cm^3；体积、面积及轴向全干干缩率依次为 2.312%、0.788%和 1.507%，体积、面积及轴向气干干缩率依次为 0.778%、0.144%和 0.687%。与其他棕榈藤材相比，玛瑙省藤密度偏大、干缩性很小，抗弯强度高，藤材品质优良，易于造型，为制作高级藤家具的优选材料。

8.4.3 粗鞘省藤

粗鞘省藤(*Calamus trachycoleus* Beccari)，也译为赤鞘省藤，印度尼西亚也称 Rotan irit，是国际市场最知名的三大优质商品藤种之一(图 8-17)。

图 8-17 粗鞘省藤(李荣生)

(1)天然分布

粗鞘省藤特产于印度尼西亚加里曼丹中南部的漫滩，地理位置为南纬 2°~3°。现今，在马来西亚的沙巴洲有大范围种植，面积约 4000~5000hm^2；另外在砂拉越也有少量种植。

(2)形态特征

丛生，具匍匐茎(2.0~3.0m)，雌雄异株，藤茎长 60m 或以上；带鞘直径 2.0cm 以上，去鞘直径 0.5~1.4cm，节间长 15.0~30.0cm 或以上。叶具纤鞭，总长 2.3m(纤鞭长 1m)；叶柄横切面呈半圆形至宽三角形，长 1. 5~2. 5cm，下面有叶鞘包围；叶鞘长 0. 95m，基部绿色，具许多小刺，上部裸露，具零星硬长刺，尖端深褐色；托叶鞘呈一圈 4. 0mm 高的隆起；叶轴上有小叶 15 对，不规则排列，披针形，中脉两边各有 3 条纵脉，叶缘有 1. 5mm 长褐色硬刺。雌雄花序外表相似，长 170. 0cm，有 11~14 对分枝；雄 3 回分枝，雌 2 回分枝。雄性小穗比雌性更密，小穗 6~12 对，长 16. 0cm，雌性除顶部外大多数分枝上都有 10 对小穗。

(3)材料性质和利用

为中小径级藤种，品质优良。传统上，采集原藤制作篮子、捕鱼工具、筏子上用的绳子以及船上索具。商业上，用其原藤条或藤皮、藤芯编织各种器具、工艺品和作为家具材料。

8. 4. 4　梅氏省藤

梅氏省藤(*Calamus merrillii* Beccari)，也有译为玛雷利藤、美丽省藤，为品质优良的商品藤种(图 8-18)。

(1)天然分布

梅氏省藤为菲律宾的特有藤种，在菲律宾的吕宋岛、棉兰老岛都有分布。

(2)形态特征

梅氏省藤为丛生攀缘型棕榈藤种，雌雄异株。带鞘茎粗 6. 0 ~ 7. 0cm，去鞘藤茎粗 2. 5~4. 5cm。节部明显，节间长 30cm。大羽叶，具纤鞭。叶鞘厚，木质部红棕色，密被 5. 0~10. 0mm 长小刺或尖硬毛并常汇合呈短环状，膝凸明显。托叶鞘短，表现为叶鞘口 1 列短硬刺。叶柄粗壮，3. 5 ~ 4. 0cm 宽，光滑，边缘具大量短直刺。叶轴环绕下方，上面和侧上面具浅槽和尖刺，下表面末端具扎状刺，卷须粗壮，基部被粗壮、上部黑色扎状刺。羽片多、等间距排列。雌雄花序相似，雌花序 2 回分枝，长 0. 9m；雄花花序大，3 回分枝，长 1. 2m，顶部无纤鞭。果近球形，直径 1. 2cm，鳞片淡棕色。种子稍扁平，0. 9cm×0. 6cm。

图 8-18　梅氏省藤(李荣生)

(3)材料性质和利用

梅氏省藤是品质优良的商品藤种，藤茎主要用于做家具，原藤条也可弯曲成各种形状的框架或做支撑架、缆绳、撑帆、支持吊桥等；藤皮是优质的编织材料，可用来编织藤席、帽子、篮子及各种捕鱼器具；藤芯材质软，常用来做“镶嵌”家具。

8. 4. 5　单叶省藤

单叶省藤(*Calamus simplicifolius* Wei)，在我国海南又称厘藤，是我国特有棕榈藤种之一，是目前华南地区推广栽培的优良藤种(图 8-19)。

(1)天然分布

单叶省藤天然分布于我国海南岛中部及西南部山区的陵水、乐东、昌江、保亭、琼中、屯昌诸县及文昌市，在海拔 300~1100m 的原始林和次生林中均可见有原生植丛生长。随着海拔高度的变化，其在森林群落中分布密度变化较大，如在海拔 600~

800m 的山地雨林，分布密度到达 500 丛/hm^2。而在海拔 350m 的常绿季雨林中则仅有 67 丛/hm^2。目前，单叶省藤的人工栽培已扩大到广东(如肇庆、增城)、广西(如十万大山、凭祥)、贵州南部(如罗甸)和福建等省(自治区)的南部地区。但由于森林面积的迅速缩减及野生原藤的过度采收，现存资源主要集中于海南岛中南部的尖峰岭、坝王岭和吊罗山林区。

(2)形态特征

丛生、有刺、攀缘大型藤本。带鞘藤茎粗 3.0~6.0cm，去鞘藤茎粗 0.8~2.0cm，节间长 15.0~30.0cm。叶轴中下部的周围具长短不等的直刺，中上部的背面具几个合生的或半轮生的爪。叶羽状全裂，具爪状倒钩刺鞭。圆锥状花序，雌雄异株。果球形或近球形，直径 1.6~2.0cm；未成熟果皮浅绿色，成熟时呈黄白色，具光泽；果肉胶质、褐色，可食用。种子褐色，球形或近球形；种胚短圆柱状，基生或侧生，外被种胚盖；胚乳坚硬，表面嚼烂状、深裂。

(3)材料性质和利用

维管束分布密度藤皮较藤芯大，平均 4.0 个/mm^2；纤维比量自藤皮向藤芯减少，平均 12.7%，藤皮处藤纤维长度大于藤芯，藤纤维平均长 1.20mm、直径 14.8μm、双壁厚 8.6μm；后生木质部导管单穿孔、近圆形，导管分子直径 213.0μm，长 2.63mm(图 8-20)。藤茎平均密度 0.501g/cm^3，抗弯弹性模量为 1375.32MPa，抗弯强度 67.88MPa，抗压弹性模量 1597.18MPa，抗压强度 31.59MPa，顺纹抗拉强度 43.5~78.5MPa。综纤维素含量 75.27%，聚戊糖含量 24.94%，木质素含量 24.01%，苯-醇抽提物含量 4.02%，灰分含量 0.86%。

图 8-19 单叶省藤

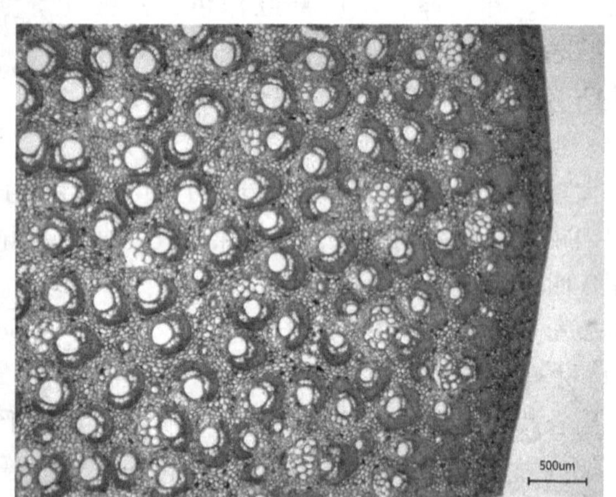

图 8-20 单叶省藤横切面微结构图(×20)

藤茎粗细变化小，上下均一。藤皮及藤芯的抗拉强度均较大，易于加工，具有良好的工艺性能，是藤编家具及工艺品的优良材料，具有很高的经济价值和开发应用前景，是目前华南地区推广栽培的优良藤种之一。

8.4.6 白藤

白藤(*Calamus tetradactylus* Hance)，又称鸡藤，我国华南热带及南亚热带地区森林的主要伴生藤本植物之一(图 8-21)。

图 8-21 白藤

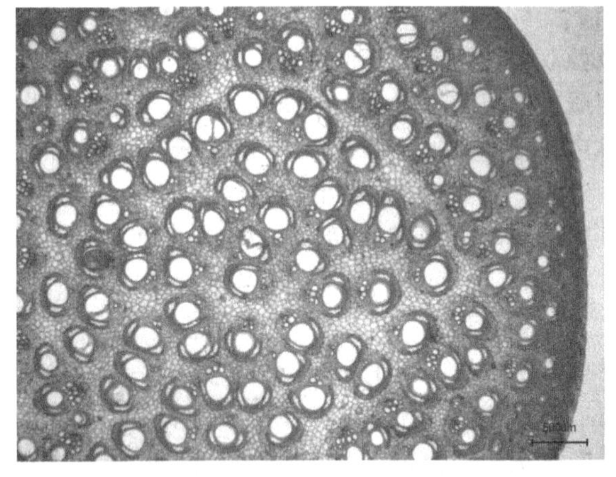

图 8-22 白藤横切面微结构图(×20)

(1)天然分布

白藤天然分布于我国北纬 23°30′以南的海南岛和广东、广西、福建等省(自治区)的南部地区，中心分布区在惠来、惠东、珠海、阳江、高州一线以南。在中心分布区，广为分布于海拔 600m 以下的低山、台地，600m 以上的山地密林少见。

(2)形态特征

丛生、有刺、攀缘小型藤本，藤茎长可达 30m 以上。带鞘茎粗 0.9~1.2cm，去鞘茎粗 0.5~0.8cm。节间长 15.0~25.0cm。叶鞘环包藤茎，轮状排列，外具坚硬刺，带钩刺纤鞭着生于叶鞘上部。叶轴背被短钩刺，两侧裂片单生或 2~3 片成束，每侧 7~11 片，裂片披针形，顶端和边缘具刚毛状刺，呈藤叶掌状或羽状全裂。肉穗状花序，鞭状，单性，雌雄异株，花序着生于叶鞘。果实球形，直径 0.8~1.0cm；外被覆瓦状鳞片，成熟时果皮黄色或淡黄色，鳞片隆起具光泽，果肉绿黄色。种子不整齐球形，直径 0.6cm，黄褐色或褐色，嚼烂状，质坚，种胚短圆柱状，外被胶质种胚盖。

(3)材料性质和利用

维管束分布密度藤皮较藤芯大，平均 12 个/mm^2；藤纤维比量自藤皮向藤芯、自基部向上减少，平均为 21.0%，藤纤维平均长 1.2mm、直径 13.0μm；后生木质部导管直径自藤皮向藤芯呈增大趋势，平均直径 114.0μm(图 8-22)。综纤维素含量 71.39%，聚戊糖含量 23.28%，木质素含量 23.69%，苯-醇抽提物含量 3.93%，灰分含量 1.43%。

藤茎粗细终生变化小，工艺性能良好，主要用作藤席及工艺品的编织材料，具有较高的经济价值和开发应用前景，为华南山区林地实行多种经营而广泛推广栽培的主要商品藤种之一。

8.4.7 云南省藤

云南省藤(*Calamus acanthospathus* Griffith)，又称刺苞省藤、缅甸省藤、墨脱省藤、密花省藤、屏边省藤，我国特有棕榈藤种之一(图 8-23)。

图 8-23 云南省藤(江泽慧等，2013)

(1)天然分布

以西双版纳为天然分布中心，间断分布至云南西南部临沧市、西北部的贡山县独龙江和西藏，分布于海拔850~1850m地区，多集中在海拔1500~1600m的季节性山地阔叶密林中。云南省西双版纳景洪市勐宋、勐海县格朗和布朗山等地群众栽培于海拔1500m地区，生长良好；在低海拔地区栽培生长不良。在印度(东北部)、缅甸、尼泊尔、泰国(北部)、越南(北部)海拔850~2400m的低地和山地雨林中有分布，分布海拔较高。

(2)形态特征

单生，茎攀缘，带鞘茎粗(1.5~)2~2.5(~5)cm，去鞘茎粗1.0~1.3cm。叶长约90.0cm，顶端不具纤鞭。叶鞘略具囊状凸起，被糠秕状灰褐色斑点和长短、大小不等的近半圆锥状的刺，靠叶鞘口刺较密集。叶柄长5.0~10.0cm，周围被刺或爪状刺。羽片在叶轴每侧有6~8片或多达11片，不等距，羽片椭圆状披针形或倒披针形，长26.0~35.0(~40.0)cm，宽4.5~6.0cm，具6~8条明显叶脉，上面疏被微刺或无刺，背面无刺，边缘疏被微刺，先端具纤毛状尖。雌雄花序同型，顶端具纤鞭，2回至部分3回分枝，长1.5~1.8m，有7~9个分枝花序。果被梗状，果实椭球形至近球形，直径1.5~1.7cm，长1.8cm；鳞片15~18纵列，中央有浅沟槽，新鲜时橙红色，干时红褐色。种子长椭球形，压扁，长1.2~1.4cm，宽0.9~1.1cm，厚0.7cm，表面具小瘤凸；胚乳嚼烂状，胚基生。

(3)材料性质和利用

自根部向上，藤纤维的长度、长宽比呈逐渐增大的抛物线变化趋势，藤纤维直径(宽度)、双壁厚、壁腔比呈抛物线下降的趋势，而腔径在轴向高度上变异规律不明显；藤纤维长度为1.34mm，直径(宽度)为12.74μm，长宽比为107.06，双壁厚为8.41μm，腔径为4.80μm，壁腔比为1.5。随着轴向高度的增加，藤纤维微纤丝角有逐渐上升的趋势，微纤丝角平均值为25.88°。单根藤纤维抗拉强度平均值为0.46GPa，抗拉弹性模量平均值为9.79GPa，断裂伸长率平均值为18.11%。

藤茎中径级，材质优良，为优质藤家具、工艺品和日用器具的编织材料；藤嫩梢富含人体所需的多种营养成分，可作蔬菜食用。

8.4.8 黄藤

黄藤[*Daemonorops jenkinsiana*(Griffith) Martius]，又称红藤，我国华南热带及南亚热带地区森林的主要伴生藤本植物(图8-24)。

(1)天然分布

黄藤为我国特有种，天然分布以海南岛为中心，延伸至北纬23°30′以南的广东和广西南部地区。在中心分布区，从沿海低丘到海拔1100m的原始森林、次生林内均有分布，但现有天然资源多集中于海南岛中部及西南部山区，在广东和广西南部仅见于海拔300m以下的残存阔叶林中。此外，在福建漳州及云南西双版纳有人工栽培。

(2)形态特征

丛生、有刺、攀缘大型藤本，藤茎长可达50m以上。带鞘茎粗3.0~5.0cm，去鞘茎粗0.8~1.2cm，节间长度15.0~40.0cm。叶鞘环包藤茎，轮状排列，着生于藤茎节部；叶轴延伸成具爪状倒钩刺鞭，叶轴和叶柄背面及边缘被刚刺；呈藤羽叶掌状全裂。

肉穗状花序单性，雌雄异株，花序直立，开花前为苞片包着，外面的苞片舟状，具直刺。果实球形，直径 1.5～2.0cm，成熟时皮呈黄色，具光泽，果肉胶质，褐色。种子肾状，坚硬，褐色，种胚短圆柱状，外被坚实的种胚盖。

(3)材料性质和利用

维管束分布密度藤皮较藤芯大，平均 5.6 个/mm^2。藤纤维比量自藤皮向藤芯、自基部向上减少，平均为 10.5%，藤纤维平均长 0.99mm、直径 12.0μm，双壁厚 5.7μm。后生木质部导管分子直径自藤皮向藤芯呈增大趋势，平均长 1.6mm，直径 187.2μm (图 8-25)。微纤丝角 36.1°。藤茎平均密度 0.446g/cm^3，抗弯弹性模量为 1525.46MPa，抗弯强度为 57.62MPa，顺纹抗压弹性模量为 1198.49MPa，顺纹抗压强度为 23.54MPa，顺纹抗拉强度为 20.8～73.8MPa。综纤维素含量 71.39%，聚戊糖含量 20.43%，木质素含量 23.09%，苯-醇抽提物含量 9.57%，灰分含量 1.19%。

图 8-24　黄藤

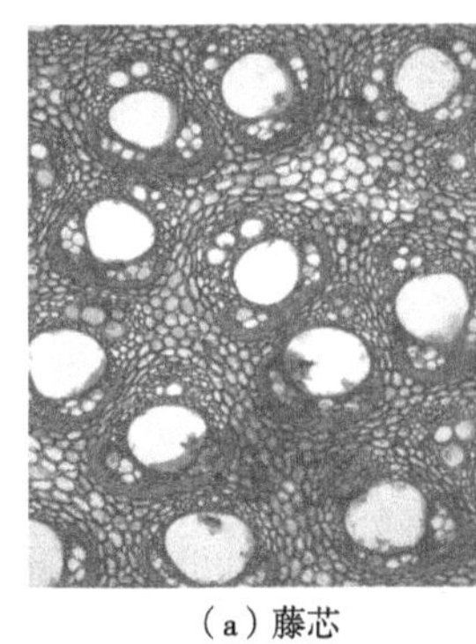

(a) 藤芯

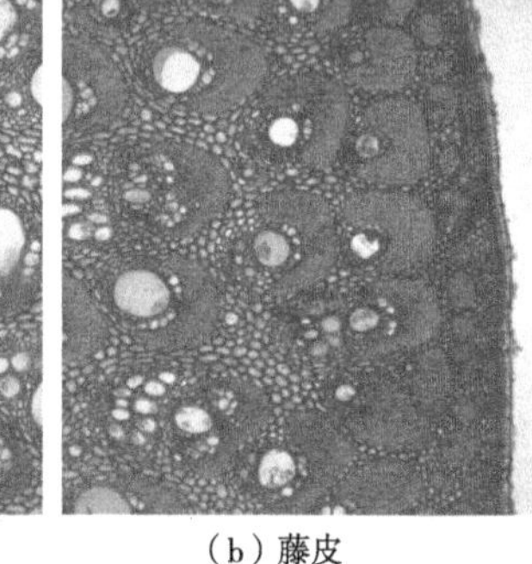

(b) 藤皮

图 8-25　黄藤材维管束显微结构图(×40)

黄藤藤茎粗细终生变化小，具良好工艺特性，是藤制家具及工艺品的优良材料；藤嫩梢富含人体所需的多种营养成分，如粗蛋白质、粗脂肪，17 种氨基酸(8 种为必需的氨基酸)、维生素 C_1、B_1、B_2 及钙、镁，铁、锌等无机元素含量较丰富，可作蔬菜食用，有几种藤笋在泰国、老挝被作为农作物加以种植；果实可萃取“麒麟血竭”，具有止血、活血、化瘀、止痛的疗效；种子质地坚硬，是制作“佛珠”的传统材料。因此，黄藤具有较高经济价值和开发前景，亦是华南地区广泛推广人工栽培的主要商品藤种之一。

复习思考题

1. 棕榈藤的细胞结构有何特点？
2. 棕榈藤材的鉴别特征有哪些？
3. 简述棕榈藤的物理力学性质。
4. 棕榈藤的主要化学成分有哪些？
5. 棕榈藤主要产品有哪些？

第3篇

灌木及农作物秸秆类资源材料

第 9 章 灌木类资源材料

9.1 灌木类资源概述

灌木一般是指无明显直立主干的木本植物，常于基部分枝、丛生(其中枝条长小于1m 者为小灌木)；或虽有主干，但株高低于 3m 的木本植物。灌木一般为阔叶植物，如北沙柳、旱柳、栀子花、玫瑰、杜鹃等；也有一些灌木为针叶植物，如刺柏、沙地柏、铺地柏等。

9.1.1 分布

我国灌木树种资源丰富，有 6000 余种，主要分布在内蒙古、宁夏、甘肃、新疆、浙江、江苏、安徽、河南以及其他西北地区。以内蒙古自治区为例，内蒙古地域辽阔，大部分地区属干旱、半干旱地区，由北向南又呈现寒温型、中温型、暖温型 3 种植被类型，东部的大兴安岭地区为湿润和半湿润地区。除东部地区分布有大面积以乔木为主体的森林外，全区各地灌木广泛分布，种类丰富。据统计，全区成林灌木面积约为 212 万 hm^2，分 39 科 116 属 345 种，其中：灌木 278 种、半灌木 67 种，分别占灌木总种数的 80.6%和 19.4%；中生灌木 203 种、旱生灌木 128 种、湿生灌木 12 种，分别占灌木总种数的 58.8%、37.1%、3.48%，另有 2 种半寄生小灌木。

9.1.2 分类

(1)根据灌木的枝条形态分

丛生灌木、直立灌木、攀缘灌木、蔓生灌木、垂枝灌木等。

(2)根据灌木的生态环境分

酸性灌木、钙性灌木、沙漠灌木、沙生灌木、粗骨土灌木、盐土灌木、碱土灌木、耐寒灌木、耐阴灌木、超旱生灌木、旱生灌木、中生灌木、湿生灌木等。

(3)根据灌木的防护功能分

防护灌木(包括固土灌木、改良土壤灌木、涵养水源灌木)、环境灌木[包括风景灌木、观赏灌木(如观花灌木、观果灌木、观叶灌木、观枝干灌木)]等。

(4)根据灌木的经济价值分

特用经济灌木(包括工艺灌木、药用灌木、食用灌木、调味灌木、香料灌木)、能源灌木(燃料灌木、薪炭灌木)、肥料灌木、饲料灌木等。

(5)根据灌木的生长状态分

灌木、半灌木。半灌木是指地面上部为草质、下部为木质，越冬时茎部枯死，但根部仍然存活，第二年继续萌生新枝，也称亚灌木，如豆科的塔落岩黄芪、细枝岩黄芪，藜科的驼绒藜，菊科的油蒿等一些木本蒿类植物等。

此外，还有其他分类方式，如有刺灌木和无刺灌木、常绿灌木和落叶灌木等。

9.1.3 特性

由于不同的生态环境，导致灌木的生物生态学特性差异较大，如：

①为适应干旱地区的气候，有刺灌木的枝叶或托叶退化为刺状，以减少蒸腾面积，如酸枣、小果枣等。

②常绿灌木四季常绿，当年的新生叶不脱落、一般 2 年以后才脱落、换叶，如沙冬青、岩高兰等。

③旱生灌木具有同化枝，叶子退化或仅有基生叶，光合作用已部分或全部由幼嫩的绿枝条来完成，如柠条锦鸡儿、蒙古扁桃、油蒿、驼绒藜、霸王、四合木等。

④超旱生灌木的根系发达，叶子保水能力强，可以在地表水和土壤水极度稀缺的环境中生长，如沙拐枣、沙冬青、红砂、白刺等。

⑤多肉灌木的枝或叶肥厚呈肉质状，含水量较高，如球兰、沙漠玫瑰、梭梭、珍珠柴、马齿苋树等。

⑥少汁液旱生灌木含水量较低，一般为 50%～60%，狭叶锦鸡儿含水率最低，仅为 47.2%。

⑦多汁液旱生灌木因叶子肥厚或肉质化，能保持较多的水分，并且具有良好的保护组织，如霸王、白刺、泡泡刺、梭梭、红砂等。

⑧盐生灌木对土壤盐分具有高度的适应能力和抵抗能力，能在含盐量非常高的土壤中生长，盐生灌木按其抗盐的方式可分为：真盐生灌木(也称聚盐灌木，如盐爪爪等)、淡盐生灌木(如胡颓子、沙枣等)和泌盐灌木(也称排盐灌木，如柽柳等)。

9.1.4 生态效益

灌木丛因可调节光和热的再分配起到遮阴作用，深、广的根系对杂草有抑制作用，再加上枯枝落叶形成的腐殖质对土壤的改良作用，从而改变了其他植物生长环境和立地条件，因此灌木丛具有防风治沙、调节气候、改良土壤以及美化环境的作用，具体如下：

(1)防风固沙和保持水土

防风固沙是干旱、半干旱地区为了保持水土、防止沙尘暴等恶劣天气而进行的一种生态建设活动。研究结果表明，在流沙地段，如灌木的覆盖率达 30%以上时，流沙基本被固定。在水土流失的斜面，灌木的覆盖率在 40%以上时，水土流失可以被控制。

(2)调配降水

灌木林不仅可以直接吸收降水、减轻雨滴对地面的冲击作用，也可调节地表径流，控制和调节土壤径流的速度和性质，在降水后可形成涓涓不断的“控山水”。

(3)辅佐乔木生长

灌木能控制乔木树种下层侧枝的发育和萌芽，加速乔木树种自然整枝和高生长，形成更多的无节良材。如杨树、刺槐、松树等与紫穗槐、沙棘、锦鸡儿等混生，常可收到良好的效果。

(4)改善土壤性质

灌木根系发达，从土壤中吸收营养物质多，再加上大量的枯枝落叶形成的腐殖质，所以成土作用大、可提高土壤的肥力；特别是有的灌木根系具有固氮菌或根瘤菌，可以固定空气中的氮元素，增加土壤的有机物含量。

9.1.5　经济效益

灌木根据其经济价值高低大体可分为能源灌木、工艺灌木、观赏灌木、饲料灌木、香料灌木和药用灌木等，除此之外，灌木还可以用来生产人造板、复合结构材料、木质燃料、造纸、作染料用等，很多灌木兼有多种用途。

(1)能源灌木

以灌木的根、茎、枝、叶等作为燃料取得热能的灌木；能源灌木作为绿色能源与煤、石油相比，最突出的优点是可以实现永续利用。

(2)工艺灌木

由于灌木的枝条纤细、柔韧性好，可用于编织工艺品，如胡枝子、柠条、北沙柳、乌柳等都是编制筐篓、席和日用工艺品的优良原料。

(3)观赏灌木

以观赏为主的灌木植物是园林、城乡绿化的主要树种。选用时除考虑美观外，还要注意其环境保护作用和经济价值。可分为观花灌木、观果灌木、观叶灌木、观枝干灌木、香木灌木和蔓生灌木等。

(4)饲料灌木

灌木的枝、叶含有粗脂肪、无机氮浸出物、粗蛋白质等各种动物所需要的营养物质，耐动物啃食、可多次平茬。

(5)香料灌木

许多灌木是生产香料油、香料醇、香精的原料。如玫瑰是食品添加剂和化妆品的主要原料，特别是由玫瑰花提取的玫瑰油其价格比黄金还要昂贵。

(6)药用灌木

有些灌木的根、茎、叶、花及果实等器官可作为保健品、药用(如枸杞、罗布麻等)。

9.2　灌木材的构造和材性

以生长在沙漠地区的柠条、榛子、杨柴、花棒、沙棘、乌柳、黄柳及北沙柳 8 种灌木为例，介绍灌木材的构造和性质。

9.2.1　柠条

柠条(*Caragana* spp.)属于豆科蝶形花亚科锦鸡儿属，该属全球共有 100 种以上，我国有 66 种，其中在内蒙古自治区生长的有小叶锦鸡儿、中间锦鸡儿、柠条锦鸡儿及藏锦鸡儿等 12 种、5 变种[文中除特别说明外，柠条均以内蒙古自治区的小叶锦鸡儿(*Caragana microphylla* Lam.)为例]。

柠条主要由导管、木纤维、木射线及少量轴向薄壁组织组成，其中导管占28.6%，木纤维占60.0%，木射线占3.4%，其他占1.3%。

(1)构造特征

①宏观构造　树皮含量高，约占柠条总体积的18%，由外皮和内皮组成，其中内皮占树皮总量的60%左右、韧皮纤维含量较高；外皮光滑、黄褐色、有光泽。心、边材区分明显，边材淡黄色，心材黄色至褐色。髓心较明显、松软。木材有光泽，结构均匀，强度中等，硬度较大、韧性高、可压缩性大。半环孔材，年轮明显，管孔小，放大镜下略明显。轴向薄壁组织环管束状。木射线较发达。

②微观构造　早材管孔为卵圆形和圆形，略具多角形轮廓，多为2~6个径列复管孔，少数为单管孔，管孔团偶见，部分含有褐色树胶，侵填体常见。晚材导管分子多为圆形和椭圆形，通常呈管孔链(2~4个)。早材导管分子最大弦径93μm、多数在52~80μm，长50~170μm、平均104μm；晚材导管分子弦径多为46~72μm，长48~180μm、平均108μm，具有螺纹加厚。导管分布密度为8~21个/mm^2。导管多具单穿孔，椭圆形及圆形，底壁水平或略倾斜。管间纹孔互列，多为椭圆形，纹孔口内含、椭圆形横列。

木纤维包括韧型木纤维和纤维状管胞，且韧型木纤维含量明显多于纤维状管胞。木纤维长度略短，两端尖削，壁厚、腔小，为柠条的机械组织，是优良的纤维原料，特别是柠条的韧型木纤维含量高，这更有利于制浆造纸和制造纤维板。木纤维长379~649μm、平均540μm，直径多为5~13μm。同一植株的柠条，其木纤维形态随其部位的不同而不同(表9-1)。由伐根向上，木质部木纤维长度先增长，后又降至梢部最短，而韧皮部的韧皮纤维长度和宽度却逐渐增加至梢头达最大。此外，柠条的木纤维形态可与速生材相媲美。

木射线同形单列或多列，多列射线宽至3~5列，高4~36个细胞、多数10~21个细胞。射线细胞中树胶发达，端壁直立。轴向薄壁组织环管束状。

表9-1　5年生柠条不同部位的纤维形态(张海升等，1997)

部位	木质部			韧皮部		
	长度(mm)	宽度(μm)	长宽比	长度(mm)	宽度(μm)	长宽比
上部	0.48	8.3	58	0.58	8.2	71
中部	0.55	7.8	71	0.57	7.6	75
下部	0.54	9.5	58	0.56	7.5	74
平均	0.52	8.5	61	0.57	7.8	73

(2)力学性质

柠条的力学性质试样，为采自山西省定襄县的柠条锦鸡儿(*C. korshinskii* Kom.)。

①顺纹抗压强度　柠条锦鸡儿材的顺纹抗压强度为13.615~33.201MPa，平均为24.488MPa；略小于阔叶树材中的大青杨、针叶树材中的华山松(云南)和云杉(甘肃)等，而高于泡桐等。

②顺纹抗拉强度　柠条锦鸡儿材的顺纹抗拉强度为76.796~125.481MPa，平均为102.089MPa；与针叶树材中的柏木(贵州)、阔叶树材中的杨桐、铁刀木、红楠、川楝等相当，也高于泡桐等。

(3)化学性质

①化学成分　柠条的化学成分主要是纤维素、半纤维素和木质素，综纤维素含量较高(表9-2)，与北京市柠条的综纤维素含量(72.93%)相当，为制浆和制造纤维板的优质原料。纤维素含量仅为49.90%，在已知的灌木材中含量最低。半纤维素含量与红柳(22.88%)和普通毛白杨(22.92%)相当，木质素含量与阔叶树材木质素含量的平均值相当。

柠条的1%氢氧化钠抽提物含量一般为木材中的最高值，说明柠条中的中、低级碳水化合物含量为木材的上限。为了防止热压时粘板，在原料软化时须加入一定数量的氢氧化钠，以去除部分抽提物。

表9-2　柠条的化学成分(张海升等，1997)　%

指标	灰分	抽提物含量				木质素	半纤维素	纤维素	综纤维素
		苯-醇	冷水	热水	1%氢氧化钠				
数值	2.87	6.20	9.24	10.01	32.11	19.72	22.81	49.90	72.71

注：亚氯酸钠法综纤维素。

冷、热水抽提物一般为无机盐、多糖、单宁和色素等物质。由于水温越高其抽提物含量越大，因而热水抽提物含量略大于冷水抽提物含量。冷、热水抽提物中的大部分物质与纤维板生产工艺有关，如单宁可与各种金属盐类形成特殊颜色的沉淀物质而损害板面质量，因此对于冷、热水抽提物含量较高的原料，不宜采用湿法生产工艺，而应考虑干法或半干法生产工艺。柠条的冷水抽提物含量为9.24%，热水抽提物含量10.01%，均高于木材。

柠条的苯-醇抽提物含量为6.20%，略高于常用针、阔叶树材，其含量高将有利于提高人造板的耐水性，但苯-醇抽提物含量过高会影响胶合强度。

柠条的灰分含量为2.87%，其中二氧化硅在灰分中占60%以上，它不仅阻碍了脲醛树脂胶的胶合、影响制板强度，而且在制浆过程中会使浆液变黑、污染浆料、影响水循环。因此，在用柠条作原料时，应针对柠条树皮外表层含有结壳物质和灰分含量较大的特点，尽量去皮后使用。

②酸碱性　酸碱性测试用柠条为采自内蒙古自治区的柠条锦鸡儿。经测定，柠条的pH值平均为6.03，呈弱酸性；酸缓冲容量为1.98mL，碱缓冲容量9.61mL，总缓冲容量11.59mL。

9.2.2　榛子

榛子(*Corylus heterophylla* Fisch.)，又称平榛、山板栗、尖栗或榧子，为桦木科榛属落叶的灌木或小乔木，是组成我国山地温带针、阔叶林边缘地区的主要灌丛植物；榛子灌丛主要分布于黑龙江、吉林、辽宁、内蒙古、河北、山西、陕西等省(自治区)。

(1)构造特征

①宏观构造　榛子树皮较薄，占总体积的11.7%。外皮光滑，灰褐色，有细纵裂，生有黄色皮孔。内皮黄至黄绿色。散孔材，年轮界线略明显，呈波浪状细线。心、边材区分不明显，管孔多而小，在放大镜下始见。髓心较小，呈浅棕色圆形。木射线数量少、甚细，肉眼下不可见，放大镜下略见。纹理直，结构细。材色白净，无特殊气味。

②微观构造　管孔呈不规则的多角形，多为径列复管孔(2~4 个)，少数单管孔。早材管孔排列密集，晚材管孔排列稀疏，分布密度为 9~14 个/mm^2，导管分子弦向直径为 20.3~81μm，平均为 44.4μm；导管分子长 340~560μm，平均为 440μm。侵填体罕见；导管内壁偶见螺纹加厚，管间纹孔互列、纹孔圆形或卵圆形；导管为梯状穿孔。

木纤维细长，在横切面上呈多角形，包括纤维状管胞和韧型纤维两种。木纤维约占其木材总体积的 67%，长 680~950μm，平均为 826.7μm，直径和双壁厚分别为 14.3μm 和 5.9μm(表 9-3)。从树干伐根到顶部，木质部和树皮的纤维长度均先逐渐增加至中部达最大值，然后又下降至梢部为最小值。纤维直径、双壁厚、胞腔径以及树皮纤维的壁腔比均呈下降变化趋势。此外，木纤维壁厚且挺直，长宽比和壁腔比等参数与白桦相接近，因此是制造人造板的优良原料。作为制浆造纸的原料，榛子的纤维长度比针叶树材(如云杉)的短得多，这对于纤维间的结合很不利，因而若单独用榛子纤维制得的纸张强度会很差；但较短且挺直的纤维可使纸张的松厚度较好，因此，将榛子纤维适量地混合到针叶树材纤维中，能改进纸张的均匀度。

木射线同形单列或多列，长度较短，一般高 10~20 个细胞；少数射线细胞内含有树胶。轴向薄壁组织数量较少，仅见离管型轮界状，1~2 层细胞。

表 9-3　榛子的纤维形态(冯利群等，1997)

部位		长度(μm)	直径(μm)	双壁厚(μm)	胞腔径(μm)	长宽比	壁腔比	腔径比
木质部	上	740	12.8	5.4	7.4	57.8	0.73	0.58
	中	900	14.0	5.4	8.6	64.2	0.63	0.61
	下	840	16.1	6.8	9.3	52.2	0.73	0.58
	平均	826.7	14.3	5.9	8.4	58.1	0.70	0.59
树皮	上	690	13.8	5.6	8.2	50.0	0.68	0.59
	中	880	14.4	6.0	8.4	61.1	0.71	0.58
	下	860	15.9	6.8	9.1	54.0	0.75	0.57
	平均	810.0	14.7	6.1	8.6	52.0	0.71	0.58

(2)化学性质

榛子的综纤维素含量为 77.96%，与普通毛白杨(77.60%)等常用阔叶树材相当，高于柠条，可见榛子是制造人造板的优质原料；纤维素含量为 51.65%，与柠条相近。半纤维素含量比柠条、红柳(22.88%)和普通毛白杨(22.92%)都高；木质素含量高于柠条等(表 9-4)，与常用阔叶树材相近。纤维素与木质素是影响人造板强度的主要因素，含量越高，强度越大。半纤维素本身有一定的黏接作用，但含量过高会导致板材的吸水率及吸水厚度膨胀率也随之增高。

表 9-4　榛子的化学成分(冯利群等，1997)　　%

指标	灰分	抽提物含量				木质素	半纤维素	纤维素	综纤维素
		苯-醇	冷水	热水	1%氢氧化钠				
数值	1.69	4.08	4.22	8.40	21.80	21.27	26.31	51.65	77.96

注：亚氯酸钠法综纤维素。

榛子的1%氢氧化钠抽提物含量较高，说明榛子的中低级碳水化合物含量与木材相比也较多；但比柠条中1%氢氧化钠抽提物含量低。苯-醇抽提物为4.08%，与木材相比含量较大，有利于提高板材的耐水性。

榛子的冷水抽提物、热水抽提物含量分别为4.22%和8.40%，均小于柠条等；冷、热水抽提物中的大部分物质(如单宁)可与各种金属盐类形成特殊颜色的沉淀，影响板材质量；因此，若原料中的冷、热水抽提物含量较大，则采用干法生产纤维板为宜。

榛子的灰分含量仅为1.69%，小于柠条、红柳等灌木，略大于其他乔木(1.0%)。

9.2.3 杨柴

杨柴(*Hedysarum mongolicum* Turez)，属于豆科蝶形花亚科岩黄耆属，又名蒙古岩黄芪、踏郎、三花子、山珠子，为优良治沙树种，根蘖串根性强、常"一株成林"。高1~2m，直径约2~3mm，茎多分枝。质地坚硬，可以作为一种建筑材料——刨花板的优质原料，也可以发展薪炭林。当年生长出来的绿色枝叶，是优质的饲料。

(1)构造特征

①宏观构造　幼茎绿色，生长多年老茎的外皮灰褐色，常呈纤维状剥落，内皮灰黄色。树皮较厚，占杨柴总体积的18.80%。心、边材区分不明显，管孔多而小，在放大镜下可见，散孔材。髓心呈圆形。木材纹理直，结构细，硬度较大。早、晚材区分明显，早材黄白色，晚材略显灰红色。木射线呈浅色细线，肉眼下清晰可见。

②微观构造　管孔呈不规则的多角形，管孔组合多为管孔团、也有少数单管孔。早材管孔分布密度为8~16个/mm^2、多于晚材，晚材管孔内常含有树胶。导管分子一般长123~167μm，平均148μm；宽度69.6~121.8μm，平均100.8μm。管间纹孔数量丰富、互列。导管多为单穿孔，但底壁倾斜。

木纤维两端尖削、壁厚腔小、细而长，为杨柴的机械组织，也是优良的纤维原料；有韧型木纤维、纤维状管胞2种类型，且韧型木纤维含量明显多于纤维状管胞，这更有利于制造木纤维板和制浆造纸。纤维(包括木纤维和韧皮纤维)在横切面上呈多角形，长544~1142μm、多为640~960μm、平均为833μm，弦向直径为8.4~18.6μm、平均为13.7μm，双壁厚为2.8~10.2μm、平均为4.8μm。由伐根向上，纤维长度、长宽比先逐渐增加至中部达最大值，后又减短至梢部达最小值。而直径、双壁厚以及腔径，由伐根到顶部呈逐渐下降趋势(表9-5)。与沙棘相比，杨柴的纤维长度、长宽比、壁腔比大，直径、腔径、壁腔比小，双壁厚接近，是制造纤维板和刨花板的优良原料。但从制浆造纸方面来看，与针叶树材纤维相比则差异很大；杨柴的纤维长度较短且挺直，影响了纤维之间的结合，从而降低了纸张的强度。如果在针叶树材纸浆中混入一定比例的杨柴纤维，则可改善针叶树材浆料的匀度。

表9-5　5年生杨柴的纤维形态(冯利群等，1997)

部位	长度(μm)	直径(μm)	双壁厚度(μm)	腔径(μm)	长宽比	壁腔比	腔径比
上	760	13.0	4.6	8.4	58.4	0.55	0.65
中	890	14.0	4.8	9.2	63.6	0.50	0.66
下	850	14.2	5.0	9.2	59.8	0.52	0.65
平均	833	13.7	4.8	8.9	60.6	0.52	0.65

轴向薄壁组织较发达，为轮界状和环管束状。木射线同形，多为3~6列的多列射线，高38~60个细胞；从横切面上看，木射线长度较短，射线细胞内常含有树胶。

(2)力学性质

研究发现，当杨柴枝径分别为0.24、1.00、1.31和1.84mm时，极限抗拉强度依次为119.66、65.66、18.07和12.09MPa；即杨柴随着枝径的增加，其极限抗拉强度呈减小趋势。

为评价枝条单位面积承受拉力的大小，采用各个径级的平均极限抗拉强度进行分析；平均极限抗拉强度随枝径的增加也呈减小的趋势，表明枝径越小，单位面积承受的拉力越大，其抗拉强度越大。与Ⅰ级钢筋相比，枝径分别在0~0.5mm、0~1.0mm、0~1.5mm和0~2.0mm范围，杨柴枝平均极限抗拉强度分别相当于Ⅰ级钢筋极限抗拉强度(370MPa)的32.34%、25.04%、18.32%和14.56%。

(3)化学性质

①化学成分　杨柴的化学成分主要是纤维素、半纤维素和木质素(表9-6)。杨柴的综纤维素、纤维素、半纤维素和木质素的含量分别为77.24%、53.81%、23.43%和20.76%，其中综纤维素含量较高，与榛子、普通毛白杨(77.60%)相当，高于柠条；纤维素含量与普通毛白杨相差不大，大于榛子、柠条、红柳(47.98%)，可见为制浆和制造纤维板的优质原料；半纤维素含量与柠条、红柳(22.88%)和普通毛白杨(22.92%)相当，小于榛子；而木质素与柠条、榛子相差不大，与白桦(20.37%)等阔叶树材木质素含量相当。

杨柴1%氢氧化钠抽提物含量小于柠条，远高于榛子、白桦(16.48%)及杉木(11.09%)等绝大多数针叶树材；热水抽提物含量大于柠条，但冷水抽提物含量却远小于柠条，也小于榛子；苯-醇抽提物含量与榛子、柞木(4.04%)相近，小于红柳、柠条而大于普通毛白杨(2.05%)；灰分含量大于榛子和乔木(1.0%)，小于红柳材(2.43%)和柠条。

②酸碱性　杨柴的pH值平均为5.69，呈弱酸性；酸缓冲容量为3.72mL，碱缓冲容量7.75mL，总缓冲容量11.47mL。

表9-6　杨柴的化学成分(冯利群等，1997)　%

指标	灰分	抽提物含量				木质素	半纤维素	纤维素	综纤维素
		苯-醇	冷水	热水	1%氢氧化钠				
数值	1.86	4.26	2.83	14.50	23.68	20.76	23.43	53.81	77.24

注：亚氯酸钠法综纤维素。

9.2.4　花棒

花棒(*Hedysarum scoparium* Fisch. et Mey.)，属豆科蝶形花亚科岩黄耆属灌木，在内蒙古、宁夏、甘肃、青海等地广泛分布，是防风固沙、保持水土的优良造林树种。主要由导管、木纤维、木射线及少量轴向薄壁组织组成；其中导管占20.4%，木纤维占64.9%，木射线占12.8%，其他占1.9%。

(1)构造特征

①宏观构造　灌丛高度2m以内，主干直径不超过4cm，茎上枝杈多，冠幅较大。

外皮呈灰色、易脱落，厚1mm，仅约占花棒总体积的8%。心、边材区分明显，边材黄白色，心材红褐色，整体材色较深。髓心明显，呈不规则卵圆形。年轮不甚明显，散孔材，管孔放大镜下可见。木射线发达，宽，肉眼可见。轴向薄壁组织环管束状，放大镜下可见。木材结构均匀，硬度中等。

②微观构造 管孔呈圆形、卵圆形，略具多角形轮廓，多为单管孔，少数为复管孔，管孔团偶见，有侵填体和树胶。导管分子长31.3~40.8μm、平均长39μm，直径16.3~24.4μm，分布密度为7~13个/mm^2；导管具螺纹加厚，单穿孔，椭圆形及圆形，底壁倾斜，管间纹孔互列、圆形、密集。

木纤维主要有韧型纤维、纤维状管胞，胶质木纤维偶见。木纤维长856.8~952.0μm，平均938.4μm，属中等长度，在阔叶树材中属较长的；宽11.06~11.83μm，平均11.00μm；长宽比大，优于其他沙生灌木。双壁厚4.6μm，较薄，在制浆与热压过程容易压扁成为带状，柔软性好，接触面积较大，有利于纤维交织。木纤维细胞壁虽较薄，但由于细胞腔较窄，故壁腔比较大(表9-7)。所以，花棒是制浆造纸、纤维板、刨花板的优质原料。

木射线为同形单列或多列，偶见聚合木射线；木射线宽1~9列、高25个细胞，内含物丰富。轴向薄壁组织呈稀疏环管状、环管束状或翼状，宽4~8个细胞。

表9-7 3年生花棒的木纤维形态(郑宏奎等，1998)

长度(μm)		直径(μm)		双壁厚(μm)	胞腔径(μm)	长宽比	壁腔比	腔径比
范围	平均	范围	平均					
856.8~952.0	938.4	10.06~11.83	11.00	4.60	6.40	85	0.72	0.58

(2)化学性质

①化学成分 花棒的综纤维素含量较高，用亚氯酸钠法测定其综纤维素含量为84.10%，而纤维素含量也高达65.79%，在已知的灌木材中含量均为最高(表9-8)。在制浆过程中，成浆得率较高，为制浆和制造人造板的优质原料。半纤维素含量为18.31%，比同为蝶形花亚科的柠条和杨柴都低。木质素含量较高的原料，蒸煮比较困难；而花棒的木质素含量低，仅为14.39%，因而不仅制浆时可缩短蒸煮时间，而且在利用烧碱法制浆时，还可减少碱耗、降低成本。

表9-8 花棒的化学成分(郑宏奎等，1998) %

指标	灰分	抽提物含量				木质素	半纤维素	纤维素	综纤维素
		苯-醇	冷水	热水	1%氢氧化钠				
数值	0.93	8.01	2.44	3.65	14.76	14.39	18.31	65.79	84.10

注：亚氯酸钠法综纤维素。

花棒的1%氢氧化钠抽提物含量为14.76%，远低于柠条和杨柴，说明花棒中低级碳水化合物含量较少，热压时不易粘板。花棒的苯-醇抽提物为8.1%，高于柠条、杨柴及常用针、阔叶树材，说明花棒的树脂含量高，常会影响胶黏剂的附着与固化，故用花棒干法生产纤维板应注意；造纸时不适宜采用酸法制浆，用于生产机械木浆，也易出现树脂障碍。

花棒的冷、热水抽提物分别为2.44%、3.65%，远低于柠条、榛子、棉秆，也小于毛白杨(3.36%、4.76%)和红松(4.64%、6.53%)，故制板时适应性较好。

花棒的灰分为0.93%，小于柠条、杨柴、榛子等灌木，与乔木毛白杨(0.54%)和红松(0.42%)相差不大，属较低者；同时，花棒的树皮较少，所以在制浆和生产纤维板中，可不剥皮直接使用。

②酸碱性　花棒的pH值平均为5.88，呈弱酸性；酸缓冲容量为3.04mL，碱缓冲容量6.43mL，总缓冲容量9.47mL。

9.2.5 沙棘

沙棘(*Hippophae rhamnoides* L.)，属于胡颓子科沙棘属，又名醋柳、黑刺、酸刺等，落叶灌木或小乔木，全属共有中国沙棘、西藏沙棘、肋果沙棘和柳叶沙棘4种，其中在内蒙古自治区生长的沙棘主要是中国沙棘。沙棘林全世界总面积约为155万hm^2，我国约有133万hm^2；而内蒙古自治区为16.4万hm^2，其中人工林面积为15.3万hm^2。

沙棘材主要由导管、木纤维、木射线及少量轴向薄壁组织组成，其中导管占16.24%，木纤维占71.40%，木射线占12.35%。

(1)构造特征

①宏观构造　树皮含量较大，约占沙棘总体积的26.4%；外皮灰绿色至灰褐色、较光滑、局部有横纹，老时呈纵裂、质柔软。心、边材区分明显，边材窄、黄白色，心材黄褐色、有光泽。髓心圆形、棕黄色、质地松软。半环孔材，年轮界限明显；晚材管孔星散分布、放大镜下可见。导管和木射线分布均匀，结构均匀，材性较好；木射线细密，轴向薄壁组织在放大镜下不可见。木材多斜纹理，节子多。

②微观构造　管孔圆形或卵圆形。早材管孔呈星散状排列，多数为单管孔，偶见复管孔，排列有切线状、径列或斜列(图9-1)。导管为单穿孔，底壁水平或略倾斜；管间纹孔为具缘纹孔、互列或对列。导管分子长169.68μm，弦向直径56.80μm，分布密度为42.58个/mm^2。

木纤维包括数量很多的韧型木纤维和数量较少的纤维状管胞，在横切面上呈多边形或圆形。木纤维长度均由伐根向上，先逐渐增长至中部达到最大值，至梢部又开始下降至最小值。而宽度、长宽比、双壁厚、腔径、壁腔比、腔径比等却变化规律不明显(表9-9)。随着树龄的增加，木纤维长度由第2年的最小值580.83μm，逐渐增长到第5年的最大值745.23μm，随后从第6年开始减短，为720.00μm，之后细胞生长将进入衰退期，平均长度大于500μm，有利于制浆造纸和制造纤维板。

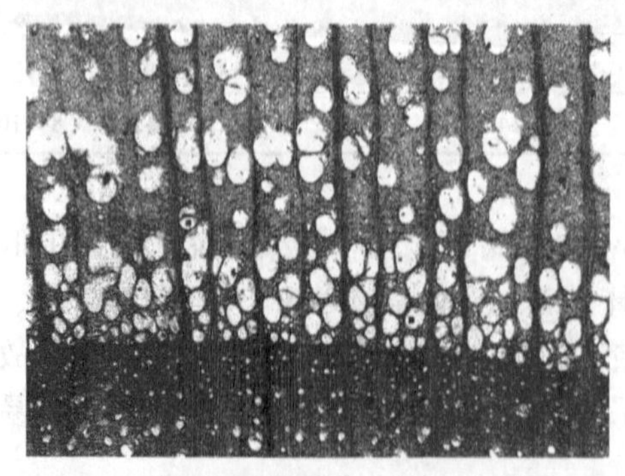

图9-1　沙棘横切面管孔分布(×100)

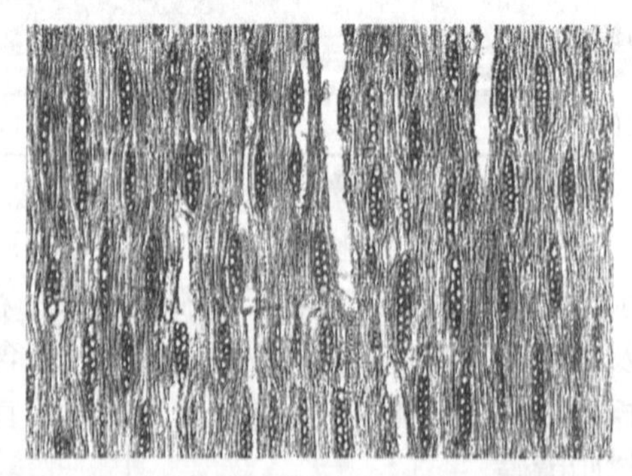

图9-2　沙棘弦切面木射线(×200)(刘晓丽，2002)

轴向薄壁组织数量少、轮界状，沿年轮排列的宽度很小，一般为 1~3 层细胞。木射线属异形Ⅲ型，分单列及多列两类，多为多列，3~17 个细胞高，两端单列部分 1~3 个方形细胞；少数为单列，3~7 个细胞高，叠生排列(图 9-2)。此外，在晚材中分布导管状管胞(维管管胞)，在早材大导管周围分布有环管管胞。

表 9-9 不同树龄、不同部位沙棘的纤维形态(刘晓丽，2002)

树年	部位	长度(μm)	直径(μm)	双壁厚(μm)	腔径(μm)	长宽比	壁腔比	腔径比
2 年	上部	541.27	16.30	5.28	11.02	33.20	0.48	0.68
	中部	611.69	16.50	6.00	10.50	37.07	0.57	0.64
	下部	589.52	17.30	4.20	13.10	34.08	0.32	0.76
	平均	580.83	16.70	5.16	11.54	34.78	0.46	0.69
3 年	上部	585.68	17.72	5.18	12.54	33.05	0.41	0.71
	中部	713.58	18.03	4.92	13.11	39.58	0.38	0.73
	下部	656.38	18.73	5.12	13.61	35.05	0.38	0.73
	平均	651.90	18.16	5.08	13.08	35.89	0.39	0.72
4 年	上部	672.11	17.32	4.98	12.34	38.81	0.40	0.71
	中部	726.09	18.65	4.94	13.71	38.45	0.36	0.74
	下部	717.08	16.61	4.76	11.85	43.71	0.40	0.71
	平均	705.09	17.53	4.90	12.63	40.32	0.39	0.72
5 年	上部	701.52	17.88	4.92	12.96	39.23	0.38	0.72
	中部	795.95	19.43	4.50	14.93	41.25	0.31	0.77
	下部	738.23	17.96	5.18	12.78	41.10	0.41	0.71
	平均	745.23	18.42	4.86	13.56	40.53	0.37	0.74
6 年	上部	—	—	—	—	—	—	—
	中部	732.81	18.90	4.32	14.58	38.47	0.29	0.77
	下部	707.19	19.66	5.24	14.42	35.97	0.36	0.73
	平均	720.00	19.28	4.78	14.50	37.22	0.33	0.75

(2)物理性质

①密度　沙棘的气干密度为 0.574g/cm^3，属中等，介于落叶松(0.696g/cm^3)和毛白杨(0.525g/cm^3)之间。用于生产纤维板的木材，以密度为 0.4~0.6g/cm^{3}较好，因此，单就密度而言，沙棘是较好的纤维板生产用材。沙棘的基本密度为 0.432g/cm^3，与毛白杨接近，而小于落叶松(0.528g/cm^3)。木材密度往往与力学性质有密切的关系，不仅适用于工程用材的检验，而且可借以预测、比较林木的材质，所以根据木材密度估计其力学性质，在经济上和科学研究上均具有意义。

②干缩性　沙棘径向全干缩率为 3.26%，略小于红皮云杉(3.53%)；弦向和体积全干缩率分别为 7.86%和 11.04%，均略大于红皮云杉(7.51%和 10.81%)。因为木材的干缩性随着密度的增加而增大，红皮云杉的密度为 0.372g/cm^3，小于沙棘，所以红皮云杉体积全干缩率小于沙棘。沙棘的差异干缩(即弦径向干缩比)为 2.41，在 2.21~2.60，属于“大级”；沙棘的体积干缩系数为 0.349%，属“很小级”。

(3)力学性质

沙棘的径向横纹全部抗压强度为 9.2MPa，分别比落叶松和毛白杨大 118.5%和 80.4%；弦向横纹全部抗压强度为 6.0MPa，分别比落叶松和毛白杨大 30.4%和 122.2%。原因可能是由于沙棘本身的密度较大、木射线细密且叠生排列，使得它的抗压强度较大。另外，沙棘的弦、径向横纹全部抗压强度差异较大，与针叶树材的特性相似。

(4)化学性质

①化学成分　沙棘的综纤维素、纤维素、半纤维素和木质素的含量分别为71.50%、55.52%、15.98%和21.99%，其中综纤维素含量与柠条、红柳相当，小于花棒、榛子及普通毛白杨(77.60%)等，可作为制浆和制造纤维板的优质原料。纤维素含量与普通毛白杨相差不大，大于杨柴、榛子、红柳(47.98%)而小于花棒；半纤维素含量小于榛子、杨柴、红柳(22.88%)及普通毛白杨(22.92%)等。而木质素与榛子、杨柴相差不大，接近阔叶树材木质素含量的平均值，但大于柠条、花棒。

一般认为，纤维原料中抽提物的含量高会增加制浆过程中的碱消耗，造成化学品回收困难，并使得纸浆的颜色加深，增加了漂白过程的困难和投资等。沙棘和红柳的苯-醇抽提物含量相差不大，分别为5.40%和5.77%，小于花棒、柠条而大于榛子、杨柴及普通毛白杨的2.05%等。另外，沙棘中的灰分含量为1.11%，与乔木相当(1.0%)，不到柠条、红柳材(2.43%)的一半。

②酸碱性　沙棘的pH值平均为4.54，呈弱酸性；酸缓冲容量为4.75mL，碱缓冲容量5.52mL，总缓冲容量10.27mL。

9.2.6 乌柳

乌柳(*Salix cheilophila* Schneid.)，属杨柳科柳属，在内蒙古、青海、河北、陕西、山西、宁夏、甘肃、河南、四川、云南、西藏东部等地区均有分布。主要由导管、木纤维、木射线及少量轴向薄壁组织组成。其中导管占25.8%，木纤维占66.2%，木射线占6.2，其他占1.3%。

(1)构造特征

①宏观构造　乌柳树皮约占总体积的14.7%，外皮灰褐色，光滑粗糙且有裂隙。心、边材区分明显，边材黄白色，心材黑色；年轮界限明显，散孔材，早材管孔较大，在放大镜下可见。木射线发达且较细，肉眼可辨别，在放大镜下清晰，分布均匀；木材纹理通直，结构甚细、均匀。

②微观构造　管孔为圆形或卵圆形，呈星散分布且均匀，多为单管孔，少数为径列复管孔，偶见管孔团。单穿孔、穿孔板倾斜，管间纹孔互列，侵填体含量较少。导管分子直径15~42μm，长300~388μm，分布密度为92个/mm²。

木纤维多为韧型木纤维，少量纤维状管胞，壁较薄。当木纤维长度小于500μm时，一般很难生产出合格的纤维板；同时木纤维长度是评定造纸和纤维板原料品质优劣的重要指标：纤维越长，可提高纸页撕裂度、耐破度和耐折度。而乌柳木纤维长526μm(表9-10)，大于北沙柳和黄柳，最大值842μm出现在乌柳中部；宽为16.0μm，大于北沙柳和黄柳；双壁厚为5.16μm、胞腔径为10.84μm。壁厚是木材重量和强度的物理基础，关系到成纸的强度，细胞壁薄而腔大的纤维，有柔软性，外力作用时易溃陷、变形、压扁、增大纤维的表面积、提高结合力，进而增大了纸张的耐破度和耐折度，在热压时有助于纤维之间的结合；壁腔比为0.48，符合壁腔比小于1时是很好的造纸原料的要求。

木射线为异形单列(宽10~20μm)，高4~30个细胞。轴向薄壁组织含量均较少。

表 9-10　乌柳的木纤维形态(张桂兰等，2001)

长度(μm)		直径(μm)		长宽比	双壁厚(μm)	胞腔径(μm)	壁腔比	腔径比
范围	平均值	范围	平均值					
237~842	526	7.2~27.0	16.0	32.9	5.16	10.84	0.48	0.68

(2)物理性质

①密度　乌柳的基本密度为 0.551g/cm³，全干密度为 0.592g/cm³，气干密度为 0.625g/cm³，气干密度中等。

②干缩性　乌柳的体积全干干缩率为 16.76%，弦向全干干缩率为 9.05%，径向全干干缩率为 4.24%；差异干缩为 2.13，在 1.81~2.20 之间，属于“中级”。

(3)力学性质

①顺纹抗压强度　乌柳的顺纹抗压强度为 59.2MPa，分别比同属的旱柳、河柳大 43.3%和 112.2%；比我国主要的 62 种针叶树材都大，与秋枫、光皮桦(安徽)、板栗(江西)及小叶栎(湖南)等阔叶树材相当。

②抗弯强度　乌柳的抗弯强度为 241.8MPa，分别是同属旱柳、河柳的 2.5 倍和 3.2 倍；比我国 278 种主要树种木材的抗弯强度都要大。

(4)化学性质

木材的酸碱特性包括木材的 pH 值和酸碱缓冲容量，经测定，乌柳的 pH 值平均为 5.27，呈弱酸性；酸缓冲容量为 2.41mL，碱缓冲容量 8.28mL，总缓冲容量 10.69mL。

9.2.7　黄柳

黄柳(*Salix gordejevii* Y. L. Chang et Skv.)，属杨柳科柳属，分布于我国的辽宁、吉林、宁夏和内蒙古等省(自治区)，甘肃北部有引种。主要由导管、木纤维、木射线及少量轴向薄壁组织组成。其中导管占 19.7%，木纤维占 70.4%，木射线占 8.1%，其他占 1.8%。

(1)构造特征

①宏观构造　黄柳树皮约占总体积的 13.9%，外皮灰黄色，光滑无裂隙。心、边材区分明显，材色黄白色。年轮界限明显，散孔材，早材导管较大，在放大镜下可见。木射线发达且较细，肉眼可辨别，在放大镜下清晰，分布均匀。木材纹理通直，结构甚细、均匀。

②微观构造　管孔为圆形或卵圆形，多为单管孔，少数为径列复管孔，偶见管孔团。单穿孔、穿孔板倾斜，管间纹孔互列，侵填体含量较少。导管分子直径 31~41μm、长度 281~400μm，分布密度 139 个/mm²。

木纤维多为韧型木纤维，少量纤维状管胞，壁薄。长 479μm(表 9-11)，小于 500μm，不太适合用来生产纤维板。宽度为 14.4μm，小于乌柳；双壁厚为 4.50μm、胞腔径为 9.90μm，壁薄而腔大的纤维，有柔软性，外力作用时可增大纤维的表面积、提高结合力，增大了纸张的耐破度和耐折度。壁腔比为 0.45，是很好的造纸原料。

木射线为异形单列(宽 13~21μm)，高 4~27 个细胞。轴向薄壁组织含量较少。

表 9-11 黄柳的木纤维形态(张桂兰等，2001)

长度(μm)		直径(μm)		长宽比	双壁厚(μm)	胞腔径(μm)	壁腔比	腔径比
范围	平均值	范围	平均值					
223~729	479	4.3~25.8	14.4	33.3	4.50	9.90	0.45	0.69

(2)物理性质

①密度 黄柳的基本密度为 0.462g/cm^3，气干密度为 0.582g/cm^3，全干密度为 0.551g/cm^3，3 种密度均小于乌柳；依据我国木材气干密度分级情况，黄柳的气干密度等级属于“中等”。

②干缩性 黄柳的体积全干干缩率为 11.08%，弦向全干干缩率为 6.95%，径向全干干缩率为 3.04%，差异干缩为 2.28，在 2.21~2.60，属于“大级”。

(3)力学性质

黄柳的顺纹抗压强度 50.8MPa，比同属乌柳的顺纹抗压强度小 14.2%；与柚木、山杜英、槐树(安徽)、铁杉(湖南)及麻栎(安徽)等木材相当。

(4)化学性质

黄柳的 pH 值平均为 5.48，呈弱酸性；酸缓冲容量为 2.23mL，碱缓冲容量 8.79mL，总缓冲容量 11.02mL。

9.2.8 北沙柳

北沙柳(*Salix psammophila* C. Wang et Ch. Y. Yang)，属杨柳科柳属，分布于内蒙古、河北、山西、陕西、甘肃、青海、四川等地，为北方防沙治沙的先锋树种，也是“三北防护林”的首选树种之一。

主要由导管、木纤维、木射线及少量轴向薄壁组织组成。其中导管占 26.6%，木纤维占 65.9%，木射线占 5.9%，其他占 1.6%。

(1)构造特征

①宏观构造 北沙柳树皮约占总体积的 25.4%。外皮灰白色，光滑无裂隙。心、边材区分明显，材色黄白色。散孔材，年轮分界不明显，管孔、木射线放大镜下略清晰，分布均匀。纹理通直，结构甚细、均匀。

②微观构造 导管多为单管孔，少为复管孔。单穿孔、穿孔板倾斜，管间纹孔互列，侵填体含量较少。弦向直径一般为 23.9~51.5μm，分布密度为 8~28 个/mm^2，无侵填体[图 9-3(a)]。在径切面上纹孔数目较多，圆形或椭圆形。1 年生北沙柳导管分子长 210μm，略小于 2、3 年生北沙柳导管分子长(230μm)。

北沙柳木纤维仅见纤维状管胞，在早材带中木纤维分布在大导管之间，在晚材带中为主要的组成部分；早材木纤维直径较晚材大，壁薄[图 9-3(b)]。当木纤维长度小于 500μm 时，一般很难生产出合格的纤维板；同时木纤维长度是评定造纸和纤维板原料品质优劣的重要指标：纤维越长，可提高纸页撕裂度、耐破度和耐折度。而北沙柳木纤维所占比例较大、形态较好，长度在 306~687μm、平均为 507μm，宽度在 9.0~25.2μm、平均为 14.9μm，长宽比为 34.0，壁腔比为 0.54(表 9-12)，符合壁腔比<1 时是很好的造纸原料的要求，是制造人造板及造纸的优质原料。

木射线为异形单列(宽 10~15μm)，高 5~13 个细胞[图 9-3(c)]。轴向薄壁组织星散状、少见。

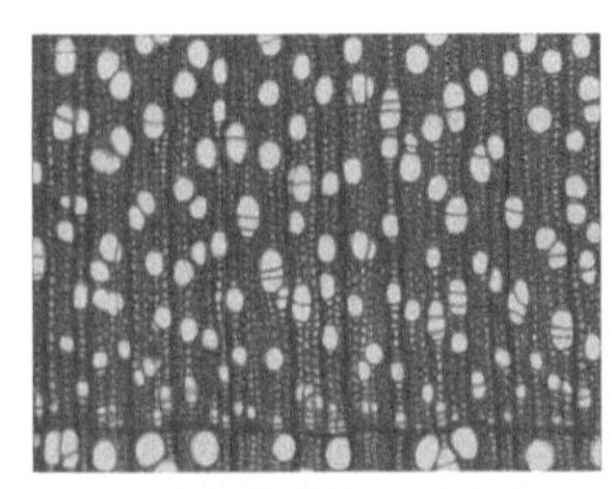
（a）管孔分布（×100）

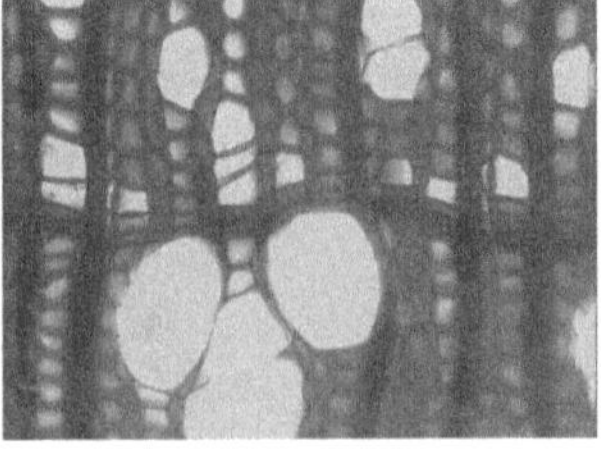
（b）导管与木纤维（×400）

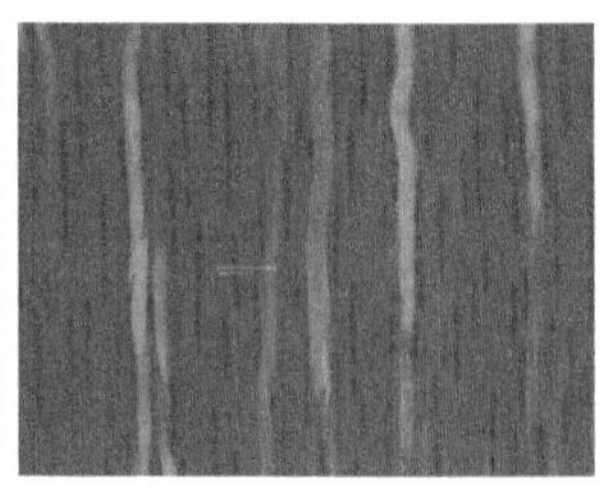
（c）木射线（×100）

图 9-3 北沙柳横、弦切面图

表 9-12 北沙柳的木纤维形态(张桂兰等，2001)

长度(μm)		直径(μm)		长宽比	双壁厚(μm)	胞腔径(μm)	壁腔比	腔径比
范围	平均值	范围	平均值					
306~687	507	9.0~25.2	14.9	34.0	5.23	9.67	0.54	0.65

(2)物理性质

①密度　北沙柳的基本密度为 0.497g/cm³，全干密度为 0.573g/cm³。气干密度为 0.596g/cm³、中等。

②干缩性　北沙柳的体积、弦向及径向全干干缩率分别为 17.68%、10.40% 和 6.07%，与乌柳相近，比黄柳、沙棘和红皮云杉都大；差异干缩为 1.71，在 1.41~1.80，属于“小级”。

(3)力学性质

①顺纹抗压强度　北沙柳的顺纹抗压强度 67.2MPa(表 9-13)，约为径向横纹全部抗压强度的 5.8 倍，除小于阔叶树材中的黄檀、蚬木等少数树种，与小叶青冈(安徽)、麻栎(陕西)等相当外，比乌柳、柠条锦鸡儿材、我国主要的 62 种针叶树材和 216 种阔叶树材中绝大多数的顺纹抗压强度都要大。

②抗弯强度　北沙柳的抗弯强度为 108.7MPa，不到乌柳的 1/2，在针叶树材中只比长苞铁杉、落叶松等少数几种略小，与陆均松、铁杉(湖南)、西南桦、水曲柳(黑龙江)等相当，比白桦、香樟、苦楝等阔叶树材大。

③顺纹抗拉强度　北沙柳的顺纹抗拉强度为 75.1MPa，与拟赤杨(江西)、赤杨(青海)、箭杆杨及楝叶吴茱萸等相当，仅比杉木、柳杉、梧桐、银桦及泡桐等少数木材大。

④横纹抗压强度　北沙柳的径向横纹全部抗压强度为 11.6MPa，与亮叶水青冈、大叶栎、小叶栎(湖南)、湘椴等相当，仅比光皮桦(湖南)、蚬木、栓皮栎(贵州)及刺槐(陕西)等少数阔叶树种的木材小，几乎比所有的针叶树材都大。

⑤顺纹抗剪强度　北沙柳的弦面顺纹抗剪强度为 10.0MPa，与圆柏、核桃楸(东北)、栲树(广东)及香樟(湖南)等相当，比柏木等少数针叶树材及槭木、西南桦、核桃、青冈等多数阔叶树材小。

⑥硬度　北沙柳的端面硬度较小，为 2114N，与杉木(广东)、泡桐(四川)及沙兰杨等相当，仅比柳杉(福建)、云杉(陕西、甘肃)、川泡桐及轻木等少数几种树种的木材大。

与同属的河柳(安徽)、旱柳(安徽)材相比，北沙柳除顺纹抗压强度、抗弯强度比河柳和旱柳大外，顺纹抗拉强度、径向横纹全部抗压强度、弦面顺纹抗剪强度及端面硬度均比河柳和旱柳小(表 9-13)。

表 9-13 北沙柳的力学性质

树种	顺纹抗压强度(MPa)	抗弯强度(MPa)	顺纹抗拉强度(MPa)	径向横纹全部抗压强度(MPa)	顺纹抗剪强度(弦面)(MPa)	端面硬度(N)
北沙柳	67.2	108.7	75.1	11.6	10.0	2114
河柳	27.9	74.9	—	49.0	11.0	4250
旱柳	41.3	97.2	117.6	59.0	14.6	5240

注：北沙柳力学强度均为含水率等于 11.27%时的值。

(4)化学性质

①化学成分　北沙柳的化学成分主要是纤维素、半纤维素和木质素，以及少量抽提物和灰分(表 9-14)。北沙柳的综纤维素含量为 78.96%，与榛子、杨柴及普通毛白杨(77.60%)相当，高于沙棘、柠条而小于花棒。纤维素含量为 55.59%，与沙棘、杨柴相近，可见北沙柳是制造人造板的优质原料。半纤维素含量与杨柴、柠条、红柳(22.88%)和普通毛白杨(22.92%)相当，高于花棒、沙棘而小于榛子。木质素含量略低于柠条、榛子、杨柴及白桦(20.37%)等阔叶树材。

表 9-14 北沙柳的化学成分(冯利群等，1996) %

指标	灰分	抽提物含量				木质素	半纤维素	纤维素	综纤维素
		苯-醇	冷水	热水	1%氢氧化钠				
数值	3.20	2.91	8.21	10.33	23.18	18.20	23.37	55.59	78.96

注：亚氯酸钠法综纤维素。

北沙柳的 1%氢氧化钠抽提物为 23.18%，与木材中的较高值相当，说明北沙柳的中低级碳水化合物含量也较木材多。苯-醇抽提物为 2.91%，与木材平均值相近，其中包括脂肪、蜡和树脂，若含量较大有利于提高板的耐水性。

北沙柳的冷水抽提物含量为 8.21%，略小于柠条而远高于榛子、花棒及杨柴。热水抽提物为 10.33%，与柠条相近而小于杨柴，但其数值高于榛子、木材等。冷、热水抽提物中的大部分物质(如单宁)可与各种金属盐类形成特殊颜色的沉淀，影响板材质量。因此，若原料中的冷、热水抽提物含量较大，则不宜采用湿法生产纤维板。

北沙柳的灰分含量为 3.20%，大于杨柴、红柳、柠条等灌木，远远大于沙棘、花棒及其他乔木(1.0%)等。

②酸碱性　北沙柳的 pH 值平均为 5.38，呈弱酸性；酸缓冲容量为 2.32mL，碱缓冲容量 8.49mL，总缓冲容量 10.81mL。

复习思考题

1. 简述灌木的定义、分类和作用。
2. 比较柠条、杨柴、花棒的微观构造特征。
3. 简述沙棘材物理力学性能的特点。
4. 比较乌柳、黄柳、北沙柳的微观构造特征。
5. 比较 8 种灌木构造及材性的异同。
6. 如何实现灌木材的高效加工利用？

第 10 章 农作物秸秆类资源材料

农作物秸秆是成熟农作物茎叶(穗)部分的总称，通常指麻、棉花、水稻、小麦、玉蜀黍、高粱、甘蔗、芦苇、薯类、油菜和其他农作物(通常为粗粮)在收获籽实等后的剩余部分。农作物通过光合作用合成的产物，有一半以上存在于秸秆中，秸秆富含氮、磷、钾、钙、镁和有机物质等，是一种具有多用途、可再生的生物资源。秸秆也是一种粗饲料，特点是粗纤维含量高(30%~40%)，并含有木质素等；木质素、纤维素虽不能被猪、鸡所利用，但却能被反刍动物牛、羊等牲畜吸收和利用。

我国对农作物秸秆的利用历史悠久，由于从前农业生产水平低、秸秆数量少，除少量用于垫圈、喂养牲畜及堆沤肥外，大部分都作为燃料使用。随着现代农业生产的发展，粮食产量大幅提高，秸秆数量也随之增多，每年总量可达 7.5 亿 t；加之“省柴节煤”技术的推广、液化气使用的普及，在农村有大量富余秸秆。而这些秸秆除了作为肥料、饲料直接使用外，还有如下的高附加值用途：

(1)建材

秸秆是高效、长远的建材原料，可部分替代砖、木等建筑材料；同时，秸秆墙板的保温性、装饰性和耐久性均属上乘，许多发达国家已把“秸秆板”当作木板和瓷砖的替代品，广泛应用于建筑行业。

(2)固体燃料

以稻秆、麦秆、玉米秆等农业废弃物作为原材料，运用秸秆固化成型技术，通过专用设备秸秆压块机，将秸秆经过粉碎、压缩处理等工艺，压制成一种可直接燃烧的固体生物质燃料。

(3)可再生生物油

中国科学技术大学可再生洁净能源实验室朱锡锋、郭庆祥教授等研制的一项最新科技成果，是将木屑、稻壳、玉米秆和棉秆等多种生物原料进行热解液化和再加工，使它们转化为生物油、变废为宝，其中木屑产油率高达 60%以上，秸秆产油率也达到 50%以上，生物油热值 16~18MJ/kg。

此外，经过技术方法处理加工，秸秆还可以制造人造丝和人造棉等纺织材料，以及生产糠醛、饴糖、酒精和木糖醇等轻工原料。

10.1 麻秆

10.1.1 资源分布

(1)苎麻〔*Boehmeria nivea* (L.) Gaudich.〕

荨麻科苎麻属，被子类一年生(或多年生)草本植物，别名野麻、野苎麻、青麻、白麻、刀麻、绳麻等。苎麻秆茎丛生、圆柱形，一般高 2~3m、粗 1~2cm；花期中秋，果实秋末成熟，次年春抽芽发叶。苎麻原产于我国，为最古老栽培的农作物之一，除东北和西藏高原寒冷地带外，黄河、长江和珠江流域等地区都有栽培。我国的苎麻产量为世界第一位，在国际上称为“中国草”，约占全世界苎麻产量的 90%以上，其中产量以湖南、四川等省为最高。其后日本、越南、朝鲜半岛、印度和东南亚各国均从我国引种，后来渐渐传入欧美、非洲等地，但质量不佳。

纺织用的苎麻多为栽培麻，在温带地区每年收割 2 次，在亚热带地区每年收割 3~4 次，在热带地区每年甚至收割 6 次。苎麻韧皮纤维是麻类纤维中最优良的品种，可织造麻布、帆布、强韧绳索、降落伞等；其下脚料用来制造的纸张，常作钞票纸、证券纸、卷烟纸等高级纸张使用。另外苎麻根、叶可入药，嫩叶可作饲料，种子榨油可食用或制作肥皂。

(2)大麻(*Cannabis sativa* L.)

桑科大麻属，被子类一年生草本植物，别名汉麻、寒麻、线麻、花麻、井麻、绳麻等，约有 150 个品种。大麻的原产地为中国、印度、伊朗等国及喜马拉雅山到西伯利亚一带等，其中我国(青藏高原东北部)是最早的大麻发源地；有证据表明，我国大麻的种植历史长达 12000 年，6500 年前就大量种植大麻，作粮食、织渔网、搓绳、制衣等。目前大麻栽培已遍布全国，以长江以北为主要产区，其中又以河北蔚县麻、山西潞安麻和山东莱芜麻品质最优。我国大麻常年种植面积保持在 2 万~3 万 hm^2，年产量达 6.5 万~7.0 万 t，约占世界总产量的 1/3，种植面积和产量都居世界首位。

大麻的生长速度较快，生长期为 100~180d，年产纤维(干茎)7.5~22.5 t/hm^2，是木材的 4 倍以上；因此，大麻曾经是人类重要的纤维、油料、粮食作物。

(3)黄麻(*Corchorus capsularis* L.)

椴树科黄麻属，多为一年生的草本植物，别名火麻、络麻、绿麻、草麻、水络麻、印度麻等，该属大约有 40 多个种。秆茎圆形或椭圆形，一般茎高 1~3m，直径 3cm 左右。黄麻是一种热带和亚热带植物，原产地为印度，现在盛产于印度、巴基斯坦、巴西等地区；在我国分布较广，以长江流域以南地区为主，野生和栽培都有。

黄麻韧皮纤维长而柔软、有光泽，可以织成高强度的粗糙的细丝；也是最廉价的天然纤维之一，种植量和用途都仅次于棉花。因具有吸湿性好、散失水快等特点，多用于编织地毯、麻袋、绳索等；又可与棉、亚麻、羊毛等混纺用，也作造纸原料。

黄麻麻秆用化学制浆法生产的优质纸浆，可生产出优质书写纸和印刷纸，或生产强度和韧性良好的麻秆纸板，用于生产各种类型的纸板箱。用热固性树脂(如尿醛树脂)作黏合剂，在适当的温度和压力下，可制成人造树脂板；此外，还可生产粘胶、醋酸纤维素等各种纤维素、优质草酸、糠醛及活性炭等。

(4)红麻(*Hibiscus cannabinus* L.)

锦葵科木槿属，为 1 年生草本植物，正名大麻槿，又名洋麻、槿麻、葵麻等；秆茎直立，高 3~5m、粗 1.5~2.0cm。红麻起源于印度和热带非洲，分布于世界各地，但主要集中于亚洲和非洲地区；中国、印度、泰国、苏联种植面积较大，其次为孟加拉国、越南、古巴、巴西、印度尼西亚和伊朗。我国于 1928 年引种，南方的红麻多引种于印度，质量较好。北方红麻多引种于苏联，耐寒及抗病虫害能力较强。我国除青海、西藏等地外各地都有种植，其中以河北、山东、河南、江苏、安徽、湖南、湖北等省种植面积较大，种植面积和总产量均居世界首位。

红麻产量大、生长周期短，抗碱性、耐寒性强，病虫害少，在土层含碱量0.25%以下的地区便能正常生长。红麻韧皮纤维是优质的天然纤维素纤维，也是重要的轻纺工业原料，但必须经过"脱胶"处理，才能获得用于轻纺的纯净纤维。同时，由于红麻韧皮纤维粗糙、硬挺、可纺性差，多用于麻绳、麻袋编织业。嫩叶、嫩梢中蛋白质含量为14.3%~29.7%、脂肪为3.1%~8.0%，是良好的饲料。种子含油量20%左右，可食用或制作肥皂。

红麻是一种很有潜力的造纸原料，既可与其他纤维混合使用，也可单独使用，采用现有的一般生产工艺，可生产许多常用纸及特种纸，而且制浆的综合成本比一般针叶树材便宜20%~40%。

(5)亚麻(*Linum usitatissimum* L.)

亚麻科亚麻属，被子类一年生(或多年生)草本植物，别名胡麻(油用型亚麻)、鸦麻、野芝麻、土芝麻及大芝麻等。亚麻起源于近东、地中海沿岸，是人类最早使用的天然植物纤维，距今已有1万年以上的历史；因对气候的适应性强，南起印度、北至俄罗斯都有栽培，最适宜的种植地区为北纬48°~55°。我国的亚麻是在汉代与葡萄、棉花同时引入的，东北、华北、西北地区都是种植亚麻的黄金地带。普通栽培的亚麻可分为3种：

①纤维用亚麻　韧皮纤维含量较高、纤维较长，多用于纺织工业；亚麻是纯天然纤维，由于其具有吸汗、透气性良好和对人体无害等显著特点，越来越被人类所重视。

②油用亚麻　韧皮纤维含量较低，种子含油量高达34%~38%，可榨取食用油(称麻油或香油)或工业用油；同时，亚麻油含大量不饱和脂肪酸，故可预防高血脂和动脉粥状硬化等。

③两用亚麻　纤维及含油量介于上述两者之间。

亚麻韧皮纤维因具有拉力强、细度好、柔软、导电弱、吸水散水快、膨胀率大等优点，纺织的高支纱、制成的高级布料具有透气性和抗水性好、柔软、坚韧等特点，除生活用布之外，还可以作降落伞等国防和工业用布。亚麻纤维也是造纸的优良原料，废弃的麻屑、破旧麻布及绳索等，可用来制作钞票纸、证券纸、卷烟纸、字典纸等。亚麻厂在提取韧皮纤维后的麻秆剩余物，以及其上还附着有部分韧皮纤维，近年来被纸厂用来造纸，也取得了较好的经济效益。

10.1.2　构造特征

(1)宏观构造

苎麻、大麻、黄麻、红麻、亚麻等的秆茎，主要由皮层和木质部两部分组成；从秆茎的横切面来看，由外到里依次可分为皮层(包括表皮层、厚壁细胞组织、薄壁细胞组织、韧皮部)、形成层、木质部和髓。

麻类植物的木质部为麻秆的主体，管孔分布近似阔叶树材的散孔材，即在一个生长轮内，早、晚材管孔大小没有明显区别，比较均匀地分布在木纤维及木射线之中。射线细胞较多，从髓心一直延伸至韧皮部。在麻类植物的木质部，薄壁细胞一般含量较高，组织比量常常高达30%~40%；其原因除射线薄壁细胞较多之外，还有髓细胞、轴向薄壁细胞。

(2)微观构造

①苎麻　苎麻秆茎的韧皮部与木质部容易分离，易于剥取。苎麻纤维的细胞壁为多层结构，如细胞壁的S_2多由2层以上的结构组成，微纤丝多呈轴向排列，吸水性及透气性较差。

苎麻(包括白苎麻、青苎麻、水苎麻等品种)为植物韧皮纤维中最长的品种，以白苎麻的韧皮纤维为例，最长可达260.0mm，最短的约为20.0mm，平均103.0mm左右，远远比大麻等其他麻类韧皮纤维长；同一根韧皮纤维的宽度各区段不一致，一般直径在12~60μm，平均为30μm。韧皮纤维两头渐尖，端部多呈钝圆形或锥形；胞壁上有明显的横节纹及纵向条纹；胞腔明显且细胞腔中遗留着一些细粒状物质及原生质。苎麻秆木质部的木纤维长约390μm，直径14.7μm，长宽比为26.5。

②大麻　大麻秆茎挺直，高达2~4m，直径3~5cm；秆茎韧皮部、木质部和髓质量比约为16%、80%和4%。大麻韧皮纤维两端钝圆，次生壁为多层结构，围绕细胞腔出现若干个同心圆，韧皮纤维表面上呈现出若干纵向条纹，这是大麻和苎麻所特有的现象。此外，大麻和其他麻类韧皮纤维一样，纤维壁上有明显的横节纹。与苎麻相比，大麻韧皮纤维较粗短，胞腔则比苎麻的大且是连续的。大麻是植物韧皮纤维中较长的品种，其皮层的韧皮纤维最长可达47.0mm，最短也有7.0mm，平均长22.7mm，比木纤维长得多，是木质部木纤维长度的34.9倍；另外，韧皮纤维的直径、双壁厚、腔径、长宽比及壁腔比分别为35.11μm、9.10μm、26.01μm、705.4及0.40，均比木纤维对应值要大(表10-1)，说明大麻韧皮纤维是一种长度大、长宽比高、壁腔比小、形态好的优质纤维原料，可用于纺织、造纸等工业领域。

表10-1　大麻的纤维形态

部位	长度(μm)		直径(μm)		双壁厚(μm)		腔径(μm)		长宽比		壁腔比	
	范围	平均	范围	平均	范围	平均	范围	平均	范围	平均	范围	平均
木质部	240~1040	650	7.85~59.00	24.97	0.16~17.14	5.32	6.05~50.70	19.66	7.75~82.49	29.53	0.01~1.19	0.32
皮层	7000~47 000	22 700	14.15~67.41	35.11	0.42~18.32	9.10	8.45~62.68	26.01	167.2~1837.5	705.4	0.01~1.19	0.40

大麻秆木质部含有木纤维、导管、轴向薄壁组织和木射线四种组织，类似阔叶树材的散孔材。木质部管孔多为圆形或卵圆形，单管孔或径列复管孔(2~4个)(图10-1)，导管为单穿孔、略叠生，管间纹孔互列，无螺纹加厚；导管分子长度为128.65~807.03μm，直径为37.87~164.24μm，导管分子长度和直径均随着秆茎部位从上往下逐渐变小。木射线丰富，在弦切面上可观察到异形单列和多列(2~4列)木射线，单列木射线多数高16~70个细胞，多列木射线多数高20~60个细胞(图10-1)。木质部的木纤维叠生、较短，平均只有650μm，早先只作薪柴用，近年来随着研究深入，大麻秆木纤维如与长纤维浆混合使用，仍具有一定使用价值。

③黄麻　属于热带和亚热带植物，秆茎圆形或椭圆形，一般茎高1~3m、直径约3cm。黄麻韧皮纤维表面光滑，多呈柱状，横切面呈多角形。细胞壁较厚，但厚薄不匀；细胞腔直径大小不均匀，小者呈一直线甚至消失。与其他韧皮纤维相同，黄麻韧皮纤维壁上有明显的横节纹(图10-2)。黄麻是所有麻类中韧皮纤维最粗短的品种，其韧皮纤维平

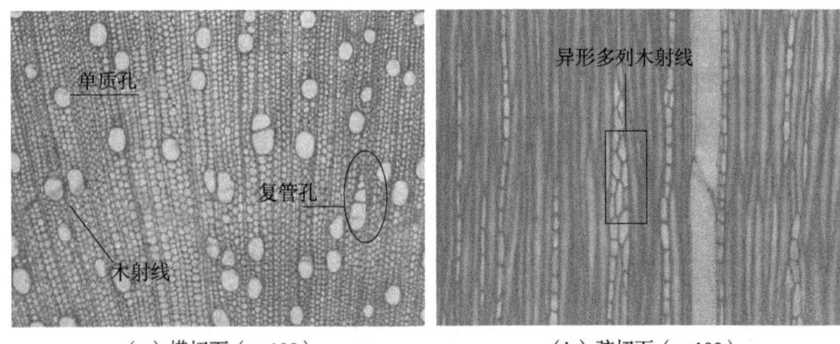

（a）横切面（×100）　（b）弦切面（×100）

图 10-1　大麻秆木质部切面图(唐晓丽，2010)

均长度为 2140μm，最长的为 4540μm，最短的只有 900μm；直径为 13.2~26.4μm，平均为 17.2μm，长宽比仅为 124.4，远远小于亚麻、大麻及苎麻韧皮纤维长宽比。

黄麻韧皮纤维最大的一个特点是，纤维表面木质化程度较高，韧皮纤维木质素含量高达 11.78%，远大于苎麻的 1.81%、大麻的 4.03%。因此，黄麻机械浆、未漂化学浆与碘-氯化锌染色剂反应常呈黄色(一般韧皮纤维多呈棕红色或酒红色)，近似漂白化学木浆的色泽，这种现象是其他韧皮纤维所少见的，可作为鉴别黄麻纸浆的重要依据。

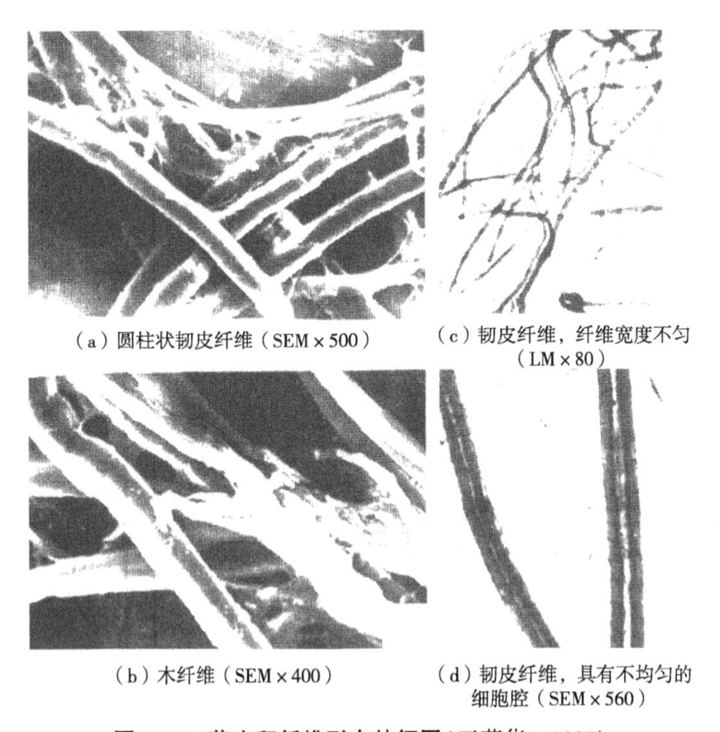

（a）圆柱状韧皮纤维（SEM×500）　（c）韧皮纤维，纤维宽度不匀（LM×80）

（b）木纤维（SEM×400）　（d）韧皮纤维，具有不均匀的细胞腔（SEM×560）

图 10-2　黄麻秆纤维形态特征图(王菊华，1997)

④红麻　红麻秆茎直立，高 3~5m、直径 1~3cm。红麻秆茎的韧皮部比例是上大下小，梢部的髓心大而实、基部的髓心小且空，这与树木木质部的髓组织基部比梢部发达相反。各种组织的质量比大约是韧皮部 30%~40%，木质部 40%~50%，髓部 10%~20%。

红麻皮层由韧皮纤维、薄壁细胞、输导组织等组成。韧皮纤维细胞壁上有明显的横节纹，两端尖削，不同品种的韧皮纤维形态特征略有差异，平均长度多在 2600～2900μm、直径多在 17～19μm，小于针叶树材的管胞长度和直径。另外，红麻韧皮纤维壁较厚、腔较小，腔径比大的约 1/3，小的仅见一条黑线，壁腔比多在 1.0 以上的。由于韧皮纤维较细，成纸的纤维结合力仍然会很好，因此，红麻韧皮浆优于一般针叶树材的木浆，不仅综合强度指标好，而且成纸细平、有较好的印刷适应性。红麻韧皮纤维细胞壁上的微纤丝排列状态，与很多植物纤维不同，红麻 S_2微纤丝角约 30°～40°，远大于苎麻、大麻、亚麻等一般麻类纤维 S_2约 0°～5°的微纤丝角。

横切面上，木质部导管分布在木纤维及木射线之间，与阔叶树散孔材管孔排列相近；木射线丰富，异形单列至多列，从髓心一直延伸到皮层(图 10-3)。红麻木质部的木纤维长 700～800μm，直径多在 20～25μm，与杨木的木纤维相似；但红麻木纤维双壁厚多在 3.0～4.0μm，比杨木木纤维双壁厚(6～8μm)要薄，而且红麻杂细胞(多半是薄壁细胞)含量比杨木高。红麻木质部纸浆成纸撕裂度、透明度均低，但木纤维间的结合强度较好。

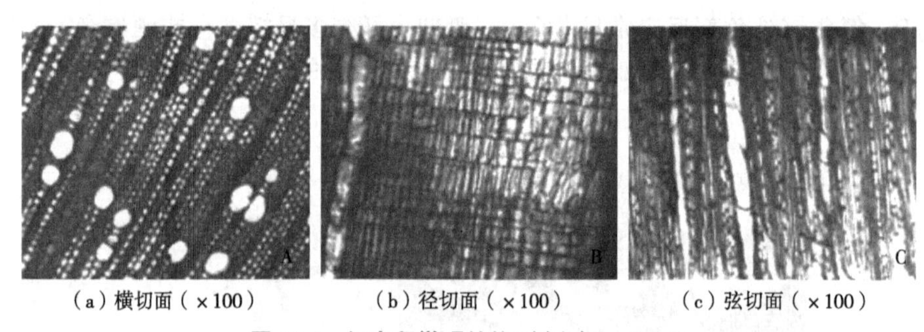

(a) 横切面(×100)　(b) 径切面(×100)　(c) 弦切面(×100)

图 10-3　红麻秆微观结构(刘忠辉，2010)

⑤亚麻　亚麻秆茎一般高约 1m(偶达 1.5m)，秆茎较细，仅约 1～3mm；两用亚麻较粗，但地径不超过 5mm。亚麻秆茎韧皮部质量大约占 15%～30%，梢部较高可达 35%。

与其他韧皮原料一样，亚麻皮层除韧皮纤维外还含有薄壁组织和筛管等。韧皮纤维圆柱形、表面平滑，两端逐渐变细、尖削，中段粗细均匀，纤维壁较厚，纤维素含量较高。亚麻韧皮纤维的细胞腔非常小，显微镜下往往只见一条黑线，有时胞腔甚至闭合、黑线消失(图 10-4)。亚麻韧皮纤维具明显的横节纹，以及非常小的细胞腔，是鉴别亚麻的两大特征。亚麻木质部类似其他麻类作物及阔叶树材，由木纤维、导管、薄壁组织、木射线等组成；其特点是薄壁细胞比其他麻类少、体积小，且多为杆状。

亚麻木质部的木纤维长 200～710μm，平均只有 430μm；韧皮纤维最长可达 29.62mm，最短也有 3.04mm，平均长 14.37mm，是木纤维长度的 33.4 倍；另外，韧皮纤维的直径、双壁厚、长宽比及壁腔比分别为 17.5μm、15.0μm、820.0 及 4.41，均比木纤维对应的值大，尤其是韧皮纤维的双壁厚、长宽比及壁腔比，分别是木纤维的 3.0 倍、31.2 倍和 7.6 倍；但腔径仅木纤维的为 41.2%(表 10-2)。

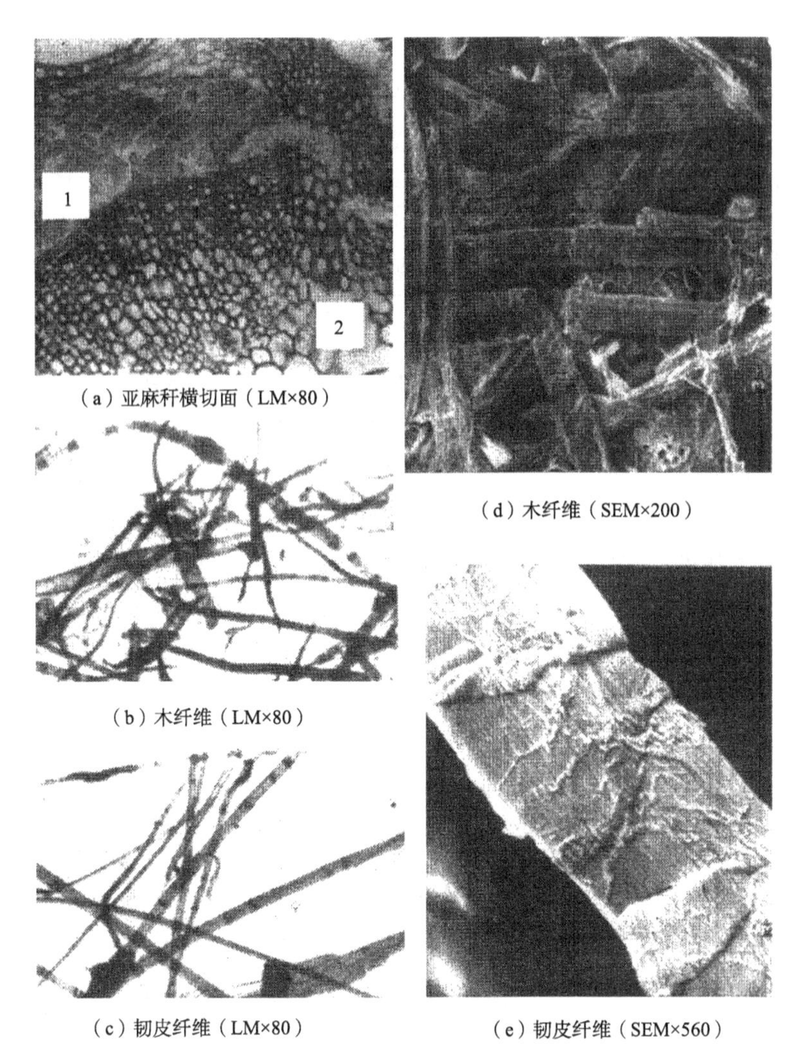

（a）亚麻秆横切面（LM×80）
（b）木纤维（LM×80）
（c）韧皮纤维（LM×80）
（d）木纤维（SEM×200）
（e）韧皮纤维（SEM×560）

图 10-4　亚麻纤维形态特征图(王菊华，1999)

1. 韧皮部；2. 木质部

表 10-2　亚麻的纤维形态

部位	长度(μm)		直径(μm)		双壁厚(μm)		腔径(μm)		长宽比	壁腔比
	范围	平均	范围	平均	范围	平均	范围	平均		
木质部	200~710	430	8.2~26.8	16.4	4.0~5.4	5.0	5.4~21.4	13.1	26.3	0.58
皮层	3040~29 620	14 370	8.2~41.1	17.5	12.4~20.8	15.0	2.1~12.5	5.4	820.0	4.41

注：试样产地为甘肃固原。

10.1.3　主要性质

(1)物理性质

①密度　麻秆木质部密度较小，如红麻秆木质部气干密度约 0.141~0.188g/cm^3、平均为 0.162g/cm^3；苎麻秆木质部密度为 0.2g/cm^3；大麻秆木质部的气干密度为 0.111~0.303g/cm^3、平均为 0.193g/cm^3，绝干密度和基本密度分别为 0.186g/cm^3 和 0.179g/cm^3。红麻秆、大麻秆木质部密度随秆茎高度增加而增大。

总体来说，麻秆密度仅为一般造纸用针叶树材的1/2，与密度较高的原料相比，由于麻秆木质部密度低，热压成一定密度的板材时，具有相对较高的压缩比，使得刨花间结合较紧密，制造出的刨花板性能较好。因此，从这个意义上讲，麻秆比较适合用于制造刨花板。

②干缩性　干缩性是指木材含水率在纤维饱和点以下时，其尺寸或体积随含水率降低而缩小的性质，也是衡量木材优劣的重要指标之一。根据体积干缩性五级分级法，大麻秆、红麻秆木质部体积气干干缩率分别为8.38%~9.67%、4.10%~4.50%，分别属于中级、很小级，说明红麻秆、大麻秆木质部的尺寸稳定性较好。

大麻秆、红麻秆木质部干缩的各向异性主要是由其构造特点造成的，干缩率大小均为纵向<径向<弦向，与木材干缩的各向异性特点相似，且大麻秆、红麻秆木质部的干缩性变异性较大，特别是空心状态时的干缩性变异性更大。

(2)力学性质

麻秆木质部密度小，所以力学性质一般也较低。这里以大麻秆为例。

①抗弯强度和抗弯弹性模量　当两支座间跨距为120mm时，大麻秆木质部的抗弯强度、抗弯弹性模量分别为13.53MPa和2.68GPa；当两支座间跨距为150mm时，大麻秆木质部的抗弯强度和抗弯弹性模量分别为15.30MPa和4.06GPa；当两支座间跨距为200mm时，大麻秆木质部的抗弯强度和抗弯弹性模量分别为15.51MPa和5.37GPa。在一定跨距范围内，大麻秆木质部的抗弯强度、抗弯弹性模量随着两支座间跨距的变大而增大；此外，当两支座间跨距不同时，大麻秆的抗弯强度和抗弯弹性模量，都随着麻秆高度的增加呈下降趋势。

②顺纹抗拉强度　大麻秆木质部的抗拉强度很小，当试样有效部分分别为20mm、40mm和60mm时，大麻秆木质部的顺纹抗拉强度依次为15.85MPa、15.11MPa和11.01MPa；大麻秆木质部顺纹抗拉强度随着有效部分增大而变小。

③抗压强度　大麻秆木质部的抗压强度与其制板工艺中控制压力的大小有着密切的联系。大麻秆木质部的上部、中部和下部的顺纹抗压强度分别为12.87MPa、13.06MPa和14.12MPa，平均值为13.35MPa；大麻秆木质部的上部、中部和下部的横纹全部抗压强度分别为0.12MPa、0.13MPa和0.29MPa，平均值为0.18MPa。

大麻秆木质部的抗弯强度、抗弯弹性模量、顺纹抗拉强度和抗压强度(包括顺纹抗压强度和横纹全部抗压强度)都属于小级，都随着大麻秆茎高度增加呈降低趋势，呈现出一定的规律性。

(3)化学性质

麻秆的主要化学成分是纤维素、半纤维素和木质素，其中半纤维素中聚戊糖含量相当于阔叶树材最高值。麻秆的热水抽提物含量也较高，其中大部分为淀粉等低聚糖；灰分含量远高于木材，1%氢氧化钠抽提物含量也高于木材。

麻类韧皮纤维原料均含有较多的纤维素，除黄麻、青麻等少数麻外，其他麻类皮层木质素含量较少、果胶质较多；而在麻类秆茎中，木质部的木质素含量要远远高于皮层。如苎麻秆茎木质部的木质素含量为21.64%，而其皮层的木质素含量仅为1.81%，木质部的木质素含量约是皮层木质素含量的12.0倍；大麻、红麻木质部的木质素含量分别约是其皮层木质素含量的4.8倍和2.0倍(表10-3)。

麻是韧皮纤维的一种，与其他几种韧皮纤维原料的化学组成相比，除1%氢氧化钠抽提物含量相对较高外，其他化学成分相差不多。

表 10-3　麻类等韧皮纤维原料的化学组成　%

原料	灰分	溶液抽提物					聚戊糖	木质素	果胶质	纤维素
		冷水	热水	乙醚	苯-醇	1%氢氧化钠				
苎麻皮层	2.90	4.08	6.29	—	—	16.81	—	1.81	3.41	82.81
苎麻木质部	3.42	1.48	2.78	—	5.78	—	26.22	21.64	—	71.17*
大麻皮层	2.85	6.45	10.50	5.00	6.72	30.76	4.91	4.03	2.00	69.51
大麻木质部	1.48	4.26	5.66	—	5.72	30.81	—	19.16	—	79.91*
黄麻皮层	5.15	8.94	—	—	—	—	—	11.78	0.38	65.32
红麻皮层	4.13	13.31	13.36	—	3.23	29.74	20.33	9.31	2.60	49.50
红麻木质部	2.41	3.45	8.18	—	1.85	24.35	15.80	18.83	1.96	46.83
亚麻皮层	1.32	5.94	—	2.34	—	—	—	6.65	9.29	70.75
青麻皮层	1.26	3.55	3.92	4.89	4.06	11.87	18.79	15.42	0.37	67.84
桑皮(河北)	4.40	—	10.42	6.13	—	8.74	8.84	—	2.00	69.51**
构皮(贵州)	2.70	5.85	9.48	6.04	—	14.32	9.46	—	9.29	70.75**
檀皮(安徽)	4.79	6.45	8.14	4.25	—	10.31	5.60	4.50	2.60	49.50**

注：* 表示为综纤维素，** 表示硝酸乙醇纤维素，其余为克-贝纤维素；同一原料不同方法所获得的纤维素比较，综纤维素>克-贝纤维素>硝酸乙醇纤维素。

10.2 棉秆

10.2.1 资源分布

棉花(*Gossypium* spp.)，双子叶一年生草本植物(也有多年生而近于灌木)，属于锦葵科(Malvaceae)棉属(*Gossypium*)，旱地栽培，半木质化。棉秆一般高度不超过 2m、主茎直径不超过 2cm；整株棉包括根、茎、冠三部分，其中茎包括主干和支干、主要由韧皮部和木质部两大部分组成。棉花可分成三大类：第一类纤维细长(2.5~6.5cm)、有光泽、包括品质极佳的海岛棉、埃及棉和比马棉等；第二类纤维长度中等(1.3~3.3cm)，例如美国陆地棉；第三类为纤维粗短的棉花(1.0~2.5cm)，用来制造棉毯和价格低廉的织物，或与其他纤维混纺。棉花虽为造纸工业的优良原料，但主要用作纺织工业的原料。

棉花的原产地是印度和阿拉伯，最迟在南北朝时期传入我国。我国主要分布在江淮平原、江汉平原、南疆棉区、冀中南、鲁西北、豫北平原、长江下游滨海沿江平原，其中黄河流域、西北、华北、东北、华南为主要产棉区，每年约有棉秆 4000 万 t。棉秆作为棉花副产品的最重要组成部分，其纤维形态及物理力学性能与木材最为接近，是众多农业剩余物中最早作为木材替代品的原料之一，如棉秆木质部制浆后可与长纤维浆料配合抄纸，全棉秆是很好的造纸和人造板的原料。此外，目前还对棉秆切碎还田、饲料加工、建材、燃料化、食用菌培养、表面性能等用途方面进行了大量研究。棉秆皮即棉花秆茎的韧皮，可用于制绳、编织麻袋、造纸、造船填缝等。

10.2.2 构造特征

(1)宏观构造

从秆茎的横切面上看，由外到里依次可分为皮层(表皮层、厚角细胞组织、韧皮部)、形成层、木质部和髓；皮层、木质部和髓按体积比分别占总体积的14.5%、81.5%和3.6%(图10-5)。

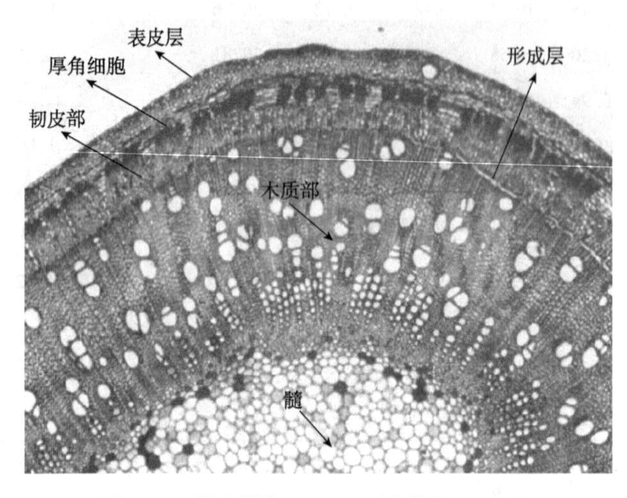

图10-5 棉秆横切面(×9)(漆楚生，2013)

皮层厚约2mm，其中表皮层厚约0.1mm、韧皮部厚约0.4~0.5mm。表皮层外层细胞近长方形、外壁角质化并覆有角质膜，表皮层上有气孔茸毛，气孔是植物体与外界交换气体的通道。皮层内靠外侧有一层蜡质似角质细胞形成木栓层，为深褐色薄片状，遇水氧化成黑色，它使人造板和纸张表面形成黑斑。

(2)微观构造

棉秆皮层纤维属韧皮纤维，端部尖削，韧性很强；韧皮纤维细胞壁上少纹孔而有明显的横节纹，纤维外壁常覆有一层透明的胶膜。与其他韧皮纤维相比，棉秆韧皮纤维较短，一般只有2000μm左右，远远小于苎麻、大麻及亚麻秆的韧皮纤维长度，而略小于黄麻、红麻韧皮纤维长度；棉秆韧皮纤维细胞壁较厚、细胞腔小，壁腔比高达2.7(表10-4)。

棉秆木质部主要由导管、木纤维、木射线和轴向薄壁组织等组成，各组织比量为导管17.8%、木纤维62.2%、轴向薄壁组织15.2%、木射线4.8%，木纤维含量较高。棉秆木质部解剖构造特征类似于阔叶树散孔材(图10-6)，管孔从髓心向外大小基本不变，单管孔、径列复管孔(2~4个)和管孔团，弦列或散生；管孔内菱形晶体偶见，导管内壁无螺纹加厚，具缘纹孔互列，单穿孔。木射线异形Ⅱ型及Ⅰ型，单列及多列，单列射线较少，高2~7个细胞；多列射线宽2~6列、高27~36个细胞；射线细胞水平壁纹孔及端壁节状加厚明显，与导管间纹孔式类似于管间纹孔式，部分细胞含有与轴向薄壁细胞内一样的填充物。轴向薄壁组织主要为稀疏环管状，少数呈星散状，部分细胞含有多个类似于晶体的不溶于水的填充物。木纤维壁薄，壁上具缘纹孔明显；木纤维较短，长仅800μm，约是韧皮纤维长度的1/3，长宽比、壁腔比和双壁厚约分别约是韧皮纤维的1/4、1/9和1/2。

在髓与木质部的连接处有很多由管孔、木纤维和薄壁细胞围成的空腔(图 10-6)，棉秆的髓心由较大的薄壁细胞组成。薄壁细胞呈多面体或椭球体，排列疏松，有明显的细胞间隙。细胞内液泡大，主要含有水分、气体和碳水化合物。细胞壁由纤维素和果胶质组成，强度低且易碎，是人造板和造纸的不利因素。

表 10-4　棉秆的纤维形态

部位	长度(μm)		直径(μm)		双壁厚(μm)		腔径(μm)		长宽比	壁腔比
	范围	平均	范围	平均	范围	平均	范围	平均		
木质部	400~2030	800	12.0~56.6	26.6	3.0~10.0	5.4	4.0~42.0	18.9	30	0.3
皮层	620~6100	2200	9.0~30.2	18.0	6.0~16.0	11.6	1.0~12.0	4.3	122	2.7

注：样品采集地为山东省；纤维的长度、直径与双壁厚、腔径是用不同方法测量的。

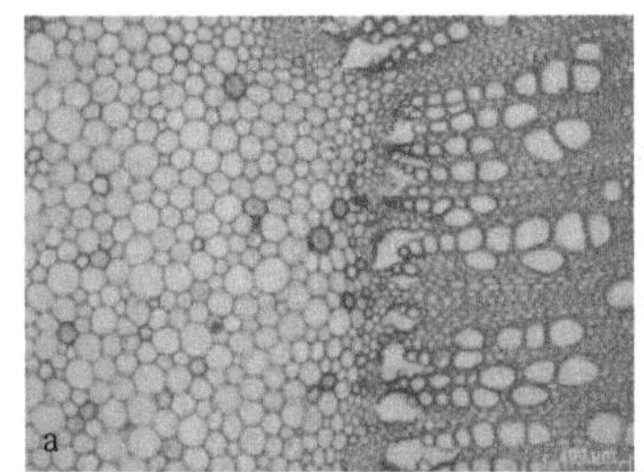
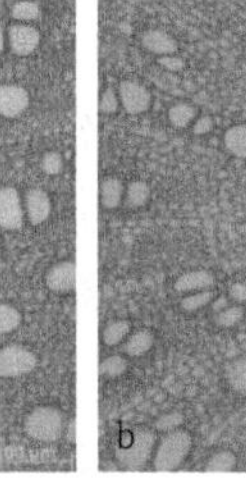
(a) 茎部的横切面

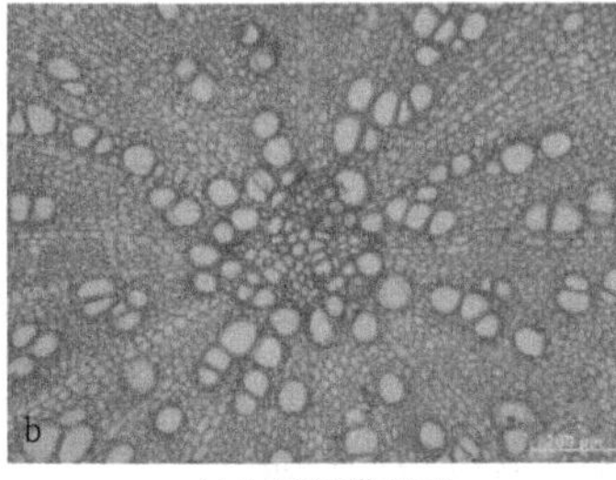
(b) 基部横切面

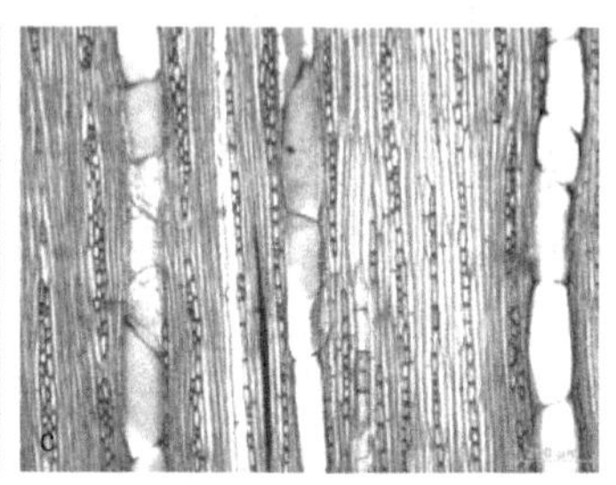
(c) 茎部的弦切面

图 10-6　棉秆切面图(蔺焘等，2012)

10.2.3　主要性质

(1)物理性质

棉秆的物理性能与木材相比有较大不同，棉秆基本密度为 0.326g/cm^3，属于“低级”(表 10-5)，与针叶树材杉木(广东怀集，0.324g/cm^3)，阔叶树材钻天杨(0.320g/cm^3)、滇杨(0.326g/cm^3)等杨木及糠椴(0.330g/cm^3)等密度很接近，比泡桐材(四川，0.258g/cm^3)密度大。吸湿性能高于木材，且吸湿速度快。

(2)力学性质

由棉秆的基本构造特征及密度可以推断，与一般木材相比，棉秆的力学性能相差较大，约与甚低级木材相当。事实上棉秆的气干密度为 0.381g/cm^3，属于“低级”(表 10-5)，其抗弯强度、顺纹抗压强度、硬度和抗剪强度分别为 5.5MPa、21.0MPa、2700N 和 7.7MPa，分别属于“甚低级”或“低级”；而横纹抗压强度和顺纹抗拉强度却属于“中级”或以上。究其原因，横纹抗压强度除了与密度相关外，还受木射线的影响比较大；顺纹抗拉强度大小与密度相关不大，主要由纤维素分子链决定的。

(3)化学性质

棉纤维(即种毛)不含木质素，此外含少量的果胶质和聚戊糖、脂肪与蜡，极少的灰分，棉纤维经脱脂后，几乎是纯纤维素组成(表 10-6)。棉秆皮层的外皮中含有较多的蜡和果胶质，与棉纤维的化学组成有较大差别。

表 10-5　棉秆与木材的力学性能比较

原料		密度(g/cm³)		抗弯强度(MPa)	抗压强度(MPa)		抗拉强度(MPa)		抗剪强度(MPa)	硬度(N)
		基本	气干		顺纹	横纹	顺纹	横纹		
棉秆	范围	0.272~0.388	0.37~0.39	4.6~7.7	13.4~43.3	2.9~10.5	21.8~38.5	—	3.4~8.9	—
	平均	0.326	0.381	5.5	21.0	5.6	27.2	0.55	7.7	2700
木材	甚低级	≤0.30	≤0.350	≤54.0	≤29.0	≤3	15		≤6.5	≤2500
	低级	0.31~0.45	0.351~0.550	54.1~88.0	29.1~44.0	3~4	20		6.6~9.5	2570~4000
	中级	0.46~0.60	0.551~0.750	88.1~118.0	44.1~59.0	4~6	25	1.1	9.6~12.0	4010~6500
	高级	0.61~0.75	0.751~0.950	118.1~142.0	59.1~73.0	6~8.4	35		12.1~15.0	6510~10 000
	甚高级	>0.75	>0.950	>142.0	>73.0	>8.4	40		≥15.1	>10 000

棉秆皮层的各种抽提物远远高于棉秆木质部，其中棉秆皮层苯-醇抽提物及四川棉秆皮层1%氢氧化钠抽提物含量为其木质部的2倍多；棉秆木质部及皮层的1%氢氧化钠抽提物均大于落叶松等其他树种，苯-醇抽提物与落叶松等其他树种相接近。棉秆皮层的灰分含量是木质部的3~4倍多，远远大于落叶松等其他木材。除四川棉秆木质部外，尤其是河北邯郸棉秆皮层和木质部木素含量都远低于落叶松等针叶树材。棉秆皮层的聚戊糖含量低于木质部，但都高于马尾松和落叶松、低于白桦。棉秆木质部中的综纤维素含量与其他木材相接近，但棉秆皮层中综纤维素含量却低于木质部(表10-6)。

表 10-6　棉秆及部分木材化学组成　　%

成分	棉秆皮层		棉秆木质部		秆皮混合料(四川)	棉纤维	落叶松	马尾松	白桦
	四川	河北邯郸	四川	河北邯郸					
果胶质	—	7.38	—	1.35	—	*	—	—	—
灰分	6.85	4.87	1.66	1.56	3.20	0.10~0.20	0.38	0.42	0.33
苯-醇抽提物	2.10	3.92	0.98	1.57	1.43	—	2.58	2.79	3.08
1%氢氧化钠抽提物	46.40	55.83	20.68	40.84	28.53	—	20.67	12.67	16.48
木质素	19.18	15.26	23.07	16.55	22.00	—	26.46	26.86	20.37
聚戊糖	17.51	17.41	21.19	19.33	19.21	1*	12.18	12.52	30.37
综纤维素**	44.69	55.26	54.47	64.26	50.23	95~97***	52.63	73.36	60

注：* 表示棉纤维中聚戊糖和果胶质含量共为1.0%；** 表示亚氯酸钠法综纤维素；*** 表示为纤维素。

棉秆随贮存时间的延长和贮存条件改变，化学成分、纤维质量及制成产品的物理力学性能均有变化。棉秆皮层中韧皮纤维韧性很强，适宜做人造板和制浆造纸的原料，但不易切断，给刨花制备、干燥、铺装等造成困难。

据分析，棉秆中除含粗蛋白、粗脂肪、粗纤维、可溶性碳水化合物及粗灰分外，还含有丰富的矿质元素。近年来，我国大力推广的低酚棉，棉秆中含粗蛋白6.01%，粗脂肪0.47%，无氮浸出物4.80%，粗灰分5.07%，钙1.81%，磷0.08%，纤维素42.26%，半纤维素20.80%，木质素14.43%，所以低酚棉棉秆也可作草食家畜的饲料资源。

10.3　禾亚科植物秆茎

禾亚科植物属于被子植物亚门中的单子叶植物纲(胚仅具一片子叶)，与竹亚科同属禾本科，其中禾亚科秆茎为草质，竹亚科秆茎多为木质。

禾亚科植物的分生组织多分布于植物的末梢和节部(1 个节部和 1 个节间构成 1 节)，没有皮下分生组织和次生分生组织，因而幼苗长成后，秆茎只作纵向延伸，横向不再有明显的加粗。而秆茎微量增粗，主要是靠初期细胞体积的增大来实现的；在维管束和其他初生构造分化完成以后，茎也就不再加粗了。

在禾亚科植物秆茎的横切面上，可以看到表皮组织、基本组织(薄壁组织)和维管束 3 种微观构造；此外，有的植物还有纤维组织带(图 10-7)。

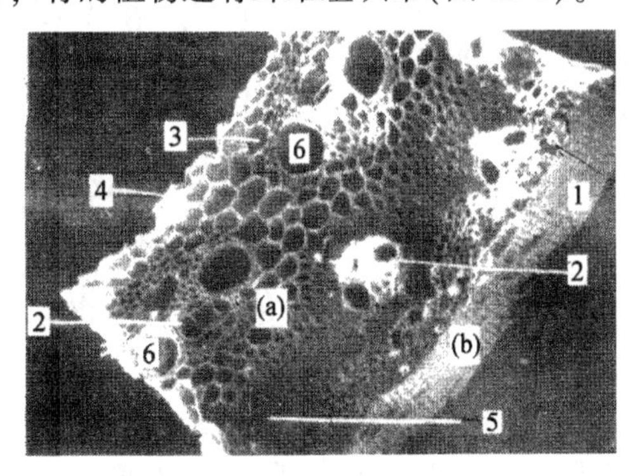

图 10-7　芦苇秆部横切面(SEM×25)(王菊华，1980)

(a)横切面；(b)表皮层

1. 含表皮膜的表皮组织；2. 维管束；3. 薄壁细胞；4. 髓；5. 纤维组织带；6. 导管

10.3.1　微观构造

(1)表皮组织(表皮层)

禾亚科植物秆茎最外侧的表皮组织，由 1 层表皮细胞组成；表皮细胞包括长细胞、短细胞和气孔器(此外，与芦苇膜即髓相对，芦苇秆表皮组织还含有表皮膜，图 10-7；叶子表皮细胞还含有表皮毛，图 10-8)，其中 1 个长细胞与 2 个短细胞交替排列。长细胞边缘多呈锯齿状，故称锯齿细胞；短细胞分为两种：充满二氧化硅的称为硅质细胞，具有栓质化的称为栓质细胞。由于细胞硅质化和栓质化的结果，表皮组织能防止秆茎内部水分过度蒸发和外部病菌的侵入(图 10-8)。

(2)纤维组织带(皮下机械组织)

有的植物秆茎表皮组织层内，还有一圈由纤维细胞连接而成的纤维组织带，其中嵌有较小直径的维管束，此处的纤维壁厚、腔小，力学强度较高。

(3)维管束

区别于双子叶植物的主要特征是，单子叶植物中禾亚科的维管束散生于基本组织中，因而皮层和髓的界线难以区分。维管束由纤维、导管、筛管和薄壁组织组成，纤维在维管束外围作环状排列，形成纤维鞘。

散生的维管束由原形成层形成，分布不均匀，外面被基本组织包围。基本组织由大型的薄壁细胞组成，其中有造粉体和大淀粉粒。维管束中的韧皮部和木质部均已发育，在垂周方向(径向)位于维管束的外侧，为初生韧皮部中的后生韧皮部，初生韧皮部中的原生韧皮部在秆茎伸长时已成熟，其构成细胞因被拉紧而失去原有作用，最后消失。位于维管束内侧破碎状的，是初生木质部中的原生木质部导管，常因不能适应快速纵向扩张而破裂成空隙，留下可见者多为原生木质部的环纹导管。后生木质部导管已成熟，胞壁全部增厚。

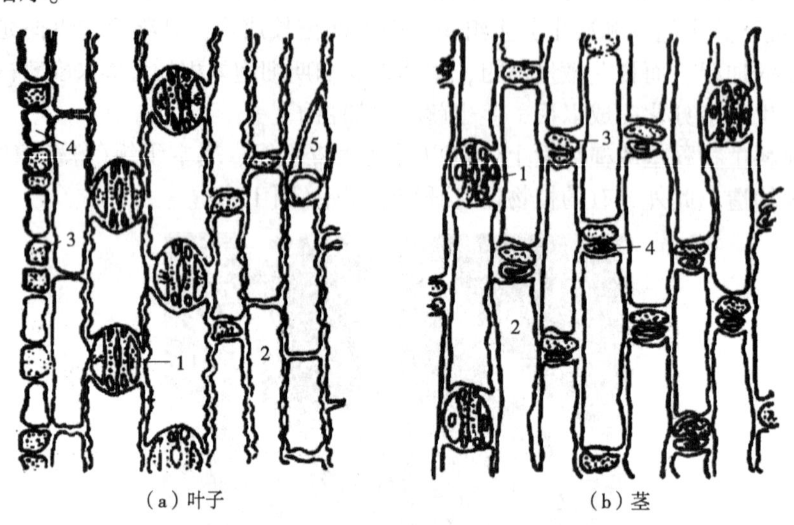

图 10-8 禾亚科植物的表皮层(表面观)(郧义明，1991)

1. 气孔器；2. 长细胞；3. 栓质细胞；4. 硅质细胞；5. 表皮毛

(4)基本组织(薄壁组织)

由薄壁细胞组成。在各种组织构造中，薄壁组织所占体积比例较大、相对密度较小。基本组织主要生长在靠近内壁的维管束周围，细胞直径较大。在表皮组织和纤维组织带之间，也有少量直径较小、多为棒状的薄壁细胞，细胞腔内常含有叶绿体等器官。

10.3.2 细胞类型

禾亚科植物的细胞类型主要有以下几种：

(1)纤维细胞

纤维细胞主要生长在维管束和纤维组织带中，两端尖削，胞腔较小，壁上有横节纹，有或无单纹孔。除龙须草和甘蔗的纤维较长外，其他禾亚科植物的纤维都比较短、小，纤维平均长度在1000~1500μm，平均直径为10~20μm(除甘蔗渣纤维较宽外)。禾亚科植物纤维比量约为50%~60%(除玉米秆纤维比量仅约为30%外)，比针叶树材管胞(90%~95%)的含量低得多，而非纤维状的杂细胞含量则高得多。

(2)薄壁细胞

分布于基本组织中的薄壁细胞，在形状、大小上各不相同，通常有杆状、长方体形、立方体形、椭球形及球形等。细胞壁上有纹孔或无纹孔。另外，维管束的韧皮部也含有少量、直径较小的薄壁细胞。草类植物薄壁细胞一般含量较高，尤其是稻秆中的薄壁细胞含量更是高达46%。胞壁很薄，在制浆造纸和人造板加工过程中容易破碎，部分在洗涤时便流失。因其滤水性差，含量太高会使纸张强度下降。

(3)表皮细胞

表皮细胞包括长细胞和短细胞。长细胞多呈锯齿状(一面或两面有齿)，也有的边缘平滑无齿。短细胞中由于硅质细胞含有二氧化硅及栓质细胞的栓质化而导致其密度较大。

(4)导管分子与筛管分子

导管分子是组成导管的基本单元，两端开口呈管状，为输送水分的组织细胞；导管分子一般比阔叶树材的长，导管种类也较阔叶树材多(有环纹导管、螺纹导管、孔纹导管、网纹导管及梯纹导管等)。筛管分子存在于韧皮部，数量较少，是运输营养物质的组织细胞。筛板上有许多筛孔。与导管分子相同是，均沿秆茎纵向排列、底壁平直或略有倾斜；与导管分子不同的是，细胞壁较薄，主要由纤维素组成且一般没有木质化。

(5)杂细胞

杂细胞为除纤维状细胞外，含有若干非纤维状细胞的统称。草类原料中的杂细胞包括导管分子、筛管分子、薄壁细胞、表皮细胞和石细胞等(表 10-7)；它们都随着纤维伴生于植物原料中，不易严格分离，从而造成生产上的困难，影响产品质量。其中石细胞为非纤维状的厚壁细胞，尺寸较小，易在加工过程中洗涤流失。

表 10-7　若干原料纤维与非纤维细胞含量　%

原料	纤维	杂细胞					
		薄壁细胞		导管分子	表皮细胞	竹簧*	其他
		杆状	非杆状				
马尾松	98.5	—	1.5	—	—	—	—
落叶松	98.5	—	1.5	—	—	—	—
红松	98.2	—	1.8	—	—	—	—
桉树	82.4	—	5	12.6	—	—	—
钻天杨	76.7	—	1.9	21.4	—	—	—
白皮桦	73.3	—	1.5	25.2	—	—	—
慈竹	83.8	—	—	1.6	—	12.8	1.8
绿竹	74.7	—	—	4.1	—	18.0	3.2
毛竹	68.8	—	—	7.5	—	23.7	—
棉秆木质部	71.3	—	21.8	6.9	—	—	—
稻秆	46.0	6.1	40.4	1.3	6.2	—	—
麦秆	62.1	16.6	12.8	4.8	2.3	—	—
高粱秆	48.7	3.5	33.3	9.0	0.4	—	—
玉米秆	30.8	8.0	55.6	4.0	1.6	—	—
甘蔗渣	64.3	10.6	18.6	5.3	1.2	—	1.4
黑龙江苇	64.5	17.8	8.6	6.9	2.2	—	5.1
荻	65.5	4.9	24.5	4.8	0.3	—	—

注：* 表示在竹类原料中有较多的薄壁细胞和石细胞，由于它们形状近似，测量时不易严格区分，故把它们统称为竹簧。

10.3.3 禾亚科植物纤维细胞结构模型

在植物解剖学领域，将在电子显微镜下(或X射线衍射仪等)、超过光学显微镜放大倍数观察或测试的微细构造称为超微构造，如细胞壁的分层结构及各壁层上微纤丝的排列状态等。禾亚科植物与木材生物结构有很多相似之处，但其纤维的微细结构与树木的纤维微细结构仍有差异。禾亚科植物纤维细胞结构模型概括有以下4种(图10-9)：

(1)模型Ⅰ

与某些针叶树材管胞结构形态相似，胞腔较大，细胞壁由ML、P、S_1、S_2、S_3组成，但S_1较厚，S_2微纤维角度较大。微纤丝排列状态：ML为网状，S_1、S_3为近横向交叉螺旋形，S_2为30°~40°缠绕角的平螺旋形。

(2)模型Ⅱ

与某些韧皮纤维结构相似，细胞腔极小、细胞壁厚；S_2是细胞壁的主体，微纤丝的缠绕角约30°~40°。

(3)模型Ⅲ

草类纤维独有，S_2和S_3都是细胞壁的主体、厚度相当，微纤丝方向往往相反，细胞壁内层为S_4。

(4)模型Ⅳ

禾亚科(及竹亚科)纤维独有，细胞壁呈多层结构，多者可达8~9层或以上；各壁层间松紧程度、微纤丝走向(有"S"形和"Z"形两种螺旋缠绕方式)及木质素含量均不同。

稻秆、麦秆的纤维主要是由模型Ⅰ、Ⅱ的纤维构成。

芦苇、甘蔗渣、荻、芒秆等由模型Ⅱ、Ⅲ的纤维组成。

龙须草(及竹子)主要由模型Ⅱ、Ⅳ的纤维组成。

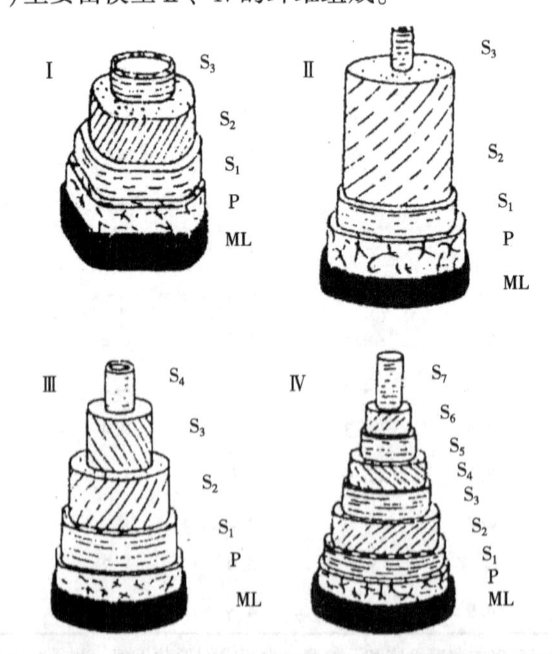

图10-9 禾亚科(及竹亚科)植物纤维的4种结构模型(王菊华，1999)

10.4 稻秆

10.4.1 资源分布

稻(*Oryza* spp.)属于禾亚科稻属，一年生草本植物，秆直立、丛生，高约1m(矮秆稻高约50~60cm)，秆茎直径约4mm，秆茎壁厚约1mm，秆茎是空心的且髓腔较大。别名：禾、粳、糯，是重要的粮食作物，生产遍及除南极以外的各大洲，世界上可能有超过14万种，而且科学家还在不停地研发新稻种。按成因分为原生稻与杂交稻(一般是杂交水稻)；按其生存环境的不同，分为土水稻(水稻)、水上稻(无土水稻)、旱稻(陆稻)、海稻(海水稻)；按大小分为普通稻和巨型稻。水稻代表种——稻(*Oryza sativa* L.)，一般指有土栽培的淡水稻。

稻类植物的秸秆，俗称稻秆、稻草等，是稻类成熟后的秆茎脱去稻粒后的部分。稻秆是主要的农作物秸秆资源之一，根据联合国粮农组织统计，全世界稻秆年总产量为4.498亿t；主要分布在中国、印度、日本等国，其中我国为1.722亿t，占38.3%。除在部分地区有作造纸(制造包装纸、普通文化用纸、草纸板等)、饲料、种植食用菌等外，大部分直接燃烧或燃烧后还田。

10.4.2 微观构造与细胞形态

(1)微观构造

在秆茎横切面上，表皮层下由4~6层厚壁纤维细胞组成的纤维组织带，向内是基本组织(薄壁组织)。稻秆茎部维管束2圈、沿茎轴呈环状排列，外围维管束小、扁圆形，镶嵌在脊状凸起的纤维组织带内；内圈维管束较大、椭圆形，散生在基本组织之中；维管束外部有1~2层纤维细胞组成的纤维鞘(图10-10)。

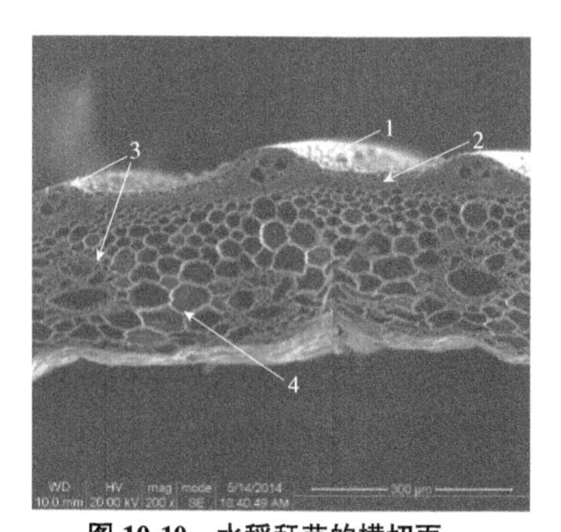

图10-10 水稻秆茎的横切面

(潘明珠，2016)

1. 表皮层；2. 纤维组织带(机械组织)；3. 维管束；4. 薄壁组织

(2)细胞形态

稻秆中非纤维状的杂细胞较多，组织比量高达54%，其中以薄壁细胞为主(46.5%)。由于薄壁细胞在植物体中存在的部位不同，形状变化也较大，大多数为枕状、椭球形、正方形、多面体形及不定形的非杆状小细胞(图10-11中的8~11)。表皮细胞体积小，其中长细胞一边或两边都呈锯齿状，齿距小、齿峰不高、锯齿端不甚削尖(图10-11中的1、2)；也有边缘平滑的(图10-11中的3)。

导管有螺纹导管、环纹导管及孔纹导管3种，孔纹导管分子平均长400μm左右，直径约40μm。

在草类植物中，稻秆的纤维较短且细，平均长度900μm左右，直径约8μm左右，细胞腔较小(表10-8)。细胞壁上有明显的纹孔(图10-11中的5)；或纹孔不明显(图10-11中的6、7)，但有横节纹。稻叶、穗和秆茎节部中的非纤维细胞比秆茎节间中多，这是稻秆的突出特征。

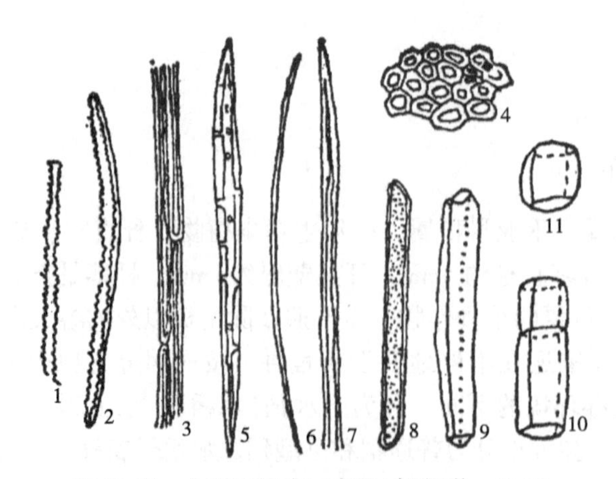

图 10-11 水稻秆细胞示意图(郐义明，1991)

1、2、3. 表皮细胞中的长细胞；4. 纤维横截面；5、6、7. 纤维；8、9、10、11. 薄壁细胞

表 10-8 水稻秆的纤维形态

部位	长度(mm)		直径(mm)		双壁厚(mm)		腔径(mm)		长宽比	壁腔比
	范围	平均	范围	平均	范围	平均	范围	平均		
秆茎	0.47~1.43	0.92	6.0~9.5	8.1	—	6.6	—	1.5	114	4.4

10.4.3 主要性质

(1)物理性质

稻秆密度很小；导热系数很小，仅为 0.035W/(m·℃)，而 5mm 厚稻秆板导热系数为 0.108W/(m·℃)，远比木材小[如椴木顺纹、横纹导热系数分别为 0.41W/(m·℃)和 0.21W/(m·℃)]。

稻秆是生物质资源中储量最为丰富的一种，我国每年产量近 2 亿 t，折合标准煤约 0.83 亿 t。不过与煤相比，稻秆热值约为其值的一半，能量密度低；以早稻和晚稻的稻秆为样品，其粒径范围 0~4mm，平均几何尺寸(2~2.5)mm×10mm，堆积密度 59.3~59.6kg/m^3，能量密度 871.7~900MJ/m^3，热值为 14 900.41kJ/kg(标准煤的热值为 29 400kJ/kg)。

(2)化学性质

稻秆中木质素含量低于一般禾本科植物，但稻秆中穗、叶及鞘、节部中木质素含量普遍较高，达 30%左右(表 10-9)，与针叶树材相当，而大于阔叶树材、竹材、棕榈藤材、灌木及其他农作物秸秆中木质素含量。但节间木质素含量相对较低。稻秆的木质素属于愈疮木基木质素(G-木质素)和紫丁香基木质素(S-木质素)，紫丁香基与愈疮木基的比例为(0.5~1.0)∶1。此外，基本结构单元中还含有少量的对羟苯基木质素(H-木质素)。

1%氢氧化钠抽提物为 45.31%~53.95%，远远高于木材、竹材、灌木及麻秆，与棕榈藤材、玉米秆及棉秆相当。

稻秆中灰分含量很高(12.67%~17.40%)，尤其叶及鞘、穗部更高，均远远高于木材、竹材、棕榈藤材、灌木及其他农作物秸秆等生物材料。而灰分中二氧化硅含量也很高，约占灰分的 90%(表 10-10)。

表10-9　部分稻秆的化学组成　%

部位	灰分	溶液抽提物			木质素	酸溶木质素	综纤维素	聚戊糖
		苯-醇	热水	1%氢氧化钠				
泥田稻草秆茎*	13.39	3.64	—	45.31	11.66	—	—	22.45
沙田稻草秆茎*	16.79	4.06	—	50.06	8.32	—	—	20.15
穗部	16.5	—	25	44.06	33	—	—	24.4
稻秆节部	13.3	—	12.7	47.8	27.1	—	—	24.4
叶及鞘	17.4	—	15.5	48.3	30.2	—	—	23.6
新草**	13.29	7.64	—	48.42	12	4.04	52.31	—
陈草**	12.67	7.03	—	50.54	12.18	3.72	52.72	—
稻草秆茎***	13.36	—	—	53.95	20.91	—	60.08	21.67

注：*泥田和沙田稻草茎秆，浙江；**新草和陈草，辽宁盘锦，新草1.5年，陈草2.5年；***稻草茎秆，吉林。

此外，粗蛋白含量约为3%，粗脂肪含量1%左右。

表10-10　水稻秆节部成分分析

成　分	含量(%)	成　分	含量(%)	
苯-醇氢氧化钠	6.58	灰分	12.82	
1%氢氧化钠	58.04	灰分分析		占灰分含量(%)
综纤维素	62.60	二氧化硅	11.47	89.50
硝酸乙醇纤维素(不含灰分)	27.46	铁铝氧化物	0.20	1.57
木质素	10.11	氧化钙	0.82	6.41
聚戊糖	21.67	氧化镁	0.14	1.07

10.5　麦秆

10.5.1　资源分布

麦(*Triticum* spp.，*Hordeum* spp.，*Avena* spp.，et al)属于禾本科禾亚科，一年生或两年生草本植物，有小麦(小麦属)、大麦(大麦属)、燕麦(燕麦属)等多种，通称“麦子”，是我国北方重要的旱地粮食作物，全国各地均有栽培。小麦是小麦属植物的统称，代表种为普通小麦(*Triticum aestivum* L.)，由秆茎、叶子、叶鞘、穗轴等组成，其根系为须根系。秆茎节间、叶子、穗轴和节部的质量比依次为52.4%、29.1%、9.3%和9.2%。

完全成熟的小麦茎(即麦秆)表面有一层蜡状物，光滑且带有浅沟。麦秆由节部及节间组成，节部长叶，具有支撑、输导、光合和贮存作用。地面上有4~6节，一般为5节。秆茎高度可达1m以上，直径为3~4mm，壁厚为0.3~0.4mm。秆壁厚度由基部向上逐渐变薄，同一节间也是如此。第1节较细，从第2、3节加粗，最上一节又变细。叶鞘长度约占全叶长30%~50%，基部第1节叶鞘最短，越往上越长。

麦类的秸秆(麦秆)，俗称麦根、麦草等，为麦类植物成熟后的秆茎脱去麦粒后的部分。我国麦秆资源年产量达1亿t左右，大部分未得到合理利用，造成了资源的极大浪费。秆茎可供造纸，我国有80%以上的造纸原料为非木材原料，其中麦秆是主要的原料；漂白及韧性化处理以后可用于编织草帽、草墩及各种工艺品；此外，利用麦秆可生产人造板，或直接作饲料用。其中以麦秆为原料，配以异氰酸酯(MDI)或脲醛树脂(UF)等少量无毒、无害的胶黏剂，经切割、磨碎、分级、拌胶、铺装成型、热压、砂光等工序制成的麦秆人造板，具有质轻、坚固耐用、防蛀、抗水、无毒等特点，可广泛用于家具、建筑装修、建筑物的隔墙、吊顶及复合地板等。

10.5.2 微观构造与细胞形态

(1)微观构造

大多数小麦的秆茎横切面为圆形，但也有呈波纹状，髓腔很大。从麦秆的横切面上看，麦秆由表皮组织、纤维组织带、基本组织(薄壁组织)和维管束4部分组成(图10-12)。

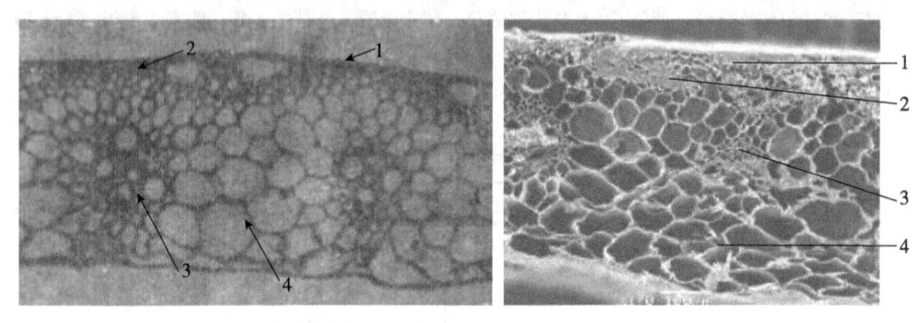

图10-12 小麦秆的横切面(左图：郐义明，1991；右图：陈云，2015)

1. 表皮层；2. 纤维组织带(机械组织)；3. 维管束；4. 薄壁组织

①表皮组织(表皮层) 表皮组织是1个长细胞与2个短细胞交替排列，细胞约厚25~30μm、长300~650μm、宽20μm，纵向壁平直、具单纹孔；其中短细胞多数为1个栓质细胞和1个硅质细胞纵向排列，少数为栓质细胞单个分布。栓质细胞多呈长方形，硅质体呈狭长形，壁上有纹孔且剧烈加厚；没有被叶鞘包围的秆茎上有发达的角质层，也有的秆茎表面则覆有微小的、薄片状的蜡质颗粒。

②纤维组织带 在秆茎的横切面上，位于表皮层下，有3~5层纤维细胞组成的纤维组织带(其中镶嵌1层较小的维管束)，这些强弹性或筒状的机械组织又称皮下机械组织，其木质化的纤维具有狭长的细胞腔、壁厚约4μm。

③基本组织(薄壁组织) 在大多数小麦中，基本组织从表皮层扩展至其中空的髓腔，并含有薄壁的、具有细小纹孔的细胞。从横切面观察，为多角形或圆形，包围在纤维组织带外的，为细而长的细胞(长约350μm，直径约35μm)；靠近秆茎髓腔部分的为短而宽的细胞(长约150~250μm，直径可达100μm)。上述细胞很快便死去，同时失去细胞的内含物。在秆茎最下部的节间，薄壁组织的细胞壁变厚并木质化，这一结构给予纤维组织带以机械支持，借以巩固秆茎的基部。

④维管束 维管束排列2圈，垂周方向(径向)对称地散生在秆茎壁中。外圈维管束较小，彼此分离得很开，镶嵌于纤维组织带中；内圈维管束较大，呈圆形或椭圆形，外由1~2层纤维细胞组成纤维鞘包围，分散排列在基本组织内。

大型维管束为闭合外韧型，木质部朝向秆茎的中央。其主要的导管排列呈“V”形，其中原生木质部位于“V”的底部，有1~2个环纹导管或螺纹导管；两个孔纹导管具有较大的细胞腔，位于“V”的左右两肩部。维管束的韧皮部由筛管及伴胞组成，位于“V”的左右两肩部间，并略有扩展。细小的薄壁细胞分布于导管之间。

(2)细胞形态

从细胞组成看，麦秆的纤维细胞约占 62.1%，薄壁细胞占 29.4%，导管分子占 4.8%，表皮细胞占 2.3%，另有 1.4%其他杂细胞；其中纤维、导管比量比稻秆多，而薄壁细胞、表皮细胞比量比稻秆少(表 10-11)。

与稻秆纤维相比，麦秆纤维长度和直径分别为 1.32mm 和 12.9μm，依次增大了 43.5%和 59.3%，纤维长而粗；胞腔较大、细胞壁较厚(表 10-12)，胞壁上有明显的横节纹。与稻秆相比，麦秆的主要特征为：没有不定形的小细胞；薄壁细胞体积较大，胞壁上有网状加厚，细胞形状多为杆状(占杂细胞总数的 43.8%)及枕形；锯齿状的表皮细胞也较粗大，齿形尖、齿间距大小不均匀。

表 10-11 稻秆、麦秆杂细胞含量 %

种类	纤维	杂细胞				
		薄壁细胞		导管分子	表皮细胞	其他
		杆状	非杆状			
麦秆	62.1	16.6	12.8	4.8	2.3	1.4
稻秆	46.0	6.1	40.4	1.3	6.2	—

表 10-12 小麦秆的纤维形态

部位	长度(mm)		直径(mm)		双壁厚(mm)		腔径(mm)		长宽比	壁腔比
	范围	平均	范围	平均	范围	平均	范围	平均		
秆茎	1.03~1.60	1.32	9.3~15.7	12.9	—	10.4	—	2.5	102	4.16

10.5.3 主要性质

(1)物理性质

麦秆密度较小($W=8.9\%$)，节间密度为 0.313g/cm^3，秆茎基部的节间壁较厚，密度为 0.316g/cm^3；节部密度为 0.341g/cm^3，叶鞘密度为 0.257g/cm^3，总体上节部密度最大，节间其次，而叶鞘密度最小。

从节间的横切面看，因表皮层处坚实，外层密度最大为 0.383g/cm^3，中层为 0.307g/cm^3，内层为 0.298g/cm^3，秆茎由外向髓腔密度呈逐渐减小的变化趋势。

(2)化学特性

麦秆主要化学成分是纤维素、半纤维素和木质素，三者总量占 93.3%~96.4%；其中麦秆节间纤维素含量最高，而麦秆半纤维素中聚戊糖含量相当于阔叶树材的最高值(表 10-13)。

麦秆的次要成分中的灰分含量远高于木材，而灰分中主要成分为二氧化硅，一般不低于 50%，有的甚至高达 90%以上。麦秆的冷、热水抽提物含量也较高，约为 15.0%~28.5%(如河北小麦秸秆的冷、热水抽提物含量为 28.53%)，其中果胶质仅为 10%左右，大部分为淀粉等低聚糖；麦秆的 1%氢氧化钠抽提物含量大约比木材高出 1 倍，说明麦秆中低分子碳水化合物的含量较高。

表 10-13 各地麦秆的化学成分 %

产地	灰分	原料中二氧化硅	灰分中二氧化硅	抽提物含量				木质素	综纤维素	α-纤维素	聚戊糖
				苯-醇	冷水	热水	1%氢氧化钠				
江苏	3.64	1.64	45.05	1.59	6.35	8.68	33.28	19.93	75.13	41.62	24.91
黑龙江	6.99	4.89	69.96	2.6	7.18	11.04	37.1	22.19	72.33	44.28	24.55
河南	4.62	2.75	59.52	3.03	6.47	10.02	33.96	18.14	77.95	42.78	25.13
四川	4.72	4.32	91.53	5.09	7.53	10.57	35.59	18.35	78.08	46.08	25.64
河北	6.04	—	—	—	5.38	23.15	44.58	22.34	—	40.40*	25.56
陕西	5.21	—	—	—	—	—	—	16.36	76.98	41.11	—

注：* 表示硝酸乙醇纤维素。

10.6 玉米秆

10.6.1 资源分布

玉蜀黍(*Zea mays* L.)属禾亚科玉蜀黍属一年生高大草本植物，俗称玉米，秆直立，通常不分枝，基部各节部具气生支柱根。玉米秆在禾亚科植物中较为粗壮，高约 0.8~3m，最高可达 4m，秆径 2~4.5cm，节间和节部明显。别名：苞谷、棒子、玉茭、苞米、包粟、苞芦、珍珠米、大芦粟等。玉米为旱地栽培作物，原产于中南美洲，现在世界各地均有栽培，主要分布在纬度 30°~50°；栽培面积最大的有美国、中国、巴西、墨西哥、南非、印度和罗马尼亚。我国玉米全国各地均有种植，主要产区是东北、华北和西南山区。

玉米在世界粮食产量中居第三位，主要用途有直接食用、饲料、玉米淀粉、发酵提供碳水化合物、酶解生成葡萄糖、酒精、啤酒、制糖、生产玉米油等。

10.6.2 微观构造与细胞形态

玉米秆主要由叶和茎组成，其中茎又由外皮和髓组成，茎中含有较多的髓是玉米秆的特点。

(1)微观构造

玉米秆茎的横切面在光学显微镜下可以看到 3 种微观组成：表皮组织(表皮层)、基本组织(薄壁组织)和维管束(图 10-13)。

表皮层是植物秆茎最外面的 1 层细胞，是 1 个长细胞与 2 个短细胞(即 1 个硅质细胞和 1 个栓质细胞)交替排列。由于硅质化和栓质化的结果，表皮含有较多的硅化物和蜡质。

在整个玉米秆茎的断面上，维管束散生于基本组织中，分布不均匀：外围小而密，中心大而疏，但区分不出皮层和髓的界线。维管束中不形成侧生形成层，无次生构造。在近中部的维管束中，在茎尚未停止生长时就已成熟的原生木质部被撑破，留下空隙；导管是在茎停止生长后形成的，属于后生木质部；含有少量的初生韧皮部，木质部和韧皮部的外围被纤维所形成的纤维鞘包围，其中髓部纤维鞘较薄。在靠近表皮的边缘维管束中，围绕输导组织的纤维更多；具有机械支撑作用的纤维延伸到表皮的内层，形成包

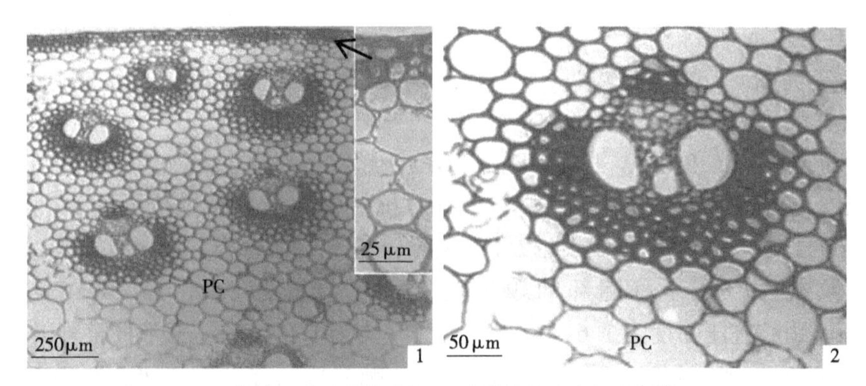

图 10-13　成熟玉米秆横切面(1)**及维管束**(2)(王欣等，2015)

围整个茎的一环。靠近茎外围的薄壁细胞的壁，要比内部的薄壁细胞壁厚(图 10-13)。

(2)细胞形态

与其他禾亚科原料最大的区别是，玉米秆杂细胞含量大，占总面积比的 70%左右(未去髓)。纤维两端尖削，长度一般为 0.52～1.55mm，最短仅为 0.40mm，最长的可达 2.80mm；直径为 7.2～29.6μm，平均 15μm 左右(表 10-14)。胞壁上纹孔少，横节纹显著。纤维分布的情况和甘蔗渣近似，不过近心部的纤维更少。

薄壁细胞的形状亦和甘蔗渣中相似，只是含量较多，约为甘蔗渣的 2 倍(23%～36%)。其表皮细胞和导管也都和甘蔗的相似，但体积较小。

表 10-14　玉米秆的纤维形态(刘一星等，2012；程合丽等，2008)

产地	长度(mm)		直径(mm)		双壁厚(mm)		腔径(mm)		长宽比	壁腔比
	范围	平均	范围	平均	范围	平均	范围	平均		
辽宁凌海市	0.40～2.80	1.36	7.2～29.6	15.1	4.0～7.8	6.0	12.3～20.5	17.5	90	0.34
山东	—	1.42	—	15.3	—	6.5	—	8.8	93	0.37

注：辽宁凌海市玉米秆纤维的长度、直径与双壁厚、腔径是用不同方法测量的。

10.6.3　主要性质

(1)物理性质

玉米秆的髓由薄壁组织和散生于其中的维管束组成，质量比约为 15%，纤维比量为 20%。因此，髓密度很小，蓬松柔软、吸水性强，机械强度极低，不利于作为人造板和造纸的原料。但因蓬松柔软，适合于制作缓冲包装材料，可以用于蔬菜、禽蛋和陶瓷、玻璃等包装。

玉米秆外皮厚度约为 0.04mm，但外皮质量比和纤维比量分别约高达 35%和 50%，是玉米秆中机械强度最好的部分；其纤维形态与棉秆、甘蔗渣相当，是生产人造板和造纸的较好原料。用玉米秆外皮制成的中密度碎料板，其主要性能指标均能达到国家标准中 A 类刨花板优等品的要求；但玉米秆表皮因含有一层脂肪性物质，对胶液的润湿和胶合不利。

目前，国内外利用玉米秆生产人造板的技术，虽已开发并取得许多研究成果，但迄今尚未大规模用于生产。其中主要原因是玉米秆特性与木材相比差异很大，尤其均一性差；其次是表皮和维管束间的接合力随秸秆的含水率下降而减弱，干缩后秆茎下部节部表皮会起皱脱落，从而使产品质量不稳定，加工工艺难度大。

(2)力学性质

①顺纹抗拉　玉米秆髓部顺纹抗拉弹性模量为33.51~45.36MPa，平均为38.45MPa；顺纹抗拉强度为1.97~2.34MPa，平均为2.10MPa。玉米秆整秆的顺纹抗拉弹性模量为45.5~56.9GPa，平均为49.84GPa；顺纹抗拉强度为3.50~4.26MPa，平均为3.73MPa。与髓部相比，玉米秆整秆的顺纹抗拉弹性模量和抗拉强度分别是髓部的1296.2倍和1.8倍，尤其是顺纹抗拉弹性模量，相差十分显著。

②顺纹抗压　玉米秆髓部的顺纹抗压弹性模量为8.28~22.07MPa，平均为15.09MPa；顺纹抗压强度为1.61~2.25MPa，平均为1.87MPa。玉米秆整秆的顺纹抗压弹性模量为13.4~87.1MPa，平均为36.7MPa；顺纹抗压强度为2.29~4.53MPa，平均为3.32MPa。与髓部相比，玉米秆整秆的顺纹抗压弹性模量和顺纹抗压强度分别是髓部的2.4倍和1.8倍。

③顺纹抗剪　玉米秆髓部的顺纹抗剪模量为60~350MPa，平均为133MPa；顺纹抗剪强度为424~670MPa，平均为559MPa。玉米秆整秆的顺纹抗剪模量为340~100MPa，平均为734MPa；顺纹抗剪强度为1710~2320MPa，平均为2052MPa。与髓部相比，玉米秆整秆的顺纹抗剪模量和抗剪强度分别是髓部的5.5倍和3.7倍。

(3)化学性质

玉米秆的主要成分是纤维素、半纤维素、木质素，以及粗蛋白、脂肪等；其纤维素、聚戊糖和木质素含量一般分别为30%~40%、17%~26%和19%~23%，由于玉米秆产地及部位的不同，其含量也存在差异(表10-15)。

表10-15　玉米秆化学组成分析　%

原料	灰分	抽提物含量					木质素	综纤维素	纤维素	聚戊糖
		乙醚	苯-醇	冷水	热水	1%氢氧化钠				
四川玉米秆	4.66	0.56	—	10.67	20.40	45.62	18.38	57.98	34.70	21.58
山东玉米秆	3.75	—	7.36	21.68	21.72	47.61	16.89	61.74	—	19.64
吉林玉米秆皮	2.55	—	10.81	—	13.02	39.95	18.49	70.18	—	19.03

玉米秆纤维素分子由800~1200个葡萄糖分子组成，其平均聚合度为1000左右，含量与麦秆相近；不同产地间综纤维素的含量差异不大，但玉米秆皮中综纤维素的含量要高于秸秆的平均值。半纤维素由β-D-吡喃式木糖以1-4联结的长链为主链，也带有短支链；其中聚戊糖含量在不同产地，以及玉米秆皮或芯间差异不大。木质素除含有愈疮木基木质素和紫丁香基木质素外，还含有少量的对羟苯基木质素；不过含量与聚戊糖含量一样，在不同产地及部位间差异不大。热水抽提物、1%氢氧化钠抽提物及灰分含量，均表现为秸秆皮处含量低于秸秆平均值。

10.6.4　主要用途

作为玉米的副产品玉米秆(占植株总产量的60%~70%)，全世界年产量超过7.9亿t，其中我国约为2.2亿t(仅次于美国而位居世界第二)，占农作物秸秆总产量的30%左右。但至目前，玉米秆42%直接还田或过腹还田(作牛羊等畜类饲料)，30%作农用燃料，8%作工业或其他用途，剩余20%还未被合理利用而被废弃。

（1）动物饲料

玉米秆具有一定的营养价值，成熟期春玉米秆各结构部位营养由高到低依次为叶片、雄穗、秆茎和苞叶；其中粗纤维以茎皮最高、茎髓次之、叶片最低，粗脂肪以叶片最高、雄穗最低，粗蛋白含量以叶片最高、雄穗和秆茎次之、苞叶最低。秸秆中蛋白质含量很低，质量比一般为 2%~4%，氨基酸组成不平衡，作为反刍动物饲料直接食用营养价值很低。但经纤维素毛壳菌发酵后制成的动物纤维蛋白饲料，因具有安全性、粗蛋白可被消化、粗纤维难被消化的特点，而适用于作反刍动物粗蛋白的部分替代物。

（2）工业原料

目前，我国利用玉米芯中的聚戊糖可生产糠醛、木糖醇，其中木糖的收率 9.5%，木糖醇的收率 5%，木糖醇可达食用级质量标准。

我国石油、天然气资源不足，而快速热解可较为快速将生物质转化为燃料和化学品，成本较低，是国际上生物质利用研究的一个热点，尤其是生物质快速热解制生物油，可代替现代运输燃料，玉米秆的热解汽化也是一项开发中的技术。

此外，除作为生物肥料直接还田、农用燃料直接使用外，玉米秆茎还可用于酿酒、生产人造板、造纸和制作家具等。

10.7　高粱秆

10.7.1　资源分布

高粱（*Sorghum* spp.）属于禾亚科高粱属，为一年生草本旱地栽培作物，别名：蜀黍、番麦。高粱秆在禾亚科植物中较为粗壮，直立，株高 0.55~6.55m，秆径 2~5cm，穗长 2.5~80cm（如帚用高粱品种），节部和节间明显。

高粱是一种碳四（C_4）植物，光合作用效率高，具有独特的抗逆性、适应性和多重抗耐性。基部节部上具支撑根，根系发达（比玉米的多 1 倍）、渗透压高，从土壤吸水能力是玉米的 2 倍。高粱秆表面对光反射率高，可防止植物体温度升高、减少水分过度蒸腾，故蒸腾系数低。高粱叶片气孔多（约是玉米的 2 倍）、恢复能力强，水涝时能加强蒸腾，增加干物质积累；天旱时关闭气孔，减少体内水分蒸腾。高粱生长周期一般在 36~199d 不等，在栽培上除精选良种、适时播种、合理密植、及时进行田间管理外，适时早播和增施肥料，对促进高粱的正常生长发育、提早成熟（如晚熟品种可缩短至 3~5 个月生长成熟）、高产稳产有明显的作用。

种植面积较大的国家有苏丹、印度、尼日利亚、美国、布吉纳法索、马里、埃塞俄比亚、乍得、巴西等。近年来国外高粱发展较快，2020 年高粱产量最高的美国约为 947.4 万 t，种植面积约 206.2 万 hm^2。我国高粱的分布较广，种植面积较大的地区有内蒙古、山西、贵州等地（种植面积均超过 100 万亩），种植面积为 63.5 万 hm^2，占世界高粱总面积的 1.6%，居世界第 14 位；单产 4.68t/hm^2，是世界平均单产的 3.2 倍，总产量达到 297.0 万 t，列世界第 6 位。目前主要在我国东北、华北、西北和黄淮流域等地种植；其谷物为世界四大粮食之一（即稻、麦、玉米和高粱，其中小麦与大麦合称为麦），排在稻谷、小麦、玉米和大麦之后，既可以作为粮食供人食用，又可以用来饲养牲畜或者用来酿酒。

10.7.2 微观构造与细胞形态

秸秆主要由叶和茎组成，其中茎又由外皮和髓组成，而茎中的髓少于玉米秆。

(1)微观结构

以甜高粱[*Sorghum bicolor*(L.)Moench]为例，其秸秆的横切面在光学显微镜下可以看到表皮组织、基本组织(薄壁组织)和维管束3部分。表皮组织能有效防止秆茎内部水分过度蒸发和外部病菌的侵入，是甜高粱秆茎最外面的一层细胞，在纵切面上呈针型、长宽比例较大，细胞壁上的纹孔数量多、呈均匀直线排列，在个别表皮细胞腔内，有环形物质分布。维管束由纤维、导管和筛管等组成，其中纤维在木质部导管和韧皮部筛管等组织周围作环状排列，形成纤维鞘。基本组织由薄壁细胞组成，在各种组织构造中薄壁细胞占体积比例大，但密度较小，主要生长在靠近内壁的维管束周围。甜高粱髓芯薄壁组织在横切面上为不规则多边形，且以五边形和六边形居多；在髓芯的纵切面上，薄壁组织细胞呈四边形，细胞腔的长、宽基本相等(图10-14)。不管是在横切面还是纵切面上，甜高粱髓芯薄壁细胞壁非常薄，壁上清晰可见随机分布的纹孔且数量众多。

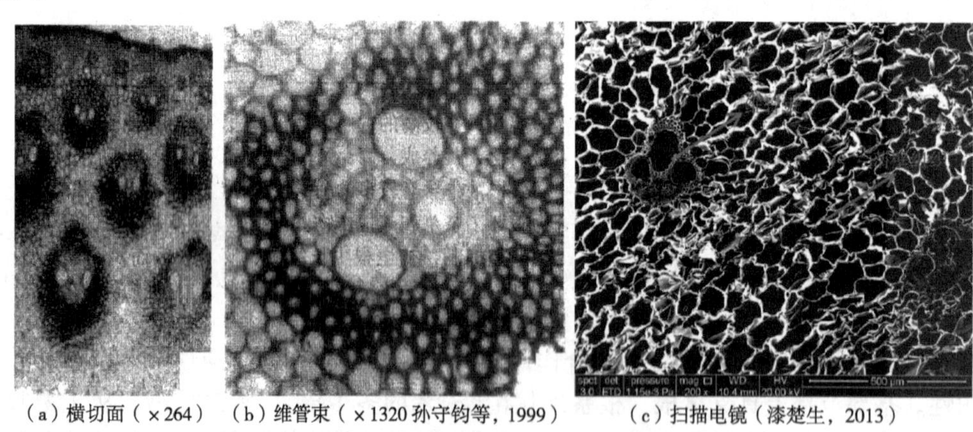

(a)横切面(×264)　(b)维管束(×1320 孙守钧等，1999)　(c)扫描电镜(漆楚生，2013)

图10-14　高粱秆茎横切面及维管束图

(2)纤维形态

高粱秆的纤维细胞含量比甘蔗渣少，比玉米秆多。高粱秆纤维长1.47mm，直径12.9μm，与玉米秆纤维相比，高粱秆纤维略长、略细，其纤维长宽比为114，比玉米秆长宽比大26.7%(表10-16)。

10.7.3 主要性质

高粱秆的木质素的含量约为17%~23%；除富含愈疮木基木质素和紫丁香基木质素外，还含有少量的对羟苯基木质素，其中紫丁香基与愈疮木基之间的比例为(0.5~1.0)：1。

高粱秆聚戊糖含量高达44.4%，远远高于木材、竹材、棕榈藤材及其他农作物秸秆等木质资源材料(表10-17)。

高粱秆与其他禾亚科植物相似，抽提物含量较高，含有较多的可溶性糖、淀粉和少量蛋白质。

表 10-16　高粱秆的纤维形态(刘一星等, 2012)

部位	长度(mm)		直径(mm)		双壁厚(mm)		腔径(mm)		长宽比	壁腔比
	范围	平均	范围	平均	范围	平均	范围	平均		
秆茎	0.40~3.26	1.47	5.0~23.8	12.9	2.0~6.2	3.8	8.2~20.5	14.2	114	0.27

注：样品采集地为辽宁凌海市；纤维的长度、直径与双壁厚、腔径是用不同方法测量的。

表 10-17　高粱秆化学成分　%

部位	灰分	抽提物含量				蛋白质	木质素	硝酸乙醇纤维素	聚戊糖
		乙醚	冷水	热水	1%氢氧化钠				
秆茎	4.76	0.10	8.08	13.88	25.12	1.81	22.52	39.70	44.40

注：样品采集地为河北。

10.7.4　主要用途

(1)人造板

高粱秆纤维长宽比与一般木材的值相当，表皮坚硬但较轻，容易得到笔直的秆茎；原料丰富、价格低廉，适宜生产质量轻、强度大的板材，与木材人造板比较，具有绝热、保温、隔音、防水、轻便、坚固耐用等优点，应用领域广泛。高粱秆人造板另一重要特点是素板与贴面一次热压成型，省去贴面生产线的设备。经贴面后可用于室内装修、房间隔音、地板铺设及家具制造。

(2)饲料

高粱的茎、叶具有较高的饲料价值，且适口性强，是一种优质的青饲料作物。其中杂交高粱秆不但易消化，营养成分高，还能提高奶的产量。

(3)除草剂

因高粱根液中含有较多的酚酸、含氰糖苷和双氢醌氧化形成的 P-苯醌植物毒素，破坏了杂草和其他作物体内细胞膜的渗透性，可导致生物中毒，使种子的胚芽和初生根受到严重抑制，初生根生长缓慢、畸形，抑制了其正常生长，而对高粱本身影响较小；因此，利用高粱这种化学相克特性，通过合理轮作，能起到良好的除草效果。

(4)工业原料

高粱秆也是制取纤维素、造纸以及工业化学品的良好原料。高粱秆还可以提取抗高温蜡质，是制造蜡纸、油墨、鞋油的原料。高粱秆含有红色花青素，可以做皮革和羊毛的染料。

此外，高粱秆还可直接用来制作家具、编织工艺品等。

10.8　甘蔗渣

甘蔗是制糖的主要原料，蔗糖约占我国食糖总量的 84.6%，产销量仅次于巴西、印度，居世界第三位。由于糖不仅是人类必需的食品之一，还是食品、医药、化学工业的重要原料，且可提炼乙醇作为能源替代品，所以食糖工业在我国国民经济中起着重要作用。

甘蔗在压榨制糖过程中，除获得 13%~21%的主产品蔗糖外，还可获得 24%~27%的湿甘蔗渣、3.2%~3.5%的糖蜜和 3.6%的蔗泥(与蔗种有关)等三大副产品，其中甘蔗渣数量较大。甘蔗渣是优良的植物纤维原料，约有 50%的纤维可以用来造纸，但由于其中尚有部分蔗髓(薄壁细胞)没有交织力，制浆过程前应予除去。此外，甘蔗渣可直接用作燃料、或生产纤维板和刨花板，还可用作饲料或培养食用菌，制取纤维素、糠醛、乙酰丙酸、木糖醇等化学产品。

10.8.1 资源分布及分类

(1)资源分布

甘蔗(*Saccharum officinarum*)属禾亚科甘蔗属，为一年生或多年生热带或亚热带高大实心草本植物。具有喜高温、需水量大、吸肥多、生长期长的特点，对热量和水分的要求尤为严格。在长达10~12个月的生长期中，需日平均气温18~30℃，生长的有效温度15℃以上，蔗茎生长以30℃左右最为旺盛，10℃以下停止生长；由于是高秆作物，要求土壤肥沃、深厚，年降水量在1200mm以上。

甘蔗主要分布在北纬33°到南纬30°，其中以南、北纬25°面积比较集中。全世界有一百多个国家出产甘蔗，甘蔗种植面积最大的国家是巴西，其次是印度，我国位居第三，种植面积较大的国家还有古巴、巴基斯坦、泰国、墨西哥、哥伦比亚、澳大利亚、美国、阿根廷、菲律宾、南非、印度尼西亚、越南等，这15个国家的种植面积约占全世界的85%，甘蔗种植面积和总产量的90%以上集中在亚洲和拉丁美洲。目前全世界甘蔗种植面积约1700万hm^2，蔗糖年产量约11.2亿t，我国种植面积约112万hm^2(不含台湾省)，年加工原料甘蔗6500余万t，蔗糖产量约700万t，产生的湿甘蔗渣约有1760余万t。

我国是世界上最早种植甘蔗的国家之一，华南、云南南部一带是世界甘蔗原产地之一；此外，几内亚一带、印度也是甘蔗原产地。我国的主产蔗区主要分布在北纬24°以南的热带、亚热带地区，包括广东、广西、云南、海南、台湾、福建、浙江、四川、江西、贵州、湖南、湖北等南方12个省(自治区)。自20世纪80年代中期以来，我国的蔗糖产区迅速向广西、云南等西部地区转移，至1999年广西、云南两省的蔗糖产量已占全国的70.6%(不含台湾省)。随着生产技术的发展，在我国中原地区(如河南、山东、河北等地)也有分散性大棚种植。按气候带划分，我国甘蔗分布可分为三大蔗区：

①华南蔗区　包括广东和广西北纬24°以南、台湾、福建东南沿海及云南南部海拔1100m以下的地区；本蔗区是我国目前甘蔗栽培最集中、蔗糖产量最多的蔗区，甘蔗种植面积约占全国总种植面积的70%。

②华中蔗区　主要包括广东和广西北纬24°以北、福建除东南沿海以外的地区、贵州除西部以外的地区、四川成渝地区、陕西秦岭以南地区、河南南部边缘、安徽北纬32°以南地区，江苏长江以南地区，以及浙江、江西、湖南、湖北四省；本蔗区甘蔗种植面积次于华南蔗区，其中的四川盆地和江西南部蔗区种植较为集中，是本蔗区的重要蔗糖基地。

③西南蔗区　包括贵州西部高原及其西南隅、四川西部高原的南部、云南除南部以外的大部分地区、西藏东南部喜马拉雅山脉以南地区，南起北纬23°、北至北纬29°附近。

(2)植物分类

①中国蔗(*Saccharum sinense*)　常称中国种，因蔗茎坚硬、表皮灰黄绿色，故又称竹蔗或芦蔗。为最古老的栽培种，主要分布中国、印度北部、马来西亚一带。该种蔗茎挺直高大、蔗皮硬厚、纤维多、糖分高，是传统糖坊制糖的唯一原料。

②肉蔗(*Saccharum officinarum*)　常称热带种，因传统为咀嚼食用蔗，又称食用蔗(chewing cane)。该种是栽培种之一，原产南太平洋新几内亚群岛、印度尼西亚群岛。

该种产量高、蔗汁多、糖分高、纤维少、茎粗蔗肉厚、蔗皮薄软，适于加工制糖。

③印度种(*Saccharum barberi*) 为栽培种之一，主要分布于印度恒河流域，我国南方也有分布。该种植株矮、早熟，纤维多、糖分较高。

④细茎野生种(*Saccharum spontaneum*) 又称割手密。野生种之一，分布于南纬10°至北纬40°范围内，最多分布于我国云南南部及西南部、缅甸、中南半岛、印度尼西亚、马来西亚和印度一带，喜马拉雅山麓及山坡上也有分布。该种空心、纤维多、蔗汁少、糖分低。

⑤大茎野生种(*Saccharum robustum*) 又称伊里安野生种。野生种之一，原产南太平洋新几内亚群岛一带，主要分布伊里安岛、婆罗洲岛及西里伯斯岛等有限范围内。该种生长势旺，茎坚硬、纤维多、糖分低。

10.8.2 生物结构与微观构造

(1)生物结构

甘蔗由根、茎和叶3部分组成；蔗茎为制糖原料，压榨后的主要副产物即甘蔗渣。

①根 甘蔗栽培主要采用埋置茎节的方法，其须根系便在埋置茎节部的根带上产生；种苗种植后，有种根和苗根两种根的生长(图10-15)。

种根自埋置茎节部的根点发出，条数多、纤细、分支多。在苗根形成前，幼苗生长所需水分及营养物质主要靠种根吸收；种根寿命不长，一般为6~8周，有效生长时间约4~6周，故种根又称临时根。

苗根由新株基部节部的根点长出，呈白色肉质状，一般较种根粗壮、分支少、寿命长，故也称永久根、新株根或次生根，是甘蔗的主要根系。

②茎 蔗茎是栽培收获的产物、蔗糖生产的原料，由若干个蔗节组成，每个蔗节包括1个节间和1个节部，其上着生叶、顶芽和侧芽(图10-16)。蔗茎一般为圆柱形(有时略弯曲)，中间粗、两端细；通常高2~4m(也有不足0.5m或6m甚至以上)、直径3~4cm。蔗茎有不同颜色，常见有淡黄绿色、紫红色、绿色等，也有红色和褐色，但比较少见；有的还有花纹。

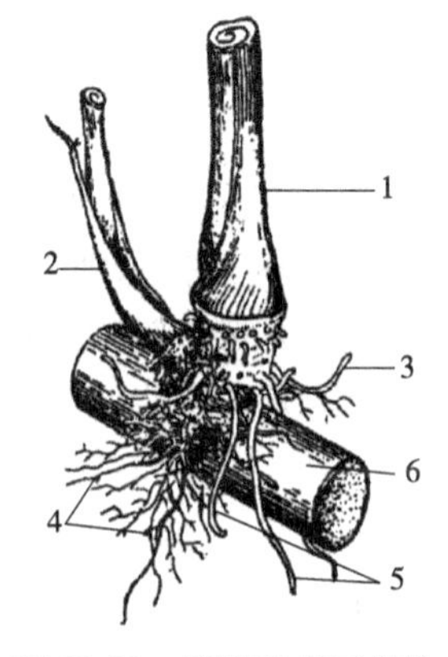

图10-15 甘蔗的根系结构

1. 主茎；2. 分蘖茎；3、5. 苗根；4. 种根；6. 蔗种

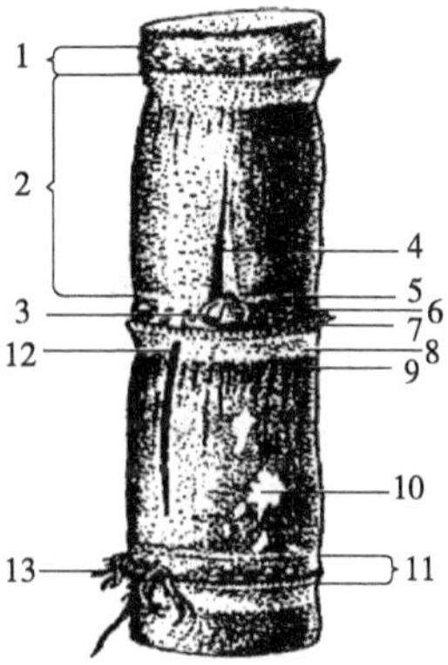

图10-16 甘蔗茎的构造

1. 节部；2. 节间；3. 侧芽；4. 芽沟；5. 生长带；6、11. 根带；7. 叶痕；8. 蜡粉带；9. 木栓裂缝；10. 木栓斑块；12. 生长裂缝；13. 气根

节间　两个节部之间的部分称为节间，上起叶痕、下至生长带(不含叶痕和生长带)。一株蔗秆的节数通常10~30个不等(热带有的多达80余节)，节间长度5~25cm，因品种特性和环境条件不同而有很大差异。节间的形状有圆筒形、腰鼓形、细腰形、圆锥形和弯曲形等。节间上有蜡粉、生长裂缝、木栓裂缝、木栓斑块及芽沟等附属物或特征。

蜡粉是蔗茎表皮细胞的分泌物，起保护作用。在每个节间的上部，有一环特别厚的白色蜡粉圈，称蜡粉带。

生长裂缝(水缝)，为节间生长过程中内、外生长不协调所致。生长裂缝从蔗皮纵裂深入节间组织内部，长度可贯穿整个节间。

木栓裂缝是节间表皮细胞组织干枯老化，形成一种分布不规则的小纵裂缝；老的节间上木栓裂缝常结合而成木栓斑块。

芽沟(芽槽)，是芽的上方凹入节间表面的纵沟。

节部　蔗茎的节部如圆环，形状有凸出、平直、凹陷和倾斜等。从上至下依次为生长带、根带、侧芽和叶痕。

生长带为节间与节部的分界，位于根带上部，通常无蜡粉，颜色较淡。生长带为居间分生组织，节间的伸长是由于生长带的母细胞，不断分裂及伸长、增大的结果。

根带位于生长带与叶痕之间，其上着生侧芽和数列根点(根原基)，根点排列成行或不规则。根带在芽的一侧较对侧宽。

侧芽是指蔗茎节部上的芽，生于叶痕上方或之内。通常每节部有1芽，也有少数节部无芽或有2个及以上的孪生芽。侧芽由数片芽鳞(原始叶)、芽翼和生长点等组成。

叶痕是叶脱落后留在蔗茎上的痕迹。

③叶　甘蔗叶有原始叶和真叶两种。

原始叶即包被蔗芽外的芽鳞，发芽伸长后只有叶鞘而没有叶片。

真叶着生于蔗茎节部的基部，每个节部着生一叶，在茎的两侧相互交错排成两列。真叶由叶片和叶鞘组成，在叶片和叶鞘的交界处有肥厚带、叶舌、叶耳等；叶鞘与节部的基部相连处有明显的隆起，称叶节或叶鞘节。叶片通常呈绿色，长100~180cm，宽1.5~6cm。叶鞘自节部的基部长出，长15~52cm，两边缘相互重叠、紧包蔗茎呈管状；外表面呈绿色或绿中带红紫色、多蜡粉和茸毛，内表面呈白色、无毛且发亮。

(2)茎的微观构造

①蔗皮　蔗皮由表皮组织和纤维组织带所组成。

表皮组织为蔗茎的最外层，通常是1个长细胞与2个短细胞交替排列(图10-17)。长细胞呈长方形，边缘多呈锯齿状(波浪形)，故也称锯齿细胞。相邻细胞间交错密接，可提高细胞间的结合力，使之不易裂开。短细胞又分为栓质细胞和硅质细胞，栓质细胞有缓冲作用，可防表皮热胀冷缩；硅质细胞很小，具有棱镜分光功能，对紫外光有强反射能力，可防止蔗皮被烈日灼伤。此外，由于细胞硅质化和栓质化的结果，表皮组织还能防止秆茎内部水分过度蒸发和外部病菌的侵入。

皮下的纤维组织带是甘蔗茎纤维的主要来源，它由几层直径很小的纤维细胞所组成，纤维带由节间通过节部与相邻的节间相连，是蔗皮的主要组成部分。

②蔗肉　蔗肉是蔗茎的运输储藏中心，主要由维管束及基本组织(薄壁组织)组成。前者的功能为运输和机械支撑；后者的功能为储藏(储藏甘蔗光合作用合成的蔗糖)(图10-18)。

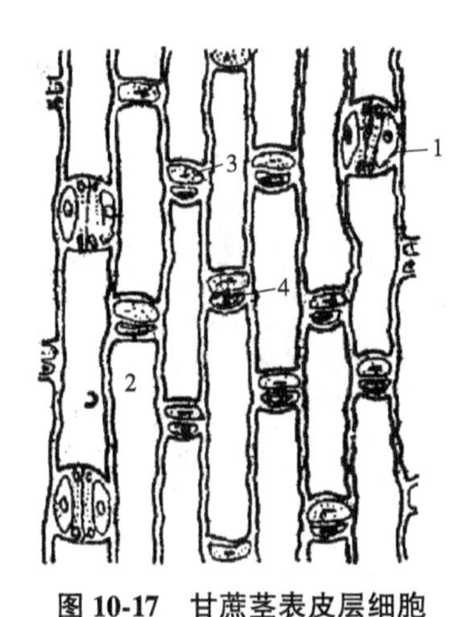

图 10-17　甘蔗茎表皮层细胞

1. 气孔器；2. 长细胞；3. 栓质细胞；4. 硅质细胞

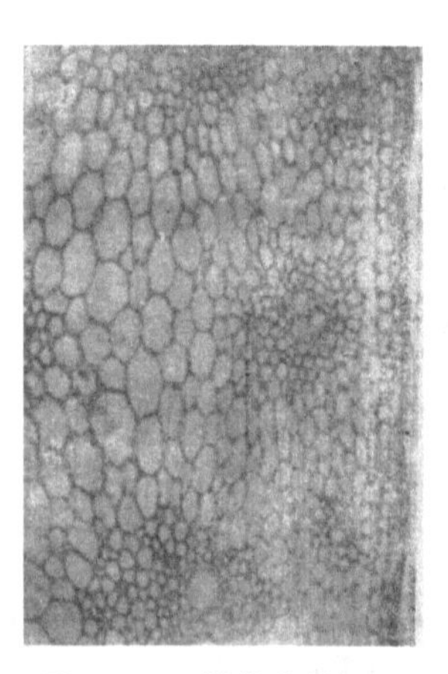

图 10-18　甘蔗茎横切面

（邬义明，1991）

维管束　在甘蔗秆茎的横切面上，维管束分布主要集中在茎的外围，越向茎的中心越稀疏，因为蔗茎的中央多由薄壁细胞所组成；在蔗秆的末端，维管束的分布相对也较稀疏。维管束主要由初生木质部、初生韧皮部和纤维组成。

初生木质部由 2 个大的后生木质部导管和 1~3 个小的原生木质部导管组成"V"字形，两个大导管分别在"V"字的两肩，与初生韧皮部毗邻；原生木质部小导管在"V"字的中间底部，指向蔗茎中心(图 10-19)。原生木质部小导管壁上因有环状或螺旋状增厚，分别称为环纹导管或螺纹导管；后生木质部大导管因导管壁上的增厚部分呈横条凸出似梯状，或导管壁上的增厚部分交错连接成网状("网眼"为未增厚的部分)，分别称为梯纹导管或网纹导管。

维管束的初生韧皮部由筛管和伴胞组成，筛管和伴胞都是活细胞，壁很薄、多孔，由同一个母细胞分裂而成；其中伴胞很小，通常由 3~5 个伴胞与 1 个筛管相连接，筛管分子间通过筛板相通。初生韧皮部属于外韧型，即位于维管束靠近蔗皮一侧，主要功能是将蔗叶光合作用所产生的物质由上向下输送。

纤维围绕在初生木质部和初生韧皮部的外围，称纤维鞘，属于机械组织，主要功能是保护维管束内的初生木质部和初生韧皮部，给蔗秆以支撑力，同时也是甘蔗茎纤维的一个来源。而作为纤维原料利用的甘蔗渣，其纤维主要分布在蔗茎的外圈，即皮下的纤维组织带中。

维管束是蔗茎的管道，通过维管束达到节间与节部彼此相通。在节间内，相邻维管束均被基本组织所包围，平行蔗茎、彼此分开、没有分枝；但在节部内，维管束却是相互交错、分叉，且初生韧皮部为内韧型，即初生木质部位于维管束靠近蔗皮一侧，与其在节间中的位置正好相反(图 10-20)。此外，在节部还存在着横向的维管束。

基本组织(薄壁组织)　蔗肉中除维管束外，其余均由直径大而壁薄的薄壁细胞组成，在蔗茎的组成中又称蔗髓，故薄壁细胞(不含维管束中的薄壁细胞)又称髓细胞。基本组织是甘蔗的储藏器官，甘蔗汁储藏在薄壁细胞的液泡之中，榨糖时经压榨、破裂而流出。

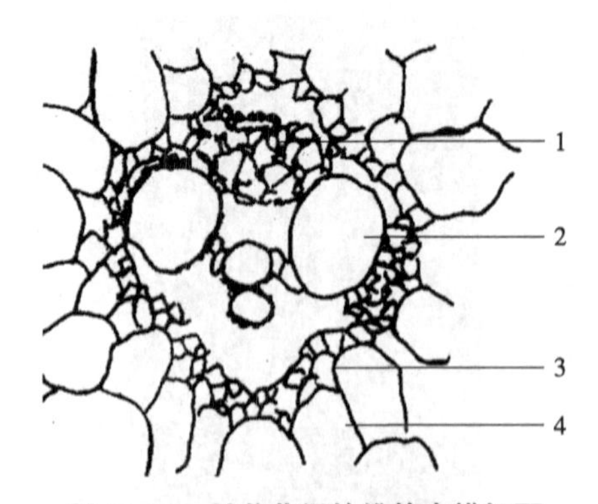

图 10-19 甘蔗节间的维管束横切面

1. 韧皮部筛管；2. 木质部导管；3. 纤维鞘；4. 基本组织(薄壁组织)

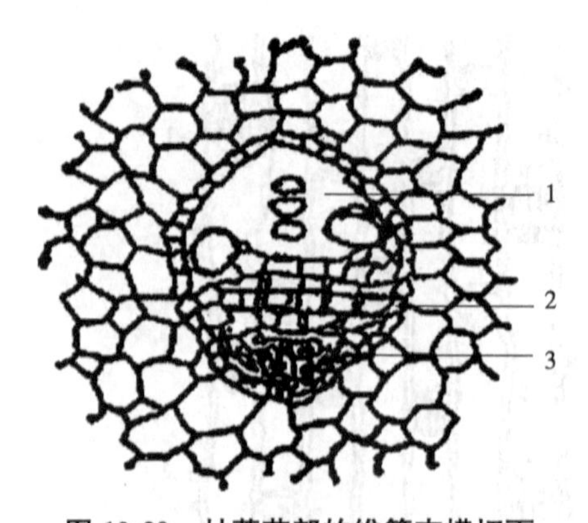

图 10-20 甘蔗节部的维管束横切面

1. 木质部；2. 韧皮部；3. 厚壁细胞

首先，由于蔗茎中薄壁细胞多为圆形、方形或枕形，长度短(250~400μm)、宽度大(54~87μm)、长宽比极小(小于5)(表10-18)，作为纤维原料交织能力差，吸水率为纤维细胞的30倍；其次，因蔗茎中薄壁细胞的大量存在，直接降低了蔗渣浆的质量，给造纸和人造板生产及产品质量带来不利影响；最后，由于薄壁细胞具有弹性，当蔗汁被挤出后并吸入空气、恢复原状，会给备料、磨浆工序，以及干燥后的搬运带来污染和治理污染造成困难。

表 10-18 蔗渣细胞的类型及形态

项 目	纤 维	杂细胞				
		薄壁细胞		导管分子	表皮细胞	其他
		杆状	非杆状			
组织比量(%)	64.3	10.6	18.6	5.3	1.2	—
细胞平均长度(μm)	1000~2000	250~400		—	—	—
细胞平均宽度(μm)	14~28	54~87		—	—	—

③蔗茎细胞组成的特点　蔗茎是甘蔗生长的主干，也是甘蔗种植的主要产物。甘蔗品种不同，蔗茎纤维细胞和薄壁细胞(髓细胞)的比例也不同，因此将直接影响蔗茎的强度(如抗风力、硬度)和产糖率。一般来说，中国蔗及其他硬皮蔗种的蔗皮较厚，薄壁组织含量低、纤维含量高，蔗茎弹性好、抗风力强；而肉蔗等大茎蔗则蔗皮较薄，薄壁组织含量高、纤维含量低，强度差、易被风折断。

由于蔗种的不同，蔗茎的纤维、薄壁组织含量(一般为23%~36%)也不同，自然影响到其蔗渣的综合利用价值，尤其是制浆造纸和人造板生产等产品质量。一般而言，甘蔗纤维量越高，蔗渣作为纤维原料的利用价值也越高；而蔗渣浆中最主要的杂细胞即薄壁细胞，是造成蔗渣浆质量低下的重要原因，因此，除髓也成为造纸和人造板生产中的一道重要工序，这也是蔗渣作纤维原料利用时的一个显著特点。

此外，同一蔗秆的不同位置，纤维的分布密度也不同。随着蔗茎高度的增加，纤维含量逐渐减少，底部纤维的含量约比梢部高23%；节部的纤维含量高于节间的纤维含量；茎外围的纤维含量则远远高于茎中心的纤维含量。

(3)纤维形态及变异

①纤维形态 甘蔗渣纤维的形态特征包括纤维的长度、宽度、双壁厚、胞腔径、长宽比、壁腔比和腔径比等；甘蔗渣的纤维形态不同，作为纤维原料的纸张、纤维板、刨花板等纤维产品的质量和价值也有差别。

研究表明，不同品种甘蔗渣的纤维形态特征是不同的，同一品种也因种植的地域、气候及生长期的不同而存在差异。一般来说，甘蔗渣的纤维长度为1000~2000μm、宽度为14~28μm、长宽比为60~80、壁腔比远小于1，具有长度中等、宽度较大、壁腔比很小的特点。造纸学上认为，当纤维的长宽比小于45时，因其缺乏交织能力、成纸强度太低而失去造纸价值；当壁腔比大于1时，纤维较僵硬，抄纸时纤维间接触面小、结合力低。因此，甘蔗渣纤维可以满足一般文化用纸的要求(表10-18)。

与常用的禾亚科原料相比，甘蔗茎纤维的长度比较长，宽度远大于其他品种，壁腔比则为禾亚科原料中最小的。但与木材纤维相比，甘蔗茎纤维的长度仅为针叶树材管胞的一半，比阔叶树材的木纤维略优；宽度小于针叶树材管胞，而与阔叶树材木纤维相近，长宽比与木材纤维相似，壁腔比则小于木材纤维(表10-19)。

表10-19 甘蔗茎与木材纤维形态对比

原 料	长度(mm)	直径(μm)	双壁厚(μm)	腔径(μm)	长宽比	壁腔比
针叶树材(管胞)	2.40~3.60	25~65	4~10	10~45	60~100	0.25~1.3
阔叶树材(木纤维)	0.70~1.50	15~35	6~9	8~15	35~70	0.5~1.2
甘蔗茎(纤维)	1.01~2.34(1.73)	16.7~30.4(22.5)	6.5	17.9	77	0.36

注：甘蔗茎纤维长度、直径括号中的值为平均值。

②纤维形态变异 研究发现，同一蔗茎的不同位置，如节间与节部、不同节间、同一节间的不同高度、同一高度的内外不同部位等，纤维形态特征均有差别。

轴向变异 蔗茎下部靠地面处的节间，纤维的长度、长宽比、直径(宽度)、双壁厚等都相对较小，随着轴向高度(或节序)升高，相应指标总体上先逐渐增至最大值后又逐渐变小(表10-20)。如在该表中，纤维长度、长宽比最大值在第13节，宽度的最大值在第11节，而双壁厚的最大值在第5节；因此，同一蔗茎中，纤维的长度以中段为最佳、梢部次之、基部最差。

表10-20 甘蔗纤维形态的轴向变异

纤维形态	节 序									
	2	5	9	11	13	15	17	22	24	26
长度(μm)	1090	1370	1680	1980	2080	1960	1820	1770	1670	1640
直径(μm)	21.28	23.95	23.27	25.31	24.27	22.98	23.46	24.01	22.40	23.22
长宽比	51.2	57.2	72.2	76.3	85.7	85.3	77.6	73.7	74.6	62.0
双壁厚(μm)	4.27	4.57	4.43	4.17	3.93	4.05	4.15	4.03	3.90	3.80

径向变异 在同一高度，节间皮下的纤维组织带中的纤维既细又短，蔗肉外侧维管束中的纤维既粗又长，蔗肉内侧维管束中的纤维较细且较短。

蔗节内变异　同一蔗节中，节部纤维的长度、宽度、长宽比等指标都是最小的，而节间中段纤维的长度、宽度、长宽比等指标则是整个蔗节中最大的。如粤糖 57~423 品种的蔗茎第 11 蔗节中，节部纤维的长度、宽度和长宽比分别为 1020μm、19.81μm 和 51.49，而节间中段对应指标依次为 2330μm、22.89μm 和 101.79，节间其他位置上相应的指标介于节部和节间中段之间。

蔗节中纤维形态的分布表明，节部纤维粗而短，节间蔗肉内侧纤维长度较短(且纤维含量最低)，纤维质量较差，节间蔗肉外侧纤维形态最佳(表 10-21)。

10.8.3 主要性质

(1)蔗茎的力学性质

①抗弯性质　未剥蔗皮基部试样的平均直径为 17.7mm，其抗弯弹性模量为 1.172GPa，抗弯强度为 46.5MPa；剥去蔗皮后的基部蔗芯试样的平均直径为 16.5mm，其抗弯弹性模量为 1.515GPa，抗弯强度为 42.0MPa，其中蔗芯抗弯弹性模量比未剥蔗皮的增加了 29.3%。

②顺纹抗拉强度　蔗皮的顺纹抗拉强度除与蔗种有关外，还与蔗皮所取位置、加载速度及含水率等因素有关。同一部位蔗皮，随着加载速度从 10mm/min 增大到 250mm/min，蔗皮的顺纹抗拉强度由 31.95MPa 增大到 44.89MPa；当加载速度为 50mm/min 时，随着轴向高度的增加，蔗皮的顺纹抗拉强度呈逐渐减小的趋势；随着含水率从 45.71%减小到 7.81%，蔗皮顺纹抗拉强度先由从 23.00MPa 减小到 16.41MPa 后，又增大到 28.86MPa。

(2)甘蔗渣的化学性质

①化学成分　甘蔗中含量最高的化学成分是糖分，其次为各类细胞的细胞壁成分(即纤维素、半纤维素和木质素)，以及少量的抽提物(脂肪、蜡)和灰分等。

甘蔗的湿蔗渣产率约 24%~27%(新榨出的蔗渣含水量约 46%~52%)，除去水分外，蔗渣主要化学成分是纤维素、半纤维素和木质素，其次是抽提物。与甘蔗最主要的区别是，蔗渣的热水抽提物和 1%氢氧化钠抽提物含量相对较低。同一产地甘蔗蔗髓(髓细胞)中的抽提物含量、木质素、聚戊糖含量均高于蔗渣中各部分的平均值，纤维素含量低于蔗渣，造成制浆中水解严重，浆料质量差(表 10-21)。

表 10-21　蔗渣及蔗髓的化学成分　%

原料	灰分	抽提物				硝酸乙醇纤维素	聚戊糖	木质素	综纤维素
		冷水	热水	苯-醇	1%氢氧化钠				
甘蔗渣(广东)	1.20	—	—	4.23	35.95	—	20.63	20.38	59.01
甘蔗渣(四川)	3.66	7.63	15.83	—	26.26	42.16	23.51	19.30	—
蔗髓(四川)	3.26	—	—	3.07	41.30	38.17	25.43	20.58	—

与木材相比，蔗渣中聚戊糖、1%氢氧化钠抽提物、冷水抽提物、热水抽提物和灰分含量较高，木质素和纤维素的含量与阔叶树材的杨木、白桦相近，略低于针叶树材。

②pH 值　蔗渣的 pH 值对其纤维利用的工艺有一定影响，在测去髓后蔗渣的 pH 值时发现，蔗渣的浸提液呈弱酸性，且随浸提时间的延长，酸性还有增强的趋势。这对利用蔗渣原料生产人造板时，使用脲醛树脂胶在酸性条件下固化是有利的。但在造纸、纤

维板生产中，由于磨浆中蔗渣较木材易于水解，同时蔗渣中的残糖在酸性条件下加热，部分会转变成极易吸水的转化糖和果糖，所以在热磨后浆料的 pH 值可降至 3.5~5.0，因此在湿法生产中就要求进行洗浆。

③贮存过程中的化学变化　由于新鲜蔗渣用于作纤维原料生产时，不仅耗碱量大，而且纤维质量也差。同时，由于甘蔗制糖具有季节性。因此，以蔗渣为原料综合利用的造纸厂或人造板厂等，采用适当的方式对蔗渣进行贮存是必不可少的。

在甘蔗渣的贮存过程中，由于甘蔗渣中所含的糖分会分解转化成酒精、乳糖和乙酸等。而乙酸在 40℃以上能促进纤维水解、降低蔗渣纤维的强度，导致其在除髓时易碎。因此，除去蔗渣中残留糖分，也是提高蔗渣纤维原料质量的一项重要措施。

在蔗渣贮存过程中，由于初始水分含量高达 50%左右、又有 2%~6%的可溶性固体物(主要为残留糖分)，为微生物生长提供了良好的条件；由于微生物的迅速繁殖(即发酵)放出大量的热量、使温度升高，从而导致蔗渣中残糖分解、水分挥发，有利于蔗渣的加工利用。以含水量为 50%左右的蔗渣为例，当蔗渣打包贮存 4d 后，糖分减少至 10%；存放 17~20d 后，糖分则完全分解。而在经过 40d 的堆放后，含水率可降至 25%；经过 60d 后含水率可降至 20%，随后趋于稳定状态。

蔗渣在存贮过程中也会导致干物重量的下降，除与蔗渣中残糖、果胶、淀粉等因发酵、分解使蔗渣重量降低外；还因散热不良时，造成蔗渣的热解变质甚至烧焦变黑，使重量损失增加有关。如我国传统采用的半干法(含水率为 50%)对蔗渣进行打包贮存，若保管得当，其自然损失可控制在 10%左右；若预干燥处理的打包贮存，由于发热程度较轻，损失率可降低至 4%~5%。

综合而言，新鲜蔗渣最好经过 2~3 个月的贮存，使糖分分解、水分蒸发、温度降低，达到稳定状态后再使用为佳。

10.9　芦苇

10.9.1　资源分布

芦苇(*Phragmites australis* Trin. ex Steud.)属于禾亚科芦苇属，为根茎型多年生高大草本植物，对土壤要求不高、耐盐，在 pH 值 6.5~9.0 及在氯离子含量高达 0.5%的滩盐土或水边，都可形成以芦苇为优势种和伴生种的群落。普通芦苇茎秆长为 2.5~4.2m，直径为 0.3~0.8cm，秆茎壁厚 0.3~0.9mm；优势芦苇群落秆高可达 8m、直径 1~4cm，具 20 多节，其中基部和上部的节间较短，最长节间位于下部第 4~6 节，节间长 20~25(40)cm。芦苇上下部直径相差较小，通常节部无枝丫而包有叶鞘，芦苇花穗不易散落。营养繁殖力强，天然种群以根茎繁殖补充更新，是典型的无性系植物。一般芦苇根茎从第 5 年开始大量死亡，很少能存活 6 年。

芦苇喜生沼泽地、河漫滩和浅水湖，除森林生境不生长外，广布全球各大洲。我国北自寒温带，南至亚热带都有分布，每年大约生产芦苇 200 万 t，约占其世界总产量的 6%；其中东北的辽河三角洲、松嫩平原、三江平原，内蒙古的呼伦贝尔和锡林郭勒草原，新疆的博斯腾湖、伊犁河谷及塔城额敏河谷，华北平原的白洋淀等苇区，是大面积芦苇集中的分布地区。芦苇具有生长季节长、生长快、产量高、秆直立等特点，生态效益、社会效益及经济效益较高，河漫滩芦苇湿地对工业污水中的有毒有害物质，有较强的吸收和吸附能力；能减缓水流速度和加快泥沙沉降，具有排洪、固沟、护堤、净化污水的作用。芦苇秆茎笔直、株高、茎粗、叶壮，具有短期成型、快速成景等优点，在公园湖边开花季节特别美观。浅水湖芦苇湿地是世界珍稀禽类的栖息和繁殖场所，有的已被列入国际重要湿地名录。芦苇可用于制作刨花板、造纸、人造纤维、编织、药材、饲料等。营养生长期粗蛋白含量在禾草中居于上等，是优良的饲草。芦叶、芦花、芦茎、芦根、芦笋均可入药，芦茎、芦根还可以用于生物制剂。

10.9.2 微观构造与细胞形态

(1)微观结构

在横切面上，芦苇秆茎由表皮组织、纤维组织带、基本组织(薄壁组织)和维管束组成。秆茎是空心的，其中表皮组织由表皮膜和表皮细胞组成，表皮细胞外切向壁加厚；同时，表皮膜是硅质化程度较高的透明体，覆盖在表皮细胞上，共同防止病菌的入侵和水分过度蒸发，对茎起保护作用。芦苇膜(髓)比一般禾亚科植物厚，不透明、硅质化程度较高，受到外力时容易和与其相连的基本组织分离。茎部维管束共3圈，沿茎轴呈环状分布在基本组织中，外围有纤维鞘(图10-21)。

芦苇叶部也有表皮组织、基本组织、维管束等，但与秆茎构造是不同的。叶部没有纤维组织带；纤维细胞很少，生长在维管束周围，构成极薄的纤维鞘。叶部的表皮细胞，如硅质细胞、栓质细胞、气孔器、表皮毛细胞等较多，排列状态也与茎部不同；其中，叶部的表皮细胞多呈锯齿状、含硅量比茎部多。此外，叶部还比茎部多液泡组织，在成熟叶中形成较大空腔(图10-22)。

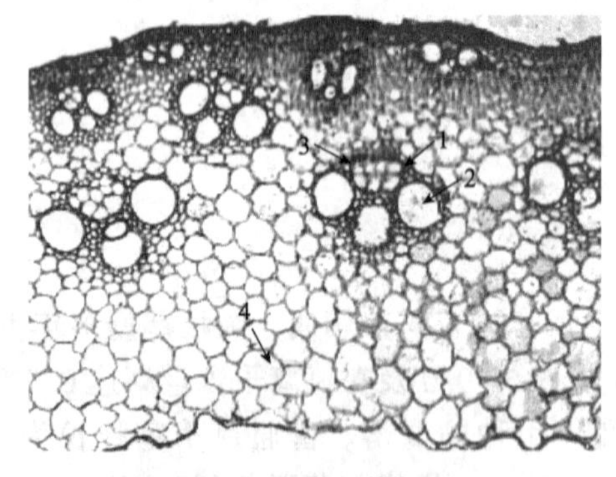

图10-21 芦苇秆横切面
(×300，洪德艳，2008)
1. 纤维；2. 导管；3. 筛管；4. 薄壁细胞

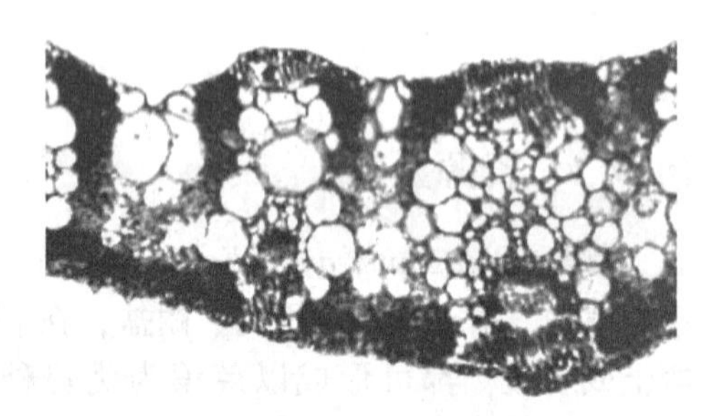

图10-22 芦苇叶横切面
(×350，洪德艳，2008)

(2)细胞形态

芦苇纤维长度、直径介于稻秆和麦秆之间，平均长度和直径分别约为1120μm和9.7μm；长宽比、腔径较稻秆和麦秆大，双壁厚、壁腔比较二者小。芦苇的纤维形态与稻秆和麦秆的很相似，但非纤维细胞比二者少，且非纤维细胞中有较多的杆状薄壁细胞。芦苇的导管分子及表皮细胞都较稻秆的粗而长，其中表皮细胞有一边或两边有锯齿，齿形均匀、齿端较尖。芦苇穗、叶鞘、节部、膜上的表皮细胞、薄壁细胞较多(表10-22)。

表 10-22　芦苇秆的纤维形态

部位	长度(mm)		直径(mm)		双壁厚(mm)		腔径(mm)		长宽比	壁腔比
	范围	平均	范围	平均	范围	平均	范围	平均		
秆茎	0.60~1.60	1.12	5.9~13.4	9.7	4.0~7.0	6.0	1.5~6.0	3.4	115	1.76

10.9.3　主要性质

(1)物理性质

芦苇是一种优质的植物原料，物理性质接近于木材，芦苇秆壁气干密度达 0.65g/cm^3。

由于芦苇秆壁密度较大，在用芦苇制作生产刨花板时，则导致刨花板密度大；尤其是灰分含量较高，分别是棉秆、亚麻屑和甘蔗渣(广东)的 2.5 倍、3 倍和 3.5 倍，是木材的 4~12 倍，而这些灰分对生产芦苇刨花板的质量是有害的。此外，芦苇叶和芦苇膜中二氧化硅(灰分的主要成分)含量非常高，备料工段应尽量除去。

(2)化学性质

芦苇的主要成分是纤维素、半纤维素和木质素，此外还含有少量的可溶性糖类、粗蛋白等。秆茎中的纤维素(克-贝纤维素)含量为 50%~60%，比大多数木材略低，仅略高于刺槐(49.96%)、杨梅(50.00%)等少数树种。芦苇秆茎中综纤维素、木质素的含量与麦秆相近，其中木质素含量远远高于稻秆。聚戊糖含量在不同产地的芦苇间存在较大差异，但大多数芦苇中聚戊糖含量与稻秆和麦秆相当(表 10-23)。

表 10-23　不同产地芦苇的化学组成　%

产地	灰分	抽提物含量				木质素	聚戊糖	综纤维素	克-贝纤维素
		苯-醇	冷水	热水	1%氢氧化钠				
辽宁盘锦	4.39	3.57	—	—	35.06	20.13	32.89	73.30	—
新疆	3.68	—	3.33	5.04	37.86	19.58	22.15	—	50.97
天津	4.58	2.76	—	6.89	34.85	20.01	23.56	77.98	—
湖北	4.40	2.63	4.52	5.69	32.29	21.17	21.17	75.40	56.3

芦苇秆茎中 1%氢氧化钠抽提物含量为 32.29%~37.86%，与麦秆的 1%氢氧化钠抽提物含量相当，大约是木材的 2 倍，但比稻秆、棕榈藤材、玉米秆及棉秆低。灰分含量为 3.68%~4.58%，与麦秆、玉米秆、高粱秆、蔗髓(比蔗渣高)等农作物秸秆中灰分含量相近，远高于木材，但比稻秆中灰分含量低。冷、热水抽提物含量相差不大，为 3.33%~6.89%，与木材相近，比稻秆、麦秆、高粱秆及甘蔗渣冷、热水抽提物含量低，远低于玉米秆冷、热水抽提物含量。

复习思考题

1. 简述麻秆的韧皮纤维超微构造及其与木材的异同。
2. 麻秆化学性质的特点是什么?
3. 描述棉秆的细胞形态。
4. 棉秆有何化学和物理性质?

5. 禾亚科植物的细胞类型主要有哪些？
6. 简述禾亚科植物纤维的 4 种结构模型。
7. 简述稻秆的化学和物理性质。
8. 简述稻秆的细胞形态。
9. 简述麦秆与木材的差异。
10. 根据麦秆的化学和物理性质，如何对麦秆加以利用？
11. 简述玉米秆的纤维形态。
12. 玉米秆有何化学和物理性质？
13. 简述高粱秆的纤维形态。
14. 高粱秆有何化学和物理性质？
15. 简述甘蔗的生物结构与蔗茎的解剖构造。
16. 甘蔗渣有何化学和物理性质？
17. 简述芦苇的解剖结构与超微结构。
18. 芦苇有何化学和物理性质？

第4篇

生物质资源纤维材料

第 11 章 纤维的结构

纤维是由一种或多种大分子通过一定形式聚集堆砌而成的，其所表现出来的某种使用特性，取决于构成纤维的大分子组成、结构及其聚集态结构状态和纤维中各种组成部分的种类、含量、分布状态。这些大分子的组成元素或基团、排列方式以及它们之间的相互作用构成了纤维的各项内在性能，同时，不同的加工工艺也会对其性能产生一定的影响。

纤维是通过自然生物合成或人工制造的方法形成的，由成千上万个大分子组成。根据加工、形成条件的不同，纤维内部的大分子按照一定的规律排列构成纤维的整体结构层次，且不同的纤维呈现不同的结构。

纤维结构的内容主要包括大分子的结构、大分子的聚集态结构和形态结构。

11.1 纤维大分子结构

纤维的性能首先是由其大分子结构决定的，大分子结构包括其主链的化学组成及连接方式、侧基和端基的结构、大分子链的形态和相对分子质量及其分布等。

11.1.1 大分子主链的化学组成

纤维大分子主链是由某种结构单元以化学键（主键）重复连接而成的线性长链，结构单元又称链节或单基。链结构主要由碳和氢两元素构成，还可以有氧、氮、磷、硫、硅、硼等。按主链的化学组成，纤维大分子可以分为 3 种：

(1)均链大分子

主链均由一种原子以共价键连接，且通常是碳-碳键相连，该类纤维有聚丙烯纤维、聚氯乙烯纤维等。

(2)杂链高分子

主链是由两种或两种以上的原子组成，且其通常由碳-氧、碳-氮、碳-硫等以共价键相连，该类纤维主要有聚酰胺纤维、聚酯纤维等。

(3)元素有机高分子

大分子主链上含有磷、硼、硅、钛、铝等元素，并在其侧链上含有有机基团。该类纤维主要有碳化硅纤维、氧化铝纤维、硼纤维等。

不同纤维的单基组成结构是不同的，如纤维素的单基为葡萄糖剩基；蛋白质的单基是 a-氨基酸剩基；涤纶纤维的单基是对苯二甲酸乙二酯。

若大分子链是由一种结构单元组成，则称为均聚物纤维，如纤维素纤维、聚乙烯纤维都是由完全相同的单基组成；蛋白质纤维则是由基本相同的单基组成；若由 2 种或 2 种以上的结构单元组成，则称为共聚物纤维。

11.1.2 大分子主链连接方式

在均聚物纤维中，如果出现大分子链节内，各原子和基团通过化学键连接时形成不同的空间排列状态或链节之间的排列顺序，即大分子的构型不同，则纤维的性能可能产生较大差异。

(1)侧基与端基

①侧基　是指分布在大分子主链两侧并通过化学键与大分子主链连接的化学基团。侧基的组成、结构、极性影响大分子的柔顺性和聚集态结构，进而影响到纤维的加工工艺和性质。在生产实践中，可采用接枝或其他方法赋予大分子主链具有某种特性的侧基，制造功能纤维。

②端基　是指大分子两端的结构单元，且与主链单基结构有较大差异。大分子端基的结构取决于聚合过程中链的引发和终止方式，可通过单体、引发剂、溶剂、分子质量调节剂等使其改变，对纤维的光、热稳定性有影响。

(2)大分子链的柔性

大分子链的柔性是指其能够呈现出各种形态的难易程度。纤维大分子主链如果含有大量旋转性较好的 σ 键，其四周的侧基小且分布较均衡，侧基间的结合力比较弱，则链节较易绕主键旋转，大分子链伸直和弯曲较容易，可呈现多种构象，即大分子的柔性较好；反之，大分子链较僵硬，不易弯曲和伸直。

大分子链的柔性受多种因素影响，如当大分子链的主链结构中含有 C—C、Si—O、C—O 时，柔性较好；当大分子链的主链结构中含有共轭双键时(—C ═C—C ═C—)，柔性较差；当大分子链中含有芳杂环时，柔性也较差；当大分子链含有侧基时，如果侧基的极性和体积较大，则柔性较差；当大分子间形成氢键时，柔性变差。此外，纤维所处的环境和加工处理也会对大分子链的柔性产生影响。

(3)相对分子质量

纺织纤维的分子一般是线性长链分子，由 n 个重复结构单元相互连接，分子质量很大。若单基的分子质量为 m，聚合度为 n(即结构单元的重复次数，约为 $10^2 \sim 10^5$)，则纤维大分子的分子质量 M 为：

$$M \approx m \times n \tag{11-1}$$

天然纤维的聚合度一般达数千至数万，而化学纤维需将熔体或溶液黏度控制在适当范围内，以保证纺丝能顺利进行和纤维有一定的强度，故聚合度不宜过高或过低。

11.2 纤维的聚集态结构

纤维的聚集态结构是指构成该纤维的大分子链之间的作用形式和堆砌方式，又称“超分子结构”“分子间结构”或“凝聚态结构”，具体包括纤维高聚物的结晶与非结晶结构、取向结构以及通过某些分子间共混方法形成的“织态结构”等。

纤维大分子之间的作用力和排列方式对其聚集态结构起着关键作用，并且还影响纤维的力学、热学、光学等性质。大分子之间的作用力形式有氢键、范德华力、盐式键、化学键等，其产生原因和特点如下(表 11-1)。同时，纤维是由许多根线性长链大分子组成，这些大分子有些部分排列整齐，有些部分排列紊乱。整齐排列部分称为结晶区，杂乱排列部分称为非结晶区。每个大分子可能间隔地穿越几个结晶区和非结晶区，靠大分子间的结合力以及大分子之间的缠结将结晶区和非结晶区相联结，并由组织结构比较疏松紊乱的非结晶区把各结晶区间隔开来，使纤维成为一个疏密相间而又不散开的整体。

表 11-1 大分子间作用力的产生原因和特点

名称		产生原因	特 点
范德华力	定向力	产生于极性分子间，是由它们的永久偶极矩作用而产生的	能量 3~5kJ/g 分子，与温度有关
	诱导力	由相邻分子间的诱导电动势产生的，产生于极性分子与非极性分子之间	能量 1.5~3kJ/g 分子，与温度有关
	色散力	由相邻原子上的电子云旋转引起的瞬时偶极矩而产生的，产生一切非极性分子中。	能量 0.2~2kJ/g 分子，与温度无关
氢键		大分子侧基(或部分主链上)极性基团之间的静电吸引力(如—NH，—COOH，—OH，—CONH等)	能量 1.3~10.2kJ/g 分子，距离 2.3~3.2A，与温度有关
盐式键		在部分大分子侧基上，某些成对基团之间接近时，产生能级跃迁的原子转移从而形成的结合力	是化学键中作用力较弱的一种，能量 30~50kJ/g 分子
化学键		少数纤维的大分子之间存在化学键连接，主要包括共价键、离子键和金属键	能量 50~200kJ/g 分子

11.2.1 纤维的结晶结构

纤维大分子以三维有序方式排列，形成稳定点阵，有较大内聚能和密度，并有明显转变温度的结构，称为结晶结构，具有结晶结构的区域称为结晶区。结晶区由晶体构成。晶体是纤维大分子进行周期性有序排列所形成的，其中构成晶体的最小单元为晶胞，其形态和大小，可用三维立体结构中的 3 个边的长度 a、b、c 以及 3 个边的夹角 α、β、γ 等参数来表征。这些结构参数不同，表示晶体中大分子的排列方式和结构不同。晶胞结构参数取决于大分子性质和纤维生长(天然纤维)、加工或后处理过程中的条件。

纤维结晶区的大小和所占的比例用结晶度来表示，分质量结晶度和体积结晶度，即纤维中晶区部分的质量或体积占纤维总质量或总体积的百分数。

11.2.2 纤维的非结晶结构

非结晶结构是指纤维大分子链中呈不规则聚集排列的结构，该区域称为非结晶区或无定形区。Flory 从统计热力学观点出发，提出了非结晶态高聚物的“无规线团模型”，认为非结晶态高聚物分子链间是无规缠结的，每条大分子链被另外许多相同的大分子链包围，而且分子内和分子间的相互作用是相同的。非结晶态结构也是一种非常重要的聚集态结构，它直接影响纤维的力学、热学以及吸附等性能。

对于纤维聚集态的形式，20 世纪 40 年代出现了“两相结构”模型，即认为纤维中存在明显边界的晶区和非结晶区，晶区的尺寸很小，为 10nm 数量级，分子链在晶区是规则排列，在非结晶区则是完全无序堆砌。这种模型称为缨状微胞模型，缨状是指无序区中分子排列的状态，微胞是指分子有序排列的结构块(图 11-1)。

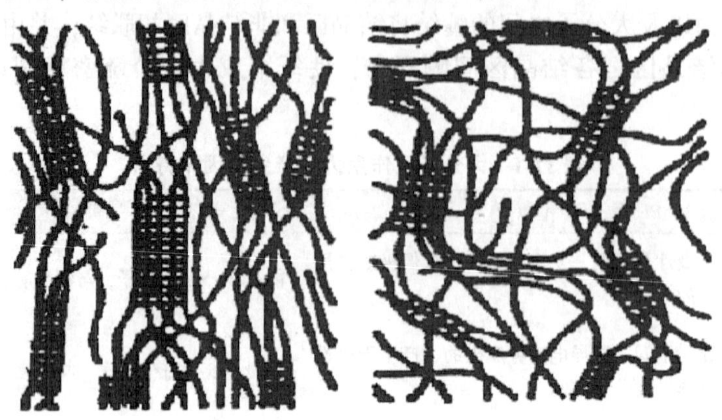

图 11-1 取向和无序排列的缨状微胞结构

事实上，从三维有序的结晶结构到完全无序的非结晶结构，中间还存在着序态的过渡区域，纤维分子的排列会出现二维或一维有序，也可能出现各种缺陷。

还有一种著名的折叠链片晶结构假说认为，线形高分子链长可达几百到几千纳米，具有很大的表面能，极易在一定条件下自发地折叠，形成片状晶体(片晶的厚度 12nm 左右)，分子链垂直于晶片平面(图 11-2)。

图 11-2 折叠链片晶模型

11.2.3 纤维的取向结构

由于纤维大分子链为细而长的结构形式，其长度是宽度的几千甚至几万倍，纤维中大分子链、链段和晶体的长度方向沿着纤维的几何轴向呈现平行或一定的夹角排列，这种结构称为纤维的取向结构。大分子排列方向与纤维轴向符合的程度称为取向度。

取向结构是一种一维有序结构，是纤维的重要结构特征之一。由于大分子伸直取向排列，分子间作用较多、较大，使纤维的力学性能、光学性能、热学性能呈现明显的各向异性。

天然纤维中麻、丝有很高的取向度，不仅大分子相对原纤轴有极高的取向，原纤本身与纤维轴也有很高的取向；棉的纤维素大分子在原纤中的取向很高，但原纤与纤维轴的取向较差，故其取向度低于麻、丝纤维。羊毛的微原纤和巨原纤取向很高，但大分子为螺旋构象，整体取向度较低。化学纤维在生产过程中，通过对初生纤维进行机械拉伸，使大分子沿受力方向移动、排列，提高其取向度，进而使力学性能和后续加工性能得到改善。

11.2.4 纤维的织态结构

采用2种或2种以上不同的高分子材料以共混方式进行纺丝，形成共混高聚物纤维，可达到提高纤维应用性能，改善加工性能和降低成本的目的。

在共混高聚物纤维中，由于加工条件和组分不同，会得到不同的形态结构。纤维的织态结构就是研究共混高聚物纤维中所呈现相体系的形态结构、相体系中各单相材料的分布形式和状态以及各相之间的界面性质。

11.3 纤维的形态结构

纤维的形态结构，是指纤维在光学显微镜或电子显微镜乃至原子力显微镜下能被直接观察到的结构，包括纤维的外观形貌、表面结构、断面结构、细胞构成和多重原纤结构，以及存在于纤维中的各种裂隙、孔洞等。

一般将形态结构按尺度和部位分为表观形态、表面结构和微细结构三类。表观形态主要包括纤维外观的宏观形态与尺寸，如长度、粗细、截面形状、卷曲或转曲等。表面结构主要包括纤维表面的形态及表层的构造。微细结构则是指纤维内部的有序区(结晶或取向排列区)和无序区(非结晶区)的形态、尺寸和相互间的排列与组合，以及细胞构成与结合方式。目前微细结构主要是指纤维的原纤结构与排列。

11.3.1 原纤结构特征

纤维中的原纤是大分子有序排列的结构，或称结晶结构。严格意义上是带有缺陷并为多层次堆砌的结构，有的呈平行排列，也有的呈网状交叉。前者使纤维具有良好的力学性质和弯曲能力，后者使纤维具有良好的结构稳定性和侧向保护性。

纤维的原纤按其尺度大小和堆砌顺序可分为基原纤、微原纤、原纤、巨原纤和细胞，但并不是所有纤维都有上述的结构层次。如大部分合成纤维仅具有从基原纤、微原纤到原纤的结构层次，棉纤维无巨原纤，羊毛纤维无原纤。

原纤之间是通过低密度或无序排列的分子，甚至是孔隙过度，层次越低尺寸越小，结构越紧密而稳定。过度区域越大，无连接的孔隙越多越大，结构越疏松而不稳定，但染料分子和水分子容易进入。

化学纤维由于结晶机理和生长方向不同，会产生片晶，导致纤维原纤结构的淡化或模糊化，甚至产生点状或微晶粒交联成的网状结构，如弹性纤维。但高强高模化学纤维，绝大多数为原纤化结构。

11.3.2 各层次原纤的特征

基原纤是原纤中最小、最基本的结构单元，也称晶须，无缺陷，一般由几根至十几根长链分子，互相平行或螺旋状地按一定距离、相位稳定地结合形成大分子束，直径1~3nm，并具有一定的柔曲性。

微原纤是由若干根基原纤平行排列组合在一起的大分子束，又称微晶须，分子头端有不连续的结晶缺陷，属结晶结构。在微原纤内，基原纤相互间一方面依赖于分子间作用力，另一方面则借助于贯穿2个以上基原纤大分子链的纵向连接，直径约4~8nm，个别高达10nm。

原纤是一个统称，有时可代表由若干基原纤或由若干根微原纤大致平行组合在一起的更为粗大的大分子束。原纤中会存在比微原纤中更大的缝隙和孔洞，还可能存在序态较差的非结晶态部分。天然纤维的原纤中还可能夹杂一些其他成分的化合物。和微原纤一样，也是依赖于分子间作用力和大分子链的纵向连接，将多个基原纤或微原纤组合排列在一起，构成原纤，直径一般为10~30nm。

巨原纤是由多个原纤基本平行堆砌排列得到的更粗大的大分子束，结构体内存在着比原纤更大的缝隙、孔洞和非结晶区。原纤之间的连接主要依靠穿越非结晶区的大分子主链和一些其他物质，横向尺寸一般为0.1~1.5μm。

细胞是由巨原纤或微原纤直接堆砌而成，并有明显的细胞边界。多细胞结构的纤维是细胞通过细胞间质黏结而成。目前具有细胞结构的纤维主要有棉纤维、麻纤维、毛纤维，其中棉、麻为单细胞纤维，毛纤维是多细胞纤维。

11.4 纤维结构测试分析

11.4.1 显微分析技术

显微分析技术是采用透镜光学放大原理或探针等方式，直接观察纤维微观形态结构的方法，不同显微分析技术具有不同放大倍数和分辨距离，目前有3种不同类型的显微分析技术。

(1)光学显微镜

光学显微镜由目镜、物镜、试样台、光源系统组成。其放大作用主要是置于试样台上的被观察物体的反射或透射光线，经过透镜组中焦距很短的物镜和焦距较长的目镜的放大实现。

如果在显微镜中增加各种相应的附件，可以使显微镜具有某些特殊功能，形成特种规格的显微镜，如偏振光显微镜、干涉显微镜、红外显微镜、X射线显微镜等。偏振光显微镜是在普通光学显微镜中的试样台上下分别增加一块起偏器和检偏器，利用偏振光只允许某一特定振动方向的光通过的特性，可以进行纤维结晶形态、高聚物或复合材料的多相体系结构的观察和纤维双折射率的测定。

(2)电子显微镜

电子显微镜是利用具有更短波长的电子束替代可见光，从而实现更大程度的放大倍数和分辨距离。电子显微镜分为透射电子显微镜和扫描电子显微镜两种。

当一束极细的高能入射电子轰击扫描样品表面时，被激发的区域将产生二次电子、俄歇电子、特征X射线和连续谱X射线、背散射电子、透射电子，以及在可见光、紫外光、红外光区域产生的电磁辐射。产生的次级电子的多少与电子束入射角有关，也就是说与纤维样品的表面结构有关，次级电子由探测体收集，并被闪烁器转变为光信号，再经光电倍增管和放大器转变为电信号来控制荧光屏上电子束的强度，显示出与电子束同步的扫描图像。图像为立体形象，反映了标本的表面结构。

为了使标本表面发射出次级电子，标本在固定、脱水后，要喷涂上一层重金属微粒，重金属在电子束的轰击下发出次级电子信号。利用电子和物质的相互作用，可以获取被测样品的各种物理、化学性质的信息，如形貌、组成、晶体结构、电子结构和内部电场或磁场等等。

(3)扫描隧道显微镜

用一个极细的尖针(针尖头部为单个原子)去接近样品表面，当针尖和样品表面靠得很近，即小于 1nm 时，针尖头部的原子和样品表面原子的电子云发生重叠。此时若在针尖和样品之间加上一个偏压，针尖与样品之间即会产生隧道效应，且有电子逸出，从而形成隧道电流。通过控制针尖与样品表面间距保持不变，并使针尖沿表面进行精确地三维移动，可将表面形貌和表面电子态等信息记录下来。

(4)原子力显微镜

原子力显微镜是利用悬臂探针在接近被测试样表面并移动时，探针针尖会受到力的作用而使悬臂产生偏移，其偏移振幅变化量经检测系统检测后转变为电信号，并经成像系统合成试样表面的形态图片信息，可用于纤维的表面形态、原子尺寸、纳米级结构、多组分共混纤维的相分布等研究。

11.4.2 X 射线衍射法

X 射线是一种波长很短(2~0.006Å)的电磁波，能穿透一定厚度的物质，并能使荧光物质发光、照相乳胶感光、气体电离。用高能电子束轰击金属“靶”材产生 X 射线，它具有与靶中元素相对应的特定波长，称为特征 X 射线。当一束单色 X 射线入射到纤维样品上，X 射线会受到纤维中的各链节、原子团等的散射、反射，且这些光线之间会产生相互干涉，同时由于纤维结晶区中规则排列的原子间距离与入射 X 射线波长有相同数量级，使光程差等于波长的整数倍的各方向上得到加强，而使光程差等于波长的各整半倍数(如½、1½等)的各方向上相互抵消，从而形成特定的 X 射线衍射斑点图样。根据斑点的位置、形状、黑度可确定纤维晶胞的晶系、晶粒的尺寸和完整性、结晶度以及晶粒的取向度等信息。

11.4.3 红外吸收光谱分析法

纤维中大分子的原子或基团会在其平衡位置处产生周期性的振动，且有其各自特有的自振频率。采用连续不同频率的红外线照射样品，当某一频率的红外线与分子中键的振动频率相同时，将会产生共振而被吸收，从而获得红外吸收光谱，并且这种键或基团越多，这种波长的光被吸收得也越多。即组成分子的各种基团都有各自特定的红外吸收区域，产生特征吸收峰，并有其对应的特征频率。根据波数在 $1300 \sim 4000cm^{-1}$ 区域的谱带有比较明确的基团与频率的对应关系，可初步推测分子中可能存在的基团，进而确定纤维种类。如涤纶在 $1725cm^{-1}$ 处具有特征吸收谱带；腈纶在 $2240cm^{-1}$ 处具有特征吸收谱带。

对于同一种纤维，结晶区中与非结晶区中分子或原子之间的相互作用是不同的，结晶态吸收特征频率与非结晶态吸收特征频率也不相同，根据所测试纤维大分子结晶态主吸收峰和非结晶态主吸收峰的吸收率比值就可计算出纤维结晶度。

11.4.4 核磁共振法

由于原子核携带正电荷，当原子核自旋时，会产生一个磁矩，这一磁矩的方向与原子核的自旋方向相同，大小与原子核的自旋角动量成正比。将原子核置于外加磁场中，若原子核磁矩与外加磁场方向不同，则原子核磁矩会绕外磁场方向旋转，称为进动。进动具有能量，也具有一定的频率。原子核发生进动的能量与磁场，原子核磁矩，以及磁矩与磁场的夹角相关。

根据量子力学原理，原子核磁矩与外加磁场之间的夹角并不是连续分布的，而是由原子核的磁量子数决定的，原子核磁矩的方向只能在这些磁量子数之间跳跃，而不能平滑的变化，这样就形成了一系列的能级。当原子核在外加磁场中接受其他来源的能量输入后，就会发生能级跃迁，也就是原子核磁矩与外加磁场的夹角会发生变化。这种能级跃迁是获取核磁共振信号的基础。

为了让原子核自旋的进动发生能级跃迁，必须为原子核提供跃迁所需要的能量，这一能量通常是通过外加射频场来提供的。根据物理学原理，当外加射频场的频率与原子核自旋进动的频率相同的时候，射频场的能量才能够有效地被原子核吸收，为能级跃迁提供助力。因此某种特定的原子核，在给定的外加磁场中，只吸收某一特定频率射频场提供的能量，这样就形成了一个核磁共振信号。

对于高分子材料，通常采用^{13}C核磁共振谱进行分析，即研究化合物中^{13}C原子核的核磁共振，根据分子中碳原子所处的不同化学环境和它们之间的相互关系，确定分子的组成、连接方式及其空间结构，可用于纤维大分子的相对分子质量、构型、构象等方面的分析。

复习思考题

1. 纤维结构主要包括几个方面？分别说明各结构的含义。
2. 请说明纤维各层次原纤结构的特征。
3. 纤维大分子聚集态结构中，结晶区形态和非结晶区形态的结构特征如何？
4. 纤维结构最常用的测试方法有哪些？

第 12 章 纤维的形态及表征

12.1 纤维的长度

纤维的长度是其外部形态特征之一。天然纤维的长度根据其种类和生长条件的不同，具有不同的长度分布；化学纤维则有化纤长丝和化学短纤维之分。化学短纤维根据其所模仿的天然纤维的平均长度等长切断或异长切断。

12.1.1 纤维长度指标与分布

各种纤维在自然伸展状态下都有不同程度的弯曲或卷缩，它的投影长度为自然长度。纤维在充分伸直而非伸长状态下两端之间的距离，称为伸直长度，也就是一般所指的纤维长度。纤维自然长度与伸直长度之比，称为纤维的伸直度。

天然短纤维及部分切断化纤长丝的长短不一形成一定的长度分布。在实用中根据统计或物理意义有不同的纤维长度指标，可归纳为纤维长度集中性指标和离散性指标两类。集中性指标表示纤维长度的平均性质，离散性指标表示纤维长度不匀情况。

(1)纤维长度分布

短纤维的长度都按一定规律分布，各种长度分布的频率密度函数为$n(l)$(图 12-1)。

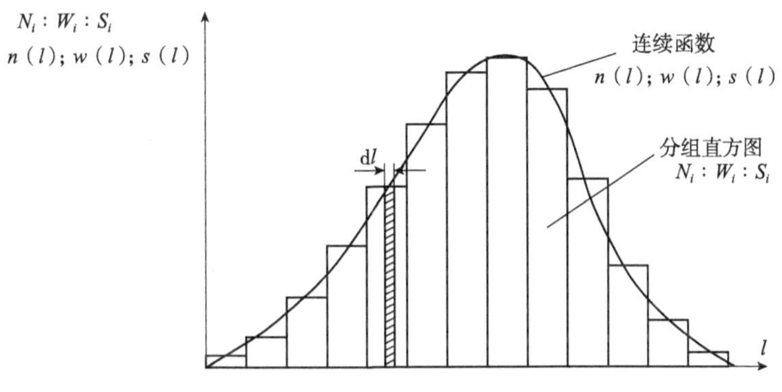

图 12-1 纤维长度分布图

它可以是根数的频率密度函数也可以是重量的频率密度函数，用$l_0 \sim l_{max}$内的纤维长度分布曲线来表征，其密度函数的积分分布用分布函数$N(l)$来表示，则：

$$N(l) = \int_{l_0}^{l_{max}} n(l)\,\mathrm{d}l \tag{12-1}$$

而纤维长度$l_0 \sim l_{max}$的根数密度一次积分分布函数为：

$$S(l)=1-\int_{l_0}^{l}n(l)\,\mathrm{d}l$$
$$=-\int_{l_{max}}^{l}n(l)\,\mathrm{d}l \qquad (12\text{-}2)$$

式中：$n(l)$——各长度组的根数(根)，纤维根数密度分布函数；

l_0——最短纤维长度(mm)；

l_{max}——最长纤维长度(mm)。

常规手排法纤维长度是在黑绒板上将纤维试样整理成一端平齐、间隔均匀并由长到短顺次排列的纤维束(图 12-2)。

(2)纤维长度的集中性指标

①纤维加权平均长度　纺织纤维长度的集中性指标，是指一束试样中纤维长度的平均值。根据测试方法不同，可分为根数加权平均长度、重量加权平均长度等，主要用于毛、麻、绢和化学短纤维。

②根数加权平均长度　以纤维根数加权平均所得到的长度值称为根数平均长度，即将对应于某一纤维长度的根数 N_l 与该长度 l(mm)相乘积的和的平均值 $\overline{Ln}$，$\overline{Ln}$ 又称豪特(Hautear)长度，国际上用 H 表示，计算公式为：

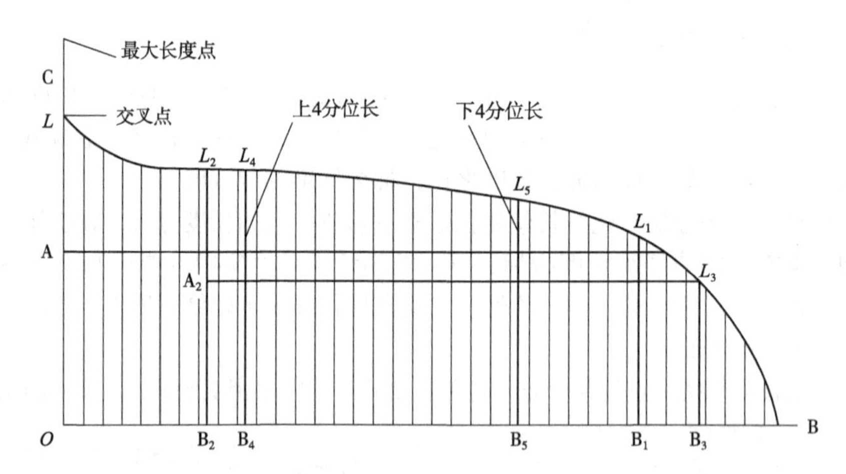

图 12-2　纤维自然长度排列图

$$H=\overline{Ln}=\frac{\sum n(l)\cdot l}{\sum n(l)}$$
$$=\frac{1}{N}\int_0^{l_{max}}n(l)\cdot l\mathrm{d}l \qquad (12\text{-}3)$$

式中：N——纤维的总根数(根)；

$n(l)$——各长度组的根数(根)，纤维根数密度分布函数；

l_{max}——最长纤维长度(mm)。

在测定时，纤维的逐根测量操作太费时，一般采用分组测量的方法。

③质量加权平均长度　纤维质量加权平均长度 $\overline{Lg}$ 一般由分组称重法测得，此值又称巴布(Barbe)长度，国际上常用 B 表示，计算公式为：

$$B = \overline{Lg} = \frac{\sum W(l) \cdot l}{\sum W(l)} = \frac{1}{W}\int_0^{l_{max}} W(l) \cdot l\mathrm{d}l \tag{12-4}$$

式中：W——总质量(g)；

$W(l)$——各长度组的质量(g)。

对于同种纤维而言，由于同样根数短纤维的质量恒小于同样根数长纤维的质量，所以质量平均长度恒大于根数平均长度。

④主体长度　常用纺织纤维长度指标之一，是指一束纤维试样中根数最多或质量最重的一组纤维的长度，称根数或质量主体长度。

⑤品质长度　是指比平均长度长的那一部分纤维的加权平均长度，又称右半部平均长度或上半部平均长度，是用来确定纺纱工艺参数的纤维长度指标。不同测试方法得到的品质长度不同，目前主要指可见光扫描式长度分析仪测得的根数主体长度和罗拉式质量主体长度。

⑥跨距长度　它是使用 HVI 系列数字式照影仪测得的纤维长度指标，是利用伸出梳子的纤维的透光量与纤维层遮光量即纤维相对根数成函数关系的特性来快速测定纤维长度及长度整齐度。

⑦手扯长度　用手扯尺量的方法测定的棉纤维长度称为手扯长度。测定时用手扯的方法整理纤维，除去丝团、杂质使之成为伸直平行、一段平齐的纤维束，在黑绒板上量取平齐端到另一端不露黑绒板处长度即为手扯长度，单位为 mm，组距 1mm，如 27mm、28mm、29mm 等。

(3)纤维长度的离散性指标

①纤维长度的均方差和变异系数　包括根数分布的均方差和变异系数以及质量分布的均方差和变异系数。

②短绒率　纤维长度的根数和质量分布曲线中短于一定界限长度的纤维量与总量的百分数称作短绒率，包括根数短绒率和质量短绒率。界限长度根据纤维品种不同而有不同的规定，如细绒棉为 16mm，长绒棉为 20mm，绵羊毛为 30mm 等。

③超长纤维与倍长纤维　切断化学短纤维时因设备故障而造成切断不完全的纤维中，长度超过切断纤维名义长度的称为超长纤维；长度为其名义长度的两倍及以上的称为倍长纤维。超长纤维和倍长纤维重量占纤维总质量的百分数分别称为超长纤维率和倍长纤维率。这些纤维在纺纱牵伸时无法正常运动，影响纤维的可纺性和成品质量，生产过程中尽量杜绝出现超长纤维和倍长纤维。

12.1.2　纺织纤维长度与成纱质量和纺纱工艺的关系

从纺织加工工艺考虑，通常纤维长度越长其加工性能越好，并且纤维长度对纱线品质起关键性的作用。

在其他条件相同的情况下，纤维越长，且长度整齐度越好，成纱强力越高。这是因为在纱线拉伸至断裂的过程中，纱中纤维与纤维之间的抱合力随纤维长度的增加而提高，纤维之间不易滑脱。在保证成纱具有一定强度的前提下，纤维长度长、整齐度好，可纺较细的纱线，纱线条干越均匀，成纱表面毛羽越少；纤维长度短，尤其是长度整齐度很差时，短纤维在牵伸区域不受控制，容易成为浮游纤维，易形成粗细节、大肚纱等疵点，致使纱条细度不匀，成纱品质下降。

纤维长度除了与纺纱质量有关外，也是设计各纺纱系统工艺参数的依据之一，各纺纱设备的结构尺寸、各道加工工序的工艺参数都必须与纤维长度相匹配。如罗拉隔距随加工纤维长度的增加而增加。用长纤维纺纱，在强度要求相同的情况下可以采用较低的捻系数，这样可提高细纱机的产量，同时还可使成纱捻度小、毛羽少，纱线表面光洁。原料的短绒率是影响成纱条干和制成率的重要因素，短绒率越高，纱线毛羽越多，条干越差，制成率越低。

12.1.3 纺织纤维长度的测量方法

(1)长丝纤维

化纤长丝的长度和蚕茧的解舒丝长可直接测量。而对于成筒的长丝，一般按筒重和丝的线密度计算长度。

(2)天然短纤维和化学短纤维

①逐根测量法　有人工或螺杆仪器协助逐根伸直测量、铺纤器铺于逆向黑色鼠皮绒布上人工测量、分散平面上投影放大测曲线轨迹长度、气流输送中测遮光时间等。积累一定数据量后按数理统计的方法计算根数平均长度、长度标准差、变异系数、短绒率、倍长纤维率以及其他指标，如主体长度、长度整齐度等。

②成束一端平齐测量法　将纤维样品用人工或仪器梳理成伸直、平行、一端平齐的纤维束后测其截面面积，求出根数一次累积曲线，经微分后得出各种指标。

③平行排列测量法　将纤维整理成伸直、平行、一端平齐的纤维束，从不整齐的一端逐步抽拔出纤维在黑绒板上依次排列成纤维长度排列图，利用作图法计算各种长度指标。

④分组称重测量法　用已整理成伸直、平行、一端平齐的纤维束，从不整齐的一端，将纤维抽出，按长度分组，再分别用称重法或反光强度法测量各组重量，得到重量频率分布曲线，然后按数理统计的方法计算各指标。

12.2 纤维的细度

纤维细度是指用纤维的直径或截面积来表达纤维粗细程度的指标。但大多数纤维因截面形状不规则及中腔、缝隙、孔洞的存在而无法用直径、截面积等指标准确表达，习惯上使用单位长度的质量(线密度)或单位质量的长度(线密度的倒数)来表示纤维细度。

12.2.1 纤维的细度指标

纤维的细度指标分为直接指标和间接指标。

(1)直接指标

主要包括直径、截面积及宽度等纤维的几何尺寸。

当纤维的截面接近圆形时，纤维的细度可以用直径、截面积和周长等指标表示。通过光学显微镜或电子显微镜观测纤维的直径 d，计算其截面积 A。在直接指标中最常用的是直径，单位为微米(μm)，用于绵羊毛、其他动物毛或圆形截面的化学纤维。对于近似圆形的纤维，其截面积可近似采用下式计算：

$$A=\frac{\pi \cdot d^2}{4} \tag{12-5}$$

(2)间接指标

①特克斯 N_t　俗称号数，我国法定计量制的线密度单位为特克斯(tex)，简称特，表示 1000m 长的纺织材料在公定回潮率时的质量(g)。一段纤维的长度为 L(m)，公定回潮率时的质量为 G_k(g)，则该纤维的线密度 N_t为：

$$N_t=1000\times\frac{G_k}{L} \tag{12-6}$$

由于纤维细度较细，用特数表示时数值过小，故常采用分特(dtex)或毫特(mtex)表示纤维的细度，且 1tex=10dtex，1tex=1000mtex。特克斯为定长制，同种纤维的特数值越大，纤维越粗。

②旦尼尔 N_d　简称旦(Denier)，又称纤度，表示 9000m 长的纺织材料在公定回潮率时的质量(g)，广泛用于蚕丝和化纤长丝的细度表示。一段纤维的长度为 L(m)，公定回潮率时的质量为 G_k(g)，则该纤维的纤度 N_d为：

$$N_d=9000\times\frac{G_k}{L} \tag{12-7}$$

特克斯和旦尼尔均为定长制，同种纤维的特数和旦尼尔数值越大，纤维越粗。

③公制支数 N_m　单位质量纤维的长度指标称为支数，按计量制不同可分为公制支数、英制支数。公制支数 N_m是指在公定回潮率时质量为 1g 的纺织材料所具有的长度的米数，简称公支。若纤维的公定质量为 G_k(g)，长度为 L(m)，则该纤维的公制支数为：

$$N_m=\frac{L}{G_k} \tag{12-8}$$

(3)细度指标的换算

$$N_m=\frac{9000}{N_d} \qquad N_m=\frac{1000}{N_t} \qquad N_t=\frac{N_d}{9}$$

当纤维的截面为圆形时，若已知纤维密度，则纤维直径和线密度、纤度或公制支数之间的换算关系为：

$$d(\text{mm})=\sqrt{\frac{4\cdot N_t}{10^3\cdot\pi\cdot\delta}}$$

$$=0.035\,68\times\sqrt{\frac{N_t}{\delta}} \tag{12-9}$$

$$d(\text{mm})=\sqrt{\frac{4\cdot N_d}{9\times10^3\cdot\pi\cdot\delta}}$$

$$=0.011\,89\times\sqrt{\frac{N_d}{\delta}} \tag{12-10}$$

$$d(\text{mm})=\sqrt{\frac{4}{\pi\cdot N_m\cdot\delta}}$$

$$= 1.12867 \times \sqrt{\frac{1}{N_m \cdot \delta}} \tag{12-11}$$

式中：d——纤维直径(mm)；

δ——纤维密度(g/cm^3)。

12.2.2 纤维的细度不匀及其指标

纤维的细度不匀主要包括两方面原因，一是纤维之间的粗细不匀，二是单根纤维沿长度方向上的粗细不匀。

(1)各类纤维的细度不匀

天然纤维的细度常因在生长过程中受到自然环境及其他因素的影响而存在很大差异。就棉纤维而言，其细度与纤维的形态和结构有关。一方面，棉纤维的外周长在生长的初期已确定，且外周长与棉的品种和产地，甚至与棉株、纤维在棉籽上的部位有关；另一方面，增厚期纤维的胞壁不断加厚，中腔变小，即成熟度提高，也会影响细度，而成熟度与生长条件和采摘时间有关。同一根棉纤维也呈现两端细、中段粗的不对称截面形态，也是粗细不匀的。

毛纤维细度及细度不匀更加明显，绵羊毛细度主要与绵羊的品种、年龄、性别、羊身上的部位等有关，另外绵羊毛纤维细度因生长季节和饲养条件的不同也会有明显差异，其截面形态也会有变化，从毛尖向毛根开始逐步增粗，达到最粗后，又会逐步变细，即单根毛纤维沿其长度方向粗细也是不匀的。

麻纤维的粗细差异比羊毛纤维更突出。各种麻纤维细度不仅受生长条件、初生韧皮纤维细胞和次生韧皮纤维细胞生长期不同等影响；脱胶时纤维之间的分裂程度也有一定的随机性，导致工艺纤维中纤维根数不同，粗细差异更大。

蚕丝属长丝，其粗细和蚕茧的结构有关。茧衣和蛹衬的丝较细不能缫丝，而茧层的丝相对较粗，但茧层的外、中、内层丝的粗细也不一，表现为中层丝较粗，内、外层丝较细。缫丝时多粒茧并合时形成的生丝也是粗细不匀的，所以缫丝时茧丝的粗细搭配对生丝的细度均匀性影响很大。

化学纤维的线密度相对天然纤维而言是相当均匀的，但是因受到生产过程中温度、时间、牵伸力等影响，从喷丝孔出来的长丝直径也会沿长度方向发生变化。

(2)细度不匀的表示

①直径不匀　直径不匀是纤维细度不匀的最主要和最有效的指标，包括直径均方差 σ 及变异系数 CV，平均差和平均差系数。

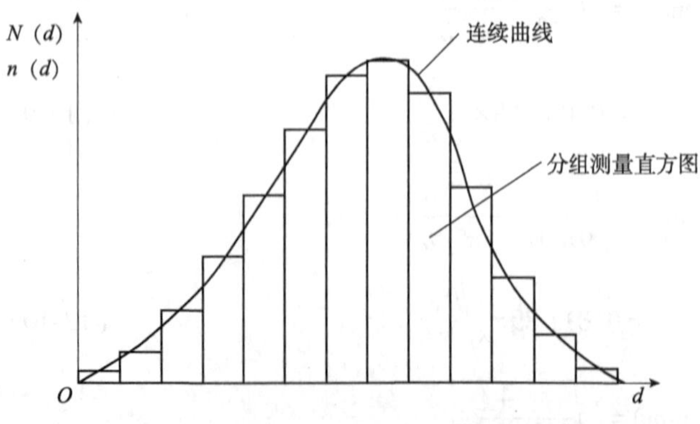

图 12-3　纤维直径分布直方图及分布曲线

②纤维间细度不匀的分布　参照纤维长度分布的原理来表达纤维的细度不匀，其典型分布曲线如图所示(图 12-3)。

纤维粗细不匀会引起纱线粗细不匀，粗纤维相对硬挺，易产生刺痒感；细纤维相对柔软，强力差，易弯曲缠绕和折钩。

12.2.3 纤维细度的测量

(1)称重法

有纤维中段切断称重和长丝摇取定长称重两种。

中段切断称重法是将纤维整理成平行伸直，无游离纤维 A 和长度短于切断长度 L_c 的纤维 B，然后将纤维切断称其重量 G，并清点中段纤维的根数 n。

L_c的大小由纤维的平均长度粗略确定，一般棉 L_c为 10 或 20mm，毛麻一般为 20 或 30mm，L_c太长或太短都会影响测量精度。

由 G(g) 和 L_c计算纤维的线密度值：

$$N_{dt}=\frac{10G}{nL_c}\times\frac{1+W_k}{1+W_a} \tag{12-12}$$

式中：W_k——纤维的公定回潮率(%)；

W_a——纤维的实际回潮率(%)。

通常在标准条件下测量，两者近似相等，故：

$$N_{dt}\approx\frac{10G}{nL_c} \tag{12-13}$$

中段切断称重法一般适用于较伸直的纤维，如棉、麻、丝以及卷曲弱的化纤等，纤维根数必须大于 1500 根，且计数要准确。

长丝一般采用 1m 或其他长度，在一定张力下绕取一定圈数(如 50 圈或 100 圈)，达到吸湿平衡后称重计算其细度。

(2)直径测量法

圆形截面的纤维可以测平均直径及变异系数，一般将纤维整理成束，中段切取一定长度(0.2~0.3mm，不同仪器要求不同)，将其均匀分散后在光学显微镜、光学扫描仪、电子显微镜或其他仪器中逐根测量并记录直径后计算分布，并计算算术平均数、标准差、变异系数等指标。

(3)气流仪法

根据不同细度的纤维比表面积不同，使试样在一定压缩比条件下测量气流阻力，从而间接测量纤维的线密度或实心圆形截面纤维的直径。

(4)振动测量法

根据纤维在一定模量及一定应力下的共振频率与线密度的关系，求出单根纤维的线密度。

12.2.4 纤维细度对纤维、纱线及织物的影响

(1)对纤维本身的影响

纤维的粗细将影响纤维的比表面积，进而影响纤维的吸附及染色性能，纤维越细，比表面积越大，纤维的吸附性和染色性均有所提高。但纤维间的细度不匀会导致纤维力学性质的差异，最终导致纤维集合体的不匀，甚至加工过程的困难。

(2)对纱线和纺纱工艺的影响

一般纤维细，纺纱加工中容易拉断，在开松、梳理中要求作用力缓和，否则易产生大量短绒，在并条高速牵伸时也易形成棉结。另外，细纤维纺纱时，纤维间接触面积

大，牵伸时纤维间的摩擦力较高，会使纱线中纤维的伸直度提高。

其他条件相同时，纤维越细，相同粗细的纱线断面内纤维根数越多，纤维间接触面积越大，滑脱概率低，所以成纱强力越大；纤维越细，所成纱线的粗细越均匀，即成纱条干越好；纤维越细，可纺纱的极限细度也越细。

(3)对织物的影响

不同细度的纤维会极大地影响织物的手感及性能，如内衣织物要求柔软、舒适，需采用较细纤维为原料；外衣织物要求硬挺，一般可采用较粗的纤维为原料；当纤维粗细适当时，织物耐磨性等性能较好。

12.3 纤维的截面形状

纤维种类不同，其截面形状也不一样。天然纤维有各自固有的形态，毛纤维大部分为圆形，棉纤维为腰圆形，丝纤维为近似三角形，麻纤维为椭圆形或多角形。化学纤维的截面可人为设计，跟喷丝孔的形状和成形工艺有关。

截面形状影响纤维的很多性能，如卷曲、比表面积、抗弯刚度、密度、摩擦性能等，与纤维的手感、风格等密切相关，并进一步影响纤维所成纱线和织物的品质和性能。

12.3.1 纤维的异形化

非圆形截面的化学纤维称为异形纤维。化学纤维的异形化，一是纤维截面形状的非圆形化，包括轮廓波动的异形化和直径不对称的异形化；二是截面的中空化和复合化。

异形截面的纤维一般蓬松度较好，抗起毛起球性好，可以消除化纤光滑的手感，具有丝一般的光泽。异形中空纤维集合体的密度、孔隙率、纤维截面的极惯性矩、热阻与圆形截面纤维相比有较大变化。密度降低，实现了纤维材料的轻量化。孔隙率增加，能夹持更多的静止空气，热阻和保暖性能提高。截面极惯性矩增大，提高了纤维的刚度。另外，纤维的光学特性、吸湿、透气等性能都发生相应的改变。

异形纤维是在纺丝成形加工中，采用一定几何形状(非圆形)孔眼的喷丝板制取的各种不同截面形状的纤维，如三角形、哑铃形、星形、多叶形、中空形等(图 12-4)。目前异形纤维的种类至少已有数十种，聚酯纤维、聚酰胺纤维及聚丙烯腈纤维，大约有

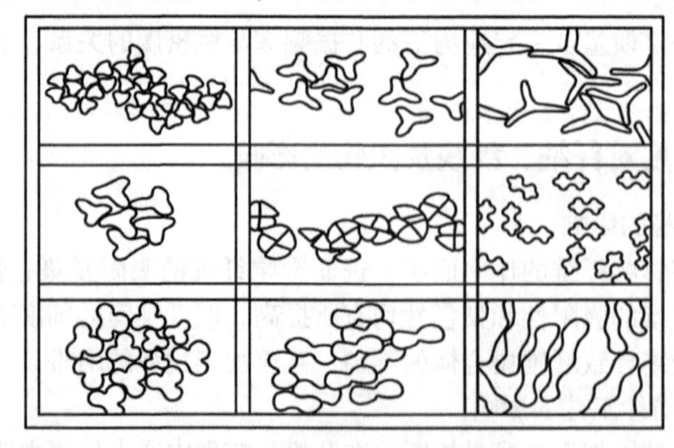

图 12-4 异形纤维的各种截面形状

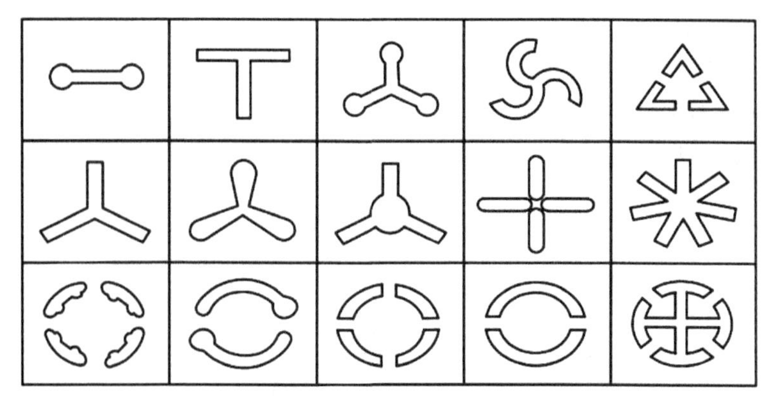

图 12-5 加工异形纤维的喷丝板形状

一半为异形纤维。非圆形孔眼的喷丝板形状(图 12-5)。

12.3.2 异形纤维的特征

异形纤维与一般圆形截面纤维相比具有以下特征:

①具有优良的光学性能，如涤纶仿真丝织物采用三角形截面的涤纶长丝为原料，其织物表面光泽优雅柔和；锦纶三角形截面丝则使织物具有钻石般的光泽；多叶形丝可使织物表面消光，光泽柔和。

②能增加纤维的覆盖能力，提高抗起毛起球能力。

③能增加纤维间的抱合力，使纤维的蓬松性、透气性、保暖性均有所提高。

④可减少合成纤维的蜡状感，使织物具有丝绸感，并能增加染色的鲜艳度。

⑤表面沟槽起到导汗、透湿作用，还能增大比表面积，有利于水分蒸发，使织物具有吸湿快干的性能。

12.3.3 异形纤维的表征

(1)径向异形度及变异系数

径向异形度 D 是异形纤维截面外接圆半径 R(μm)与内切圆半径 r(μm)的差值对某一指定径向参数的百分比。

①相对径向异形度 D_R

$$D_R=\frac{R-r}{R}\times100 \tag{12-14}$$

②平均径向异形度 D_M

$$D_M=\frac{R-r}{\frac{R+r}{2}}\times100 \tag{12-15}$$

③理论径向异形度 D_r

$$D_r=\frac{R-r}{r_0}\times100 \tag{12-16}$$

式中：r_0——截面积折算为正圆形的半径，即根据该纤维线密度值理论换算所得的半径(μm)。

(2)截面面积异形度及变异系数

截面面积异形度 S 是异形截面外接圆面积(πR^2)与某一指定半径圆面积(πr^2)的差值相对于外接圆面积的百分比。

①相对截面面积异形度 S_R

$$S_R=\frac{R^2-r^2}{R^2}\times 100 \tag{12-17}$$

②平均截面面积异形度 S_M

$$S_M=\frac{R^2-\left(\frac{R+r}{2}\right)^2}{R^2}\times 100 \tag{12-18}$$

③理论截面面积异形度 S_r

$$S_r=\frac{R^2-r_0^2}{R^2}\times 100 \tag{12-19}$$

(3)截面中空度

中空度是指纤维截面中孔洞横截面积 A_v 占纤维表观横截面积 A_f 的百分比 H:

$$H(\%)=\frac{A_v}{A_f}\times 100 \tag{12-20}$$

12.4 纤维的卷曲与转曲

大部分用于纺织加工的纤维或多或少都有一定的卷曲或转曲。这种形态可以使短纤维纺纱时增加纤维间的摩擦力和抱合力，还可以提高纤维和纺织品的弹性，使其手感柔软，并影响织物的抗皱性、保暖性以及表面的光泽。

天然纤维中棉纤维具有天然转曲，羊毛纤维具有天然卷曲。一般化学纤维表面光滑，纤维间摩擦力小，抱合力差，短纤维纺纱加工困难，所以要用机械、化学或物理方法，赋予纤维一定的卷曲。

12.4.1 纤维的卷曲及表征

纤维的卷曲是指在规定的初始负荷作用下，能较好保持一定程度规则性的缩皱形态结构，这与纤维单纯地由于其形态细长柔软而引起的纠缠弯曲是不同的。纤维的卷曲有自然卷曲和人工卷曲两种，毛纤维与生俱来就有卷曲的形态，而化学纤维的卷曲则是通过热和机械的作用获得的。

根据纤维卷曲的形态可分为强卷曲、常规卷曲和弱卷曲。强卷曲的卷曲弧度超过半圆，且有非平面的波动；常卷曲的卷曲弧度接近或等于半圆形，卷曲对称于中心线；弱卷曲的卷曲弧度小于半圆形。

纤维的卷曲一般用卷曲数、卷曲模量、卷曲弹性回复率等指标来表征。在标准温湿度条件下，将纤维或纤维束或长丝上端夹持，下端加各种负荷测其长度变化。负荷的大小根据纤维的线密度设定，轻负荷为 0.001cN/dtex，中负荷为 0.125cN/dtex，重负荷为 1.0cN/dtex。测试方法：挂上轻负荷立即测纤维长度 L_0(mm)，记录其卷曲数 n，为保证准确，卷曲弧两侧同时计数；加挂中负荷 10s 后，测长度 L_1(mm)；卸中负荷(保留轻负荷)2min 后，测长度 L_2(mm)；加挂重负荷 3min 后，测长度 L_3(mm)；卸除重负荷(保留轻负荷)2min 后测长度 L_4(mm)；再加挂中负荷 10s 后测长度 L_5(mm)；卸除中负荷(保留轻负荷)2min 后测长度 L_6(mm)，计算各相应指标，公式如下：

①卷曲数 J_n(个/cm)

$$J_n=\frac{10n}{2L_0} \tag{12-21}$$

②卷曲模量 E(cN/dtex)

$$E=\frac{0.125L_0}{L_1-L_0} \tag{12-22}$$

③定负荷伸长率 ε(%)

$$\varepsilon=\frac{L_3-L_2}{L_2}\times 100 \tag{12-23}$$

④第一次卷曲弹性回复率 R_{ε_1}(%)

$$R_{\varepsilon_1}=\frac{L_3-L_4}{L_3-L_2}\times 100 \tag{12-24}$$

⑤第二次卷曲弹性回复率 R_{ε_2}(%)

$$R_{\varepsilon_2}=\frac{L_5-L_6}{L_5-L_4}\times 100 \tag{12-25}$$

使化学纤维获得卷曲的方法通常有两种。一种是机械卷曲法，即利用纤维的热塑性进行的卷曲加工，目前常用的是将纤维束从两个罗拉间送入一个金属的密闭小填塞箱中折叠填满，强迫纤维弯折形成锯齿状的二维平面卷曲，再通入蒸汽热定形，这种卷曲牢度差，在以后的加工和使用过程中容易消失；另一种是化学法，即利用纤维内部结构的不对称而在热空气、热水中处理后形成空间立体状的永久性卷曲波纹。

12.4.2　纤维的转曲及表征

纤维的转曲是纤维沿轴向发生扭转的现象，是棉纤维的结构特征，这也是棉纤维具有良好的抱合性能与可纺性能的主要原因之一。棉纤维的天然转曲是由于棉纤维生长发育过程中微原纤沿纤维轴向正反螺旋排列，在其成熟失水干缩后内应力释放而发生扭转。转曲沿纤维长度方向不断改变转向，时而左旋，时而右旋。热湿或碱处理后，棉纤维胞壁膨胀，横截面由腰圆形变成近似圆形，转曲近乎消失。

天然转曲一般用一定长度(1cm)的棉纤维扭转 180°的次数来表征。正常成熟的棉纤维的转曲最多，不成熟的薄壁纤维转曲很少，过成熟的纤维转曲也少。不同品种的棉纤维转曲数也有差异，细绒棉较长绒棉的转曲少。棉纤维转曲较多时，纤维间的抱合力大，在棉纺加工中不易产生破棉网、破卷等现象，有利于纤维的纺纱工艺与成品质量，但转曲的反向却使纤维强度稍有下降。

复习思考题

1. 纤维长度的主要指标有哪些？说明各指标的含义，简述纤维长度与纺织加工及成纱质量的关系。

2. 纤维细度的指标有哪些？说明各指标的含义，并说明细度及细度不匀对纤维、纱线及织物的影响。

3. 试分析棉纤维天然转曲、化学短纤维卷曲各自形成的原因；并给出表征纤维卷曲性状的指标，讨论卷曲对纤维性质的影响。

4. 天然纤维和化学纤维的截面各有哪些形状？棉、麻、丝、毛的截面形状各是怎样的？

第 13 章
纤维的基本性质

13.1 纤维的吸湿性

纤维材料能吸收水分，不同结构的纺织纤维，吸收水分的能力不同。通常把纤维材料在大气中吸收或放出气态水的能力称为吸湿性。把纤维材料从水溶液中吸着水分的能力称为润湿性。纺织纤维的吸湿性是关系到纤维性能、纺织工艺加工、织物服用舒适性以及其他物理力学性能的一项重要特性。在纤维和纺织品贸易中，应充分考虑到吸湿对重量产生的影响，以决定成本结算，故吸湿对商贸中的重量与计价有重要影响。

13.1.1 纤维的吸湿平衡

纤维材料的含湿量随所处的大气条件而变化，在一定的大气条件下，纤维材料会吸收或放出水分，随着时间的推移逐渐达到一种平衡状态，其吸湿量趋于一个稳定的值。此时，单位时间内纤维材料吸收大气中的水分等于放出或蒸发出的水分，这种现象称为吸湿平衡。所谓的吸湿平衡是一种动态平衡状态。如果大气中的水汽部分压力增大，使进入纤维中的水分子多于放出的水分子，则表现为吸湿，反之则表现为放湿。纤维的吸湿、放湿是呈指数增长的过程，达到平衡所经历的时间是很长的，纤维集合体体积越大，压缩越紧密达到平衡的时间也就越长。一般单纤维或 3mg 以下的小束，6s 将基本平衡；50g 的纤维块体达到平衡约要 1h 或更久；100kg 的絮包达到平衡要 4~12 个月。

13.1.2 纤维的吸湿指标

(1) 回潮率与含水率

纤维及其制品吸湿后，含水量的大小可用回潮率或含水率来表示。设 W 为纤维的回潮率(%)，指纤维材料中所含水分重量对纤维干重的百分数；M 为纤维的含水率(%)，指纤维材料所含水分重量占纤维湿重的百分比。G 为纤维材料湿重；G_0为纤维材料干重。纤维材料吸湿性的大小，绝大多数用回潮率表示。

$$W=\frac{G-G_0}{G_0}\times 100 \tag{13-1}$$

$$M=\frac{G-G_0}{G}\times 100 \tag{13-2}$$

回潮率与含水率之间的关系为：

$$W=\frac{100M}{100-M} \quad 或 \quad M=\frac{100W}{100+W} \tag{13-3}$$

两者与纤维材料重量的关系为：

$$G=\frac{100G_0}{100-M} \quad 或 \quad G=G_0\frac{100+W}{100} \tag{13-4}$$

(2)平衡回潮率

平衡回潮率是指纤维材料在一定大气条件下，吸、放湿作用达到吸湿平衡时的回潮率(表 13-1)。

表 13-1　几种常见纤维的吸湿平衡回潮率　　%

纤维种类	空气温度 20℃，相对湿度为 RH		
	RH=65%	RH=95%	RH=100%
原棉	7~8	12~14	23~27
苎麻(脱胶)	7~8	—	—
亚麻(打成麻)	8~11	16~19	—
黄麻(生麻)	12~16	26~28	—
黄麻(熟麻)	9~13	—	—
汉(大)麻	10~13	18~22	—
槿(洋)麻	12~15	22~26	—
绵羊毛	15~17	26~27	33~36
桑蚕丝	8~9	19~22	36~39
粘胶纤维	13~15	29~35	35~45
富强纤维	12~14	25~35	—
醋酯纤维	4~7	10~14	—
铜氨纤维	11~14	21~26	—
涤纶	0.4~0.5	0.6~0.7	1.0~1.1
锦纶 6	3.5~5	8~9	10~13
锦纶 66	4.2~4.5	6~8	8~12
腈纶	1.2~2	1.5~3	5.0~6.5
维纶	4.5~5	8~12	26~30
丙纶	0	0~0.1	0.1~0.2
氯纶	0	0~0.3	—
氨纶	0.4~1.3	—	—
玻璃纤维	0	0~0.3	—

(3)标准回潮率

由于各种纤维的实际回潮率随温湿度条件而改变，为了比较各种纤维材料的吸湿能力，在统一的标准大气条件下，吸湿过程达到平衡时的回潮率称为标准回潮率。

标准大气亦称大气的标准状态，它的三个基本参数为温度、相对湿度和大气压力。在 1 个标准大气压力(86～106kPa)下的大气状态，国际标准中的规定为：温度(T)为(20±3)℃(热带为 27℃)，相对湿度(RH%)为(65±3)%，大气压力视各国地理环境而定。

我国标准规定的为：温度 20℃，相对湿度 65%，1 个标准大气压，即 101.3kPa(760mm 汞柱)。

温、湿度的波动范围：一级标准为 T=(20±2)℃，RH=(65±2)%；二级标准为 T=(20±2)℃，RH=(65±3)%；三级标准为 T=(20±2)℃，RH=(65±5)%。

标准回潮率指纤维材料在标准大气条件下，从吸湿达到平衡时测得的平衡回潮率。通常在标准大气条件下调湿 24h 以上，合成纤维调湿 4h 以上。

(4)公定回潮率

贸易上为了计重和核价的需要，由国家统一对各种纤维材料及其制品的回潮率规定相应的标准，称为公定回潮率。以标准回潮率为依据，但不等于标准回潮率。

$$W_k = \frac{P_1 W_1 + P_2 W_2 + \cdots + P_i W_i}{100} \tag{13-5}$$

其中：W_k——混纺材料的公定回潮率(%)；

W_i——混纺材料中第 i 种纤维的公定回潮率(%)；

P_i——混纺材料中第 i 种纤维的干重混纺比(%)。

天然纤维由于有杂质和伴生物，纱线的公定回潮率与纤维的公定回潮率不一致(表 13-2)。

表 13-2　常用纤维及其制品的公定回潮率　%

纤维种类	公定回潮率	纤维种类	公定回潮率
原棉/棉纱	8.5	粘胶纤维及长丝	13.0
同质洗净毛	16.0	二醋酯纤维	9.0
异质洗净毛	15.0	三醋酯纤维	7.0
毛织物	14.0	棉纱	8.5
兔毛	15.0	毛纱(粗梳/精梳)	16.0
山羊绒	15.0	涤纶	0.4
骆驼绒	14.0	锦纶	4.5
牦牛绒	16.0	涤纶纱及长丝	0.4
桑蚕丝	11.0	腈纶	2.0
柞蚕丝	11.0	维纶	5.0
苎麻	12.0	丙纶	0
亚麻(精干麻)	12.0	氯纶	0.5
黄麻(生麻)	14.0	铜氨纤维	13.0
黄麻(熟麻)	14.0	玻璃纤维	2.5
汉(大)麻	12.0	毛织物	14.0
槿(汉)麻	14.0		

13.1.3 纤维的吸湿机理

(1)吸着水分的种类

根据水分子在纤维中存在的方式不同，可分为 3 种：

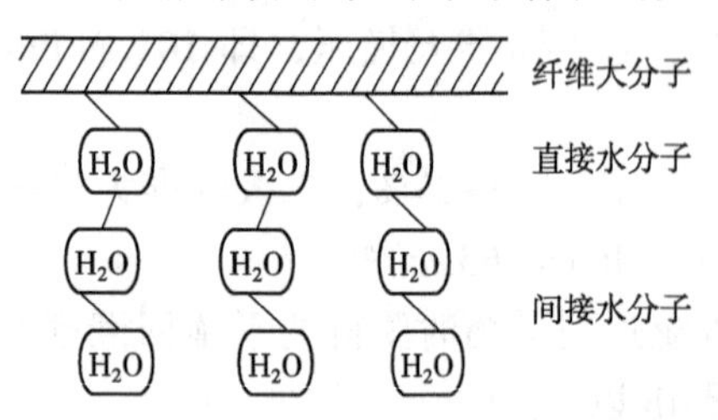

图 13-1 直接吸收和间接吸收的水分子

①吸收水　由于纤维中极性基团的极化作用而吸着的水。吸收水是纤维吸湿的主要原因。吸收水属于化学吸着，是一种化学键力，因此必然有放热反应。

直接吸收水　由于纤维中亲水基团的作用而吸着的水分子，如—OH，—COOH，—CONH—，—NH_2 结合力较强，主要是氢键力，放出热量较多(图 13-1)。

间接吸收水　其他被吸着的水分子。包括由于水分子的极性再吸着的水分子；以及纤维中其他物质的亲水基团所吸引的水分子。结合力较弱，主要是范德华力，放出热量较少。

②黏着水(表面吸附水)　纤维因表面能而吸附的水分子。毛细水和黏着水属于物理吸着，是范德华力，没有明显的热反应，吸附也比较快。

③毛细水　纤维无定形区或纤维集合体纤维间存在空隙，由于毛细管的作用而吸收的水分。与纤维结构(结晶度)和纤维集合体的结构有关。微毛细水存在于纤维内部微小间隙之中的水分；大毛细水存在于纤维内部较大间隙之中的水分子(当湿度较高时)。

(2)吸湿过程

水分子先吸附至纤维表面，水蒸气向纤维内部扩散，与纤维内大分子上的亲水性基团结合，水分子进入纤维的缝隙孔洞，形成毛细水。

13.1.4 纤维的吸湿等温线

在一定的大气压力和温度条件下，分别将纤维材料预先烘干，再放在各种不同相对湿度的空气中，使其达到吸湿平衡回潮率，可分别得到各种纤维在不同相对湿度下与平衡回潮率的相关曲线，即“吸湿等温线”(图 13-2)。有如下特点：

①曲线都呈反“S”形，吸湿机理基本一致。

②RH = 0 ~ 15% 时，曲线的斜率比较大；RH = 15% ~ 70% 时，曲线的斜率比较小；RH > 70%时，曲线斜率又明显地增大。

③纤维种类不同，曲线的高低不同，吸湿能力强的在上方，如羊毛、粘胶；吸湿能力差的在下方，如腈纶、涤纶等。

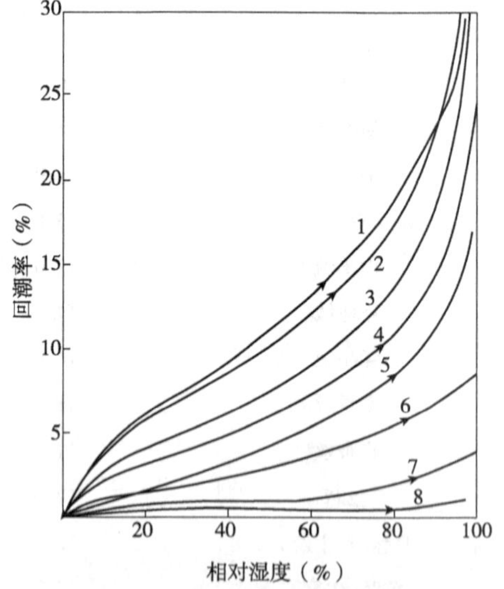

图 13-2　各种纤维的吸湿等温线

1. 羊毛；2. 粘胶；3. 蚕丝；4. 棉；5. 醋纤；6. 锦纶；7. 腈纶；8. 涤纶

由图 13-2 看出，虽然不同纤维材料的吸湿等温线并不相同，但曲线的形状都是反“S”形，这说明它们的吸湿机理本质上是一致的。当相对湿度小于 15%时，曲线斜率比较大，说明在空气相对湿度稍有增加时，平衡回潮率增加很多，这是因为在开始阶段，纤维中极性基团直接吸附水分子；当空气相对湿度在 15%~70%时，曲线斜率比较小，由于纤维自由极性基团表面已被水分子所覆盖，再进入纤维的水分子主要靠间接吸附，并存在于小空隙中，形成毛细水，所以纤维在此阶段吸收的水分比开始阶段减少；当相对湿度很大时，水分子进入纤维内部较大的空隙，毛细水大量增加，特别是由于纤维本身的膨胀使空隙增加，表面的吸附能力也大大增强，进一步增加回潮率上升的速率，表现在曲线最后一段斜率又明显增大。

吸湿等温线的形状说明了纤维吸湿的阶段性，同时也说明了纤维吸湿，绝不是一种机理在起作用。不同纤维的吸湿等温线并不完全一致，除了表明它们在相同的温湿度条件下，具有不同的平衡回潮率以外，它们的吸湿机理也不完全相同，可能偏重于某一种吸湿放湿曲线。例如吸湿性比较高的纤维，“S”形比较明显；吸湿性差的纤维，“S”形不明显，说明开始形成水合物的差异比较大。粘胶和棉都是纤维素纤维，其回潮率的比值，在整个相对湿度范围内接近于 2；羊毛是蛋白质纤维，吸湿性很高，它的吸湿等温线虽然和粘胶比较接近，但到高湿时羊毛的回潮率较低，说明纤维组成或结构上的任何差异都会使曲线发生变化。吸湿等温线与温度有密切的依赖性，所以一般都是在标准温度下试验所得；如果温度过高或过低，即使同一纤维，吸湿等温线的形状，也会有很大的不同。

13.1.5 吸湿滞后现象

实践证明纤维材料的含湿量随所处的大气条件而变化，具有一定回潮率的纤维，放到一个新的大气条件下，它将立刻放湿或吸湿，经过一定时间后，纤维吸、放湿会达到一个动态平衡的过程。纤维材料的含湿量随所处的大气条件而变化（图 13-3）。

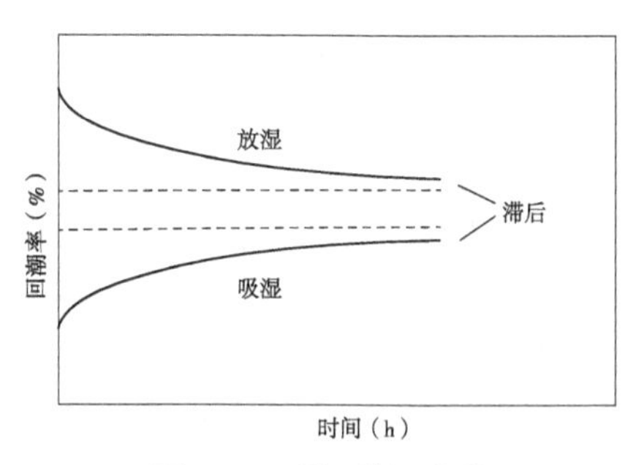

图 13-3　吸湿放湿曲线

①吸湿平衡　纤维在单位时间内吸收的水分和放出的水分在数量上接近相等，这种现象称为吸湿平衡。

将具有一定回潮率的纤维，放到一个新的大气条件下，它将立刻放湿或吸湿，经过一定时间后，它的回潮率逐渐趋向于一个稳定的值，称为平衡回潮率。特点为：都是对数曲线；起始段快，以后减慢直至平衡；吸湿平衡所需要的时间<放湿平衡所需时间；吸湿平衡回潮率（吸湿平衡 W）不等于放湿平衡回潮率（放湿平衡 W）。

②吸放湿等温线（T 一定，W–RH%的关系）　在一定的大气压力和温度条件下，纤维材料因吸湿达到的平衡回潮率与大气相对湿度的关系曲线；

③放湿等温线　在一定的大气压力和温度条件下，纤维材料因放湿达到的平衡回潮率与大气相对湿度的关系曲线。

④吸湿滞后同样的纤维在一定的大气温、湿度条件下，从放湿达到平衡和从吸湿达到平衡，两种平衡回潮率不相等，前者大于后者，这种现象称为吸湿滞后。

纤维的吸湿滞后性，明显表现在纤维的吸湿等温线和放湿等温线的差异上，纤维的放湿等温线，是指一定的纤维在温度一定，相对湿度 100%的空气中达到最大的回潮率后，再放在各种不同的相对湿度的空气中，所测得的平衡回潮率与空气相对湿度的关系曲线（图 13-4）。

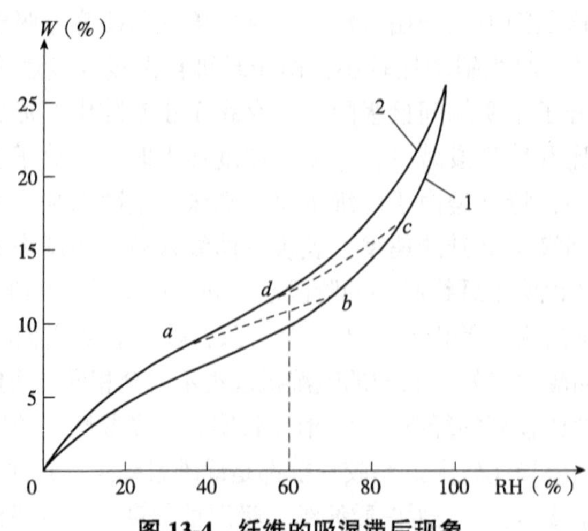

图 13-4 纤维的吸湿滞后现象

1. 吸湿等温线；2. 放湿等温线

a. 散湿后期回潮率；b. 吸湿初期含水率；c. 吸湿后期回潮率；d. 散湿初期回潮率

同一种纤维的吸湿等温线与放湿等温线并不重合，而形成吸湿滞后圈。吸湿滞后值(即差值)与纤维的吸湿能力和相对湿度有关。在同一相对湿度条件下，吸湿性大的纤维，差值比较大。据资料表明，在标准状态下，差值为羊毛 2.0%，粘纤 1.8%~2.0%，蚕丝 1.2%，棉 0.9%，锦纶 0.25%，涤纶等吸湿性差的其吸湿等温线和放湿等温线则基本重合。

纤维吸湿滞后性产生的原因，主要是在吸湿或放湿过程中，纤维表面到内部必然存在水分子蒸汽压力的势能差，吸湿时，水汽压力的势能外高内低；放湿时，水汽压力的势能内高外低(毛细水弯曲液面的表面张力也是这种势能差的一部分)。在纤维中的非结晶区或晶区的界面间，纤维大分子链上的亲水基团(如羟基)相互形成横向结合键——氢键，即带有较多的横向连接键。当大气的相对湿度增加时，大气中水分子进入纤维时需要克服这些纤维分子间的氢键力，才能被纤维吸收，由于水分子的挤入，纤维分子间微结构单元间的距离会被拉开。

在此基础上，当蒸汽压力减小时，由于已经有较多的极性基团与水分子结合，水分子离开要赋予更多能量，故同一种纤维尽管在相同的温、湿度条件下，但处于吸湿中的纤维和处于放湿中的纤维内部结构并不相同，其无定形区大分子的交联键数不同，前者多于后者。同时吸湿后水分的进入使纤维内的孔隙和内表面增大，这种变形通常是塑性变形，在应力去除后，恢复也不可能是完全的，因而导致吸湿条件的改善，纤维能保持更多的水，阻碍水分的离去，所以纤维从放湿达到平衡比从吸湿达到平衡具有较高的回潮率。

产生的原因有：能量获得概率的差异，水分子进出的差异，纤维结构的差异，水分子分布的差异，以及热能作用的差异。

13.1.6 影响吸湿的因素

影响纤维吸湿的外因主要有时间、吸湿滞后和环境温、湿度。温度对平衡回潮率的影响比较小，其一般规律是温度越高平衡回潮率越低。主要是因为在相对湿度相同的条件下，空气温度低时，水分子热运动能小，一旦水分子与纤维亲水基团结合后就不易再脱离。空气温度高时，水分子热运动能大，纤维大分子的热振动能也随之增大，这样会削弱水分子与纤维大分子中亲水基团的结合力，使水分子易于从纤维内部逸出。同时，存在于纤维内部空隙中的液态水，蒸发时的蒸汽压力也随温度的上升而升高，这样会导致水分子容易逸出。一般随着空气和纤维温度的升高，纤维的平衡回潮率就会下降。但在高温多湿的条件下，由于纤维的热膨胀等原因，平衡回潮率略有增加。

影响纤维回潮率的因素有内因和外因两个方面。

内在因素包括：化学结构，如纤维大分子亲水基团的数量和极性的强弱；聚集态结构，如纤维的结晶度、纤维内孔隙的大小和多少；形态结构，如纤维比表面积的大小，截面形状、粗细及表面粗糙程度；以及纤维伴生物的性质和含量等。

外在条件包括：温、湿度；气压；原来回潮率的大小。

13.1.7　吸湿对纤维性质的影响

(1)对重量的影响

纤维材料吸湿后的重量随着吸收水分量的增加而成比例地增加。

$$G_K=\frac{G_0(100+W_K)}{100} \tag{13-6}$$

$$G_K=\frac{G_a(100+W_K)}{100+W_a} \tag{13-7}$$

式中：G_K——公定回潮率时的重量(g)；

G_0——烘干时的重量(g)；

G_a——实际回潮率下的重量(g)；

W_K——公定回潮率(%)；

W_a——实际回潮率。

(2)对长度和横截面积的影响

纤维吸湿后体积膨胀，横向膨胀大而纵向膨胀小，表现出明显的各向异性。纤维的膨胀值可用直径、长度、截面积和体积的增大率如下式：

$$S_d=\frac{\Delta D}{D};\ S_l=\frac{\Delta L}{L};\ S_a=\frac{\Delta A}{A};\ S_V=\frac{\Delta V}{V} \tag{13-8}$$

式中：D、L、A、V——纤维原来的直径、长度、截面积和体积；

ΔD、ΔL、ΔA、ΔV——纤维膨胀后，其直径、长度、截面积和体积的增加值。

纤维吸湿膨胀具有明显的各向异性，即 $S_d>S_l$(表 13-3)，也充分说明纤维内部分子排列结构在长度方向和横向明显的不同。由于大分子沿轴向排列，水分子进入无定形区的大分子之间的间隙中，拆开了一些联结点，因而使分子间距离增加。而在长度方向，如果大分子都是平行伸直，则长度方向就不会增长。但由于大分子沿轴向存在着不同的取向度和柔曲性，水分子进入大分子之间，导致了大分子的构型做某些改变，因而使得纤维在长度方向有不同程度的增长。所以同一纤维，可根据吸湿膨胀后各向异性的大小来判断大分子的取向度。

不利之处是会使织物变厚、变硬，也是造成织物收缩的原因之一。

表 13-3 各种纤维在水中膨胀值 %

纤维种类	S_d	S_l	S_a	S_v
棉	20~30	—	40~42	42~44
蚕丝	16.3~18.7	1.3~1.6	1~9	30~32
羊毛	15~17	—	25~26	36~41
粘胶纤维	25~52	3.7~4.8	50~114	74~127
铜氨纤维	32~53	2~6	56~62	68~107
醋酯纤维	9~14	0.1~0.3	6~8	—

(3)对密度的影响

吸湿对纤维密度的影响，开始是随着回潮率(W)增加，纤维密度增加。大多数纤维在 W=4%~6%时密度最大。W 再增加，纤维密度逐渐变小。因为纤维体积显著膨胀，而水的比重小于纤维。

(4)对机械性质的影响

纤维吸湿后，其力学性质如强力、伸长、弹性、刚度等随之变化(表 13-4)。

表 13-4 常见纤维在润湿状态下强伸度变化表 %

纤维种类	湿干断裂强度比	湿干断裂伸长比
棉	110~130	106~110
麻	110~130	122
毛	76~94	110~140
桑蚕丝	80	145
柞蚕丝	110	172
粘胶纤维	40~60	125~135
涤纶	100	100
锦纶	80~90	105~110
腈纶	90~95	125
维纶	85~90	115~125

①对强力的影响

a. 一般规律是回潮率(W)增加，其强力会下降；

b. 吸湿能力差的纤维，回潮率(W)增加，强力变化不太显著，合成纤维由于较弱，所以吸湿后的强力降低；

c. 棉、麻纤维，吸湿后强力反而增加。

②对纤维伸长率的影响　回潮率(W)增加，伸长率有所增加；这是因为水分子进入纤维内部后，减弱了大分子间的结合力，使它在受外力作用时容易伸直和产生相对滑移。

随着回潮率的增加，纤维的脆性、硬性有所减小，塑性变形增加，并且变得柔软容易变形，纤维的表面摩擦系数随着回潮率的增加而变大。纤维吸湿后力学性能的改变主要是水分子进入纤维，改变了纤维分子间的结合状态所引起。

温、湿度对纺织加工的影响很大，主要就是由于纤维吸湿后机械性能发生变化引起的。如回潮率太低，则纤维或纱线的刚性变大，加工中易于断裂；如回潮率太高，则纤维中的杂质难以清除同时易于相互纠缠成结或绕在机件上，影响加工的正常进行。

(5) 对热学性质的影响

空气中的水分子被纤维大分子上的极性基因所吸引而与之结合，分子的动能降低，必然伴随着能量的转换，用热的形式释放出来。纤维在各种回潮率时吸着 1g 水放出的热量，称为吸湿微分热，单位为 J/g(水)，各种干燥纤维的吸湿微分热大致接近，约为 837.4~1256J/g。

在一定的温度下，1g 干燥纤维从某一回潮率吸湿达到完全润湿，所放出的总热量，称为吸湿积分热，单位为 J/g(干纤维)。吸湿能力强的纤维，其吸湿积分热也大。

纤维的吸湿和热效应是紧密联系在一起的，吸湿达到最后平衡时，热的变化也要获得最后平衡，纤维内部水分的扩散和热的传递都需要一个过程，所以纤维的吸湿热效应，有助于延缓温度的迅速变化，对衣着纤维材料是十分有益的，对于不吸湿的纤维，温度变化传递的延缓，仅由于材料的绝热能力所致，纤维吸湿的热效应，在纺、织、染、整加工中，对于烘燥设备的设计进行热工平衡计算时，是要加以考虑的；纤维及其制品的贮存，必须注意纤维的吸湿放热。如仓库潮湿，通风不良，可能使纤维引起发热发霉的变质，甚至引起自燃。

(6) 对电学性质的影响

高聚物的特殊分子结构，赋予了纤维高的电绝缘性能。

纤维吸湿后绝缘性能下降，介电系数上升，介质损耗因素增大。使纤维的比电阻下降，减缓静电现象。

纤维回潮率的变化能引起电阻和介电系数的变化，根据这个原理可间接测得纤维回潮率，电阻式和电容式电气测湿仪就是采用这个原理设计的。

(7) 对光学性质的影响

当纤维的回潮率升高时，纤维的光折射率下降。是由于水分子进入纤维后，引起分子结构做某些改变造成的。

综上所述，纤维的吸湿性与纤维的外表形态以及各种物理性质都有关系，如水分含量不同，不仅重量产生差异，纤维所表现的各项性能也发生很大变化，可见吸湿是纤维材料最重要的性质之一。因此，在检验纤维材料的各种性质时，都必须考虑这一因素，并在统一规定时标准状态下进行检验。如果实际工作中，由于条件限制或为了迅速取得试验结果，不能在标准状态下进行，必须注明当时的温、湿度条件，如有可能时，要进行必要的修正。

13.1.8 吸湿性的测试方法

吸湿性的测试方法有：直接测定法，如烘箱法；间接测定法，如红外线辐射法、高频加热干燥法、吸湿剂干燥法、真空干燥法等。

(1) 直接测定法

称得湿重 G_a，去除水分后得干重 G_0，根据定义求得 W_0，如烘箱法。烘箱法测定回潮时，虽然通过排气风扇交换空气，把水汽排出箱外，但是试验室内的空气总有一定的含湿量，所以箱内的相对湿度不可能达到 0，因此纤维实际上不可能真正的烘干，仍保留有一定的水。有资料介绍，棉纤维大约仍保持 0.5%的水分，毛纤维大约仍保留 1%的水分。用烘箱法测试回潮耗电量大，时间长，并损坏试样。同时，由于纤维内的一些油脂或其他物质的挥发，影响测定结果的真实性。干重不是绝对的干重。再者，在升温情况下，称衡条件不一致，也往往引起误差。目前烘箱有长期的检验历史，测定结果尚稳定。

(2)间接测量法

①红外线辐射法　利用红外线灯泡发出来的红外线照射试样，能量高、穿透力强，使材料内部在短时间内达到很高的温度，将水分去除，一般情况下只要 5~20min 即可烘干。这种方法的优点是烘干迅速、耗电量比烘箱少、设备简单，但温度无法控制，照射的能量分布也不均匀，往往使局部过热；红外线在材料内部，可造成几百度的高温以及光量子的作用，往往使材料烘焦变质，因此试验结果不稳定，在生产上当要求迅速烘干和测试时，多采用这种方法。

②高频加热干燥法　利用高频电磁波在物质内部产生热量以去除水分。依照所用的频率分两类：一类是高频介质加热法或电容加热法(频率范围为 1~100MHz)；另一类是微波加热法(频率范围是 800~3000MHz)。其热量产生的原因，是由于介电物质的分子都携带极性基团即偶极子，当电磁场方向转变时，偶极子企图改变自己的排列以顺应这个转变，因而在介电物质内的分子产生相应的振荡，形成内摩擦从而产生热量。这种由电磁高频变向形成的分子取向运动，在一定条件下，在物质内外是同时发生的，由此产生的热量也在材料的内外同时发生。

③吸湿剂干燥法　将纺织材料和强烈的吸湿剂放在同一个密闭的容器内，利用吸湿剂吸收空气中的水分，使容器内空气的相对湿度达到 0，纤维在这样的条件下将得以充分脱湿。采用的吸湿剂效果最好的是干燥的五氧化二磷粉末，最常用的是干燥的氯化钙颗粒，也可以用干燥的、热的惰性气体如氮气等以一定速度流经试样以带走试样中的水分。这种方法比较准确，由于在室温下干燥，或加热温度不高，不致引起材料表面物质的挥发。

④真空干燥法　将试样放在密闭的容器中抽取真空，在一定的真空度下，再对容器用电阻丝加热，加热的温度可以自动控制。一定时间后由于水汽被驱出，真空度变小，用差压法即可推算水分的含量。这种方法不需要称取干重，工作简便，试样用量很少；可在较低温度(60~70℃)下将试样中的水分去除，烘干时间减少且可避免材料氧化变质；测定结果精确可靠，且设备费用也不高。

13.2　纤维的机械性质

纺织纤维在纺织加工和使用过程中，在外力作用下破坏时，主要的破坏方式是纤维被拉断。纤维的拉伸性能包括强力和伸长两个方面，拉伸断裂性能的基本指标有：拉伸断裂强力，断裂强度，断裂伸长率及纤维拉伸的初始模量。

13.2.1　拉伸断裂强力(绝对强力)

纤维受外力直接拉伸到断裂时所需的力，是表示纤维能承受最大拉伸力的绝对值的一种指标，又称绝对强力、断裂强力。强力的法定计量单位是牛顿(N)[此外还有厘牛(cN)、克力(gf)等]，1N 是使 1kg 的物体得到 $1m/s^2$ 加速度所需的力。

13.2.2　断裂强度

断裂强度是指材料发生断裂时的拉力与断裂横截面积的比值，即应力(相对强度)。

当纤维粗细不同时，强力也不同，因而对于不同粗细的纤维，强力指标无可比性；为便于比较，将强力折合成规定粗细时的力，即相对强度，用以比较不同粗细纤维的拉伸断裂性质的指标。根据采用线密度指标不同，相对强度指标有以下几种。

（1）断裂比强度（P_0）

纤维的细度（线密度）标准规定用特克斯（tex）作为单位；比强度是指纤维 1tex 粗细时所能承受的拉伸力，单位：N/tex，常用 cN/dtex，简称比强度或重量比强度（相同重量材料的强度）。其计算式为：

$$P_0=\frac{P}{T_t} \tag{13-9}$$

式中：P_0——特数制断裂强度（N/tex；cN/dtex）；

P——纤维的强力（N；cN）；

T_t——纤维的线密度（tex；dtex）。

（2）断裂应力（σ）

纤维单位截面积上能承受的最大拉伸力。是各种材料通用的表示纤维材料相对强度的指标，一般用 σ 表示，标准单位：N/m^2（帕），常用 N/mm^2（兆帕，MPa）表示。由于纤维的截面形状是不规则的，真正的截面面积很难求测，理论研究时，常用这个指标进行分析，也称为体积比强度（在相同体积下比较材料之间强度的差异）。其计算式为：

$$\sigma=\frac{P}{S} \tag{13-10}$$

式中：σ——纤维的断裂应力或体积比强度（MPa）；

P——纤维的强力（N）；

S——纤维的截面积（mm^2）。

（3）断裂长度（L）

单根纤维悬挂重力等于其断裂强力时的长度（km）。实践中测定时不是用悬挂法，而是按强力折算出来的。

$$L=P_0\frac{g}{10}L \tag{13-11}$$

式中：L——纤维的断裂长度（km）；

P_0——纤维的断裂比强度（cN/dtex）；

g——重力加速度（m/s^2），在海平面处为 9.806 65。

相同的断裂长度和断裂强度，其断裂应力随纤维的密度而异，只有当纤维密度相同时，断裂长度和断裂强度才具有可比性。

13.2.3　断裂伸长率

任何材料受力作用和产生变形，这两者总是同时存在、同时发展的。在拉伸力作用下，材料一般要伸长。纤维拉伸到断裂时的伸长率（应变率），叫作断裂伸长率，用 ε 表示，单位为百分数（%）。断裂伸长率可表示纤维承受最大负荷时的伸长变形能力。

其计算公式为：

$$\varepsilon=\frac{L-L_0}{L_0} \tag{13-12}$$

式中：L_0——试样原长(mm)；

L——试样拉断时的长度(mm)。

(1)拉伸曲线

负荷-伸长曲线为表示纤维在拉伸过程中的负荷和伸长的关系曲线(图 13-5)。应力-应变曲线为表示纤维在拉伸过程中的应力和应变的关系曲线。图中：

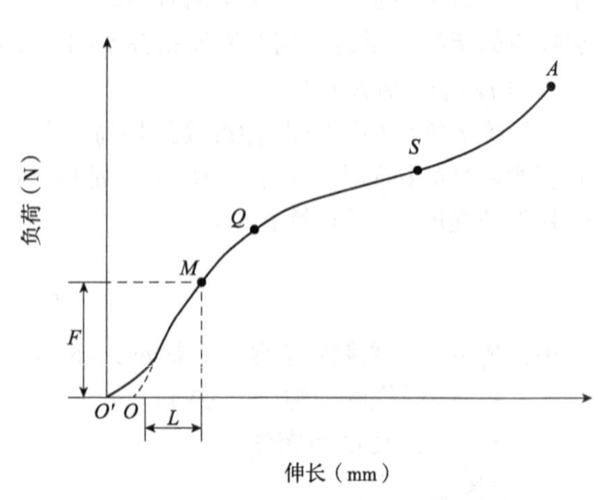

图 13-5　一般纤维负荷-伸长曲线

①$O'\rightarrow M$(虎克区)　大分子链键长和键角的变化，外力去除变形可回复，类似弹簧。

②$M\rightarrow Q$ 无定形区　大分子链克服某些次价键力进一步伸展，紧张的可能被拉断或从中抽拔出来。

③$Q\rightarrow S$(屈服区)　大分子产生相对滑移，在新的位置上形成新的次价键；变形显著且不易回复，模量相应也逐渐变小。

④$S\rightarrow A$(增强区)　错位滑移的大分子基本伸直平行，互相靠拢，使大分子间的横向结合力有所增加，形成新的结合键，模量再次提高(曲线斜率增大)，直至纤维大分子主链和大多数次价键断裂。

⑤Q 屈服点。

⑥A 断裂点。

(2)拉伸曲线反映的指标

纤维的拉伸性能包括强力和伸长两方面，主要有：断裂强力(或断裂强度)；相对强度；断裂伸长(或断裂伸长率)；纤维拉伸的初始模量(图 13-6)。

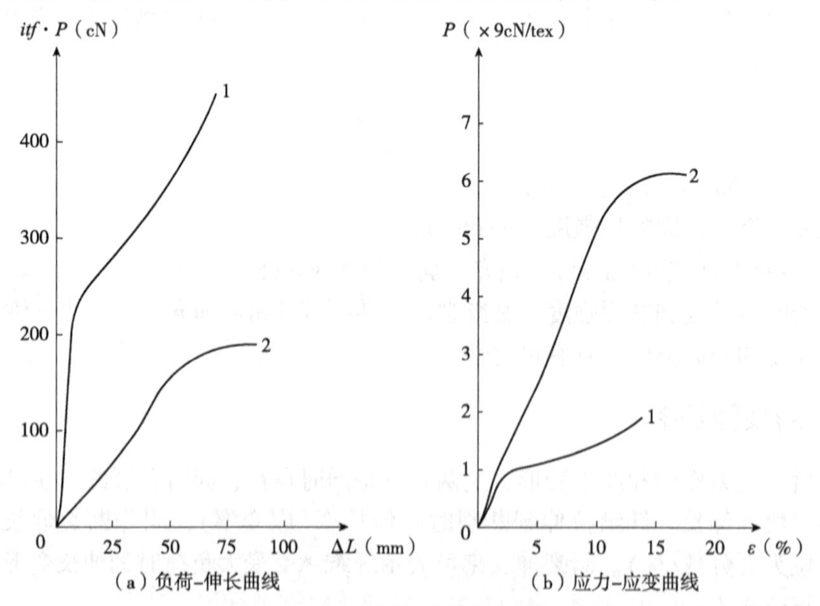

图 13-6　纤维拉伸初始模量

1. 278dtex(250 旦)粘胶长丝；2. 33dtex(30 旦)锦纶长丝

13.2.4 纤维拉伸的初始模量

初始模量(E)表示拉伸伸长率为1%时应力的100倍，单位与应力相同，一般为cN/tex或cN/dtex。拉伸初始模量是反映纤维在小应力条件下的弹性或刚性。

纤维负荷-伸长曲线上起始一段直线部分的斜率，或伸长率为1%时对应的强力。其大小表示纤维在小负荷作用下变形的难易程度，它反映了纤维的刚性。E越大表示纤维在小负荷作用下越不易变形，刚性较好，其制品比较挺括；E越小表示纤维在小负荷作用下越容易变形，刚性较差，其制品比较软。各类纤维初始模量排序如下：

天然纤维：麻>棉>丝>毛；再生纤维：富纤>粘胶>醋纤；合成纤维：涤纶>腈纶>维纶>锦纶。

(1)断裂功、断裂比功和功系数

①断裂功(W)　指拉断纤维过程中外力所做的功，或纤维受拉伸到断裂时所吸收的能量。

W是强力和伸长的综合指标，用来有效评价纤维的坚牢度与耐用性能。W大，说明纤维的韧性好，耐疲劳性能强，能承受较大的冲击。在负荷-伸长曲线上，断裂功就是曲线下所包含的面积。

②断裂比功(W_a)　拉断单位细度(N)、单位长度(L)纤维外力所做的功(W)。

$$W_a = \frac{W}{N_{tex}L_0} \tag{13-13}$$

纤维密度相同时，它对不同细度N(tex)和不同试样长度L_0(m)的纤维材料具有可比性。

③功系数(W_e)　实际所作功(即断裂功W，相当于拉伸曲线下的面积)与假定功(即断裂强力P_a×断裂伸长ΔL)之比。其计算式为：

$$W_e = \frac{W}{P_a \Delta L} \tag{13-14}$$

W_e值越大表明这种材料抵抗拉伸断裂的能力越强，各种纤维的功系数大致在0.36~0.65。

(2)常用纺织纤维的拉伸曲线

拉伸曲线可分为三类(图13-7)：

①强力高，伸长率很小的拉伸曲线(棉、麻等纤维素纤维)，表现为拉伸曲线近似直线，斜率较大(主要是纤维的取向度、结晶度、聚合度都较高的缘故)；

②强力不高，伸长率很大的拉伸曲线(羊毛、醋纤等)，表现为模量较小，屈服点低和强力不高；

③初始模量介于1~2的拉伸曲线(涤纶、锦纶等纤维)。

(3)纤维拉伸断裂机理

纤维在整个拉伸变形过程中的具体情况是十分复杂的。纤维受力开始时，首先是纤维中各结晶区之间的非结晶区内长度最短的大分子链伸直，即成为接近于与纤维轴线平行而且弯曲最小的大分子(甚至还有基原纤)伸直。接着这些大分子受力拉伸，使化学价键长度增长、键角增大。在此过程中，一部分最伸展、最紧张的大分子链或基原纤逐步地被从结晶区中抽拔出来；也可能有个别的大分子主链被拉断。这样，各结晶区逐步

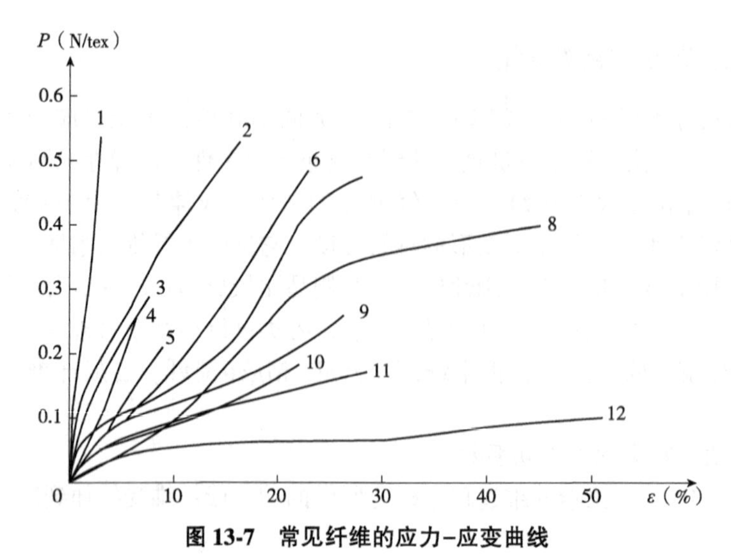

图 13-7 常见纤维的应力-应变曲线

1. 苎麻；2. 高强低伸棉型涤纶；3. 棉型富纤；4. 长绒棉；5. 细绒棉；6. 棉型维纶；7. 普通棉型涤纶；8. 毛型锦纶；9. 腈纶；10. 棉型粘胶纤维；11. 毛型粘胶纤维；12. 新疆改良羊毛

产生相对移动，结晶区之间沿纤维轴向的距离增大，在非结晶区中基原纤和大分子链段的平行度(取向度)提高，结晶区的排列方向也开始顺向纤维轴，而且部分最紧张的大分子由结晶区中抽拔后，非结晶区中大分子的长度差异减小、受力的大分子或基原纤的根数增多。如此，大分子或基原纤在结晶区被抽拔移动越来越多，被拉断的大分子和拔脱的大分子端头也逐步增加。如此继续进行，大分子或基原纤间原来比较稳定的横向联系受到显著破坏，使结晶区中大分子之间或基原纤之间的结合力抵抗不住拉伸力的作用(如氢键被拉断等)，从而明显地相互滑移，大批分子抽拔(对于螺旋结构的大分子则使螺旋链展成曲折链)，伸长变形迅速增大。此后，纤维中大部分基原纤和松散的大分子都因抽伸滑移作用而达到基本上沿纤维轴向北拉直并平行的状态，结晶区也逐步松散。这时，由于取向度大大提高，大分子之间侧向的结合力可能又有所增加，所以大多数纤维拉伸曲线的斜率又开始有所上升。再继续拉伸，结晶区更加松散，许多基原纤和大分子由于长距离抽拔，有的头端已从结晶区中拔出而游离，部分大分子被拉断，头端也游离。最后，在整根纤维最薄弱的截面上断开(一部分基原纤和大分子被拉断，其余全部从对应的结晶区中抽拔出来)。部分大分子聚合度很高，在过断裂点之后，纤维并未断裂脱开，但抗拉伸力已下降，最后断开达到断脱点。

对于某些材料，拉伸区段上出现的细颈不止一个，当一个细颈中由于链状大分子、基原纤、微原纤互相滑动、伸直过程中，取向度明显提高时，此细颈的抵抗力已大于其他细颈处的滑动阻力，纺织材料并未断裂而继续伸长，但总拉伸力缓慢下降。

(4)影响纤维拉伸断裂强度的主要因素

①大分子的聚合度　一般大分子聚合度越高，大分子从结晶区中完全抽拔出来就不大容易，大分子之间横向结合力也更大些，所以强度越高。

②大分子的取向度　纤维中大分子的取向度越高，大分子或基原纤排列得越平行，大分子或基原纤长度方向与纤维轴向越平行，在拉伸中受力的基原纤和大分子的根数就越多，纤维的强度就越高，屈服应力也越高。但当拉伸到纤维断裂时，大分子滑动量减少，伸展量也减少，故断裂伸长率下降。

③纤维的结晶度 纤维大分子、基原纤排列越规整，结晶度越高，缝隙孔洞较小且较少，大分子和基原纤间结合力越强，纤维的断裂强度、屈服应力和初始模量都较高，但脆性可能有所增加。主要影响因素有：大分子结构(大分子的柔曲性、大分子的聚合度)，超分子结构(取向度、结晶度)，形态结构(裂缝孔洞缺陷、形态结构、不均一性)。

④温度 在纤维回潮率一定的条件下，温度高，大分子热运动能高，大分子柔曲性提高，分子间结合力削弱。因此，一般情况下，温度高，拉伸强度下降、断裂伸长率增大、拉伸初始模量下降。

⑤空气相对湿度和纤维回潮率 纤维的回潮率越大，大分子间结合力越弱，结晶区越松散。故一般情况下，纤维回潮率大，则纤维的强度降低、伸长率增大、初始模量下降。但是，棉纤维有一些特殊性。因为棉纤维的聚合度非常高，大分子链极长，当回潮率提高后，大分子链之间的氢键有所削弱，增强了基原纤之间或大分子之间的滑动能力，反而调整了基原纤和大分子的张力均匀性，从而使受力大分子的根数增多，使纤维强度有所提高。

纤维材料吸湿的多少，对它的力学性质影响很大，绝大多数纤维随着回潮率的增加而强力下降，其中粘胶纤维尤为突出。但棉麻等天然纤维素纤维的强力则随着回潮率的上升而上升。所有纤维的断裂伸长都是随着回潮率的升高而增大。常见纤维在润湿状态下的强伸度变化范围如下(表 13-5)。

表 13-5 常见几种纤维在润湿状态下强伸度的变化 %

项 目	棉	羊毛	粘胶(短)	锦纶(短)	涤纶	维纶	腈纶
湿干强度比	110~130	76~94	40~60	80~90	100	85~90	90~95
湿干断裂伸长率比	110~111	110~140	125~150	105~110	100	115~125	125 左右

⑥测试项目

试样长度 试样长度是指纤维材料被夹持在上下夹持器之间的、直接参加试验部分的长度。纤维上各处截面积并不完全相同，而且各截面处纤维结构也不一样，因而同一根纤维各处的强度并不相同，测试时总是在最薄弱的截面处被拉断并表现为断裂强度。当纤维试样长度缩短时，最薄弱环节被测到的机会下降，测得了一部分次薄弱环节的断裂强度，从而使测试强度的平均值提高，这一概念叫弱环定理。按弱环定理的推导结果可得，纤维试样截取越短，平均强度将越高；纤维各截面强度不匀越厉害，试样长度对测得强度的影响也越大。

试样根数 同时拉伸纤维的根数越多时，由于各根纤维的强度并不均匀，特别是断裂伸长率不均匀，试样中各根纤维伸直状态也不相同，这就会使各根纤维不同时断裂。其中伸长能力最小的纤维达到伸长极限即将断裂时，其他纤维并未承受到最大张力，故各根纤维依次分别被拉断，使几根纤维成束拉断测得的强度比单根测得的平均强度的总和小，而且根数越多，差异越大。

拉伸速度 拉伸速度(拉伸到断裂经历的时间)以及拉伸过程的类型(应力等速增加型、拉伸力等速增加型、伸长率等速增加型、各种不等速型)，都对测定的强度读数有较明显的影响。

13.3 纤维的热学、光学和电学性质

13.3.1 纤维的热学性质

(1)比热容

简称比热，表示为1g纺织材料温度变化1℃所吸收(或放出)的热量，单位：J/g·℃。纤维材料的比热容随环境条件的变化而变化，不是恒量；同时，它又是纤维材料、空气、水分三者混合体的综合值。几种常见干燥纤维在20℃环境下的比热容见表13-6。

表13-6 各种干纤维材料的比热容 J/(g·℃)

纤维种类	比热容	纤维种类	比热容
棉	1.21~1.34	锦纶66	2.05
亚麻	1.34	芳香聚酰胺纤维	1.21
大麻	1.35	涤纶	1.34
黄麻	1.36	腈纶	1.51
羊毛	1.36	丙纶*	1.8
桑蚕丝	1.38~1.39	玻璃纤维	0.67
粘胶纤维	1.26~1.36	石棉	1.05
锦纶6	1.84	静止空气(对照材料)	1.01

注：*为温度50℃时测量的结果。

比热容的大小，反映了纤维材料释放、贮存热量的能力，或者温度升降的缓冲能力。随比热容增加，纤维材料升高1℃需要吸收的热量随之增加，那么降低1℃所释放的热量也随之增加。在不同温度下测得的纤维材料的比热，在数值上是不同的，但温度的影响一般是不大的，只有在100℃以上有的影响才比较明显。水的比热等于4.18，在数值上约为一般干纺织材料比热的2~3倍；故纤维材料吸湿后，其比热也相应地增大，因为吸湿后的纺织材料，可看成是干材料与水的混合物。

影响比热容的因素包括以下3点：

①环境温度的影响　随着温度的提高，纤维材料的比热容将逐渐增大，而且以玻璃化转变温度为标志分界点：在低于玻璃化转变温度区间，随温度升高，比热容的增加较慢；接近玻璃化转变温度时，比热容增加较快；在玻璃态向高弹态转换区间，比热容增加最快，且完成转换之后，其值的增加将逐渐变慢，由此可见比热容随着温度提高的变化规律呈台阶式上升。一般认为随温度升高，纤维内部大分子的运动能力和彼此之间的结构状态发生了改变，可以容纳更多的热能，而且这种变化具有阶跃特征(即不是连续的，是量子化的能级跃迁)，同时需要注意的是水分子的进入会使这种变化更加明显。

②环境相对湿度的影响　相对湿度的变化会导致纤维材料内部水分的变化，而水的比热容比纤维的大。纤维材料吸收水分或放出水分时，水由气态变固态的凝结热和由固态变气态的蒸发热不计在比热容中。

③纤维中孔洞和纤维间缝隙的影响　纤维中孔洞和纤维间缝隙的存在，使空气滞留

其中，静止空气的比热容比纤维小，所以一般随孔隙率增加，比热容下降，升温速度提高，纤维及其集合体的接触冷感随之下降，但是当其中的空气形成对流后升温的速度将会减缓。

(2)导热系数

在传热方向上，纤维材料厚度为 1m、面积为 $1m^2$，两个平行表面之间的温差为 1℃，1s 内通过材料传导的热量焦耳数。可用下式来表示。

$$\lambda = \frac{QD}{\Delta TAt} \tag{13-15}$$

式中：λ——导热系数[J/(m · s · ℃)或 W/(m · ℃)]；

Q——传导的热量(J)；

D——材料的厚度(m)；

ΔT——温差(℃)；

A——材料的截面面积(m^2)；

t——传导热量的时间(s)。

λ 值越小，表示材料的导热性越低，它的绝热性或保暖性越高。纤维集合体的导热系数是无规则排列集合体状态的综合值或条件值，即纤维、空气和水分三者混合物的值。在环境温度为 20℃、相对湿度为 65%的条件下测得的几种纤维集合体的导热系数见表 13-7。由该表可看出，静止空气的导热系数是最小的，也是最好的热绝缘体。纤维材料的保暖性，主要取决于纤维层中夹持的空气的数量和状态。在空气不流动的前提下，纤维层中夹持的空气越多，纤维层的绝热性越好，而一旦空气发生流动，纤维层的保暖性就大大下降。

表 13-7　常见纤维的导热系数　W/(m^2 · ℃)

纤维种类	λ	纤维种类	λ
棉	0.071~0.073	涤纶	0.084
羊毛	0.052~0.055	腈纶	0.051
蚕丝	0.050~0.055	丙纶	0.221~0.302
粘胶纤维	0.055~0.071	氯纶	0.042
醋酯纤维	0.050	空气	0.026
锦纶	0.244~0.337	水(对照材料)	0.599

(3)保暖性指标

①绝热率(T)　除导热系数外，常用热阻 R(m · ℃/W)或绝热率 T 表示纤维的绝热性。绝热率表示纤维集合体隔绝热量传递保持体温的性能。绝热率的测试是将试样包覆在热体外面，再用另一个相同的热体作为参照物(不包覆试样)，同时测得经过相同时间后的散热量或温度下降量。

$$T = \frac{Q_1 - Q_2}{Q_1} \times 100 \tag{13-16}$$

式中：T——绝热率(%)；

Q_1——包覆试样前保持热体恒温所需热量(J)；

Q_2——包覆试样后保持热体恒温所需热量(J)。

很明显，纤维材料的绝热率，与试样的厚度有关。试样越厚，单位时间内散失的热量越少，绝热率就越大，期间近似直线关系。

②保暖率　保暖率是描述织物保暖性能的指标，该指标利用织物保暖仪进行测定。

③克罗值(CLO)　在室温21℃，相对湿度小于50%，气流为10cm/s(无风)的条件下，一个人静坐不动，能保持舒适状态，此时所穿衣服的热阻为1CLO。CLO越大，则隔热保暖性越好。

④影响纤维导热性能的因素

分子量的大小　在同一温度下，分子量越大，λ 越大。

温度　T 升高，λ 增大，因为随温度增加，分子的振动频率加大，使热量能借此得到更好的传递。

回潮率　水分越多，λ 越大，保暖性越差。在同样温湿度条件下，吸湿能力比较好的纤维，导热性也比较好。

⑤纤维集合体的体积重量　保暖与否主要取决于纤维层中夹持的静止空气数量。纤维层中夹持的静止空气越多，则纤维层的绝热性越好；一旦夹持的空气流动，保暖性将大大降低。纤维层的体积重量在0.03~0.06g/cm^3，λ 最小，保暖性最好。

⑥增强服装保暖性的途径　尽可能多的贮存静止空气(中空纤维、多衣穿着、不透水)，降低 $W\%$，选用 λ 值偏小的纤维，加入陶瓷粉末等材料。

(4)纤维的热转变温度

若对某一纤维施加一恒定外力，观察其在等速升温过程中发生的形变与温度的关系，便得到该纤维的温度-形变曲线(热机械曲线，图13-8)。

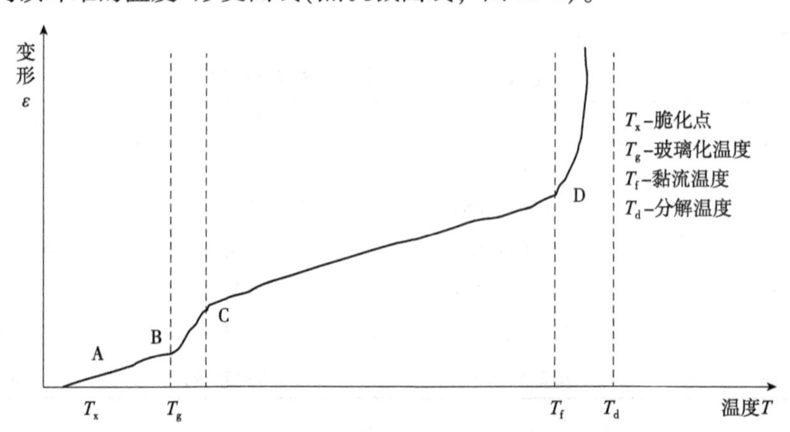

图13-8　非晶态聚合物温度-形变曲线

纤维典型的热机械曲线存在2个斜率突变区，这两个突变区把热机械曲线分为3个区域，分别对应于3种不同的力学状态(表13-8)：

区域A(玻璃态)，温度低，纤维在外力作用下的形变小，具有虎克弹性行为，形变在瞬间完成，当外力除去后，形变又立即恢复，表现为质硬而脆，这种力学状态与无机玻璃相似，称为玻璃态。在低温时，分子热运动的能量低，运动单元和运动方式是只有侧基、链节、短支链等的局部振动和键长、键角的变化。合成纤维的弹性模量很高，变形能力很小，纤维坚硬，类似玻璃，故称玻璃态。

随着温度的升高，形变逐渐增大，当温度升高到某一程度时，形变发生突变，进入区域C(高弹态)，这时即使在较小的外力作用下，也能迅速产生很大的形变，并且当外力除去后，形变又可逐渐恢复。这种受力能产生很大的形变，除去外力后能恢复原状的性能称高弹性，相应的力学状态称高弹态，它是高聚物特有的力学状态。区域D(黏流态)，当温度升到足够高时，聚合物完全变为黏性流体，其形变不可逆，这种力学状称为黏流态。玻璃态、高弹态和黏流态称为聚合物的力学三态。

表13-8 几种纺织纤维的热转变点 ℃

纤维种类	玻璃化温度	软化点	熔点	分解点	洗涤最高温度
棉	—	—	—	150	90~100
羊毛	—	—	—	130	30~40
桑蚕丝	—	—	—	150	30~40
粘胶纤维	—	—	—	150	—
醋酯纤维	186	195~205	290~300	—	—
涤纶	80，67，90	235~240	256	—	70~100
锦纶6	47，65	180	215~220	—	80~85
锦纶66	85	225	253	—	80~85
腈纶	80~100，140~150	190~240	—	280~300	40~45
维纶	85	干220~230 水中110	—	—	—
丙纶	-35	145~150	163~175	—	—
氯纶	82	水中110	200	—	30~40

①玻璃态与玻璃化温度(T_g) 非晶态高聚物大分子链段开始运动的最低温度或由玻璃态向高弹态转变的温度。

②黏流温度(T_f) 非晶态高聚物大分子链相互滑动的温度，或由高弹态向黏流态转变的温度。

③熔点温度(T_m) 高聚物结晶全部熔化时的温度，或晶态高聚物大分子链相互滑动的温度。高聚物的T_m>低分子的T_m。玻璃态时分子链段运动被冻结，显现脆性；高弹态的分子链段运动加剧，出现高弹变形，进入黏流态的大分子开始变形。非晶态高聚物所具有的玻璃态、高弹态和黏流态的主要差别，是材料的变形能力不同，即弹性模量不同，故称三种力学状态。从分子运动看，三种状态只不过是分子链段的运动能力不同而已。

玻璃化温度(T_g)的影响因素有以下3点：聚合物的结构。T_g是链段运动刚被冻结的温度，而链段运动是通过主链单键的内旋转来实现的；因此T_g与高分子链的柔顺性相关，柔顺性好、T_g低，柔顺性差、T_g高。外界条件。如升温速度、外力大小、作用频率、拉伸速度等。聚合物的玻璃化转变是一个松弛过程，与过程相关，因此升温或冷却速度、外力的大小及其作用时间的长短对T_g都有影响。测定T_g时升温或降温速度慢，T_g偏低；外力作用速度快，T_g高；单向外力可促使链段运动，使T_g降低，外力越大，T_g降低越明显。

(5)纤维的耐热性与热稳定性

耐热性表示纤维耐短时间高温的性能，而热稳定性则表示纤维耐长时间高温的性能。一般随着温度升高，断裂强力下降、断裂伸长率提高、初始模量下降，纤维变得柔软(表13-9)。

表 13-9 常见纤维材料的耐热性 %

纤维种类	剩余强度				
	在 20℃未加热	在 100℃经过		在 130℃经过	
		20d	80d	20d	80d
棉	100	92	68	38	10
亚麻	100	70	41	24	12
苎麻	100	62	26	12	6
蚕丝	100	73	39	—	—
粘胶纤维	100	90	62	44	32
锦纶	100	82	43	21	13
涤纶	100	100	96	95	75
腈纶	100	100	100	91	55
玻璃纤维	100	100	100	100	100

高聚物在高温下，除发生软化、熔融等物理变化外，还可引起两种相反的反应，即裂解和交联。裂解是指高分子主链的断裂，导致分子量下降，使材料的机械性能恶化；通常是热裂解和化学裂解(氧化、水解等)同时发生，特别在高温时，这些裂解作用会加速进行，大分子裂解的宏观表现之一，就是材料的强度下降。交联使大分子间生成化学键，引起分子量的增加。适度的交联可以改善材料的物理机械性能和耐热性能，但过度的交联，会使材料变硬脆，同时使性能降低。高聚物的裂解和交联，与化学键的断裂和生成有关。因此，高分子的化学键的键能越大，材料越稳定。

纤维材料受热后，一般强度下降。强度下降的程度，随温度、时间及纤维种类而异。一般而言，人造纤维(如粘胶)耐热性能>天然纤维(其中棉>麻>蚕丝>羊毛)，合成纤维中涤纶耐热性能>腈纶>锦纶>维纶，此外碳纤维、玻璃纤维耐热性能相当好。

棉纤维与粘胶纤维的耐热性比亚麻、苎麻好，特别是粘胶纤维，加热到 180℃时，强度损失很少，因此粘胶纤维可做轮胎帘子线。羊毛耐热性较差，加热到 100~110℃时即变黄、强度下降；通常要求干热不超过 70℃，洗毛不超过 45℃。蚕丝的耐热性比羊毛好，短时间加热到 110℃，纤维强度没有显著变化。合成纤维中，涤纶和腈纶的耐热性比较好，不仅熔点或分解点较高，而且长时间受到较高温度的作用时，强度损失比较少。尤其涤纶的耐热性是很高的，在 150℃左右加热 168h 后，颜色不发生变化，强度损失不超过 30%。这种温度处理 1000h，也只稍有变色，强度损失不超过 50%。锦纶的耐热性比较差，对实际上在高温下工作的轮胎帘子线来说，用涤纶比用锦纶有较多的优越性。维纶的耐热水性能是比较差的，在水中煮沸，维纶织物会发生变形或部分溶解。

(6)纤维的热膨胀与热收缩

①热膨胀 一部分纤维在加热的情况下有轻微的膨胀现象。原因是纤维分子受热后发生较强的热振动而获得了更多的空间(表 13-10)。

②热收缩 合成纤维受热后发生不可逆的收缩现象称之为热收缩。一般用热收缩率(%)表示，即加热后纤维缩短的长度占原来长度的百分率。根据介质不同有：

a. 沸水收缩率 一般指将纤维放在 100℃的沸水中处理 30min，晾干后的收缩率。

b. 热空气收缩率 一般指用180℃、190℃、210℃热空气为介质处理一定时间(如15min)后的收缩率。

c. 饱和蒸汽收缩率 一般指用125~130℃饱和蒸汽为介质处理一定时间(如3min)后的收缩率。

表13-10 几种纤维的热膨胀系数 m/℃

纤维种类	膨胀系数(10^{-4})	纤维种类	膨胀系数(10^{-4})
棉	40	膨胀锦纶	1
聚乙烯	2	膨胀涤纶	0.5
聚丙烯	10	锦纶	-3
醋酯纤维	0.8~1.6	涤纶	-10(在80℃附近)

③产生原因 纺丝成形过程中，受到较大的拉伸作用，纤维残留一定的内应力所致。

④影响因素 温度T升高，热收缩率增大；此外，水、空气、蒸汽等介质，以及原来的热处理条件等也有影响。

⑤利弊 利用不同的纤维收缩率，混纺可改善纱线结构。长丝或合纤纱热收缩率不同，易产生吊经、吊纬、起皱等。使用时也要注意热收缩问题。

(7)纤维的热塑性和热定型

热塑性是将合成纤维或制品加热到玻璃化温度(T_g)以上时，并加一定外力强迫其变形，然后冷却并去除外力，这种变形就可固定下来，以后只要$T<T_g$时，则纤维或制品的形状就不会有大的变化，这种特性称之为热塑性。热定型是利用合成纤维的热塑性，将织物在一定张力下加热处理，使之固定于新的状态的工艺过程(如蒸纱、熨烫)。

①热定型的机理 最初结构的松散；新结构的重建；新结构的固化。

②热定型的方法 干热定型指热风处理、金属表面接触加热等；湿热定型指湿法定型、蒸汽定型、过热蒸汽定型等。

③影响合成纤维织物热定型效果的因素 热定型的温度，要高于合成纤维的玻璃化温度，低于软化点及熔点。温度太低，达不到热定型的目的；温度太高，会使合成纤维及其织物的颜色变黄，手感发硬，甚至熔融黏结，使织物的服用性能受到损坏。在一定范围内，温度较高时，热定型时间可以缩短；温度较低时，热定型时间需要较长。决定热定型效果的主要因素是温度；足够长的时间，是为了使热量扩散均匀；此外，适当降低定型温度，可以减少染料升华，使织物手感柔软。

温度(最主要因素) 温度越高，定型效果越显著，但温度不能太高，否则会使织物手感粗糙，甚至引起纤维损伤。

时间 温度高，定型时间可短些；温度低，定型时间需长些。定型时间必须保证热在织物中的均匀扩散及分子链段的重建。

张力 高张力定型适用于单丝袜子；弱张力定型用于多数的针织物和机织物；无张力定型在一般织物中用得较少。

冷却速度 一般要求较快冷却，可使新结构快速固定，可获得较好手感的织物。

定型介质。

(8)纤维的燃烧性能

高聚物的燃烧过程大体分为3个阶段：固体受热分解并析出可燃性气体、火焰燃烧阶段、生成燃烧产物阶段。

①燃烧性能指标　极限氧指数LOI(limit oxygen index)：纤维点燃后，在氧、氮的混合气体里维持燃烧所需要的最低含氧体积百分数。

此外还有点燃温度、火焰最高温度、续燃时间、阴燃时间、损毁长度、火焰蔓延速率、火焰蔓延时间等指标。

根据纤维在火焰中和离开火焰后的燃烧情况，将纤维材料的阻燃性分为4种：易燃纤维(如纤维素纤维、腈纶)、可燃纤维(如羊毛、蚕丝、锦纶、涤纶、维纶)、难燃纤维(如氯纶、芳纶等)和不燃纤维(如石棉纤维、玻璃纤维、碳纤维等)。

②阻燃机理　阻燃指降低材料在火焰中的可燃性、减慢火焰蔓延速度，当火焰移去后能很快自熄(即提高纤维的极限氧指数)。

③提高纤维制品难燃性的途径

制造难燃纤维　在纺丝原液中加入阻燃剂或用合成的难燃聚合物纺丝；

阻燃处理　这是最主要的方法，主要为阻燃剂处理；

通过与难燃纤维混纺，以提高纤维的难燃性；

改变织物结构。

(9)纤维的熔孔性

指织物接触到热体后在局部熔融收缩形成孔洞的性能(熔孔时间及熔滴表示)。抗熔性指抵抗熔孔现象的性能。

①合成纤维易产生熔孔现象的原因　涤纶、锦纶熔融所需的热量较少；涤纶、锦纶的导热系数比棉、粘胶、羊毛大。

②改善织物抗熔性的方法　合成纤维与天然纤维混纺；制造包芯纱(芯用锦纶、涤纶，外层用棉)。

13.3.2 纤维的光学性质

纤维的光学性质是指纤维在光照射下表现出来的性质。主要包括色泽、双折射、耐光性等。光学性质不仅与纺织品外观质量关系密切，还是研究纤维内部结构的一种有效途径。

(1)纤维的色泽

①纤维颜色　纤维的颜色取决于纤维对不同波长色光的吸收和反射能力(表13-11)。

表13-11　各种颜色的波长与波长范围　nm

颜色感觉	标准波长	波长范围	颜色感觉	标准波长	波长范围
红色	700	620~780	绿色	510	480~575
橙色	610	595~620	蓝色	470	450~480
黄色	580	575~595	紫色	420	380~450

天然纤维的颜色取决于品种(即天然色素)、生长过程中的外界因素。合成纤维的颜色取决于原料(是否含有杂质)、纺丝工艺(如温度、加热、时间等)。

②纤维光泽　纤维的光泽与光的反射、折射和透射有关，主要是反射(反射量的大

小，反射光量的分布）（图 13-9）。

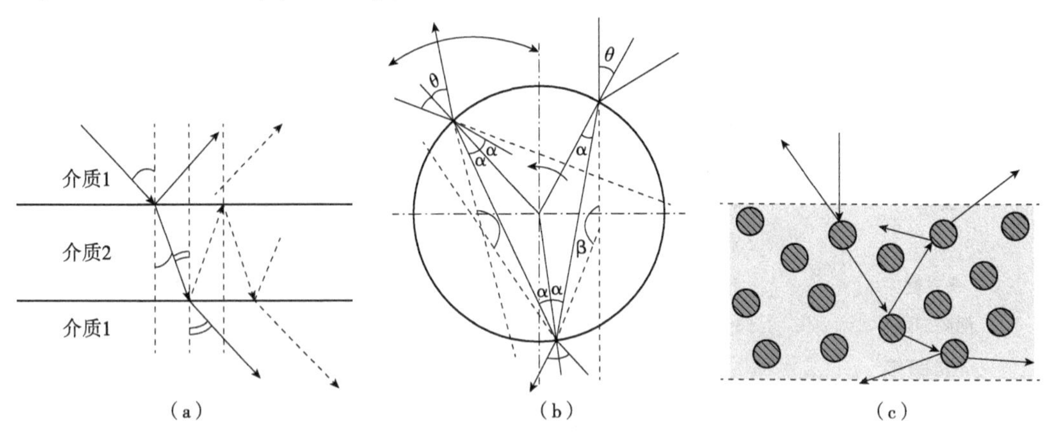

图 13-9　光与透明纤维及其纤维集合体的折射、反射和透射

(a) 光对纤维的折射、反射和透射；(b) 光与单纤维内的作用（θ 为入射角；α 为折射角；β 为入射角的补角）；(c) 光与纤维集合体的作用

纤维光泽的形成　纤维的光泽实际上是正反射光、表面散射反射光和来自内部的散射反射光的共同贡献。透射光决定纤维的透明程度。评价光泽应同时考虑两个方面：反射光量很大，分布不均匀——“极光”；反射光量很大，分布较均匀——“肥光”（图 13-10）。

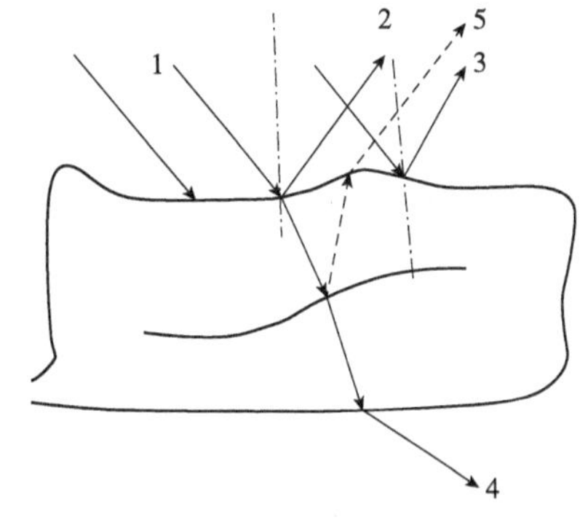

图 13-10　光线在纤维表面的反射、折射和透射

1. 入射光（平行光）；2. 表面正反射光；3. 表面散射反射光；4. 透射光；5. 来自内部的散射反射光

影响纤维光泽的因素　纵向形态、横截面形状和层状结构。

光泽与观察角度及反射平面有关，有均一反射平面的纤维，其光泽感强，如蚕丝，截面为三角形，有很多的反射平面；光泽还与纤维表面的粗糙度有关，天然纤维表面较粗糙，反光亮度较弱，光泽也差；成熟度好的棉纤维，光泽也好；羊毛中粗的优于细的。化纤表面光滑，反光亮度大，光泽强。

（2）纤维的双折射

①平行偏振光沿非光轴方向投射到纤维上时，除了在界面上产生反射光外，进入纤维的光线被分解成两条折射光，称为纤维的双折射。

寻常光（简称 O 光或快光）即传播速度较快的光，遵守折射定律，振动面垂直（⊥）光轴，折射率较小，$n_{\perp}$；非寻常光（简称 e 光或慢光）即传播速度较慢的光，不遵守折射定律，振动面平行（∥）光轴，折射率较大，$n_{/\!/}$。

双折射率：

$$\Delta n = n_{/\!/} - n_{\perp} \tag{13-17}$$

当 $\Delta n>0$ 为正晶体，$\Delta n<0$ 为负晶体，$\Delta n=0$ 为零晶体；大多数纤维为正晶体。

②纤维双折射率的测定方法及应用　测量方法有浸没法（测得表层折射率）、光程差法。主要应用于判明纤维分子的取向程度，Δn 大，取向度大（表 13-12）。

表 13-12 常见纤维的折射率

纤维种类	折射率		
	$n_{/\!/}$	$n_{\perp}$	$n_{/\!/}-n_{\perp}$
棉	1.573~1.581	1.524~1.534	0.041~0.051
苎麻	1.595~1.599	1.527~1.540	0.057~0.068
亚麻	1.594	1.532	0.062
羊毛	1.553~1.556	1.542~1.547	0.009~0.012
桑蚕丝	1.578	1.538	0.040
粘胶纤维	1.539~1.550	1.514~1.523	0.018~0.036
三醋酯纤维	1.474	1.479	-0.005
涤纶	1.725	1.537	0.188
锦纶 6	1.568	1.515	0.040
锦纶 66	1.570~1.580	1.520~1.530	0.053
腈纶	1.500~1.510	1.500~1.510	-0.005~0
维纶	1.547	1.522	0.025

(3)纤维的耐光性

即纺织材料抵抗光照的能力。纤维经长期光照，会发生不同程度的裂解，使大分子断裂、分子量下降、强度下降(表 13-13)；二氧化钛的存在会加速裂解。

耐光性大致顺序为：腈纶>羊毛>麻>棉>粘胶>涤纶>锦纶>蚕丝；

氰基(—CN)能吸收紫外光，有效的保护主链；

羰基(—C ═O)对光敏感，产生热振动，易使大分子裂解。

表 13-13 日光照射时间与纤维强度的损失

纤维种类	日晒时间(h)	强度损失(%)	纤维	日晒时间(h)	强度损失(%)
棉	940	50	粘胶	900	60
亚麻、大麻	1100	50	涤纶	600	60
羊毛	1120	50	锦纶	200	36
蚕丝	200	50	腈纶	900	16~25

13.3.3 纤维的电学性质

纤维的电学性质与纺织加工及使用有关，并可通过纤维的电学性质间接测量纤维的其他性质(如回潮率、纱线条干)。主要包括纤维的介电性质、导电性、静电。

(1)纤维的介电性质

纤维的导电能力只有导体的 10^{-14}~10^{-10}，是一种电绝缘材料(电介质)。

①纤维的介电常数(ε) 在电场中，由于介质极化而引起相反电场，将导致电容器的电容变化，其变化的倍数称为介电常数。

其数值为：

$$\varepsilon=\frac{C_{材}}{C_0} \tag{13-18}$$

式中：$C_{材}$——以某种纤维材料为介质时，电容器的电容量；

C_0——以真空为介质时，电容器的电容量。

②影响介电常数的因素

内因　电介质的密度。密度增大，ε 增大；极化率。纤维分子极化程度增加，ε 增大；纤维分子量。分子量减小，ε 增大。

外因　温度。温度增加，ε 增加；频率。频率变化导致 ε 先上升再下降；回潮率。回潮率增加，ε 增加。

(2)纤维的导电性能

①纤维的比电阻

体积比电阻(ρ_v，$\Omega \cdot cm$)　单位长度上的电压与单位截面上所流过的电流之比；

表面比电阻(ρ_s，Ω)　单位长度上的电压与单位宽度上流过的电流之比；

质量比电阻(ρ_m，$\Omega \cdot g/cm^2$)　单位长度上的电压与单位线密度纤维上流过的电流之比。因 ρ_m 易测，所以应用较多。

$$\rho_m = \rho_v \cdot \rho \tag{13-19}$$

式中：ρ——密度，g/cm^3。

②影响纤维比电阻的因素

回潮率　回潮率增加，ρ_m 降低；

温度　温度增加，ρ 减少，导电性能增加；

纤维上的附着物　油剂、棉蜡、油脂的存在，ρ 下降。

(3)纤维的静电

①静电现象及产生原因　纤维在加工中要受到各种机械作用，由于纤维与机械以及纤维与纤维间的摩擦，必会聚集起许多电荷从而产生静电(纤维为电的不良导体)(图 13-11)。

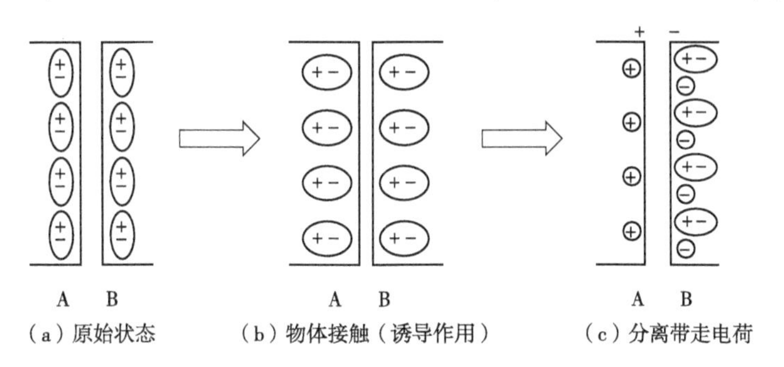

图 13-11　静电的产生

②静电的危害与应用　危害主要有粘接和分散、吸附飞花与尘埃、放电等；主要应用有静电植绒、静电吸尘、粉末塑料的静电喷涂等。

③衡量静电的有关指标　静电量/单位面积、静电压(kV)、比电阻、半衰期(即纺织材料上的静电衰减到原始值一半时所需的时间)。

$$Q = Q_0 e^{\frac{-t}{\tau}} \tag{13-20}$$

式中：Q——介质内部的瞬时 t 的电荷量(C)；

Q_0——介质内部的原始电荷量(C)；

τ——电荷衰减时间常数(S)，$\tau = \varepsilon_o \cdot \varepsilon \cdot \rho$，其中 ε_o 为空气绝对介电常数。

④减少或防止静电现象的方法　从纺织材料抗静电加工的技术思路来看，一方面是降低摩擦程度、控制电荷的产生；另一方面是提高纤维的导电性能，以加快电荷的泄漏。如可以采用抗静电纤维、导电纤维与普通合成纤维的混纺、交织或嵌织的方法提高纤维集合体的导电能力，克服静电干扰；机器接地；提高空气的相对湿度；改善摩擦条件；导电纤维的应用；不锈钢、铜、铝、镍的应用；加抗静电剂(纤维油剂)；织物防静电整理等。

13.4 纤维的化学性质

13.4.1 天然纤维素纤维的化学性质

(1)水的作用

天然纤维素纤维不溶于水，但会膨胀，如纵向膨胀率为1%~2%，横向膨胀率为40%~45%。

(2)酸的作用

酸会使纤维素水解，或发生酯化反应，对棉纤维的破坏能力随酸的强度、浓度，时间，温度的变化而变化。

浓硝酸及浓硫酸的混合溶液能使棉纤维变成硝基纤维素，可以用来制造火药、化学纤维、摄影胶片及塑料等。

一般有机酸对棉纤维没有破坏作用，单宁酸等有增强染色牢度的作用。如果将棉纤维置于醋酸酐和乙酸的混合物中，以硫酸为催化剂，即可形成纤维素醋酸酯。

(3)碱的作用

棉纤维在碱中一般很稳定，不会被破坏，当钠浓度达10%以上才发生膨胀；此时若施加强力，则纤维会出现丝光外观，但当有氧或空气存在时，碱会使纤维发生氧化反应，而逐步降解破坏。液氨处理后对棉织物结构和性能也会产生相似的影响。

(4)氧化剂的作用

抗氧化能力较弱，纤维长时间在空气中受到日光照射或某些氧化剂的作用，能使纤维素降解、破坏，生成氧化纤维素，造成纤维的损伤，引起各项性能的恶化。

(5)微生物的作用

棉纤维吸湿性强，在潮湿的环境中存放较长时间，纤维表面会发霉、变黑、腐烂。

(6)有机溶剂的作用

不溶于乙醇、乙醚、苯、丙酮、汽油等一般溶剂。

(7)染料对棉纤维的作用

棉纤维由于本身构造而有孔隙，而且主要成分又是含一定数量极性基团的纤维素，所以对染料溶液有吸收、扩散及固定作用，着色情况与染料的种类和性质有关。

(8)纤维素的酯、醚化反应

由于纤维素大分子的葡萄糖基环上含有羟基，所以可与一些试剂发生酯、醚化反应，生成纤维素酯和纤维素醚。

①纤维素纤维的酯化反应　包括：

黄化反应　是碱纤维素与二硫化碳作用生成纤维素黄酸酯的反应。

硝化反应　是纤维素和硝酸在浓硫酸存在时生成纤维素硝酸酯的反应。

乙酰化反应　是应用乙酸化剂与纤维素作用生成乙酸纤维素，工业上多用乙酸酐作乙酸化剂。

丁酸乙酸纤维素　是一种纤维素的混合酯，可用于改善纤维素酯的各种性质。

②纤维素纤维的醚化反应　包括：

甲基化反应　在碱性条件下，使纤维素与硫酸二甲酯作用生成纤维素甲基醚，又称甲基纤维素。

乙基化反应　用氯乙烷与纤维素反应生成乙基纤维素。

13.4.2 天然蛋白质纤维的化学性质

(1)羊毛的化学性质

①水　羊毛角蛋白不溶解于冷水，但可使纤维膨化。当处于110℃以上的水中时，羊毛会遭到破坏；200℃时几乎全部溶解。

②酸　弱酸或低浓度的强酸对羊毛不会构成破坏，短时间在硫酸作用下也不会损坏，但长时间会遭到破坏。

③碱　对碱的作用是剧烈的，在煮沸的氢氧化钠溶液中(3%以上浓度)使羊毛全部溶解。

④氧化物　对羊毛是有损伤的，当浓度不高时，注意控制可用来漂白羊毛。

⑤还原剂的作用　对胱氨酸的破坏性大。

⑥盐类的作用　一般的盐类几乎无影响。

⑦霉蛀性　耐霉菌，但不耐虫蛀。

⑧有机溶剂　耐一般的有机溶剂。

(2)蚕丝的化学性质

①水　丝素在常温水中的吸水膨胀有一定的限度——有限膨润，吸湿率仅次于羊毛和粘胶纤维，标准回潮率10%。丝胶吸湿性比丝素好，可以溶解在热水中；吸湿同时发生溶胀、条件激烈，肽键水解、纤维失重、机械性能变化。还可溶解在某些酸、碱或盐的水溶液中。

②有机溶剂　丝胶不溶于乙醇、丙酮、苯等有机溶剂，但乙醇、丙酮、单宁等会使丝胶液凝固。

③酸　条件不同，发生水解程度也不同。当酸的浓度适中，在室温下短时间处理(1~2min)，然后立即水洗除酸，丝的强度不变，长度收缩的现象称酸缩，如50%硫酸、28.6%盐酸分别使蚕丝收缩30%~40%。弱无机酸和有机酸，常温不损伤蚕丝，还可增进光泽、手感，并赋予“丝鸣”的特性；单宁酸可做增重剂和媒染剂(易吸收，不改变蚕丝性质，难以洗去)。

④碱　敏感，催化肽键水解，程度因碱的种类和浓度、作用温度和时间、电解质总浓度等不同而异；强碱高温损伤大，弱碱相对稳定。

⑤氧化剂　比较敏感，氧化侧基、端基、肽链等，含氯氧化剂最严重，不能用氯漂(次氯酸钠)和亚漂(亚氯酸钠)，氧漂较为缓和，但pH不能过高。

⑥还原剂　较稳定，常用亚硫酸钠、亚硫酸氢钠、连二亚硫酸钠(脱胶时用)。

⑦耐光性　在天然纤维中最差。蚕丝在日光照射、水汽存在时，很易被空气中的氧

气氧化，使分子间的氢键断裂，导致纤维强度和深度的下降，称为光敏脆化作用。

紫外线使蛋白质分子链降解、泛黄，硫脲处理对阻止和消除紫外线的影响效果较为显著；硫氰酸铵、单宁等具有还原性的物质能延缓光氧化的进行。铜、铁、锡、铅等盐对光氧化有催化作用。

⑧酶和微生物的作用　蚕丝为微生物的生长和繁殖提供养料，受微生物繁殖腐烂的生丝品质下降、强伸度下降。细菌的分泌物还会使生丝褪色或粘上其他颜色。

复习思考题

1. 什么是纤维的回潮率？
2. 标准回潮率和公定回潮率的差异是什么？
3. 纤维的回潮率与含水量有何区别？
4. 纤维拉伸强度的基本指标有哪些？
5. 什么是纤维的导热系数？什么是纤维材料的极限氧指数？
6. 纤维的保暖性指标有哪些？
7. 纤维的光学性质有哪些？
8. 纤维静电产生的原因有哪些？
9. 天然纤维素纤维有哪些化学性质？
10. 羊毛有哪些化学性质？蚕丝有哪些化学性质？

第 14 章
生物质资源纤维材料

预计到 2040 年，世界纺织纤维的需求总量将突破 1 亿 t。而受耕地资源、石油资源的限制，棉花和化纤的产量不能无限增长，因此必须有相应的替代资源出现以满足生产发展和消费增长的需要。因此能够替代石油的可再生、可降解的新型纺织纤维的重要性日益显现。我国生物质纤维资源储量丰富，如农作物秸秆、树木类资源量约有 30 亿 t，具有广阔的开发应用前景。

生物质主要指粮食以外的秸秆等木质纤维类废弃物及以其为原料生产的环境友好化工产品和绿色能源。所谓生物质纤维，是指利用生物体或生物提取物制成的纤维，即来源于利用大气、水、土地等通过光合作用而产生的可再生生物质的一类纤维。根据原料来源和生产过程，生物质纤维可分为三大类：生物质原生纤维，即用自然界的天然动植物纤维经物理方法加工成的纤维；生物质再生纤维，即以天然动植物为原料制备的化学纤维；生物质合成纤维，即来源于生物质的合成纤维。

生物质纤维取材对象和范围不断扩大。从传统的木材扩展到竹藤、秸秆、草本植物和藻类植物；从天然纤维材料扩展到可再生能源的利用。近年来生物质纤维在主要原料定位上的发展趋势是，由以玉米淀粉、大豆油脂等农产品为主要来源，向着非食物性木质纤维素等植物残体和农林废弃有机物质为主要原料来源的方向发展，如壳聚糖纤维等。

14.1 生物质原生纤维材料

生物质原生纤维可以从以下物质中提取：种子或种壳，如棉花和木棉；对应植物茎秆部分的外皮或内皮，如亚麻、黄麻、洋麻、工业用大麻纤维、苎麻以及香蕉纤维，它们都具有较高的拉伸强度；植物的茎秆，如小麦、水稻、大麦的麦秆，以及树木、竹子和草的茎秆；叶子，如剑麻、凤梨和龙舌兰等；植物的果实，如椰子或椰壳纤维。

生物质原生纤维的发展趋势：一是重点进行棉花、麻类等植物纤维的良种培育；二是进一步突破麻纤维机械脱胶和生物脱胶技术、开发生物酶及配套装备，提高脱胶效率和技术稳定性，改善麻纤维制品的服用性能和时尚性。

对于棉纤维，一是可以利用生物工程的方法，进一步提高棉花单产与品质；二是发现新的植物纤维，补充棉纤维资源的不足，如利用各种细化以后的高品质麻纤维来补充棉花资源短缺。

天然纤维指自然界生长或形成的，适用于纺织用的纤维。

(1)植物纤维

从植物上取得的纤维的总称，又称天然纤维素纤维，其主要组成物质是纤维素。分为：种子纤维、韧皮纤维、叶纤维、果实纤维等(cotton，flex，jute，ramie，hemp)。

①种子纤维　从一些植物种子表皮细胞生长成的单细胞纤维。生长在热带、亚热带和温带气候地区，主要包括棉纤维、木棉纤维和椰壳纤维。

②韧皮纤维　从一些植物韧皮部取得的单纤维或工艺纤维，如亚麻、苎麻、黄麻。

③叶纤维　从一些植物的叶子或叶鞘取得的工艺纤维，如剑麻、蕉麻。

④果实纤维　从一些植物的果实取得的纤维，如椰子纤维。

(2)动物纤维

从动物身上或分泌物取得的天然纤维，又称天然蛋白质纤维。其主要组成物质是蛋白质。有毛发纤维(如绵羊毛、山羊绒、骆驼毛、兔毛、马海毛)和丝纤维(桑蚕丝、柞蚕丝、蜘蛛丝等)。

(3)矿物纤维

从纤维状结构的矿物岩石取得的纤维。主要由硅酸盐组成，属于天然无机纤维，如石棉(asbestos)，同时也是唯一的天然矿物纤维。

14.1.1　植物纤维

(1)棉纤维

棉花是棉植物种子上的纤维，为籽棉和皮棉的统称(有时又作为棉植物，棉植物开的花的名称)。棉花在植物学上属于被子植物门，双子叶植物纲，锦葵目，锦葵科，棉属，是一年生草本植物。多年生木本植物的木棉，目前主要用作纺织填料，救生圈、衣类的浮力材料。

棉属植物很多，但在纺织上有经济价值的栽培种目前只有4种：

陆地棉　纤维长而细，长度25~35mm，细度1.43~2.22dtex，又称细绒棉，它产量较高，纤维长，品质好，是世界上的主要栽培种，我国的种植量占棉田总面积的95%。

海岛棉　纤维特别细长，长度33mm以上，细度1.11~1.43dtex，又称长绒棉。是棉纤维中品质最好的，可纺很细的纱，生产高档织物或特种工业用纱。为世界次要栽培种。

亚洲棉(中棉)　是我国利用较早的天然纤维之一，已有2000多年，因纤维粗而短，又称粗绒棉，为一年生草本植物。种植面积很少，基本作为种子源保留。

非洲棉(草棉)　也是粗绒棉，主体长度16~25mm，平均宽度20~25μm，细度2.5~4.0dtex。

按原棉的色泽分为以下4种：

白棉　正常成熟，为棉纺用棉。

黄棉　霜黄棉，低级棉，少量使用。

灰棉　雨灰棉，棉铃开裂是由于日照不足或雨淋，潮湿，霜等原因造成，强力低、质量差，很少用。

天然彩色棉　又称有色棉，是利用现代生物工程技术选育而成的一种吐絮时棉纤维就具有红、黄、棕、灰、紫等天然彩色的特殊棉花。

①棉纤维的形态结构与组成　棉纤维是棉属植物种子表面生成的绒毛——种子纤

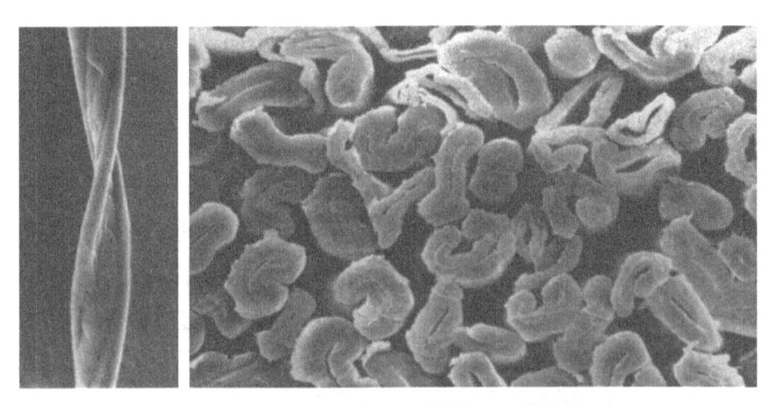

图 14-1　棉纤维纵向、横截面形态结构

维，一根棉纤维就是一个植物单细胞发育而成即胚珠表皮细胞经伸长加厚形成的。它的生长特点是先伸长长度，然后充实加厚细胞壁(图 14-1)。整个棉纤维的形成过程可分为 3 个时期。

伸长期　16~25d，在伸长期内，纤维主要增加长度而细胞壁极薄，最后形成有中腔的细长薄壁管状物。

加厚期　35~55d，当纤维初生细胞伸长到一定长度后，就进入加厚期。这时纤维长度很少再增加，外周长也没有多大变化，只是细胞壁由外向内逐日淀积一层纤维素而逐渐增厚，最后形成一根两端较细中间较粗的棉纤维。

转曲期　纤维素以螺旋状原纤形态一层一层淀积在胞壁上，螺旋方向时左时右，纤维干涸后，由于内应力作用，胞壁扭转形成“天然转曲”(棉纤维的形态特征)。一般用单位长度(1cm)中扭转 180°个数表示。

由于棉纤维生长过程中，纤维素每天淀积一层，所以，纤维细胞壁由外向内许多同心层组成。大体可分为 3 个部分(图 14-2)。

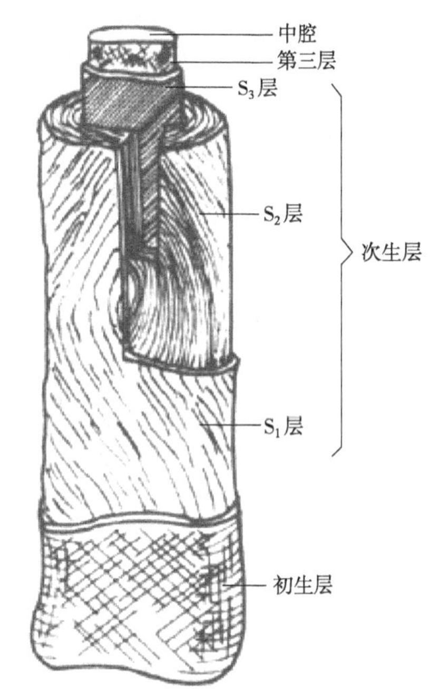

图 14-2　棉纤维的断面结构

初生层(壁)　是在棉纤维伸长期形成的初生细胞壁，它的外皮是一层极薄的蜡质与果胶。棉蜡使棉纤维具有良好的适宜于纺纱的表面性能，但在棉纱、棉布漂染前要经过煮练以除去棉蜡，保证染色均匀。在外皮之下才是初生细胞壁，初生细胞壁由网状的原纤组成。

次生层(壁)　是棉纤维在加厚期淀积而成的部分，几乎都是纤维素。由于每日温差的关系，大多数棉纤维逐日淀积一层纤维素，形成了棉纤维的日轮。纤维素在次生层中以束状小纤维的形态与纤维轴倾斜呈螺旋形，并沿纤维长度方向有转向，这是使棉纤维具有天然转曲的原因。次生层的发育加厚情况取决于棉纤维的生长条件、成熟情况，它决定了棉纤维的主要物理性质。

中腔　棉纤维生长停止后遗留下来的内部空隙就是中腔。

棉纤维主要由纤维素组成，还有少量的蜡质与脂肪、果胶、灰分等(表 14-1)。

表 14-1 棉纤维的主要组成物质 %

项目	纤维素	蜡质与脂肪	果胶	灰分	蛋白质	其他
含量范围	93.0~95.0	0.3~1.0	1.0~1.5	0.8~1.8	1.0~1.5	1.0~1.5
平均含量	94.5	0.6	1.2	1.2	1.2	1.3

②物理性质　棉纤维吸湿性较好，因为棉纤维主要成分纤维素有大量的亲水性基团，且棉纤维具有中腔，在纤维层中又有很多的孔隙，因此具有较大的吸湿能力；棉纤维保温性良好，纤维素本身是热的不良导体，又因是多孔物质，内有中腔，可贮存空气，故是保温性较好的材料；棉纤维耐热性良好，110℃的高温不致引起纤维变软、收缩和熔融，使用时可用沸水浸泡洗涤，可高温熨烫。

③化学性质　棉纤维的主要成分是纤维素，几乎是天然的纯纤维素，其化学性能与纤维素的性能基本相同。

(2)天然彩色棉

彩色棉在种植和加工过程中，对环境无污染，是一种不可替代的绿色生态纺织品。天然彩色棉深受消费者的欢迎，但是由于野生的天然彩色棉花纤维较粗短，强度低，可纺性能差，不适合机械加工，渐渐被品质优良的白色棉花所代替。

美国是较早开展彩色棉花研究的国家，他们从 20 世纪 70 年代就开始彩色棉花的遗传育种工作，现已培育出浅蓝色、粉红色、浅黄色和浅褐色等各种彩色棉花。我国对天然彩色棉的研究工作起步也较早，20 世纪 80 年代开展了彩色棉花的试验研究工作，并于 90 年代初从美国引进了 3 种彩色棉的种子，在甘肃敦煌建立了美国彩色棉育种试验基地，已完成了第一阶段的地域适应性研究。1982 年，美国的一位女研究员莎莉·福克斯在加利福尼亚州的一个私人农场里建立了彩色棉花实验基地，1994 年，以福克斯名字作为商标命名的福克斯纤维获得了美国环境保护类发明奖。秘鲁是从 1981 年开始实施开展彩色棉花的种植计划。其他国家，如埃及、法国、澳大利亚、墨西哥等也都开展了彩色棉花的研究和种植实验。

①彩色棉的性能　彩色棉的性能优异，不仅具有普通棉花的优良服用性能，还是环保型纤维，可省去传统的染色加工，既可免除化学药剂对人体的伤害，又可节能节水、不污染环境。由天然彩色棉织制成的各种色布或色织布还具有风格独特、色彩古朴典雅、自然气息强等特点，更为奇特的是由它缝制的服装，经过多次洗涤后，其色彩仍嫣然如初、毫不褪色，在最初机洗 20~30 次后，颜色还会逐渐加深，之后又慢慢恢复到刚被采摘时的颜色。彩色棉服装色泽柔和、款式典雅、格调古朴、质地纯正、穿着舒适安全，符合人们返璞归真、色彩天然的心态，是其他一些纺织品无法比拟的。

②彩色棉的用途　根据彩色棉的特性及价格，适宜制作成：婴幼儿服装及童装系列产品；贴近皮肤的产品和其他纺织品，如内衣裤、T 恤衫、文化衫、文胸、背心、衬衫、睡衣及床单、毛巾、童毯等家用纺织品；各种孕妇服、产妇服；针织面料连衣裙、男女夹克、便装、牛仔装及马甲等；透气排汗的功能纺织品，如超细旦丙纶长丝-彩色棉双层针织面料，彩色棉-酷帛丝混纺面料或汉麻-纯棉-彩色棉休闲面料，用于制作运动衣、内衣、T 恤衫、床单等；无须经常洗涤的装饰类纺织品和家居休闲服，如线毯、拉舍尔毛毯、玛雅毯、精美高档的手工艺品等；用于开发混纺产品，如彩色棉与竹原纤

维、酷帛丝(具有良好吸湿排汗的聚酯纤维)、汉麻、亚麻、苎麻、罗布麻、天丝、维劳夫特(Viloft)、大豆蛋白纤维、莫代尔纤维、超细旦丙纶短纤及长丝、甲壳素纤维、PTT纤维等进行两种或两种以上纤维混纺，加工成机织或针织服装面料。

③彩色棉在开发应用中存在的问题　产量低且不稳定，衣分率低，外观质量差，成熟度差，单纤维强度偏低；品质差，纤维主体长度偏短，整齐度差，纤维偏细，马克隆值差异大，含不孕籽、棉籽壳和棉杂偏多，短绒率高；颜色种类偏少，基本只有棕色和绿色两大类，而且色彩不一致、分离严重，即使在同一棉株上的不同棉铃间，甚至同一棉铃内部同样存在色彩差异。

天然彩色棉在繁殖、栽培、加工及纺织生产过程中，必须采取严格的隔离措施，否则会影响到种子的纯度和棉纱的品质。本身也存在色素遗传不稳定的问题，而且在加工过程中色素极不稳定。遇到酸、碱、氧化剂、还原剂、生物酶、渗透剂、不同洗涤剂、皂煮、柔软剂、免烫整理剂、高温、水浸等处理，存在变色、褪色、掉色等问题，并随处理时间、温度、深度的不同，颜色变黄也不同。日晒牢度较差。天然彩色棉制品产量少，价格昂贵，难以满足广大消费者的需求。

(3)转基因棉

转基因棉就是将外源基因转入到棉花受体，并得到稳定的遗传性能，从而定向培育出的棉花。以生物技术为核心的棉花科技革命，正在使转基因棉成为棉花产业的发展方向，转基因抗虫棉以高产、方便管理、少施或不施农药等特征而使其种植面积日益扩大。采用杂交、转基因等生物工程培育出的天然彩色棉，以其生产及后续加工过程的零污染而备受青睐。

转基因的研究是一项复杂的系统工程，既需要采用基因工程技术进行分离与改造、基因转移及转基因棉的培育，还要利用常规育种技术对转基因棉进行改进，同时还要研究转基因棉相应的栽培技术和良种繁育技术。

①转基因棉的品种　目前应用较多的是抗虫基因，还有抗除草剂基因、雄性不育基因、抗病基因、聚酯纤维(化学芯)基因、色素基因及抗脱落基因等。世界上较早开始基因研究的美国已获得了转化纤芯基因棉、蓝色基因棉及抗旱基因棉的转基因棉株。抗盐、抗涝、抗高、低温等基因的分离、克隆及转化工作也在进行之中。

②转基因棉的性能　转基因棉在产量上有优势，虽然棉种费用稍高些，但是能被较低的虫害控制费用所补偿。转基因棉纤维的性能和纺织性能与其母体棉纤维没有较大的区别，但转基因棉的品种及性能在不同产地之间有一定差异。转基因棉具有抗棉铃虫性强、农艺性能良好、产量高、抗病性强、不使用农药、环保卫士、纤维品质优良等特点。

③转基因棉的应用　转基因棉因其生态性和环保性的特点，已在非织造布领域有所应用，主要用于服装和家用纺织品。采用干法梳理成网和水刺固结技术，生产化妆棉、敷料块、面膜及外科器械包覆材料等。由转基因棉加工成的纺织品具有手感好、弹性佳、柔软性好的特点。

(4)麻纤维

有韧皮纤维和叶纤维两大类，是二者的总称，主要由纤维素和半纤维素构成，木质素含量很低，为优良的纺织材料(表14-2)。

表 14-2 常见麻纤维的化学组成 %

成分	苎麻	亚麻	黄麻	洋麻	大麻	苘麻	罗布麻	蕉麻	剑麻	菠萝麻
纤维素	65~75	70~80	64~67	70~76	85.4	66.1	40.82	70.2	73.1	81.5
半纤维素	14~16	12~15	16~19	—	—	—	15.46	21.8	13.3	
木质素	0.8~1.5	2.5~5	11~15	13~20	10.4(包括蛋白质)	13~20	12.14	5.7	11.0	12.7
果胶	4~5	1.4~5.7	1.1~1.3	7~8	—	—	13.28	0.6	0.9	
水溶物	4~8	—	—	—	3.8	13.5	17.22	1.6	1.3	3.5
脂蜡质	0.5~1.0	1.2~1.8	0.3~0.7	—	1.3	2.3	1.08	0.2	0.3	
灰分	2~5	0.8~1.3	0.6~1.7	2	0.9	2.3	3.82	—	—	1.1
其他	—	含氮物 0.3~0.6	—	—	—	—	—	—	—	醇-苯可溶物 2.1

韧皮纤维　双子叶植物茎的韧皮层内部丛生成束的纤维，如苎麻、亚麻、黄麻、大麻、苘麻、荨麻、罗布麻等。

叶纤维　单子叶植物的叶鞘和叶身内的维管束纤维，如剑麻、蕉麻、菠萝麻等。

属于麻类的植物品种相当多，用于纺织的有十多种。韧皮纤维中的苎麻、亚麻是优良的麻种，其纤维没有木质化，强度高，伸长小，柔软细长，可纺性能好，是织造夏季衣料的良好材料。用它们织成的织物挺括，吸汗，不贴身，透气，凉爽。黄麻、大麻、洋麻等纤维较粗，且短，适宜于包装材料，如麻袋、麻绳等。

对于叶纤维来讲，经济上有实用价值的品种主要为剑麻和蕉麻，这类纤维比较粗硬，又称硬质纤维，因纤维细胞壁已木质化，长度较长，伸长小，强度好，耐腐蚀，耐海水浸泡，常用于做航船和矿井用的绳缆，也可编粗麻袋或作包装用布。

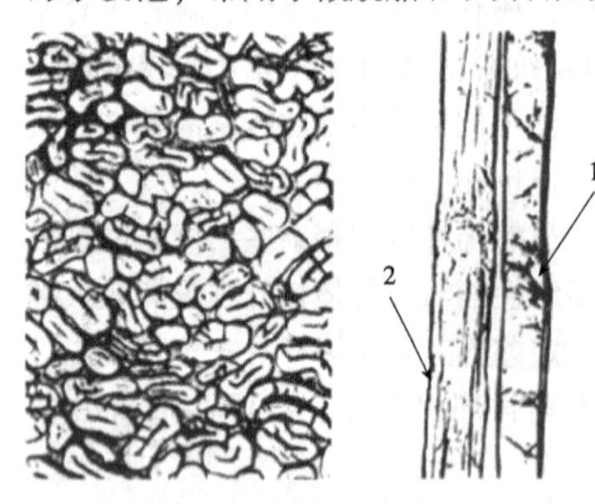

图 14-3 苎麻纤维的横截面和纵截面
1. 横节纹；2. 纵向条纹

①苎麻纤维(亚热带)　苎麻一年可收成 3 次，第一次生长期约 90d，称头麻；第二次约 50d 称二麻；第三次约 70d，在 9 月下旬至 10 月收割，称三麻。品质一般以二麻最好，头麻次之，三麻最差。

苎麻纤维的截面为腰圆形，内有中腔，胞壁有裂纹，纤维表面较平滑，有明显的纵向条纹且有横节纹(图 14-3)。

苎麻纤维的单纤维长度较长，可以用单纤维纺纱。但纤维长度变异系数在 80%以上，直接影响纺纱工艺参数的选择和成品质量。苎麻纤维的长度测定一般可用梳片式长度分析仪法和排图法。苎麻纤维中的优良品种，纤维平均线密度为 0.4~0.9tex。苎麻纤维细度的测定用中段切断称重法。

苎麻纤维的强度是常见天然纤维中最大的，而伸长是常见天然纤维中最小的，苎麻的单纤维强力一般在 4.9~5.7cN/dtex，湿强较干强高 20%~30%。苎麻纤维的吸湿能力较好，在通常的大气条件下回潮率可达 13%。

②亚麻　亚麻纤维的截面呈不规则的多角形，中间有空腔，纤维纵向表面有条纹，且在某些部位有横节纹(图 14-4)。

亚麻纤维是常见麻纤维中较细的一种，其单纤维线密度一般为 0.33～0.17tex，工艺纤维中梳成长纤维的平均线密度为 3.33～1.43tex。亚麻纤维的单纤维平均长度为 10～26mm，最长近 30mm，纤维长度变异系数为 50%～100%。亚麻纤维的强度较高，而伸长较小，其断裂强度为 24～32cN/tex，强度变异系数为 52%～57%；平均断裂伸长率为 2.3%～2.6%。亚麻纤维的色泽是决定纤维用途的重要标志，一般以银白色、淡黄色或灰色为最佳；以暗褐色、赤红色为最差。打成麻的号数标志着打成麻的各项品质质量的综合水平，反映纤维的可纺性。

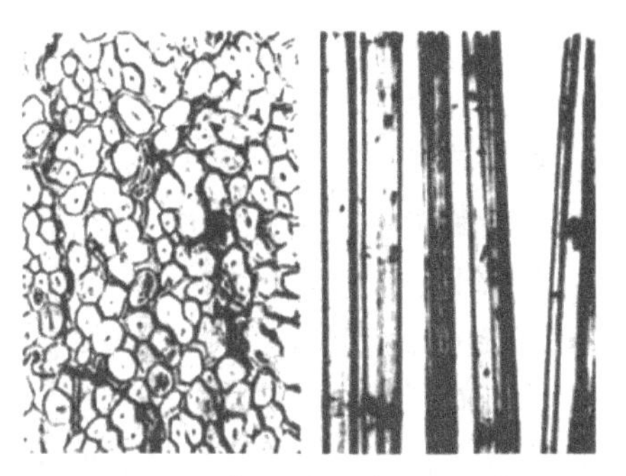

图 14-4　亚麻纤维的横截面和纵截面

③黄麻、洋麻　为一年生草本植物，从出苗到纤维成熟一般为 100～140d，从出苗到种子成熟约需 140～210d。黄麻单纤维长度很短，约 1～4mm，宽度 10～20μm，必须采用工艺纤维纺纱。单纤维横截面一般为五角或六角形，中腔呈圆形或卵圆形，纤维外部光滑，无转曲，富有光泽。

洋麻又称红麻或槿麻，从播种到种子成熟，早熟品种为 130～150d，中熟品种为 160～180d，晚熟品种约在 200d 以上。洋麻单细胞纤维也很短，一般为 2～6mm，宽度为 18～27μm，截面为多角形和圆形，中腔较大，单细胞有方向性，一端为尖圆角，一端为钝圆端，时而有小分叉或分枝。洋麻也是采用工艺纤维纺纱，截面中单纤维根数为 5～20 根，回潮率在 11%～15%。

④大麻　又称火麻、汉麻、线麻、寒麻、魁麻、杭州麻等，系大麻科(或桑科)大麻属一年生草本植物。茎梢及中部呈方形，韧皮粗糙有沟纹，被短腺毛。雌雄异株，雄株茎细长，韧皮纤维产量多，质佳而早熟；雌株茎粗短，韧皮纤维质量差，晚熟。大麻纤维可供纺织用，大麻籽可食用，也可榨油供制涂料等，油粕也可作饲料。我国是大麻的主要生产国，全国都有种植，以北方为多，北方的大麻比南方的大麻洁白、柔软，其中以河北蔚县、山西路安及山东莱芜的大麻品质最优。目前，我国大麻产量已占世界大麻产量的 1/3 左右，居世界第一位。

大麻纤维的性能　大麻是我国最早用于纺织的麻类纤维之一，有早熟和晚熟两个品种。前者纤维品质优良，后者纤维粗硬。其束纤维大多存在于中柱梢，纤维束层的最外一层为初生纤维，位于次生韧皮部的纤维为次生纤维。单纤维呈圆管形，表面粗糙有龟裂条纹和纵纹，无扭曲，横向有枝节，纤维的横截面略呈不规则椭圆形和多角形，角隅钝圆，胞壁较厚，内腔呈线形、椭圆形或扁平形。大麻单纤维长 15～25mm，宽 15～30μm，断裂强度为 52～61cN/tex。纤维呈淡灰带黄色，漂白较困难，可将麻皮用硫磺烟熏漂白，也可直接用麻茎熏白后再剥制，其纤维坚韧且粗糙，弹性较差。手感柔软，穿着舒适。大麻是麻类家庭中最细软的一种，单纤维纤细且末端分叉呈钝角绒毛状。用于制作 T 恤衫、内衣、内裤及床上用品等。

透气透湿，凉爽宜人。大麻中含有大量的极性亲水基团，纤维吸湿性非常好，且结晶度和取向度高，横截面为不规则椭圆形和多角形，大麻纤维中有细长的空腔，纵向多裂纹和空洞，因此大麻制品强度高，比表面积大，导致其有优异的毛细效应、高吸附性和吸湿排汗功能，透气性好，吸湿量大，且散湿速率大于吸湿速率，能使人体的汗液较快排出，降低人体温度。优良的吸湿性也使大麻产品能轻易地避免静电积聚，大麻织物还对声波和光波具有良好的消散作用。

抑菌防腐，保健卫生。大麻作物在种植和生长过程中，几乎不施用任何化学农药。大麻纤维中不仅有一种抑制细菌生长的天然化学成分，而且在纤维中充满了空气，不利于厌氧菌的繁殖，同时纤维中还含有十多种对人体十分有益的微量元素，其制品未经任何药物处理，对金黄色葡萄球菌、绿脓杆菌、大肠杆菌、白色念珠菌等都有不同程度的抑制效果，具有良好的防腐、防菌、防臭、防霉功能，广泛应用于制做食品包装、卫生材料、鞋袜、绳索等。

耐热、耐晒性能优异。由于大麻纤维的横截面很复杂，有多种形状，而且中腔形状与外截面形状不一，纤维壁随生长期的不同，其原纤排列取向不同，分成多层。当光线照射到纤维上时，一部分形成多层折射被吸收，大部分形成漫反射，使织物看上去光泽柔和。同时，大麻纤维的韧皮中化学物质种类繁多，其中许多 $\sigma-\pi$ 价键，具有吸收紫外线辐射的功能。经测试，大麻织物无须特别的处理即可屏蔽 95%以上的紫外线，用大麻制作的篷布能 100%地阻挡强紫外线辐射。用它作篷盖布，晴天能防晒透气，雨天吸湿膨胀能防水，还特别适宜作防晒服装、遮阳伞、露营篷帐、高温工作服、烘箱传送带及室内装饰布等。

隔音绝缘功能奇特。由于大麻纤维的截面具有不规则形状和复杂的纵向结构，以及较高的比刚度和较宽的直径范围，分子结构呈多棱形，较松散，有螺旋线纹，因此，大麻织物对声波和光波具有良好的消散作用。干燥的大麻纤维是电的不良导体，其抗电击穿能力比棉高 30%左右，是良好的绝缘材料。由于其吸湿性能优异，可轻易地避免静电积聚，从而避免因衣着摩擦而引起的放电和起球现象。

大麻纤维的产品与用途 大麻产品有纯纺和混纺两大类。纯纺纱线的重量不匀、重量偏差都较大，但强度较高，吸、放湿性能好，抗菌、防腐、防霉性能优异。大麻的混纺纱线有棉麻、麻棉、涤麻、麻涤、腈麻、涤毛麻等，可作为运动服、劳动服、内衣等服装面料，用作凉席、抽纱底布、帆布、横机针织衫及其他织物的原料。

大麻还可用来制作渔网、绳索、嵌缝材料，也可用于造纸等行业。厚型织物适宜作装饰织物，油画布，牛仔装，西服，车、船、飞机座椅，地毯等，符合当代返璞归真、回归自然的潮流。

⑤罗布麻 又称红野麻、夹竹桃麻、茶叶花、茶棵子，是夹竹桃科罗布麻属的多年生宿根草本植物。是一种野生植物纤维，最初在新疆罗布沟发现，故以罗布麻命名。

罗布麻分为红麻和白麻两种。前者植株较高，幼苗为红色，茎高大，一般为 1.5~2m，最高达 4m 以上；而后者矮小，幼苗为浅绿色或灰白色，茎高一般为 1~1.5m，最高达 2.5m。这类野生麻生命力特别强，它喜光、耐干旱、耐盐碱、耐寒冷，适应性强，适宜在盐碱、沙漠等恶劣的自然条件下生长，在我国分布面积较广，主要分布在淮河、秦岭、昆仑山以北地区，集中产地为新疆、内蒙古、甘肃及青海等，在山东的黄河口、陕西、江苏等地也有生长。

罗布麻纤维是一种两端封闭、中间有胞腔、中部粗两端细的细胞状物体。纵向无转曲，横截面为不规则的腰子形，中腔较小。纤维表面有横节竖纹，纤维细长。

罗布麻的性能 罗布麻最突出的性能是具有一定的医疗保健功能，其纤维洁白、柔

软、滑爽，含有黄酮类化合物、蒽醌、强心苷类(西麻苷、毒毛旋花子苷)、芸香苷、多种氨基酸(谷氨酸、丙氨酸、缬氨酸)、槲皮素等化学成分，对降低穿着者的血压和清火、强心、利尿等具有显著的效果。穿着由罗布麻与棉混纺的内衣，具有有效地改善高血压症状、控制气管类疾病和保护皮肤等作用。在中医学上，常采用罗布麻的地上部分入药，其性微寒、味甘苦，有清热降火、平肝息风功能，主治头痛、眩晕、失眠等症，并有抑菌作用，对金黄色葡萄球菌、白色念珠菌和大肠杆菌有明显抑制生长作用，可防治多种皮肤病，而且水洗 30 次后的无菌率仍高于一般织物 10~20 倍。据有关研究资料表明，罗布麻含量在 35%以上的保健服饰系列产品具有降压、平喘、降血脂等功效，并能明显地改善临床症状，具有一定的医疗保健功能。罗布麻叶可用于烟草行业作烟丝，还可用作饮料或饲料，茎、叶中的胶质不仅有很高的医用价值，对降低高血压具有显著疗效，而且也可提炼橡胶。

罗布麻纤维具有吸湿性好、透湿性好、透气性好、强力高等特性，还具有丝一般的光泽、麻的风格以及棉的舒适性。罗布麻的化学组成与其他麻类纤维有一定差别，罗布麻的果胶含量和水溶性物质含量居麻类纤维之首，木质素含量高于苎麻、亚麻、大麻、蕉麻及剑麻，纤维素含量是所有麻类纤维中最低的。罗布麻纤维的内部结构与棉、苎麻极为相似，分子结构紧密，在结晶区中，纤维大分子排列较整齐，结晶度与取向度较高。

罗布麻的产品与用途　罗布麻与其他纤维混纺得到的混纺纱可加工成呢绒、罗绢、棉麻等机织物，也可加工成针织物。经烧毛上光后的呢绒型罗布麻服装，手感较苎麻服装柔软，吸湿透气性较佳。由罗布麻与绢丝混纺加工成的织物，集植物纤维与动物纤维于一身，织物柔软清爽，风格独特。罗布麻与棉混纺织物，在 8℃以下时保暖性是纯棉织物的 2 倍，在 21℃以上时的透气性是纯棉织物的 25 倍，在同等条件下的吸湿性是纯棉织物的 5 倍以上。罗布麻与其他纤维的混纺纱，可加工成男装、女装、童装、内衣裤、护肩、护腰、护膝、袜子、睡衣、床上用品等，还可加工成装饰织物和旅游产品，如台布、沙发布等。

⑥剑麻和蕉麻　属龙舌兰科，系多年生宿根植物，每年收割其部分叶片来刮制纤维。单纤维长 2.7~4.4mm，宽 20~32μm，须用工艺纤维纺纱。截面为多角形，带有大小不一的椭圆形中腔，纵向有结和细孔。剑麻具有遇海水不被腐蚀的特点，遇淡水则随时间的推移其断裂强度逐渐降低直至消失殆尽。剑麻适用于舰艇、渔船、航海的绳缆、网绳及钢丝绳的芯纱等，也可用作防水帆布、铺地织物、地毯和麻袋。用剑麻生产过程中产生的乱纤维、短纤维、回麻等可生产非织造布，用于沙发的垫层和填料(表 14-3)。

表 14-3　剑麻纤维的基本性能

单纤维		束纤维	
长度(mm)	宽度(μm)	长度(mm)	断裂强力(N)
1.5~4.0	20~30	600~1200	784~921.2

蕉麻属芭蕉科，系多年生宿根植物，主要为菲律宾的马尼拉麻，纤维取于叶鞘，以束纤维形式进行利用。蕉麻纤维长 3~12mm，宽 16~32μm(表 14-4)，也须用工艺纤维纺纱。纤维的截面呈椭圆形或多边形，中腔大，纵向粗细均匀，呈圆管状，表面光滑。其物理机械性质与剑麻相似，但单纤维和纤维束较剑麻长，断裂强力较剑麻高。蕉麻纤

维粗硬、坚韧，强度属硬质纤维之首，伸长约2%~4%，耐水性好，适宜作船舶绳索、矿用绳索等。蕉麻耐海水腐蚀性、用途等均与剑麻相似，其经典产品有“白棕绳”。

表14-4 蕉麻纤维的物理性能

单纤维		束纤维		
长度(mm)	宽度(μm)	长度(mm)	断裂强力(N)	断裂伸长率(%)
3~12	16~32	1500~2000	1244.6	2~4

(5)竹原纤维

纺织用竹纤维按照加工方法的不同，分为竹原纤维、竹浆纤维和竹炭纤维三大类。

竹原纤维是继棉、麻之后的第三种天然纤维素纤维。全世界竹子资源十分丰富。据统计，世界上共有竹子75属、1250余个品种，种植面积达2200多万公顷。我国有竹子共39属、500余种，种植面积达641万公顷，其中毛竹种植约468万公顷，是世界上竹资源最丰富的国家，并首先开发成功竹原纤维。竹原纤维是从竹材中直接提取的天然纤维素纤维，具有独特的物理、化学性能。

①竹原纤维的化学组成　竹原纤维的主要成分是纤维素(69.67%)，还有一些半纤维素(17.97%)、木质素(6.69%)、果胶、色素及矿物质等伴生物。各成分的含量与竹品种、竹龄、竹茎部位等有关。竹纤维的相对分子质量一般为9000~17000，其中竹原纤维素分子的聚合度为740~1050，木质素沉积于细胞壁上，多缩戊糖在竹纤维中的含量较高，能溶解在碱性酶剂或碱性溶液中得以去除。果胶是一种水溶物，但含量过高会降低竹纤维的芯吸能力。在竹原纤维中，α-纤维素占70%~80%，β-纤维素占20%~25%，γ-纤维素占1%~5%。

②竹原纤维的形态结构　竹原纤维为束纤维，其纵向有多根单纤维组成，单纤维粗细分布不均匀，是不规则的椭圆形、腰圆形及多边形断面，横截面上布满了大大小小单纤维间形成的空隙，单纤维的横截面内有中腔，且边缘有裂纹，径向裂纹深、长。竹原纤维纵向表面有许多微细的凹槽，伴有少许裂纹，并且横向有明显的横节，没有天然的卷曲，因为竹原纤维的纵向和横截面结构的这些凹槽和裂纹特征导致纤维可以在瞬间吸收或蒸发大量的水分、透过大量的气体，具有良好的吸湿性和透气性。

由竹原纤维的X射线衍射图计算得出它的结晶度为52.6%，说明天然竹纤维属于典型的Ⅰ型结晶结构，在它的生长过程中，结晶结构没有变化，纤维素的含量较高，具有较高的结晶度和取向度，大分子链的排列规整，是一种粗纤维。由于在自然条件下，竹原纤维及其制品的废弃物100%能生物降解，并且在纤维的生长及制取、加工过程中，对环境也无任何污染，堪称绿色环保型的天然植物纤维。

③竹原纤维的性能

物理力学性能　竹原纤维的长度可根据需要制成棉型、中长型、毛型，长度整齐度较好。纤维的线密度为5.00~8.33dtex，平均线密度为6.1dtex，断裂强度为3.49cN/dtex，断裂伸长率为5.1%，初始模量为15.65N/tex，回潮率为11.64%。竹原纤维具有较强的毛细管效应，略高于棉纤维，远高于苎麻、粘胶和竹浆纤维。

化学性能　竹原纤维的化学性能与其他纤维素纤维相似，耐碱不耐酸。在稀碱溶液中极为稳定，浓碱作用下纤维膨润，生成碱纤维素。竹原纤维在强无机酸的作用下会发生分解，最后分解成α-葡萄糖，可溶于浓硫酸、盐酸、磷酸等强酸中。对一般溶剂较为稳定，不溶于乙醚、乙醇、苯、丙酮、汽油等，在水中只发生轻微的溶胀而不溶解。竹原纤维的热稳定性与苎麻相当，远好于棉和亚麻纤维，从 260℃左右开始分解，540℃左右分解终止。若热处理时间较长(30min)，则在温度较高时，纤维强度有所降低。因为纤维是部分结晶的高分子化合物，温度升高会引起纤维内部结晶部分的消减和无定形部分的增加，使纤维的物理性能发生改变，随着温度的升高，大分子将会在最弱的键上发生裂解，通常是热裂解和化学裂解同时发生，高温时这些裂解会加速，结果是纤维内部结晶部分消减、无定形部分增大、大分子降解、分子间作用力减弱，从而导致纤维强度降低。

抗菌性能　竹子天然具有无毒、无污染、抗菌、防臭及保健的特性，由于在竹原纤维的生产过程中，采用物理的方法提取纤维，抗菌物质未受破坏，仍然结合在纤维大分子上。由竹原纤维制成的面料和服饰产品经反复洗涤、日晒后也不会丧失抗菌作用，而且穿着过程中不会对皮肤产生任何过敏反应；据测试，竹原纤维的抗菌功效为：金黄色葡萄球菌 99%，枯木芽孢杆菌 93.4%，白色念珠菌 92%，黑曲霉菌 84%。竹原纤维中含有叶绿素铜钠，具有良好的除臭作用；实验结果表明，竹原纤维织物对氨气的除臭率为 70%~72%，对酸臭的除臭率达到 93%~95%。同时，叶绿素铜钠又是安全、优良的紫外线吸收剂，因而竹原纤维还具有良好的紫外线防护功能。

④竹原纤维的产品与应用　竹原纤维的制取工艺流程：竹材→前处理工序→纤维分解工序→成形工序→后处理工序→竹原纤维成品。

前处理工序包括整料、制竹片、浸泡。纤维分解工序包括反复蒸煮、水洗和分解 3 个过程。成形工序包括蒸煮、分丝、还原、脱水和软化。后处理工序包括干燥、梳纤、筛选和检验。

竹原纤维纯纺产品有：纯竹提花布与色织布，纯竹布，纯竹高支细布，纯竹异支斜纹布，纯竹高支提花细布，纯竹斜纹布。

竹原纤维混纺产品有：棉竹交织布，竹亚麻交织布，竹棉交织斜纹布，竹棉交织布，粘竹交织布。此外，竹原纤维还可与莫代尔纤维、天丝、羊毛、涤纶及甲壳素纤维进行混纺，用于制作针织衫、花式纱线、夏季针织服装、内衣、针织毛衫等。

(6)桑皮纤维

桑皮纤维是一种新型的天然纤维，它既有棉的特征，又具有麻纤维优点，因此具有极广阔的应用前景。但是，桑皮纤维的纤维较短，且强度不够，所以，如何提取有效的纤维是利用的关键所在。使用化学脱胶法进行脱胶，纤维的产出率较低，短绒较多，对纤维表面也造成了损害，同时对环境也会造成严重污染(表 14-5)。

表 14-5　桑皮纤维的物理力学指标

项目	指标	项目	指标
平均长度(mm)	21~32	断裂伸长率(%)	4~12
长度不匀 CV 值(%)	19~31	断裂伸长不匀 CV 值(%)	20~38
线密度(dtex)	3.25~4.00	标准状态下回潮率(%)	9~10
断裂强力(cN/dtex)	3.5~5.1	质量比电阻(Ω·g/cm^3)	10^5~10^7

①桑皮纤维的结构　桑皮纤维的横截面形状呈三角形、椭圆形及少量多角形，有中腔，纵向有横节、条纹，无天然转曲，具有良好的天然纤维特性。桑皮纤维表面分布有直径为 0.5~1μm 的原纤型微纤丝。相互呈不规则的平行排列，有少许的微纤丝呈交叉重叠，这种表面结构有别于棉、麻、丝、毛天然纤维。桑皮纤维的主要成分为纤维素，其含量约为总量的 60%，果胶占 30%，半纤维素占 5%~6%，木质素占 1.2%~2%。

②桑皮纤维的性能　桑皮纤维的热性能可用差示扫描量热仪(DSC)测得，桑皮纤维在 20℃/min 的升温速率下，达到 61.4℃时，有少许分子开始热运动，当达到 118℃时，全部分子参与热运动，包括链段运动，取其峰值 77.8℃作为玻璃化转变温度，反映分子运动的 DSC 线至 157℃左右吸热增大，达到 310℃左右，即桑皮纤维吸热炭化分解，但未发现熔融吸热峰。

由于桑皮纤维的结构较紧密，在染整前必须对坯布脱尽果胶等杂质，使纤维重复膨化，可用直接染料、还原染料、碱性染料及硫化染料等进行染色，上色效果较好。桑皮纤维织物表面光泽较好，手感似真丝绸，服用性能较好。

③桑皮纤维的制取　桑皮纤维制取的工艺流程：桑枝条经剥皮机处理成桑皮→酶处理→桑皮除杂→浸水→锤洗→碱煮→水洗→漂白→酸洗→水洗→烘干→给油→甩干→烘干→预开松→开松。

④桑皮纤维的产品和应用

桑棉混纺　55%桑皮纤维与 45%棉纤维混纺，其纱线更适于高速织机织造。桑棉混纺纱比纯棉纱耐磨性高，抗皱性高，并具有蚕丝般的光泽。

桑麻混纺　大麻纤维吸湿性好，有抑菌效果，手感滑爽、柔软，与桑皮纤维混纺，可使混纺纱具有强力高、光泽好、较易染色及耐磨性强等特点。

桑皮纤维与桑蚕丝交织可克服丝绸易皱、易褪色、不耐洗、价格贵等缺点，织物可达到透气、吸湿、保健等功能。

桑麻混纺纱与涤纶长丝交织物具有耐磨、透气、吸湿、抑菌保健、抗静电、较易染色等特点，外观挺括、悬垂性好，回弹性好，可用于服装、家用纺织品及产业用纺织品。

(7)菠萝叶纤维

菠萝叶纤维又称凤梨麻、菠萝麻，取自于凤梨植物的叶片中，由许多纤维束紧密结合而成，属于叶片类麻纤维。菠萝主要产于热带和亚热带地区，我国的主要产地在广东、广西、海南、云南、福建、台湾等地。利用菠萝叶纤维已有较长的历史，19 世纪初出版的广东琼山、澄海、潮阳等县志上都有生产凤梨布的记载。世界上不少国家正致力于菠萝叶纤维开发利用的研究，将其誉为棉、麻、丝、毛之后的第五种天然高档纤维。

①菠萝叶纤维的结构　菠萝叶纤维表面比较粗糙。纤维纵向有缝隙和孔洞，横向有枝节，无天然卷曲。单纤维细胞呈圆筒形，两端尖，表面光滑，有中腔，呈线状。横截面呈卵圆形至多角形，每个纤维束由 10~20 根单纤维组成。单纤维细胞长 2~10mm，宽 1~26μm，长宽比为 450。纤维细胞壁的次生壁具有少许木质化的薄外层和厚内层，外层微纤丝与纤维轴的交角为 60°，内层为 20°。在内层的表面还覆一层很薄的无定形物质。胞腔较大，胞间层是高度木质化的。菠萝叶纤维的结晶度为 0.727，取向因子为 0.972，双折射率为 0.058，除双折射率略低于亚麻外，其余均高于亚麻和黄麻，说明菠萝叶纤维中无定形区较小，大分子排列整齐密实，同时较高的结晶度和取向度导致纤维的强度和刚度大，伸长率小。

②菠萝叶的理化性能

物理性能 菠萝叶纤维的单纤维很短，不能直接用于纺纱，必须采用工艺纤维(束纤维)，即在脱胶处理时应采用半脱胶工艺，以保证有一定的残胶存在，将很短的单纤维粘连才得符合妈祖纺纱工艺要求的长纤维(工艺纤维)。菠萝叶纤维的线密度介于亚麻和黄麻之间，而且菠萝叶纤维的线密度特性与苎麻等其他麻类纤维很类似，即纤维越长，线密度越大；在同一麻束上，根部最大，梢部最小。菠萝叶的公定回潮率为11.45%，菠萝叶纤维的断裂强度较高，断裂伸长率较小，介于苎麻、亚麻和黄麻之间，弹性模量较大。

化学性能 菠萝叶纤维的化学组成与其他麻类纤维相类似，含有较多的胶质，尤其木质素含量较高，远高于苎麻、亚麻，略低于大麻、黄麻，其柔软度和可纺性也优于黄麻和大麻，次于苎麻和亚麻。

③菠萝叶纤维的制取

纤维的提取 菠萝叶纤维的提取方法有3种：一是水浸法，将菠萝叶片浸泡在30℃的流水或封闭式发酵池中，经7~10d使其自然发酵，经人工刮取、清洗、干燥后制得原纤维；二是生物化学法，采用生物和化学溶液浸泡菠萝叶片，将叶片浸入含有1%纤维酶或其他酶液中，酶液的pH值为4~6，40℃以下处理5h，破坏纤维周围组织，再经人工刮取、清洗、干燥后获得原纤维；三是机械提取法，采用机械力破坏纤维周围组织，同时完成纤维和叶渣的分离，经清洗、干燥后获得原纤维。机械提取纤维的工艺流程：菠萝叶(鲜叶片)→刮青→水洗→晒干→晾麻。

化学脱胶 由于菠萝叶纤维的单纤维很短，只能采用半脱胶工艺：浸酸→煮练→水洗→浸碱→水洗→漂白→给油→脱水→烘干。

生物脱胶 菠萝叶纤维在接种高效菌株后即可在适宜的温度下进行"胶养菌-菌产酶-酶脱胶"的生化反应，利用微生物酶催化、分解、降解原纤维中的非纤维素物质，从而达到提取纯净菠萝纤维的目的。生物脱胶工艺流程：菌种制备→接种→生物脱胶→洗麻机洗麻→漂洗→脱水→抖麻→渍油→脱水→抖麻→烘干。

④菠萝叶纤维的产品和应用 利用不同的纺纱技术纺制出菠萝叶纤维的纯纺纱和混纺纱。手工菠萝麻纱可织制菠萝麻布，菠萝麻与苎麻交织布，菠萝麻与芭蕉麻交织布，菠萝麻与土蚕丝交织布，菠萝麻与手工棉纱交织布，菠萝麻与棉混纺布，菠萝麻与绢丝混纺布，菠萝麻与涤纶、羊毛、丙纶等混纺布，制成的织物容易染色，吸汗透气，挺括不起皱，具有很好的抑菌防臭性能，适宜制作高、中档的西服和高级礼服、牛仔服、衬衫、裙裤、床上用品及装饰织物，也用于生产针织女外衣和袜子等。

菠萝叶纤维可用来生产针刺法非织造布，作为土工布用于水库、河坎的加固防护。由于菠萝叶纤维纱强度比棉纱高且毛羽多，对橡胶与纺织材料黏合成一体非常有利，可用来生产橡胶运输带的帘子布、三角胶带芯线。用菠萝叶纤维生产的帆布比同规格的棉帆布强力高。菠萝叶纤维还可用于造纸、强力塑料、屋顶材料、绳索、渔网及编织工艺品等。

(8)香蕉纤维

香蕉纤维可分为香蕉茎纤维和香蕉叶纤维两种。香蕉茎纤维蕴藏于香蕉树的韧皮部，属于韧皮类纤维；香蕉叶纤维蕴藏于香蕉树的树叶中，属于叶纤维。香蕉纤维不仅是一种绿色环保纤维，还是一种新型天然纺织纤维，具有一般麻纤维的优、缺点，是21世纪又一新型纺织材料(表14-6)。

表 14-6 香蕉纤维与麻纤维的微细结构比较

纤维种类	结晶度(%)	取向角(°)	取向因子	双折射率	密度(g/cm³)
香蕉纤维	44.25	14	0.810 0	0.047 5	1.361 0
亚麻	66.24	12	0.933 5	0.066 0	1.492 8
黄麻	62.10	—	0.905 6	0.044 0	1.211 0

①香蕉纤维的形态结构　香蕉茎为层层紧压的复瓦状叶鞘重叠形成的假干，含有丰富的纤维素，其纤维素含量低于亚麻、黄麻，而半纤维素、木质素的含量则较高。香蕉茎纤维的光泽、柔软性、弹性、可纺性等均较亚麻、黄麻差，在纤维制备中要加强去除半纤维素和木质素的脱胶工艺。

香蕉纤维的横截面形态呈不规则的腰圆形，纵向形态类似麻类纤维，裂纹没有麻类纤维多，结晶度和取向度低于亚麻、黄麻，说明香蕉纤维中大分子排列不如亚麻、黄麻整齐有规律，导致其力学，以及光学等物理性能的差异，如强度低、变形大、易吸湿和染色等。

②香蕉纤维的化学组成　香蕉茎纤维的主要化学成分为纤维素，其次为半纤维素、木质素、果胶物质、水溶物及脂蜡质等(表 14-7)。

表 14-7 香蕉纤维与亚麻、黄麻的化学组成比较

纤维种类	纤维素	半纤维素	木质素	果胶	灰分	水溶物	脂蜡质	其他
香蕉纤维	58.5~76.1	28.5~29.9	4.8~6.13	—	1.0~1.4	1.9~2.61	—	—
亚麻	70~80	12~15	2.5~5	1.4~5.7	0.8~1.3	—	1.2~1.8	—
黄麻	64~67	16~19	11~15	1.1~1.3	0.6~1.7	—	0.3~0.7	含氮物 0.3%~0.6%

注：香蕉茎纤维的半纤维素是在1%氢氧化钠溶液中测得，而亚麻、黄麻的半纤维素是在2%氢氧化钠溶液中测得。

③香蕉纤维的性能

物理性能　香蕉纤维单纤维太短，不能直接用于纺纱，只能采用半脱胶方式，保留一部分胶质，将单纤维粘连成具有一定长度的纤维束来纺纱。由于香蕉纤维的工艺纤维较粗，目前一般用于纺中、低档纱。香蕉纤维具有一般麻类纤维的优点，断裂强度高，断裂伸长率小、吸湿放湿快，在标准状态下的回潮率可达 14.5%，纤维粗硬，初始模量高，弹性差，服用卫生性能良好，相对棉纤维和化纤而言，香蕉纤维还有光泽好和吸湿性高的特点(表 14-8)。

表 14-8 香蕉纤维与亚麻、黄麻的纤维形态及物理力学性能比较

纤维种类	单纤维		工艺纤维			
	长度(mm)	宽度(μm)	长度(mm)	细度(tex)	断裂强度(cN/tex)	断裂伸长率(%)
香蕉纤维	2.3~3.8	11.0~34.0	80.0~200.0	6.0~7.6	50.75	3.18
亚麻	16.0~20.0	12.0~17.0	30.0~90.0	2.5~3.5	47.97	3.96
黄麻	2.0~6.0	15.0~25.0	80.0~150.0	2.8~4.2	26.01	3.14

精细化加工的香蕉纤维的纤维平均支数 2386Nm，束纤维平均断裂强度 3.93cN/dtex，强度不匀率 34.3%，主体长度 70mm，回潮率 7.1%。

化学性能　由于香蕉纤维属于韧皮纤维，其化学性质与传统的纤维素纤维有许多相似之处，香蕉纤维中还含有一定的蛋白质，又表现出蛋白质纤维的一些特性。具有抗碱、酚、甲酸、氯仿、丙酮及石油醚的能力，可溶于热浓硫酸中。香蕉纤维的抗酸、抗碱性能介于棉纤维和羊毛之间，总之它的抗酸性能好于棉纤维，而不如羊毛；抗碱性能则不如棉，但优于羊毛。

④香蕉纤维的制取　香蕉纤维的提取方法主要有机械方法和化学方法两种。机械方法又可分为人工和机械两种。还有一种称为闪爆的方法，利用在韧皮原纤之间的高压过热水在外压突然下降时气化膨胀，把原纤分离。采用以上方法分离出的香蕉纤维并不能进行纺织，还必须经过化学脱胶。根据香蕉纤维组成的特性，采用以碱液煮练为主的工艺流程：预酸处理→碱煮→焖煮→漂白→酸洗。

⑤香蕉纤维的产品和应用　香蕉纤维最早用于造纸和包装，后来随着科技发展，与棉及其他纤维进行混纺，可织成混纺香蕉纤维布，加工成夹克、上衣、牛仔服、网球服、外套、短裤等休闲服装，不仅光泽好、吸水性强，而且穿着舒适、美观耐用。由于香蕉纤维吸水性高，可制成窗帘、毛巾、床单等家用纺织品。香蕉纤维可以在黄麻纺纱设备上加工成纱，用来制作绳索和麻袋。还可以生产加强建筑材料、汽车内衬板及聚酯类等复合材料，以提高复合材料的抗破坏性能。

14.1.2　动物纤维

动物身上长出的细长覆盖物称为毛，其中可用于纺织的我们叫它毛纤维，有发毛(hair)和绒毛(wool)两种，发毛粗、硬、长；绒毛细而柔，很适合衣用。其中用量最大的是绵羊毛，简称羊毛，其他的动物毛则统称为特种动物毛。

(1)绵羊毛

构成羊毛纤维的主要组成物为各种 α-氨基酸的多缩氨酸(蛋白质)，其中氨基酸种类有 25 种之多。

①绵羊毛根据纺织使用价值，按细度和长度分为细羊毛、半细毛、长羊毛、粗羊毛等 4 类。

细羊毛　细羊毛的最好品种是美丽奴羊身上的毛，我国的新疆改良细羊毛也属此类。澳大利亚美奴细羊毛直径在 25μm 以下，毛丛长度 5~12cm。

半细毛　平均直径 15~37μm，长 5~15cm 的同质毛，如英国的南丘羊，杜塞特羊，是我国的薄弱毛种。

长羊毛　长度特长(15~30cm)和光泽明亮为主要特征的绵羊毛，平均直径大于 36μm，典型的有林肯羊毛，莱斯特羊毛。

粗羊毛　指毛被中兼有发毛和绒毛的异质毛，世界上大多数土种羊都属此类。主要用途是制造地毯，又称地毯羊毛。我国未改良的蒙古、西藏、哈萨克羊毛(三大类)均属此类。

②形态结构　羊毛和棉不一样，羊毛是由许多角质化的细胞聚集成的，外观几何形态是细长的柱体，截面呈近圆形，粗毛呈椭圆形。

羊毛径向从外向里可以分为 3 个组成部分：鳞片层、皮质层、髓质层。截面呈近圆形，越细越圆，纵向有方向性排列的鳞片，具有天然卷曲，粗毛中可见不规则髓腔(图 14-5)。

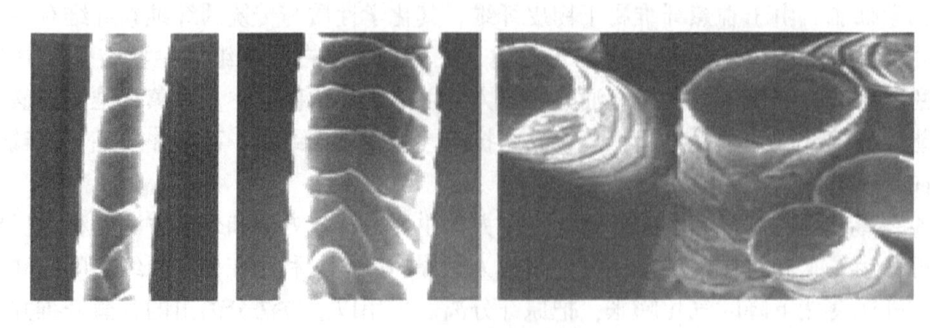

图 14-5 羊毛的电镜图片

在同一簇中，还有导向毛与绒毛之分，羊毛细度的变化，是随羊毛、年龄、性别(公比母粗)、毛的生产部位和饲养条件的变化而改变的。单纯用平均直径反映羊毛粗细是不全面的，必须加离散指标，纤维越粗，粗细波动和变化范围越大。

自然长度 指不受任何外力的自然状况下，纤维束两端间的直线距离。常用来表示毛丛的长度，这种长度常在羊毛收购和选毛后搭配时使用(商业习惯叫羊毛高度)。

伸直长度 指在外力作用下，羊毛伸直时的长度。在工作生产中使用，并以此长度作为评定羊毛品质的依据。

羊毛长度影响毛纱和毛织物的品质 细度相同的毛，纤维长的可纺高支纱；当纺纱支数一定时，长纤维纺出的纱强度高、条干好、纺纱断头率低。

羊毛长度还决定毛纺纱系统和工艺参数 分为精梳毛纺(长毛纺纱和短毛纺纱)和粗梳毛纺。

对于绝大多数羊毛来讲，均具有卷曲，卷曲的存在有助于改善纺纱性能和成品的手感与保暖，卷曲的波形和密度随羊毛品种而异。羊毛之所以有卷曲是和正、偏两种皮质细胞的非均匀分布有关；常见的分布是呈双侧结构，这种结构特点使得羊毛在外观上出现了卷曲。

卷曲的形态大致可分为：弱卷曲、常卷曲、强卷曲三大类，7 种波形。

根据羊毛的细度、结合长度、参照实物标样，将羊毛分为支数毛与级数毛两大类，将品质优良的同质细羊毛，按品质支数高低分支，而差一些的异质毛则按级别分级。

(2)山羊绒

从绒山羊和能抓绒的山羊身上取得的绒毛，是品质极优的毛纤维。由原绒、两型毛、发毛组成。经分梳后，为绒和粗毛两大类。

①主要产地 国内外市场上称山羊绒为开司米绒。生产山羊绒的国家主要有中国、伊朗、蒙古等国。我国产量最高，居世界第一位，但美国、欧洲(如英国)和日本为主要消费国。

②主要种类 有白绒、青绒、紫绒 3 种，以白绒最珍贵。

③结构 由鳞片层和皮质层组成，没有髓质层。山羊绒鳞的边缘光滑，呈环状覆盖，间距最大。

④性能 卷曲数较细羊毛少。吸湿能力、弹性、强伸性优于绵羊毛。比绵羊毛更细、柔软、保暖。

(3)马海毛(安哥拉山羊毛)

马海毛为光泽很强的长山羊毛(mohair)；平均直径小于 23μm 的为优级细毛，大于 43μm 为低级粗毛。原产于土耳其安哥拉省，目前南非、土耳其、美国为马海毛三大产地，其中以土耳其所产马海毛品质较好。

①结构特征　马海毛由鳞片层、皮质层和髓质层三部分组成。皮质层几乎都是正皮质，只有少量偏皮质包在外面，因而卷曲少。

②主要特性　纤维长，光泽明亮，强度、弹性好，对化学药品的反应比绵羊毛敏感。

(4)兔毛

纺织用的兔毛产自家兔(普通兔)和安哥拉兔，以土耳其安哥拉所产兔毛最有名；我国兔毛产量约占全世界的 80%~90%。

兔毛纤维都是由鳞片层、皮质层和髓质层组成；分 30μm 以下的绒毛和 30μm 以上的粗毛两个类型。

兔毛细而轻柔，保暖性很好，兔毛织物，手感特别轻滑，弹性也好，外观很美，重量轻。兔毛的毡制品外观极其细腻美观，是制呢礼帽的珍贵原料。但由于兔毛表面比较光滑，纤维间抱合力小，加之强度较低，纺织加工难度比较大。

(5)驼绒

骆驼有双峰和单峰之分，驼绒是双峰骆驼身上的细毛，直径为 5~40μm，长 40~127mm，富有光泽，保暖性好，不易毡缩，是高档原料，可与细羊毛相媲美。驼绒的最大生产国是中国(质量第一)、蒙古、阿富汗。

①纤维结构　骆驼毛中含有细毛和粗毛两类纤维。驼绒的强度与羊毛接近，富有光泽，保暖性好。驼绒主要由鳞片层和皮质层组成，极少数驼绒有髓质层；驼毛则由鳞片层、皮质层和髓质层组成。

②性能　驼绒各方面的性能与山羊绒相似，但不易毡缩。

(6)牦牛绒

我国的主要产地是青海、西藏(牦牛量占世界牦牛量的 85%)，也属高档毛纺原料。直径 20μm 以下，长 340~450mm，强度高，手感柔软、滑腻、光泽柔和，弹性强，可与山羊绒相媲美，但它是有色毛，限制了产品的花色。

牦牛绒由鳞片层和皮质层组成，极少量绒有点状毛髓。鳞片呈不规则环状紧贴毛干，横截面为近似圆形。

(7)羊驼毛

羊驼主要分布在南美洲的秘鲁、玻利维亚和智利等国，大部分已饲养成家畜，其中以秘鲁产羊驼毛最多，占世界总产量的 90%左右，几乎全部出口。

羊驼毛纤维的平均宽度为 20~30μm，商品羊驼毛的细度等级为 50~70 支，毛丛长度一般为 200~300mm。其中较细的纤维仅由鳞片层、皮质层组成，无髓质层，横截面为圆形。较粗的纤维大的都有髓质层，横截面为椭圆形。羊驼毛纤维的鳞片边缘比羊毛光滑，鳞片排列与细羊毛极为相似。

(8)蚕丝

蚕丝纤维主要成分是丝素和丝胶，还有一些非蛋白成分，如脂肪、蜡质物、色素和矿物质(灰分)等(表 14-9)。

表 14-9 桑蚕丝和柞蚕丝的组成物质比较 %

成 分	桑蚕丝	柞蚕丝
丝素蛋白	70~75	80~85
丝胶蛋白	25~30	12~16
蜡质、脂肪	0.75~1.50	0.50~1.30
灰分	0.50~0.80	2.50~3.20

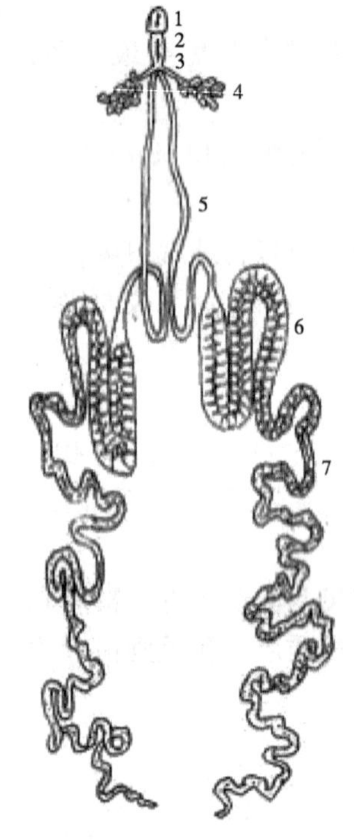

图 14-6 家蚕绢丝腺

1. 吐丝部；2. 压丝部；3. 会合部；4. 粘液部；5. 前部丝腺；6. 中部丝腺；7. 后部丝腺

蚕丝大分子是由多种氨基酸残基以肽键联结构成的长链，又称肽链。丝素大分子中含较多的甘、丙氨酸，排列紧密，分子规整性好，呈反平行β折叠形状，有较高的结晶性，不溶于水。丝胶大分子中含有较多的带亲水性侧基的氨基酸，且呈无规则卷曲状，水溶性好。

①蚕丝的形成 由蚕体内的绢丝腺分泌的绢丝液形成(图 14-6)。后部丝腺分泌出丝素→中部丝腺分泌出丝胶→前部丝腺汇合→吐丝部吐丝空气中凝固。蚕茧由茧衣、茧层、蛹衬、蛹组成，茧层可缫丝，茧衣、蛹衬因丝细而脆弱只能作绢纺原料。

一根蚕丝由两根单丝平行黏合而成，外层为丝胶，内层为丝素(图 14-7)。丝素横截面为半椭圆形或不规则三角形，纵向平直光滑。

②化学性质

酸 酸可促使蚕丝纤维发生水解，在弱的无机酸和有机酸中，丝素几乎不起作用，但在强无机酸中加热，即使浓度较低，丝的光泽和手感也均会受到损害，浓度高的无机酸中即使不加热丝素也会急剧膨润溶解。

碱 碱使盐键断开，多缩氨酸链缩短，胱氨酸水解。一般当溶液的 pH 值大于 10 时，会显著损伤丝素。

氧化剂和还原剂 氧化剂主要表现在：氧化肽链中的氨基酸侧基，氧化氮末端的氨基酸残基，氧化肽链；还原剂对丝素一般起保护作用，能抑制丝素的氧化。

盐 盐能促使丝素纤维溶胀，在中性盐的稀溶液中发生有限膨润，但在某些盐的浓溶液中，会发生收缩甚至溶解。

光 光使肽键断裂，并促进丝素氧化，蚕丝的耐光性在纺织纤维中是最差的。

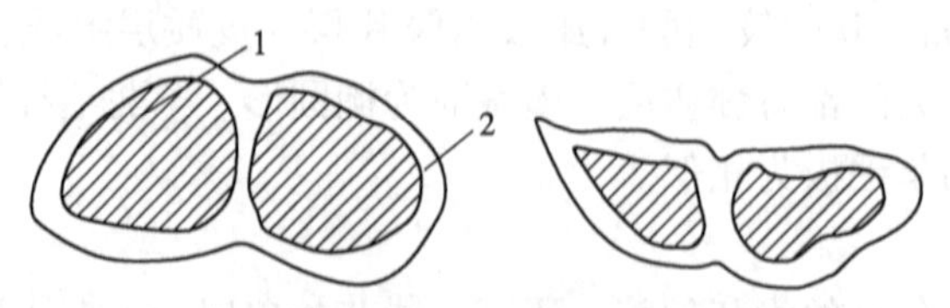

图 14-7 蚕丝横截面

1. 丝素；2. 丝胶

微生物　长期在潮湿环境条件下，容易霉烂变质，这是微生物分泌的酶使蛋白质水解的结果。

③物理性能　蚕丝的密度较小，生丝的密度为1.30~1.37g/cm^3；据资料表明，外层茧丝的密度为1.442g/cm^3，中层为1.400g/cm^3，内层为1.320g/cm^3。生丝依靠丝胶把各根茧丝粘着在一起，产生一定的抱合力，使丝条在加工过程中能承受各种摩擦，而不会分裂。抱合不良的丝纤维受到机械摩擦和静电作用时，易引起纤维分裂、起毛、断头等，给生产带来困难。单根茧丝的强力为7.8~13.7cN，常用的生丝强力为59~78cN，相应的断裂伸长率分别为10%~22%和18%~21%。桑蚕丝在温度为20℃、相对湿度为65%的标准条件下，回潮率达11%左右，在纺织纤维中属于比较高的。茧丝具有多层丝胶、丝素蛋白的层状结构，光线入射后，进行多层反射，反射光互相干涉，产生柔和的光泽。生丝截面越近圆形，表面越光滑，光泽越柔和均匀，表面反射光越强。耐光性差，在日光照射下容易泛黄。

(9)天蚕丝和彩色蚕丝

①天蚕丝　天蚕(*Antheraea yamamai*)又名日本柞蚕、山蚕，属节肢动物门、昆虫纲、鳞翅目、天蚕属。它是一种生活在天然柞林中吐丝结茧的一化性、四眠五龄完全变态的昆虫，以卵过冬。其幼虫的形态与柞蚕酷似，只能从柞蚕幼虫头部有黑斑，而天蚕没有这一点来加以区别。天蚕幼虫体呈绿色，多瘤状凸起，被刚毛。食壳斗科(山毛榉科)栎属树叶，如柞、赤栎、橡、白栎、槲树叶等。天蚕丝珍稀、价格昂贵，在国际市场上每千克天蚕丝售价高达3000~5000美元，高于桑蚕丝、柞蚕丝近百倍。

天蚕的习性　天蚕是一种野蚕，生长在气温较温暖而半湿润的地区，也能适应寒冷气候，能在北纬44°以北寒冷地带自然生息。主要产于中国、日本、朝鲜及俄罗斯的部分地区，年产量只有数十千克。我国天蚕主要分布在黑龙江省，在长江以南直至亚热带地区的广东、广西、台湾等省(自治区)也有少量分布。在河南省商城县境内发现一种名叫龙载的天蚕，它吐彩丝，有绿、黄、白、红、褐5种颜色，为多层结彩，纤维细度为1.39dtex，干断裂伸长达45%左右。

天蚕茧的结构　天蚕茧为长椭圆形，呈草绿色(也有浅黄、红黄、红褐、黄褐、红灰色)，但因蚕茧的部位不同而有深有浅，这是因为天蚕在树上营茧时，贴树叶的一面为浅绿色，茧层薄；朝阳的一面茧层厚，为深绿色。蚕茧的茧长4.5cm左右，茧宽2.2cm左右，茧重6~7g，茧层重0.5~0.6g，茧层率达7.5%~9.0%，头部稍长，并有长短不等的茧带，一般雄茧带细而正，雌茧带粗而歪。

天蚕丝的性能　天蚕丝的丝胶含量比桑蚕丝和柞蚕丝高，约为30%，丝素含量约为70%。国外采用马赛皂15%、纯碱2%、油剂0.5%，浴比为1∶45，在100℃下精炼2.5h，炼出的天蚕丝织物闪烁着令人喜爱的果绿色宝石光。

天蚕丝纤细，平均细度为5.5~6.6dtex，但粗细差异较大。纤维横截面呈扁平多棱三角，如同钻石的结构，具有较强的折光性。天蚕丝长为90~600m，出丝率为50%~60%，1000粒茧产丝量约为250g。断裂强度31.2cN/tex，断裂伸长率在40%左右。天蚕丝富有光泽，色泽鲜艳，质地轻柔，具有较强的拉力和韧性，质量好于桑蚕丝和柞蚕丝，且无折痕，不用染色就能保持天然的绿宝石颜色，故享有“钻石纤维”和“金丝”之美称。

②彩色家蚕丝　彩色家蚕丝是由家蚕经过人工培育而成的彩色家蚕吐的丝。它是利

用家蚕天然有色茧基因资源，采用各种新的育种方法，选育出前所未有的天然彩色茧实用蚕品种系列。目前，已培育出能够吐丝结茧的绢丝昆虫约有20多种，其中就有五颜六色的天然彩色茧，其色泽柔和、高雅华贵，是彩色蚕丝珍品，其颜色还是目前染色工艺难以模拟的。由于天然彩色茧不需要染色，避免了环境污染，也避免了染整加工中残留的化学药剂对人体健康的危害，是绿色环保纤维材料。

彩色蚕丝的形成 在我国桑蚕品种资源中，彩色茧的品种很多，主要有巴陵黄、碧连、绵阳红、大造、安康四号等。彩色蚕茧可分为黄红茧丝系和绿茧丝系两种。黄红茧丝系的茧丝颜色来自桑叶中的类胡萝卜素(β-胡萝卜素、新生β-胡萝卜素)和黄素类色素(叶黄素、蒲公英黄素、紫黄质、雌黄嘌呤黄质)。绿茧丝系的茧丝色主要为黄酮色素，在中肠和血液中合成。这些色素需从消化道中进入血液，又从血液中进入绢丝腺才会着色，所以茧丝颜色的深浅不仅与色素的成分和含量有关，而且还受到消化道和绢丝管壁的渗透性影响，即受到蚕体基因的控制。

彩色蚕丝的性能 家蚕吐彩色丝的特性是由遗传基因决定的，它们所吃的饲料与吐白丝的普通家蚕都是同样的桑叶，但是由于吐彩色丝的家蚕所具有的特殊基因，可以利用桑叶中的类胡萝卜素、叶黄素及类色素等形成不同颜色的茧丝。我国培育的系列有色蚕茧品种，除具能吐有色丝的特性外，其杂交种与普通白丝的家蚕品种比较，在生长发育过程、体质强健性、蚕茧产量等方面都比较接近，在饲养技术上也没有特殊要求。

彩色蚕丝具有较强的吸收紫外线能力，比白色蚕丝具有更好的抗菌效果。用紫外线长时间照射蚕茧，茧内的蛹体发育和羽化的蚕蛾及其后代发育正常。桑蚕丝对于易诱发基因突变、导致皮肤癌等癌变的280nm左右波长的紫外线(UV-B)具有很好的遮蔽和吸收作用，紫外线的透过率不足0.5%，故用天然彩色蚕丝制作衣服和化妆品可以有效地避免紫外线的晒伤。

彩色蚕丝具有一定的抗氧化功能。彩色蚕丝分解自由基的能力远高于白色丝，其中绿色丝的效果最好，能分解90%左右的自由基；黄色丝也具有50%的功能；白色丝只有30%的功能。因此彩色蚕丝织物制作的衣服具有较好的保健功能。

彩色蚕丝的产品和用途 彩色蚕丝色彩丰富而鲜艳，可以开发多样化产品，适应社会多元化和个性化发展的需要。彩色茧丝的遗传受主基因控制，使其彩色茧丝的特性能够固定下来，为育种和生产创造了良好的条件。彩色茧丝面料主要用作高档男女服装、内衣、床上用品、领带、披肩、丝巾、丝绵被、丝绒毯、医用纱布等。

(10)羽绒

羽绒又称纤羽，是羽毛中的一部分。羽毛是禽类皮肤的衍生物，从皮肤中长出，是一种天然蛋白质纤维。按其形态与功能可分为正羽、绒羽(或称羽绒)及纤羽3种。正羽由羽轴和羽片构成，是覆盖禽体表面大部分的羽毛，形成了禽体的基本外形。绒羽分布在鹅、鸭及其他水禽的全身，被正羽覆盖，形成保温层，起保温作用，主要分布在禽的胸部、腹部及翼基部分，羽绒无羽干或只有一个细短而柔软的羽干，由羽干或羽根直接生出许多柔软蓬松的羽枝，呈放射状，形如棉绒。纤羽比绒羽细小，形如毛发状，故又称毛羽。它只有一个羽干，其顶端生有少而短的羽枝。纤羽分布在禽体全身各部分，长短不一，拔出正羽和羽绒后方可见到，其功能是感受触觉。

①羽绒的形态结构 羽绒的基本组成单元是维管束细胞，它由多根或单根维管束组成。在维管束的外面覆有一层类似蜡的细胞膜，细胞膜有两种含有大量憎水基团的大分

子构成，即含磷酸基的三磷酸酯大分子和磷酸酯与胆甾醇构成的甾醇大分子，它们共同组成双分子层膜。这层双分子薄膜约占整根羽绒纤维质量的10%以下，这种结构赋予羽绒纤维较好的防水性能，同时大分子在形成维管束细胞时呈卷曲状，形成了大量的空洞和缝隙，从而使羽绒纤维内含有更多的静止空气。

在羽绒纤维的蛋白质分子中，各氨基酸相互结合形成多肽键，称为羽朊。在羽朊中，几个多肽链相互扭成一股，几股又扭在一起而形成绳索状结构，即羽绒纤维蛋白的结构。

羽绒是以绒朵的形式存在的，绒朵中的每根绒丝较短，其长度一般为鸭绒10~30mm，鹅绒20~50mm，其直径为80~220nm，不能直接用于纺织，它的每一根主纤维中生长有许多细小的绒丝，而每一根细小的绒丝又成为另一小单元的主纤维，其周围也生出更为细小的羽丝，如此反复组成羽绒。在较长的一阶绒丝上又长有较短的二阶绒丝，二阶绒丝上则长有单根或双根绒刺。在各阶绒丝上都含有环状鳞节，下一阶绒丝相当于其环状鳞节物从某一或某几个方向上的延伸，其结构形态如玉米秸秆和玉米叶的关系。

羽绒的结构组成是先由单体组成大分子链，再由几根或十几根长链分子按螺旋形走向比较稳定地相互结合在一起组成大分子束，即基原纤。由若干根基原纤平行排列组合在一起的称为微原纤，微原纤的形成一方面依赖于基原纤分子之间的作用力；另一方面则借助于贯穿2个以上基原纤的大分子链的纵向连接。再由若干根微原纤基本趋于平行地组合在一起成为原纤，它也是依赖于分子间的作用力和大分子链的纵向连接，将多个微原纤组合排列在一起形成原纤。由多个原纤堆砌在一起组成大分子束，即大原纤，由它组成羽绒的一个细胞。再由大原纤堆砌在一起组成纤维，因此，在每一根羽绒纤维中，存在着多重微丝状的结构单元，其中存在一些缝隙和空洞，并掺填有一些其他成分的非羽朊物质。

②羽绒的化学组成　羽绒属于蛋白质类纤维材料，由17种α-氨基酸组成，其化学组成和羊毛相似。鹅、鸭绒的各种氨基酸含量基本相同，但与羊毛不相同。

新羽毛的主要化学成分及其平均含量为水占42.65%，氮化合物占53.63%，脂肪占1.69%，灰分占2.03%。每种羽毛的化学组成是不同的，不仅与禽的种类、生长部位有关，还与禽的年龄、食物有关。在羽毛含有的多种化学元素中，氮的含量为15%，硫为2.57%，氯为0.53%，磷为0.34%，硅为0.22%，钙为0.1%。

③羽绒的理化性能

润湿性（物理性能）　由于羽绒的纤维表面包覆有一层不溶于水的甾醇和三磷酸酯组成的细胞膜，以及纤维内部存在较多的缝隙和空洞，因此其密度特别小，而且临界表面张力很小（是所有蛋白质纤维中最小的），在常温下，干净的羽绒不能被纯水润湿。只有在提高水温或加入表面活性剂以降低水的表面张力时才可使羽绒润湿。羽绒的公定回潮率是11%。

蓬松性（物理性能）　羽绒的蓬松性在天然纤维中是最好的，由于纤维以绒朵形式存在，在每一个绒朵里包含有十几根至几十根内部结构基本相同的纤维，在每一根纤维之间都会产生一定的斥力而使其距离保持最大，产生了蓬松性。羽绒的含绒量越高，其蓬松度越高，反之亦然。

稳定性（物理性能）　羽绒的热稳定性较好，受热不会发生熔融而分解，在115℃时发生脱水，至150℃时开始分解，200~250℃时二硫键断裂，310℃时开始炭化，720℃时开始燃烧。由于在所有的蛋白质纤维中都含有15%~17%的氮，在燃烧过程中释放出来的氮可抑制纤维迅速燃烧，故羽绒的可燃性较纤维素纤维低。

化学性能　常温下，酸对羽绒的作用主要是羽朊分子中的盐式键断裂。纤维结构中的—COO—基能和酸的氢离子结合，剩下的氨基，纤维中扩散的氢离子浓度超过外界而使纤维溶胀。在温度提高时，酸能水解并使羽绒纤维的主键断裂。羽绒的耐酸能力相当强，在无机酸(如硫酸、盐酸)溶液中，羽绒对酸的吸收能力和稳定性很强，稀硫酸对羽绒几乎无损伤，但高浓度硫酸加入处理则会使羽绒溶解。

碱对羽绒的作用比酸剧烈，可产生明显的破坏作用。碱可使羽绒的盐式键断裂，也能攻击胱氨酸的二硫键。根据作用条件不同，或者生成硫氨酸键并释放出硫，或者使二硫键断裂而释放出硫化氢和硫，更剧烈的硫作用则会破坏肽键本身。一般情况下，羽绒在pH值为8的碱溶液中就会受到损伤，在pH值为10~11的碱溶液中对羽绒的破坏作用非常剧烈。受碱损伤的羽绒变黄、发脆、光泽暗淡、手感粗糙。在沸热的4%氢氧化钠溶液中，羽绒可被完全溶解。

氧化剂对羽绒的作用非常灵敏，浓度较大的过氧化氢、高锰酸钾、重铬酸钾等氧化剂都会对羽绒的性质产生影响，使纤维受到严重破坏，不仅使所有的二硫键被氧化成磺酸基，而且还有许多缩氨键断裂，使蛋白质加速降解，所产生的大量自由基溶解大量的有机质，致使羽绒纤维发黄、失去弹性而变质。还原剂在大多数情况下对羽绒纤维可起到化学定型的作用。羽绒纤维易遭虫蛀，尤其是在潮湿状态和微碱性环境下，更易繁殖细菌，并使细胞膜和胞间胶质受到侵袭，使纤维强度下降。

④羽绒的制取　制取的工艺流程为：粗分→水洗→消毒→烘干→冷却→精选或是除尘→精分→水洗→消毒→烘干→冷却。

⑤羽绒的产品和用途　目前，羽绒主要用于制造非织造羽绒絮毡，再与聚四氟乙烯膜复合制作登山服、太空服、防寒鞋、防寒帽、防寒手套等防寒用品及床上用品，也可用于纯纺或混纺纺制羽绒纱，织制机织面料、针织面料等。

(11)蜘蛛丝

目前自然界有超过34 000种蜘蛛，每种都有自己独特的丝并且具有不同的特性和应用价值。蜘蛛丝是自然界产生的最好的结构材料之一，蜘蛛丝的优良综合性能是各种天然纤维与合成纤维所无法比拟的，迄今为止人类还无法生产出像它那样具有超强度和弹性极强的化合物。

①蜘蛛丝的形态结构　蜘蛛丝是由一些被称为原纤的纤维束组成，而原纤又是几个厚度为120nm的微原纤的集合体，微原纤则是由蜘蛛丝蛋白构成的高分子化合物(图14-8)。蜘蛛丝是单丝，它的横截面形状接近圆形，无丝胶。蜘蛛丝的纵截面有一道道凹缝，平均直径约6.9μm。

蜘蛛丝的氨基酸的摩尔分数和氨基酸的主链序列与天然聚肽如蚕丝、羊毛和毛发有很大的差别；这种差异和组成取决于蜘蛛的种类、食物、气候及其他因素。不同种类的蜘蛛大囊状腺所产生的丝蛋白质的氨基酸种类差异不大，为17种左右，各种氨基酸的含量也因蜘蛛的种类不同而有一定差异。

蜘蛛丝的结晶度约为10%~15%，而蚕丝约为50%~60%。蜘蛛丝优异的力学性能源于其链状分子结构的特殊取向和结晶结构。蜘蛛丝是一种纳米微晶体的增强复合材

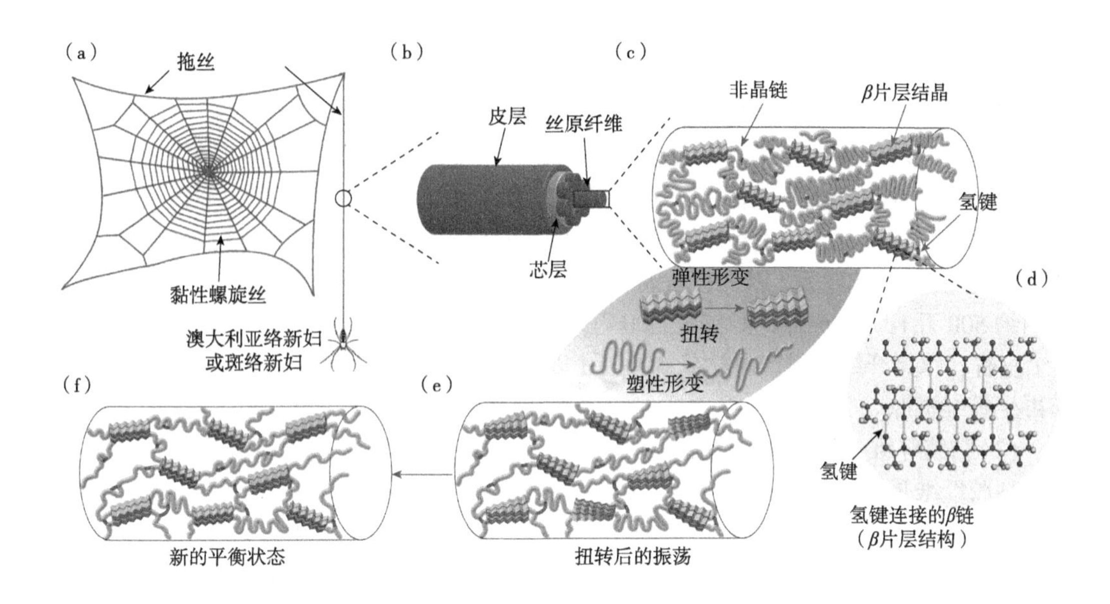

图 14-8 蜘蛛丝的结构

(a)拖丝；(b)丝原纤维；(c)晶区和非晶区；(d)β-折叠；(e)扭转后的振荡状态；(f)新的平衡状态

料，晶粒尺寸为 2nm×5nm×7nm。

蜘蛛丝结构模型可以这样描述：一方面，由柔韧的蛋白质分子链组成的区域，通过一定硬度的棒状微粒晶体所增强，这些晶体由氢键连接，排列成β-折叠片层，折叠片层中分子相互平行排列；另一方面，甘氨酸富集的聚肽链组成了蜘蛛丝蛋白无定形区，无定形区内的聚肽链间通过氢键交联，组成了似橡胶分子的网状结构。

②物理性能　蜘蛛丝物理密度为 1.34g/cm^3，蜘蛛丝光滑闪亮、耐紫外线性能强，而且较耐高温和低温。比强度是钢的 2.8 倍，初始模量比尼龙大得多，达到 Kevlar 纤维的高强高模水平。蜘蛛丝的断裂伸长率达 36%～50%，而 Kevlar 纤维的只有 2%～5%，因而蜘蛛丝能吸收巨大的能量。因此，蜘蛛丝具有强度高、弹性好、初始模量大、断裂功高等特性，是一种性能十分优异的材料。

③化学性能　蜘蛛丝具有特殊的溶解特性，它所显示的橙黄色遇碱加深，遇酸褪色，它不溶于稀酸、稀碱，仅溶于浓硫酸、溴化钾、甲酸等，并且对大部分水解蛋白酶具有抗性。蜘蛛丝在水中横向有相当大的溶胀性，纵向有明显的收缩。在加热时，蜘蛛丝能微溶于乙醇中。由于蜘蛛丝的构造材料几乎完全是蛋白质，可以生物降解和回收。

14.2 生物质再生纤维材料

生物质再生纤维目前主要分为 4 种类型，第一类是再生纤维素纤维，纤维素是自然界最大量的生物质资源；第二类是再生蛋白质纤维，应用较多的是大豆蛋白纤维，未来还会开发蛋白质模仿蚕丝的方式；第三类是再生多糖类纤维；第四类是其他再生纤维，比如海藻纤维具有很好的功能性和生物降解性。

14.2.1 再生纤维素纤维

再生纤维素纤维资源是指在自然界中可以不断再生、永续利用，可用于生产纤维的植物资源。它对环境无害或危害极小，而且资源分布广泛，获取容易，适宜持久地开发利用。再生纤维素纤维资源很多，主要有棉短绒、木材、竹子、麻秆、秸秆、棉秆、芦苇、稻草等。据统计，目前世界上每年木材的循环量达到 1.5 亿 t，可用于再生纤维素加工的材料达到 1500 万 t 以上；竹材循环量达到 4000 万 t，可用于再生纤维素纤维加工的约 500 万 t；棉纤维产量达到 2500 万 t 左右，可用于再生纤维素纤维加工的约 100 万 t 左右；麻类纤维材料产量达到 300 万 t 以上，难以直接利用的麻类及麻秆等都可用作再生纤维资源。

(1)粘胶纤维

粘胶纤维是再生纤维素纤维的主要品种，化学组成与棉纤维相同，基本结构单元都是葡萄糖基环，但聚合度比棉低得多，只有 300～550；结晶度较小，为 40%～50%，取向度也低。截面呈不规则的锯齿形，由于纤维芯层与外层的凝固速率不一致，形成明显的皮芯结构。粘胶是普通化纤中吸湿最强的，染色性很好，穿着舒适感好，粘胶弹性差，湿态下的强度，耐磨性很差，所以粘胶不耐水洗，尺寸稳定性差，比重大，织物重，耐碱不耐酸。

先将纤维素原料和氢氧化钠溶液作用生成碱纤维素，再与二硫化碳发生反应生成纤维素黄酸酯，纤维素黄酸酯溶解在稀碱溶液中制成粘胶(图 14-9)。

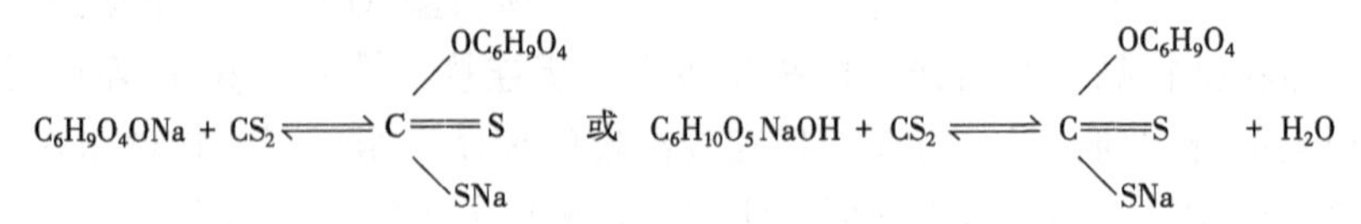

图 14-9 纤维素黄酸酯生成反应式

将制备好的粘胶溶液在一定的压力下均匀地从喷丝头喷到凝固浴中，凝固浴的作用是使纤维素得到再生(再生过程的反应式如下)、凝固，形成丝条(图 14-10)。

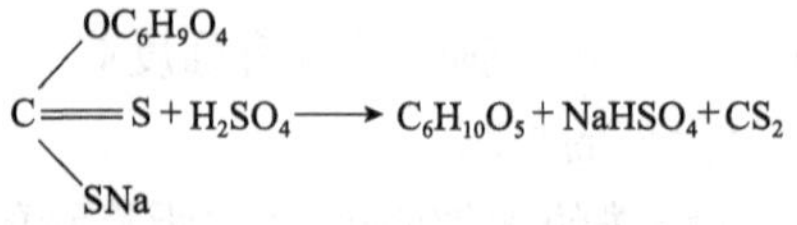

$$C(OC_6H_9O_4)(SNa)=S + H_2SO_4 \longrightarrow C_6H_{10}O_5 + NaHSO_4 + CS_2$$

图 14-10 纤维素再生过程反应式

残留的分子硫经水洗后大部分被除去，但元素硫必须经脱硫处理。另外，纤维还须经漂白来提高纤维的白度；酸洗以除去纤维中的氢及其他物质；还必须加上油剂以降低纤维的动、静摩擦系数，提高其抗静电性，使纤维柔软平滑，易于纺织加工。

(2)Lyocell 纤维

Lyocell 纤维是一种新型的再生纤维素纤维，1980 年美国的恩卡公司和德国的恩卡研究所利用有机溶剂直接溶解纤维素，生产出该纤维，并取得了专利。1989 年，布鲁塞尔人造及合成纤维标准局把由这类方法制造的纤维素纤维的分类名正式定为“Lyocell”。

①Lyocell 纤维的生产方法及技术经济特点　Lyocell 纤维将纤维素(木浆衍生物)直接溶解在有机溶剂 *N*-甲基吗啉-*N*-氧化物(NMMO)和水的体系中，加入添加剂(如

$CaCl_2$）和抗氧化剂等后，配制成较高浓度的溶液。在 85～125℃ 的温度下湿法或干湿法纺丝而成。

②Lyocell 纤维的技术经济特征　原料资源丰富；生产工艺流程短，只需 3h 左右，而生产粘胶纤维从投产到制成纤维需 40～72h；原材料消耗少；溶剂无毒且可充分回收再利用，属绿色生产工艺。

③Lyocell 纤维的结构和性能特点　Lyocell 纤维由纤维素分子链构成，结晶度和取向度都比普通粘胶纤维要高得多，横截面呈圆形，表面光滑。Lyocell 纤维具有较高的干强、湿强和拉伸模量，与普通涤纶接近。湿强仅比干强低 15%左右，更耐洗。Lyocell 纤维织物有丝绸一般的光泽，还有较低的缩水率，尺寸稳定性好、染色性能好。

（3）竹纤维

竹纤维主要包括竹浆纤维和竹炭纤维 2 种。

①竹浆纤维　以竹子为原料生产的竹浆纤维是近年来我国自行研发成功的一种再生纤维素纤维，具备良好的可纺性和服用性能，尤其是具有抗菌、抑菌、防紫外线和易于生物降解等特性，目前全国已形成 5 万 t 左右的产能。竹浆纤维自 2000 年问世以来，平均每年保持了 30%的增长速度。20 多年来，竹浆纤维真正成为拥有自主知识产权，并得到广泛推广应用的新型纺织原料。现在，国内已经推出了全竹、竹棉、竹麻、竹毛、竹真丝、竹天丝、竹莱卡、混纺丝、梭织、色织系列竹纤维产品，并初步形成了一些竹浆纤维产品品牌。

竹浆纤维的纵向光滑、均一，有深浅不一的沟纹，有的缝隙深度达 1.2μm；横截面接近圆形，有的呈梅花形，截面有分布不均、大小不一的微孔。

竹浆纤维的制取工艺　竹浆纤维又称再生竹纤维、竹粘纤维、竹浆粘胶纤维、竹素纤维等，属再生纤维素纤维。竹浆纤维是以速生竹材为原料，经过人工催化、提纯，采用水解碱法及多段漂白工艺等多道化学与物理技术制成竹浆粕，再经粘胶纺丝工艺或其他工艺加工而成。目前国内多用粘胶纺丝法制取竹浆纤维。具体包括：

制浆工艺流程：风干竹片→预水解→硫酸盐蒸煮→疏解→筛选→氯化→碱处理→第一道漂白→第二道漂白→酸处理→除砂→抄浆→烘干→竹浆粕成品；

纺丝工艺流程：竹浆粕→粉碎浆粕→浸渍→碱化→黄化→初溶解→碱液溶解→头道过滤→二道过滤→脱泡→熟成→纺前过滤→湿法纺丝→塑化→水洗→切断→脱硫→水洗→上油→干燥→竹纤维成品。

竹浆纤维的主要特点　竹浆纤维集天然的竹纤维素纤维与再生的竹纤维素纤维的优点于一身，具有良好的生态性、吸湿性、透气性和抗菌性，并且手感柔软、光泽亮丽，不仅有较强的抑菌性，还具有除体味等功能。

②竹炭纤维

竹炭纤维的制取工艺　竹炭纤维是化纤或合成纤维在纺丝过程中加入竹炭粉末乳浆或竹炭母粒制成的纤维。竹炭纤维的制造方法较简单，纺丝类竹炭纤维具体工艺如下：

竹炭粘胶纤维　在粘胶纺丝过程中，将纳米级竹炭微粉末经特殊工艺制成的乳浆添加到粘胶中，乳浆要混合均匀，分散均匀，再将纺丝酸浴的组成做适当调整即可拉丝成型，制备合格的竹炭粘胶纤维。

竹炭涤纶、竹炭丙纶等纤维　首先将竹材经 800～1000℃ 的高温干燥炭化工艺处理或经土窑烧制形成竹炭，再加工成纳米级竹炭微粉末，然后经特殊加工制成竹炭母粒。

将竹炭母粒加入涤纶或丙纶等切片中混合，经熔融纺丝法制成纤维。

竹炭纤维的主要特点 竹炭纤维是多孔性材料，孔径在 2nm 以下，每克竹炭的表面积高达 $700m^2$，具有超强的吸附能力，是木炭的 5 倍以上。此外，竹炭纤维还具有吸收、分解异味和抑菌消臭等作用。竹炭纤维能发射远红外线，蓄热保暖。高平衡回潮率和高保水率，赋予了竹炭纤维调湿的功能。

14.2.2 再生蛋白质纤维

(1)大豆蛋白纤维

以榨过油的大豆豆粕为原料，提取出其中的球蛋白，通过添加功能性助剂与腈基、羟基等高聚物接枝、共聚、共混，制成一定浓度的蛋白质纺丝液，经湿法纺丝纺成单纤为 0.9~3.0dtex 的丝束，经醛化稳定纤维的性能后，再经过卷曲、热定型、切断等后加工工序后，即可得到各种长度规格的可供纺织生产使用的纺织纤维。

①大豆蛋白纤维的化学组成与结构 大豆蛋白纤维中，大豆蛋白质占 23%~55%，聚乙烯醇和其他成分占 45%~77%。大豆蛋白纤维横截面呈扁平状哑铃形、腰圆形或不规则三角形，纵向表面有不明显的凹凸沟槽。此形态结构使纤维具有良好的导湿性和吸湿、放湿性，加工成织物后具有良好的透气性和舒适性，而且大豆蛋白纤维含有多种人类所必需的氨基酸，对人体肌肤具有明显的保健作用。纤维纵向表面的沟槽还使纤维具有一定的卷曲，但卷曲不如细羊毛明显。它具有明显的皮芯结构，皮层结构紧密且厚韧，芯层由于在凝固浴脱溶剂时形成许多似海绵多孔状空隙结构，它的分子结构中有多种极性基团，如羟基、缩醛基及氨基等，且这些基团各有吸色性能，由于大豆蛋白纤维的特殊结构，它显示出介于纤维素纤维与化学纤维之间的染色性能，并且具有良好的酸、碱稳定性，适用染色的染料范围较广。

②物理性能 大豆蛋白纤维是一种再生植物蛋白纤维，纤维表面光滑、柔软、体积质量小，仅为 $1.28g/cm^3$，小于羊毛($1.32g/cm^3$)和蚕丝($1.37 \sim 1.45g/cm^3$)，大分子取向度低，双折射率仅为 0.002，纤维呈米黄色，颜色柔和，类似于真丝，光泽亮丽，具有羊绒的滑糯手感、羊毛的保暖性、丝织物的天然光泽和麻制品的吸湿快干特性，强力接近涤纶，但抗皱性较差，易起毛，耐磨性差。还具有羊绒般柔软手感、蚕丝般柔和光泽、棉纤维的吸湿和导湿性、羊毛的保暖性等优良性能，因此被称为“人造羊绒”。

③化学性能 由于大豆蛋白纤维大分子中含有氨基($—NH_2$)和羧基(—COOH)，因此它可耐酸、碱。在强酸性条件下(pH=1.7)，处理 60min 后强度损伤仅为 5.5%(与 pH=7 相比)；在 pH=11 时，处理 60min 后强度损伤为 19.2%。说明大豆蛋白纤维的耐酸性比耐碱性好。

大豆蛋白纤维除了具有优良的舒适功能外，还具有抑菌、抗衰老，防紫外线、远红外线及负氧离子功能。这是因为在大豆蛋白纤维中，一方面，含有称作“蛋白质功能催效素”的类似陶瓷粉体的一种功能物质；另一方面，大豆含有低聚糖、异黄酮和皂苷，而且大豆蛋白质中的酪氨酸、苯丙氨酸在大豆蛋白纤维功能中发挥了重要作用，同时在纺丝过程中，硫酸锌转变为氧化锌，氧化锌微粒起到一定的防紫外线和远红外线功能。

大豆蛋白纤维中，大豆蛋白质含量在纤维中约占 15%~35%。大豆中含有的成分几乎都是人体所必需的有效成分(表 14-10)。

表 14-10　大豆的成分与人体需要的量

项目	蛋白质	异黄酮	低聚糖	皂苷	微量元素	大豆油
大豆成分(%)	40	0.05~0.07	7~10	0.08~0.10	4~4.5	53
人体需要量(g/d)	0.091	0.04	10~20	0.03~0.05	—	0.93

大豆异黄酮　此物质对人体具有特殊的抗氧化功能，其原理是异黄酮衍生物的结构与类似化合物的结构紧密相关，如黄豆苷原。苯环被斥电子集团(—OH)取代，有利于抗缺氧活性的提高；同时，受到苯环大 π 键的 p-π 共振效应和 10 位上的吸电子基团——羟基的诱导效应，两种效应共同作用的结果是使氧原子的电子云向大 π 键方向转移，对氢原子的吸引力相对减弱很多，因此这个酚羟基上的氢原子就易于在外力作用下与氧原子疏离，因而形成氢原子，发挥还原效应，这就是大豆异黄酮能够抗氧化，具有还原性的结构基础。

大豆低聚糖　此物质可使双歧杆菌增殖，双歧杆菌可产生一种名叫双歧杆菌素的抗生素物质，它能有效地抑制沙门菌、金黄色葡萄球菌、大肠杆菌及志贺杆菌等微生物。

大豆皂苷　此物质是一种强抗氧化剂，抗自由基，能够抑制肿瘤细胞的生长，增强机体的免疫力；能抗病毒，可有效地抑制各种病毒的感染和细胞生物的活性。

氨基酸　大豆蛋白纤维中还含有 20 多种氨基酸，大豆蛋白质与人体皮肤具有良好的相容性。在大豆蛋白质分子结构中的芳香族氨基酸，如酪氨酸和苯丙氨酸，对波长小于 300nm 的光具有较强的吸收性。

在大豆蛋白纤维的纺丝过程中，采用硫酸锌作脱水剂，因此有部分硫酸锌残留在纤维的微孔中。在后道水洗工艺中常加入氢氧化钠，硫酸锌与氢氧化钠会反应生成氢氧化锌；同时，也会有部分氢氧化锌残留在纤维的微孔中(0.4~0.44μm)，经过数道高温烘干工艺(最高温度达到 245℃)，致使氢氧化锌转变成氧化锌微粒。氧化锌微粒被吸附在纤维的微孔中，并形成共价键结合，牢度非常高，不易被水洗掉，而且它的存在不会影响纤维表面的性能。而纤维微孔中的氧化锌微粒，会对紫外线产生很强的屏蔽作用。由于芳香族氨基酸和氧化锌微粒两者的共同作用，显著提高了大豆蛋白纤维的抗紫外线能力。

④远红外功能　由于大豆蛋白纤维中的氧化锌微粒和“蛋白质功能催效素”的共同作用，致使纤维具有很高的远红外发射率。据检测，大豆蛋白纤维能辐射与人体生物波波谱(7~14μm)相同的远红外线，远红外线发射率达到 87%以上，因此织物的保暖率可提高 10%以上。这种远红外线作用于人体，可产生人体细胞的共振活化现象，具有保温、抑菌、扩张毛细血管、促进血液循环、降血压及增强免疫力等卫生保健功能。

⑤大豆蛋白纤维的应用　大豆蛋白纤维可以纯纺，也可以与棉、羊毛、羊绒、绢丝、涤纶、粘胶纤维、天丝、莫代尔等进行混纺；从而用于生产纯大豆蛋白纤维面料，具有棉型或毛型的风格；生产真丝/大豆蛋白纤维面料，具有色泽鲜艳、手感滑糯、轻盈飘逸等特点，加工成提花闪色、缎纹双色、平纹闪色或同色风格，可作高档丝绸服装面料；生产羊毛/大豆蛋白纤维面料，品种有花呢、薄花呢、女衣呢、哔叽、板丝呢等，可以色织、条染、匹染，产品具有天性优良、光泽持久、色泽坚牢等特点，适宜于加工高档西服和女套装等，也可加工成交织面料。在针织面料方面，由于大豆蛋白纤维中含有较多的大豆蛋白质，纤维柔软、吸湿导湿好，特别适用于加工针织内衣、T 恤、针织衫、羊毛衫、外衣及披巾、围巾。

(2)牛奶蛋白纤维

牛奶蛋白纤维是以牛乳作为基本原料的新型动物蛋白纤维，由牛奶酪蛋白与丙烯腈大分子接枝共聚反应而成，目前世界上只有个别国家能生产。

牛奶蛋白纤维是一种新型的含蛋白质的合成纤维，它柔软细腻、手感滑爽，吸湿透气性好，染色性能优良，具有独特的天然抗菌性能和保健功能。纤维中所含的蛋白质对人体皮肤有良好的营养和保护，与人体接触不会发生不良反应。用其加工的针织物光泽柔和、柔软轻薄、透气保温、悬垂性好；用其加工的机织面料，色泽鲜艳、风格独特、防皱性好，并具有可洗性和免熨烫性，尺寸稳定性好，易洗快干耐用，手感顺滑柔软，穿着舒适。

①化学组成与形态结构　在牛奶蛋白纤维中，结晶部分(聚丙烯腈)占 70%，无定形部分(牛奶乳酪)占 30%，这与桑蚕丝比较接近(在真丝中结晶部分占 80%，无定形部分占 20%)。牛奶的主要成分为蛋白质、水、脂肪、乳糖、维生素及灰分等，其中蛋白质是加工牛奶蛋白纤维的基本原料，将牛奶中蛋白质提取后，经化学和物理加工，就得到牛奶蛋白纤维。

牛奶蛋白纤维外观呈乳白色，具有真丝般的柔和光泽和滑爽手感。纤维横截面呈扁平状，为腰圆形或哑铃形，属于异形纤维，并且在截面上有细小的微孔，这些细小的微孔对纤维的吸湿、透湿性有很大的影响；纤维的纵向表面有不规则的沟槽和海岛状的凹凸，这是由于纺丝过程中纤维的表面脱水、纤维取向形成较快，它们的存在也使纤维具有优异的吸湿和透湿性能，同时对纤维的光泽和刚度也有重要影响。纤维表面的不光滑和一些微细的凹凸变化可以改变光的吸收、反射、折射及散射，从而影响纤维的光泽性，纤维表面粗糙时，具有柔和的光泽，不会出现“极光”现象，牛奶蛋白纤维具有一定的卷曲，手感柔软。

②物理性能　牛奶蛋白纤维相对密度小，初始模量较大，强度高，伸长率好，抵抗变形能力较强，吸湿性能好，并且具有一定的卷曲数、摩擦力及抱合力。牛奶蛋白纤维的质量比电阻低于真丝和聚丙烯腈纤维，但静电现象较严重，在纺纱时要严格控制温、湿度，以保证纺纱的顺利进行和成纱质量，并添加防静电剂(表 14-11)。

表 14-11　牛奶蛋白纤维与真丝、聚丙烯腈纤维的物理力学性能比较

项目		牛奶蛋白纤维	真丝	聚丙烯腈纤维
断裂强度(cN/tex)	干态	3.10~3.98	2.65~3.54	2.83~4.42
	湿态	2.83~3.72	1.86~2.48	2.65~4.42
断裂伸长率(%)	干态	15~25	15~25	12~20
	湿态	15~25	27~33	12~20
初始模量(kgf/mm^2)		400~1000	650~1200	400~900
密度(g/cm^3)		1.22	1.33~1.45	1.14~1.17
公定回潮率(%)		5.0	11.0	1.2~2.0
沸水收缩率(%)		2.5~4.5	0.9	8.2
质量比电阻(Ω·g/cm^2)		3×10^9	10^9~10^{10}	(去油)10^{13}~10^{14}

注：1kgf=9.8N。

③化学性能　牛奶蛋白纤维属于蛋白质纤维，它与大分子聚合后，蛋白质失去原有的可溶性，在高湿环境中，因为固化后的蛋白质结构紧密，水中软化点高且不溶于水。同时，由于蛋白质分子中多肽链之间以氢键相结合呈空间结构，大量的氨基、羟基及羧基等基团易与水相结合，使纤维具有良好的吸湿性及透气性。牛奶蛋白纤维的腰圆形或哑铃形横截面和纵向的凹槽也有利于吸湿性、导湿性及透气性的增加。

牛奶蛋白纤维具有较低的耐碱性，但耐酸性稍好。经紫外线照射后，强力下降很少，具有较好的耐光性。牛奶蛋白纤维适用的染色剂种类较多，上染率高且上染速度快，弱酸性、活性、直接染料均能对其上染。纤维吸色性均匀、透彻，容易着色，在使用过程中不易褪色。牛奶蛋白纤维特别适用于活性染料染色，产品色泽鲜艳，日晒色牢度和汗渍情况下色牢度也非常好。

④牛奶蛋白纤维的产品和应用　牛奶蛋白纤维可以纯纺，也可以与羊毛、羊绒、桑蚕丝、天丝、包芯氨纶等混纺，制成的面料有身骨、有弹性，尺寸稳定性好，耐磨性好，光泽柔和，质地轻盈，手感丰满，导湿透气性好，具有丝绸般质感。

纯牛奶蛋白纤维面料及与其他纤维混纺或交织的面料广泛用于制作各种服装服饰，可用于制作高档时装，混纺或交织面料可用于生产大衣、衬衫、保暖服饰等；也是制作儿童服饰、女士内衣、睡衣等贴身衣物的理想面料；还用于制作床上用品和日常用品(如手帕、围巾、浴巾、毛巾、装饰线、绷带、纱布、领带、卫生巾、护垫、短袜)等功能性产品。

(3)蚕蛹蛋白纤维

蚕蛹蛋白纤维分为蚕蛹—粘胶共混纤维和蚕蛹蛋白—丙烯腈接枝共聚纤维 2 种。目前使用较多的是蚕蛹—粘胶共混纤维，称为蚕蛹蛋白粘胶长丝(PPV)。

蚕蛹蛋白粘胶长丝是综合利用高分子改性技术、化纤纺丝技术、生物工程技术将蚕蛹经特有的生产工艺配制成纺丝液，再与粘胶按比例共混纺丝，在特定的条件下形成的具有稳定皮芯结构的蛋白纤维。

由于蚕蛹蛋白液与粘胶的物理化学性质不同，使蚕蛹蛋白主要聚集在纤维表面。蚕蛹蛋白粘胶长丝集真丝和粘胶长丝的优点于一身，具有舒适性、亲肤性、染色鲜艳、悬垂性好等优点，其织物光泽柔和、手感滑爽、吸湿、透气性好，作为纺织原料，它具有很好的织造性能和服用性能。

①蚕蛹蛋白纤维的化学组成与形态结构　蚕蛹蛋白粘胶长丝有金黄色和浅黄色 2 种，纤维表面富含 18 种氨基酸。这种蛋白纤维是由 2 种物质构成——纤维素和蛋白质，具有 2 种聚合物的特性，属于复合纤维的一种。2 种组分在纤维横截面上的配置类型，由于蚕蛹蛋白液与粘胶的理化性质不同，它们的黏度相差很大，使蚕蛹蛋白液与粘胶的混合纺丝液经酸浴凝固成形时，蛋白质主要分布在纤维的表面，因此蚕蛹蛋白粘胶长丝属于皮芯层。纤维横切片在显微镜下观察，纤维素部分呈白色略显浅蓝，在纤维切片的中间；而蛋白质呈蓝色，在纤维切面的外围，整个切面形成皮芯层结构。蚕蛹蛋白-丙烯腈接枝共聚纤维颜色呈淡黄色。

蚕蛹蛋白纤维是由 18 种氨基酸组成的高蛋白纤维，蛋白质聚集于纤维表面，它与纤维素形成分子上的结合，十分牢固。其中丝氨酸、苏氨酸、亮氨酸等具有促进细胞新陈代谢，加速伤口愈合，防止皮肤衰老的功能；丙氨酸可防止阳光辐射及血蛋白细胞下降，对于防止皮肤瘙痒等皮肤病均有明显的作用，并对肩周炎、风湿性关节炎、胃炎以及干性皮肤的滋润等均有保健作用。

②蚕蛹蛋白纤维的物理性能　蚕蛹蛋白-丙烯腈接枝共聚纤维干态强度为1.41~2.29cN/dtex，断裂伸长率10%~30%。由于蚕蛹蛋白-丙烯腈接枝共聚纤维中含有天然高分子化合物(蛹蛋白)和人工合成高分子化合物(聚丙烯腈)，因此具有蛋白纤维吸湿性、抗静电性、舒适性好的特点，同时又具有聚丙烯腈的手感柔软、保暖性好等优良特点(表14-12)。

表14-12　蚕蛹蛋白粘胶长丝与桑蚕丝、粘胶长丝的物理力学性能对比

项　目		蚕蛹蛋白粘胶长丝	桑蚕丝	粘胶长丝
密度(g/cm^3)		1.49	1.33~1.45	1.50~1.52
断裂强度(cN/dtex)	干态	1.6~1.8	2.65~3.53	1.56~2.11
	湿态	0.8~0.92	1.85~2.46	0.73~0.92
断裂伸长(%)	干态	18~22	15~25	16~22
	湿态	25~28.5	—	21~29
吸湿率(20℃，RH=65%)		11~12.5	8~10	12~14
初始模量(cN/dtex)		30~55	44~88	27.6~64.3
回弹率(%)		95.1(伸长3%时)	60~70(伸长5%时)	55~80(伸长3%时)
热性能		240~250℃开始变色，300℃变深黄	235℃分解，270~465℃燃烧	不软化，不熔融，260~300℃开始变色分解
耐虫蛀及霉菌		放5年以上不虫蛀，不发霉	抗霉菌性好，不耐虫蛀	能抗虫蛀，不受霉菌侵蚀
绝缘性能		绝缘性尚好	绝缘性尚好	干时绝缘性尚好，湿时不佳
回潮率(%)		15	11	13

③蚕蛹蛋白纤维的化学性能　由于蚕蛹蛋白粘胶长丝为皮芯结构，因此在很多情况下蚕蛹蛋白粘胶长丝表现的是蛋白质的两性性质，即酸和碱都会促使蛋白质水解，但酸对它的作用较弱，而碱对它的水解作用则强得多；蚕蛹蛋白纤维的优点是抗虫蛀与耐霉性好，并且蛋白质中含有较多的氨基等强亲核性基因，这为活性染料中温、中性染色提供了基础。

④蚕蛹蛋白纤维的生物性能　蛋白质位于蚕蛹蛋白粘胶长丝的外层。人们在穿着用蚕蛹蛋白粘胶长丝织成的织物时，由于与人体直接接触的是蛋白质，因此它对皮肤具有良好的相容性和保健性。对于皮肤瘙痒等皮肤病有明显的作用，并且对干性皮肤有滋润保健作用。

⑤蚕蛹蛋白纤维的产品和用途　蚕蛹蛋白粘胶长丝兼具有真丝和粘胶纤维的优良性能，并在一定程度上优于真丝，其织物既可达到高度仿真的效果，且在很多方面比真丝更具有优势，还可以与真丝、精梳棉交织开发出高档机织和针织服装面料或内衣。其产品以高档衬衫、内衣、春夏季服饰面料及家纺织物为主。

针织物具有良好的透气透湿性、弹性及悬垂性。蚕蛹蛋白粘胶长丝手感光滑、光泽好、卫生性能优良，纯纺织物可充分利用蚕蛹蛋白纤维的保健性能，用于制作贴肤的内衣、高档睡衣、T恤衫、夏季裙子等。如与其他原料交织可以达到性能的互补作用，改善织物性能上的不足，扩大蚕蛹蛋白纤维的应用领域，并可提高织物的弹性、耐磨性、蓬松度及丰满度，提升服装档次，使蚕蛹蛋白粘胶长丝的应用领域扩大到秋冬季的服装面料。

14.2.3　再生多糖类纤维——甲壳素纤维

地球上存在的天然有机化合物中，数量最大的是纤维素，其次就是甲壳素，前者主要由植物生成，后者主要由动物生成。甲壳素纤维是自然界中唯一带正电的阳离子天然纤维，具有相当的生物活性和生物相容性。其主要成分——甲壳素，具有强化人体免疫功能、抑制老化、预防疾病、促进伤口愈合以及调节人体生理机能五大功能，是一种十分重要的生物医学功能材料。甲壳素可制成延缓衰老的药物、无须拆线的手术缝合线、高科技衍生物、氨基葡萄糖盐酸盐，是抗癌、治疗关节炎等药物的重要原料；同时，甲壳素及其衍生产品在纤维、食品、化工、医药、农业及环保等领域具有十分重要的应用价值。

(1)甲壳素的结构

甲壳素是 *N*-乙酰基-D-葡萄糖通过 β-1,4-糖苷键连接的直链状多糖，其化学结构与植物纤维素的化学结构非常相似(图 14-11)。它是一种无毒无味的白色或灰白色半透明固体，耐晒、耐热、耐腐蚀、耐虫蛀，不溶于水、稀碱及一般有机溶剂，可溶于浓无机酸(如浓硫酸、浓盐酸及 85%磷酸)，但在溶解的同时主键发生降解。甲壳素脱乙酰基后形成的衍生物称为壳聚糖(图 14-12)，它是白色或灰白色略带珍珠光泽的半透明片状固体，不溶于水和碱溶液，可溶于大多数稀酸(如盐酸、乙酸、环烷酸及苯甲酸等)而生成盐，常将其溶于稀酸中使用。壳聚糖是一种性能优良的螯合剂，其羟基和亚氨基具有配位螯合作用，可通过螯合、离子交换作用吸附许多金属离子、蛋白质、氨基酸、染料，对一些阴离子和农药也有吸附力。

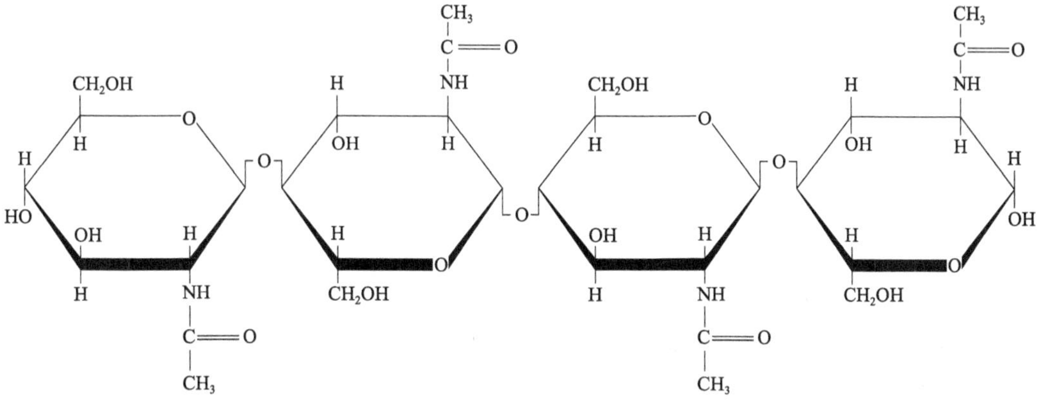

图 14-11　甲壳素的结构

(2)甲壳素纤维的性能

甲壳素纤维呈深黄色、纤维截面形态边缘为不规则锯齿形或呈皮芯结构(皮芯层甲壳素粘胶纤维)，芯层多细小的空隙，干态强度比粘胶高，湿态强度近似于粘胶，纯纺困难。

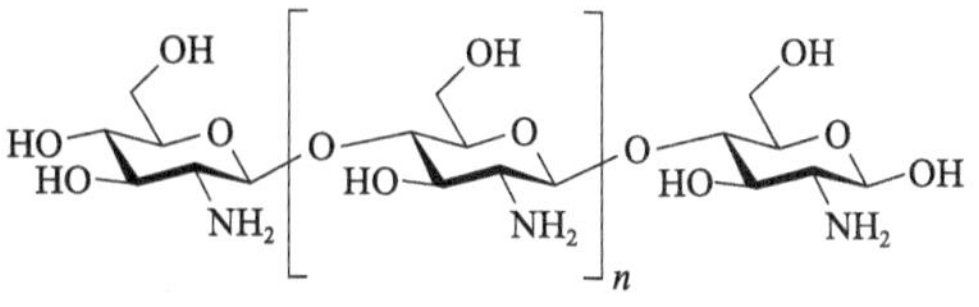

图 14-12　壳聚糖结构

甲壳素作为一种成纤高分子聚合物，具有良好的成丝性能，可溶于稀乙酸内，乙酸是良好的溶剂。溶于乙酸的甲壳素可用纺丝的方法纺成纺织用纤维。

甲壳素纤维的强度受纤维成形过程的影响很大，同时由于湿法纺丝使纤维存在较多的微孔，从而导致纤维强度降低，断裂伸长下降，纤维脆性提高，纤维间的抱合力下降，降低了纤维的可纺性(表 14-13)。

表 14-13　甲壳素纤维的物理性能

项　目		纤维种类			
		A	B	C	D
单丝线密度(1.1dtex)		3.70	2.25	2.54	2.62
拉伸断裂强度(0.89cN/dtex)	干强	8.49	16.10	11.50	12.00
	湿强	3.12	4.84	3.00	3.08
断裂伸长率(%)	干态	5.80	7.20	8.50	9.30
	湿态	19.0	29.8	22.20	24.40
平均相对分子质量×10^5		3.89	3.59	3.83	3.00
结晶度(%)		75.0	65.7	74.0	74.5
保水率(%)		195	190	158	124.6

*：A、B、C、D 指不同甲壳素纤维。

甲壳素纤维大分子内存在大量的亲水性基团，又因是湿法纺丝，致使纤维在成形过程中形成了微孔结构，因而使纤维具有很好的透气性和保水率，保水率一般在 130%以上，当然，不同的成形条件，其保水率存在较大的差异。

甲壳素纤维具有较高的耐热性，其热分解温度高达 288℃左右，有利于纤维及其制品的热加工处理。

由于甲壳素纤维分子结构的独特性，自身具有抗菌消毒、消炎止痛功能，同时具有良好的生物相容性和生物降解性，是一种天然的环保型新材料。

经研究可知，甲壳素的性能惊人，稳定性高，常法不易获取，要将其溶解到有机酸(乙酸)的稀水溶液中，才能进一步提取甲壳素。所以，人们在吃虾和螃蟹时，常以食醋佐之，其原因不仅是因为去腥添香的美食作用，还在于醋便于人们摄取被现代科学称之为继糖、蛋白质、脂肪、维生素及矿物质五大生命要素之后的第六生命要素的甲壳素。甲壳素具有一定的保健作用和医疗功效，它能增强细胞组织的活性，减缓机体老化，能干扰胆固醇的吸收，抑制血清中胆固醇浓度的上升；可减少血液中氯的浓度，降低血管收缩，转换酵素活性，抑制血压上升，促进性激素分泌，增强机体活力，有抗血栓的作用；它能提高机体免疫力，调节机体内的生物规律；它能活化肠内有效菌，有抗菌作用；它能以阳离子形式吸附体内的有毒物质及重金属，并使其排出体外。

(3)甲壳素纤维的产品和用途

甲壳素纤维的产品和用途主要包括以下 4 个方面：

①医用纺织材料　甲壳素纤维是一种理想的手术缝合线，在伤口愈合前能与人体组织相容而不破坏伤口愈合；愈合后不需拆除，能逐渐被人体吸收而消失。由甲壳素纤维制成的敷料有非织造布、纱布、绷带、止血棉等，主要用于治疗烧伤和烫伤病人，它具有镇痛和消炎止血的功能，能促进伤口愈合、加快治疗速度。用甲壳素短纤维制成

0.1mm 厚的非织造布可作为人造皮肤使用，它具有透气性好、密封性好、便于伤口愈合、愈合不发生粘连的特性。可作为骨缺损填充材料和周围神经缺损的桥接材料。用甲壳素纤维制作的人工透析膜，具有较大的机械强度，对氯化钠、尿素、维生素 B_{12} 等均有较好的渗透性，且具有良好的抗凝血性能。

②过滤材料　将甲壳素纤维制成各种规格和用途的纤维纸、纤维毡及纤维状树脂，可用于分离纯化，提纯中草药及其他药物，也可提取与纯化天然香料等天然物质；用它制成中空线状分离膜，可用于发酵工业中的醇水分离；也可制成污水处理网膜，用于污水的过滤与净化、重金属离子的截留与回收，在处理含油污废水时，油被网膜吸附而水被净化通过，脱附后油可回收而网膜可再次使用；还可用于酿造业和饮料生产中的过滤。

③在纺织服装行业的应用　甲壳素可作为印染助剂和涂料印花的成膜剂，还可将甲壳素提取液作无甲醛织物整理剂。用甲壳素纤维与棉、毛、羊绒、绢丝、罗布麻、大豆蛋白纤维、化纤混纺织成的高级面料，具有坚挺、不皱不缩、色泽鲜艳、光泽好、不褪色、吸汗性能好、对人体无刺激以及无静电等特点。

④在生活方面的应用　用甲壳素纤维代替醋酯纤维制成的香烟过滤嘴与烟焦油的吸附剂相比，对尼古丁等有害物质的截留作用要明显优于后者。用甲壳素纤维与超级淀粉吸水剂结合制成的妇女卫生巾、婴儿尿不湿等妇女儿童用品及其他生活用品，具有卫生功能和舒适性。

14.3 生物质合成纤维材料

生物质合成纤维是指将人工合成的、具有适宜分子量并具有可溶性的线性聚合物，经纺丝成形和后处理而制得的化学纤维。合成纤维的原料是由人工合成的，生产不受自然条件限制。它除了具有化学纤维的一般优越性能，如高强度、质轻、易洗快干、弹性好、不怕霉蛀等，不同品种的合成纤维还各具某些独特性能。

以植物/农作物为原料，运用生物技术制备成纤聚合物的单体，是生物质纤维的主要研究方向之一。以 PLA 纤维为例，其成纤聚合物的单体 L-乳酸就是以玉米、山芋等为原料，采用发酵法生产的。

未来合成纤维原料向生物资源的转移的趋势越来越明显。一向以功能性纤维见长的日本化纤制造商正逐渐聚焦在个人健康、卫生与舒适性的纤维与纺织品方面的发展，而且原料多数取自于天然的织物。日本计算机厂商富士通从植物原料蓖麻研发出新的生物聚合体，本田汽车公司也研发出以植物为基材的汽车内饰用织物，法国罗地亚公司采用植物原料蓖麻，制成了尼龙-610 纤维。

目前产业化的生物合成纤维主要包括 PTT 纤维、PLA 纤维、PHA 系列纤维、PBS 系列纤维等，这些生物质合成纤维未来有很大发展空间。PHA 纤维是一类由各种微生物(如土壤细菌、蓝藻、转基因植物等)产生的生物相容可降解的全生物高分子，这类可熔融纺丝生产 PHA 纤维，工艺路线环保，污染少。

14.3.1 PTT 纤维

PTT 纤维是聚对苯甲二酸-1,3-丙二醇酯的缩写，俗称弹性涤纶。PTT 纤维最早是由 Shell Chemical 与美国杜邦公司分别从石油工艺路线及生物玉米工艺路线通过 PTA 与

PDO 聚合、纺丝制成的新型聚酯纤维。张红霞研究了 PTT 纤维含量对织物性能的影响，通过比较不同比例的 PTT/粘胶织物的拉伸性能、抗起毛起球性、透湿性等，得出当含 PTT 纤维为 20%，粘胶纤维为 35%左右时，织物最具有服用价值。PTT 纤维属于聚酯纤维，兼有涤纶、锦纶、腈纶的特性，除具备较好的防污能力外，还具有伸长性好、易染色、易加工、手感柔顺、富有弹性等优点。另外，PTT 纤维还因具有干爽、挺括等特点而被广泛应用。因此，在不久的将来，PTT 纤维将会逐步代替涤纶、锦纶成为 21 世纪大型纤维(表 14-14)。

表 14-14　PTT 纤维与同类其他纤维的性能比较

纤维种类 \ 名称	PTT	PET	PBT	PA6	PA66
熔点(℃)	228	265	226	220	265
玻璃化温度(℃)	45~65	80	24	40~87	50~90
密度(g/cm³)	1. 33	1. 40	1. 32	1. 13	1. 14
吸水率(1d)(%)	0. 03	0. 09	—	1. 90	2. 80
吸水率(14d)(%)	0. 15	0. 49	—	9. 50	8. 90
蓬松性及弹性	优	良	优	优	优
抗折皱性	优	优	优	良	良
静电	中	中	中	高	高
抗日光性	优	优	优	差	差
尺寸稳定性	良	良	良	良	良
染色性	良	中	优	优	优
耐污性	优	优	优	差	差

PTT 纤维的用途有以下 4 种：

(1)服装

PTT 长丝或 PTT 短纤维可用于制作各种机织或针织内衣、外衣、运动服、紧身服、游泳衣等弹性服装，可与其他纤维混纺、交织制作仿毛产品。

(2)装饰

PTT 纤维弹性好，耐磨、耐污，可制作床上用品、窗帘、地毯及家具、沙发等的装饰布。

(3)非织造布

用 PTT 短纤维与涤纶、锦纶、丙纶等纤维混合经针刺、水刺制成的非织造布手感柔软、蓬松，可用于卫生、环保、生活及产业用领域。以纺黏法生产的非织造布柔软、耐辐射、耐磨，可用于制作地毯基布，便于 PTT 地毯的整体回收。

(4)复合纤维

用 PTT 纤维为皮、PET 纤维为芯或两组分并列生产的复合纤维，可作为非织造布的原料，即利用皮熔点低的特点作为黏合剂，利用这种复合纤维在收缩中的差异可制成三维主体卷曲的高蓬松织物。以 PTT 纤维为“海”，可生产海岛型超细纤维，将“海”熔去后可形成超细纤维，用于制作人造革基布或其他超细织物。

14.3.2　PHA 纤维

PHA 性能环保，作为生物材料有很好的生物相容性与生物可降解性。因为是通过植物萃取得到的，所以完全不会有一般橡胶刺鼻的气味。

PHA 具有良好的气体阻隔性，在食品保鲜袋上有广泛的运用，和现在的 PET、PP、XPE 产品相比有很好的防水性能。而天然的或合成的生物可降解的高分子材料往往有很高的水蒸气透过性，遇到冬天一冷一热就会让整个地方非常潮湿。PHA 加入 10%的碳纤维之后，热传导率非常低，能很好地保温。

和其他聚烯烃类、聚芳烃类聚合物比，PHA 具有很好的紫外稳定性，能很好地在车内环境下适用，而普通 PVC 会产生气味。

与 PLA 等生物材料相比，PHA 结构多元化，与传统化工塑料产品的生产过程相比较，PHA 的生产是一种低能耗和低二氧化碳排放的生产，因此从生产过程到产品对于环境保护都是很有利的。

PHA 在包装材料、黏合材料、喷涂材料和衣料、器具类材料、电子产品耐用消费品、农业产品、自动化产品、化学介质和溶剂等领域中得到应用。

PHA 既是一种性能优良的环保生物塑料，又具有许多可调节的材料性能，其随着成本的进一步降低以及高附加值应用的开发，将成为一种成本可被市场接受的多应用领域生物材料。由于它是一个组成广泛的家族，从坚硬到高弹性的性能使其可以适用于不同的应用需要。PHA 的结构多样化以及性能的可变性使其成为生物材料中重要的一员。

14.3.3　PLA 纤维

聚乳酸纤维（PLA）的生产原料乳酸源于玉米淀粉，因此这种纤维亦称为玉米纤维。属于完成自然循环型，具有生物降解性的纤维，可通过乳酸环化二聚物的化学聚合或乳酸的直接聚合得到高分子量的聚乳酸。该纤维完全不使用石油等化工原料，其废弃物在土壤和海水中的微生物作用下，可分解成二氧化碳和水，不会污染地球环境。其再生至循环周期短，大约为 1~2 年，其产生的二氧化碳可由植物光合作用减少在大气中的含量。燃烧 PLA 纤维，几乎没有一氧化氮，其燃烧热是聚乙烯和聚丙烯的 1/3 左右。

以聚乳酸为主要原料的制品具有良好的生物相容性、生物可吸收性以及良好的生物可降解性，并且在可降解热塑性高分子材料中，PLA 具有良好的抗热性。聚乳酸纤维是以人体内含有的乳酸作原料合成的乳酸聚合物，对人体而言是绝对安全的。经测试，以玉米纤维制成的圆形针织布不会刺激皮肤，且对人体健康有益，并有舒适感。聚乳酸纤维集天然纤维和合成纤维的特点于一身，具有优良的物理机械性能和染色性能、优异的触感、导湿性能，回弹性能、阻燃性能、UV 稳定性及优良的抗污性能。周青青讨论过染色促进剂对 PLA 纤维染色动力学和热力学的影响，结果表明，在一定条件下，加入促进剂可以使染料在 PLA 纤维上的平衡吸附量增加，而且上染速率也会明显加快。PLA 纤维的强力因纤维发生降解而先增加后减小。由 PLA 纤维制得的产品再无利用价值后，可在土壤或海水中经微生物作用分解为二氧化碳、氢气。燃烧时，不会造成污染，因此 PLA 纤维是一种可持续发展的生态纤维。

（1）物理性能

聚乳酸纤维的密度为 1.25g/cm^3，纤维强度 30~50cN/tex，伸长率 30%~40%，回潮率 0.4%~0.6%，卷曲数 30~50 个/10cm，杨氏模量 400~600kg/mm^2，熔点 170℃。聚乳酸的机械物理性能介于涤纶和尼龙 6 之间，强度、吸湿性、伸长性和染色性都和它们相近，它属于高强、中伸、低模量纤维。它具有足够的强度可以做一般通用的纤维材料，实用性强；它具有较低的模量，使用其纤维具有很好的加工性能；聚乳酸纤维的断裂强度和断裂伸长率都与涤纶接近。这些性能使其面料具有高强力、延伸性好，手感柔软、悬垂性好、回弹性好以及较好的卷曲性和卷曲持久性等优点。聚乳酸纤维的吸湿、吸水性比较小，与涤纶接近，但是它有较好的芯吸性，故水润湿性、水扩散性好，具有良好的弹性回复率，适宜的玻璃化温度使其具有良好的定型性能和抗皱性能。

聚乳酸纤维具有良好的耐热性，其极限氧指数在常用纺织纤维中是最高的。它发烟量少，在燃烧时只有轻微的烟雾释放，几乎不会产生有害气体。聚乳酸纤维和织物几乎不吸收紫外线，在紫外线的长期照射下，其强度和伸长的变化不大，适宜制作外衣，尤其是常年在户外的工作服。

聚乳酸纤维在人体内可以经过降解而被吸收。目前，聚乳酸纤维在医用绷带、一次性手术衣，防粘连膜、尿布、医疗固定装置等方面已被广泛应用。

聚乳酸纤维性能优越，有极好的悬垂性、滑爽性、吸湿透气性、天然抑菌和令皮肤放心的弱酸性、良好的耐热性及抗紫外线功能并富有光泽和弹性。PLA 纤维面料的悬垂性、贴近肌肤的滑爽感及织物的柔软、亲水性、色泽光泽得到了极佳的体现，使玉米纤维在贴身内衣、运动服装等方面的开发优势显著，2004 年国内 3 家知名品牌都已经推出使用玉米纤维的保暖内衣。

(2)聚乳酸纤维的用途

聚乳酸纤维与其他纤维混纺制作的内衣，有助于水分的转移，接触皮肤时不仅有干爽感，而且还赋予优良的形态稳定性和抗皱性，不仅不会刺激皮肤，而且对人体健康有益，非常适合用于制作内衣。另外，聚乳酸纤维具有良好的芯吸性、吸水性、吸潮性能及快干效应，具有较小的体积密度，强伸性与涤纶接近，适合开发运动服装。

聚乳酸纤维具有耐紫外线、稳定性良好、发烟量少、燃烧热低、自熄性较好及耐洗涤性好等优点，特别适用于制作窗帘帷幔、室内装饰品、地毯等产品。

在医疗器械领域，聚乳酸纤维可用作手术缝合线。由于聚乳酸纤维具有自动降解的特性，免除了取出缝合线给病人带来的痛苦。聚乳酸纤维还可以用于制作修复骨缺损的器械和工程组织(包括骨、血管、神经等)制作支架材料。还可用作药物缓释材料，用于缓释蛋白质类和多肽类药物具有特殊的优越性。

将玉米纤维与棉、羊毛等天然纤维混纺制成新的纺织产品，它具有良好的形态保持性、较好的光泽度、丝绸般极佳的手感、良好的吸湿性和快干效应，集挺括、弹性好、光泽美的效果于一身。除用作服饰以外，还可广泛应用在土木、建筑物、农林业、水产业、造纸业、卫生医疗和家庭用品上，PLA 纤维也可用来生产可生物降解的包装材料。

14.3.4 PBS 纤维

PBS 纤维，又称聚丁二酸丁二醇酯，别名聚琥珀酸丁二酯[poly(butylene succinat)]，白色颗粒，20 世纪 90 年代进入材料研究领域，是通用型生物降解塑料研究热点之一。

PBS 纤维是典型的生物降解塑料，用途极为广泛，可用于包装、餐具、化妆品瓶及药品瓶、一次性医疗用品、农用薄膜、农药及化肥缓释材料、生物医用高分子材料等领域。PBS 综合性能优异，性价比合理，具有良好的应用推广前景。和 PCL、PHB、PHA 等降解塑料相比，PBS 价格基本一致，没有什么优势。与其他生物降解塑料相比，PBS 力学性能优异，接近 PP 和 ABS 塑料；耐热性能好，热变形温度接近 100℃，改性后使用温度可超过100℃，可用于制备冷、热饮包装和餐盒，克服了其他生物降解塑料耐热温度低的缺点；加工性能非常好，可在现有塑料加工通用设备上进行各类成型加工，是目前降解塑料加工性能最好的，同时可以共混大量碳酸钙、淀粉等填充物，得到价格低廉的制品，PBS生产可通过对现有通用聚酯生产设备略做改造进行，目前国内聚酯设备产能严重过剩，改造生产PBS为过剩聚酯设备提供了新的机遇。

另外，PBS只有在堆肥等接触特定微生物条件下才发生降解，在正常贮存和使用过程中性能非常稳定。

PBS是以脂肪族丁二酸、丁二醇为主要生产原料的，既可以通过石油化工产品满足需求，也可通过淀粉、纤维素、葡萄糖等自然界可再生农作物产物，经生物发酵途径生产，从而实现来自自然、回归自然的绿色循环生产。而且采用生物发酵工艺生产的原料，还可大幅降低原料成本，从而进一步降低PBS成本。

PBS力学性能优异，耐热性能好，热变形温度高，制品使用温度可以超过100℃，其合成原料的来源可以是石油资源，也可以通过生物资源发酵得到。PBS是目前世界工人的综合性能最好的生物降解塑料，可以用于包装，餐具，化妆品，药品瓶、一次性医疗用品，农用薄膜、农药、化肥包装，生物医用高分子材料(表14-15)。

表14-15　PBS聚酯的物理性能

纤维种类	密度(g/cm^3)	熔点(℃)	玻璃化转变温度(℃)	热变形温度(℃)	结晶度(%)	拉伸强度(MPa)	伸长率(%)	弯曲强度(MPa)	弯曲模量(MPa)
Bionolle	1.25	115	-30	96	35~40	31	680	35	630
PBS	1.25	115	-30	96	35~40	36	430	37	530
PP	0.90	170	15	110	55	31	500	—	1370
HDPE	0.95	135	-60	85	75	27	650	—	1070
LDPE	0.92	110	-60	83	50	15	800	16	600

复习思考题

1. 植物纤维具有哪些共同的优点？
2. 麻类纤维有何共同特点？其化学组成的不同对其性能有什么影响？
3. 竹原纤维有哪些理化特征和用途？
4. 蚕丝有哪些理化性能？
5. 竹浆纤维有哪些理化特征？
6. 大豆蛋白纤维有哪些理化性能？
7. 甲壳素纤维有哪些特点和用途？
8. PTT纤维有哪些特点和用途？
9. PHA纤维有哪些特点和用途？
10. 聚乳酸纤维有哪些特点和用途？
11. PBS纤维有哪些特点和用途？
12. 绵羊毛、山羊绒、骆驼绒、牦牛绒、羊驼绒毛各有何特点？

参考文献

刘一星，赵广杰，2012. 木质资源材料学[M]. 北京：中国林业出版社.

北京林学院，1983. 木材学[M]. 北京：中国林业出版社.

北京林业大学，1997. 森林利用学[M]. 北京：中国林业出版社.

蔡再生，2004. 纤维化学与物理[M]. 北京：中国纺织出版社.

蔡则谟，1994. 藤茎的抗拉强度试验[J]. 林业科学，30(01)：93-95.

蔡则谟，1994. 棕榈藤茎的解剖特性及商用藤归类[J]. 林业科学，30(03)：209-216.

蔡则谟，刘英，方文彬，1993. 藤茎的导管分子[J]. 林业科学，29(04)：293-297.

曹建，丁振华，沈新元，2012. 新型生物质纤维的现状与发展趋势[J]. 纤维广角，1：82-86.

陈洪伟，2004. 沙棘、柠条、红柳制浆性能的研究[D]. 北京：北京林业大学.

陈友地，秦文龙，李秀玲，等，1985. 10种竹材化学成分的研究[J]. 林产化学与工业(04)：32-39.

陈绪和，2007. 创新与合作——我国竹藤产业迈向现代化的"发动机"[J]. 中国林业产业(03)：29-30.

陈绪和，郝颖，2001. 21世纪的竹藤产业[J]. 人造板通讯(06)：7-10.

程合丽，詹怀宇，李兵云，等，2008. 玉米秆纤维形态和制浆漂白特性研究[J]. 造纸科学与技术，27(06)：76-79.

成俊卿，1985. 木材学[M]. 北京：中国林业出版社.

萨利姆，2004. 聚合物纤维结构的形成. 高绪姗，吴大诚，译. 北京：化学工业出版社.

窦正远，1990. 甘蔗渣制浆造纸[M]. 广州：华南理工大学出版社.

樊宝敏，李智勇，等，2004. 中国竹藤资源现状及发展潜力分析[J]. 林业资源管理(01)：18-20.

冯利群，高晓霞，王喜明，1996. 沙柳木材微观构造及其化学成分分析[J]. 内蒙古林学院学报，18(01)：38-42.

冯利群，郭爱龙，1997. 杨柴木材的构造、纤维形态及其化学成分的分析研究[J]. 内蒙古林业科技(04)：45-47.

冯利群，牛耕芜，吴珊，1997. 榛子木材的构造、纤形态及其化学成分的分析研究[J]. 内蒙古林学院学报，19(03)：87-91.

高晓霞，1998. 内蒙古多枝柽柳的构造及纤维形态研究[J]. 四川农业大学学报，16(01)：159-164.

高晓霞，黄金田，周世东，1997. 柠条、花棒、杨柴材的 pH 值、缓冲容量及其脲醛树脂固化时间的影响[J]. 内蒙古林学院学报，19(01)：46-49.

高志悦，郭爱龙，牛耕芜，等，1998. 柠条特性与刨花板生产工艺的关系[J]. 木材加工机械(04)：5-7.

格日乐，斯琴，马红燕，等，2013. 杨柴枝条生物力学特性的初步研究[J]. 内蒙古林学院学报，34(02)：46-51.

郭爱龙，张海升，冯利群，等，1998. 六种沙生灌木 pH 值、缓冲容量及对脲醛树脂胶(UF)固化时间的影响[J]. 木材工业，12(05)：18-20.

洪德艳，张丽娟，王立军，2008. 东北地区芦苇营养器官比较解剖学研究[J]. 吉林农业大学学报，30(02)：161-165，175.

侯玲艳，安珍，赵荣军，等，2010. 竹材表面性能研究新进展[J]. 西南林学院学报，30(04)：89-93.